江苏省高等学校重点教材（编号：2021-2-241）

南京大学研究生“三个一百”优质课程建设项目建设成果

■大气科学专业系列教材…………

边界层气象学

孙鉴泞　编著

扫码加入学习圈
轻松解决重难点

南京大学出版社

图书在版编目(CIP)数据

边界层气象学/孙鉴泞编著. —南京：南京大学出版社，2024.3

ISBN 978-7-305-27118-2

Ⅰ.①边… Ⅱ.①孙… Ⅲ.①大气边界层—气象学 Ⅳ.①P421.3

中国国家版本馆 CIP 数据核字(2023)第 122485 号

出版发行　南京大学出版社

社　　址　南京市汉口路 22 号　　　邮　　编　210093

书　　名　边界层气象学

BIANJIECENG QIXIANGXUE

编　　著　孙鉴泞

责任编辑　吴　华　　　编辑热线　025-83596997

照　　排　南京开卷文化传媒有限公司

印　　刷　南京人民印刷厂有限责任公司

开　　本　787 mm×1092 mm　1/16　印张 21　字数 535 千

版　　次　2024 年 3 月第 1 版　2024 年 3 月第 1 次印刷

ISBN　978-7-305-27118-2

定　　价　59.80 元

网　　址：http://www.njupco.com

官方微博：http://weibo.com/njupco

微信公众号：njupress

销售咨询热线：025-83594756

扫码可免费申请教学资源

前　言

大气边界层是地球大气最靠近地表、直接受下垫面动力和热力作用、充满了湍流运动的气层。地球大气系统与地球表面之间的能量和物质交换是发生在大气边界层中的重要过程，大气边界层与自由大气的相互作用过程是影响天气气候的重要环节，这些过程都与大气边界层中的湍流运动密切相关。由于大气边界层在地球大气系统中的重要作用，以及下垫面的复杂性和湍流运动的独特性，边界层气象学已经发展成为大气科学的重要分支，并形成了自己的理论体系。

边界层气象学运用野外观测、物理模拟、数值模拟等手段研究大气湍流特征、湍流运动与平均运动的相互作用、湍流对能量和物质的输送作用，获得对相关物理规律的认识。它涉及大气科学领域的诸多方面，与多个学科方向密切相关，其基本知识、基本理论、基本方法是天气、气候、大气物理、大气环境与大气化学方向的本科生和研究生都应该学习和了解的内容，是大气科学专业本科生和研究生知识体系中的重要一环。因此，边界层气象学在本学科的本科生和研究生课程体系中是不可或缺的组成部分，是具有基础性的专业课程。

自大学毕业留校至今，我已在南京大学工作了三十七年。我的第一份工作是辅导员，后来读了在职研究生，于是很自然地转到教学和科研上来，教学工作经历已接近三十年。由于本人的主要研究方向是大气边界层与湍流，近二十年里一直讲授本科生课程“边界层气象学”和研究生课程“大气边界层物理”。在长期的教学实践中，越来越觉得教材的重要性。一方面，由于课时有限，本科课程只能讲授基本内容，研究生课程会在此基础上进行适度拓展；又由于已有的教材成书较早，大多出版于二十世纪八九十年代，且侧重点各有不同，往往不能涵盖边界层气象学的全貌，比如，国内的教材通常不包含边界层云的内容，而国外的教材虽然体系比较完整，但阅读原文难度较大，直接作为教材并不合适。于是讲课内容来自不同的教材，并且以 PPT 形式提供给学生，而那些教材就成了参考书。从教学效果上看，这样的方式已经显露出明显的缺陷，依据 PPT 讲课节约了板书的时间，讲解的时间变多了，虽然增加了讲课的连贯性，但节奏变快，学生的思路可能跟不上；更大的影响还在于课后，由于 PPT 内容是提纲性的，缺少细节描述和详尽阐述，使得学生的课后学习难以深入，虽然有参考书，但从近些年的情况看，少有学生课后去看参考书，如果参考书较多，情况更是如此。因此，就边界层气象学这门课程而言，有一本合适的教材显得尤为必要。另一方面，教材的作用不仅在于方便课程教学，更在于成为学生进行自主学习的依托。从本质上讲，大学的学习是自主学习，教师的课堂讲解只是起到引导和启发的作用，学生对知识的掌握程度、理解的深度乃至形成自己的知识架构完全取决于自主学习。一本好的教材不仅应该具有完整的知识体系，还应该对重要的知识点进行充分的解读和阐述。说到底，大学阶段的学习目的在于学会思考，学习的过程就是思考的过程，只有经过思考才能形成自有认识，教材可以为学生自主学习提供思考的线索和必要的相关信息。从这个意义上讲，教材的作用是不可替代的。鉴于上述想法，紧迫感油然而生，于是从2020年起开始进行边界层气象学教材的撰写工作，用了将近三年时间终于写成书稿。本书由南京大学出版社出版发行，不久就能与读者见面。希望它能对大气科学和相关学科的高校学生及从业人员的学习和工作有所助益。

本书参考了几本非常经典且影响深远的教材，包括斯塔尔(Roland B. Stull)撰写的 *An Introduction to Boundary Layer Meteorology*、盖瑞特(J. R. Garratt)撰写的 *The Atmospheric Boundary Layer*、温加德(John C. Wyngaard)撰写的 *Turbulence in the Atmosphere*，并结合最近二三十年里的一些研究成果和进展撰写而成，力求简明但有系统地向读者介绍关于大气湍流和大气边界层的相关知识。全书共分十章，前六章是大气边界层的基本内容，可作为本科生课程的教学内容，后四章也是大气边界层的重要内容，可作为本科阶段课程学习的拓展内容；完整的十章内容更能反映大气边界层的全貌，适合作为研究生课程的教学内容。作为新编教材，本书首先强调的是系统性，前九章基本涵盖了大气边界层的主要内容，并在内容组织上注重体现湍流、地气交换、边界层结构与动力学以及数值模拟之间的联系。其次，本书力求兼顾广度和深度，在全面介绍大气边界层基本知识的基础上，也适度介绍了近二三十年里在一些重要问题上获得的研究成果和取得的新认识，并对有些问题进行了开放式讨论，留下思考的空间。此外，为了让读者了解到大气边界层的研究现状，本书在第十章里分八个专题介绍了大气边界层的研究进展。这部分内容直接取材于2020年发表在 *Boundary-Layer Meteorology* 期刊的创刊五十周年纪念专刊中的8篇综述文章。这部分内容不仅能对学生的课程学习起到拓宽视野的作用，也能为大气科学和相关学科的研究人员带来有益的启发。总之，作为教材，本书侧重于基本知识和基本方法，强调对物理本质的理解，同时注重思维推展，以期为学生在大学阶段的学习打下坚实的基础，并激发学生的科学探索兴趣，培养学生的创新思维能力。

党的二十大报告明确提出了科教兴国战略、人才强国战略和创新驱动发展战略的三位一体系统战略，为建设教育强国、科技强国、人才强国指明了前进方向，对加快建设高质量教育体系和新时代人才培养提出了新的要求。为深入学习贯彻党的二十大精神，全面落实习总书记给我校留学归国青年学者的重要回信精神，南京大学于2023年开年伊始启动实施了“奋进行动”计划，提出“构建人才培养新体系，更好培养本科拔尖创新人才”和“聚焦德才兼备高层次人才培养，打造新时代具有南大特色的研究生教育品牌”。本书在撰写过程中融入了创新思维训练，本书的出版也恰逢其时，将在本科生和研究生培养中发挥积极作用。

本书得到南京大学“十四五”规划教材暨江苏省重点教材建设项目和南京大学研究生“三个一百”优质课程建设项目的资助，在此表示由衷的感谢。

边界层气象学内容丰富、涉及面广，许多方面仍处于探索和研究当中。本人学识有限，在本书的编写过程中疏漏、不妥乃至谬误之处在所难免，敬请读者批评指正。

孙鉴泞

2023年5月于南京大学仙林校区

目　录

第一章
大气边界层

本章内容是概论性质的。首先从流体力学的角度介绍边界层概念，然后介绍大气边界层的概况以及大气边界层的主要研究手段，最后简要介绍大气边界层在地球系统中的作用。

§1.1　什么是边界层

当流体流经固体时，固体表面对于流体而言形成了边界。由于固体表面与流体之间存在相互作用，使得靠近固体表面的流动特性表现出自有特征（也就是说，固体表面对流体的作用使得流动特性产生了变化）。这种由固体表面引起的变化主要发生在靠近边界的地方；而离边界较远的地方，流动特性没有发生变化。所以，通俗地讲，边界层就是直接受固体表面影响的那一层流体。

现在，让我们从实验的角度来看待这个问题（比如，风洞实验或水槽实验）。当自由流动的区域里出现一块平板时，平板之上的流动特性（确切地讲，是流动速度）发生了变化，如图1.1所示。在平板界面上，黏性使得流体附着于平板上，形成所谓的“无滑脱”边界条件，壁面是静止的，因而壁面上的流体速度为零，于是速度为U的来流经过平板的时候在板壁上的速度变为零。流体是连续介质，因此，靠近板壁的地方流速也会相应减小，越靠近板壁的地方流速越小，直至板壁处速度为零，这是黏性作用的结果。而在远离平板的地方，流速应该与来流速度一致。由此可见，壁面的存在使得流动在一定厚度范围内表现出与来流不同的流动特性，这一层就被称为边界层。

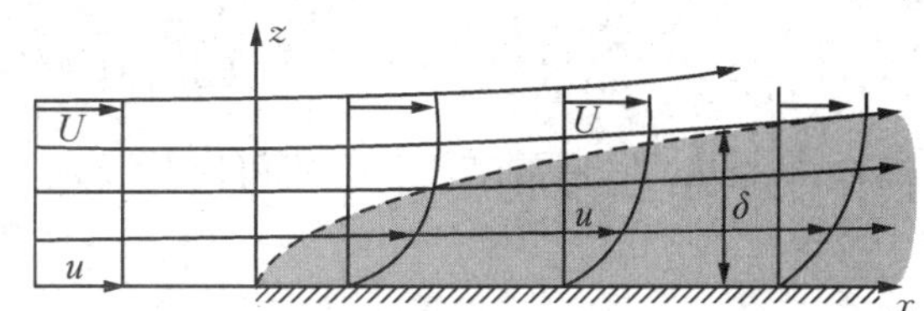

图1.1　均匀来流纵向绕流平板在壁面上方形成的流场速度分布

从运动学特征讲，边界层流动具有较大的速度切变；从动力学特征讲，尽管流体的黏性系数可能很小，但由于切变很大，黏性力可以达到与惯性力同等量级，因此，在边界层中黏性力的作用通常不可忽略。常见的流体，不论是大气还是水，其黏性系数都很小。所以有固体边界的流动通常分为两个区域：一个是边界层，在这个区域内需要考虑黏性；另一个是边界层之外的流动区域，它被称为外部流动区，在这个区域内可以认为流动是无黏性的（所谓无黏性，并不是说流体没有黏性，而是说从流动特性讲黏性的作用不重要）。这正是普朗特提出边界层理论的事实基础。很显然，这里所讲的边界层是层流中的情况，但实际上边界层中的流动也可以是湍流流动。下面我们会对这两种情况的流动特性分别进行介绍。

1.1.1 层流边界层

虽然边界层流动与外部区流动之间在边界层上界是相衔接的，但并不存在一个明确的几何分界面，因为从边界层流动转变为外部流动是个渐近过程。通常人们把 $u=0.99U$（其中 u 是已经分为两个区域的流场中的速度，U 是来流速度）所处高度定义为边界层顶，如图 1.1 中的虚线所示。用 δ 表示边界层厚度，它是边界层顶到壁面的距离。从图 1.1 中可以看出，δ 是随 x 变化的，随后的分析会告诉我们，它与来流速度 U 和流体的黏性系数 ν 有关。

通常情况下边界层厚度 δ 比流动的水平特征尺度小很多，量级分析可以帮助我们简化纳维-斯托克斯方程。为简便起见，考虑不可压流体的二维定常流动情况（y 方向均匀），且无质量力的作用，则简化的纳维-斯托克斯方程和连续方程如下：

$$\begin{cases} u\dfrac{\partial u}{\partial x}+w\dfrac{\partial u}{\partial z}=-\dfrac{1}{\rho}\dfrac{\partial p}{\partial x}+\nu\dfrac{\partial^2 u}{\partial z^2} \\ 0=-\dfrac{1}{\rho}\dfrac{\partial p}{\partial z} \\ \dfrac{\partial u}{\partial x}+\dfrac{\partial w}{\partial z}=0 \end{cases} \tag{1.1}$$

该方程组被称为普朗特边界层方程组。

以 U 代表边界层顶部的顺流速度，l 表示流动在顺流方向的特征长度，δ 为边界层的厚度。根据边界层的流动特性，该层内黏性力与惯性力具有相同的量级，则有 $U^2/l\sim\nu(U/\delta^2)$，于是得到

$$\frac{\delta}{l}\sim\frac{1}{(Ul/\nu)^{1/2}}=\frac{1}{\sqrt{Re}} \tag{1.2}$$

其中 $Re=Ul/\nu$ 是雷诺数。上式可以写成 $\delta\sim\sqrt{\nu l/U}$，用坐标 x 取代 l，则可以写成

$$\delta\sim\sqrt{\nu x/U} \tag{1.3}$$

由此可见，δ 与 $\sqrt{x}$ 成正比，与 $\sqrt{U}$ 成反比。

在定常流动中，边界层外缘上的位势流速度 U 与压力之间的关系应该满足流体力学的伯努利方程，即 $p+\rho U^2/2=$常数，于是有

$$\frac{\partial p}{\partial x}=-\rho U\frac{\partial U}{\partial x} \tag{1.4}$$

由方程组(1.1)的第二个式子可知

$$\frac{\partial}{\partial x}\left(-\frac{1}{\rho}\frac{\partial p}{\partial z}\right)=0,\text{ 即 }\frac{\partial}{\partial z}\left(-\frac{1}{\rho}\frac{\partial p}{\partial x}\right)=0 \tag{1.5}$$

这表明 $\partial p/\partial x$ 在边界层内部和外部流体中是相同的。于是普朗特边界层方程组可以写成

$$\begin{cases} u\dfrac{\partial u}{\partial x}+w\dfrac{\partial u}{\partial z}=U\dfrac{\partial U}{\partial x}+\nu\dfrac{\partial^2 u}{\partial z^2} \\ \dfrac{\partial u}{\partial x}+\dfrac{\partial w}{\partial z}=0 \end{cases} \tag{1.6}$$

外部流动作为已知条件，则上述方程组是闭合的，于是可解。当然，求解这样的方程并非易事，需要通过一些特殊的数学处理才能求解，即把偏微分方程转化为常微分方程，然后进行求解，求解方法比较复杂，通常得到的是近似解。这是个流体力学的经典问题，一般在流体力学教材中会有介绍，本书不做赘述。

1.1.2　湍流边界层

上一节讨论了平板绕流问题中层流边界层的基本特征。实验发现，当来流接触平板前缘之后，平板上方的流动在前段为层流，后段则变为湍流，它们之间是一段较为狭窄的过渡区，如图 1.2 所示。从层流到湍流的转换仍然是以雷诺数 $Re=U\delta/\nu$ 为判据，边界层厚度 δ 随顺流距离 x 增加，所以 Re 也随 x 增加而变大。当超过 Re 临界值时，流动不稳定，开始出现湍流。来流速度 U 越大，雷诺数 Re 就越大，层流边界层的区间就越小，整个流体边界层的主要部分成为湍流边界层。

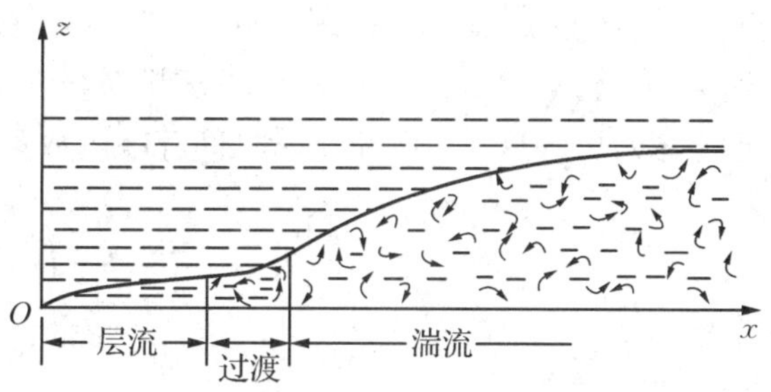

图 1.2　平板上的流动形成湍流边界层的示意图

机械湍流的发生有两种情况：一种是流体与固体相互作用而产生的湍流，通常称为“壁湍流”；另一种是各层流体相对运动（即切变），当切变大到一定程度时产生湍流，通常称为自由湍流。湍流边界层显然属于前者，即壁湍流，其流动特性受到壁面的影响很大。湍流边界层一般分为两层：一层是靠近壁面的区域，其流动特性直接受到壁面的影响，如壁面摩擦阻力、流体黏性（对光滑壁面而言）或壁面粗糙度（对粗糙壁面而言），通常把这一层称为“壁面层”或“内层”；内层之上称为“外层”，它受边界层之外自由流动的影响较大，壁面对它的影响是间接的。内层从壁面向上又分为两层：黏性层和对数律层。在黏性层中，湍流作用小，流动特性主要受黏性影响。在对数律层中，黏性作用小，流动特性主要受湍流黏性（即湍流摩擦作用）影响，故而又称为完全湍流层，该层内速度在垂直方向上接近于对数律分布，因而被称为对数律层。

在完全湍流层中充斥着湍流运动，通常用平均方程来描述流动的平均特性。考虑定常情形，平均方程形式如下：

$$\begin{cases}\bar{u}\dfrac{\partial\bar{u}}{\partial x}+\bar{w}\dfrac{\partial\bar{u}}{\partial z}=-\dfrac{1}{\rho}\dfrac{\partial\bar{p}}{\partial x}+\dfrac{1}{\rho}\dfrac{\partial\tau}{\partial z}\\[2ex]\dfrac{\partial\bar{p}}{\partial z}=0\\[2ex]\dfrac{\partial\bar{u}}{\partial x}+\dfrac{\partial\bar{w}}{\partial z}=0\end{cases}\tag{1.7}$$

其中 $\tau=-\rho\,\overline{u'w'}$ 为湍流摩擦力，也称为雷诺应力。从形式上看，方程(1.7)与边界层方程(1.1)是一样的。在方程(1.1)中摩擦力是 $\tau=\mu\partial u/\partial z$（$\mu=\rho\nu$，$\mu$ 称为动力学黏性系数，$\nu=\mu/\rho$ 称为运动学黏性系数)，而在方程(1.7)中它被湍流摩擦力取代。这并不意味着在湍流边界层中没有黏性，而是当湍流出现后湍流摩擦力要远大于黏性摩擦力，因而方程(1.7)中只出现湍流摩擦力，而把黏性摩擦力给忽略掉了。但是如前所述，在黏性层中黏性作用占主导，所以方程的形式如(1.1)式所示。关于湍流摩擦力(即雷诺应力)的定义及物理意义，将在本书的 2.5 节中予以讨论和说明。

我们可以从物理的角度来考虑固体壁面对流动特性的作用。影响(或说决定)流动特性的控制参数有：壁面的摩擦应力 τ_0(用 τ_0 可以定义一个特征速度 $u_* = \sqrt{\tau_0/\rho}$，称为摩擦速度，因而在做此类分析时常用 u_* 代表 τ_0)，壁面粗糙度 z_0(表征壁面凸起物平均高度的特征长度)，流体的运动学黏性系数 ν 以及离壁面的距离 z。那个待定量就是流动速度 $\bar{u}$，也就是说，$\bar{u}$ 应该是 u_*，z_0，ν 和 z 的函数，即 $\bar{u} \sim \bar{u}(u_*,\ z_0, \nu,\ z)$。这五个量可以构成三个无量纲量：$\bar{u}/u_*$，$u_* z/\nu$ 和 $u_* z_0/\nu$。运用白金汉定理(即 π 定理，该定理的具体内容将在第四章介绍)，可知这三个无量纲量之间存在函数关系，即

$$\frac{\bar{u}}{u_*} = f\left(\frac{u_* z}{\nu},\ \frac{u_* z_0}{\nu}\right) \tag{1.8}$$

且 f 是个普适函数。

对于光滑壁面，粗糙度为零(即 $z_0 = 0$)，则上式变成如下形式：

$$\frac{\bar{u}}{u_*} = f\left(\frac{u_* z}{\nu}\right) \tag{1.9}$$

在十分靠近壁面的地方，流动完全受黏性控制，满足黏性定理 $\mu \partial \bar{u}/\partial z = \tau = \tau_0$。考虑到“无滑脱”边界条件，及 $z \to 0$ 时 $\bar{u} \to 0$，则积分结果为

$$\bar{u} = \frac{\tau_0}{\mu} z,\ 或\ \frac{\bar{u}}{u_*} = \frac{u_*}{\nu} z \tag{1.10}$$

方程(1.10)就是方程(1.9)的具体形式。在湍流边界层中黏性层是很薄的一层，因为速度分布在这一层中是线性变化的，它被称为线性层。实际上绝对光滑的壁面(即 $z_0 = 0$)是理想状况，只要壁面凸起物的平均高度 h 与黏性层厚度 δ_l 相比足够小(即 $h \ll \delta_l$)，黏性层就能够形成，黏性层中的速度分布就满足方程(1.10)。对比方程(1.9)和(1.10)可以得出 $f(u_* z/\nu) = u_* z/\nu$，这就是层流定理。

在完全湍流区中，摩擦应力由湍流运动形成，黏性作用与之相比小到可以忽略不计。但是湍流摩擦应力 $\tau = -\rho\overline{u'w'} = \tau_0 = \rho u_*^2$，因为摩擦应力从黏性层到湍流层是连续的(黏性层与湍流层耦合在一起，不连续的情况是不可能发生的)，换句话说，黏性层把壁面的摩擦作用传递到湍流层，所以湍流层还是受到壁面的直接影响。由于湍流层中流体特性与黏性无关，$\mathrm{d}\bar{u}/\mathrm{d}z$ 在量纲上唯一正确的表达式是

$$\frac{\mathrm{d}\bar{u}}{\mathrm{d}z} = 常数 \times \frac{u_*}{z} \tag{1.11}$$

早期的研究习惯上把这个“常数”表示成 $1/\gamma$，实验结果是 $\gamma \approx 0.4$(实际上这个常数就是冯·卡门常数，其正式定义将会在第四章介绍，见(4.20)式)，在这类湍流问题中它是个普适常数。对(1.11)式积分可得

$$\bar{u} = u_* \left(\frac{1}{\gamma}\ln z + c\right) \tag{1.12}$$

依据方程(1.9)可以进一步写成如下形式：

$$\frac{\bar{u}}{u_*} = f\left(\frac{u_* z}{\nu}\right) = \frac{1}{\gamma}\ln\frac{u_* z}{\nu} + c_1 \tag{1.13}$$

实验测得 $c_1 = 5.5$。

对于粗糙的壁面，如果凸起物的平均高度 h 明显超过黏性层的厚度 δ_l，流动经过凸起物时产生绕流，流体压力作用于凸起物上而产生阻力（即形体阻力）。这个切向力有时会超过黏性力几个量级。仍然用 τ_0 表示单位壁面面积上的平均摩擦力（即壁面切应力），壁面上的摩擦速度还是 $u_* = \sqrt{\tau_0/\rho}$。但是在这种情况下，线性黏性层遭到破坏，与此相对应的是黏性力与切向阻力相比小到可以忽略不计。于是，用类似于导出方程(1.12)所采取的推理方法，只是积分常数有所不同，可以推导出 $c = c_1 - (1/\gamma)\ln z_0$。于是有

$$\bar{u} = u_* \left(\frac{1}{\gamma}\ln\frac{z}{z_0} + c_2\right) \tag{1.14}$$

其实我们可以这样理解：可以把方程(1.13)中的 ν/u_* 看成是线性黏性层的特征长度（类似于粗糙壁面的粗糙度长度），它是由黏性决定的；现在这个长度被 z_0 取代，则方程右边应该变为 $(1/\gamma)\ln z/z_0 + c_2$（因为黏性层已经被粗糙层取代，常数不再是 c_1，而是变成 c_2），可以把它写成 $(1/\gamma)[\ln z - \ln(\nu/u_*) + \ln(\nu/u_*) - \ln z_0] + c_2 = (1/\gamma)[\ln(u_* z/\nu) - \ln(u_* z_0/\nu)] + c_2$，也就是说，按照方程(1.8)的提示，可以把其右边写成 $f(u_* z/\nu, u_* z_0/\nu) = (1/\gamma)[\ln(u_* z/\nu) - \ln(u_* z_0/\nu)] + c_2 = (1/\gamma)\ln(z/z_0) + c_2 = f(z/z_0)$，它体现了黏性不起作用的流动特性，即黏性所表现出来的特征长度 ν/u_* 被粗糙层的特征长度 z_0 取代。对比方程(1.12)和(1.13)可知，$c = c_1 - (1/\gamma)\ln(\nu/u_*)$，用 z_0 取代 ν/u_*（同时用 c_2 取代 c_1），它就变成 $c = c_2 - (1/\gamma)\ln z_0$。

光滑壁面上的湍流边界层存在黏性层，该层的流动是层流，故而被称为光滑流；粗糙壁面的情形不同，紧靠壁面的地方变成了粗糙流。从上述推理过程可以看出，两者在湍流层中的动力学特征是相似的，即平均流动特性只取决于 u_* 和 z_0。于是平均速度满足对数分布，这已经被实验所证实。实际上，流动特性表现为光滑流还是粗糙流，需要看 ν/u_* 与 z_0 的相对大小。两者之比 $u_* z_0/\nu \equiv Re^*$ 被定义为粗糙度雷诺数。风洞实验表明，当 $Re^* < 0.13$ 时，流动为光滑流；当 $Re^* > 2.5$ 时，流动为粗糙流。所以，流动是光滑流还是粗糙流，这是个动力学概念，它并不简单地只取决于壁面的几何特征。因此，z_0 通常也被称为动力学粗糙度。我们可以这么理解：只有流动呈现为粗糙流时，z_0 的意义才是明确的。显然 Re^* 的值在 0.13 与 2.5 之间为过渡状态，由于情况复杂，本书不做讨论。

需要指出的是，z_0 是个特征长度，它只能通过对数廓线来确定。按照方程(1.14)及廓线的含义，可以得出 $c_2 = 0$（否则当 $z < z_0$ 时，$\ln(z/z_0)$ 是负值，为保证 $\bar{u}$ 不为负值，c_2 就得随 z 减小而变大，这与 c_2 是常数相矛盾）。同时，湍流边界层中平均速度分布并不是从刚离开壁面就开始满足对数律的，而是从粗糙层之上的某个高度开始变得随高度遵从对数律。因此，z_0 实际是把对数廓线向下外推到 $\bar{u} = 0$ 的高度诊断出来的，即 $z = z_0$ 处 $\bar{u} = 0$。于是方

程(1.14)应该写成

$$\frac{\bar{u}}{u_*}=\frac{1}{\gamma}\ln\frac{z}{z_0} \tag{1.15}$$

其实光滑流的情况也是如此,实验结果表明,从 $u_* z/\nu > 30$ 开始,速度分布才满足对数廓线。如果我们把方程(1.13)写成方程(1.15)的样子,以此来获得一个等效粗糙度 z_0',则

$$z_0'\approx\frac{1}{9}\frac{\nu}{u_*}=0.11\frac{\nu}{u_*} \tag{1.16}$$

它就是存在光滑流的湍流边界层中对数率廓线所对应的等效粗糙度的表达式。

地球表面通常是粗糙的(至少陆地上的情况是这样的),所以大气边界层中的流动一般情况下都是粗糙流。然而研究发现,对于平坦的沙漠或雪地,其空气动力学粗糙度随风速增加而变大。研究表明这种效应与沙粒和雪粒因风速的驱动而移动速度变快有关,以及沙粒和雪粒被扬起有关(即吹沙/吹雪效应)。这种情况下 z_0 随风速变化,其表达式与海面上的粗糙度所对应的表达式很接近(Charnock, 1955):

$$z_0=\alpha_c u_*^2/g \tag{1.17}$$

其中 g 是重力加速度,α_c 被称为夏洛克常数。α_c 的取值一般在 0.014 与 0.018 之间。观测表明,在发生吹沙或吹雪时,α_c 的取值大约为 0.016。

其实在大气科学的范畴内,地表空气动力学粗糙度 z_0 是个表征地气交换过程的重要参数。我们在这里只强调了它的概念。从应用的角度讲,由于地球表面特性非常复杂,要获得针对不同地表特征的恰当 z_0 取值并非一件易事,需要具体情况具体对待。

§1.2　大气边界层

针对地球大气系统,很难给大气边界层下一个简单定义。地球表面是大气的下边界,从物理上讲,大气边界层是直接受地球表面作用的一层大气,这些作用包括地表对大气的摩擦、加热和冷却。大气边界层的一个主要特征是其运动具有湍流性。一般来讲,大气边界层就是指地球大气直接受地表作用并充满湍流运动的气层,常被简称为边界层。

大气边界层处于地球大气对流层靠近地面的低层,在它之上是自由大气。从流动特性讲,大气边界层与自由大气的一个重要差别就在于边界层中通常充满湍流运动,而自由大气中几乎没有湍流(云中湍流另当别论)。大气边界层湍流与风洞实验中的湍流不同,其一是大气边界层中热力湍流(指热对流运动产生的湍流)和机械湍流(指由风切变产生的湍流)并存,而风洞中的湍流都是机械湍流;其二是大气边界层湍流与平均气流的相互作用受到地球旋转效应的影响,而风洞中的湍流和平均气流都不受旋转效应影响。

地球大气的一个显著特征是分层特性,大气边界层也不例外。大气边界层可以细分为若干层,如图 1.3 所示。贴近地面的一层为界面层(也称为粗糙子层),如果地表粗糙元很小,这一层的运动特性主要受黏性控制(即存在黏性层的情形),地气之间的热量和物质交换由分子扩散过程完成;如果地表粗糙元很大(如城市的建筑或森林的树木),运动特性主要受粗糙元引起的形体阻力影响,在微尺度意义上热量和物质交换发生在空气与粗糙元表面之

间，从局地尺度的意义上讲，地气之间的交换通量被认为发生在粗糙子层的顶部。粗糙子层之上是惯性子层，这一层的流动特性主要取决于地表特征，但基本不受地球旋转效应影响。粗糙子层与惯性子层合在一起被称为内层，也就是我们通常所讲的近地层(尽管英文中使用的术语是 surface layer 或 wall layer，中文中习惯上称为近地层)。近地层之上是所谓的外层，在这一层中流动特性不直接受地表动力学特征影响，但地球旋转引起的柯氏力成为一个重要的影响因子(有时也被称为埃克曼层，因为 Ekman(1905)最早研究了旋转效应对海洋边界层流动的影响)。简单来讲，大气边界层分为内层和外层。在大气边界层与自由大气之间还存在一个过渡层，主要出现在白天，在这一层中会发生自由大气向下混合，通常被称为夹卷层。

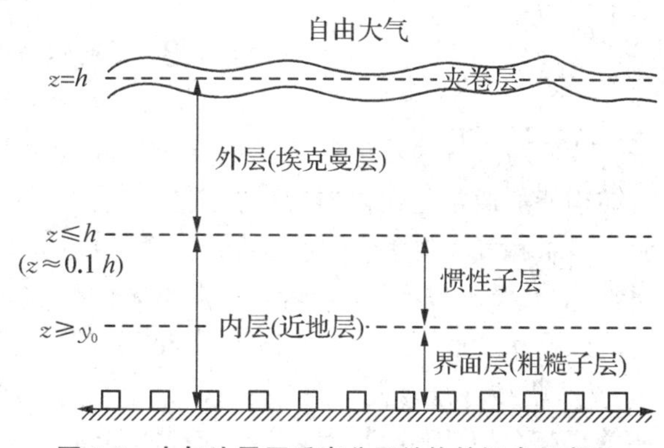

图 1.3　大气边界层垂直分层结构的概念示意图

大气边界层直接受地表热力强迫(即地表对大气的加热或冷却作用)的影响，这一点在陆地上尤为明显，而地表的热力强迫作用通常存在日变化，因而使得大气边界层的流动特性也存在明显的日变化。白天由于强烈的地表加热作用，边界层大气显现为不稳定状态，并伴有表现为热泡和热羽形式的上升运动，我们称之为不稳定边界层或对流边界层。上升热泡(或热羽)会在边界层顶部激发出较强的夹卷活动，形成明显的夹卷层。当然，如果低云的云顶因辐射冷却产生下沉运动，这也会激发对流运动，形成对流边界层(这种情况经常出现在海上)。当地表加热驱动形成强不稳定时，外层的流动特性受对流运动控制，这时我们常把外层称为混合层。稳定边界层主要发生在夜间，因为地表释放长波辐射而降温，地表对靠近地面的大气起到冷却作用，使得边界层大气显现为稳定层结。因此，平均气温的垂直分布在不稳定和稳定边界层中表现出截然不同的特征。不稳定边界层的近地层呈现超绝热层，而稳定边界层则伴有贴地逆温层。在不稳定边界层向稳定边界层转换的黄昏时段，由于地表对大气既不加热也不冷却，这时会出现短暂的中性边界层(即没有浮力效应的情况)。在此之后稳定边界层得以发展，但由于稳定边界层通常较浅(一般不会超过两三百米)，于是原先在白天处于混合层的那一层大气在进入夜间以后其平均的状态变量仍能保持混合层的垂直分布特征(比如，位温基本保持不随高度变化)，这一层通常被称为残留层。严格意义上讲，残留层不算边界层(它在夜间稳定边界层之上)，但它是大气边界层日变化的产物，并且残留层的存在会影响次日对流边界层的发展。因此，习惯上把它当作边界层现象来描述。图1.4 显示了陆上晴天大气边界层的典型日变化情况。

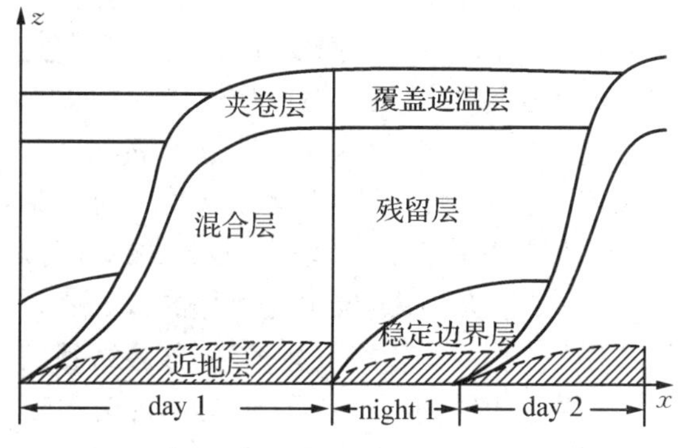

图 1.4　晴天陆上大气边界层垂直结构及其日变化示意图

§1.3 大气边界层探测

我们对大气边界层的认识主要来源于观测和对观测结果的分析。研究大气边界层的低层结构特征通常是把仪器架设在气象塔上进行观测，通过在气象塔上不同高度进行观测，我们可以了解气象要素(风速、温度、湿度等)在近地层的垂直分布特征，因此，这样的多层观测通常称为廓线(或梯度)观测。根据不同的研究目的，气象塔的高度有的只有大约 10 m，有的可以高达 200—300 m，观测层数也有不同的设置。一般来讲，要知道气象要素的垂直分布，至少需要 3 层观测，更多层的观测能够更好地揭示近地层结构特征。在近地层中湍流几乎总是存在的，因此，地气之间的动量、热量、物质(水汽、二氧化碳等)交换是通过湍流运动的交换作用来实现的。对近地层湍流特性的观测是大气边界层研究的重要内容，运用快速响应探头和快速测量技术，现在已经可以对风速、温度、湿度乃至气压进行高频测量。这样的测量可以获得湍流的统计量(包括方差、湍流通量以及湍流谱)，湍流观测通常也是把仪器架设在气象塔上来进行的，比如超声风速仪，它已经成为近地层湍流观测的常用仪器，其测量结果可以直接输出动量通量、感热通量，再加上可以进行高频测量的水汽/二氧化碳分析仪，就可以获得水汽和二氧化碳通量。这样的观测不仅对近地层湍流行为特征的研究至关重要，也为研究陆地生态系统在地球碳循环中的作用提供了重要的观测依据。

从大气边界层研究的角度讲，近地层的平均气流与湍流之间发生紧密的相互作用，也就是说二者是耦合在一起的，因此，近地层垂直结构特征与湍流特性之间存在对应关系。要揭示这种对应关系，只有同时进行廓线(或梯度)和湍流观测，这在气象塔上是最容易实现的，现在已经成为近地层观测的标准配置。当然，随着研究的进一步深入，湍流观测也由单层观测趋向于多层观测。对于均匀平坦下垫面，已经发展出莫宁－奥布霍夫相似理论来描述近地层大气垂直结构特征与湍流通量之间的对应关系。观测表明，该理论在湍流发展比较充分的条件下具有良好的适用性，但观测同时也显示它在湍流发展不充分时(主要是层结比较稳定的条件下)近乎是不适用的。目前的做法是对其进行修正，但误差仍然很大。要解决这个问题，现实的途径还是通过观测进一步揭示强稳定条件下湍流的行为特征。此外，在地表存在较大物体(诸如高大植被——森林，或者是城市建筑物)时，这些高大物体构成了所谓的冠层(植被冠层或城市冠层)，使得地气交换过程变得更加复杂。简单来讲，冠层的动力学效应和热力学效应使得气流在近地层的垂直结构和湍流行为特征不同于平坦下垫面的情况，表现为存在较厚的粗糙子层，如图 1.3 所示。就目前的认识而言，我们已经知道，经典的莫宁－奥布霍夫相似理论只适用于惯性子层，它在粗糙子层并不适用。然而惯性子层的流动特性肯定会受到粗糙子层的影响(也可以理解为受到冠层的影响，因为粗糙子层所表现出来的气流特性是冠层作用的结果)，当存在冠层时，如何在相似理论框架下建立平均气流与湍流通量之间的关系，并体现冠层的作用，这个问题仍没有得到很好的解决。虽然数值模拟(特别是大涡模拟)和风洞实验在研究这个问题时发挥了很大作用，但由此获得的认识还是需要观测来检验，所以观测仍然是不可替代的研究手段。从观测研究的角度讲，气象塔观测仍然是最为方便的观测平台，观测高度需要设置在冠层内和冠层之上，不仅如此，因为粗糙子层的存在，冠层之上的观测需要向上延伸到惯性子层当中，因此，要求气象塔能有足够的高度，并且在冠层、粗糙子层和惯性子层内都要有湍流观测。

对于整体边界层的研究而言，早期的观测只能利用低空探空气球进行观测，包括释放式探空气球、系留气球，以及等容漂移气球。用它们测量温度、湿度和风速在大气边界层中的垂直分布情况，从而获得关于大气边界层平均结构的认识。现在用于气象业务的气球探空已经实现了自动化，普遍采用 GPS 探空，可以获得风速、温度、湿度和气压的高分辨垂直分布。对于贯穿大气边界层的观测，飞机是很好的观测平台，飞机观测的优点在于其很强的机动性，并且能够获得湍流在航线上的平均统计量。飞机既可以做垂直廓线观测，也可以做水平往返探测，在很多野外实验中是把两者结合起来实施的。飞机是个移动平台，要把飞机观测数据转换为相对于地球的固定坐标系中的数据，需要精确测量飞机的运动；同时，相对于风速而言飞机的运动速度较快（一般会达到 80～100 $m \cdot s^{-1}$），因此，需要针对飞机引起的空气可压缩性、绝热加热以及流动变形进行订正。这使得飞机测量技术的使用及其资料分析显得相对比较复杂。早在五十年前飞机测量就已经广泛应用于大气边界层研究，飞机测量成功地增进了我们对水平均匀对流边界层的理解。相对而言，飞机在稳定边界层中的测量显得更困难一些，因为稳定边界层明显地比对流边界层浅薄很多（与对流边界层特征厚度 1 000 m 相比，稳定边界层的特征厚度是 100 m），所以飞机观测不能有效探测到稳定边界层最低部分的垂直结构（出于安全考虑，飞机飞行高度通常不低于 30 m），但是飞机观测可以获得水平变化和垂直分布的细节。飞机观测不仅用于分辨平均值和湍流统计量，而且可以用于探测边界层中的有组织结构，如热羽、纵向涡旋、中尺度对流泡、雷暴的上升气流、阵性下沉气流和阵风锋等。飞机观测还用于研究不规则地形上的流动，城市和郊区边界层的差别，以及污染物的传输和转换。如今无人机观测技术发展迅猛，飞机观测将在大气边界层研究中继续发挥重要作用。

在过去的三四十年里，遥感测量技术发展迅速。遥感技术的应用极大地丰富了大气边界层探测手段，并且增进了我们对大气边界层的认识。遥感技术主要通过发射声波、电磁波以及光信号，并接收大气中目标物（沙尘、气溶胶、云滴、雨滴）对它们形成的反射（或后向散射）信号，来实现对大气状态的探测。遥感装置常被通俗地称为雷达，包括声雷达、光雷达/激光雷达、微波雷达、多普勒雷达等。因遥感方式不同，又分为主动遥感和被动遥感。既发射信号又接收其返回信号的方式称为主动遥感，比如各种雷达；只接收信号的方式称为被动遥感，比如红外辐射计。因研究需要和应用上的需求，往往要收集空间和时间都很密集的资料，用大量的常规定点观测仪器来获取这样的资料很不经济，再就是在很多情况下直接探测的仪器平台无法到达所要观测的大气区域，这时遥感探测就显得特别有用。在很多情况下，直接探测与遥感探测是相互补充而不是相互竞争的关系。测量风速、温度和湿度的垂直廓线是遥感探测的一个很有用的领域，虽然机载探测器或下投式探空仪可以比气象塔测量到更大高度上的廓线，但是只有遥感可以提供时间上比气球搭载无线电探空仪更为密集的廓线资料，这有利于我们认识大气边界层的日变化过程、受天气系统影响时大气边界层的响应过程，以及天气系统过境时大气边界层的结构特征。遥感探测可以获取与仪器参数相关的体积上的空间平均值（或光路上的线平均值），遥感适用于空间平均值的测量。与单点测量相比，遥感测量值更能代表一个平均值。对于某些应用问题而言，遥感仪器的一个测量值也可以代替一个定点测量仪的时间平均值。当雷达采取扫描方式进行探测时，我们可以看到气象要素在大气边界层中的剖面结构，比如多普勒激光雷达可以让我们看到垂直/水平剖面上的速度分布。此外，现在已经可以利用星载雷达实施对地探测，它同样可以探测到大气边界层的相关信息。总之，遥感探测已成为大气边界层研究的重要手段。

§1.4 大气边界层的实验模拟和数值模拟

实验室模拟(也称为物理模拟)一直在研究地球物理流动(包括大气边界层流动)方面发挥着十分重要的作用。实验室模拟具有易操作性,使其在相同条件下可以对某种特定流动进行重复实验,从而获得关于流动特性的准确统计结果。这在实地野外观测中是无法企及的,在大多是情况下是根本不可能的。在大气边界层当中,因受到大气中复杂的动力学过程和热力学过程的影响,使得其流动特性很难达到平稳状态,想要获得准确的统计结果往往需要很长的平均时间(通常需要几个小时),然而大气边界层是有日变化的,缩短平均时间会在一定程度上牺牲掉测量结果的统计代表性,实际操作当中需要折中考虑,既要尽可能采用较长的平均时间,也要尽可能避免日变化的影响。即便如此,大气边界层中的实际观测数据一般都不可避免地要比实验室模拟的观测数据更为发散。此外,气象塔观测可以实现长期连续观测,但在气象塔之上的高度上难以实施观测,尽管有飞机观测,它只能观测大气边界层的局部,无法获得大气边界层的全貌,实验室模拟可以弥补实况观测的这些不足。

物理模拟分为两大类:风洞模拟和水槽模拟。风洞模拟(这里所指是低速风洞)在民用工程方面应用广泛,因为工程问题尺度较小,只需要考虑动力学效应,而无需考虑热力学效应,风洞模拟很适用于这类问题。对于有湍流的大气边界层流动,风洞模拟适用于没有层结效应的湍流切变流;风洞模拟还适合于研究冠层的动力学效应,事实上,早期我们对冠层(不论是植被冠层,还是城市冠层)动力学作用的认识更多的是来源于风洞实验。因为要在风洞中产生类似于大气边界层那样具有层结的流动是很困难的,所以在风洞中无法模拟对流边界层及其演变过程。水槽模拟则适用于模拟对流边界层,我们关于对流边界层湍流行为特征以及扩散行为的早期认识主要来源于对流槽实验研究。水槽模拟可以在研究复杂地形或非均匀下垫面之上的对流边界层发展过程及其湍流行为特征方面发挥重要作用。人们已经利用水槽模拟对山谷风、城市热岛环流、海陆风环流等进行了研究。随着实验装置和测量技术的不断进步,已经可以实现对既有切变又有层结的大气边界层流动的水槽模拟,这会大大丰富水槽实验的模拟能力。在现阶段和今后相当长的时间里,物理模拟仍然是研究大气边界层的重要手段。

在过去的五十年里,随着计算机技术的迅猛发展,数值模拟已然成为研究大气边界层结构与行为特征以及大气边界层湍流的有力工具。与物理模拟一样,数值模拟可以设置特定的控制条件来实施数值试验,而这些条件在实际的外场试验中是不具备的。数值模拟可以设置细致周密具有较高复杂度的试验条件,在这方面它比物理模拟更有优势。实际上,数值模拟就是在恰当的初始条件和边界条件之下求解一套偏微分方程,这套方程描述了大气边界层的动力学和热力学守恒性质及其与地表之间的相互作用。最理想的情况是把辐射、大气成分(包括大气气溶胶)、云、地形、地球旋转、地表摩擦、重力波以及湍流等效应都考虑进去,从而获得关于风速、温度、湿度和气压的真实分布及其随时间的变化情况。经过几十年的发展和不断完善,数值模拟已经具备了强大的模拟能力,并且在大气科学的诸多研究领域中发挥着越来越重要的作用。它既可以进行有限区域的模拟(如同大部分中尺度模式那样),也可以进行全球模拟(如同大气环流模式那样)。就大气边界层而言,由于其中充满了湍流运动,需要对湍流的作用进行描述。从方程的角度讲,平均的控制方程中出现了湍流通

量项，使得未知数的个数超过了方程的个数，需要增加关于湍流通量的方程来使方程组闭合，这样才能求解方程组。不论是区域模式还是全球模式，其中都包含了大气边界层模块，即PBL模式(planetary boundary layer model)，在模式系统中它就是描述湍流行为的子模式。我们对大气边界层湍流行为的认识并不全面，因此，在PBL模式中有很多假设和近似处理(即参数化)，这使得PBL模式仍有很大的改进空间。当然，如何改进取决于我们对大气边界层湍流行为获得怎样的新认识，这也是大气边界层研究的重要内容。

针对大气边界层充满湍流的天然特性，人们发展出大涡模拟技术，相应的数值模式称为大涡模式，即LES(large-eddy simulation)模式。在大涡模式中，网格的分辨率很高，水平网格距通常不超过100 m，垂直网格距通常不超过50 m；所求解的控制方程是经过空间滤波(滤波尺度就是网格尺度)的方程，这一点与中尺度模式或大气环流模式不同，后者的控制方程是系综平均方程(即关于物理量的系综平均值的方程)。因此，大涡模拟得到的气象场中包含了湍流成分(即尺度大于网格尺度的那部分湍流)，只需要对尺度小于网格尺度的那部分湍流的作用进行参数化处理，对这部分小尺度湍流行为的描述相对容易，这使得由参数化近似处理引入的不确定性被有效降低。因为大气边界层中湍流对动量、热量及物质的输送作用，以及对湍流能量和湍流方差的贡献，都主要是由大尺度湍流涡旋来实现的(也就是说小尺度湍流的作用很小，除了在很靠近地面的地方)，而大涡模拟能够分辨出这部分大尺度湍流涡旋，所以大涡模拟被广泛应用于研究大气边界层湍流的行为特征。同时，大涡模拟结果也被用来检验和评估湍流参数化方案的适用性。大涡模拟已成为研究大气边界层湍流不可或缺的手段，并且已经拓展到研究与湍流相关的其他物理过程当中(比如云过程)。

对于湍流流动中的含能涡旋(大的湍流涡旋)的统计量，人们发现，当雷诺数超过某个临界值时，这些统计量被湍流含能区间的特征尺度u(速度尺度)和l(长度尺度)无量纲化以后就会表现出不依赖于雷诺数的行为特征。物理上可以给出这样的解释：因为湍流流动中的湍流雷诺数(用湍流速度尺度和长度尺度定义的雷诺数，即ul/ν)的值很大，含能涡旋基本不受黏性力的影响(黏性力远小于惯性力)，所以含能涡旋的统计特性不依赖于雷诺数。这就是所谓的雷诺数相似。雷诺数相似告诉我们，在雷诺数足够大的湍流流动中，大尺度涡旋的结构特征和行为特征是相似的。尽管它是个近似结果，但这一性质是很有用的，因为它让我们有理由相信在实验室中用几何比相同的小尺寸模型模拟地球物理流动时其含能涡旋结构可以代表大雷诺数地球物理流动中的情形。它是物理模拟湍流流动的依据。实际上，我们关于对流边界层中连续点源排放物的湍流扩散行为方面的认识大部分来源于雷诺数小很多(与实际大气边界层中的情形相比)的对流水槽实验的观测结果。

对于大涡模拟而言，要求滤波尺度(网格距)落在湍流的惯性区间内。在此情形之下，未被分辨的湍流通量(即次网格通量)只占系综平均通量(所有湍流成分形成的湍流通量)的很小份额，但是我们不能忽略掉这部分未被分辨的湍流通量，因为它是把湍流动能和标量方差从可分辨尺度传递给未能分辨的小尺度这一串级过程的必要环节。通常对次网格通量(即小尺度湍流的局地交换所形成的湍流通量)所采用的参数化方案是涡旋扩散率闭合(即K闭合)方案，即次网格通量等于涡旋扩散率K乘以被输送量的可分辨部分的梯度，并且取$K \sim u_s \Delta$，其中u_s是次网格尺度湍流涡旋的速度尺度，Δ是滤波截断尺度(网格距)。如果Δ落在惯性区间，$u_s = u(\Delta) = (\Delta \epsilon)^{1/3}$，其中$\epsilon$是湍流动能耗散率，于是这些涡旋的扩散率应该具有的量级是$u(\Delta)\Delta \sim \Delta^{4/3} \epsilon^{1/3}$。此时对于被滤波过后的纳维-斯托克斯方程而言，采用涡旋扩散率闭合方案时其有效雷诺数是UL/K，其中$U\sim u(l),L\sim l$。因为$u=(l\epsilon)^{1/3}$，所以$UL/K\sim(l\epsilon)^{1/3}l/(\Delta^{4/3}\epsilon^{1/3})=(l/\Delta)^{4/3}$，那么采用$K$闭合方案的大涡模拟所对应的等效雷诺数就是$(l/\Delta)^{4/3}$。如果这个等效雷诺数足够大，则模拟出湍流发展比较充分的流动，其湍流特性可以达到不依赖于雷诺数的状态，即符合雷诺数相似。显然，这需要满足$\Delta\ll l$，也就是说，滤波尺度需要落在湍流的惯性区间。这里的讨论涉及湍流的一些基本性质，有关湍流基本性质的详细内容将在第二章中介绍。

§1.5　大气边界层的重要性

大气边界层是对流层大气的一部分，它处于对流层大气的低层，虽然它的厚度只占对流层大气垂直范围的很小一部分，但它的作用十分重要，并且表现出与自由大气不同的特性。表1.1列举了边界层大气与自由大气之间的主要差别。

表1.1　边界层大气与自由大气之间的不同特征(Stull, 1988)

特性	边界层大气	自由大气
湍流	在整个边界层中几乎一直存在湍流	对流云中充满湍流；在很大的水平范围内偶尔也会在薄气层里出现晴空湍流
摩擦	地球表面对边界层大气形成很强的阻力；在边界层大气中有很强的能量耗散	只有微弱的黏性耗散
扩散	在水平和垂直方向都有快速的湍流混合	只有很弱的分子扩散；通常水平平均风速造成快速的水平输送
风速	近地层风速近似满足对数律；边界层气流的风速通常是次地转的，并穿越等压线	几乎与地转风相等
垂直输送	湍流运动的作用占主导	平均垂直运动和对流云尺度垂直运动的作用占主导
厚度	时空变化明显，100—3 000 m，陆上有日变化	8—18 km，有缓慢的时间变化

大气边界层的重要性体现在诸多方面，此处列举一些具体例证(Stull, 1988)：

➤人类生活在大气边界层当中。

➤每天天气预报对露、霜以及最高气温和最低气温的预报实际上是边界层预报。

➤空气污染主要发生在大气边界层当中。

➤雾发生在大气边界层当中。

➤空运起降、海运、陆上运输都发生在大气边界层当中。

➤地球上不同地方的不同气团特征实际上取决于大气边界层，因为大气边界层直接受到其下垫面的强迫，由此引起大气的斜压性。

➤地球大气系统的能量基本上来源于太阳辐射，而太阳辐射大部分被地表吸收，然后通过边界层过程传递到大气边界层之上的自由大气当中；海洋吸收的太阳辐射大约有90%用于海水蒸发，每年从全球海洋表面蒸发的海水大约是1 m，蕴含在水汽中的潜热能量大约占到驱动地球大气运动总能量的80%。

➢ 作物生长在大气边界层中，花粉通过边界层环流进行传播。

➢ 来自地表的云凝结核经由边界层过程的搅动进入大气当中。

➢ 来自地表的水汽由大气边界层中的湍流过程和平流输送过程垂直输送到自由大气当中。

➢ 雷暴和热带气旋的演变过程与边界层湿空气的入流紧密相关。

➢ 大气的动量由边界层中的湍流向地表输送，这个过程是地球大气动量的最重要的汇。

➢ 大约50%的大气动能是在边界层中被耗散掉的。

➢ 湍流和阵风效应是建筑结构设计需要考虑的因素。

➢ 暖锋和冷锋使得锋面两侧的边界层温度差异明显。

➢ 风能发电的风机从边界层风获取能量。

➢ 海洋表面的风应力是驱动洋流的主要动力来源。

➢ 边界层中的湍流输送和平流输送可以把水和氧气带给诸如植物等不可移动的生命体，也可以把植被排放的水和氧气/二氧化碳运送走，形成大气和生态系统之间的物质交换。

➢ ……

显然，还有很多具体例证可以列举。总而言之，地球大气系统与地球表面之间的相互作用通过大气边界层过程耦合在一起，其重要性是显而易见的。

大气边界层在大气科学的诸多领域都起到非常重要的作用，包括空气污染、农业气象、水文、航空气象、中尺度气象学、天气预报及气候。本书在此仅列举部分与大气边界层密切相关的问题。

城市气象涉及城市低空环境和空气污染，包括与光化学烟雾和有害气体泄漏相关的空气污染事件。烟雾和污染物在低空的散布受到气象条件的强烈影响，特别重要的是地表加热驱动的浅薄混合层的增长，以及侵蚀并最终突破贴地逆温层的那些控制因子。城市热岛问题已被人们熟知，在夏季更容易形成高温环境，从而对人体产生热胁迫，如何降低城市热岛对于大型城市而言是需要解决的问题。城市下垫面是三维结构，并且水热特性与自然下垫面差异很大，城市冠层的动力学和热力学效应直接影响大气边界层过程，气流经过城市时风速减小，并形成城市热羽，这些会对局地天气乃至气候产生影响。

空气质量管控与污染物的传输和扩散过程密切相关。需要关注的过程包括大气边界层中的湍流混合，特别是对流的作用、光化学过程，以及干湿沉降。在这个领域当中，对大气湍流的研究在应用层面上显得尤为重要；局地气象条件，包括中尺度环流（海陆风环流、斜坡风、山谷风等），以及低层气流与大尺度上层气流之间的失耦现象，等等，也是主要的关联因素。

航空气象涉及的边界层现象包括低云、低空急流、产生湍流的强切变，这些对飞机起飞和降落都有直接影响。当出现低云和低空急流的时候，需要关注的是影响其发生、维持和消散的因子，这些因子与边界层过程相关。

对于农业气象和水文，人们关心的是干湿沉降到农作物上的气体和污染物，蒸发、露和霜的形成，后三个现象与大气边界层的状态、湍流强度以及地表能量平衡等因素相关。

数值天气预报和气候模拟基于大气的动力学模型，需要真实地表征地表特征和发生在大气边界层中的主要物理过程。不包含边界层效应的大气环流模式从概念上讲是不完整的，不能充分体现边界层影响的预报模式无法进行准确预报。边界层对大气的动力学和热力学都有影响，一系列动力效应包括：超过一半的大气动能在边界层中被耗散掉，边界层摩擦作用使得底层大气的气流穿越等压线，与边界层的相互作用使得气团涡度发生变化。从热力学角度讲，地表蒸发的水汽进入大气后首先要经过大气边界层过程才能到达更高的地方。即使是海洋，也强烈地受到大气边界层的影响，因为它大部分动量是通过大气边界层获得的，从而影响到洋流。

从气候和局地天气的角度讲，数值模式中需要参数化的最重要大气边界层过程是垂直混合，以及云的形成、维持和消散；对于气候模式来讲非常重要的地表特性包括反照率、粗糙度、土壤湿度和植被覆盖。

总而言之，地球表面与大气之间的耦合主要通过边界层过程来完成，因此，大气边界层在大气科学乃至地球系统科学中占据了十分重要的地位。不同尺度的大气现象为大气边界层设置了不同的场景，它在其中的作用也不尽相同，很多问题需要深入研究，从普朗特提出边界层的概念至今也不过百年的历史，可以说大气边界层研究正处于方兴未艾的阶段。大气边界层研究在二十世纪后半叶取得了长足的进展，这得益于观测技术和基于计算机的数值模拟技术的快速发展，以及科学家们的不懈探索，形成了较为完善的理论框架和知识体系。

参考文献

Charnock H.. 1955. Wind stress on a water surface. Quart. J. Roy. Meteor. Soc., 81: 639.

Ekman V. W.. 1905. On the influence of the earth's rotation on ocean currents. Arkiv. Mat. Astron. Fysik., 2(11): 1-53.

Garratt J. R.. 1992. *The Atmospheric Boundary Later*. Cambridge University Press, Cambridge: 316pp.

Stull R. B.. 1988. *An Introduction to Boundary Layer Meteorology*. Kluwer, Dordrecht: 666pp.

第二章
湍流的基本性质[①]

§2.1 湍流的生成

层流和湍流都是常见的流动形态，虽然两者的性质截然不同，但在一定的条件下可以相互转换。流动如何从层流变为湍流，1883 年雷诺所做的著名实验在现象学层面对这一问题给出了明确答案。实验装置如图 2.1 所示，贮水箱与一个粗水管相连，水箱中的无色水经由玻璃管流出；另有一装有染色液体的小水箱，用一个细玻璃管将染色液体接入粗玻璃管的管口，使染色液体注入粗玻璃管，与无色水一起流出。当管中的流速较慢时，染色液体在粗玻璃管中呈现为清晰可辨的线状，说明此时管中流动为层流；若增大管内流速，发现染色液体的流线会发生弯曲；继续增大流速，并超过某个临界值时，发现染色液体进入粗水管后立即与无色水混合，染色液体的流线不复存在，说明管中流动为湍流。雷诺对圆管中黏性流体的流动状态进行了反复实验，发现层流转化为湍流的条件取决于雷诺数 $Re=Ud/\nu$ 值的大小，其中 U 是圆管横截面上的平均速度，d 为圆管直径，ν 为流体的运动学黏性系数。实验证明，当雷诺数达到临界值时流动就会由层流转变为湍流。后来的实验证明，临界雷诺数 Re_c 的数值并非固定不变，它与实验装置的几何形状及流体中的扰动条件有关。例如，一根具有尖锐口缘的管子与壁面是平滑的容器相连接，雷诺数的临界值是 2 800；如果对口缘加以很好的圆顺，并使容器中的流体几乎处于静止状态，则临界雷诺数可以达到 40 000；如果入流不规则，它可以降至 2 300。对于管中的流动而言，发生湍流的临界雷诺数一般不会小于 2 000，即 Re_c 的下限值是 2 000，当 $Re<2\,000$ 时，管内的流动保持为稳定的层流状态。如同所举的例子那样，Re_c 的上限值是

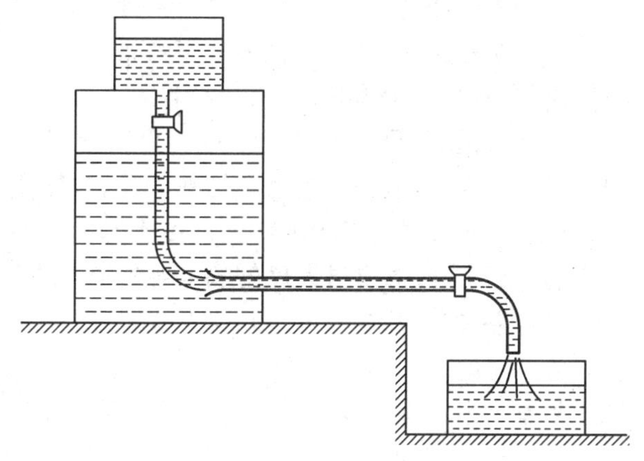

图 2.1　雷诺试验装置示意图

---

① 本章主要内容来自 Wyngaard 编著的教材 *Turbulence in the Atmosphere*，并进行了重新编写和必要的补充，旨在帮助读者建立起湍流的基本物理图像和对湍流的基本认识。Wyngaard 的教材系统全面地介绍了湍流理论及其应用于大气科学的历史和现状，可作为本书的重要参考书。本书作者已将其翻译成中译本《大气湍流》，于 2021 年由气象出版社出版。

可以不同的，改善实验条件可以有效提高上限值，只有 Re 大于临界雷诺数的上限值时，才会出现充分发展的湍流（即所谓通体湍流）。当 Re 处于临界雷诺数的上、下限之间的时候，流动处于不稳定的过渡状态，可能是层流，也可能是湍流。

上述实验当中改善实验条件的目的是增加流动的稳定性，即减小流动中存在的扰动，从而使得圆管中的流动在雷诺数较大的时候才发生湍流。如果管壁是粗糙的，则管壁上细小的凸起物会对流动产生扰动作用，这种情况下在雷诺数较小时就会发生湍流。在实际的大气边界层中，由于地表（特别是陆地表面）几乎都是粗糙的，则地表对气流的扰动作用使得湍流很容易发生（即使是水体表面，风吹过水面时会产生波纹，虽然水面是光滑的，但是不平整，同样对气流有扰动作用），所以地球大气在靠近地表的地方（即边界层当中）总是充满着湍流运动。

湍流可以通过机械作用和热力作用产生。机械作用来源于流动本身，本质上讲是由流动的切变引起的。切变会因流动流经固体表面受到摩擦拖曳而形成，它使得靠近壁面的流动速度小于离壁面较远处的流动速度，当切变大到一定程度时就会发生（圆管流动实验就是这种情形）；切变也会因气流绕过建筑、树木乃至岛屿等障碍物而形成，它使得障碍物后方产生所谓的尾流湍流；切变也会出现在远离固体表面的地方，当上下两层气流的速度不相同（乃至相反）时，两层气流之间产生切变，这样的切变被称为自由切变，它同样产生湍流（高空晴空湍流就是这种情形）。由机械作用而产生的湍流被称为机械湍流，也称为受迫对流。热力湍流（或称为对流湍流，也就是所谓的自由对流）源于热力作用（加热或冷却）产生的浮力效应，它包含了上升的热空气（即热羽）和下沉的冷空气。在靠近地面的地方（即近地层当中），以白天为例，地表对空气有加热作用，空气上升运动得以维持，从而形成持续的上升运动，呈现出羽状结构，其水平特征尺度大约为 100 m。在大气边界层中更高的高度上，众多这样的热羽合并，形成更大尺度的上升气流（水平尺度大约为 1 000 m），受到流体连续介质属性的约束，在上升热气流之间会形成速度略小、水平范围稍大的下沉运动。下沉气流的温度略低。在地表加热作用的驱动之下，大气边界层中充满了对流运动，因此，白天大气边界层通常被称为对流边界层。还有一种情形常发生在海上，海上大气边界层顶部经常出现层积云，由于云顶有很强的辐射冷却效应，这种冷却作用积累到一定程度就会使得空气温度变得较低，（负的）浮力使得这些冷的空气产生下沉运动，下沉气流激发出补偿上升运动，于是形成对流。所以对于大气边界层而言，对流运动可以由底部加热驱动，也可以由顶部冷却驱动。在实验室水槽模拟当中，前者对应于对流槽模拟（底部加热），后者对应于盐水槽模拟（顶部加注密度更大的盐水）。

地球大气的一个显著特征是具有层结性。当大气层结状况处于不稳定条件之下（即 $\partial\theta/\partial z<0$），气块受到扰动而发生垂直运动时，它会受到与运动方向相同的浮力，在此情形之下湍流运动得到增强，因此，不稳定层结的作用是产生湍流。当大气层结状况处于稳定条件之下（即 $\partial\theta/\partial z>0$），在这样的环境当中垂直方向的运动要么是冷气块向上，要么是热气块向下，这将引起气块受到与运动方向相反的浮力，从而使得运动减速，实际上这是个把动能转化为势能的过程。对于湍流运动而言，稳定层结对湍流动能起到的是消耗作用。在此情形之下，湍流运动能否得以维持取决于切变生成湍流的速率与稳定层结消耗湍流的速率这两者之间的相对大小。通常用两者的比值定义一个无量纲数来表示它们的相对大小，这个无量纲特征参数就是理查森数 Ri。由于湍流的机械生成作用和层结生成（或消耗）作用

分别与速度和位温的垂直梯度直接相关，所以理查森数的一种定义形式是

$$Ri=\frac{\frac{g}{T}\frac{\partial \bar{\theta}}{\partial z}}{\left(\frac{\partial \bar{u}}{\partial z}\right)^2+\left(\frac{\partial \bar{v}}{\partial z}\right)^2} \tag{2.1}$$

它被称为梯度理查森数。在稳定条件下（即 $Ri>0$），通常存在一个临界理查森数 $Ri_c=0.25$。当 $Ri<0.25$ 时流动会从层流转变为湍流；但如果流动已经是湍流，则在 $0.25<Ri<1.0$ 范围流动依然保持为湍流流动，通常会在更大的 Ri 值上（一般 $Ri>1.0$）流动才会变为层流。因此，对于处于 $0.25<Ri<1.0$ 范围内的流动而言，其运动形式是层流性的还是湍流性的，要看流动特性的演变过程。人们把流动的这种行为特征称为"滞后"效应。但不管怎样，当 $Ri<0.25$ 时，流动通常都是湍流性的，因此，$Ri<0.25$ 的流动被称为动力不稳定流动。

如果切变出现在有密度界面的地方（比如，冷空气在下方，暖空气在上方，两者之间密度不同），当切变大到一定程度，流动就会变成动力不稳定的，从而激发出湍流。界面上的这种动力不稳定被称为开尔文-亥姆霍兹不稳定。起初界面上出现波动，随即波动振幅增大，并在切变的作用下发生卷曲，如同波浪一样，这被称为开尔文-亥姆霍兹波。波浪卷曲形成翻转作用，把界面下方冷的空气带到上方，而把上方暖的空气卷到下方，形成局地的静力不稳定，从而触发湍流，并使得波浪破碎。这便是开尔文-亥姆霍兹不稳定引发湍流的机制。

湍流的发生是对流动不稳定性的一种自然响应——这种响应倾向于降低不稳定性。这种行为有些类似于化学中的平衡原理，即勒夏特列原理：在一个已达到平衡的化学反应中，如果改变影响平衡的某个条件，如温度、压强，或参与反应的化学物质浓度，则平衡向着减弱这种改变的方向移动，形成新的平衡状态。例如，在晴朗的白天，太阳辐射加热地表，使得地表温度高于大气，于是地表加热靠近它的空气，使得近地层大气处于静力不稳定状态，气流对这种不稳定做出的反应就是产生热环流，这样的热环流让热的空气向上运动、冷的空气向下运动，形成上下交换（混合），直到达成新的动态平衡。一旦这种对流调整发生，气流将变成静力中性状态（即位温随高度没有变化），于是湍流运动终止。在晴朗的白天，大气边界层中湍流之所以能够得以维持，原因在于外强迫对气流的持续去稳定化作用（即太阳辐射对地表的持续加热作用），这样的外强迫作用抵消了湍流混合造成的气流趋稳定化作用。类似的情况也能从受迫湍流流动中观察到，水平风速的垂直切变是能够产生湍流的动力不稳定流动结构，湍流的出现造成水平速度较快的空气与水平速度较慢的空气在垂直方向上产生混合，混合的结果是使得气流中的风速和风向趋于一致，一旦湍流混合作用使得切变减小到一定程度，那么湍流就会终止，如同对流湍流的情形一样。机械湍流得以维持的原因在于大气中存在的外强迫因子（例如更大尺度的天气系统），只要外强迫形成的去稳定化作用能够持续，机械湍流就可以维持。

本节主要介绍了湍流是如何发生的。如果我们把湍流流动看成一个动力系统，这个系统具有耗散性，也就是说，如果失去了强迫作用（能够产生湍流的强迫因子），则湍流运动很快就会衰减并终止，这个性质源于流体本身的性质——黏性。湍流使得流动当中充满了相对运动，而黏性的作用就是阻止相对运动，所以湍流流动的过程中需要克服黏性阻力（黏性摩擦力），从而不断地损失运动的能量（所损失的湍流动能通过黏性摩擦生热转化为流体的

内能)，这种耗散作用始终伴随着湍流运动，虽然耗散作用只发生在小尺度湍流运动上，但所损失的湍流动量需要更大尺度的湍流运动不断地对其补充，于是湍流的总动能会不断减少，最终停止。

湍流流动是个复杂的动力系统，迄今为止，人们对湍流本质的认识仍然不甚明了。研究湍流仍然面临两个问题：湍流形成的原因，以及已经形成的湍流具有怎样的流动特性。

§2.2 如何研究湍流

到目前为止，人们对湍流的认识仍然主要集中在现象学层面，要给湍流下一个严格的科学定义并不容易。早在二十世纪四十年代，著名学者泰勒(G. I. Taylor)和冯·卡门(Von Karman)提出"湍流是在流体流经固体表面，或同一种流体相互流动的时候，经常发生的一种不规则运动"。这个定义指出了湍流发生的途径以及湍流运动的主要特征——不规则性。显然，这是个描述性的现象学定义。那么我们要问，究竟怎样的不规则运动才是湍流运动呢？后来，辛茨进一步指出"湍流是这样的一种不规则运动，其流场的各种特性量是时间和空间的随机变量，但其统计平均值是有规律的"(Hinze，1959)。辛茨既强调了湍流的随机性，也强调了湍流具有统计规律，两者都是湍流的基本特征。

长期以来湍流对数学家和物理学家具有特别的吸引力，湍流被称为"经典物理中最后一个未被解决的问题"。一方面，我们仍然缺乏对湍流本质的认识，这正是我们难以给湍流下一个准确定义的原因。另一方面，尽管流体的运动方程(即纳维-斯托克斯方程)同样适用于湍流流体，但我们无法对湍流流体的运动方程进行解析求解，困难在于方程是非线性的。由于数学上难以处理(湍流没有确切的解析解)，对湍流的研究通常要进行观测，我们今天对湍流的大部分认识仍然主要来自观测，在湍流研究当中观测的重要性不言而喻。

然而在过去的半个世纪里数值模拟方法得到快速发展，数值模拟已成为研究湍流的重要手段。自二十世纪六十年代起，人们开始用数值模拟方法来研究湍流。洛伦兹发现(Lorenz，1963)，非常小的初始条件变化可以对一个由3个方程构成的非线性对流湍流的简单动力系统的行为产生显著的影响。他发现微小的初始条件差异会导致两个解随时间的演变完全不同。这种对初始条件的极度敏感性被认为是湍流的基本特征，是湍流随机性的一种体现。洛伦兹的研究工作对湍流研究产生了革命性的影响，格雷克把洛伦兹的发现比作混沌研究的开端(Gleick，1987)。

在洛伦兹早期开创性工作之后，计算机和数值模拟技术在求解微分方程方面的进展使得数值模拟湍流成为可能。这样的模式主要分为两类，一类是直接数值模拟DNS(direct numerical simulation)，就是直接数值求解纳维-斯托克斯方程，由于网格距很小，模拟范围有限，目前只能模拟比较理想化的简单情况，由于对流动特性和湍流行为基本不做假设，直接数值模拟对一些特定问题研究很有优势；另一类是大涡模拟LES(large-eddy simulation)，它是一种求解湍流场大尺度结构的近似技术，背后的理念由雷利提出(Lilly，1967)，我们在第一章已经提到，大涡模拟需要对次网格湍流行为做参数化处理，由于大涡模拟能够针对相对复杂的问题，它的应用已很广泛。如今直接数值模拟和大涡模拟已经成为湍流研究的重要工具。

§2.3　湍流方程

为方便讨论，在本章当中我们先使用密度均匀且不随时间变化的流体(即等密度流体)的方程，因为它们包含了流体的基本物理性质。在笛卡尔坐标系中，流体的连续方程(即质量守恒方程)是如下形式：

$$\frac{\partial \rho}{\partial t}+\frac{\partial \rho u_i}{\partial x_i}=0 \tag{2.2}$$

其中 ρ 是密度，$x_i=(x_1, x_2, x_3)$ 是空间位置，$u_i=(u_1, u_2, u_3)$ 是速度。这种表示法要求对下标重复的项进行 1、2 和 3 求和(如下一个公式(2.3)所示)。当流体的密度为常数(即等密度)时，方程(2.2)变成

$$\frac{\partial u_i}{\partial x_i}=\frac{\partial u_1}{\partial x_1}+\frac{\partial u_2}{\partial x_2}+\frac{\partial u_3}{\partial x_3}=0 \tag{2.3}$$

意思是流体的速度散度为零。流体满足方程(2.3)则被称为是不可压的——其密度不随压力变化，液体和低速流动的气体常被看成是不可压的。

流体的牛顿第二定律是如下形式：

$$\rho \frac{Du_i}{Dt}=\rho\left(\frac{\partial u_i}{\partial t}+u_j \frac{\partial u_i}{\partial x_j}\right)=-\frac{\partial p}{\partial x_i}+\rho g_i+\frac{\partial \sigma_{ij}}{\partial x_j} \tag{2.4}$$

其中 p 是压力，g_i 是重力加速度，σ_{ij} 是黏性应力张量。方程(2.4)适用于惯性坐标系，但我们使用地球坐标系时会因为地球的旋转而具有加速度，因此，方程(2.4)还应该有一个柯氏力项，它对于大气湍流是很重要的，这里我们暂且不予考虑。

当密度均匀的时候我们可以定义一个压力 p^s，使它的梯度与重力完全平衡：

$$0=-\frac{\partial p^s}{\partial x_i}+\rho g_i \tag{2.5}$$

它的积分形式是 $p^s=\rho g_i x_i+p_0$，其中 p_0 是个常量。如果我们把压力写成

$$p=p^s+p^m \tag{2.6}$$

使得 p^m 成为因流体运动而产生的调整压力，则我们可以把方程(2.4)写成

$$\rho\left(\frac{\partial u_i}{\partial t}+u_j \frac{\partial u_i}{\partial x_j}\right)=-\frac{\partial p^m}{\partial x_i}+\frac{\partial \sigma_{ij}}{\partial x_j} \tag{2.7}$$

这样可以使得重力项不显式出现在方程中。这里我们将使用(2.7)式的形式，并且把压力的上标给省略掉。

运用不可压连续方程(2.3)，我们可以把方程(2.4)写成

$$\rho \frac{\partial u_i}{\partial t}=-\frac{\partial p}{\partial x_i}+\frac{\partial}{\partial x_j}(-\rho u_i u_j+\sigma_{ij}) \tag{2.8}$$

方程中最后一项是通量散度形式，其中括号里面的这两项具有动量通量的量纲(这两项之和

可以被看作是广义动量通量)，同时，其量纲等效于 $\mathrm{N\cdot m^{-2}}$，意思是单位面积上所受的力，因而也被称为应力，它是个张量。

对于不可压的牛顿流体，黏性应力张量 σ_{ij} 是形变率张量 s_{ij} 的线性函数，我们把它写成

$$\sigma_{ij}=\mu\left(\frac{\partial u_i}{\partial x_j}+\frac{\partial u_j}{\partial x_i}\right)=2\mu s_{ij} \tag{2.9}$$

其中 μ 是动力学黏性系数，而 s_{ij} 是

$$s_{ij}=\frac{1}{2}\left(\frac{\partial u_i}{\partial x_j}+\frac{\partial u_j}{\partial x_i}\right) \tag{2.10}$$

可以把黏性系数为常数的牛顿流体方程(2.4)写成

$$\frac{Du_i}{Dt}=\frac{\partial u_i}{\partial t}+u_j\frac{\partial u_i}{\partial x_j}=-\frac{1}{\rho}\frac{\partial p}{\partial x_i}+\nu\frac{\partial^2 u_i}{\partial x_j\partial x_j} \tag{2.11}$$

一个量除以密度后被称为运动学量，所以 $\mu/\rho=\nu$ 被称为运动学黏性系数。方程(2.11)被称为纳维-斯托克斯方程。

涡度 ω_i 是速度的旋度，写成张量的形式为

$$\omega_i=\varepsilon_{ijk}\frac{\partial u_k}{\partial x_j} \tag{2.12}$$

其中 ε_{ijk} 的意思是：当 ijk 按顺序排列，如 123，或 231，或 312，则其值为 1；若为逆序排列，如 132，或 321，或 213，则其值为－1；若有两个下标相同，则其值为 0(当然，三个下标相同时其值也是 0)。涡度守恒方程是

$$\frac{D\omega_i}{Dt}=\frac{\partial\omega_i}{\partial t}+u_j\frac{\partial\omega_i}{\partial x_j}=-\omega_j\frac{\partial u_i}{\partial x_j}+\nu\frac{\partial^2\omega_i}{\partial x_j\partial x_j} \tag{2.13}$$

对于无源汇的标量 c(流体中不发生化学反应的某种成分的浓度)，它的质量守恒方程可以写成

$$\frac{\partial c}{\partial t}+\frac{\partial cu_i}{\partial x_i}=\gamma\frac{\partial^2 c}{\partial x_i\partial x_i} \tag{2.14}$$

其中 γ 是流体中 c 的分子扩散率(也称为扩散系数)。我们也可以把它写成通量形式

$$\frac{\partial c}{\partial t}=-\frac{\partial}{\partial x_i}\left(cu_i-\gamma\frac{\partial c}{\partial x_i}\right) \tag{2.15}$$

它表明 c 的局地时间变化源于 c 的总体通量(平流部分与分子扩散部分之和)的散度。这里我们只考虑等密度流体，所以没有速度散度，于是可以把方程(2.14)写成

$$\frac{Dc}{Dt}=\frac{\partial c}{\partial t}+u_i\frac{\partial c}{\partial x_i}=\gamma\frac{\partial^2 c}{\partial x_i\partial x_i} \tag{2.16}$$

它的意思是跟随流体运动并忽略分子扩散时，c 保持不变。我们称这样的标量为保守标量(这也是保守标量的定义)。

当流体中不存在因辐射、相变、化学反应、黏性效应等因子产生的加热作用时，热量方程就变成了与方程(2.16)相同的形式

$$\frac{DT}{Dt}=\frac{\partial T}{\partial t}+u_i\frac{\partial T}{\partial x_i}=\alpha\frac{\partial^2 T}{\partial x_i \partial x_i} \tag{2.17}$$

其中 T 是温度，α 是流体的导热率(也称导热系数)。方程(2.17)表明，在这些条件下温度是个保守变量，它的变化只与分子热传导有关。

方程(2.3)、(2.11)、(2.13)、(2.16)和(2.17) 控制着等密度牛顿流体的质量场、速度场、涡度场、保守标量成分及温度场的分布及演变。从形式上看，这些方程与层流流体的控制方程没有区别，但我们在上一节中已经讲到，对于湍流流动而言，这些方程是没有解析解的。数值模拟湍流流动需要对方程进行处理，我们会在后续的章节里予以介绍。

§2.4　湍流的一些重要特性

本节主要从物理的角度介绍湍流的一些特性，包括借助数学分析获得相应的认识，通过了解这些特性帮助我们建立起关于湍流的物理图像和基本认识。

2.4.1　湍流的随机性和不规则性

假如我们在实验室里模拟湍流流动(比如风洞实验)，并且在相同条件下重复实验，于是可以生成任意次数的湍流流动。虽然实验条件相同，但初始状态的微小差异是不可避免的，因此，每次得到的流动都是独一无二的，我们称之为一个实例。我们说这样的流动具有随机性，意思是每个实例都是不同的。可见随机性针对的是不同实例之间的差异(这种差异具有随机性)，我们可以把这种差异理解为是由初始状态的随机扰动引起的。

在湍流流动中任意一点的物理量都有一个平均值和围绕这个平均值的扰动量(扰动量也被称作脉动量)。平均值原则上来讲应该是系综平均值，也就是众多实例在某一点的值的平均值；对于时间平均值，我们可以把它看成是统计上具有平稳特征的系综平均的近似值；对于空间平均值，我们可以在空间均匀的情况下使用。围绕这个平均值的扰动量是杂乱无章的(没有规律的)。对于一个实例而言，这种扰动在时间和空间上的变化是不规则的。这就是所谓的湍流不规则性。可见不规则性所强调的是一个实例当中扰动量时空变化的无规律性(实际上也可以认为是随机的)。

湍流流动的数值模拟通常模拟出来的只是平均值(这里所讲的是系综平均模式的模拟结果，直接数值模拟和大涡模拟除外)。最常见的大气扩散模式(比如高斯烟流扩散模式)估算的是连续点源下游的系综平均浓度，但白天大气边界层中连续点源的烟羽在时间上和空间上都会围绕系综平均值起伏，而且每个实例中的行为是不同的，这种浓度偏离可能会在短时间里形成具有危害性的高浓度。

2.4.2　湍流的尺度范围

当存在可视化的示踪物(比如，云中和飞机尾流中的微小水滴，以及烟羽中的烟气)时，我们能够在湍流流动中看到涡旋，即速度场中的局地相干结构，换句话说，所谓相干结构就是大尺度的湍流涡旋。这些大尺度湍流涡旋被称为含能涡旋，因为它们携带了湍流运动的大部分动能。含能涡旋的长度尺度 l 和速度尺度 u 是相较于平均流动的特征量，l 是流动特征长度 L 的尺度，并且在量值上与之相当，比如，大气边界层当中 l 是边界层厚度的尺度，在圆管流中它是圆管直径的尺度；类似地，u 是流动速度 U 的尺度；湍流时间尺度 l/u 被称作涡旋翻转时间，它代表了一个含能涡旋生命周期的典型值。

因为湍流发生在雷诺数 $Re=UL/\nu$ 比较大的流动当中，虽然湍流雷诺数 $R_t=ul/\nu$ 小于 Re，但也是远远大于 1 的。因此，一个著名的近似是：含能涡旋不直接受黏性影响（因为雷诺数是惯性力与黏性力的比值，雷诺数很大意味着在这个尺度上黏性力与惯性力相比可以忽略不计）。当我们提及"湍流雷诺数"时，应该指的是 R_t。

两个很重要的发现使我们能够对任意湍流流动中的涡旋尺度范围做出估计。第一个看上去像是个悖论：ϵ 表征单位质量流体的湍流动能的黏性耗散速率，它包含了运动学黏性系数 ν（它的表达式是 $\epsilon\equiv\nu\overline{\frac{\partial u_i}{\partial x_j}\frac{\partial u_i}{\partial x_j}}$，后面章节会有介绍），却与黏性无关，它由非黏性的含能涡旋决定：$\epsilon=\epsilon(u,l)\sim u^3/l$。第二个是柯尔莫哥洛夫 1941 年提出的假设：耗散涡旋的速度尺度 υ 和长度尺度 η 只与湍流耗散率 ϵ 和流体的运动学黏性系数 ν 有关。如果是这样，则意味着耗散涡旋的尺度为

$$\begin{aligned}&\text{柯尔莫哥洛夫速度尺度 } \upsilon=(\nu\epsilon)^{1/4}\\&\text{柯尔莫哥洛夫长度尺度 } \eta=\left(\frac{\nu^3}{\epsilon}\right)^{1/4}\end{aligned}\tag{2.18}$$

这是用 ϵ 和 ν 构成一个长度尺度和一个速度尺度的唯一组合方式。所以耗散涡旋的雷诺数大约为 $\upsilon\eta/\nu=1$，它表明耗散涡旋受到黏性的强烈影响。

运用 $\epsilon\sim u^3/l$ 和方程(2.18)，我们能写出

$$\begin{aligned}\frac{l}{\eta}&=\frac{l\epsilon^{1/4}}{\nu^{3/4}}\sim\frac{lu^{3/4}}{l^{1/4}\nu^{3/4}}=\left(\frac{ul}{\nu}\right)^{3/4}=R_t^{3/4}\\\frac{u}{\upsilon}&=\frac{u}{(\epsilon\nu)^{1/4}}\sim\frac{u}{(u^3\nu/l)^{1/4}}=R_t^{1/4}\end{aligned}\tag{2.19}$$

方程(2.19)意味着，在湍流雷诺数较大的时候，与含能涡旋相比耗散涡旋很弱且尺度小很多。假设取大气边界层中的典型值：$u\sim1\ \mathrm{m\cdot s^{-1}}$ 且 $l\sim10^3$ m，则 $R_t\sim10^8$，并且可得 $\upsilon\sim10^{-2}\ \mathrm{m\cdot s^{-1}}$ 和 $\eta\sim10^{-3}$ m。由于 $l/\eta\sim10^6$，从含能涡旋到耗散涡旋其空间尺度跨越了六个量级。

耗散涡旋与含能涡旋的涡度典型值之比是

$$\frac{\text{耗散涡旋的涡度}}{\text{含能涡旋的涡度}}\sim\frac{\upsilon/\eta}{u/l}=\frac{\upsilon}{u}\frac{l}{\eta}\sim R_t^{1/2}\tag{2.20}$$

在湍流雷诺数较大的时候耗散涡旋几乎携带了所有的湍流涡度。

在 R_t 值大的湍流中 η/l 的值很小，按照方程(2.19)，柯尔莫哥洛夫微尺度 η 可以写成

$$\eta\sim\frac{\nu^{3/4}l^{1/4}}{u^{3/4}}\tag{2.21}$$

它在工程流动中很少会小于 10^{-4} m，而在大气中大约是 10^{-3} m，这对确保流体力学的连续介质机制的可用性来讲已经足够大了。

2.4.3　湍流概念模型

柯尔莫哥洛夫 1941 年发表的论文奠定了我们今天把湍流理解为一个动力系统的基础。他的创造性工作使我们把湍流看成是由相互作用的不同大小的涡旋所构成的非线性动力系统，该系统在动力学上确立了一些湍流特性，而湍流的其他一些特性可以从它的流体力学环境中获得。

含能湍流涡旋的速度尺度 u 和长度尺度 l 与平均流动的速度和长度尺度在量级上相当，但在量值上会小一些。湍流雷诺数 $R_t = ul/\nu$ 较大的时候，这些含能涡旋基本上是非黏性的（即黏性作用可以忽略不计），它们决定了黏性耗散率（即湍流动能转化为流体内能的速率），而黏性耗散率与黏性系数的值的大小无关。

因为单位质量的湍流动能的产生和消耗速率只取决于 u 和 l，按照量纲分析原理，它们的量级为 u^3/l。但是耗散过程本身是个黏性过程，所以发生耗散过程的涡旋的速度尺度和长度尺度与 ν 有关，根据柯尔莫哥洛夫假设，耗散涡旋的长度尺度和速度尺度分别是 $\eta = \eta(\epsilon, \nu) \sim (\nu^3/\epsilon)^{1/4}$，$\upsilon = \upsilon(\epsilon, \nu) \sim (\nu\epsilon)^{1/4}$。

湍流直接从平均流动获得动能，这就形成了湍流动能产生速率，在平衡状态下，它以相同的速率通过发生在最小尺度涡旋上的黏性耗散过程失去动能。湍流场通过调整那些耗散涡旋的大小（长度尺度）和强度（速度尺度）来实现所需的能量耗散速率，这种黏性耗散速率正比于流动速度的三次方。换句话说，湍流这个动力系统具有自适应机制，含能涡旋与耗散涡旋是联动关系，当大尺度端含能涡旋的湍流动能产生率比较大的时候，小尺度端的耗散涡旋所形成的耗散速率也随之增大，从而达成一种动态平衡（试想，如果湍流耗散速率不随之增大，则湍流能量会无限增长，这种情况是不可能发生的）。

在含能涡旋与耗散涡旋之间充斥着各种尺度的湍流涡旋，它们相互耦合在一起，使得湍流能量从大尺度涡旋向小尺度涡旋传递（直至在耗散涡旋尺度上转化为流体内能），这个传递过程被称为湍流动能的串级过程。

2.4.4　湍流涡旋的伸缩与倾斜

涡旋伸缩是涡度方程(2.13)最右式的第一项所体现的一种机制。为说明它，我们考虑轴向为 x_1 的涡旋，也就是说，初始的涡度是 $\omega_i = (\omega_1, 0, 0)$。方程(2.13)表明，在不考虑黏性作用的情况下涡度的初始演变是

$$\frac{D\omega_1}{Dt} = \omega_1 \frac{\partial u_1}{\partial x_1},\ \frac{D\omega_2}{Dt} = \omega_1 \frac{\partial u_2}{\partial x_1},\ \frac{D\omega_3}{Dt} = \omega_1 \frac{\partial u_3}{\partial x_1} \tag{2.22}$$

如果 $\partial u_1/\partial x_1$ 为正，(2.22)式表示涡旋在 x_1 方向被拉伸，使得 ω_1 变大。$\partial u_2/\partial x_1$ 和 $\partial u_3/\partial x_1$ 能够从 ω_1 生成出 ω_2 和 ω_3，这种情况有时被称为涡旋倾斜。

在二维流体中速度场是 $u_i = [u_1(x, t), u_2(x, t), 0]$，则 $\omega_i = (0, 0, \omega_3)$，并且方程(2.13)中 ω_3 的涡旋伸缩项是 $\omega_3 \partial u_3/\partial x_3 = 0$，这说明对于涡旋伸缩而言三维流动是必要条件。

动能的串级传递经由耗散尺度的涡旋最终形成黏性耗散是三维湍流的必然景象，没有

黏性耗散作用湍流能量有可能漫无边际地增长。这种动能串级是个统计概念，但对于瞬时湍流有直接的寓意：不仅存在如我们能看到的云和烟羽中那些大的、显而易见的、充满能量的涡旋，同时还存在非常小尺度的涡旋，这些小涡旋的黏性力可以用所需要的速率把动能消耗掉。现在人们已经接受了这样的观点：涡旋拉伸是三维湍流中生成中小尺度涡旋的一种物理过程。

而对于那些大尺度涡旋，当强迫作用(机械作用和热力作用)使得湍流可以充分发展的时候，它们具有相似特性——雷诺数相似(见第一章)。

2.4.5 湍流的相干结构

在湍流流动中的那些最大涡旋表现出“相干结构”，它们是些准平稳、幅度明显的环流，它们在每个实例中都有几乎相同的形状、强度和位置。经由雷诺应力的作用它们从平均流动中获得动能，又由于更小尺度涡旋的雷诺应力的作用，使它们失去这些动能，它们的形状和强度取决于基本流的结构。

在边界层气象中相干结构常被称为次级流动。例子包括“对流滚涡”，大的反向旋转的水平涡旋，在它们的顶部会形成“云街”而成为可视的结构。因为它们的尺度和强度相对较大，在大气扩散过程中就显得很重要。

2.4.6 求解湍流流动的数学困境

一般来讲，只有线性微分方程才能直接用解析方法来求解。纳维-斯托克斯方程(2.11)中的平流加速度项包含了速度与速度梯度的乘积，使得方程是非线性的，并且在数学上难以对付。对此有个简单的物理解释，这个非线性项生成了方程(2.13)中的涡度伸缩项，涡度拉伸被认为是湍流动能从大尺度向小尺度串级的主要机制，这种串级过程把湍流流动中所有的涡旋“耦合在一起”。方程(2.19)显示，含能涡旋与耗散涡旋的尺度之比随大尺度涡旋的雷诺数 R_t 的 3/4 次律增长。这种情况扼杀了想要用解析方法求解湍流方程的所有努力。即使是在 R_t 相对较小的情况下，采取“记账”方式来描述这些相互作用过程也超出了现有最大型计算机的能力范围。

§2.5 平均量和湍流量

虽然我们通常看到的是瞬时湍流场(比如云和烟羽)，但我们描述湍流的术语更多的是针对统计特性而不是瞬时特性。均匀湍流指的是湍流具有空间上一致性的统计特性；平稳湍流(或称为定常湍流)指的是流动中湍流的统计特性不随时间变化；各向同性湍流指的是湍流统计特性不因坐标系的平移、旋转或翻转而发生变化；高斯烟流模型对应于均匀湍流流动中排放物的平均烟流而非瞬时烟流；某物理量的湍流通量是一个平均量而不是瞬时量。

在湍流流动中的所有变量——速度、涡度、温度(如果有热量输送的话)、物质成分的密度(如果有质量输送的话)、压力——都是湍流的。在任意某个瞬间它们在空间的分布是不规则的，在空间任意一点上它们随时间的起伏是杂乱无章的；而在指定位置和指定时间，它们从一个实例到另一个实例的变化是随机性的。人们已经习惯性地把湍流流动中的变量分解成平均部分和扰动部分，把湍流流动中的全变量(即瞬时变量)用波浪号表示，即

$\widetilde{a}(\boldsymbol{x}, t)$，把平均量和扰动量分别用大写字母和小写字母表示，于是有

$$\widetilde{a}(\boldsymbol{x}, t) = A(\boldsymbol{x}, t) + a(\boldsymbol{x}, t) \tag{2.23}$$

其中 $A(\boldsymbol{x}, t)$ 是平均量部分，$a(\boldsymbol{x}, t)$ 是扰动量部分(即湍流量)。

有几种类型的平均算法被用来定义湍流流动中的平均值，包括空间平均、时间平均及系综平均。把统计物理的系综平均引入湍流，从概念上讲它是最完备的；对准平稳条件下的观测数据通常都用时间平均，在均匀方向上使用空间平均对于数值模拟结果是最方便的。

2.5.1　系综平均及运算法则

打开实验室吹风机开关就能产生一个湍流流动的实例。对于流动中的物理量 $\widetilde{a}(\boldsymbol{x}, t)$(其中 t 是自打开开关那个时刻算起的时间)，应该说它是随机的，即在不同的实例中是不同的。为表示这种随机性，我们把物理量写成 $\widetilde{a}(\boldsymbol{x}, t; \alpha)$，其中 α 是实例的编号。$\widetilde{a}$ 的系综平均值(也称期望值)被定义为实例的样本数足够大时平均值的极限：

$$\overline{\widetilde{a}}(\boldsymbol{x}, t) \equiv A(\boldsymbol{x}, t) \equiv \lim_{N\to\infty} \frac{1}{N}\sum_{\alpha=1}^{N} \widetilde{a}(\boldsymbol{x}, t; \alpha) \tag{2.24}$$

如方程(2.24)所示，系综平均与位置和时间都有关。因为平均计算是线性的，所以它们可以与其他诸如导数和积分等线性算子互换：

$$\overline{\frac{\partial \widetilde{a}(\boldsymbol{x}, t; \alpha)}{\partial t}} = \frac{\partial}{\partial t}\overline{\widetilde{a}}(\boldsymbol{x}, t),\ \overline{\int_a^b \widetilde{a}(\boldsymbol{x}, t; \alpha)\mathrm{d}t} = \int_a^b \overline{\widetilde{a}}(\boldsymbol{x}, t)\mathrm{d}t \tag{2.25}$$

等等。

在文献中通常都不明确说明系综参数，除非特别说明，一般所说的平均就是指系综平均。点源排放物的瞬时烟羽是起伏弯曲且不规则的(见图 2.2)。观测结果表明，在靠近源的地方烟羽当中排放物的浓度近乎是均匀的，而烟羽之外的浓度为零。但是，系综平均的烟羽是散布开来的，并且是平滑匀称的；在均匀的风洞湍流当中烟羽的平均浓度廓线满足高斯分布。这等于说系综平均场在任何一个湍流流动的实例当中好像都是不存在的，哪怕是一个瞬间它也不存在。

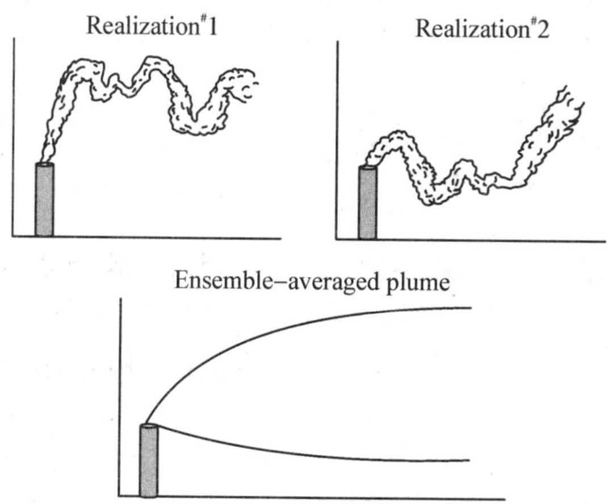

图 2.2　真实烟羽(上)与系综平均烟羽(下)之间的对比。引自 Wyngaard (2010)。

系综平均具有一些通常被称为雷诺平均法则的性质：

(1) 和的平均值等于平均值的和(分配律)：

$$\overline{\tilde{a}+\tilde{b}}=\bar{\tilde{a}}+\bar{\tilde{b}} \tag{2.26}$$

(2) 平均值再取平均还等于平均值：

$$\bar{\bar{\tilde{a}}}=\bar{\tilde{a}}\ (\bar{A}=A) \tag{2.27}$$

(3) 扰动量的平均值为零：

$$\overline{(\tilde{a}-\bar{\tilde{a}})}=0\quad (\bar{a}=0) \tag{2.28}$$

(4) 平均值的导数等于导数的平均值(交换律)：

$$\overline{\frac{\partial \tilde{a}}{\partial x_i}}=\frac{\partial \bar{\tilde{a}}}{\partial x_i};\ \overline{\frac{\partial \tilde{a}}{\partial t}}=\frac{\partial \bar{\tilde{a}}}{\partial t} \tag{2.29}$$

这些都很容易从系综平均的定义(2.24)式出发得到证明。

遵循分配律，乘积的系综平均是

$$\overline{\tilde{a}\ \tilde{b}}=\overline{(A+a)(B+b)}=\overline{AB}+\overline{Ab}+\overline{aB}+\overline{ab} \tag{2.30}$$

按照系综平均的定义，交叉项应该是零，因为平均值在平均计算过程中是个常数，所以有

$$\overline{Ab}=\overline{aB}=0 \tag{2.31}$$

2.5.2 平均方程

目前针对大 R_t 值湍流流动的数值模拟(比如我们每天的天气预报)并没有使用原本的流体方程，而是采用了雷诺(Osborne Reynolds)1895 年首次推导出来的平均方程。事实上，平均方程分为系综平均方程和空间平均方程，而雷诺当初是基于空间平均提出平均方程的，正因为雷诺首次提出了平均方程，以至于现在习惯上把系综平均方程称作雷诺平均方程。包括上一节介绍的平均运算，也被称为雷诺平均法则。在这里我们暂且不去区分平均的方式，只看经过平均之后方程发生了怎样的变化。我们可以把经过平均的纳维-斯托克斯方程(2.11)写成

$$\frac{\partial \bar{u}_i}{\partial t}+\frac{\partial \overline{u_i u_j}}{\partial x_j}=-\frac{1}{\rho}\frac{\partial \bar{p}}{\partial x_i} \tag{2.32}$$

我们已经假设平均的黏性项可以忽略不计(因为它在平均运动方程里是个小量)。在写方程(2.32)的时候我们运用了 u_j 散度为零的性质，并把它放进了求导算子。但是平均运算产生了方程(2.32)中的 $\overline{u_i u_j}$ 项，在湍流流动中它不同于 $\bar{u}_i\,\bar{u}_j$，因此，它是个未知量，如果我们把二阶矩 $\overline{u_i u_j}$ 写成

$$\overline{u_i u_j}=\bar{u}_i\,\bar{u}_j+(\overline{u_i u_j}-\bar{u}_i\,\bar{u}_j)=\bar{u}_i\,\bar{u}_j-\frac{\tau_{ij}}{\rho} \tag{2.33}$$

其中 $\tau_{ij}=\rho(\overline{u_iu_j}-\bar{u}_i\bar{u}_j)$ 是湍流应力，则方程(2.32)变成

$$\frac{\partial \bar{u}_i}{\partial t}+\frac{\partial \bar{u}_i\bar{u}_j}{\partial x_j}=-\frac{1}{\rho}\frac{\partial \bar{p}}{\partial x_i}+\frac{1}{\rho}\frac{\partial \tau_{ij}}{\partial x_j} \tag{2.34}$$

对纳维-斯托克斯方程取平均后产生了适用于平均速度场的方程(2.34)，但也生成了包含湍流应力 τ_{ij} 的新的一项。我们将会看到，这是一个对系综平均和空间平均而言不同的量，但它在这两种情况下都被称为雷诺应力。

用相同的方式，对方程(2.14)进行平均并忽略平均的分子项，可以得到

$$\frac{\partial \bar{c}}{\partial t}+\frac{\partial \bar{c}\bar{u}_i}{\partial x_i}=-\frac{\partial f_i}{\partial x_i} \tag{2.35}$$

其中 $f_i=\overline{cu_i}-\bar{c}\cdot\bar{u}_i$ 是标量的湍流通量。

2.5.3 湍流的各态历经性

为从概念上说明湍流的各态历经性，在这里我们仅用一维情形来阐述这个问题。我们想得到随 x 和 t 随机变化的变量 $\tilde{u}(x,t;\alpha)$ 的平均值——在不同 α 值的实例中该变量随 x 和 t 的变化是不同的，假设这个量的系综平均值为 U，通常情况下它是 x 和 t 的函数：

$$U(x,t)=\lim_{N\to\infty}\frac{1}{N}\sum_{\alpha=1}^{N}\tilde{u}(x,t;\alpha) \tag{2.36}$$

在操作层面上它是无法确定的。但是我们可以对实例 n 的某处 x 求时间平均：

$$U^T(x,t,T;n)=\frac{1}{T}\int_0^T\tilde{u}(x,t+t';n)\mathrm{d}t' \tag{2.37}$$

而对于 t 时刻，在实例 m 中的空间平均是

$$U^L(x,t,L;m)=\frac{1}{L}\int_0^L\tilde{u}(x+x',t;m)\mathrm{d}x' \tag{2.38}$$

如果 $\tilde{u}$ 在时间上是平稳的，则 $U=U(x)$。凭直觉我们会认为在平均时间 T 增加的过程中时间平均值会向系综平均值收敛：

$$\lim_{T\to\infty}U^T(x,t,T;n)=U(x) \tag{2.39}$$

类似地，如果 $\tilde{u}$ 是均匀的，即 $U=U(t)$，我们凭直觉认为在平均距离 L 增加的过程中空间平均值会向系综平均值收敛：

$$\lim_{L\to\infty}U^L(x,t,L;m)=U(t) \tag{2.40}$$

如果 $\tilde{u}$ 既平稳又均匀，则它与 x 和 t 都无关，我们认为时间平均值和空间平均值都会收敛到系综平均值。

平稳随机变量的时间平均值和均匀随机变量的空间平均值收敛到系综平均值的性质被称为各态历经性(也称为各态遍历)。从物理上讲，任何一个变量的无偏平均值都收敛于系综平均值。我们习惯地用空间某一点上平稳的时变信号来确定它的系综平均值(因为观测

通常是固定在某个空间点上进行的)。

2.5.4 平均值的收敛

系综平均具有理想的性质:它与线性算子可以互换,再次运算不起作用(因为算出来的结果还是平均值),扰动量的平均值为零。但是,应用于观测数据的时候就不能严格遵守了。大气边界层注定是非平稳的,因为有日变化和天气变化。但是人们发现会存在若干小时的平稳状态,对于某些问题来讲这段时间已经足够长了。这就引出了一个问题:要进行多长时间的平均才能使之接近系综平均值?在这里我们用统计概念来做简单回答。

我们从时间平稳函数 $\tilde{u}(t)$ 在时段 T 上的平均值开始:

$$\bar{u}^T=\frac{1}{T}\int_{t_0}^{t_0+T}\tilde{u}(t')\mathrm{d}t' \tag{2.41}$$

其中 t_0 是初始时刻。这里 $\tilde{u}(t)$ 可以是湍流流动中某一空间点上顺流速度的时间序列,我们称 T 为平均时间。现在我们把它写成 $\tilde{u}(t)=U+u(t)$,即系综平均值与扰动部分之和。依据平稳性假设,U 与时间无关,那么 $\tilde{u}$ 的时间平均与系综平均的差是

$$\bar{u}^T-U=\frac{1}{T}\int_{t_0}^{t_0+T}[U+u(t')]\mathrm{d}t'-U=\frac{1}{T}\int_{t_0}^{t_0+T}u(t')\mathrm{d}t' \tag{2.42}$$

它是个随机变量,其系综平均值为零。能够度量 $\bar{u}^T-U$ 大小的一个量是 σ^2,可以写成

$$\sigma^2\equiv\overline{(\bar{u}^T-U)^2}=\frac{1}{T^2}\int_{t_0}^{t_0+T}\int_{t_0}^{t_0+T}\overline{u(t')u(t'')}\mathrm{d}t'\mathrm{d}t'' \tag{2.43}$$

$\overline{u(t')u(t'')}$ 被称为 $u(t)$ 的自协方差。对于平稳过程,它只是时间间隔 $t'-t''$ 的函数,所以可以写成

$$\overline{u(t')u(t'')}=\overline{u^2}\rho(t'-t'') \tag{2.44}$$

其中 $\overline{u(t)u(t)}=\overline{u^2}$ 是 $u(t)$ 的方差,ρ 是它的自相关函数。方程(2.44)是偶函数,即 $\rho(t'-t'')=\rho(t''-t')$,所以可以把(2.43)式写成

$$\sigma^2=\frac{\overline{u^2}}{T^2}\int_{t_0}^{t_0+T}\int_{t_0}^{t_0+T}\rho(t'-t'')\mathrm{d}t'\mathrm{d}t'' \tag{2.45}$$

做变量代换 $\eta=t''-t'$ 和 $\zeta=t''+t'$,并对 ζ 积分,可使方程(2.45)变成单积分,注意,这一步积分之后剩下的是关于 η 的积分。结果是如下形式

$$\sigma^2=\frac{2\overline{u^2}}{T}\int_0^T\left(1-\frac{t}{T}\right)\rho(t)\mathrm{d}t \tag{2.46}$$

定义欧拉积分时间尺度 τ:

$$\int_0^\infty\rho(t)\mathrm{d}t=\tau \tag{2.47}$$

它表征欧拉速度的扰动量 $u(t)$ 的“记忆时间”。当平均时间 T 远大于积分时间尺度 τ 的时

候，我们可以把(2.46)式近似地写成

$$\sigma^2 \cong \frac{2\,\overline{u^2}}{T}\int_0^T \rho(t)\mathrm{d}t = \frac{2\,\overline{u^2}\tau}{T} \tag{2.48}$$

这是关于方程(2.43)非常重要的结果，它定量描述了几乎无法操作的系综平均值与常用的时间平均值之间的差值的统计结果。

为了帮助理解方程(2.48)，我们用方程(2.43)来定义时间平均值的均方根不确定度 e：

$$e \equiv \frac{\left[\overline{(\overline{u}^T - U)^2}\right]^{1/2}}{U} = \frac{\sigma}{U} \tag{2.49}$$

e 表征的是把有限时间的时间平均值当成系综平均值而引起的相对误差，小的 e 值意味着 $\overline{u}^T$ 是 U 的一个好的近似值。当一个信号 $\tilde{u}(t)$ 的系综平均值是 U 且积分时间尺度为 τ 的时候，从方程(2.48)和(2.49)可知，确定时间平均值的均方根相对不确定度 e 所需要的平均时间是

$$T = \frac{2\tau}{e^2}\left[\frac{\overline{u^2}}{U^2}\right] \tag{2.50}$$

方程(2.50)表明所需要的平均时间具有这样的性质：正比于时间序列的积分时间尺度 τ；正比于时间序列的方差 $\overline{u^2}$；反比于时间平均值对应的均方根相对不确定度的平方 e^2。如其所示，$e^2 = \frac{2\tau}{T}\left[\frac{\overline{u^2}}{U^2}\right]$，对于一个平稳湍流流动，$\tau$、$\overline{u^2}$ 和 U 都是确定的，减小 e 的唯一办法是取足够长的平均时间 T。想要从固定探头获得具有较低均方根不确定度的大气湍流统计值，需要很长的平均时间。对于实验室里模拟的大气边界层的测量结果，其收敛速度要比实际大气中的测量结果快很多。

对于积分尺度为 l 的均匀湍流，在长度为 L 的空间范围内做平均，(2.50)式的一维结果可以写成

$$e^2(\text{线平均}) \cong \left(\frac{l}{L}\right)\frac{\overline{u^2}}{U^2} \tag{2.51}$$

相应地，面积为 L^2 和体积为 L^3 的面积平均和体积平均的表达式分别是

$$e^2(\text{面平均}) \cong \left(\frac{l}{L}\right)^2\frac{\overline{u^2}}{U^2},\quad e^2(\text{体积平均}) \cong \left(\frac{l}{L}\right)^3\frac{\overline{u^2}}{U^2} \tag{2.52}$$

为方便起见，我们取各个方向的 l 是相等的，通常情况下 l/L 很小，这表明面积平均和体积平均的好处是降低了不确定度的平方 e^2。例如，在大气边界层的大涡模拟中我们在均匀的水平面上对计算出的变量场进行平均，用这种方式可以在一个充分大的水平面上从瞬时模拟场就能获得系综平均值的很好估计值。

§2.6　湍流的作用

在湍流流动中纳维-斯托克斯方程(2.11)和保守标量成分的守恒方程(2.16)的平流通量

在时间上和空间上是三维的和随机的，并且通常（除了在紧靠固体表面的地方）远大于分子通量，这使得湍流流动比层流流动具有大得多的“混合能力”或“有效扩散率”，我们称之为“涡旋扩散率”。

2.6.1 涡旋扩散率

分子扩散是介质中分子碰撞的微观效应，它产生了沿一个量的梯度的反方向的通量（如热量、动量、成分浓度）。这种沿梯度式扩散在流体和固体中都会发生，相似的情形是热传导，即分子扩散沿着温度下降方向对热量进行输送。我们把这种扩散行为称作顺梯度扩散。

尽管湍流扩散在诸多方面与分子扩散不尽相同，把它处理成像分子扩散但具有大得多的扩散率的情形还是很方便的。我们将用一个假想的简单问题来探讨这个涡旋扩散率的表示法。

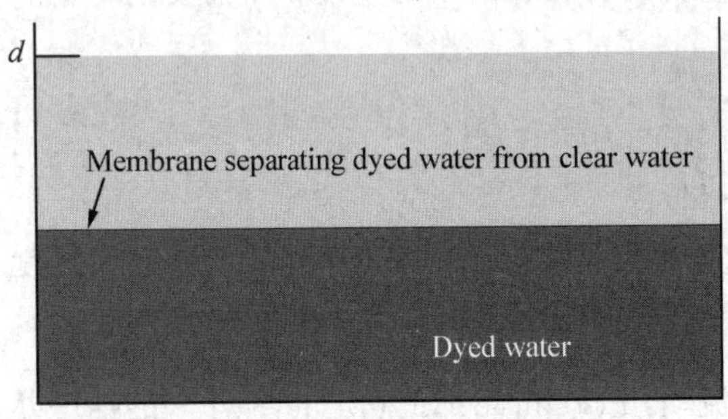

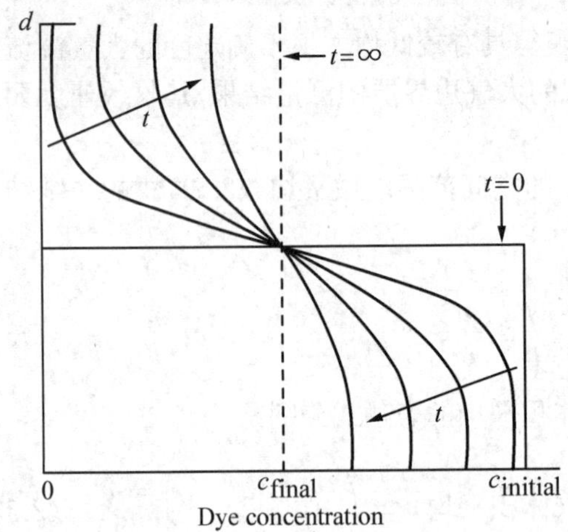

图 2.3　水槽里无运动流体中染料的分子扩散。上图是初始状态；下图是扩散过程中染料浓度廓线随时间的演变。引自 Wyngaard (2010)。

图 2.3 所示是一个水槽装置，槽里装着厚度为 d 的水，其中一半是染色水（染料的浓度为 $c=c_{\text{initial}}$），另一半是洁净水（$c=0$），水槽的水平尺度远大于 d，于是这是个一维问题。起始状态是流体完全静止，并且用一层很薄的隔膜把两部分隔开，使得它们的分界面完全是水平的。我们设想 $t=0$ 时隔膜溶解，染料开始向洁净水中扩散。

这时染料浓度方程(1.31)变成

$$\frac{\partial c}{\partial t}=\gamma\frac{\partial^2 c}{\partial z^2} \tag{2.53}$$

我们可以定义一个新的变量 $c^*=c/c_{\text{initial}}$ 来消除 c_{initial} 不同取值的影响，它仍然满足方程(2.53)。起始时刻 c^* 在下半部分为 1，在上半部分为 0。

可以想见，在很长时间以后 $c^*(z, t)$ 趋近于常数 0.5。我们可以这样来推算达到最终状态所需要的时间：在这个问题中重要的物理参数只有深度 d 和扩散率 γ（扩散系数），所以响应时间 τ_m 一定只与它们有关，即 $\tau_m=\tau_m(d, \gamma)$。如果我们用量纲分析方法，可能的结果只能是 $\tau_m\sim d^2/\gamma$。假如 $d=1$ m，且 $\gamma=10^{-5}\ \text{m}^2\cdot\text{s}^{-1}$，则分子扩散的时间尺度是 10^5 s，大约为 1 天。分子扩散的速度非常慢。

图 2.4 显示了这个问题的湍流情形。假设湍流由水槽底部加热驱动，这种情况下浓度场变得非常复杂，保守标量方程(1.16)中的每一项都起作用。从这个实验中我们该如何推断方程的结果——湍流的扩散要比分子扩散快得多吗？

如图 2.4 所示，我们推测系综平均浓度 $C(z, t)$ ——相同条件下众多实例的 $\tilde{c}(z, t)$ 的平均值——它的浓度值演变就像分子扩散问题中的浓度一样，但是它的扩散速率要快很多。所以我们在扩散方程(2.53)中用一个大得多的涡旋扩散率 K 来描述这个扩散过程：

$$\frac{\partial C}{\partial t}=K\frac{\partial^2 C}{\partial z^2} \tag{2.54}$$

于是湍流混合所需的时间 τ_t 是 $\tau_t \sim d^2/K$。

我们可以这样来估算 τ_t：如果决定 τ_t 的物理参数只有 u(产生混合作用的湍流速度尺度)和 d(混合的厚度)，则有 $\tau_t \sim \tau_t(d, u) \sim d/u$。也就是说，湍流混合的时间尺度在量级上与湍流运动贯穿厚度 d 所用的时间相同，这在物理上是合理的。

用方程来表示就是

$$\tau_t \sim \frac{d^2}{K} \sim \frac{d}{u}，所以\ K \sim ud \tag{2.55}$$

我们设想涡旋的主导尺度 l 具有与 d 相同的量级，于是我们可以把它写成 $K \sim ul$。这样，在看起来近乎合理的推理之下，我们得知“假想问题”中的湍流扩散系数是 $K \sim ul$，湍流涡旋的主导速度尺度与长度尺度的乘积。

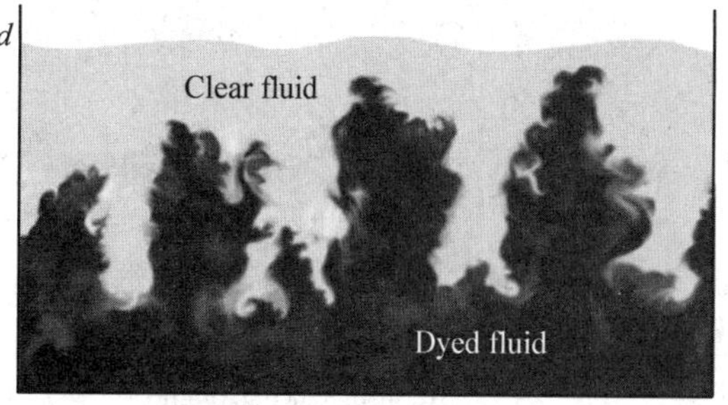

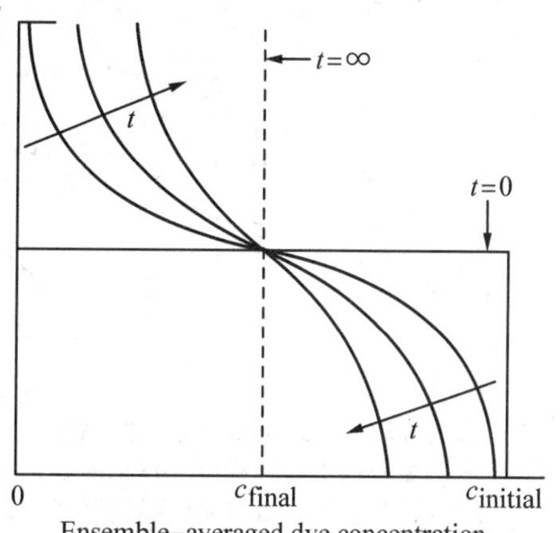

图 2.4　水槽里湍流流体中染料的扩散。初始状态与图 2.3 中的无运动情况相同。上图是湍流刚生成不久垂直剖面的瞬时图像。下图是系综平均的染料浓度廓线的时间演变。引自 Wyngaard (2010)。

在这个问题的分析推导过程当中，我们用到了量纲分析原理，即白金汉定理，将在第四章里对这个原理做具体介绍。

2.6.2　保守标量的点源扩散

在湍流流动中点源下游的系综平均浓度场 $C(x, y, z, t)$ 是用很多个烟流实例的平均结果定义的：

$$C(x, y, z, t)=\lim_{N\to\infty}\frac{1}{N}\sum_{\alpha=1}^{N}\tilde{c}(x, y, z, t; \alpha) \tag{2.56}$$

我们把“系综平均”简单称为“平均”。图 2.5 给出了下游 $x-z$ 平面上平均烟流演变的示意图。它与瞬时烟流的差异显而易见。

在移动过程中因分子运动把标量 $\tilde{c}$ 扩散到流体中使得烟缕的直径 d 增大，造成横断面上平均浓度 $\tilde{c}^{\text{ave}}$ 随时间减小，由保守标量方程(2.16)我们可以估计出 $\tilde{c}^{\text{ave}}$ 的时间变化率的量级为

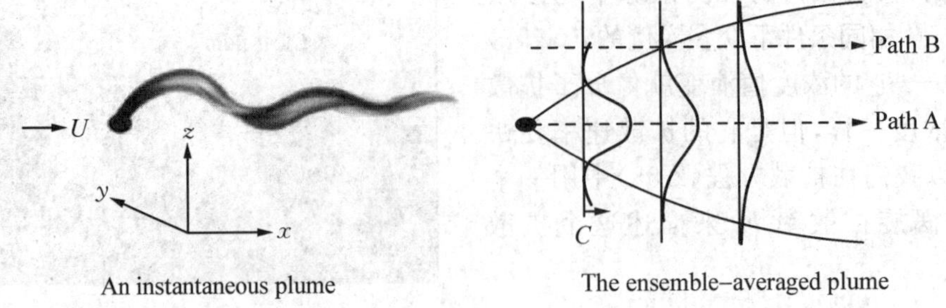

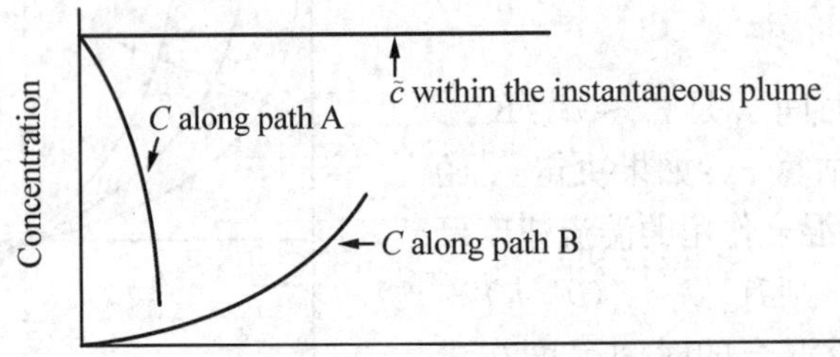

图 2.5　湍流流动中连续点源下游的瞬时烟羽(左上图)和系综平均烟羽(右上图)。下图:在这些烟羽中沿不同路径观测到的浓度。在瞬时烟羽中沿某个路径的浓度 $\tilde{c}$ 只通过分子扩散发生变化,它是很慢的。沿系综平均烟流中心线的路径 A,下游烟流的扩张使得 C 减小;沿偏离中心线的路径 B,这种扩张使得 C 起初是增加的,因为路径(在烟流宽度上)变得更靠近中心线。引自 Wyngaard (2010)。

$$\frac{D}{Dt}\tilde{c}^{\text{ave}} \sim \gamma\nabla^2\tilde{c}^{\text{ave}} \sim \gamma\frac{\tilde{c}^{\text{ave}}}{d^2} \sim \frac{\tilde{c}^{\text{ave}}}{\tau_{\text{molec}}} \tag{2.57}$$

其中 $\tau_{\text{molec}} \sim d^2/\gamma$ 是分子扩散的时间尺度。τ_{molec} 正比于 d^2 表明只有空间小尺度的浓度扰动被分子扩散快速抹平。比如,如果 $d=10^{-3}$ m,且 $\gamma=10^{-5}\ \text{m}^{-2}\cdot\text{s}^{-1}$(大约是温度和水汽在空气中的取值),则 $\tau_{\text{molec}} \sim 10^{-1}$ s。但是如果 $d=1$ m,则结果是 $\tau_{\text{molec}} \sim 10^5$ s,大约为 1 天。

对于湍流流动中的一个标量成分 $\tilde{c}$,把"平均+湍流"的分解形式代入方程(2.14),然后取系综平均,可得

$$\frac{\partial C}{\partial t}+\frac{\partial}{\partial x_i}\left(U_iC+\overline{u_ic}-\gamma\frac{\partial C}{\partial x_i}\right)=0 \tag{2.58}$$

其中 $U_iC+\overline{u_ic}-\gamma\partial C/\partial x_i$ 是 c 的总平均通量,它是个矢量,包含了湍流贡献项 $\overline{u_ic}$,即 c 的湍流通量。在速度尺度和长度尺度分别为 u 和 l 的流动中,湍流通量与分子通量之比为 ul/γ,如果这个比值很大,则我们可以忽略分子通量(除非是在很靠近固体边界的地方)。

在平稳条件下平均浓度方程(2.58)变成

$$U\frac{\partial C}{\partial x}+\frac{\partial\overline{cu_i}}{\partial x_i}=0 \tag{2.59}$$

作用于 C 的分子扩散已被忽略,我们可以把上式写成

$$\frac{D^mC}{Dt^m}=U\frac{\partial C}{\partial x}=-\frac{\partial\overline{u_1c}}{\partial x_1}-\frac{\partial\overline{u_2c}}{\partial x_2}-\frac{\partial\overline{u_3c}}{\partial x_3} \tag{2.60}$$

其中 D^m/Dt^m 是跟随平均运动的时间导数。方程(2.60)的意思是：在"虚拟平均轨迹"上浓度 C 的变化只是由浓度扰动量 c 的湍流通量的散度引起的。

如果离开排放源一段距离的平均烟流是很薄的，方程(2.60)中的湍流通量散度由烟流侧向的贡献决定。取平均烟流的宽度为 L_p，湍流速度尺度为 u，湍流标量尺度为 c，沿平均运动的平均浓度的变化率的量级可按下式估算

$$\frac{D^m}{Dt}C=-\frac{\partial\,\overline{cu_i}}{\partial x_i}\sim\frac{cu}{L_p} \tag{2.61}$$

这里我们认为在量级上 c 与 C 相当，所以有

$$\frac{D^m}{Dt}C\sim\frac{Cu}{L_p}\sim\frac{C}{\tau_{turb}} \tag{2.62}$$

其中 $\tau_{turb}\sim L_p/u$ 是这个湍流扩散过程的时间尺度。方程(2.62)的意思是，我们可以把 τ_{turb} 理解为横穿平均烟流宽度的涡旋穿越时间。如果 L_p 为 1 m，且 u 是 $1\ \mathrm{m\cdot s^{-1}}$，则 τ_{turb} 为1 s，显著地小于我们对分子扩散时间 τ_{molec} 的估计值 10^5 s。

另一方面，如果我们写成 $\tau_{turb}\sim L_p^2/K$（类似于分子扩散结果 $\tau_{molec}\sim d^2/\gamma$），其中 K 是湍流扩散率，我们发现 $K\sim uL_p$，它在我们这个例子中的量值要比 γ 大 5 个量级。

基于这个例子，我们可以总结一下。分子扩散是微观物理过程，它的作用是通过分子碰撞的累积效应消除宏观的 $\tilde{c}$ 扰动，它似乎可以用混合（扩散的直接定义）来很好地描述。从更广义的角度讲，湍流扩散包含三个过程，两个是实际发生的物理过程——由随机紊乱的变形引起的湍流混合以及湍流运动和分子扩散对 $\tilde{c}$ 扰动的输送，其中分子扩散对最小尺度 $\tilde{c}$ 扰动的作用最强。最重要的是第三个，也是个新的过程，那就是系综平均，它生成了虚拟的浓度场 C，这个虚拟浓度场与任何一个实例中的湍流场 $\tilde{c}$ 相比都变得更平滑，分布更广泛，并且浓度的最大值更小。其结果是，沿着瞬时烟流和系综平均烟流的路径上所观测到的浓度具有显著的差异，就像图 2.5 中的下图所显示的那样。

2.6.3　湍流对分子扩散的增强作用

图 2.6 显示了湍流流动当中我们称之为湍流混合过程中的一个保守标量团块的形状演变。如果我们认为这个变形团块是片状的，它有一个表面积（阴影部分）和一定的厚度，于是在变形过程中表面积增加而厚度减小。增大的面积以及边界上很大的标量梯度使得由分子扩散引起的标量离开团块的总体速率增加。

这种情况提示我们来验证一下保守标量梯度的演变方程：

$$\frac{D\tilde{g}_i}{Dt}=\frac{\partial\tilde{g}_i}{\partial t}+\tilde{u}_j\frac{\partial\tilde{g}_i}{\partial x_j}=-\frac{\partial\tilde{u}_j}{\partial x_i}\tilde{g}_j+\gamma\frac{\partial^2\tilde{g}_i}{\partial x_j\partial x_j} \tag{2.63}$$

最右边式子中的第一项是由速度场变形引起的标量梯度变化率，这个机制可能增加梯度，也可能减小梯度，因此，保守标量的梯度不是保守变量。为了说明这一点，我们假设标量等值面的法线方向和标量梯度在 x_1 方向上，即

$$\tilde{g}_j=(\tilde{g}_1,0,0) \tag{2.64}$$

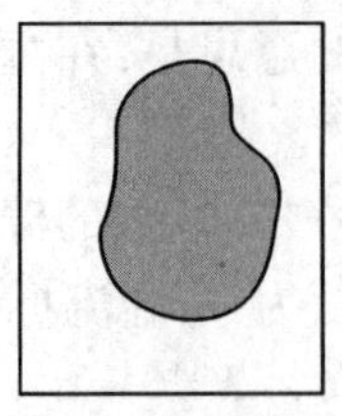
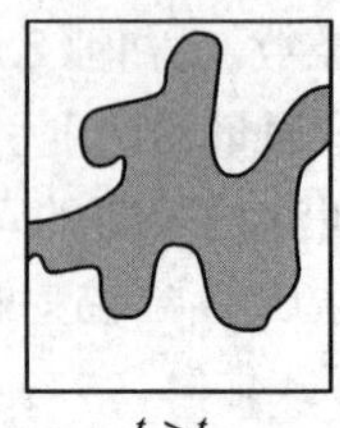
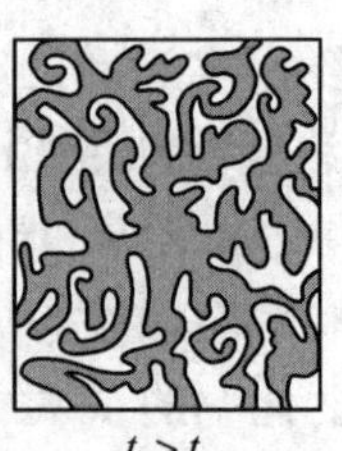

(a) Binary nature of concentration values during mixing

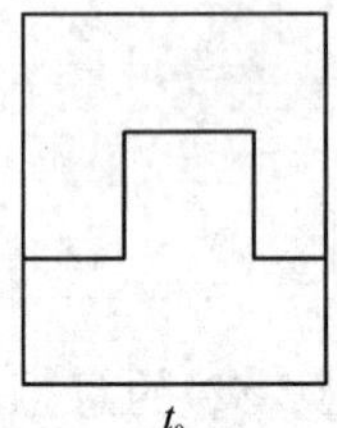
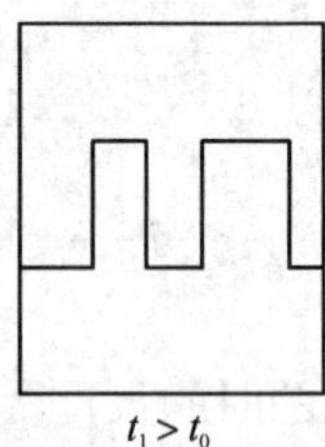
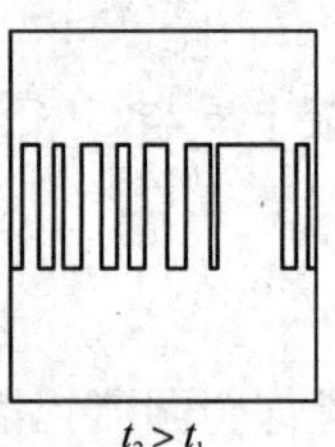

(b) Concentration on a path through the mixing region

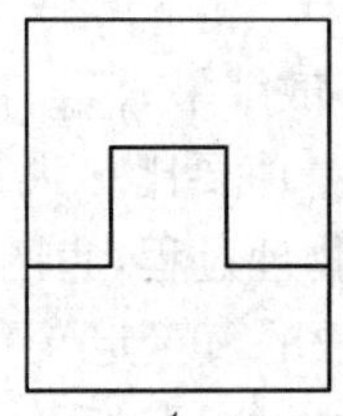
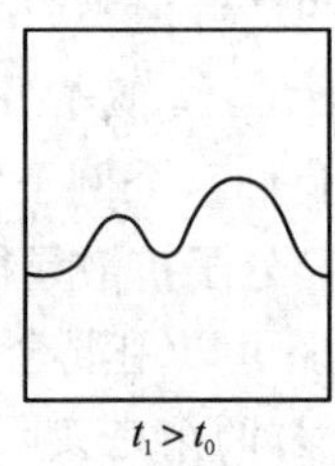
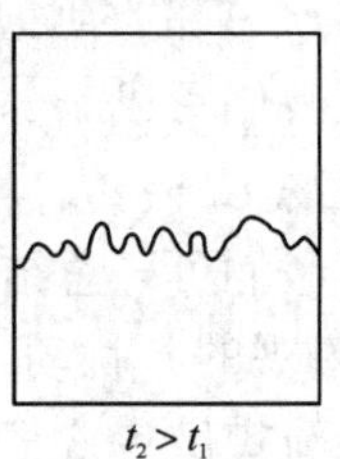

(c) Effect of molecular diffusion for $t > t_0$

图 2.6 (a)和(b)没有分子扩散及(c)有分子扩散的污染物湍流混合示意图。一个主要的过程是湍流应力场引起的变形，它增加了表面积以及表面上的浓度梯度，因而增强了分子扩散。引自 Wyngaard (2010)。

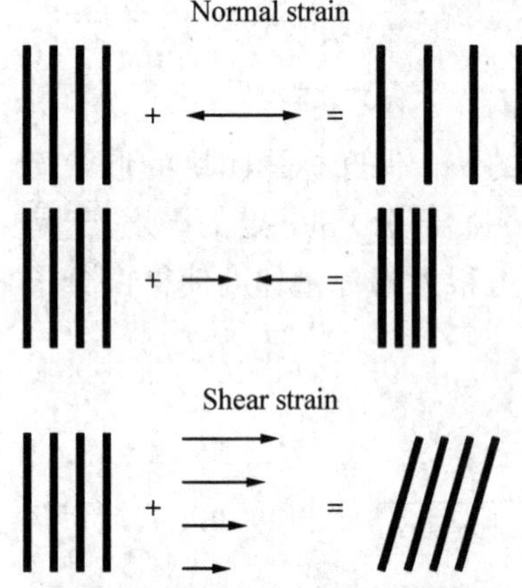

图 2.7 应力场引起的标量梯度场变形的示意图。直线代表浓度等值线。上两个图描述的是线性或法向应变，即方程(2.65)；下图描述的是切向应变，即方程(2.66)。引自 Wyngaard (2010)。

于是忽略分子扩散以后方程(2.64)表明，x_1 方向的梯度演变遵循下式

$$\frac{D}{Dt}\tilde{g}_1 \cong -\frac{\partial \tilde{u}_1}{\partial x_1}\tilde{g}_1 \tag{2.65}$$

这叫线性应变或法向应变。如果 $\partial \tilde{u}_1/\partial x_1$ 是负值，则梯度的量值增加；如果是正值，则梯度减小。这种情况类似于涡旋伸缩(见图 2.7)。

变形也能改变梯度的方向。在初始标量场如同方程(2.64)的例子中，只有 x_1 方向有梯度，如果在 $\alpha \neq 1$ 的方向上速度分量 $\tilde{u}_1$ 具有梯度，那么在那个方向上就会产生梯度：

$$\frac{D\tilde{g}_\alpha}{Dt} \cong -\frac{\partial \tilde{u}_1}{\partial x_\alpha}\tilde{g}_1 \tag{2.66}$$

这种情况叫作切向应变，它类似于涡旋倾斜(见图 2.7)。

小结一下，在一个湍流流动的实例当中标量 $\tilde{c}$ 团块的轨迹是不规则的，在它移动的过程中湍流速度梯度使它扭曲，这种扭曲作用使得团块中标量梯度的量值增大，从而增强了分子扩散。所以，与在没有湍流的流体中的情况相比，团块在湍流流体中的消散速度要快很多(见图 2.6)。

这就引出了两个终极问题。第一个问题涉及守恒方程的物质导数形式(局地变化+平流变化)，我们经常把它理解为跟随团块的方程。如果团块在湍流流动中被快速扭曲并湮灭，我们如何能够跟踪它呢？回答是我们只有“跟踪”一个团块足够长的时间才能定义这种时间导数。因为求导包含了极限过程 $\Delta t \to 0$，这是个极其小的时间长度。换句话说，在很短时间内跟随一个团块是可以做到的。

第二个问题涉及混合：如果流动中被输送物质成分是保守的，它如何被混合？我们说满足方程(2.16)的标量成分只通过分子扩散的作用发生改变。分子扩散是湍流混合的最终阶段，如果没有分子扩散，标量成分是不能真正混合的，它会在湍流过程的作用下变成一种纤细但不均匀的分布，这种不均匀分布的空间尺度就是最小湍流涡旋的尺度(见图 2.6(b))。

§2.7　湍流谱和涡旋速度尺度

湍流的含能涡旋和耗散涡旋分别具有的速度尺度 u、υ 和长度尺度 l、η，分析表明两个长度尺度之间的关系是 $l/\eta \sim R_t^{3/4}$，其中 R_t 是大涡旋的雷诺数 ul/ν。R_t 值的变化范围很大，在对流大气边界层中大约是 10^8，相应地，l/η 的变化范围大约是 10^2-10^6。湍流场的能谱密度(常被简称为“湍流谱”)使得能够把大小为 r 的湍流涡旋的速度尺度 u 用 $u(r)$ 的通用形式加以描述，即 u 是 r 的函数，其中 $l \geqslant r \geqslant \eta$。为简单起见，我们在这一节里以单变量的标量函数为例，呈现湍流谱的一些推导，旨在阐述湍流谱的概念。

2.7.1　一维均匀标量函数的谱

设 $\tilde{f}(x)$ 为均匀实变函数，它是系综平均部分 F 与扰动部分 $f(x)$ 之和，其定义域的宽度为 L。比如，它可以是湍流流动中温度或一个速度分量的空间记录。我们可以近似地用波长为 $L/n(n=1,\cdots,N)$ 的傅里叶级数来表示：

$$\tilde{f}(x) \cong \frac{a_0}{2} + \sum_{n=1}^{N} a_n \cos\left(\frac{2\pi nx}{L}\right) + \sum_{n=1}^{N} b_n \sin\left(\frac{2\pi nx}{L}\right) \tag{2.67}$$

其中的系数 a_n 和 b_n 是实数，被称为傅里叶系数。

因为方程(2.67)中每个正弦和余弦项在 L 上的积分都是零($2\pi nL/L=2\pi n$，它是 2π 的整倍数)，使得 $\tilde{f}(x)$ 在这个长度范围内的平均值为：

$$\frac{1}{L}\int_0^L \tilde{f}(x)\mathrm{d}x = \frac{a_0}{2} \tag{2.68}$$

其余的傅里叶项共同体现 $\tilde{f}(x)$ 随 x 变化的情况。

在湍流中常把傅里叶级数写成关于波数 $\kappa_n = 2\pi n/L$ 的形式，所以把方程(2.67)写成为

$$\widetilde{f}(x) \cong \frac{a_0}{2} + \sum_{n=1}^{N} a_n \cos(\kappa_n x) + \sum_{n=1}^{N} b_n \sin(\kappa_n x),\ \kappa_n = 2\pi n/L \tag{2.69}$$

根据傅里叶级数的性质，随着 N 的增加，它会在我们想要的任意程度上逼近 $f(x)$，所以我们可以正式写成

$$\widetilde{f}(x) = \frac{a_0}{2} + \sum_{n=1}^{\infty} a_n \cos(\kappa_n x) + \sum_{n=1}^{\infty} b_n \sin(\kappa_n x),\ \kappa_n = 2\pi n/L \tag{2.70}$$

再进一步，在湍流中 $\widetilde{f}(x)$ 是随机函数，在每个实例 α 中不同，所以它的傅里叶系数 a_n 和 b_n 也是随机的。因此，我们可以通过在方程(2.70)中引入实例参数 α 把它写成更具一般性的形式：

$$\widetilde{f}(x;\alpha) = \frac{a_0(\alpha)}{2} + \sum_{n=1}^{\infty} a_n(\alpha) \cos(\kappa_n x) + \sum_{n=1}^{\infty} b_n(\alpha) \sin(\kappa_n x),\ \kappa_n = 2\pi n/L \tag{2.71}$$

现在我们都是用计算机来计算傅里叶系数，所以用复指数形式会很方便，利用等式

$$\cos\theta = \frac{e^{i\theta} + e^{-i\theta}}{2}, \sin\theta = \frac{e^{i\theta} - e^{-i\theta}}{2} \tag{2.72}$$

我们可以把(2.71)式写成

$$\widetilde{f}(x;\alpha) = \frac{a_0}{2} + \sum_{n=1}^{\infty} \left(\frac{a_n - ib_n}{2}\right) e^{i\kappa_n x} + \sum_{n=1}^{\infty} \left(\frac{a_n + ib_n}{2}\right) e^{-i\kappa_n x} \tag{2.73}$$

我们也可以把它写成

$$\widetilde{f}(x;\alpha) = \frac{a_0}{2} + \sum_{n=1}^{\infty} \left(\frac{a_n - ib_n}{2}\right) e^{i\kappa_n x} + \sum_{n=-1}^{-\infty} \left(\frac{a_{-n} + ib_{-n}}{2}\right) e^{-i\kappa_{-n} x} \tag{2.74}$$

如果我们定义 $\kappa_{-n} = -\kappa_n$，我们就能把它写成更为简洁的形式

$$\widetilde{f}(x;\alpha) = \sum_{n=-\infty}^{\infty} \hat{f}(\kappa_n;\alpha) e^{i\kappa_n x}$$

$$\hat{f}(\kappa_n;\alpha) = \frac{a_n - ib_n}{2}, n+; \hat{f}(\kappa_n;\alpha) = \frac{a_n + ib_n}{2}, n- \tag{2.75}$$

可以用方程(2.75)的平方的系综平均来确定 f 的方差。因为 f 是实函数，所以 f 等于它的复共轭函数 f^*，于是我们可以写成

$$\overline{f^2} = \overline{ff^*} = \sum_{n=-\infty}^{\infty} \sum_{m=-\infty}^{\infty} \overline{\hat{f}(\kappa_n)\, \hat{f}^*(\kappa_m)} e^{i(\kappa_n - \kappa_m)x} \tag{2.76}$$

均匀函数的傅里叶展开的一个性质是不同波数的傅里叶系数是不相关的，也就是说满足下列关系：

$$\overline{\hat{f}(\kappa_n)\, \hat{f}^*(\kappa_m)} = 0,\ \kappa_n \neq \kappa_m \tag{2.77}$$

依据方程(2.76)，我们可以认为下面的推论是有道理的。$f(x)$ 的均匀性意味着 $\overline{f^2} = \overline{f^2}(x)$，因此方程(2.76)的左边与 x 无关。而在方程的右边，对于 $\kappa_n \neq \kappa_m$，指数部分是 x 的非零函

数,所以前面的系数必须是零,这样才能使得方程的右边与 x 无关,这就是方程(2.77)。

受到(2.77)式的约束,方程(2.76)中的方差就只能是求和的形式:

$$\overline{f^2}=\sum_{n=-\infty}^{\infty}\overline{\hat{f}(\kappa_n)\hat{f}^*(\kappa_n)} \tag{2.78}$$

我们定义 $\phi(\kappa_n)$ 为 f 的功率谱密度,它表征各单位波数间隔的涡旋对 $\overline{f^2}$ 的贡献:

$$\phi(\kappa_n)=\frac{\overline{\hat{f}(\kappa_n)\hat{f}^*(\kappa_n)}}{\Delta\kappa},\Delta\kappa=\frac{2\pi}{L} \tag{2.79}$$

于是有

$$\overline{f^2}=\sum_{n=-\infty}^{\infty}\phi(\kappa_n)\Delta\kappa \tag{2.80}$$

因此,$\phi(\kappa_n)$ 是对方差贡献的密度。在 L 和 N 的极限情况下,无限级数(2.80)式就变成了积分形式:

$$\overline{f^2}=\int_{-\infty}^{\infty}\phi(\kappa)\mathrm{d}\kappa \tag{2.81}$$

2.7.2　三维谱

接下来我们把方程(2.75)推广到边长为 L 的立体空间的三维均匀实变随机保守标量场 $c(x_1, x_2, x_3; \alpha)=c(\boldsymbol{x}; \alpha)$。这种情况下波数是个矢量 $\boldsymbol{\kappa}=(\kappa_1, \kappa_2, \kappa_3)$,所以我们可以写成

$$c(\boldsymbol{x};\alpha)=\sum_{\boldsymbol{\kappa}}\hat{c}(\boldsymbol{\kappa};\alpha)\mathrm{e}^{\mathrm{i}(\boldsymbol{\kappa}\cdot\boldsymbol{x})} \tag{2.82}$$

方差可以写成

$$\begin{aligned}\overline{cc^*}=\overline{c^2}&=\sum_{\boldsymbol{\kappa}}\sum_{\boldsymbol{\kappa}'}\overline{\hat{c}(\boldsymbol{\kappa},\alpha)\hat{c}^*(\boldsymbol{\kappa}',\alpha)}\mathrm{e}^{\mathrm{i}(\boldsymbol{\kappa}-\boldsymbol{\kappa}')\cdot\boldsymbol{x}}\\&=\sum_{\boldsymbol{\kappa}}\overline{\hat{c}(\boldsymbol{\kappa},\alpha)\hat{c}^*(\boldsymbol{\kappa},\alpha)}=\sum_{\boldsymbol{\kappa}}\phi(\boldsymbol{\kappa})(\Delta\kappa)^3\end{aligned} \tag{2.83}$$

当 L 和 N 都趋于无穷大的时候,方程(2.83)变成了积分形式:

$$\overline{c^2}=\iiint_{-\infty}^{\infty}\phi(\boldsymbol{\kappa})\mathrm{d}\kappa_1\mathrm{d}\kappa_2\mathrm{d}\kappa_3 \tag{2.84}$$

方程(2.84)的积分可以先在半径为 $\kappa=(\kappa_1^2+\kappa_2^2+\kappa_3^2)^{1/2}$ 的球面上进行,然后再对 κ 积分。三维能谱 $E_c(\kappa)$ 被定义为是在球面上对 ϕ 的积分

$$E_c(\kappa)=\iint_{\kappa_i\kappa_i=\kappa^2}\phi(\kappa_1, \kappa_2, \kappa_3)\mathrm{d}\sigma \tag{2.85}$$

所以方差是

$$\overline{c^2} = \int_0^\infty E_c(\kappa)\mathrm{d}\kappa \tag{2.86}$$

之所以称为三维功率谱密度,是因为它是三维波数的量值的函数。

2.7.3 均匀速度场中的三维能谱

对于边长为 L 的三维空间中无平均运动的随机均匀速度场 $u_i(\boldsymbol{x};\alpha)$,其傅里叶系数是矢量:

$$u_i(\boldsymbol{x};\alpha) = \sum_{\boldsymbol{\kappa}} \hat{u}_i(\boldsymbol{\kappa};\alpha)\mathrm{e}^{\mathrm{i}(\boldsymbol{\kappa}\cdot\boldsymbol{x})} \tag{2.87}$$

协方差是

$$\overline{u_i u_j} = \overline{u_i u_j^*} = \sum_{\boldsymbol{\kappa}} \overline{\hat{u}_i(\boldsymbol{\kappa})\hat{u}_j^*(\boldsymbol{\kappa})} = \sum_{\boldsymbol{\kappa}} \phi_{ij}(\boldsymbol{\kappa})(\Delta\kappa)^3 \tag{2.88}$$

极限情况下方程(2.88)变成积分形式

$$\overline{u_i u_j} = \iiint_{-\infty}^{\infty} \phi_{ij}(\kappa_1,\kappa_2,\kappa_3)\mathrm{d}\kappa_1\mathrm{d}\kappa_2\mathrm{d}\kappa_3 \tag{2.89}$$

当 $i=j$ 时速度协方差就变成湍流能量,习惯上把三维湍流能谱 $E(\kappa)$ 定义为在半径为 κ 的球面上对 $\phi_{ii}/2$ 的积分

$$E(\kappa) = \iint_{\kappa_i\kappa_i=\kappa^2} \frac{\phi_{ii}(\kappa_1,\kappa_2,\kappa_3)}{2}\mathrm{d}\sigma \tag{2.90}$$

引入倍数 2 是为了使 $E(\kappa)$ 的积分在量值上就等于单位质量的动能:

$$\frac{\overline{u_i u_i}}{2} = \int_0^\infty E(\kappa)\mathrm{d}\kappa \tag{2.91}$$

其中 $\overline{u_i u_i}/2 = (u^2+v^2+w^2)/2$ 是单位质量流体的湍流动能。

2.7.4 湍流涡旋的速度尺度

现在我们可以用 $E(\kappa)$ 来估计 $u(r)$,它是空间尺度为 r(或波数为 $\kappa \sim 1/r$)的涡旋的速度尺度或特征速度(通常用均方根速度表示)。我们把 $r/2$ 和 $3r/2$ 之间的涡旋定义为"尺度为 r 的涡旋",所以它落在尺度为 r 附近的一个宽度为 $\Delta r(\Delta r \sim r)$ 的范围内。对于波数,我们让"波数为 $\kappa \sim 1/r$ 的涡旋"落在波数 κ 附近宽度为 $\Delta\kappa(\Delta\kappa \sim \kappa)$ 范围内,于是我们有

$$[u(r)]^2 \sim \kappa E(\kappa),\ \kappa \sim 1/r \tag{2.92}$$

接下来我们需要知道 $E(\kappa)$。依据柯尔莫哥洛夫 1941 年推论出的结果是:对于惯性副区湍流涡旋 $(1/l \ll \kappa \ll 1/\eta)$,$E$ 只与 ϵ 和 κ 有关。于是,依据量纲分析能够得到

$$E(\kappa) \sim \epsilon^{2/3}\kappa^{-5/3} \tag{2.93}$$

这就是著名的关于湍流能谱的$-5/3$ 次律。

通过变量代换 $r \sim 1/\kappa$,惯性副区对应的尺度区间是 $l \gg r \gg \eta$,将(2.93)式代入(2.92)

式可得

$$u(r) \sim \left[\frac{E(1/r)}{r}\right]^{1/2} \sim \left(\frac{\epsilon^{2/3} r^{5/3}}{r}\right)^{1/2} \sim (\epsilon r)^{1/3} \tag{2.94}$$

方程(2.94)在 $l \geqslant r \geqslant \eta$ 区间内成立,也就是说,$u(r)=u$, $u(\eta)=\upsilon$。这个适用范围比我们想象的范围要大很多。

定义 $r/u(r)$ 为空间尺度是 r 的湍流涡旋的翻转时间,它被认为是尺度为 r 的涡旋的生命周期。

§2.8　系综平均方程

我们从连续方程开始,对于等密度流体它就变成关于 $\tilde{u}_i$ 的无散度方程:

$$\frac{\partial \tilde{u}_i}{\partial x_i} = \frac{\partial (U_i + u_i)}{\partial x_i} = 0 \tag{2.95}$$

将系综平均运算法则运用于该方程,可得

$$\overline{\frac{\partial \tilde{u}_i}{\partial x_i}} = \frac{\partial \overline{\tilde{u}_i}}{\partial x_i} = \frac{\partial U_i}{\partial x_i} = 0 \tag{2.96}$$

所以平均速度场是无散度的。从方程(2.95)中减去方程(2.96),得到

$$\frac{\partial u_i}{\partial x_i} = 0 \tag{2.97}$$

所以扰动速度场也是无散度的。

我们再看纳维-斯托克斯方程(2.11),在不可压条件下可以把它写成

$$\frac{\partial \tilde{u}_i}{\partial t} + \frac{\partial \tilde{u}_i \tilde{u}_j}{\partial x_j} = -\frac{1}{\rho}\frac{\partial \tilde{p}}{\partial x_i} + \nu \frac{\partial^2 \tilde{u}_i}{\partial x_j x_j} \tag{2.98}$$

取系综平均后得到

$$\frac{\partial \overline{\tilde{u}_i}}{\partial t} + \frac{\partial \overline{\tilde{u}_i \tilde{u}_j}}{\partial x_j} = -\frac{1}{\rho}\frac{\partial \overline{\tilde{p}}}{\partial x_i} + \nu \frac{\partial^2 \overline{\tilde{u}_i}}{\partial x_j x_j} \tag{2.99}$$

运用 $\overline{\tilde{u}_i} = U_i$, $\overline{\tilde{p}} = P$, 将系综平均法则运用于 $\overline{\tilde{u}_i \tilde{u}_j}$, 于是得到

$$\frac{\partial U_i}{\partial t} + \frac{\partial}{\partial x_j}(U_i U_j + \overline{u_i u_j}) = -\frac{1}{\rho}\frac{\partial P}{\partial x_i} + \nu \frac{\partial^2 U_i}{\partial x_j \partial x_j} \tag{2.100}$$

对称张量 $\overline{u_i u_j}$ 是 $\overline{u_i(\boldsymbol{x}, t) u_j(\boldsymbol{x}, t)}$ 的简写形式,它只包含速度场的扰动部分。它可以被理解为湍流应力或湍流动量通量。

我们可以把系综平均的纳维-斯托克斯方程(2.100)写成通量形式:

$$\frac{\partial U_i}{\partial t} + \frac{\partial}{\partial x_j}\left[U_i U_j + \overline{u_i u_j} - \nu\left(\frac{\partial U_i}{\partial x_j} + \frac{\partial U_j}{\partial x_i}\right)\right] = -\frac{1}{\rho}\frac{\partial P}{\partial x_i} \tag{2.101}$$

其中 $U_iU_j+\overline{u_iu_j}-\nu(\partial U_i/\partial x_j+\partial U_j/\partial x_i)$ 是平均的运动学动量通量张量，第二项和第三项分别代表湍流应力和黏性摩擦力。在最简单的情况下，平均流动和湍流的长度尺度和速度尺度都是 l 和 u，湍流应力与黏性摩擦力之比的量级是 $u^2/(\nu u/l)\sim ul/\nu=R_t\gg 1$。因此，在离开固体边界的地方(靠近固体边界的地方速度扰动消失)系综平均的纳维-斯托克斯方程中的黏性应力与湍流应力(即雷诺应力)相比是可以忽略不计的。

对于湍流流动中的某种标量成分 c，把“平均+湍流”的分解形式代入方程(2.14)然后取系综平均，就可以得到标量浓度的系综平均方程(见方程(2.58))，其中 $U_iC+\overline{u_ic}-\gamma\partial C/\partial x_i$ 是 c 的总平均通量。与在运动方程中的情形类似，浓度方程中的湍流通量与分子通量之比的量级就是 $ul/\nu=R_t$，因此，在湍流发展比较充分的流动当中，除非是在很靠近固体边界的地方，分子扩散形成的通量可以忽略不计。

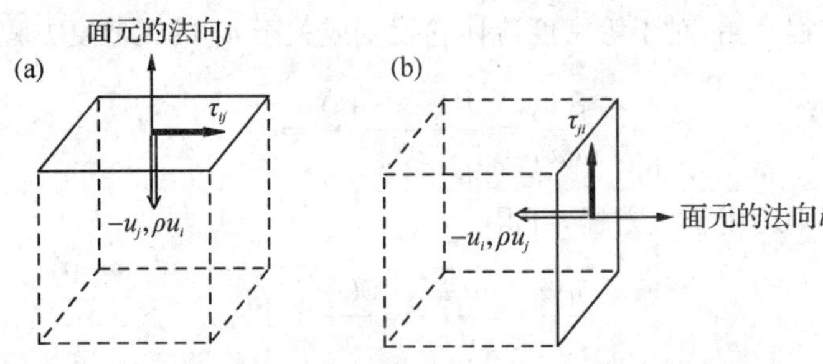

图 2.8　面元上的湍流动量通量及面元所受湍流应力的示意图

系综平均方程是关于平均量的方程，其中产生了新项 $\tau_{ij}=-\rho\overline{u_iu_j}$ 和 $f_i=\overline{u_ic}$，它们是湍流通量，体现了湍流运动的输送(交换)作用。事实上，湍流运动对全变量的输送作用只体现在对湍流量的输送 ($\overline{\tilde{u}_iu_j}=\overline{U_iu_j}+\overline{u_iu_j}=\overline{u_iu_j}$，因为对于系综平均而言，$\overline{u_i}=0$，$\bar{c}=0$)。在关于平均量的方程中，它们有明确的物理意义，$\overline{u_ic}$ 是标量 c 的湍流通量，它是个矢量，比较好理解；$-\rho\overline{u_iu_j}$ 是湍流动量通量，它是个张量，也可以理解为应力(其作用相当于摩擦力，通常被称为湍流摩擦力)，是由湍流起伏运动引起的单位面积(法向为 j 方向)上的平均应力(指向为 i 方向)；$\rho\overline{u_iu_j}$ 可以被理解为 j 方向的湍流动量在 i 方向上的平均湍流通量。

这里我们需要进一步把 $-\rho\overline{u_iu_j}$ 的物理意义阐述清楚。如图 2.8(a)所示，面元的方向为 j(向上)，如果这个体元通过该面元接收到来自面元上方的单位体积动量为 ρu_i (被输送量是 i 方向的动量)，则引起这个动量输送的运动是 $-u_j$ (负号表示输送的方向是从上往下，这样才对应于这个体元从面元上方获得被输送量)。对于流体而言，速度具有体积通量的含义(即单位时间通过单位面积的流体体积)，于是通过面元进入体元的动量通量就是 $\rho u_i(-u_j)$，其平均值就是 $-\rho\overline{u_iu_j}$。所以从动量通量的含义上讲，$-\rho\overline{u_iu_j}$ 就是通过法向为 j 的面元沿 j 的反方向输送 i 方向动量的通量。如果 $-\rho\overline{u_iu_j}$ 为正，说明体元获得了 i 方向的动量，这意味着体元中的流动受到沿 i 方向的力(作用于面上的应力，这个效果类似于摩擦力的应力使得体元中的流动在 i 方向上动量增大)，所以从力的含义上讲，$-\rho\overline{u_iu_j}$ 是法向为 j 的面元上受到了沿 i 方向的湍流应力。当然，如果 $-\rho\overline{u_iu_j}$ 为负，说明该体元中流动获得的动量为负，即体元中的流动失去动量，也就是说体元中的流动把 i 方向的动量传递给面元上方的流动，所以形成的动量通量沿 j 方向。我们也可以把这种情况理解为体元中的流

动获得了沿 i 反方向的动量，这意味着面元上受到沿 i 反方向的湍流应力。$\rho\overline{u_iu_j}$ 与 $-\rho\overline{u_iu_j}$ 的方向相反，于是我们可以把 $\rho\overline{u_iu_j}$ 理解为通过法向为 j 的面元沿 j 方向的 i 方向动量的通量，同时也可以理解为法向为 j 的面元上受到沿 i 反方向的湍流应力。从标记法上看，$\tau_{ij}=-\rho\overline{u_iu_j}$，其含义是沿 j 反方向输送的 i 方向动量的湍流通量。因为 $-\rho\overline{u_iu_j}$ 是对称张量，所以 $\tau_{ji}=-\rho\overline{u_ju_i}=-\rho\overline{u_iu_j}=\tau_{ij}$。$\tau_{ji}$ 的含义是沿 i 反方向输送的 j 方向动量的湍流通量，也是法向为 i 的面元上受到沿 j 方向的湍流应力，如图 2.8(b)所示。

泰勒(G. I. Taylor)称 $-\rho\overline{u_iu_j}$ 为“虚拟平均应力”，因为它只是作为一个系综平均值而存在(换句话说，如果不对方程取系综平均，这个量是不会出现的)。从这个意义上讲，所谓湍流应力，也只是针对系综平均流动而言的。系综平均场中的物理量之所以呈现其应有的分布，是因为统计平均的作用使然。这个“统计平均的作用”就体现为湍流对平均场的作用，我们可以笼统地理解为湍流扩散作用或湍流输送作用，所以在平均量的方程中才会出现湍流通量项。就运动方程而言，体现湍流作用的项就是湍流应力项。现在人们习惯上把 $-\rho\overline{u_iu_j}$ 称为雷诺应力，因为雷诺在 1895 年首次从平均方程中把它识别出来。

§2.9 空间平均方程

对于平均计算而言，任何线性平均都具有分配律性质，即满足(2.26)式，并且应该满足(2.27)式和(2.29)式，这两个式子对应的性质如下：

(1) 对平均值的再求平均就是平均值本身：

$$\overline{\bar{a}}=\bar{a} \tag{2.27}$$

(2) 导数的平均值等于平均值的导数(交换律性质)：

$$\overline{\frac{\partial a}{\partial x_i}}=\frac{\partial \bar{a}}{\partial x_i};\ \overline{\frac{\partial a}{\partial t}}=\frac{\partial \bar{a}}{\partial t} \tag{2.29}$$

系综平均满足这两个法则。现在让我们来考虑它们在两个常用的平均算法中的适用性问题。

“记录平均”是对记录的观测结果 $f(x,t)$ 在 x 方向上长度为 L 的范围内所做的平均，即

$$\bar{f}^{\mathrm{rec}}=\frac{1}{L}\int_0^L f(x,t)\mathrm{d}x \tag{2.102}$$

因为不依赖于 x，对它再次进行平均的结果是：

$$\overline{(\bar{f}^{\mathrm{rec}})}^{\mathrm{rec}}=\frac{1}{L}\int_0^L \bar{f}^{\mathrm{rec}}\mathrm{d}x=\frac{\bar{f}^{\mathrm{rec}}}{L}\int_0^L\mathrm{d}x=\bar{f}^{\mathrm{rec}} \tag{2.103}$$

所以记录平均满足法则(2.27)式。

对于相互独立的自变量而言，记录平均与导数可以互换。但如果求导变量是被记录的变量，则不可以。于是对于 $f(x,t)$ 有

$$\frac{\partial}{\partial t}(\bar{f}^{\text{rec}}) = \overline{\left(\frac{\partial f}{\partial t}\right)}^{\text{rec}}\text{；但}\frac{\partial}{\partial x}(\bar{f}^{\text{rec}}) \neq \overline{\left(\frac{\partial f}{\partial x}\right)}^{\text{rec}} \tag{2.104}$$

在任意一点的“局地平均”是在这点附近的空间平均：

$$\bar{f}^{\text{loc}}(x, t, \Delta) = \frac{1}{\Delta}\int_{\Delta/2}^{\Delta/2} f(x + x', t)\mathrm{d}x' \tag{2.105}$$

它不满足法则(2.27)式，但它可以与两个求导互换。

雷诺 1895 年“在流动中的很小区间范围”对运动方程做平均，这应该是局地平均：

$$\bar{f}^{\text{loc}}(\boldsymbol{x}, t, \Delta) = \frac{1}{\Delta^3}\int_{-\Delta/2}^{\Delta/2}\int_{-\Delta/2}^{\Delta/2}\int_{-\Delta/2}^{\Delta/2} \tilde{f}(\boldsymbol{x} + \boldsymbol{x}', t)\mathrm{d}x'_1\mathrm{d}x'_2\mathrm{d}x'_3 \tag{2.106}$$

这样的处理基本上去除了尺度比立方体边长 Δ 小很多的涡旋，而对于那些尺度比 Δ 大很多的涡旋几乎没有影响。与之不同的是，系综平均去除的是所有的涡旋，所以当 $\Delta \gg l$（即在粗分辨率模式中）的时候，这两种平均变得差不多相同了。这或许就是在粗分辨率模式中平均方式经常不被提及的原因(实际上就是默认为系综平均)。

2.9.1 空间滤波

从更一般的意义上讲，局地平均属于空间滤波。而空间滤波可以表示成如下形式：

$$\bar{f}^{\text{filt}}(\boldsymbol{x}, t) = \int_{-\infty}^{\infty}\int_{-\infty}^{\infty}\int_{-\infty}^{\infty} \tilde{f}(\boldsymbol{x} + \boldsymbol{x}', t)G(\boldsymbol{x} - \boldsymbol{x}')\mathrm{d}x'_1\mathrm{d}x'_2\mathrm{d}x'_3 \tag{2.107}$$

G 被称为滤波函数。如果在边长为 Δ 的立方体内把 G 取为 $1/\Delta^3$ 而在立方体外取 0，这就是与方程(2.106)一样的局地平均。我们现在更广义地把“局地平均”理解为“空间滤波”。在这种常用的(低通)滤波形式中，傅里叶分量中波数小的成分 ($\kappa \ll 1/\Delta$) 被保留，而那些波数大的成分被滤除。

对湍流流动方程实施平均处理的主要目的是为了能够对其进行数值求解。所以我们把一个被空间滤波的变量用上标“r”来标注，变量的这部分在计算中是可分辨的。我们写成这样的形式：

$$\tilde{f} = \bar{f}^{\text{filt}} + (\bar{f} - \bar{f}^{\text{filt}}) = \bar{f}^{\text{r}} + \bar{f}^{\text{s}} \tag{2.108}$$

所以空间滤波把一个湍流变量分解成可分辨部分(用上标 r 表示)和次滤波尺度部分(用上标 s 表示)。通常情况下再次应用滤波计算还是有效果的，也就是说

$$(\tilde{f}^{\text{r}})^{\text{r}} \neq \tilde{f}^{\text{r}} \tag{2.109}$$

按照方程(2.108)所描述的情况，通常对次滤波尺度场进行空间滤波并不能让它消失：

$$(\tilde{f}^{\text{s}})^{\text{r}} \neq 0 \tag{2.110}$$

与系综平均不同，如果滤波函数 G 的空间尺度比湍流的空间尺度小很多，空间滤波能够保留流动变量的湍流特征。

2.9.2 空间滤波后的方程

我们可以把局地平均应用到控制方程上。运用方程(2.108)对连续方程进行分解，可得

$$\frac{\partial \tilde{u}_i}{\partial x_i}=\frac{\partial}{\partial x_i}(\tilde{u}_i^{\mathrm{r}}+\tilde{u}_i^{\mathrm{s}})=\frac{\partial \tilde{u}_i^{\mathrm{r}}}{\partial x_i}+\frac{\partial \tilde{u}_i^{\mathrm{s}}}{\partial x_i}=0 \tag{2.111}$$

假设空间滤波与导数运算可以互换(如果函数在边界上的值为零,它是正确的),将其运用到连续方程可得

$$\left(\frac{\partial \tilde{u}_i}{\partial x_i}\right)^{\mathrm{r}}=\frac{\partial \tilde{u}_i^{\mathrm{r}}}{\partial x_i}=0 \tag{2.112}$$

从方程(2.111)中减去方程(2.112)可得

$$\frac{\partial \tilde{u}_i^{\mathrm{s}}}{\partial x_i}=0 \tag{2.113}$$

所以,如果 $\tilde{u}_i$ 是无散度的,则 $\tilde{u}_i^{\mathrm{r}}$ 和 $\tilde{u}_i^{\mathrm{s}}$ 都是无散度的。

对于纳维-斯托克斯方程,我们把它写成如下形式

$$\frac{\partial \tilde{u}_i}{\partial t}+\frac{\partial \tilde{u}_i\tilde{u}_j}{\partial x_j}=-\frac{1}{\rho}\frac{\partial \tilde{p}}{\partial x_i}+\nu\frac{\partial^2 \tilde{u}_i}{\partial x_j\partial x_j} \tag{2.114}$$

运用空间滤波,并应用滤波与导数可以互换的性质,得到

$$\frac{\partial \tilde{u}_i{}^{\mathrm{r}}}{\partial t}+\frac{\partial (\tilde{u}_i\tilde{u}_j)^{\mathrm{r}}}{\partial x_j}=-\frac{1}{\rho}\frac{\partial \tilde{p}^{\mathrm{r}}}{\partial x_i}+\nu\frac{\partial^2 \tilde{u}_i{}^{\mathrm{r}}}{\partial x_j\partial x_j} \tag{2.115}$$

对于滤波后的乘积项,我们可以写出

$$(\tilde{u}_i\tilde{u}_j)^{\mathrm{r}}=\tilde{u}_i^{\mathrm{r}}\tilde{u}_j^{\mathrm{r}}+[(\tilde{u}_i\tilde{u}_j)^{\mathrm{r}}-\tilde{u}_i^{\mathrm{r}}\tilde{u}_j^{\mathrm{r}}]=\tilde{u}_i^{\mathrm{r}}\tilde{u}_j^{\mathrm{r}}-\frac{\tau_{ij}}{\rho} \tag{2.116}$$

其中 τ_{ij} 是由于空间滤波而产生的雷诺应力。按照它在方程(2.116)中的定义,我们可以把这个雷诺应力写成

$$\tau_{ij}\equiv\rho[\tilde{u}_i^{\mathrm{r}}\tilde{u}_j^{\mathrm{r}}-(\tilde{u}_i\tilde{u}_j)^{\mathrm{r}}]=\rho[(\tilde{u}_i^{\mathrm{r}}\tilde{u}_j^{\mathrm{r}})^{\mathrm{s}}-(\tilde{u}_i^{\mathrm{r}}\tilde{u}_j^{\mathrm{s}}+\tilde{u}_i^{\mathrm{s}}\tilde{u}_j^{\mathrm{r}}+\tilde{u}_i^{\mathrm{s}}\tilde{u}_j^{\mathrm{s}})^{\mathrm{r}}] \tag{2.117}$$

τ_{ij} 既不是可分辨尺度量,也不是次滤波尺度量,因为它既包含次滤波尺度部分 $\rho(\tilde{u}_i^{\mathrm{r}}\tilde{u}_j^{\mathrm{r}})^{\mathrm{s}}$,又包含可分辨部分 $\rho(\tilde{u}_i^{\mathrm{r}}\tilde{u}_j^{\mathrm{s}}+\tilde{u}_i^{\mathrm{s}}\tilde{u}_j^{\mathrm{r}}+\tilde{u}_i^{\mathrm{s}}\tilde{u}_j^{\mathrm{s}})^{\mathrm{r}}$。但是它不会因为高分辨的极限情况而消失,所以它被称为次滤波尺度雷诺应力。

将方程(2.116)代入方程(2.115),并且重新放回黏性应力项,可得

$$\frac{\partial \tilde{u}_i{}^{\mathrm{r}}}{\partial t}+\frac{\partial}{\partial x_j}\left[\tilde{u}_i^{\mathrm{r}}\tilde{u}_j^{\mathrm{r}}-\frac{\tau_{ij}}{\rho}-\nu\left(\frac{\partial \tilde{u}_i^{\mathrm{r}}}{\partial x_j}+\frac{\partial \tilde{u}_j^{\mathrm{r}}}{\partial x_i}\right)\right]=-\frac{1}{\rho}\frac{\partial \tilde{p}^{\mathrm{r}}}{\partial x_i} \tag{2.118}$$

方程(2.118)加上可分辨的连续方程(2.112)包含了四个方程,但是由于次滤波尺度雷诺应力的出现使得未知数超过了四个,因此,需要一个关于 τ_{ij} 的模式才能数值求解方程(2.118)和(2.112)构成的方程组。

即使 τ_{ij}/ρ 远小于 $\tilde{u}_i^{\mathrm{r}}\tilde{u}_j^{\mathrm{r}}$,这种情况会出现在非常高的空间分辨率(滤波宽度很小)的模拟中,我们仍然需要在滤波后的方程(2.118)中包含这一项,它代表了从可分辨尺度提取动能,是能量串级的表现形式,而能量串级是湍流的一个基本性质。

将相同的空间滤波过程作用于标量方程(2.14)可得

$$\frac{\partial \tilde{c}^{r}}{\partial t}+\frac{\partial}{\partial x_i}\left(\tilde{u}_i^{r}\,\tilde{c}^{r}+f_i-\gamma\frac{\partial \tilde{c}^{r}}{\partial x_i}\right)=0 \tag{2.119}$$

其中 $f_i=(\tilde{u}_i\,\tilde{c})^{r}-\tilde{u}_i^{r}\,\tilde{c}^{r}$。如果可分辨速度场 $\tilde{u}_i^{r}$ 是已知的,这个方程有两个未知数 $\tilde{c}^{r}$ 和 f_i,所以我们需要一个模式来描述次滤波尺度的标量通量 f_i。

2.9.3 可分辨尺度和次滤波尺度的湍流通量

对方程(2.118)做系综平均处理可得

$$\frac{\partial \overline{\tilde{u}_i^{r}}}{\partial t}+\frac{\partial}{\partial x_j}\left[\overline{\tilde{u}_i^{r}\,\tilde{u}_j^{r}}-\frac{\overline{\tau_{ij}}}{\rho}-\nu\left(\frac{\partial \overline{\tilde{u}_i^{r}}}{\partial x_j}+\frac{\partial \overline{\tilde{u}_j^{r}}}{\partial x_i}\right)\right]=-\frac{1}{\rho}\frac{\partial \overline{\tilde{p}^{r}}}{\partial x_i} \tag{2.120}$$

我们假设空间平均可以很好地分辨出系综平均场,则有 $U_i^{r}=U_i, P^{r}=P$。这种情况对应于滤波尺度小于 l,于是如果我们运用空间滤波与系综平均可交换的这一性质,以及如下表达式

$$\tilde{u}_i^{r}=(U_i+u_i)^{r}=U_i+u_i^{r},\ \tilde{p}^{r}=P+p^{r} \tag{2.121}$$

我们可以把方程(2.120)写成为

$$\frac{\partial U_i}{\partial t}+\frac{\partial}{\partial x_j}\left[\overline{(U_i+u_i^{r})(U_j+u_j^{r})}-\frac{\overline{\tau_{ij}}}{\rho}-\nu\left(\frac{\partial U_i}{\partial x_j}+\frac{\partial U_j}{\partial x_i}\right)\right]=-\frac{1}{\rho}\frac{\partial P}{\partial x_i} \tag{2.122}$$

运用系综平均法则,它就变成为

$$\frac{\partial U_i}{\partial t}+\frac{\partial}{\partial x_j}\left[U_iU_j+\overline{u_i^{r}u_j^{r}}-\frac{\overline{\tau_{ij}}}{\rho}-\nu\left(\frac{\partial U_i}{\partial x_j}+\frac{\partial U_j}{\partial x_i}\right)\right]=-\frac{1}{\rho}\frac{\partial P}{\partial x_i} \tag{2.123}$$

对比方程(2.123)和系综平均纳维-斯托克斯方程(2.101)可以看出

$$\overline{u_i^{r}u_j^{r}}-\frac{\overline{\tau_{ij}}}{\rho}=\overline{u_iu_j} \tag{2.124}$$

这就是说,对于湍流携带的总动量通量 $\overline{u_iu_j}$,空间滤波的流体方程可以直接分辨出一部分,就是 $\overline{u_i^{r}u_j^{r}}$,还需要把剩下的那部分,即 $-\overline{\tau_{ij}}/\rho$,用模式来描述。因为对 $\overline{u_iu_j}$ 的贡献主要来自含能涡旋,如果空间滤波的尺度落在惯性副区的区间里,通常可分辨部分要比必须用模式描述的那部分大很多。系综平均模式则相反,它无法分辨湍流量,所有的湍流成分都要用模式来描述。因为系综平均的湍流模式是不完美的,我们认为系综平均模式本质上并不比空间滤波模式更可靠,所以两个方案之间存在两个重要差别:

(1) 空间滤波模式需要三维的、有时间变化的计算,系综平均模式只需要与非均匀方向数目相同的维数,而且如果流动是平稳的,它可以是不随时间变化的。因此,对于空间滤波模式而言,计算量要大很多。

(2) 因为空间滤波模式分辨出湍流通量的一部分,并且因为湍流通量模式(指系综平均模式中描述湍流通量的模式)的可信度并不是很高,其他能与之等效的方案可能更可靠些。

§2.10 关于两种平均方程的小结

在不可压湍流流动中，关于速度和保守标量的系综平均场的方程为

$$\frac{\partial U_i}{\partial x_i}=0 \tag{2.96}$$

$$\frac{\partial U_i}{\partial t}+\frac{\partial}{\partial x_j}\left[U_iU_j+\overline{u_iu_j}-\nu\left(\frac{\partial U_i}{\partial x_j}+\frac{\partial U_j}{\partial x_i}\right)\right]=-\frac{1}{\rho}\frac{\partial P}{\partial x_i} \tag{2.101}$$

$$\frac{\partial C}{\partial t}+\frac{\partial}{\partial x_i}\left(U_iC+\overline{u_ic}-\gamma\frac{\partial C}{\partial x_i}\right)=0 \tag{2.58}$$

如果不出现 $\overline{u_iu_j}$ 和 $\overline{u_ic}$，方程(2.101)和(2.58)就是纳维-斯托克斯方程(2.11)和保守标量方程(2.14)，方程在大雷诺数时会有湍流解。但这里的湍流通量项在方程中具有主导量级，它们确保方程的解是平滑无湍流的(因为方程的解代表的是平均运动)，总之，这样的解不包含湍流流动中的瞬间结构。

空间滤波方程是

$$\frac{\partial \tilde{u}_i^{\mathrm{r}}}{\partial x_i}=0 \tag{2.112}$$

$$\frac{\partial \tilde{u}_i^{\mathrm{r}}}{\partial t}+\frac{\partial}{\partial x_j}\left[\tilde{u}_i^{\mathrm{r}}\tilde{u}_j^{\mathrm{r}}-\frac{\tau_{ij}}{\rho}-\nu\left(\frac{\partial \tilde{u}_i^{\mathrm{r}}}{\partial x_j}+\frac{\partial \tilde{u}_j^{\mathrm{r}}}{\partial x_i}\right)\right]=-\frac{1}{\rho}\frac{\partial \tilde{p}^{\mathrm{r}}}{\partial x_i} \tag{2.118}$$

$$\frac{\partial \tilde{c}^{\mathrm{r}}}{\partial t}+\frac{\partial}{\partial x_i}\left(\tilde{u}_i^{\mathrm{r}}\tilde{c}^{\mathrm{r}}+f_i-\gamma\frac{\partial \tilde{c}^{\mathrm{r}}}{\partial x_i}\right)=0 \tag{2.119}$$

在这里空间滤波产生的新项是 $\tau_{ij}/\rho=\tilde{u}_i^{\mathrm{r}}\tilde{u}_j^{\mathrm{r}}-(\tilde{u}_i\tilde{u}_j)^{\mathrm{r}}$ 和 $f_i=(\tilde{u}_i\tilde{c})^{\mathrm{r}}-\tilde{u}_i^{\mathrm{r}}\tilde{c}^{\mathrm{r}}$，它们体现了次滤波尺度湍流的作用。

方程组(2.96)、(2.101)和(2.58)，及方程组(2.112)、(2.118)和(2.119)中的未知数个数都比方程个数多(因为方程中出现了湍流通量项)。对于系综平均，速度场和标量场被分解成系综平均值和扰动量(湍流量)两部分，由此而产生的湍流通量是所有湍流成分形成的；对于空间平均，滤波把变量场分解成可分辨部分和不可分辨部分，这种情况下方程中的湍流通量是未能分辨的湍流成分造成的。对应于数值模式，中尺度模式和大气环流模式中求解的是系综平均方程，而在大涡模式中求解的是空间平均方程。对方程的平均处理使得未知数增加，由此带来了所谓的闭合问题，解决之道是建立湍流模式(即描述湍流通量的模式，我们更习惯于称之为参数化方案)，我们将在第九章中针对这两种数值模式分别介绍相应的参数化方案。

参考文献

Gleick J.. 1987. *Chaos*: *Making a new science*. Viking Penguin, New York.

Hinze J. O.. 1959. *Turbulence: An introduction to its mechanism and theory*. McGraw-Hill, New York: 790pp.

Lilly D. K.. 1967. The representation of small-scale turbulence in numerical simulation experiments. Proceedings of the IBM Scientific Computing Symposium on Environment Sciences, IBM Form no. 320-1951: 195-210.

Lorenz E.. 1963. Deterministic nonperiodic flow. J. Atmos. Sci., 20: 130-141.

Kolmogorov A. N.. 1941. The local structure of turbulence in incompressible viscous fluid for very large Reynolds numbers. Doklady ANSSSR, 30: 301-305.

Reynolds O.. 1895. On the dynamical theory of incompressible viscous fluids and the determination of the criterion. Phlos. Trans. Roy. Soc. London, Ser. A, 186: 123-164.

Wyngaard J. C.. 2010. *Turbulence in the atmosphere*. Cambridge University Press, Cambridge: 393pp.

第三章

大气边界层的控制方程[①]

地球大气处于不断的运动变化当中。大气的控制方程包括三个动量守恒方程(即关于速度三个分量的纳维-斯托克斯方程)、一个质量守恒方程(即连续方程)、一个热量守恒方程(即热力学方程,或称为焓守恒方程)、一个水汽守恒方程(即湿度方程)以及一个气体状态方程。这七个基本方程共同描述了大气变量 u(经向速度)、v(纬向速度)、w(垂直速度)、ρ(空气密度)、T(绝对温度)、q(比湿)和 p(气压)的空间分布及其时间变化。

对于大气边界层而言,这套方程组被应用于旋转的地球坐标系,经过一些近似,被简化为所谓的鲍兴尼斯克(Boussinesq)方程组。这些近似假设包括如下几点:

(1) 动力学黏性系数 ($\mu=\rho\nu$) 和分子热传导率 (k_T) 在流体当中为常数。也就是说,虽然这些表征分子过程的特征量实际上会随温度和气压的变化而产生微弱的变化,但在大气边界层中这些微弱的依赖关系是可以忽略不计的;

(2) 在热力学方程中因黏性应力的摩擦作用而产生的热量可以忽略不计,即在大边界层当中可以不考虑这个热源;

(3) 气流可被看成是不可压的,这对大气边界层来讲是个重要的假设;

(4) 流体状态变量的扰动量与平均量相比要小很多,即 $p'/p_0 \ll 1$, $T'/T_0 \ll 1$, $\rho'/\rho_0 \ll 1$,以及 $\theta'/\theta_0 \ll 1$;

(5) 在 p'/p_0 与 T'/T_0 和 ρ'/ρ_0 的关系(即 $p'/p_0=T'/T_0+\rho'/\rho_0$) 当中 p'/p_0 可被忽略不计。除非在非常强的风速条件下,这个近似假设是成立的,它意味着气压变化对密度变化的贡献是可以忽略不计的,换句话说,在大气边界层当中密度的变化基本上是由温度变化引起的;

(6) 只有在与重力加速度 g 联合发生作用时密度的扰动才显得很重要,也就是说,温度变化引起的密度变化只体现在浮力作用上。

在这一章里,我们先推导干空气的控制方程。在浅层流体(即鲍兴尼斯克近似)的约束条件之下,这些方程可被用于有热量输送和有浮力的湍流流动。然后我们把方程推广到更具一般性的湿空气(干空气+水汽)。对有云空气(干空气+水汽+水滴)当中的情况也会做一些简要介绍。

§3.1 干空气的控制方程

3.1.1 等熵的静力平衡大气基态方程

地球大气的一个重要特征是具有层结性,边界层大气也是如此。层结大气中温度、气压

① 本章内容主要来自 Wyngaard 编著的 *Turbulence in the Atmosphere*,并做了重新编写。

和密度随高度的变化情况通常可以基于理想气体假设用流体静力学进行描述。我们从静止、绝热的基本状态开始，并用下标“0”表示这种状态，把干空气的理想气体方程写成

$$p_0 = \rho_0 R_d T_0 \tag{3.1}$$

其中 R_d 是干空气的气体常数。基态大气中的变量只是高度（x_3 或 z）的函数。对于静止的基态大气，取向上为 x_3 正方向，则重力加速度为 $g_i = (0, 0, -g)$，于是运动方程的垂直分量是

$$-\frac{dp_0}{dx_3} - \rho_0 g = 0 \tag{3.2}$$

这里采用常微分方程，因为在大气的基本状态中 x_3 是唯一的独立变量。

大气的基本状态有气压、温度和密度三个变量，所以还需要第三个方程。这里我们采用关于大气比熵（单位质量的熵）s 的方程：

$$T\frac{Ds}{Dt} = \frac{Dh}{Dt} - \frac{1}{\rho}\frac{Dp}{Dt} \tag{3.3}$$

其中 $h = c_p T$ 是比焓，c_p 是定压比热。因为我们会用流体块的无摩擦、绝热虚位移来确定随 z 有变化的基本状态，我们把方程(3.3)写成了关于全微分 D/Dt 的形式。对于这样熵为常数（或说等熵）的位移，我们可以把方程(3.3)写成

$$T_0\frac{Ds_0}{Dt} = 0，所以 \frac{Dh_0}{Dt} = \frac{1}{\rho_0}\frac{Dp_0}{Dt} \tag{3.4}$$

这意味着基态大气廓线与下列性质有关：

$$\frac{dh_0}{dx_3} = \frac{1}{\rho_0}\frac{dp_0}{dx_3} \tag{3.5}$$

其中 $h_0 = c_p T_0$。由方程(3.2)和(3.5)可得

$$\frac{dT_0}{dx_3} = -\frac{g}{c_p} \tag{3.6}$$

即绝热温度廓线方程。高度上升 100 m 温度下降 0.98 K。由方程(3.1)、(3.2)和(3.6)可以算出 p_0 和 ρ_0 的廓线。

3.1.2 流动产生对基态的偏离：质量守恒方程的形式

我们把有运动大气的物理量表示成基态变量与小偏差量之和，偏差量是实际变量偏离基态的量值：

$$\tilde{p} = p_0(z) + \tilde{p}'(\boldsymbol{x}, t),\ \tilde{T} = T_0(z) + \tilde{T}'(\boldsymbol{x}, t),\ \tilde{\rho} = \rho_0(z) + \tilde{\rho}'(\boldsymbol{x}, t) \tag{3.7}$$

偏差量上的波浪号表示这些偏差量可以分解为平均量和扰动量两部分。

我们需要偏差量是个小量，通常的情况也确实如此，这样我们就可以在基本状态附近进行线性化处理（即泰勒展开后取一阶近似）。方程(3.7)的表达方式与把湍流场分解成系综平均值加上扰动部分的处理是完全不同的，因为从湍流场分解出来的扰动量不一定是小量。

在基态附近对状态方程做线性展开，我们把密度偏差量表示成温度偏差量与气压偏差量之和：

$$\tilde{\rho}' = \tilde{\rho}'(\tilde{T}, \tilde{p}) \cong \left.\frac{\partial \rho}{\partial T}\right|_0 \tilde{T}' + \left.\frac{\partial \rho}{\partial p}\right|_0 \tilde{p}' = -\frac{\rho_0}{T_0}\tilde{T}' + \frac{1}{R_d T_0}\tilde{p}' \tag{3.8}$$

观测表明扰动气压的量级是 ρu^2。如果气压偏差量也是这个量级，那么它对 $\tilde{\rho}'$ 的贡献的量级是 $\gamma \rho_0 u^2 / c^2$，其中 $\gamma = c_p / c_v$，c 是声速 $(\gamma R_d T)^{1/2}$。因此，基于这个论据可知气压偏差量在方程(3.8)的贡献正比于流体马赫数的平方，它非常小。所以，我们可以把它忽略掉，并把方程(3.8)写成

$$\tilde{\rho}' = -\frac{\rho_0}{T_0}\tilde{T}' \tag{3.9}$$

质量守恒方程可以写成

$$\frac{\partial \tilde{\rho}}{\partial t} + \frac{\partial \tilde{\rho}\, \tilde{u}_i}{\partial x_i} = \frac{D\tilde{\rho}}{Dt} + \tilde{\rho}\frac{\partial \tilde{u}_i}{\partial x_i} = 0 \tag{3.10}$$

在密度偏差足够小的情况下，它变成

$$\tilde{u}_3 \frac{d\rho_0}{dx_3} + \rho_0 \frac{\partial \tilde{u}_i}{\partial x_i} \cong 0 \tag{3.11}$$

速度散度是

$$\frac{\partial u_i}{\partial x_i} \cong -\frac{\tilde{u}_3}{\rho_0}\frac{d\rho_0}{dx_3} = \frac{\tilde{u}_3}{H_\rho};\ \frac{1}{H_\rho} = -\frac{1}{\rho_0}\frac{d\rho_0}{dx_3} \tag{3.12}$$

其中 H_ρ 是均质大气高度(标准大气高度)。依据理想气体定律可得

$$H_\rho = \frac{R_d T_0 \gamma}{g} \tag{3.13}$$

它的量级是 10 km。

如果速度散度与 u/l 相比小很多，我们可以认为速度散度为零，由方程(3.12)可知这需要满足

$$\frac{\tilde{u}_3}{H_\rho} \ll \frac{u}{l} \tag{3.14}$$

如果水平均匀的湍流边界层中 $\tilde{u}_3 \sim u$，那么当 $l \ll H_\rho$ 时速度散度就可以被忽略。因为 l 的量级是边界层厚度，想要把速度场当成是无散度的，那么就要求边界层厚度必须明显小于均质大气高度 H_ρ。这是大气当中的常见情况，但如果发生深对流，这个假设并不成立。

3.1.3　动力学方程和热力学方程

可变密度大气的运动方程是

$$\frac{\partial \tilde{u}_i}{\partial t} + \tilde{u}_j \frac{\partial \tilde{u}_i}{\partial x_j} = -\frac{1}{\rho}\frac{\partial \tilde{p}}{\partial x_i} - g_i - 2\epsilon_{ijk}\Omega_j \tilde{u}_k + \nu \nabla^2 \tilde{u}_i \tag{3.15}$$

方程右边的第三项是地球旋转矢量 Ω_j 与流体速度矢量的叉乘，被称为柯氏力项，它出现在方程中是因为坐标系跟随地球一起转动而成为非惯性坐标系。流体的速度尺度是 U，长度尺度是 L，方程(3.15)中主导项的量级是 U^2/L。当 $\Omega U \sim U^2/L$ 时，柯氏力项就变成重要一项，其中 $\Omega=|\Omega_j| \sim 10^{-4}\ \mathrm{s}^{-1}$。这是大气流动中的典型情况，但不是工程流动中的情况(工程流动中柯氏力项的作用可以忽略不计)。

在可变密度流动当中运动学黏性系数 ν 也是可变的，ν 的变化对速度和耗散涡旋的长度尺度有影响，但对湍流耗散率没有影响。

我们在基本状态附近对气压梯度的偏差量进行线性化：

$$-\frac{1}{\tilde{\rho}}\frac{\partial \tilde{p}}{\partial x_i}=-\frac{1}{\rho_0+\tilde{\rho}'}\left(\frac{\partial p_0}{\partial x_i}+\frac{\partial \tilde{p}}{\partial x_i}\right)\cong-\frac{1}{\rho_0}\frac{\partial p_0}{\partial x_i}-\frac{1}{\rho_0}\frac{\partial \tilde{p}'}{\partial x_i}+\frac{\tilde{p}'}{\rho_0^2}\frac{\partial p_0}{\partial x_i} \tag{3.16}$$

运用(3.2)式和(3.9)式可得

$$-\frac{1}{\tilde{\rho}}\frac{\partial \tilde{p}}{\partial x_i}\cong g\delta_{3i}-\frac{1}{\rho_0}\frac{\partial \tilde{p}'}{\partial x_i}-g\frac{\tilde{\rho}'}{\rho_0}\delta_{3i}\cong g\delta_{3i}-\frac{1}{\rho_0}\frac{\partial \tilde{p}'}{\partial x_i}+\frac{g}{T_0}\tilde{T}'\delta_{3i} \tag{3.17}$$

运用(3.17)式之后方程(3.15)变成

$$\frac{\partial \tilde{u}_i}{\partial t}+\tilde{u}_j\frac{\partial \tilde{u}_i}{\partial x_j}=-\frac{1}{\rho_0}\frac{\partial \tilde{p}'}{\partial x_i}-2\epsilon_{ijk}\Omega_j\tilde{u}_k+\frac{g}{T_0}\tilde{T}'\delta_{3i}+\nu\nabla^2\tilde{u}_i \tag{3.18}$$

现在这个方程包含了浮力项，即方程右边的倒数第二项。

对于温度变量而言，如果在大气中的等熵位移过程中它保持不变，使用具有这种性质的温度会比较方便，就像是实验室尺度的流动中的常温一样。为此，依据比熵方程(3.3)并重写理想气体定律的形式，可以定义位温 θ：

$$\frac{\mathrm{D}s}{\mathrm{D}t}=\frac{c_p}{T}\frac{\mathrm{D}T}{\mathrm{D}t}-\frac{R_\mathrm{d}}{p}\frac{\mathrm{D}p}{\mathrm{D}t}=\frac{c_p}{\theta}\frac{\mathrm{D}\theta}{\mathrm{D}t} \tag{3.19}$$

因此，经过等熵位移之后 θ 是守恒的，即

$$\frac{\mathrm{D}s}{\mathrm{D}t}=\frac{c_p}{\theta}\frac{\mathrm{D}\theta}{\mathrm{D}t}=0 \tag{3.20}$$

方程(3.19)的解是

$$\theta(t)=C\left[p(t)\right]^{\frac{-R_\mathrm{d}}{c_p}}T(t) \tag{3.21}$$

其中 C 是常数。

尺度分析表明，在低层湍流大气当中沿气块轨迹的气压变化主要是由背景气压的垂直梯度上的垂直位移引起，而非湍流气压扰动引起。因此，我们按照惯例把方程(3.21)中的独立变量理解为 z(即离地面的距离)，而不是时间，并把常数 C 选为 $[p(0)]^{R_\mathrm{d}/c_p}$(即选择地面为参考高度)，这样就得到

$$\theta(z)=T(z)\left[\frac{p(0)}{p(z)}\right]^{\frac{R_\mathrm{d}}{c_p}} \tag{3.22}$$

在这样的约定之下，z 高度处的位温就是原处于该高度的气块等熵移动（即绝热移动）到地面后所具有的温度。

大气中的湍流运动涉及速率为 $\widetilde{\epsilon}$ 的黏性耗散和速率为 $\widetilde{Q}$ 的热量输送，所以湍流干空气的熵方程是

$$\frac{\mathrm{D}\widetilde{s}}{\mathrm{D}t}=\frac{c_p}{\theta}\frac{D\widetilde{\theta}}{\mathrm{D}t}=\frac{\widetilde{\epsilon}}{\widetilde{T}}-\frac{\widetilde{Q}}{\widetilde{T}} \tag{3.23}$$

单位质量流体的局地、瞬时耗散速率为

$$\widetilde{\epsilon}=\frac{\nu}{2}\left(\frac{\partial\widetilde{u}_i}{\partial x_j}+\frac{\partial\widetilde{u}_j}{\partial x_i}\right)\left(\frac{\partial\widetilde{u}_i}{\partial x_j}+\frac{\partial\widetilde{u}_j}{\partial x_i}\right) \tag{3.24}$$

虽然黏性耗散在湍流动能（TKE）方程中始终很重要，在方程（3.23）中它只是在流动速度远大于我们通常在低层大气中观测到的值时才变得重要，于是我们把它忽略掉。我们把热量输送表示成热传递和辐射引起的热通量的散度形式

$$\widetilde{Q}=\frac{1}{\widetilde{\rho}}\frac{\partial}{\partial x_i}\left(-k_{\mathrm{T}}\frac{\partial\widetilde{T}}{\partial x_i}+\widetilde{R}_i\right) \tag{3.25}$$

其中 k_{T} 是热传导率（即热传导系数），于是方程（3.23）就变成

$$\frac{D\widetilde{\theta}}{\mathrm{D}t}=\frac{\widetilde{\theta}}{c_p}\frac{\mathrm{D}\widetilde{s}}{\mathrm{D}t}=-\frac{\widetilde{\theta}}{\widetilde{\rho}c_p\widetilde{T}}\left(-k_{\mathrm{T}}\frac{\partial^2\widetilde{T}}{\partial x_i\partial x_i}+\frac{\partial\widetilde{R}_i}{\partial x_i}\right) \tag{3.26}$$

我们可以把它写成

$$\frac{D\widetilde{\theta}}{\mathrm{D}t}=\frac{\widetilde{\theta}}{\widetilde{T}}\alpha\nabla^2\widetilde{T}-\frac{\widetilde{\theta}}{\widetilde{\rho}c_p\widetilde{T}}\frac{\partial\widetilde{R}_i}{\partial x_i} \tag{3.27}$$

其中 $\alpha=k_{\mathrm{T}}/(\rho c_p)$ 是热扩散率（即热扩散系数）。

依据（3.21）式，方程（3.27）中的热传导项乘以因子 $\widetilde{\theta}/\widetilde{T}$ 应该正比于 $\widetilde{p}^{-R/c_p}$。谱分析表明在含能区之外的尺度上湍流气压谱要比温度谱和速度谱衰减得更快，所以在热传导很重要的小尺度上 $\widetilde{\theta}/\widetilde{T}$ 的空间变化可以忽略不计。于是我们可以把它放到 ∇^2 算子里面去：

$$\frac{\widetilde{\theta}}{\widetilde{T}}\nabla^2T\cong\nabla^2\left(\frac{\widetilde{\theta}}{\widetilde{T}}\widetilde{T}\right)=\nabla^2\widetilde{\theta} \tag{3.28}$$

于是位温守恒方程（3.27）变成为

$$\frac{D\widetilde{\theta}}{\mathrm{D}t}=\alpha\nabla^2\widetilde{\theta}-\frac{\widetilde{\theta}}{\rho c_p\widetilde{T}}\frac{\partial\widetilde{R}_i}{\partial x_i} \tag{3.29}$$

如果我们对位温定义一个基本状态和一个偏差量，即 $\widetilde{\theta}=\theta_0+\widetilde{\theta}'$，那么由（3.22）式我们可以写成

$$\theta_0+\tilde{\theta}'=(T_0+\tilde{T}')\left[\frac{\tilde{p}(0)}{\tilde{p}(z)}\right]^{\frac{R}{c_p}}\cong(T_0+\tilde{T}')\left[\frac{p_0(0)}{p_0(z)}\right]^{\frac{R}{c_p}} \tag{3.30}$$

那么基本状态量之间和偏差量之间具有下列关系

$$\theta_0=T_0\left[\frac{\tilde{p}(0)}{\tilde{p}(z)}\right]^{\frac{R}{c_p}},\ \tilde{\theta}'=\tilde{T}'\left[\frac{\tilde{p}(0)}{\tilde{p}(z)}\right]^{\frac{R}{c_p}} \tag{3.31}$$

方程(3.31)表明，温度偏差与位温偏差，以及它们的垂直梯度，通常是不同的。

3.1.4 标量成分的守恒方程

当一种没有源或汇(即质量守恒)的物质成分在流体中被输送并发生分子扩散的时候，它的密度 $\tilde{\rho}_c$ 满足

$$\frac{\partial\tilde{\rho}_c}{\partial t}+\frac{\partial\tilde{\rho}_c\tilde{u}_i}{\partial x_i}=\gamma\frac{\partial^2\tilde{\rho}_c}{\partial x_i\partial x_i} \tag{2.14}$$

我们可以把它写成

$$\frac{\mathrm{D}\tilde{\rho}_c}{\mathrm{D}t}=-\tilde{\rho}_c\frac{\partial\tilde{u}_i}{\partial x_i}+\gamma\frac{\partial^2\tilde{\rho}_c}{\partial x_i\partial x_i} \tag{3.32}$$

运用方程(3.12)来表示速度散度，可以得到

$$\frac{\mathrm{D}\tilde{\rho}_c}{\mathrm{D}t}=-\tilde{\rho}_c\frac{\tilde{u}_3}{H_\rho}+\gamma\frac{\partial^2\tilde{\rho}_c}{\partial x_i\partial x_i} \tag{3.33}$$

这就是说，只有在均质大气高度具有大值的约束条件之下，被输送的质量守恒成分的密度才是保守的。一般情况下，在上升运动中它是减小的，而在下沉运动中它是增大的，因为伴随这些运动会分别发生绝热膨胀和绝热压缩。因为这个原因，湍流混合无法使得质量守恒的痕量成分在垂直方向上形成上下一致的平均密度。

然而，混合比 $\tilde{c}=\tilde{\rho}_c/\tilde{\rho}$ 是个保守量，它满足

$$\frac{\mathrm{D}\tilde{c}}{\mathrm{D}t}=\frac{\partial\tilde{c}}{\partial t}+\tilde{u}_i\frac{\partial\tilde{c}}{\partial x_i}=\frac{\gamma}{\tilde{\rho}}\frac{\partial^2\tilde{\rho}_c}{\partial x_i\partial x_i}\cong\gamma\frac{\partial^2\tilde{c}}{\partial x_i\partial x_i} \tag{3.34}$$

作为一个保守量，$\tilde{c}$ 可以在垂直方向上混合成上下一致的分布，虽然 $\tilde{\rho}_c$ 不能呈现这样的分布。

3.1.5 干空气方程组

有关干空气的动力学、热力学及保守成分的方程组是

$$\frac{\partial\tilde{u}_i}{\partial t}+\tilde{u}_j\frac{\partial\tilde{u}_i}{\partial x_j}=-\frac{1}{\rho_0}\frac{\partial\tilde{p}'}{\partial x_i}-2\epsilon_{ijk}\Omega_j\tilde{u}_k+\frac{g}{\theta_0}\tilde{\theta}'\delta_{3i}+\nu\nabla^2\tilde{u}_i \tag{3.35}$$

$$\frac{\partial\tilde{u}_i}{\partial x_i}=0 \tag{2.3}$$

$$\frac{\partial \widetilde{\theta}}{\partial t}+\widetilde{u}_i\frac{\partial \widetilde{\theta}}{\partial x_i}=\alpha\nabla^2\widetilde{\theta}-\frac{\widetilde{\theta}}{\rho_0 c_p\widetilde{T}}\frac{\partial \widetilde{R}_i}{\partial x_i} \tag{3.36}$$

$$\frac{\partial \widetilde{c}}{\partial t}+\widetilde{u}_i\frac{\partial \widetilde{c}}{\partial x_i}=\gamma\frac{\partial^2 \widetilde{c}}{\partial x_i\partial x_i} \tag{3.37}$$

这里 $\widetilde{\theta}'$ 和 $\widetilde{p}'$ 是位温和气压偏离绝热、静止干空气基本状态 θ_0 和 $p_0(z)$ 的偏差量。依据方程(3.31)有 $\widetilde{T}'/T_0=\widetilde{\theta}'/\theta_0$，所以我们在方程(3.35)中用 $g\widetilde{\theta}'/\theta_0$ 来表示浮力项。

§3.2　考虑水汽、液态水及相变的方程

清洁大气是干空气与水汽的混合体，我们称之为湿空气。有云空气还会包含液态水。水是大气运动学和热力学的主要参与者，因此，我们需要对方程进行拓展，以便把水的作用包括进来。

3.2.1　水汽的作用

包含了干空气质量 M_d 和水汽质量 M_v 的混合气体，它的气体常数是

$$R=\frac{M_d R_d+M_v R_v}{M_d+M_v} \tag{3.38}$$

其中 R_d 和 R_v 是干空气和水汽的气体常数：

$$R_d=R^*/m_d, R_v=R^*/m_v \tag{3.39}$$

R^* 是普适气体常数，m_d 和 m_v 是干空气和水汽的分子量。引入比湿 q 的概念，其定义为

$$q=\frac{M_v}{M_d+M_v}=\frac{\rho_v}{\rho} \tag{3.40}$$

我们可以把方程(3.38)写成

$$R=(1-q)R_d+qR_v=(1-q)R_d+q\left(\frac{m_d}{m_v}\right)R_d=(1+0.61q)R_d \tag{3.41}$$

于是在含有水汽的湍流大气当中气体常数 R 是有扰动的，空气密度的偏差量 $\widetilde{\rho}'=\widetilde{\rho}'(\widetilde{T}')$ 就变成了 $\widetilde{\rho}'=\widetilde{\rho}'(\widetilde{T}',\widetilde{R}')$。如果我们在干空气的基本状态附近对气体常数进行线性化处理，即 $\widetilde{R}=R_d+\widetilde{R}'$，由方程(3.41)可知 $\widetilde{R}'=0.61qR_d$，所以我们可以写成

$$\frac{\widetilde{\rho}'}{\rho_0}\cong-\frac{\widetilde{T}'}{T_0}-0.61q \tag{3.42}$$

它定量给出了既暖又湿的空气具有怎样的浮力。

方程(3.42)把两个因子的贡献引入到湿空气的浮力当中，我们可以采用替代方案来表示，即运用方程(3.41)可以把干空气的气体常数写在湿空气状态方程中：

$$p=\rho RT=\rho R_d T(1+0.61q) \tag{3.43}$$

于是，如果我们定义湿空气的虚温 T_v 为

$$T_v = T(1 + 0.61q) \tag{3.44}$$

则湿空气的状态方程(3.43)可以写成

$$p = \rho R_d T_v \tag{3.45}$$

从物理上讲，T_v 是干空气具有与温度为 T 的湿空气相同的气压和密度时所拥有的温度。

把位温的定义(3.22)式推广到更一般的情况，就可以定义虚位温：

$$\theta_v(z) = T_v(z)\left[\frac{p(0)}{p(z)}\right]^{\frac{R}{c_p}} = T(1+0.61q)\left[\frac{p(0)}{p(z)}\right]^{\frac{R}{c_p}} = \theta(1+0.61q) \tag{3.46}$$

这也是个保守量。所以，在湿空气当中我们使用虚位温(而不是位温)的偏差量来表示运动方程(3.35)中的浮力变量。

对方程(3.46)求导，并运用静力平衡方程(3.2)，我们可以得到虚位温垂直梯度与虚温垂直梯度之间的关系：

$$\frac{T_v}{\theta_v}\frac{\partial \theta_v}{\partial z} = \frac{\partial T_v}{\partial z} + \frac{g}{c_p} \tag{3.47}$$

对于干空气而言，$\theta_v = \theta$ 且 $T_v = T$，这个关系应该是

$$\frac{T}{\theta}\frac{\partial \theta}{\partial z} = \frac{\partial T}{\partial z} + \frac{g}{c_p} \tag{3.48}$$

如果在湿空气当中 $\partial q/\partial z = 0$，则 $\partial T_v/\partial z = \partial T/\partial z$。在大气边界层中 $\partial\theta/\partial z$ 和 $\partial\theta_v/\partial z$ 的重要性在于它们直接对应于热力稳定度判据。对于 $q=0$ 或 $\partial q/\partial z = 0$ 的大气边界层，$\partial\theta/\partial z = 0$ (从地面到边界层顶不随高度变化)意味着大气边界层为中性；如果 $\partial\theta/\partial z < 0$，大气边界层是不稳定的(或对流的)；如果 $\partial\theta/\partial z > 0$，则大气边界层是稳定的。对于 $\partial q/\partial z \neq 0$ 的湿边界层而言，我们应该用 $\partial\theta_v/\partial z$ 来判定热力稳定度。

3.2.2 拓展到有云空气

有云空气的密度 ρ_{cl} 是

$$\rho_{cl} = \frac{M_d + M_v + M_l}{V} = \rho_d + \rho_v + \rho_l \tag{3.49}$$

按照湿空气定义重写上式

$$\rho_d + \rho_v = \rho_{cl} - \rho_l = \rho_{cl}\left(1 - \frac{\rho_l}{\rho_{cl}}\right) = \rho_{cl}(1 - q_l) \tag{3.50}$$

其中 $q_l = \rho_l/\rho_{cl}$ 是比液态水含量。求解有云空气密度可得

$$\rho_{cl} = \frac{\rho_d + \rho_v}{(1 - q_l)} = \frac{p}{R_d T_v (1 - q_l)} = \frac{p}{R_d T_{vcl}} \tag{3.51}$$

其中 T_{vcl} 是有云空气的虚温：

$$T_{\mathrm{vcl}} = T_{\mathrm{v}}(1 - q_{\mathrm{l}}) \cong T(1 + 0.61q - q_{\mathrm{l}}) \tag{3.52}$$

此处已经略去了高阶量。像 T_{v} 一样，在状态方程中 T_{vcl} 用的也是干空气的气体常数，即：

$$p = \rho_{\mathrm{cl}} R_{\mathrm{d}} T_{\mathrm{vcl}} \tag{3.53}$$

位温的拓展形式是

$$\theta_{\mathrm{vcl}}(z) = \theta_{\mathrm{v}}(1 - q_{\mathrm{l}}) \cong \theta(1 + 0.61q - q_{\mathrm{l}}) \tag{3.54}$$

3.2.3　有云空气的保守温度

这里我们仍然运用熵守恒原理来引出有云空气的位温（即相当位温）的概念。一个温度为 T 的饱和云块包含干空气质量 M_{d}，其分气压、气体常数及定压比热为 p_{d}、R_{d} 和 c_{pd}。总水（水汽加液态水）混合比是 w_{t}；水汽混合比是 w_{s}；液态水的比热是 c_{w}；蒸发潜热是 l_{v}。依据 Bohren and Albrecht (1998)书中的方程(6.113)，总熵守恒表示成

$$\frac{1}{M_{\mathrm{d}}}\frac{\mathrm{D}S}{\mathrm{D}t} = (w_{\mathrm{t}}c_{\mathrm{w}} + c_{\mathrm{pd}})\frac{1}{T}\frac{\mathrm{D}T}{\mathrm{D}t} - \frac{R_{\mathrm{d}}}{p_{\mathrm{d}}}\frac{\mathrm{D}p_{\mathrm{d}}}{\mathrm{D}t} + \frac{\mathrm{D}}{\mathrm{D}t}\left(\frac{l_{\mathrm{v}}w_{\mathrm{s}}}{T}\right) \tag{3.55}$$

把加权比热 $w_{\mathrm{t}}c_{\mathrm{w}} + c_{\mathrm{pd}}$ 标记为简单形式 c_{p}，方程就变成

$$\frac{1}{M_{\mathrm{d}}}\frac{\mathrm{D}S}{\mathrm{D}t} = \frac{c_{\mathrm{p}}}{T}\frac{\mathrm{D}T}{\mathrm{D}t} - \frac{R_{\mathrm{d}}}{p_{\mathrm{d}}}\frac{\mathrm{D}p_{\mathrm{d}}}{\mathrm{D}t} + \frac{\mathrm{D}}{\mathrm{D}t}\left(\frac{l_{\mathrm{v}}w_{\mathrm{s}}}{T}\right) = \frac{c_{\mathrm{p}}}{\theta_{\mathrm{d}}}\frac{D\theta_{\mathrm{d}}}{\mathrm{D}t} + \frac{\mathrm{D}}{\mathrm{D}t}\left(\frac{l_{\mathrm{v}}w_{\mathrm{s}}}{T}\right) \tag{3.56}$$

其中 θ_{d} 是“干空气”的位温：

$$\theta_{\mathrm{d}}(z) = T_{\mathrm{d}}(z)\left[\frac{p_{\mathrm{d}}(0)}{p_{\mathrm{d}}(z)}\right]^{\frac{R_{\mathrm{d}}}{c_{\mathrm{p}}}} \tag{3.57}$$

用方程(3.56)定义相当位温 θ_{e}：

$$\frac{1}{M_{\mathrm{d}}}\frac{\mathrm{D}S}{\mathrm{D}t} = \frac{c_{\mathrm{p}}}{\theta_{\mathrm{d}}}\frac{\mathrm{D}\theta_{\mathrm{d}}}{\mathrm{D}t} + \frac{\mathrm{D}}{\mathrm{D}t}\left(\frac{l_{\mathrm{v}}w_{\mathrm{s}}}{T}\right) = \frac{c_{\mathrm{p}}}{\theta_{\mathrm{e}}}\frac{D\theta_{\mathrm{e}}}{\mathrm{D}t} \tag{3.58}$$

它在有云空气的等熵过程中是保守的，其中包括凝结和蒸发过程。由此得到的 θ_{e} 公式是(Betts，1973)

$$\theta_{\mathrm{e}} = \theta_{\mathrm{d}}\exp\left(\frac{l_{\mathrm{v}}w_{\mathrm{s}}}{c_{\mathrm{p}}T}\right) = T\left(\frac{p_{\mathrm{d}}(0)}{p_{\mathrm{d}}}\right)^{\frac{R_{\mathrm{d}}}{c_{\mathrm{p}}}}\exp\left(\frac{l_{\mathrm{v}}w_{\mathrm{s}}}{c_{\mathrm{p}}T}\right) \tag{3.59}$$

从物理上讲，如果一个云块经历可逆的绝热上升过程达到一个气压充分低的高度从而使其中的水汽全部凝结出来，那么 θ_{e} 近似等于这时云块所具有的位温。

§3.3　湿空气的平均方程

这里我们来讨论湿空气的平均方程的形式，首先考虑进行空间平均或系综平均的一般情况，然后来确定系综平均方程的形式。我们会看到，平均计算产生了包含热力学量的雷诺

项(即二阶矩)。

3.3.1 平均方程的一般形式

动量方程、连续方程、热力学方程、水汽方程如下：

$$\frac{\partial \tilde{u}_i}{\partial t}+\tilde{u}_j\frac{\partial \tilde{u}_i}{\partial x_j}=-\frac{1}{\rho_0}\frac{\partial \tilde{p}'}{\partial x_i}-2\epsilon_{ijk}\Omega_j\tilde{u}_k+\frac{g}{\theta_0}\tilde{\theta}'_{\mathrm{v}}\delta_{3i}+\nu\nabla^2\tilde{u}_i \tag{3.60}$$

$$\frac{\partial \tilde{u}_i}{\partial x_i}=0 \tag{2.3}$$

$$\frac{\partial \tilde{\theta}}{\partial t}+\tilde{u}_j\frac{\partial \tilde{\theta}}{\partial x_j}=\alpha\nabla^2\tilde{\theta}-\frac{\tilde{\theta}}{\rho_0 c_{\mathrm{p}}\tilde{T}}\frac{\partial \tilde{R}_j}{\partial x_j} \tag{3.36}$$

$$\frac{\partial \tilde{q}}{\partial t}+\tilde{u}_i\frac{\partial \tilde{q}}{\partial x_i}=\gamma\frac{\partial^2 \tilde{q}}{\partial x_i\partial x_i} \tag{3.37}$$

这里水汽混合比 $\tilde{q}\equiv\tilde{\rho}_{\mathrm{v}}/\tilde{\rho}$ 也被称为比湿，它是个保守量；ρ_0 和 θ_0 是背景大气密度和位温廓线，$\tilde{p}'$ 是偏离背景廓线 p_0 的偏差量，$\tilde{\theta}'_{\mathrm{v}}$ 是偏离背景值 θ_0 的虚位温偏差量：

$$\tilde{\theta}'_{\mathrm{v}}=\tilde{\theta}_{\mathrm{v}}-\theta_0=\tilde{\theta}(1+0.61\tilde{q})-\theta_0 \tag{3.61}$$

在(3.36)式中 $\tilde{R}_j$ 是辐射通量，α 是湿空气的热扩散系数。

在大气中应用这些方程涉及太大的尺度范围，以至于数值计算无法将它们完全分辨出来，所以在试图进行数值求解之前我们通过对这些方程进行平均计算来减小尺度范围。用上划线表示平均(系综平均或空间平均)，给出一套方程

$$\frac{\partial \overline{\tilde{u}_i}}{\partial t}+\overline{\tilde{u}_j}\frac{\partial \overline{\tilde{u}_i}}{\partial x_j}=-\frac{1}{\rho_0}\frac{\partial \overline{\tilde{p}'}}{\partial x_i}-2\epsilon_{ijk}\Omega_j\overline{\tilde{u}_k}+\frac{g}{\theta_0}\overline{\tilde{\theta}'_{\mathrm{v}}}\delta_{3i}+\frac{1}{\rho_0}\frac{\partial \tau_{ij}}{\partial x_j}\ (\text{其中 } \tau_{ij}=\overline{\tilde{u}_i}\,\overline{\tilde{u}_j}-\overline{\tilde{u}_i\tilde{u}_j}) \tag{3.62}$$

$$\frac{\partial \overline{\tilde{u}_j}}{\partial x_j}=0 \tag{3.63}$$

$$\frac{\partial \overline{\tilde{\theta}}}{\partial t}+\overline{\tilde{u}_j}\frac{\partial \overline{\tilde{\theta}}}{\partial x_j}=-\frac{\partial f_{\theta_j}}{\partial x_j}-\frac{q}{\rho_0 c_{\mathrm{p}}}\left(\overline{\frac{\tilde{\theta}}{\tilde{T}}\frac{\partial \tilde{R}_j}{\partial x_j}}\right)\ (\text{其中 } f_{\theta_j}=\overline{\tilde{u}_j\tilde{\theta}}-\overline{\tilde{u}_j}\,\overline{\tilde{\theta}}) \tag{3.64}$$

$$\frac{\partial \overline{\tilde{q}}}{\partial t}+\overline{\tilde{u}_j}\frac{\partial \overline{\tilde{q}}}{\partial x_j}=-\frac{\partial f_{q_j}}{\partial x_j}\ (\text{其中 } f_{q_j}=\overline{\tilde{u}_j\tilde{q}}-\overline{\tilde{u}_j}\,\overline{\tilde{q}}) \tag{3.65}$$

平均的虚位温偏差量是

$$\overline{\tilde{\theta}'_{\mathrm{v}}}=\overline{\tilde{\theta}}+0.61\overline{\tilde{\theta}\tilde{q}}-\theta_0 \tag{3.66}$$

这些方程里我们看到了之前遇到的雷诺项：方程(3.62)中的运动学雷诺应力 τ_{ij}，方程(3.64)和(3.65)中的标量雷诺通量 f_{θ_j} 和 f_{q_j}。平均计算使得方程(3.64)中产生了辐射通量散度与

$\widetilde{\theta}/\widetilde{T}$ 构成的协方差，但尺度分析表明这一项很小，我们已经把它略去。此外，方程(3.66)中有一个雷诺项，就像对有云空气中保守温度方程(3.54)进行平均计算之后的情况一样。传统上这样的“热力学”雷诺项基本都会在未经讨论的情况下被忽略掉，但是这样的处理会使得数值模拟结果出现偏差(Larson et al.，2001)。

3.3.2 湿空气的系综平均方程

对于有水汽的湍流大气，我们采用惯用的方式把变量分解成系综平均值与扰动量之和，并且把水汽混合比 $\widetilde{q}$ 当作一般的保守标量 $\widetilde{c}$，将这些变量表示成如下形式：

$$\widetilde{u}_i = U_i + u_i,\ \widetilde{p}' = P + p,\ \widetilde{\theta}'_{\mathrm{v}} = \Theta'_{\mathrm{v}} + \theta_{\mathrm{v}}$$

$$\frac{\widetilde{\theta}}{\rho_0 c_p \widetilde{T}} \frac{\partial \widetilde{R}_i}{\partial x_i} = R + r,\ \widetilde{c} = C + c,\ \widetilde{\theta} = \Theta + \theta \tag{3.67}$$

于是平均方程为

$$\frac{\partial U_i}{\partial t} + U_j \frac{\partial U_i}{\partial x_j} + \frac{\partial}{\partial x_j}\overline{u_i u_j} = -\frac{1}{\rho_0}\frac{\partial P}{\partial x_i} - 2\epsilon_{ijk}\Omega_j U_k + \frac{g}{\theta_0}\Theta'_{\mathrm{v}}\delta_{3i} \tag{3.68}$$

$$\frac{\partial U_i}{\partial x_i} = 0 \tag{3.69}$$

$$\frac{\partial \Theta}{\partial t} + U_i \frac{\partial \Theta}{\partial x_i} + \frac{\partial \overline{\theta u_i}}{\partial x_i} + R = 0 \tag{3.70}$$

$$\frac{\partial C}{\partial t} + U_i \frac{\partial C}{\partial x_i} + \frac{\partial \overline{c u_i}}{\partial x_i} = 0 \tag{3.71}$$

我们已经略去了那些分子扩散项，因为它们很小，除非是在非常接近地表的地方。在第二章我们已经见到过这些方程，针对的是等密度流体的情形。这里我们给出适用于真实大气的控制方程组，其中包含了浮力项、柯氏力项以及外源强迫项。

把如方程(3.67)所示的全变量分解形式代入方程组的各方程(即方程(3.60)、(2.3)、(3.36)和(3.37))中进行计算，然后减去平均量方程(3.68)—(3.71)中相应的方程，可以得到相关物理量的扰动量方程。扰动速度的方程是

$$\frac{\partial u_i}{\partial t} + u_j \frac{\partial u_i}{\partial x_j} + U_j \frac{\partial u_i}{\partial x_j} + u_j \frac{\partial U_i}{\partial x_j} - \frac{\partial}{\partial x_j}\overline{u_i u_j} = -\frac{1}{\rho_0}\frac{\partial p}{\partial x_i} - 2\epsilon_{ijk}\Omega_j u_k + \frac{g}{\theta_0}\theta_{\mathrm{v}}\delta_{3i} \tag{3.72}$$

保守标量的扰动量方程是

$$\frac{\partial c}{\partial t} + u_i \frac{\partial c}{\partial x_i} + U_i \frac{\partial c}{\partial x_i} + u_i \frac{\partial C}{\partial x_i} - \frac{\partial \overline{c u_i}}{\partial x_i} = 0 \tag{3.73}$$

方程(3.72)和(3.73)左边的第二项、第三项和第四项都是平流项，分别对应于扰动速度对扰动量的平流输送、平均速度对扰动量的平流输送、扰动速度对平均量的平流输送。对比方程(3.68)和(3.72)左边的最后一项，我们发现湍流通量散度项在这两个方程中的符号相反，在

运动方程中这一项体现了湍流应力的作用,对于平均运动而言它起到摩擦力的作用,对大气边界层流动是阻力,这正是白天边界层内风速小于地转风的原因;对于湍流运动而言这一项的作用是生成湍流运动。对比方程(3.71)和(3.73)左边的最后一项可以看到类似的情况。

我们用相同的方法可以获得扰动位温的方程:

$$\frac{\partial \theta}{\partial t}+U_i\frac{\partial \theta}{\partial x_i}+u_i\frac{\partial \Theta}{\partial x_i}+u_i\frac{\partial \theta}{\partial x_i}-\overline{u_i\frac{\partial \theta}{\partial x_i}}=r+\alpha\nabla^2\theta \tag{3.74}$$

方程主导项的量级是 s/τ_t,其中 s 是 θ 的强度尺度,$\tau_t\sim l/u$ 是湍流时间尺度;扰动辐射项的量级是 r/τ_r,其中 τ_r 是辐射时间尺度。依据汤森给出的结果(Townsend, 1958),我们可以假设 $\tau_r\gg\tau_t$,于是方程(3.74)中的扰动辐射项可以忽略不计。

数值模拟通常采用的是平均量方程,所以模拟结果得到的是平均量的空间分布及其随时间的变化情况,但在模拟时需要建立相应的模型(即关于二阶矩的预报方程以及更高阶矩的参数化方案)来描述湍流的作用,扰动量方程可以帮助我们建立二阶矩的预报方程。

§3.4 二阶矩守恒方程

用一个扰动量乘以另一个扰动量的预报方程得到一个新的方程,交换扰动量再操作一次又得到一个新的方程,将两个方程相加,然后取系综平均,就得到关于两个扰动量的二阶矩的预报方程(如果两个扰动量相同,得到的就是关于方差的预报方程)。本书对二阶矩方程的推导过程不做详细介绍,而是直接给出结果。二阶矩方程是数值模式中湍流参数化方案的基础。

3.4.1 尺度分析准则

在讨论二阶矩方程的时候我们需要对方程进行尺度分析,以确定方程的各项在二阶矩收支关系中的相对重要性。这里列举一些用来在含能尺度上分析它们的量级的准则。

① 扰动速度的尺度是 $u=(\overline{u_iu_i})^{1/2}$;保守标量的扰动量尺度是 $s=(\overline{c^2})^{1/2}$;压力扰动量的尺度是 $p=\rho u^2$。

② 扰动速度与保守标量扰动量之间的相关系数的量级是 $O(1)$ ——可以理解为在湍流流动中"当 $R_t\to\infty$ 时趋近于一个常数",受施瓦茨不等式约束的这些相关系数的极限值是 1。

③ 平均量出现空间变化的长度尺度是 l。

④ 平均标量梯度和平均速度梯度的尺度分别是 s/l 和 u/l。

⑤ 常数可以被忽略。

⑥ 平均平流项和局地时间变化项可以包含外部强迫因子的尺度 L 和 τ_e,而不是直接与湍流尺度 l 和 s 相关联。

⑦ 避免试图去标度"混合尺度"协方差,这样的协方差包含一个小尺度(耗散区间)量和一个大尺度(含能区间)量,这两个量的相关系数不是 $O(1)$。

一个"混合尺度"协方差的例子是 $\partial\overline{c^2}/\partial x=2\overline{c\partial c/\partial x}$。左边是一个平均量的空间导数,所以它的量级是 s^2/l。右边是一个混合尺度的协方差,$c\sim s$ 是个大尺度量,但是 $\partial c/\partial x$ 是

个小尺度量(扰动量的空间导数是小尺度量)，在这种情况下我们难以确定这个协方差的量级。

在准则①中的尺度 u 和 s 是最简单的，它们是湍流流体中速度和保守标量扰动幅度的直接度量。类似地，准则③中标量空间变化的长度尺度也是最简单的，它与含能涡旋的长度尺度和平均量发生变化的长度尺度相当。准则④吸收了混合长概念，即扰动是由存在平均梯度时的涡旋运动引起的。

3.4.2 标量方差的收支方差

我们从保守成分的守恒方程(2.16)出发，基于 $\tilde{u}_i = U_i + u_i$ 和 $\tilde{c} = C + c$，方程的全变量形式是

$$\frac{\partial (C+c)}{\partial t} + (U_j + u_j)\frac{\partial (C+c)}{\partial x_j} = \gamma \frac{\partial^2 (C+c)}{\partial x_j \partial x_j} \tag{3.75}$$

这里我们保留了分子扩散项(接下来我们会讨论它的量级)，对上述方程进行系综平均，并运用平均计算法则，得到如下方程：

$$\frac{\partial C}{\partial t} + U_j \frac{\partial C}{\partial x_j} + \frac{\partial \overline{u_j c}}{\partial x_j} = \gamma \frac{\partial^2 C}{\partial x_j \partial x_j} \tag{3.76}$$

从全变量方程(3.75)中减去平均方程(3.76)，得到扰动量方程：

$$\frac{\partial c}{\partial t} + U_j \frac{\partial c}{\partial x_j} + u_j \frac{\partial C}{\partial x_j} + \frac{\partial}{\partial x_j}(u_j c - \overline{u_j c}) = \gamma \frac{\partial^2 c}{\partial x_j \partial x_j} \tag{3.77}$$

对 c 的方程(3.77)乘以 $2c$，然后进行系综平均，运用平均计算法则，得到各项的结果如下：

$$\begin{aligned}
\overline{2c\frac{\partial c}{\partial t}} &= \frac{\partial \overline{c^2}}{\partial t} \\
\overline{2cU_j \frac{\partial c}{\partial x_j}} &= U_j \frac{\partial \overline{c^2}}{\partial x_j} \\
\overline{2cu_j \frac{\partial C}{\partial x_j}} &= 2\overline{cu_j}\frac{\partial C}{\partial x_j} \\
\overline{2c\frac{\partial}{\partial x_j}(u_j c - \overline{u_j c})} &= \frac{\partial \overline{c^2 u_j}}{\partial x_j} \\
\overline{2c\gamma \frac{\partial^2 c}{\partial x_j \partial x_j}} &= \gamma \frac{\partial^2 \overline{c^2}}{\partial x_j \partial x_j} - 2\gamma \overline{\frac{\partial c}{\partial x_j}\frac{\partial c}{\partial x_j}}
\end{aligned} \tag{3.78}$$

得到的标量方差方程是

$$\begin{aligned}
\frac{\partial \overline{c^2}}{\partial t} = &-U_j \frac{\partial \overline{c^2}}{\partial x_j}\ \text{(平均平流项)} \\
&-2\overline{cu_j}\frac{\partial C}{\partial x_j}\ \text{(平均梯度产生项)}
\end{aligned}$$

$$-\frac{\partial \overline{c^2 u_j}}{\partial x_j}\text{（湍流输送项）}$$

$$+\gamma\frac{\partial^2 \overline{c^2}}{\partial x_j \partial x_j}\text{（分子扩散项）}$$

$$-2\gamma\overline{\frac{\partial c}{\partial x_j}\frac{\partial c}{\partial x_j}}\text{（分子耗散项）} \tag{3.79}$$

可以看出，分子项具有两方面作用。

我们可以对平均梯度产生项做如下解读。出现平均梯度 $\partial C/\partial x_j$ 的时候，一个位移 d_j 可以引起一个扰动 $c = d_j \partial C/\partial x_j$，所以 $u_j \partial C/\partial x_j$ 是产生 c 扰动的速率，乘以 $2c$ 后再进行平均，则给出了产生 $\overline{c^2}$ 的速率，它就是 $2\,\overline{cu_j}\partial C/\partial x_j$。

方程(3.79)右边第三项是 $\overline{c^2 u_j}$ 的散度，$\overline{c^2 u_j}$ 是标量扰动量平方的湍流通量，我们称之为标量方差的湍流输送，这一项在任何一个二阶矩方程中都会出现。第四项是分子扩散项，也是个散度形式。上述三个散度项之和是

$$\text{平均平流}+\text{湍流输送}+\text{分子扩散}=-\frac{\partial}{\partial x_j}\left(U_j\overline{c^2}+\overline{c^2 u_j}-\gamma\frac{\partial \overline{c^2}}{\partial x_j}\right) \tag{3.80}$$

依据散度定理，我们可以把这个散度的体积积分表示成这个体积的表面上的面积分：

$$\int_V \frac{\partial}{\partial x_j}\left(U_j\overline{c^2}+\overline{c^2 u_j}-\gamma\frac{\partial \overline{c^2}}{\partial x_j}\right)\mathrm{d}V=\int_A\left(U_n\overline{c^2}+\overline{c^2 u_n}-\gamma\frac{\partial \overline{c^2}}{\partial x_n}\right)\mathrm{d}A \tag{3.81}$$

其中 n 表示面元 $\mathrm{d}A$ 的外法线方向。如果我们对整个流体进行体积积分，则在边界表面上的速度为零，平均平流和湍流输送对面积分的贡献为零。分子扩散通量在流体边界上也为零。于是我们可以得出结论：它们的作用只是把标量方差从流体中的一点转移到另一点。

第二个分子项永远是负值，它表示 $\overline{c^2}$ 的分子耗散速率，我们把它记为 χ_c：

$$\chi_c = 2\gamma\overline{\frac{\partial c}{\partial x_j}\frac{\partial c}{\partial x_j}} \tag{3.82}$$

我们也可以把 χ_c 写成

$$\begin{aligned}\chi_c &= 2\,\overline{\left(\gamma\frac{\partial c}{\partial x_j}\right)\left(\frac{\partial c}{\partial x_j}\right)} \\ &= -2\,\overline{(c\text{ 的扰动分子通量})\cdot(c\text{ 的扰动梯度})}\end{aligned} \tag{3.83}$$

它与平均梯度产生项的形式一样，是通量与梯度的标量积（点积）。

在平稳条件下，对方程(3.79)的体积积分变成

$$\frac{\partial}{\partial t}\int_V \overline{c^2}\mathrm{d}V = 0 = -\int_V 2\,\overline{u_j c}\frac{\partial C}{\partial x_j}\mathrm{d}V-\int_V \chi_c\mathrm{d}V \tag{3.84}$$

所以它满足

$$-\int_V 2\,\overline{u_j c}\,\frac{\partial C}{\partial x_j}\mathrm{d}V=\int_V \chi_c\,\mathrm{d}V>0 \tag{3.85}$$

方程(3.84)的意思是在平稳条件下流体内部积分的 $\overline{c^2}$ 生成速率与消耗速率达到平衡。方程(3.85)则是说，在平稳情况下流体内部积分的产生项始终是正值。涡旋扩散率闭合方案是

$$\overline{cu_j}=-K\,\frac{\partial C}{\partial x_j},\ K\geqslant 0 \tag{3.86}$$

它在进行简单估算时很有用，满足这个约束条件，使得局地平均梯度产生项始终是正值：

$$-2\,\overline{u_j c}\,\frac{\partial C}{\partial x_j}=2K\left(\frac{\partial C}{\partial x_j}\,\frac{\partial C}{\partial x_j}\right)\geqslant 0 \tag{3.87}$$

标量方差方程(3.79)在实际应用中很有用。例如，只知道一种正在扩散的有害物质的平均浓度 C 是不够的，因为 C 不能给出局地和瞬时 $\tilde{c}$ 可能出现大值的信息，而 $\overline{c^2}$ 可以让我们度量出这种起伏的量值。

方程(3.84)表明，在方程(3.79)中平均梯度产生项与分子耗散项具有相同的量级。依据尺度分析准则，它是

$$\overline{u_j c}\,\frac{\partial C}{\partial x_j}\sim us\,\frac{s}{l}=\frac{s^2u}{l} \tag{3.88}$$

湍流输送项也是这个量级。

分子扩散项的尺度可以表示成

$$\gamma\,\frac{\partial^2\,\overline{c^2}}{\partial x_j\partial x_j}\sim\gamma\,\frac{s^2}{l^2}=\frac{s^2u}{l}\left(\frac{\gamma}{ul}\right)\sim\frac{s^2u}{l}\left(\frac{\gamma}{\nu}\right)Rt^{-1}\ll\frac{s^2u}{l} \tag{3.89}$$

所以这一项可以忽略不计。

依据这些尺度分析结果，标量方差的守恒方程变成

$$\frac{\partial\,\overline{c^2}}{\partial t}=-U_j\,\frac{\partial\,\overline{c^2}}{\partial x_j}-2\,\overline{u_j c}\,\frac{\partial C}{\partial x_j}-\frac{\partial\,\overline{c^2u_j}}{\partial x_j}-\chi_c \tag{3.90}$$

除时间变化项和平均平流项之外，方程中这些项的量级是 s^2u/l。

我们从方程(3.84)知道，分子耗散项 χ_c 在标量方差收支中具有主导尺度 s^2u/l。于是我们可以写成

$$\chi_c=2\gamma\,\overline{\frac{\partial c}{\partial x_j}\,\frac{\partial c}{\partial x_j}}\sim\frac{s^2u}{l}=\frac{s^2}{l/u} \tag{3.91}$$

它表明通过分子耗散消除 $\overline{c^2}$ 的时间尺度是 l/u，即湍流大尺度涡旋的翻转时间。这就是说，如果它们的生成机制被突然关闭，标量起伏将经过量级为大尺度涡旋翻转时间的一段时间后消失，速度非常快。这反映了湍流具有强烈耗散性的特性。

这里我们简要讨论一下准平稳和局地均匀的问题。大气边界层状况因顺流方向下垫面

性质的变化(比如,温度或者粗糙度的变化)而产生变化,以及因天气变化和日变化引起的时间变化。于是,对于平均平流项,我们引入平均速度尺度 U 和顺流方向 $\overline{c^2}$ 发生变化的长度尺度 L_x 来度量这一项的量级,即:

$$U_j \frac{\partial \overline{c^2}}{\partial x_j} \sim U \frac{s^2}{L_x} \tag{3.92}$$

而不是直接把它与 u 和 l 联系在一起(就像准则⑥所提示的那样)。类似地,对于时间变化项,我们引入时间尺度 τ_e,使得 $\overline{c^2}$ 变化的时间尺度有别于 l/u:

$$\frac{\partial \overline{c^2}}{\partial t} \sim \frac{s^2}{\tau_e} \tag{3.93}$$

于是平均平流项的量级是

$$\text{平均平流} \sim U \frac{s^2}{L_x} = \left(\frac{Ul}{uL_x}\right) \frac{s^2 u}{l} \tag{3.94}$$

U 的量级与 u 相同,但量值比 u 大。这样的话,如果 $L_x \gg l$,则参数 $(Ul/uL_x) \ll 1$,平均平流的作用可以忽略不计,就像在均匀流动中的情形一样。我们把这种情形称为局地均匀。相类似地,把时间变化项的尺度写成

$$\text{时间变化} \sim \frac{s^2}{\tau_e} = \left(\frac{l/u}{\tau_e}\right) \frac{s^2 u}{l} \tag{3.95}$$

如果 $(l/u)/\tau_e \ll 1$,这意味着大尺度涡旋的翻转时间 l/u 远小于边界层状况发生变化的时间尺度 τ_e,于是时间变化项也可以忽略不计。它就像平稳的平均流动中的情形一样,我们称之为准平稳。

对于均匀下垫面且远离早晨和黄昏的地表热通量转换时段,地表加热驱动的边界层中二阶矩的收支可以被看成是准平稳、局地均匀过程。这时可以把方程(3.90)写成

$$\frac{\partial \overline{c^2}}{\partial t} \cong 0 = -2\,\overline{wc}\,\frac{\partial C}{\partial z} - \frac{\partial \overline{c^2 w}}{\partial z} - \chi_c \tag{3.96}$$

运用方程(3.74)可以推导扰动位温方差的方程,并忽略掉扰动辐射项的作用,得到位温方差的收支方程是

$$\frac{\partial \overline{\theta^2}}{\partial t} = -U_j \frac{\partial \overline{\theta^2}}{\partial x_j} - 2\,\overline{u_j \theta}\,\frac{\partial \Theta}{\partial x_j} - \frac{\partial \overline{\theta^2 u_j}}{\partial x_j} - \chi_\theta \tag{3.97}$$

其中 $\chi_\theta = 2\alpha \overline{\frac{\partial \theta}{\partial x_j} \frac{\partial \theta}{\partial x_j}}$ 是分子扩散作用对 $\overline{\theta^2}$ 的耗散速率。

对于湿空气而言,我们可以得到关于 $\overline{\theta_v^2}$ 的预报方程,但是由于包含了水汽的作用,方程形式比较复杂。我们可以根据定义推导出 $\overline{\theta_v^2}$ 与 $\overline{\theta^2}$、$\overline{q^2}$ 和 $\overline{\theta q}$ 这些量之间的诊断关系(当然也会包含平均位温),所以我们可以不直接运用 $\overline{\theta_v^2}$ 的预报方程,而是可以通过诊断关系计算出 $\overline{\theta_v^2}$,因为 $\overline{\theta^2}$ 可以用方程(3.97)计算出来,$\overline{q^2}$ 可以直接套用标量方差方程(3.79)写出它的预报

方程，用推导二阶矩方程的方法可以推导出 $\overline{\theta q}$ 的预报方程。相关推导本书不做赘述，读者可以尝试推导 $\overline{\theta_v^2}$ 的表达式(即关于 $\overline{\theta_v^2}$ 的诊断关系式)和 $\overline{\theta q}$ 的预报方程。

3.4.3　标量通量和雷诺应力的收支方程

用 c 乘以 u_i 的预报方程，用 u_i 乘以 c 的预报方程，将得到的两个方程相加，再取系综平均，就可以得到标量通量 $\overline{cu_i}$ 的预报方程(这里没有考虑浮力和柯氏力的作用)：

$$\begin{aligned}\frac{\partial \overline{cu_i}}{\partial t} = & -U_j \frac{\partial \overline{cu_i}}{\partial x_j}\text{(平均平流项)} \\ & -\overline{u_j u_i}\frac{\partial C}{\partial x_j}\text{(平均梯度产生项)} \\ & -\overline{cu_j}\frac{\partial U_i}{\partial x_j}\text{(倾斜产生项)} \\ & -\frac{\partial \overline{cu_i u_j}}{\partial x_j}\text{(湍流输送项)} \\ & -\frac{1}{\rho}\left(\overline{c\frac{\partial p}{\partial x_i}}\right)\text{(压力梯度相互作用项)} \\ & -(\gamma+\nu)\overline{\frac{\partial u_i}{\partial x_j}\frac{\partial c}{\partial x_j}}\text{(分子损耗项)}\end{aligned} \tag{3.98}$$

在上述方程的推导中分子项的表达式形式是尺度分析的结果，即分别用 $-\gamma\overline{\frac{\partial u_i}{\partial x_j}\frac{\partial c}{\partial x_j}}$ 和 $-\nu\overline{\frac{\partial u_i}{\partial x_j}\frac{\partial c}{\partial x_j}}$ 取代了 $\gamma\overline{u_i\frac{\partial^2 c}{\partial x_j \partial x_j}}$ 和 $\nu\overline{c\frac{\partial^2 u_i}{\partial x_j \partial x_j}}$，这里对分析过程不做赘述，只给出结果。

平均梯度产生项体现了雷诺应力与平均标量梯度的相互作用，所产生的湍流标量通量不必与产生它的 C 梯度的方向一致。倾斜产生项通过平均速度梯度改变标量通量的大小和方向。它类似于方程(2.13)描述的涡度伸缩和倾斜项，这两个产生项的量级都是 su^2/l。压力协方差项的作用现在已经被人们认识，我们将在介绍湍流动能方程时讨论它的作用。

依据小尺度湍流的各向同性假设，标量通量收支方程(3.98)中的分子项通常被忽略不计，所以方程变为

$$\frac{\partial \overline{cu_i}}{\partial t} = -U_j\frac{\partial \overline{cu_i}}{\partial x_j} - \overline{u_j u_i}\frac{\partial C}{\partial x_j} - \overline{cu_j}\frac{\partial U_i}{\partial x_j} - \frac{\partial \overline{cu_i u_j}}{\partial x_j} - \frac{1}{\rho}\left(\overline{c\frac{\partial p}{\partial x_i}}\right) \tag{3.99}$$

在平稳状态下，这个式子表示右边这几个过程的作用在量级上达到了平衡，它们是：平均平流、通过雷诺应力与平均标量梯度相互作用产生标量通量、标量通量与平均速度梯度相互作用产生标量通量、湍流输送、压力效应导致的减损，其中主导项的量级是 su^2/l。

在实际大气中需要考虑浮力和柯氏力的作用，包含这两个因子的保守标量的通量方程是如下形式：

$$\frac{\partial \overline{cu_i}}{\partial t} + U_j\frac{\partial \overline{cu_i}}{\partial x_j} = \overline{u_j u_i}\frac{\partial C}{\partial x_j} + \overline{cu_j}\frac{\partial U_i}{\partial x_j}\text{(平均梯度产生项)}$$

$$
\begin{aligned}
&-\frac{\partial \overline{cu_iu_j}}{\partial x_j}(\text{湍流输送项}) \\
&-\frac{1}{\rho_0}\overline{c\frac{\partial p}{\partial x_i}}(\text{气压梯度相互作用项}) \\
&-2\epsilon_{ijk}\Omega_j\overline{u_kc}(\text{柯氏力项}) \\
&-\frac{g}{\theta_0}\overline{c\theta_v}\delta_{i3}(\text{浮力产生项})
\end{aligned}
\tag{3.100}
$$

这里我们把倾斜产生项归入平均梯度产生项，因为这一项发挥作用的条件是存在平均风速梯度。如果我们把保守标量取为θ，则可以获得热通量$\overline{\theta u_i}$的收支方程。通常柯氏力项是个小项，一般忽略不计。

运用相同的推导方法，并进行尺度分析，依据小尺度湍流局地各向同性假设去简化分子项，可以得到运动学动量通量的收支方程：

$$
\begin{aligned}
\frac{\partial \overline{u_iu_k}}{\partial t} = &-U_j\frac{\partial \overline{u_iu_k}}{\partial x_j}(\text{平均平流项}) \\
&-\overline{u_ju_k}\frac{\partial U_i}{\partial x_j}-\overline{u_ju_i}\frac{\partial U_k}{\partial x_j}(\text{平均梯度产生项}) \\
&-\frac{\partial \overline{u_iu_ku_j}}{\partial x_j}(\text{湍流输送项}) \\
&-\frac{1}{\rho}\left(\overline{u_k\frac{\partial p}{\partial x_i}}+\overline{u_i\frac{\partial p}{\partial x_k}}\right)(\text{压力梯度相互作用项}) \\
&-\frac{2\epsilon}{3}\delta_{ik}(\text{黏性耗散项})
\end{aligned}
\tag{3.101}
$$

这里对方程中各项的理解类似于标量通量收支方程。主导项的量级是u^3/l。

如果我们按照方程(3.72)来推导动量通量的守恒方程，即在方程中包含浮力和柯氏力的作用，并按照局地各向同性假设处理分子项，则动量通量的收支方程（也就是运动学雷诺应力张量的分量方程）是

$$
\begin{aligned}
\frac{\partial \overline{u_iu_k}}{\partial t}+U_j\frac{\partial \overline{u_iu_k}}{\partial x_j} = &\overline{u_ju_k}\frac{\partial U_i}{\partial x_j}+\overline{u_ju_i}\frac{\partial U_k}{\partial x_j}(\text{平均梯度产生项}) \\
&-\frac{\partial \overline{u_iu_ku_j}}{\partial x_j}(\text{湍流输送项}) \\
&-\frac{1}{\rho_0}\left(\overline{u_k\frac{\partial p}{\partial x_i}}+\overline{u_i\frac{\partial p}{\partial x_k}}\right)(\text{气压梯度相互作用项}) \\
&-2\epsilon_{ijm}\Omega_j\overline{u_mu_k}-2\epsilon_{kjm}\Omega_j\overline{u_mu_i}(\text{柯氏力项}) \\
&+\frac{g}{\theta_0}(\overline{\theta_vu_k}\delta_{3i}+\overline{\theta_vu_i}\delta_{3k})(\text{浮力产生项}) \\
&-\frac{2\epsilon}{3}\delta_{ik}(\text{分子耗散项})
\end{aligned}
\tag{3.102}
$$

通常柯氏力项是小量，一般忽略不计。

3.4.4 湍流动能方程

在方程(3.102)中取 $k=i$，再除以 2，就得到单位质量流体的平均湍流动能(TKE)的预报方程，通常称为 TKE 收支方程：

$$\begin{aligned}\frac{\partial}{\partial t}\overline{\left(\frac{u_iu_i}{2}\right)} = & -U_j\frac{1}{\partial x_j}\overline{\left(\frac{u_iu_i}{2}\right)}\text{（平均平流项）}\\ & -\overline{u_iu_j}\frac{\partial U_i}{\partial x_j}\text{（平均梯度产生项）}\\ & -\frac{\partial}{\partial x_j}\frac{\overline{u_iu_iu_j}}{2}\text{（湍流输送项）}\\ & -\frac{1}{\rho_0}\overline{u_i\frac{\partial p}{\partial x_i}}\text{（气压梯度相互作用项）}\\ & +\frac{g}{\theta_0}\overline{\theta_vu_i}\delta_{3i}\text{（浮力产生项）}\\ & -\epsilon\text{（分子耗散项）}\end{aligned}\tag{3.103}$$

其中 $\epsilon=\nu\overline{\frac{\partial u_i}{\partial x_j}\frac{\partial u_i}{\partial x_j}}$。平均梯度产生项代表了雷诺应力 $-\overline{u_iu_j}$ 与平均速度梯度 $\partial U_i/\partial x_j$ 相互作用产生湍流动能。如果我们考虑水平均匀的情况，此项为 $-\overline{uw}\frac{\partial U}{\partial z}$，在近地层中动量通量向下(地表是动量的汇)，即 $-\overline{uw}>0$，同时平均风速切变 $\partial U/\partial z>0$，所以在近地层中此项为正值，它是生成湍流动能的源项。由浮力产生项的表达式可以看出，只有 $i=3$ 时它才是不为零的，因此，此项为 $\frac{g}{\theta_0}\overline{w\theta_v}$，其中 $\overline{w\theta_v}$ 为垂直热通量(确切地讲 $\overline{w\theta_v}$ 是温度通量，即运动学热通量，真正的热通量应该是 $\rho c_p\overline{w\theta_v}$，而 $\frac{g}{\theta_0}\overline{w\theta_v}$ 被称为浮力通量)。在白天对流边界层当中 $\overline{w\theta_v}>0$，这一项生成湍流，体现了地表的加热作用；在夜间稳定边界层当中 $\overline{w\theta_v}<0$，这一项的作用是消耗湍流动能(实际上是把动能转化为势能)。在湍流动能方程中分子耗散项是永远不能忽略的一项。

3.4.5 认知压力协方差项

为方便讨论，我们考虑中性情况下水平均匀、准平稳边界层流动的 TKE 方程。于是可以把压力协方差项的各分量写成如下形式：

$$\overline{u\frac{\partial p}{\partial x}}=\frac{\partial}{\partial x}\overline{up}-\overline{p\frac{\partial u}{\partial x}}=-\overline{p\frac{\partial u}{\partial x}}\tag{3.104}$$

$$\overline{v\frac{\partial p}{\partial y}}=\frac{\partial}{\partial y}\overline{vp}-\overline{p\frac{\partial v}{\partial y}}=-\overline{p\frac{\partial v}{\partial y}}\tag{3.105}$$

$$\overline{w\frac{\partial p}{\partial z}}=\frac{\partial}{\partial z}\overline{wp}-\overline{p\frac{\partial w}{\partial z}}\tag{3.106}$$

假设耗散项各向同性(即在三个分量上相等),则 TKE 分量方程是

$$\frac{1}{2}\frac{\partial\overline{u^2}}{\partial t}=0=-\overline{uw}\frac{\partial U}{\partial z}-\frac{1}{2}\frac{\partial\overline{wu^2}}{\partial z}+\frac{1}{\rho}\overline{p\frac{\partial u}{\partial x}}-\frac{\epsilon}{3}\tag{3.107}$$

$$\frac{1}{2}\frac{\partial\overline{v^2}}{\partial t}=0=-\frac{1}{2}\frac{\partial\overline{wv^2}}{\partial z}+\frac{1}{\rho}\overline{p\frac{\partial v}{\partial y}}-\frac{\epsilon}{3}\tag{3.108}$$

$$\frac{1}{2}\frac{\partial\overline{w^2}}{\partial t}=0=-\frac{1}{2}\frac{\partial\overline{w^3}}{\partial z}-\frac{1}{\rho}\frac{\partial}{\partial z}\overline{pw}+\frac{1}{\rho}\overline{p\frac{\partial w}{\partial z}}-\frac{\epsilon}{3}\tag{3.109}$$

观测表明,在中性情况下方程(3.107)—(3.109)中湍流输送项和压力输送项在近地层的作用较小。于是平稳条件下近地层 TKE 分量的平衡关系变成

$$\frac{1}{2}\frac{\partial\overline{u^2}}{\partial t}=0=-\overline{uw}\frac{\partial U}{\partial z}+\frac{1}{\rho}\overline{p\frac{\partial u}{\partial x}}-\frac{\epsilon}{3}\tag{3.110}$$

$$\frac{1}{2}\frac{\partial\overline{v^2}}{\partial t}=0=\frac{1}{\rho}\overline{p\frac{\partial v}{\partial y}}-\frac{\epsilon}{3}\tag{3.111}$$

$$\frac{1}{2}\frac{\partial\overline{w^2}}{\partial t}=0=\frac{1}{\rho}\overline{p\frac{\partial w}{\partial z}}-\frac{\epsilon}{3}\tag{3.112}$$

不可压性质意味着方程(3.110)—(3.112)中的压力协方差项之和为零:

$$\overline{p\frac{\partial u}{\partial x}}+\overline{p\frac{\partial v}{\partial y}}+\overline{p\frac{\partial w}{\partial z}}=\overline{p\frac{\partial u_i}{\partial x_i}}=0\tag{3.113}$$

所以我们可以得出结论:压力协方差的作用是使得 TKE 在不同的分量之间传递。我们可以这样理解方程(3.110)—(3.112):TKE 唯一的来源项是 $\overline{u^2}/2$ 的切变产生率,该生成率有一部分被 $\overline{u^2}/2$ 方程中的耗散率抵消掉,剩下的部分由压力协方差传递给 TKE 的另外两个分量 $\overline{v^2}/2$ 和 $\overline{w^2}/2$。

在湍流二阶矩的方程中通常会出现压力协方差项。在等密度流体中压力起伏的均方根 σ_p 的量级是 ρu^2。在大气边界层中 $\rho\cong 1\ \mathrm{kg\cdot m^{-3}}$,$u=1\ \mathrm{m\cdot s^{-1}}$,据此可知气压的扰动幅度是 $\sigma_p=1\ \mathrm{N\cdot m^{-2}}$或 10^{-5}个大气压(10 微巴)。这样的压力扰动比驱动大气运动的流体静压力的变化量要小很多,但是压力协方差项的作用非常重要。在湍流通量的收支方程中这一项不能忽略。

我们可以这样来理解湍流流动中扰动压力的作用:由于压力是各向同性的(即空间某一点上的压力在各个方向上是大小相等的),扰动压力的作用是驱使湍流特性趋向各向同性,就像方程(3.111)和(3.112)所显示的那样,它与扰动速度的相互作用所形成的传递作用是 $\overline{w^2}$ 和 $\overline{v^2}$ 的主要来源,并使得它们趋向于与 $\overline{u^2}$ 相等。在各向同性条件下的标量通量应该为零,因为通量不为零则意味着是有方向(一个量与方向有关意味着各向异性)。在标量通量收支方程(3.99)中,压力协方差项的作用是驱使标量通量趋向于各向同性,即消减标量通量。这个机制同样存在于雷诺应力的收支方程(3.101)或(3.102)当中。

在水平均匀、准平稳的边界层流动当中，如果没有浮力，那么 $\overline{uw}$ 和 $\overline{cw}$ 的收支方程就变成如下形式：

$$\frac{\partial\,\overline{uw}}{\partial t}=0=-\overline{w^2}\,\frac{\partial U}{\partial z}-\frac{\partial\,\overline{uw^2}}{\partial z}-\frac{1}{\rho}\left(\overline{u\,\frac{\partial p}{\partial z}}+\overline{w\,\frac{\partial p}{\partial x}}\right) \tag{3.114}$$

$$\frac{\partial\,\overline{cw}}{\partial t}=0=-\overline{w^2}\,\frac{\partial C}{\partial z}-\frac{\partial\,\overline{cw^2}}{\partial z}-\frac{1}{\rho}\left(\overline{c\,\frac{\partial p}{\partial z}}\right) \tag{3.115}$$

湍流输送项在整个流体中的积分为零，所以整体上讲平稳的总体平衡存在于平均梯度产生项与压力耗散项之间。从物理上讲，这个压力协方差可以被理解为产生符号相反的通量的速率。

§3.5　方程的闭合问题：湍流闭合方案

在通常情况下对方程(3.36)、(3.37)和(3.60)求解析解是不可能的，对于大雷诺数湍流流动采用数值方法求解这些方程也是不可行的。在大气边界层当中，湍流速度尺度 $u\sim 1\ \mathrm{m\cdot s^{-1}}$，长度尺度 1～1 000 m，湍流雷诺数 $R_t\simeq 10^8$，则 $l/\eta=10^6$。对于一个三维数值模式，想要分辨 1 mm 到 1 000 m 尺度范围内的湍流涡旋，需要的网格点数是 10^{18} 个甚至更多，这是无法实现的。

于是我们转而对经过平均处理的方程(3.62)、(3.64)和(3.65)进行数值求解(显然，求解得到的是平均场的情况)，但是平均处理使得这些方程中出现了未知量 $\overline{\theta u_j}$、$\overline{qu_j}$ 和 $\overline{u_iu_j}$。当然，我们能够推导出这些二阶矩的预报方程(见本章第 4 节)，可是我们会发现在关于二阶矩的方程中又出现了新的未知量(即三阶矩)。以此类推，如果我们用相同的方法进行推导，则推导出来的关于 n 阶矩的预报方程中会出现 $n+1$ 阶矩，未知量的个数总是比方程个数多，方程永远无法闭合。这就是所谓的方程闭合问题——必须用已知量对更高阶的未知量进行参数化。闭合假设(或称闭合近似)通常以预报量的最高阶数来命名，例如，如果求解的是平均量的方程，那么被参数化的就是二阶矩，这样的闭合方案被称为一阶闭合。

在大气边界层的数值模式当中，闭合方案分为两类：局地闭合和非局地闭合。局地闭合方案是在一个空间点上建立起未知湍流量(如 $\overline{u_iu_j}$)与已知量之间的关系，其中就包括我们熟悉的“通量-梯度”关系，即假设湍流输送行为类似于分子扩散行为(虽然我们已经知道这两种行为经常是不完全相同的)。实际上，局地闭合方案已经发展到三阶闭合，不过多年来的研究表明对于大多数大气边界层的问题来讲二阶闭合就已经足够了(因为高阶闭合方案涉及众多的经验常数，往往对经验常数的选取并没有充分的依据，模式的模拟能力未必得到提升)。与局地闭合方案不同，非局地闭合方案在一定的空间范围内建立起未知量与已知量之间的关系，其主要思想是认为湍流交换不仅存在于相邻的两层流动之间，也存在于本地与相距较远的流动层之间(这种情况对应于大尺度的湍流涡旋形成的湍流交换)，也就是说，某一点上的物理量与该点附近一定空间范围内的物理量都有关联(关联的程度用不同的权重来体现)。非局地闭合方案主要针对垂直湍流交换，实际上是一种垂直积分方案，而且仅限于一阶形式，并不存在更高阶的形式。由于非局地闭合方案并未得到广泛应用，本书不做详细介绍。

一阶闭合方案用湍流扩散系数(即涡旋扩散率,也称湍流交换系数)K 把湍流通量与被输送量的平均量的局地梯度联系起来。对于任何一个物理量 S,其湍流通量可以写成如下通量-梯度关系:

$$\overline{su_j} = -K_s \frac{\partial S}{\partial x_j} \tag{3.116}$$

在大气边界层当中主要用它来描述湍流的垂直输送,于是动量、热量和水汽的垂直通量可以写成

$$\tau_x = -\rho\, \overline{uw} = \rho K_M \frac{\partial U}{\partial z} \tag{3.117}$$

$$\tau_y = -\rho\, \overline{vw} = \rho K_M \frac{\partial V}{\partial z} \tag{3.118}$$

$$H_v = \rho c_p\, \overline{w\theta_v} = -\rho c_p K_H \frac{\partial\, \Theta_v}{\partial z} \tag{3.119}$$

$$E = \rho\, \overline{wq} = -\rho K_W \frac{\partial\, \bar{q}}{\partial z} \tag{3.120}$$

其中 K_M 是涡旋黏性系数,K_H 是涡旋热扩散系数,K_W 是涡旋水汽扩散系数。与分子扩散情形不同,涡旋扩散率是流动的特性而不是流体的特性(分子扩散是流体的特性而与流动特性无关),因此,涡旋扩散率可以是多个量的函数,包括位置和流动速度。因为 K 具有速度乘以长度的量纲,我们可以用湍流速度尺度与湍流长度尺度的乘积来表示它(就像 2.6.1 节中介绍的那样)。在后面的章节里我们将会看到,由于 K 与流动结构相关,这使得 K 闭合(即一阶闭合)存在缺陷,在有些情况下 K 闭合方案在物理上是不合理的。本质上讲 K 闭合属于局地闭合,在近地层中它通常是适用的。

二阶闭合方案包含全套的二阶矩预报方程(见 3.4 节),其中的压力-速度协方差、压力-温度协方差、压力-湿度协方差以及分子耗散率都是未知量,方程中出现的三阶矩湍流输送项也是未知量,这些量都需要通过参数化的方式进行描述。一般来讲,如果高阶的湍流量能够用合理的参数化方案加以描述的话,那么低阶湍流量的数值解应该会变得更加准确,并且在物理上也更加合理,但是高阶湍流量的参数化方案需要试验数据来检验,而在实际大气中获得高阶湍流统计量的数据是十分困难的,问题在于想要获得准确的高阶湍流统计量需要足够长的平均时间(或空间距离),阶数越高,则所需平均时间(或空间距离)就越长(Lumley and Panofsky, 1964),这需要湍流流动在长时段内保持准平稳状态(或在长距离范围内具有均匀性),在真实的大气边界层当中这样的条件几乎是不存在的。所以目前的湍流模式以二阶闭合方案为主。关于一阶闭合和二阶闭合的参数化方案,本书将在第九章中予以介绍。

参考文献

Betts A.. 1973. Non-precipitating cumulus convection and its parameterization. Quart. J.

Roy. Meteor. Soc.，99：178－196.

Bohren C. F. and B. A. Albrecht. 1998. *Atmospheric thermodynamics*. Oxford University Press，New York.

Larson V. E.. Wood R. and P. Field，et al.. 2001. Systematic biases in the microphysics and thermodynamics of numerical models that ignore subgrid-scale variability. J. Atmos. Sci.，58：1117－1128.

Lumley J. L. and H. A. Panofsky. 1964. The Structure of atmospheric turbulence. Interscience，New York.

Townsend A. A.. 1958. The effects of the radiative transfer on turbulent flow of a stratified fluid. J. Fluid Mech.，4：361－375.

第四章

近地层相似理论

人们对大气边界层和大气湍流的认识首先从近地层开始，因为这一层大气最靠近地面，最易于在其中开展观测。地气之间的物质和能量交换是驱动大气(乃至海洋)运动的重要环节，这些交换过程是在近地层中完成的，并且与湍流行为特征密切相关。研究近地层的一个重要目的是认识地气交换规律。之所以将近地层单独划分出来是因为它具有独特的气流特性，近地层中平均温度具有明显的垂直分布特征，平均风速具有较强的垂直切变，并且湍流行为也呈现出独有的特性，尤其是地气交换湍流通量在这一层中垂直变化较小，这使得我们可以把近地层中具有一定动力和热力垂直结构的平均气流和湍流看成一个相互作用的耦合系统。通过研究平均场与湍流通量之间的对应关系，已经发展出近地层相似理论，成为大气边界层理论的重要组成部分。从数值模拟的角度讲，地气交换通量对大气模式而言是边界条件，无法用大气的控制方程(即使是二阶矩方程)来预报，必须用相应的理论模型加以定量描述，近地层相似理论的作用就在于依据平均量的垂直分布定量给出地气交换通量。当然，近地层相似理论不仅限于平均场垂直分布与湍流通量的对应关系，还包括湍流行为的相似问题。相似理论也不仅限于近地层大气，本章只介绍近地层相似的相关问题，关于全边界层相似的问题会在后面的章节里讨论。

§4.1　近地层特征：常通量层假设

我们首先从动量守恒方程出发来讨论这个问题。我们把动量的分量方程写成如下形式：

$$\frac{\partial \rho u_i}{\partial t} + \nabla(\boldsymbol{u}\rho u_i) = S_i \tag{4.1}$$

其中 S_i 是动量的源汇项，也就是强迫项。在大气边界层当中作用于气流的强迫因子可以是阻力、气压梯度力、柯氏力、黏性力和浮力，对于平坦均匀下垫面之上的近地层大气(不包括植被，指的是冠层之上的气流)，前四个力的作用是可以忽略不计的(Foken，2008；Stull，1988)，浮力仅存在于垂直方向上。因此 x 方向上的动量方程可以写成：

$$\frac{\partial \rho u}{\partial t} + \frac{\partial \rho u^2}{\partial x} + \frac{\partial \rho uv}{\partial y} + \frac{\partial \rho wu}{\partial z} = 0 \tag{4.2}$$

运用雷诺分解(即瞬时量分解成平均量加上扰动量)以及鲍兴内斯克近似，并对方程取系综平均，得到如下平均方程(写成我们惯用的形式，即大写代表平均量，小写代表扰动量)：

$$\frac{\partial U}{\partial t}+U\frac{\partial U}{\partial x}+V\frac{\partial U}{\partial y}+W\frac{\partial U}{\partial z}+\frac{\partial \overline{u^2}}{\partial x}+\frac{\partial \overline{vu}}{\partial y}+\frac{\partial \overline{wu}}{\partial z}=0 \tag{4.3}$$

如果我们把 x 方向取为气流的顺流方向，则 $V=W=0$；水平均匀假设使得水平梯度为零；如果气流是平稳的，则时间变化项为零。于是我们可以得到：

$$\frac{\partial \overline{wu}}{\partial z}=0 \tag{4.4}$$

由此可见，近地层湍流流动中动量通量不随高度变化是水平均匀且平稳条件下动量守恒定理约束的结果。在推导过程中忽略掉了气压梯度、分子/黏性传输、柯氏力、重力等因子的作用。从局地尺度上讲，表征这些因子作用的强迫项在动量方程中是小量，它们是可以被忽略不计的。严格意义上讲，水平均匀且平稳的条件在近地层大气中几乎是不存在的，不过局地均匀和准平稳条件是常见的，所以，所谓"常通量层"的说法应该指的是"常通量层假设"或"常通量层近似"。

那么实际大气中的情况又是怎样的呢？在靠近平坦均匀下垫面的低层大气当中，水平面上的湍流切应力矢量的方向与平均风速的方向相同，我们把这个方向取为 x 方向，则水平均匀且平稳条件下的平均动量方程是如下形式：

$$\frac{\partial \overline{uw}}{\partial z}=f(V-V_g),\ \frac{\partial \overline{vw}}{\partial z}=f(U_g-U) \tag{4.5}$$

对这组方程从地面到边界层顶所处高度 h（此处湍流消失，湍流应力为零）做垂直积分，可得

$$-\overline{uw}(0^+)=\frac{\tau_0}{\rho}=f\int_0^h(V-V_g)\mathrm{d}z,\ \overline{vw}(0^+)=0=f\int_0^h(U-U_g)\mathrm{d}z \tag{4.6}$$

其中 τ_0 为地表切应力。方程(4.5)和(4.6)意味着在北半球（f 为正值）且 (U_g, V_g) 不随高度变化的正压情形下，近中性边界层的风速 (U, V) 和动量通量 $(\overline{uw}, \overline{vw})$ 廓线的形状如图 4.1 所示。

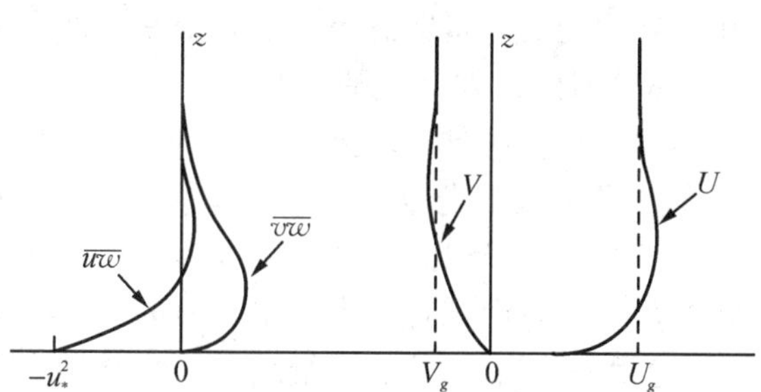

图 4.1　当 U_g 和 V_g 不随高度变化时的运动学切应力(左)和平均风速(右)垂直廓线示意图。引自 Wyngaard (2010)。

方程(4.5)和图 4.1 表明 U_g 和 V_g 不随高度变化，$\partial \overline{uw}/\partial z$ 和 $\partial \overline{vw}/\partial z$ 在紧靠地面的地方最大。既然动量通量在紧靠地面的地方是最大的，那么为什么要把近地层称作"常通量层"呢？答案就隐含在靠近地面的湍流行为当中。w 的水平波数谱的谱峰所对应的波数具有 $1/z$ 的量级，并且湍流切应力协谱的谱峰也在这个位置，所以人们一直把离地高度 z 看作是近地层湍流的长度尺度。基于此，顺流的平均动量方程(4.5)在靠近地面处的尺度(Wyngaard, 2010)是

$$\frac{u_*^2}{h}\sim\frac{\partial \overline{uw}}{\partial z}=-fV_g \tag{4.7}$$

当用近地层尺度对其进行无量纲化之后它是个小量：

$$\frac{z}{u_*^2}\frac{\partial \overline{uw}}{\partial z}\sim\frac{z}{h}\ll 1 \tag{4.8}$$

与动量通量梯度的情况相类似，$\partial \overline{w\theta}/\partial z$ 的量级是 Q_0/h，于是用近地层尺度对其无量纲化之后它也是小量：

$$\frac{z}{Q}\frac{\partial \overline{w\theta}}{\partial z} \sim \frac{z}{h} \ll 1 \tag{4.9}$$

因为用近地层尺度度量这些湍流通量的垂直梯度的时候它们的量值都小到可以忽略不计的程度，所以近地层通常被称作常通量层。这种情况经常出现在白天对流边界层当中，一般认为近地层顶的湍流通量与地面值相比变化不超过10%就被看作是常通量层。

§4.2 莫宁-奥布霍夫相似

4.2.1 量纲分析原理——白金汉定理

莫宁-奥布霍夫(Monin-Obukhov，简称 M-O)相似假设为我们理解大气近地层中的流动特性提供了重要基础。它基于量纲分析和白金汉定理(Buckingham Theorem，也称作 π 定理)，这个方法对于如何确定一个多变量物理问题中因变量与其他变量(所谓其他变量，可以理解为自变量或参变量)之间存在怎样的对应关系提供最优方案，所以我们首先介绍一下白金汉定理。

白金汉定理指出，如果我们能确认出一个物理问题中存在 m 个相互作用的物理量(即 m 个变量)，当把其中一个物理量看成是因变量时，其余的 $m-1$ 个变量就被看作是控制参数，写成函数表达式就是 $a=\varphi(a_1, a_2, \cdots, a_{m-1})$；如果这 m 个物理量涉及的量纲是 n 个(换句话说，具有独立量纲的变量是 n 个——这些变量可被看作独立变量，其他变量的量纲可以用这 n 个量纲来表示)，那么：

- 当用这些控制参数构建无量纲量时，因为独立变量的量纲不能用其他变量的量纲来表示，于是可以生成 $m-n$ 个无量纲参量(其中一个无量纲参量包含了因变量)；
- 这 $m-n$ 个无量纲参量由某种函数关系联系在一起，所以因变量可以被看作是那些控制参数的函数(可以理解为是 $a=\varphi(a_1, a_2, \cdots, a_{m-1})$ 的恒等变换形式)。

这里需要指出的是，无量纲参数的选取结果并不具备唯一性，原因在于选择独立变量的方案可能不止一种，只要被选择的 n 个变量是独立变量即可。在运用白金汉定理时，至关重要的一点在于全面理解这个物理问题当中的物理关系，即因变量受哪些因子影响，这样才能准确地确认出控制参数。下面我们通过两个例子来阐述这个分析过程。

在柯尔莫哥洛夫湍流模型当中，假设耗散涡旋的长度尺度 η 和速度尺度 υ 只取决于单位质量流体的湍流动能耗散率 ϵ 和流体的运动学黏性系数 ν (见第二章)，即

$$\eta=\eta(\epsilon, \nu), \upsilon=\upsilon(\epsilon, \nu) \tag{4.10}$$

对于未知数(即因变量) η 和 υ 的量纲分析过程相类似，所以这里只选择 η 加以说明。因为假设因变量受 ϵ 和 ν 控制，所以 $m-1=2$，即 $m=3$；η 的量纲是 L (用 L 表示长度量纲)，ϵ 的量纲是 L^2T^{-3} (用 T 表示时间量纲)，ν 的量纲是 L^2T^{-1}，只有 $n=2$ 个量纲(即 L 和 T)，也就是说在 η、ϵ 和 ν 之中只有 2 个量的量纲是独立的；于是由 η、ϵ 和 ν 构成的独立无量纲参量是 $m-n=1$ 个，这个无量纲量就是 $\eta\epsilon^{1/4}/\nu^{3/4}$。因为只有一个参量，它不可能是其他参量的

函数，也就是说，它应该是个常数：

$$\eta\epsilon^{1/4}/\nu^{3/4}=\text{常数},\text{即}\ \eta=\text{常数}\times(\nu^3/\epsilon)^{1/4} \tag{4.11}$$

在柯尔莫哥洛夫湍流模型中把这个常数取为1，即方程(2.18)。

这是我们遇到的量纲分析问题中的一个简单例子，它简单到不需要寻找函数关系式。我们可以得出答案：如果耗散涡旋的长度尺度 η 只取决于 ϵ 和 ν，那么这三个量之间的关系就应该遵循(4.11)式，因为 ϵ 和 ν 只能以这种方式构建出一个长度尺度。

下面我们用一个较为复杂的例子来说明白金汉定理的作用。对于圆管中的湍流流动，它所形成的管壁上的平均应力取决于什么参数呢？很显然，圆管直径 D、横截面上的平均速度 $\bar{u}$、流体密度 ρ，以及流体的运动学黏性系数 ν 是影响因子；另一个影响因子是管壁粗糙元的特征高度 h_r，因为凸起的粗糙元伸入到扩散副层当中会产生形体阻力。所以管壁上的平均应力是这些因子(即控制参数)的函数：

$$\bar{\tau}_{wall}=\bar{\tau}_{wall}(D,\ \bar{u},\ \rho,\ \nu,\ h_r) \tag{4.12}$$

这个问题当中有 $m-1=5$ 个控制参数，有 $n=3$ 个量纲(长度、时间和质量)，所以有 $m-n=3$ 个无量纲参量(这3个无量纲参量之间存在函数关系)，依照惯例把它们取为：

$$f=\frac{2\bar{\tau}_{wall}}{\rho\bar{u}^2},\ Re=\frac{\bar{u}D}{\nu},\ \frac{h_r}{D} \tag{4.13}$$

其中 f 被称为摩擦因子，于是我们可以把它写成如下形式：

$$f=f(Re,\ h_r/D) \tag{4.14}$$

习惯上把 f 看作是雷诺数 Re 的函数，把 h_r/D 当作参变量，如图4.2所示。

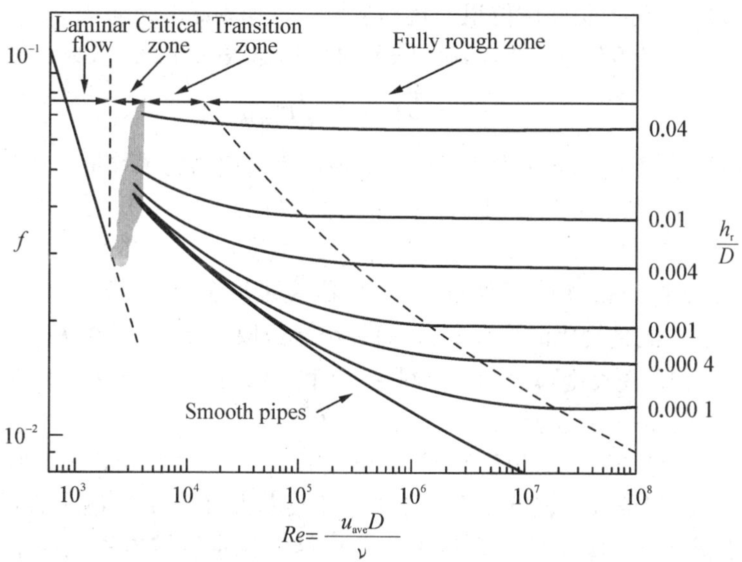

图4.2　按(4.14)式计算的达希(Darcy)摩擦因子 f 行为特征的莫迪图(Moody, 1944)。对于层流流动，$f\propto Re^{-1}$；当雷诺数 $Re\cong 2\,000$ 流动转变为湍流时，f 突然跃变到更大值。跨过临界区之后是湍流平衡区，这时 f 还取决于壁面的粗糙度高度 h_r 与 D 相比的相对大小。引自Wyngaard(2010)。

从图 4.2 中可以看出，在流动处于湍流的情况下，当雷诺数 Re 大到一定程度时，摩擦因子 f 就基本上与雷诺数无关了，这种状态对应于所谓的雷诺数相似（如图中弯曲的虚线右边所示，这是个雷诺数相似的例证），在此情形之下 f 就只是 h_r/D 的函数。

4.2.2 M-O 相似参数

在莫宁-奥布霍夫相似假设（简称 M-O 相似）中，有 5 个参数控制着平坦均匀陆地下垫面之上的近地层准平稳湍流流动结构：湍流长度尺度 l，取为离地高度 z；湍流速度尺度 u，取为地表摩擦速度 u_{*0}（$u_{*0}=(\tau_0/\rho)^{1/2}$，即平均的运动学地表应力的平方根）；平均地表温度通量（即运动学热通量）$Q_0=(\overline{w\theta})_0$；保守标量成分（通常取为水汽的比湿）的平均地表通量，即水汽通量 $E_0/\rho=(\overline{wq})_0$；以及浮力参数 g/θ_0。所谓近地层结构，指的是平均风速的垂直梯度，平均温度（位温）的垂直梯度，平均比湿的垂直梯度，以及一些湍流统计量（如 σ_u、σ_v、σ_w 及 σ_θ 等）。

M-O 相似的一个隐含假设是近地层之上的气流对近地层没有显著影响，也就是说，近地层流动特性（包括湍流特性）是由近地层气流与下垫面之间的相互作用来决定的。于是，取 $l\sim z$ 就与近地层垂直湍流速度的运动学特征相一致（垂直湍流速度波数谱的谱峰所对应的波数的量级是 $1/z$，即对应的长度尺度是 z）；取 u_{*0} 作为湍流速度尺度是因为从稍微离开地面的地方起平均应力基本上完全是由湍流作用来实现的；相类似地，保守标量的平均地表通量除以 u_* 对标量起伏来讲是一个恰当的尺度；引入平均地表温度通量是因为它正比于近地层湍流动能 TKE 的浮力生成率；考虑浮力参数 g/θ_0 是因为它出现在运动方程的垂直分量方程中。

这里有必要对地表热通量做进一步说明。在上一章中我们已经介绍过虚位温的定义：$\tilde{\Theta}_v=\tilde{\Theta}(1+0.61\tilde{q})$，其中 $\tilde{q}$ 是比湿。把瞬时量分解为平均量加上扰动量，即 $\tilde{\Theta}=\Theta+\theta\approx T+\theta$，$\tilde{q}=\bar{q}+q$，那么，在近地层中虚位温的扰动量可以近似满足 $\theta_v\approx\theta+0.61qT$（它包含了比湿扰动量的影响），于是虚位温的平均湍流通量可以近似表示成如下关系：

$$\overline{w\theta_v}\approx\overline{w\theta}+0.61T\,\overline{wq} \tag{4.15}$$

水汽通量的贡献可能很重要，通常情况下 Q_0 应该取为虚位温的平均地表通量。

五个 M-O 控制参数加上一个因变量共计六个变量（即 $m=6$），在它们当中出现了四个量纲（即 $n=4$）：长度、时间、温度、质量。因此，可以构建 $m-n=2$ 个独立的无量纲参数，它们之间存在函数关系。在 M-O 相似框架下，把因变量取为被 z、u_{*0}、$\theta_{*0}=-Q_0/u_{*0}$ 及 $q_{*0}=-(E_0/\rho)/u_{*0}$ 无量纲化的那个变量；另一个参数取为 z/L，其中 $L=-u_{*0}^3\theta_0/\kappa gQ_0=u_{*0}^2\theta_0/\kappa g\theta_{*0}$ 是奥布霍夫长度，$\kappa\cong0.4$ 是冯·卡门常数。依据白金汉定理，我们知道那个被无量纲化的因变量只是 z/L 的函数。

不稳定条件下（$Q_0>0$）L 为负值，稳定条件下（$Q_0<0$）L 为正值，中性条件下（$Q_0=0$）L 为无穷大；L 的量值大小能够体现层结的稳定度状况，即 $|L|$ 越小表示层结越不稳定或越稳定。当湍流流动的稳定度分别从不稳定层结和稳定层结向中性层结靠近的时候，L 的取值分别趋于 $-\infty$ 和 $+\infty$。从描述层结稳定度状态的角度讲，L 是不连续的。但是用 z/L 来描述层结稳定度时则是连续的，因为在近地层中 z 为有限值。层结从不稳定一方接近中性时，它的取值趋近于零，即 $-z/L\rightarrow0$；层结从稳定一方接近中性时，它的取值也趋近

于零，即 $z/L \to 0$；当 $|z/L|$ 足够小的时候层结为近中性，这种情况出现在靠近地面的地方，因为越靠近地面越容易满足 $z \ll |L|$。

我们来看一看 M-O 相似参数具有怎样的物理意义。依据湍流动能方程中的收支关系，我们定义水平均匀的近地层中通量理查森数 R_f 为

$$R_f = \frac{\text{浮力生成率的负值}}{\text{切变生成率}} = \frac{\dfrac{g}{\theta_0}\overline{w\theta}}{\overline{uw}\dfrac{\partial U}{\partial z}} \tag{4.16}$$

在定义式中把比值的分子项取为浮力产生率的负值意味着对于不稳定层结来讲 $R_f < 0$，而对于稳定层结来讲 $R_f > 0$，而 R_f 量值的大小反映了热力作用与机械作用对湍流贡献的相对大小，从而定量描述了湍流状态，所以它是表征近地层湍流流动稳定度的参数。如果我们把近地层风速廓线近似看作是对数廓线(只有中性条件下风速廓线满足对数率，非中性条件下有所偏离，所以这是个近似处理)，即 $U = (u_{*0}/\kappa)\ln(z/z_0)$，那么 $\partial U/\partial z = u_{*0}/\kappa z$，于是 R_f 就变成 z/L。由此可见 z/L 在量值上与 R_f 相当，并且具有与 R_f 相似的物理意义，所以 z/L 实际上具有稳定度的含义，通常把它称作 M-O 稳定度参数。

因为湍流的浮力生成率在近地层中与 z 无关，在非常靠近地面的地方切变生成率可以超过它很多，所以在非常靠近地面的地方通常满足 $|z/L| \ll 1$，即层结表现出近中性特征，机械湍流占主导，这也正是我们通常把近地层湍流速度尺度取为 u_* 的原因。如果我们定义一个高度 z_e，使得这个高度上浮力生成率的大小等于中性情况下的切变生成率，于是有

$$u_{*0}^2\left(\frac{u_{*0}}{\kappa z_e}\right) = \frac{g}{\theta_0}Q_0 \tag{4.17}$$

则 z_e 为

$$z_e = \frac{u_{*0}^3\theta_0}{\kappa g Q_0} = |L| \tag{4.18}$$

所以 $|L|$ 是对浮力作用在动力上变得重要(所谓重要是指它的作用与切变作用相当)的那个高度的一个粗略估计。也就是说，$|L|$ 值越小表示在越低的高度上浮力作用超过切变作用，表明层结性越强(即越稳定或越不稳定)。

4.2.3　M-O 相似函数

M-O 相似意味着近地层的平均风速、平均位温和平均比湿的垂直梯度满足下列关系(为避免与地表温度通量 Q_0 相混淆，用 $\bar{q}$ 表示平均比湿)：

$$\frac{\kappa z}{u_{*0}}\frac{\partial U}{\partial z} = \phi_m\left(\frac{z}{L}\right) = \phi_m(\zeta) \tag{4.19a}$$

$$\frac{\kappa z}{\theta_{*0}}\frac{\partial \Theta}{\partial z} = \phi_h\left(\frac{z}{L}\right) = \phi_h(\zeta) \tag{4.19b}$$

$$\frac{\kappa z}{q_{*0}}\frac{\partial \bar{q}}{\partial z} = \phi_q\left(\frac{z}{L}\right) = \phi_q(\zeta) \tag{4.19c}$$

其中 ϕ_m、ϕ_h 和 ϕ_q 是以 $\zeta=z/L$ 为自变量的 M-O 函数(用 $\zeta=z/L$ 表示 M-O 稳定度参数)。这些函数应该具有普适性,即对于所有局地均匀、准平稳的近地层湍流流动,其函数形式是相同的(当然,ϕ_m、ϕ_h 和 ϕ_q 应该具有各自的函数形式)。在 θ_{*0} 和 q_{*0} 定义中的负号是为了使 ϕ_h 和 ϕ_q 为正值,因为 ϕ_m 是正值。通常假设 $\phi_h=\phi_q$,但是有学者认为实际情况可能并非如此,因为标量通量收支方程中的浮力项对于位温和对于比湿是不一样的。尽管如此,人们在实际应用当中还是经常会忽略它们之间的差异。

冯·卡门常数 κ 于二十世纪初就被提出来,用以标度充满湍流的流动中靠近壁面处的摩擦速度:

$$\kappa \equiv \frac{(\tau_0/\rho)^{1/2}}{z\partial U/\partial z}=\frac{u_{*0}}{z\partial U/\partial z} \tag{4.20}$$

将 κ 引入到平均风速切变的 M-O 函数的定义中(如方程(4.19a)所示)是为了使其在中性条件下的取值为 1.0,即 $\phi_m(0)=1$。为与之相对应,在 ϕ_h 和 ϕ_q 的定义中也引入了 κ。观测结果表明 $\kappa \cong 0.4$。

M-O 相似是白金汉定理在近地层湍流流动场景下的应用。它告诉我们,近地层大气平均量的无量纲垂直梯度与 M-O 稳定度参数 z/L 之间存在函数关系,但它不能告诉我们函数关系的具体形式是什么。要知道 ϕ_m、ϕ_h 和 ϕ_q 的确切函数形式只能通过观测来完成,1968 年堪萨斯试验首次实现了对近地层平均风速廓线和平均温度廓线及湍流通量的观测,观测结果如图 4.3 所示。

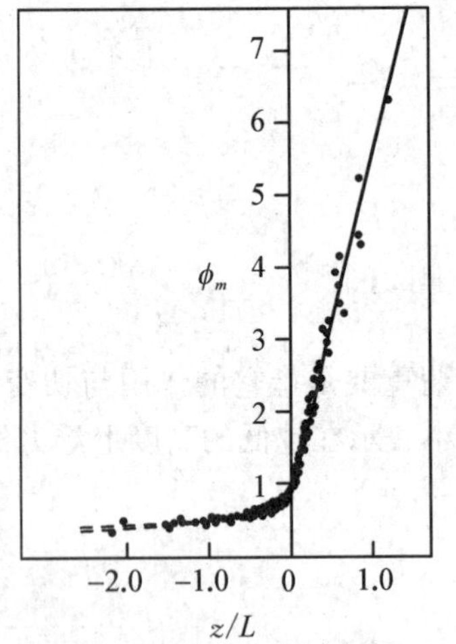

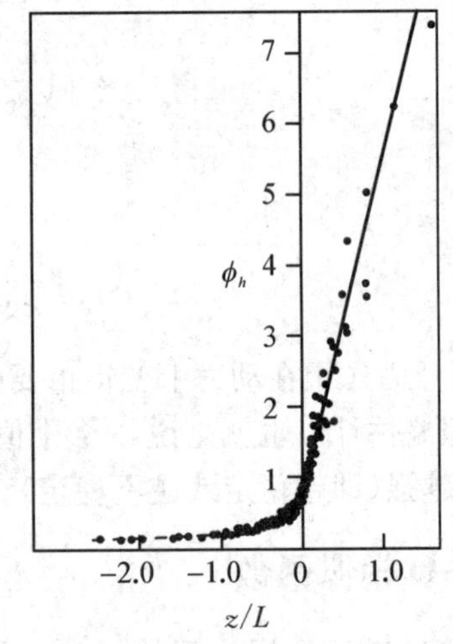

图 4.3　依据 1968 年堪萨斯试验观测数据得到的 M-O 相似函数。引自 Businger et al. (1971)。

在此后又开展了很多观测研究,依据观测数据可以拟合出 M-O 相似函数 ϕ_m 和 ϕ_h 的具体形式,虽然不同的研究给出的结果不尽相同,但函数的基本形式是比较一致的,主要差异在于经验常数有所不同,通常采用如下形式:

$$\phi_m(\zeta)=(1-\gamma_1\zeta)^{-1/4},\ -2<\zeta<0 \tag{4.21a}$$

$$\phi_h(\zeta)=\phi_q(\zeta)=Pt_N(1-\gamma_2\zeta)^{-1/4},\ -2<\zeta<0 \tag{4.21b}$$

$$\phi_m(\zeta)=1+\beta_{1m}\zeta,\ 0<\zeta<1 \tag{4.22a}$$

$$\phi_h(\zeta)=\phi_h(\zeta)=Pt_N+\beta_{1h}\zeta,\ 0<\zeta<1 \tag{4.22b}$$

其中 γ_1、γ_2 和 β_1 是经验常数，Pt_N 是湍流普朗特数在中性条件下的取值。这里我们给出这些常数具有代表性的结果，如表 4.1 所列。表中附带给出了冯·卡门常数 κ 的观测结果，目前普遍认可的取值是 0.4。表中还列举了 Pt_N 的观测值，湍流普朗特数的定义为

$$Pt=K_M/K_H \tag{4.23}$$

按照 K_M 和 K_H 的定义（见第三章 3.5 节），并运用相似关系(4.21)式，可得

$$Pt=K_M/K_H=\phi_h/\phi_m \tag{4.24}$$

可见如果 $\phi_m\neq\phi_h$，则 Pt 是稳定度的函数。不过在相似理论中我们更关心的是 Pt 在中性条件下的取值 Pt_N，因为按照(4.24)式 $Pt_N=\phi_h(0)/\phi_m(0)$。而中性条件下 $\phi_m(0)=1$，于是 $\phi_h(0)=Pt_N$，所以非中性情况下就应该写成(4.21b)和(4.22b)那样。目前比较认可的结果是 Pt_N 很接近 1.0。所以在实际应用当中通常采用(4.21b)式和(4.22b)式的简单形式，即取 $Pt_N\cong 1$。这样可以使得 M-O 相似关系的表达式更加简洁，当我们取 Dyer (1974)给出的函数（即 $\gamma_1=\gamma_2=16$ 且 $\beta_{1m}=\beta_{1h}=5$），就会在理论分析的时候显出方便之处，比如在不稳定条件下 $\phi_m^2=\phi_h$，在稳定条件下 $\phi_m=\phi_h$。

表 4.1　近地层 M-O 相似函数中的常数

	κ	Pt_N	γ_1	γ_2	β_{1m}	β_{1h}
B71	0.35	0.74	15	9	4.7	4.7
D74	0.41	1.0	16	16	5	5
H88	0.40	0.95	19.3	11.6	6.0	7.8

说明：B71 表示 Businger et al. (1971)结果；D74 表示 Dyer(1974)结果；H88 表示 Hogstrom(1988)结果。

按照梯度理查森数 Ri 的定义（见第二章 2.1 节），运用 M-O 相似关系可得 $Ri=\zeta\phi_h/\phi_m^2$，则在不稳定条件下 $Ri=\zeta$，而在稳定条件下 $Ri=\zeta/(1+5\zeta)$，写成一般形式就是 $Ri=f(\zeta)$。由此可见，Ri 与 ζ 在表征近地层稳定度方面的作用是等效的，所以广义上讲相似理论也可以建立平均量的无量纲梯度与 Ri 之间的函数关系，只不过实际应用当中不会这么做，原因在本章开头已经提到，近地层相似理论的作用在于建立平均量垂直分布与湍流通量之间的关系，正如方程(4.21)和(4.22)所示，当知道了 $\phi_m(\zeta)$ 和 $\phi_h(\zeta)$ 的具体函数形式之后，我们就可以在知道平均量垂直分布的情况下运用相似关系计算出湍流通量。因为 L 包含 u_{*0} 和 θ_{*0}（可以把奥布霍夫长度写成 $L=u_{*0}^2\theta_0/\kappa g\theta_{*0}$），两个方程联立就可以求解出 u_{*0} 和 θ_{*0}，只不过因为方程是关于它们的隐式函数而需要通过迭代方式来求解而已。求解出 u_{*0} 和 θ_{*0} 之后就可以计算出地气交换通量：$-\overline{uw}=u_{*0}^2$，$\overline{w\theta}=-u_{*0}\theta_{*0}$。

方程(4.21)和(4.22)是微分形式，习惯上称之为通量-梯度关系。从应用层面上讲，通量-梯度关系不方便使用，真正付诸应用的是它们的积分形式。中性条件下 $\phi_m(0)=1$ 所对应的相似关系就是 $(\kappa z/u_{*0})\partial U/\partial z=1$，即(4.20)式，它的积分形式是 $U=(u_{*0}/\kappa)\ln(z/z_0)$，其中 z_0 是地表空气动力学粗糙度长度，这意味着 $U(z=z_0)=0$，也就是说，在 $z=z_0$ 的高度上平均风速为零。对于非中性情形，我们把(4.19a)的积分形式写成

$$
\begin{aligned}
U &= \frac{u_{*0}}{\kappa}\int_{z_0}^{z}\frac{\phi_m(\zeta)}{z}\mathrm{d}z = \frac{u_{*0}}{\kappa}\int_{z_0}^{z}\frac{1}{z}\{1-[1-\phi_m(\zeta)]\}\mathrm{d}z \\
&= \frac{u_{*0}}{\kappa}\left\{\int_{z_0}^{z}\frac{\mathrm{d}z}{z}-\int_{z_0}^{z}\frac{L}{z}[1-\phi_m(\zeta)]\mathrm{d}\left(\frac{z}{L}\right)\right\} \\
&= \frac{u_{*0}}{\kappa}\left\{\ln\left(\frac{z}{z_0}\right)-\int_{z_0}^{z}[1-\phi_m(\zeta)]\mathrm{d}(\ln\zeta)\right\} \\
&= \frac{u_{*0}}{\kappa}\left\{\ln\left(\frac{z}{z_0}\right)-[\psi_m(\zeta)-\psi_m(\zeta_0)]\right\} \\
&\approx \frac{u_{*0}}{\kappa}\left[\ln\left(\frac{z}{z_0}\right)-\psi_m(\zeta)\right]
\end{aligned}
\tag{4.25}
$$

其中 $\psi_m(\zeta)=\int[1-\phi_m(\zeta)]\mathrm{d}(\ln\zeta)$。因为在(4.25)式中 $\psi_m(\zeta)$ 表现为非中性情况下平均风速偏离对数廓线的程度，通常把 $\psi_m(\zeta)$ 称作稳定度修正函数，它体现了热力作用(即浮力作用)对风速廓线的影响。在(4.25)式的推导过程中，我们认为 $\psi_m(\zeta_0)\approx 0$(其中 $\zeta_0=z_0/L$)，因为 $z/z_0\gg 0$ 时计算结果确实如此(即 $\psi_m(\zeta_0)$ 是小量，可以忽略不计)。在构建 M-O 相似关系的控制参数时并没有考虑地表粗糙度长度 z_0，这意味着 M-O 相似隐含的限制条件是 $z\gg z_0$，所以我们可以把非中性情况下的风速廓线写成(4.25)式中最后一步的形式。如(4.25)式所示的 M-O 相似关系积分形式被称作通量-廓线关系。这里需要指出的是，在积分过程中 u_* 和 L 都没有参与积分计算，因为在常通量层假设前提之下 u_* 和 L 在近地层中都不随高度变化。对于不稳定情况 ($\zeta<0$)，取 $x=(1-\gamma_1\zeta)^{1/4}=[\phi_m(\zeta)]^{-1}$，积分可得

$$
\psi_m = 2\ln[(1+x)/2]+\ln[(1+x^2)/2]-2\arctan x+\pi/2 \tag{4.26}
$$

对于稳定情况 ($\zeta>0$)，积分结果是

$$
\psi_m(\zeta)=-\beta_1\zeta \tag{4.27}
$$

类似地，对方程(4.19b)积分可得如下关系：

$$
\begin{aligned}
\Theta-\Theta_0 &= \frac{\theta_{*0}}{\kappa}\left\{\ln\left(\frac{z}{z_{0h}}\right)-\int_{z0h}^{z}[1-\phi_h(\zeta)]\mathrm{d}(\ln\zeta)\right\} \\
&\approx \frac{\theta_{*0}}{\kappa}\left[\ln\left(\frac{z}{z_{0h}}\right)-\psi_h(\zeta)\right]
\end{aligned}
\tag{4.28}
$$

其中 Θ_0 是地面空气位温(相对应的 T_0 是地面空气绝对温度)，z_{0h} 是地表热力学粗糙度长度。这意味着在 $z=z_{0h}$ 高度上 $T=T_0$，引入 z_{0h} 的原因是我们没有理由先验地认为 $T_0=T(z_0)$，实际情况也确实如此。对于陆地多种自然下垫面，z_0 的量值通常要比 z_{0h} 高一个量级，而在这两个高度上的空气温度会相差几度，这么说的依据来自 T_0 通常是按照地表长波辐射的测量结果推算出来的。因为实际的地表空气温度通常是不知道的(也无法直接测量)，虽然它应该与用辐射方法测量到的地表温度(实际上是下垫面的表面温度)也不相等，但它确实不是 $T(z_0)$。在实际应用当中经常用地表的辐射温度来代替 T_0，而在数值模拟中地表温度可以从陆面模式中得到。对于诸如开放冠层的粗糙下垫面而言，地表不同部位具有不同的 T_0 值，在此情形之下可以认为存在一个空间积分的 T_0 与 $z=z_{0h}$ 处的温度相对

应，我们称之为等效地表气温。对于不稳定情况 ($\zeta<0$)，取 $y=(1-\gamma_2\zeta)^{1/2}=[\phi_h(\zeta)]^{-1}$，积分可得

$$\psi_h=2\ln[(1+y)/2] \tag{4.29}$$

稳定情况 ($\zeta>0$) 的积分结果是

$$\psi_h(\zeta)=-\beta_1\zeta \tag{4.30}$$

类似地，对方程(4.19b)积分可得如下关系：

$$\begin{aligned}\bar{q}-\bar{q}_0&=\frac{q_{*0}}{\kappa}\left\{\ln\left(\frac{z}{z_{0q}}\right)-\int_{z_{0q}}^{z}[1-\phi_q(\zeta)]\mathrm{d}(\ln\zeta)\right\}\\&\approx\frac{q_{*0}}{\kappa}\left[\ln\left(\frac{z}{z_{0q}}\right)-\psi_q(\zeta)\right]\end{aligned} \tag{4.31}$$

其中 $\bar{q}_0$ 是地表空气的比湿(定义在 $z=z_{0q}$ 高度处)。通常认为 $\phi_q=\phi_h$，$\psi_q=\psi_h$，$z_{0q}\cong z_{0h}$。需要指出的是，只有当水汽和热量的源和汇的分布相一致的时候才能认为 $z_{0q}=z_{0h}$。

对于不稳定条件下的 ϕ_m 和 ϕ_h，不同的研究者给出的函数表达式不尽相同，但在量值上它们之间的差别并不大。基于对大样本观测数据的拟合结果，威尔森提出了下列关系式(Wilson，2001)：

$$\phi_{m,h}=(1+\gamma\,|\,\zeta\,|^{2/3})^{-1/2} \tag{4.32}$$

它的积分形式是

$$U=\frac{u_{*0}}{\kappa}\left[\ln\left(\frac{z}{z_0}\right)-3\ln\left(\frac{1+\sqrt{1+\gamma_m\,|\,\zeta\,|^{2/3}}}{1+\sqrt{1+\gamma_m\,|\,\zeta_0\,|^{2/3}}}\right)\right] \tag{4.33}$$

$$\Theta=\Theta_0+\frac{Pt_N\theta_{*0}}{\kappa}\left[\ln\left(\frac{z}{z_{0h}}\right)-3\ln\left(\frac{1+\sqrt{1+\gamma_h\,|\,\zeta\,|^{2/3}}}{1+\sqrt{1+\gamma_h\,|\,\zeta_{0h}\,|^{2/3}}}\right)\right] \tag{4.34}$$

其中的常数取为：$\kappa=0.4$，$Pt_N=0.95$，$\gamma_m=3.6$，$\gamma_h=7.9$。

从应用层面讲，本节所介绍的几种经典 M-O 相似函数都是常用的表达式，它们之间并没有什么优劣之分。但由于这些函数形式都来源于观测结果，我们需要了解它们的适用范围。在不稳定和中性条件下它们具有良好的适用性，在弱稳定条件下它们的不确定性相对较小，所以基本上也是适用的。但是在近地层大气具有较强稳定度的情况下，其适用性较差，甚至会出现不合理的结果，比如，如果在经典 M-O 相似函数(4.21)式和(4.22)式中采用 Dyer (1974)方案的系数，那么稳定条件下会得到 $Ri=\zeta/(1+5\zeta)$，它可以表示成另外一种形式：

$$\zeta=\frac{Ri}{1-5Ri} \tag{4.35}$$

这个表达式隐含的限制条件是 $Ri<0.2$。如果 $Ri>0.2$，则会得出 $\zeta<0$ 的结果，这与稳定条件下 ζ 为正值的情形相悖。从物理意义上我们可以这样理解：当 $Ri\to0.2$ 时，$\zeta\to\infty$，这是个极限情况，只有当湍流热通量和湍流应力都为零的时候才会发生(因为 $\zeta=z/L\to\infty$ 的

条件是 $L\to 0$，按照定义式 $L=-u_{*0}^3\theta_0/\kappa g Q_0$ 来理解，这需要 $u_{*0}=0$；在具有稳定层结的流动中 $u_{*0}=0$ 意味着没有湍流，于是也不应该存在湍流热通量，即 $Q_0=0$；所以 $L\to 0$ 是个极限情况，而这种情况的发生意味着湍流消失)，也就是说，在此情形之下流动由湍流变为层流，于是把 $Ri_c=0.2$ 称为临界理查森数。

然而实际情况是当 $Ri>0.2$ 时稳定的近地层中湍流还是经常会发生，所以经典相似函数是有稳定度适用范围的，超过这个范围它就不适用了，通常把这个范围取为 $\zeta<1$(稳定近地层中的观测数据主要集中在这个范围，如图 4.3 所示)。当 $\zeta\geqslant 1$ 时(即强稳定条件)，从适用角度出发对相似函数进行调整，一个简单的调整方案是取 $\phi_m=\phi_h=5+\zeta$，这样调整的结果是把适用范围从 $Ri<0.2$ 扩展到 $Ri<1$。

§4.3 相似理论的其他表达形式

4.3.1 拖曳系数/输送系数表示法

在相似理论的应用当中，我们更习惯于把湍流通量与近地层大气中的平均量直接联系在一起，即用平均量来表示湍流通量。于是动量通量、感热通量和潜热通量可以写成如下形式：

$$\tau_0=-\rho\overline{uw}_0=\rho u_{*0}^2=\rho C_D U^2 \tag{4.36}$$

$$H_0=c_p\rho\overline{w\theta}_0=c_p\rho C_H U(\Theta_0-\Theta) \tag{4.37}$$

$$\lambda E_0=\lambda\rho\overline{wq}_0=\lambda\rho C_E U(\bar{q}_0-\bar{q}) \tag{4.38}$$

其中 C_D 是拖曳系数，C_H 和 C_E 分别是热量输送系数和水汽输送系数，λ 是凝结(或蒸发)潜热。

按照 M-O 相似理论，拖曳系数可以定义为

$$C_D=(u_{*0}/U)^2=\kappa^2/[\ln(z/z_0)-\psi_m(\zeta)]^2 \tag{4.39}$$

中性条件下 $\psi_m(0)=0$，于是拖曳系数为

$$C_{DN}=\kappa^2/[\ln(z/z_0)]^2 \tag{4.40}$$

而非中性条件下的拖曳系数与中性条件下的拖曳系数之比为

$$C_D/C_{DN}=[1-\psi_m(\zeta)/\ln(z/z_0)]^{-2} \tag{4.41}$$

从方程(4.39)可知，拖曳系数 C_D 不仅是稳定度的函数，同时也是地表粗糙度长度的函数。从方程(4.40)可以更为直观地看出，z_0 越大则 C_D 越大(虽然方程(4.40)针对的是中性情况，但在非中性情况下结论不变)，这意味着对应于某高度上相同的平均风速，粗糙的地表会在气流中产生更大的动量通量，由此可见，地表粗糙度长度是影响地气之间通量交换的重要参数。稳定度和地表粗糙度长度对 C_D 的联合影响如图 4.4 所示。由图中可以看出，稳定度的影响也十分明显，C_D 随不稳定程度的增强而增大，随稳定程度的增强而减小。也就是说，不稳定条件下热力湍流对地气交换起到促进作用，而稳定层结对地气交换起到抑制作用。

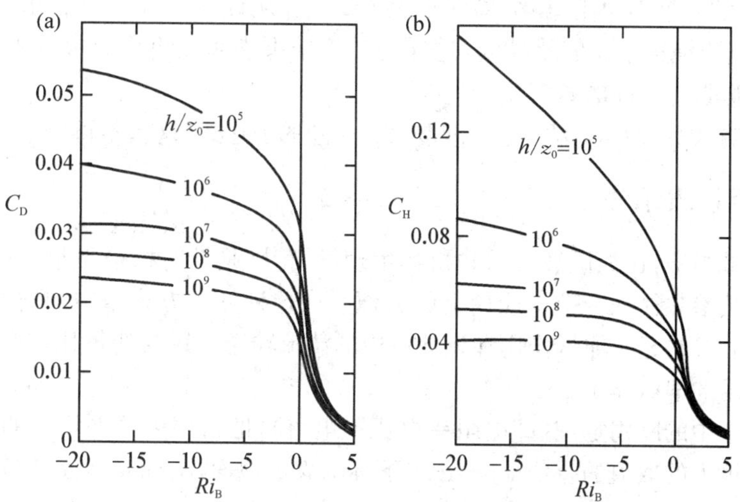

图 4.4　不同粗糙程度的下垫面之上(对应于相同的离地高度 z 但不同的地表粗糙度长度 z_0)近地层拖曳系数 C_D 与整体理查森数 Ri_B 的对应关系(左)和热量输送系数 C_H 与总体理查森数 Ri_B 的对应关系(右),其中 $Ri_B=(gz/\theta_0)[(\Theta-\Theta_0)/U^2]$是地面与高度 z 之间的气层的总体理查森数。引自 Stull (1988)。

类似地,按照 M-O 相似理论可以把热量输送系数写成

$$C_H=\kappa^2/\{[\ln(z/z_0)-\psi_m(\zeta)][\ln(z/z_{0h})-\psi_h(\zeta)]\} \tag{4.42}$$

中性条件下的 C_H 可以写成

$$C_{HN}=\kappa^2/[\ln(z/z_0)\ln(z/z_{0h})] \tag{4.43}$$

于是非中性条件下的热量输送系数与中性条件下的热量输送系数之比为

$$C_H/C_{HN}=[1-\psi_m(\zeta)/\ln(z/z_0)]^{-1}[1-\psi_h(\zeta)/\ln(z/z_{0h})]^{-1} \tag{4.44}$$

从这些表达式可以看出,C_H 除了受稳定度影响之外,还受 z_0 和 z_{0h} 共同影响。也就是说,地表空气动力学粗糙度长度也会影响到地气之间的热量交换。

表 4.2　取 $z=10$ m 并取 $z_0/z_{0h}=7.4$ 时按方程(4.45)计算出对应 5 个 z_0 值的 C_{DN}/C_{HN} 比值

z_0 (m)	z/z_0	C_{DN}/C_{HN}
0.000 1	100 000	1.17
0.001	10 000	1.22
0.01	1 000	1.29
0.1	100	1.43
1.0	10	1.87

将(4.40)式和(4.43)式联合起来可以得到

$$C_{DN}/C_{HN}=\ln(z/z_{0h})/\ln(z/z_0) \tag{4.45}$$

取 $z=10$ m 为参考高度,并取 $z_0/z_{0h}=7.4$,选取 5 个 z_0 的不同取值,按照(4.45)式计算得出

关于 C_{DN}/C_{HN} 的 5 个不同比值，结果列于表 4.2 中。从计算结果可以看出，这个比值大于 1.0，而且地表越粗糙这个比值就越大，这样的计算结果表明在更为粗糙的地表之上动量输送会比热量输送具有更高的效率。

至于水汽输送系数 C_E，因为通常取与 C_H 相同的表达式，这里不再赘述。

4.3.2 阻抗表示法

在有些领域当中，比如微气象学和植物生理学，特别是针对植被下垫面的情形，把输送系数转换成阻抗参数往往会带来应用上的方便。在这种处理方式当中，联合考虑紧靠地面（即界面副层当中）的分子输送作用和近地层中的湍流输送作用会变得比较简单。这种情况有些类似于电阻的串联作用。

类比于电学中的欧姆定理（即电阻＝电压÷电流），把物理量的平均量的地面值与近地层气流中某高度上的取值的差值 $\varphi_s-\varphi_a$（下标 s 表示地面，下标 a 表示空气）比作电压，把该物理量的通量 F_s 比作电流，则空气的阻抗 r_a 被定义为

$$r_a=(\varphi_s-\varphi_a)/F_s \tag{4.46}$$

对于物质输送过程，阻抗的倒数（即 r_a^{-1}）经常被看作是沉降速率或传输率。

按照 C_D 的定义式(4.39)，我们可以把从离地高度 z 处向地面（即 $z=z_0$ 处）输送动量的整体空气动力学阻抗定义为

$$r_{aM}=\rho U(z)/\tau_0=U(z)/u_{*0}^2=(C_DU)^{-1} \tag{4.47}$$

于是 C_D 增大（对应于更为粗糙的下垫面，或者更为不稳定的层结条件）或者风速 U 增大的时候，空气动力学阻抗 r_{aM} 是减小的。

方程(4.47)具有如此简单的形式，原因在于在 $z=z_0$ 处 $U=0$。然而对于热量和水汽输送过程就需要用到地面值 Θ_0 和 $\bar{q}_0$，于是感热交换和潜热交换的空气动力学阻抗可以定义为

$$r_{aH}=c_{p}\rho(\Theta_0-\Theta)/H_0=(\Theta_0-\Theta)/u_{*0}\theta_{*0} \tag{4.48}$$

$$r_{aV}=\lambda\rho(\bar{q}_0-\bar{q})/\lambda E_0=(\bar{q}_0-\bar{q})/u_{*0}q_{*0} \tag{4.49}$$

对比上述两式与(4.37)式和(4.38)式，可以得出

$$r_{aH}=(C_HU)^{-1} \tag{4.50}$$

$$r_{aV}=(C_EU)^{-1} \tag{4.51}$$

对于陆地下垫面而言，在近中性条件下 C_H 和 C_E 会小于 C_D，于是 $r_{aH}\approx r_{aV}>r_{aM}$。对于冠层下垫面，引入热量和水汽的附加阻抗 r_b 会很有用，其定义如下：

$$r_{bH}=r_{aH}-r_{aM} \tag{4.52}$$

$$r_{bV}=r_{aV}-r_{aM} \tag{4.53}$$

于是，在中性条件下 $r_{bH}\approx r_{bV}>0$ 可以用来表征紧靠冠层的植被叶面处分子扩散作用形成的附加阻抗。对于非中性情况，C_H 和 C_E 会不同于 C_D（各自的阻抗也不同），造成这种差别

的原因与冠层没有关系。运用(4.40)式和(4.43)式,并结合(4.47)式及(4.50)—(4.53)式,可以得到

$$r_{bH}=(\kappa u_{*0})^{-1}\ln(z_0/z_{0h}) \tag{4.54}$$

$$r_{bV}=(\kappa u_{*0})^{-1}\ln(z_0/z_{0q}) \tag{4.55}$$

上述两个方程表明,在中性条件下标量输送过程中所表现出来的附加阻抗源自空气动力学粗糙度长度与标量粗糙度长度之间的差异(也就是说,附加阻抗的出现是因为地表特征满足 $z_0>z_{0h}$ 和 $z_0>z_{0q}$)。图 4.5 给出了动力学阻抗及其与平均量地面值之间的关系。

我们可以把湍流通量以整层阻抗的方式写成如下形式:

$$\tau_0/\rho=-\overline{uw}_0=U(z)/r_{aM} \tag{4.56}$$

$$H_0/(\rho c_p)=\overline{w\theta}_0=(\Theta_0-\Theta)/r_{aH} \tag{4.57}$$

$$E_0/\rho=\overline{wq}_0=(\bar{q}_0-\bar{q})/r_{aV} \tag{4.58}$$

这里需要指出的是,运用输送系数法或阻抗法描述地气交换通量的前提条件是 K 闭合方案(即梯度输送方案)是适用的。如果 K 闭合方案不适应(比如在冠层内部),那么输送系数法和阻抗法就失效了。

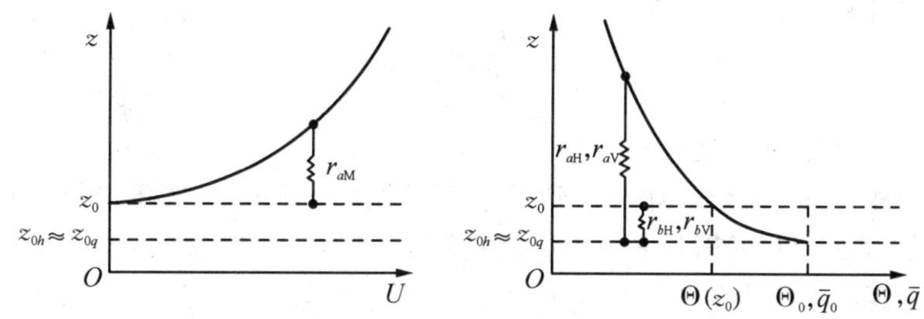

图 4.5　动量输送和标量输送的空气动力学阻抗示意图。图中显示了地面温度 Θ_0 与 $\Theta(z_0)$之间因分子扩散作用而形成的附加阻抗 r_b。引自 Garratt (1992)。

§4.4　湍流统计量的相似律

4.4.1　谱的相似律

研究大气边界层流动中湍流扰动量的方差和谱是非常重要的,因为通过观测可以获知这些湍流统计量的行为特征,从而验证相似理论的预报结果,并可以依据这些湍流统计量间接估算出垂直湍流通量。不仅如此,在大气扩散问题当中,关于这些湍流统计量的知识是认识湍流扩散行为的重要依据,因为湍流扩散行为与湍流强度以及稳定度如何影响湍流统计量(包括它们随高度的变化情况)密切相关。

标准差和方差通过关系式 $\sigma_s^2=\overline{s^2}$ 被联系在一起,其中 s 可以是 u、v、w、θ 和 q 等物理量中的任意一个量。对于一维谱和协谱,可以运用傅里叶变换方法从 s 和 w 的时间序列或空间记录计算出来;而对谱和协谱进行积分就可以获得方差和协方差(见第二章)。

在第二章中我们介绍了柯尔莫哥洛夫湍流模型，在含能涡旋和耗散涡旋之间存在惯性副区，在惯性副区这个区间里发生串级过程，即湍流动能从含能涡旋逐级向更小的湍流涡旋传递，直至在耗散涡旋上通过黏性应力把动能转化为流体内能。从谱的角度讲，在惯性副区内能谱密度 $\phi(k)$ 只与波数 k 和黏性耗散率 ϵ 有关，于是在惯性副区内一维能谱满足如下关系(Tennekes and Lumley, 1972)：

$$\phi_{uu}(k)=\beta_u\epsilon^{2/3}k^{-5/3} \tag{4.59a}$$

$$\phi_{ww}(k)=\frac{4}{3}\beta_u\epsilon^{2/3}k^{-5/3} \tag{4.59b}$$

其中谱常数 $\beta_u\approx 0.6$ 由观测确定(Deacon, 1988)。这是关于湍流一维谱在惯性副区的确切表达式，它反映了在这个尺度范围内湍流速度谱所具有的相似行为。这里需要强调的是，$\phi_{uu}(k)$ 是顺流湍流速度 u 的谱密度函数。至于垂直湍流速度的谱密度 $\phi_{ww}(k)$ 中的谱系数为什么是 $\phi_{uu}(k)$ 的 4/3 倍，这个问题涉及小尺度湍流的各向同性性质，通常以此为判据来检验小尺度湍流是否满足各向同性。本书对此不做详细介绍，相关内容可参阅 Wyngaard (2010)的教材 *Turbulence in the Atmosphere*（中译本《大气湍流》）第十五章中的介绍。

相似理论还被用于湍流温度谱和湍流湿度谱的惯性副区。对于湍流温度而言，其谱密度 $\phi_{\theta\theta}(k)$ 在惯性副区只与 k、ϵ 和 χ 有关(其中 χ 是分子扩散作用对温度扰动的耗散率)，于是它满足如下关系(Corrsin, 1951)：

$$\phi_{\theta\theta}(k)=\beta_\theta\chi\epsilon^{-1/3}k^{-5/3} \tag{4.60}$$

其中 $\beta_\theta(=\beta_q)\approx 0.8$ 由观测确定。

方程(4.59)和(4.60)为分析观测得到的频率谱提供了基础。这样的分析通常需要依据“泰勒冻结假设”来实现频率谱与波数谱之间的转换，频率 n 与波数 k 之间的关系为 $2\pi/k=U/n$ (其中 U 是观测时段内的平均风速)，则两个谱密度函数满足 $k\phi(k)=n\phi(n)$。所谓“泰勒冻结假设”就是第二章中所讲的“各态遍历”假设，即当湍流流动满足平稳条件时，可以认为在空间某一固定点上在 t 时间内测量到的某物理量的时间序列等同于上游距离为 L 的空间范围内该物理量的空间记录(它们之间的关系为 $L=Ut$)。

基于 M-O 相似理论，可以把测量到的谱和协谱表示成相应的谱曲线。通常采用无量纲频率 $f=nz/U$，归一化谱应该具有如下形式：

$$f\phi_{vel}(f)/u_{*0}^2=F_{vel}(f,\ z/L) \tag{4.61}$$

$$f\phi_{\theta\theta}(f)/\theta_{*0}^2=F_{\theta\theta}(f,\ z/L) \tag{4.62}$$

其中 $\phi_{vel}(f)$ 和 $\phi_{\theta\theta}(f)$ 分别是速度和温度的谱密度(这里需要提醒读者注意，它们与相似函数 $\phi_m(\zeta)$ 和 $\phi_h(\zeta)$ 不同，以免混淆)。图 4.6 给出了堪萨斯试验观测到的不同稳定度条件下的速度谱。图中的纵坐标被 $\phi_\epsilon^{2/3}$ 进一步归一化($\phi_\epsilon=\epsilon\kappa z/u_{*0}^3$ 是归一化黏性耗散率)，使得谱曲线处于惯性副区的部分落在相同的位置。对于水平均匀且平稳的近地层湍流流动，湍流能量方程(3.103)可以写成如下形式(取近地层坐标，即 $V=0$)：

$$0=-\overline{uw}\frac{\partial U}{\partial z}+\frac{g}{\theta_0}\overline{w\theta_v}-\frac{\partial}{\partial z}\left(\overline{we}+\frac{1}{\rho_0}\overline{wp}\right)-\epsilon \tag{4.63}$$

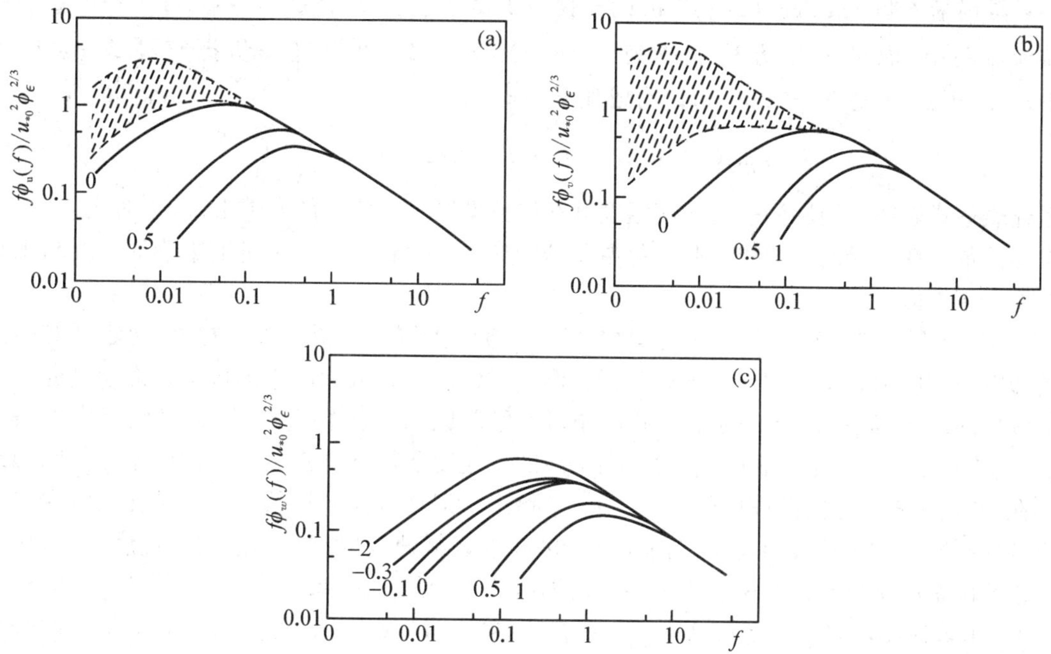

图 4.6　基于堪萨斯试验观测数据得到的近地层归一化速度谱：(a) *u* 分量，(b) *v* 分量，(c) *w* 分量。横坐标是无量纲频率 $f=nz/U$。图中标注了不同谱曲线对应的 ζ 值，其中阴影区对应的稳定度范围是 $-2<\zeta<0$。引自 Kaimal et al. (1972)。

如果我们把湍流能量输送项取为零，则上式变成如下形式：

$$\phi_{\epsilon}=\phi_m(\zeta)-\zeta \tag{4.64}$$

可见 ϕ_{ϵ} 是稳定度的函数，于是惯性副区的速度谱密度公式(4.59)就可以写成如下形式：

$$f\phi_{vel}(f)/(u_{*0}^2\phi_{\epsilon}^{2/3})=\beta(2\pi\kappa)^{-2/3}f^{-2/3} \tag{4.65}$$

它具有唯一的函数形式，这正是为什么要用 ϕ_{ϵ} 对谱密度函数进一步归一化的原因。上式中谱常数在水平速度谱中取为 β_u，在垂直速度谱中取为 $\beta_w=\dfrac{4}{3}\beta_u$。

从图 4.6 中可以看出，不同稳定度条件下的谱密度曲线在惯性副区是重合的，而在稳定度参数 ζ 由正值变为负值的过程中谱曲线的其他部分的位置则向低频方向移动，这反映了更大尺度的对流涡旋对湍流结构的影响。图中阴影部分是水平速度谱在低频区间的分布范围，它与稳定度参数 ζ 没有对应关系，这意味着在对流条件下近地层水平速度谱并不满足相似律。

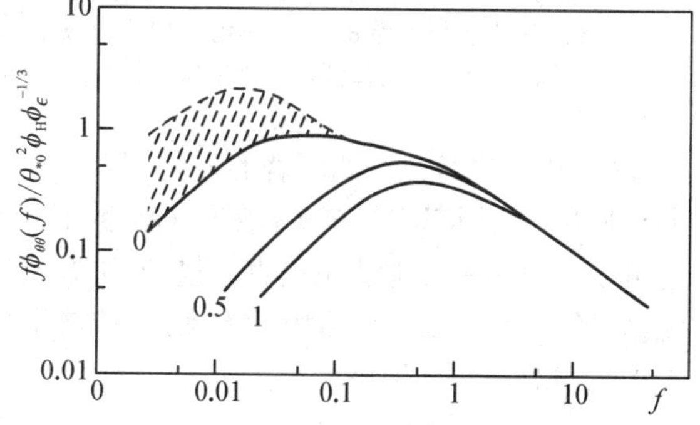

图 4.7　基于堪萨斯试验观测数据得到的近地层归一化温度谱。横坐标是无量纲频率 $f=nz/U$。图中标注了不同谱曲线对应的 ζ 值，其中阴影区对应的稳定度范围是 $-2<\zeta<0$。引自 Kaimal et al. (1972)。

图 4.7 显示的是由堪萨斯试验观测数

据计算出来的归一化温度谱，其中的归一化因子是 $\phi_h\phi_\epsilon^{-1/3}$。在水平均匀、准平稳的近地层湍流流动中，温度方差方程变成为 $-\overline{w\theta}\partial\Theta/\partial z=\chi$，可以进一步把它写成 $\phi_h(\zeta)=\chi\kappa z/u_{*0}\theta_{*0}^2$，于是方程(4.60)可以写成如下形式：

$$f\phi_{\theta\theta}(f)/(\theta_{*0}^2\,\phi_h\phi_\epsilon^{-1/3})=\beta_\theta(2\pi\kappa)^{-2/3}f^{-2/3} \tag{4.66}$$

上述表达式表明近地层归一化湍流温度谱在惯性副区具有唯一的函数形式，它对应于图 4.7 中那段重合在一起的谱曲线。归一化温度谱的形状和位置以及受稳定度影响的情况与水平速度谱相类似。

图 4.8 显示的是归一化动量通量协谱和热通量协谱。由图中可以看出，稳定度对协谱的影响与速度谱和温度谱的情形相类似。图中同样用阴影区标出了不稳定条件下谱曲线在低频区的分布范围，这个范围在稳定区域和不稳定区域之间有重叠(因为对应于中性条件 $\zeta=0$ 的谱曲线落在了阴影区当中)。在不同的稳定度条件下协谱曲线在惯性副区都明确地存在，并且在较高频的范围内重合在一起，这体现了局地各向同性特征。协谱在高频端趋向于各向同性的这个特性会使得它们在这个区间的衰减速度要高于速度谱和温度谱，从理论上推论出来的结果是协谱密度在惯性副区随频率 n 变化的关系满足 $-7/3$ 次律(Wyngaard and Coté, 1972)，即 $\phi_{uw}(f)$，$\phi_{w\theta}(f)\sim f^{-7/3}$。如图 4.8 所示，观测结果支持了理论分析结果。

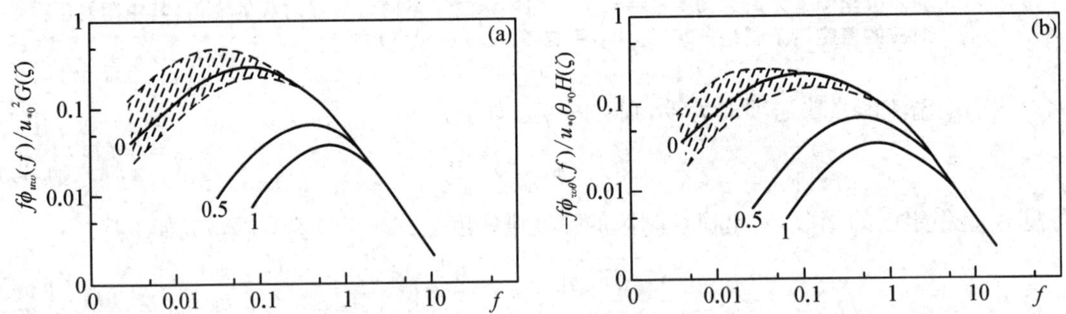

图 4.8　基于堪萨斯试验观测数据得到的近地层归一化一维协谱：(a) uw 谱，(b) $w\theta$ 谱。横坐标是无量纲频率 $f=nz/U$。图中标注了不同协谱曲线对应的 ζ 值，其中阴影区对应的稳定度范围是 $-2<\zeta<0$。对纵坐标变量进行归一化的稳定度函数取为：当 $\zeta<0$ 时，$-G(\zeta)=H(\zeta)=1$；当 $\zeta>0$ 时，$G(\zeta)=1+7.9\zeta$，$H(\zeta)=1+6.4\zeta$。引自 Kaimal et al. (1972)。

Garratt (1992)在他所著的教材 *The Atmospheric Boundary Layer* 中指出，有关协谱曲线形状(即协谱密度随频率变化的函数形式)的知识在实际应用当中显得十分重要，因为这可以让我们更好地认识垂直通量(即协方差)观测所涉及的仪器响应时间和平均时间对观测结果的影响。如果频率响应有滞后，或者平均时间不够长，那么知道正确的谱曲线就可以帮助我们对观测结果进行订正。

4.4.2　方差的相似律

按照近地层 M-O 相似理论，如果用 u_*、θ_* 和 q_* 的平方分别对湍流速度方差、温度方差和比湿方差进行归一化，则这些无量纲量是 $z/L(=\zeta)$ 的函数。在中性条件下 $(\zeta=0)$，这

些无量纲量应该是常数，它们在近地层中不随高度变化，并且与地表粗糙度长度无关。对于非中性情形 ($\zeta \neq 0$)，通常更受关注的是 σ_u/u_{*0}、σ_v/u_{*0}、σ_w/u_{*0} 和 $\sigma_\theta/|\theta_{*0}|$ 的量值如何随稳定度 ζ 变化(实际上这些无量纲量是归一化标准差，因为它们的平方就是归一化方差，于是说法上直接用归一化标准差指代归一化方差)。

在平坦下垫面之上的中性近地层当中，σ_u/u_{*0}、σ_v/u_{*0} 和 σ_w/u_{*0} 的典型值分别是 2.4、1.9 和 1.25。对于有起伏地形的情形，σ_u/u_* 和 σ_v/u_* 的值会更大。这些比值在不同风速分量上所表现出来的差异实际上反映了近地层湍流的各向异性特征。观测表明，在不稳定条件下 σ_w/u_{*0} 与 ζ 之间确实存在比较好的对应关系(Panofsky et al., 1977)：

$$\sigma_w/u_{*0}=1.25(1-3\zeta)^{1/3} \tag{4.67}$$

同时观测也表明，在不稳定条件下 σ_u/u_{*0} 和 σ_v/u_{*0} 与 $\zeta(=z/L)$ 之间的对应关系并不好，这说明近地层中水平湍流运动的空间尺度并不与离地高度 z 密切相关。而对观测数据的进一步分析发现，σ_u/u_{*0} 和 σ_v/u_{*0} 倒是与 h/L 有很好的对应关系(Panofsky et al., 1977)：

$$\sigma_u/u_{*0}\approx\sigma_v/u_{*0}=1.25(12-0.5h/L)^{1/3} \tag{4.68}$$

其中 h 是边界层高度。这意味着不稳定条件下近地层水平湍流运动更主要受到对流大涡的影响(因为对流边界层中大涡运动的特征长度尺度就是边界层高度 h)。这种情况与对流边界层的近地层中水平湍流速度谱和垂直湍流速度谱(这里我们讲的是波数谱 $\phi_{uu}(k)$ 和 $\phi_{ww}(k)$)具有不同的谱峰位置相一致，前者的谱峰位置在 $k\sim 1/h$ 处，后者的谱峰位置在 $k\sim 1/z$ 处(Wyngaard, 2010)。也就是说，在不稳定条件下近地层水平湍流运动的特征尺度是 h，而垂直湍流运动的特征尺度是 z。于是，正如观测数据所显示的那样，σ_u/u_{*0} 和 σ_v/u_{*0} 与 h/L 有很好的对应关系，而 σ_w/u_{*0} 与 z/L 有很好的对应关系。

对于归一化湍流温度方差，在不稳定条件下的观测结果显示它满足下列关系(Wyngaard, et al., 1971)：

$$\sigma_\theta/|\theta_{*0}|=C(-\zeta)^{-1/3} \tag{4.69}$$

其中系数 $C\approx 0.95$。这里需要指出的是，当层结趋于中性 ($\zeta\to 0$) 时，$\theta_*\to 0$ 且 $\sigma_\theta\to 0$。于是上式左边变成了"0/0"型计算，它可能趋于一个有限值，也可能趋于 ∞。由于 θ_{*0} 被理解为湍流温度尺度，而 σ_θ 是扰动温度(即湍流温度)幅度的直接度量，因此，推论认为两者应该具有相同的量级，于是认为当 $\zeta\to 0$ 时 $\sigma_\theta/|\theta_{*0}|$ 趋于一个常数。早期的观测结果表现出这样的倾向，所以也会把这个相似关系写成 $\sigma_\theta/|\theta_{*0}|=C_1(1-C_2\zeta)^{-1/3}$ 的形式(De Bruin et al., 1993; Roth, 2000)。然而后来的观测显示当 $\zeta\to 0$ 时 $\sigma_\theta/|\theta_{*0}|$ 并不是趋于一个常数，而是呈现出随 $(-\zeta)^{-1}$ 变化的特征(Tampieri et al., 2009)。事实上，按照 M-O 相似理论，关于湍流温度方差的相似关系采用的形式是 $\sigma_\theta=\theta_{*0}f(\zeta)$，在趋于中性的情况下，$\theta_{*0}\to 0$(因为 $\theta_{*0}=-\overline{w\theta}/u_{*0}$，中性时 $\overline{w\theta}=0$)；在 M-O 相似理论中，Monin 和 Yaglom 取 $f(0)$ 为定值，即 $f(0)\simeq 1$(Monin and Yaglom, 1971)，这意味着 $\sigma_\theta\to 0$。但是从物理上讲，M-O 相似理论隐含着均匀平稳假设，也就是说，层结为中性时温度在水平方向绝对均匀，而在垂直方向上绝对满足干绝热递减率，在此情形之下不论机械湍流引起的湍流如何运动，在空间某固定点上的温度都是不变的，即 $\sigma_\theta=0$。由此可见，在 M-O 相似理论中，当 $\zeta\to 0$ 时 $\sigma_\theta/|\theta_{*0}|$

应该趋近于常数。然而实际观测数据显示 $\zeta\to 0$ 时 $\sigma_\theta/|\theta_{*0}|\sim(-\zeta)^{-1}$，也就是说 σ_θ 并不为零。这种情形在数学上是可以理解的，我们可以把 $\sigma_\theta=\theta_{*0}f(\zeta)$ 改写成 $\sigma_\theta=\dfrac{\overline{w\theta_0}}{u_{*0}}f(\zeta)$，因为 $\zeta=z/L=-\kappa z\dfrac{g}{\theta_0}\overline{w\theta_0}/u_{*0}^3$，于是只有满足 $f(\zeta)\propto|\zeta|^{-1}$ 才能消除 $\overline{w\theta_0}$，从而保证当 $\zeta\to 0$ 时 σ_θ 是有限值(否则 σ_θ 将趋于 0 或 ∞)。从物理意义上讲，σ_θ 在中性时不为零可以解释为实际大气中的非均匀和非平稳效应，当 $\zeta\to 0$(即 $\overline{w\theta_0}\to 0$) 时，虽然因层结作用造成的温度扰动趋近于零，但温度的局地非均匀性以及湍流行为的非平稳性都会导致温度扰动(尽管扰动幅度很小)，使得温度方差不为零；而当稳定度偏离中性时，因层结作用造成的温度扰动较大，相比之下非均匀和非平稳的影响变得不明显，于是满足(4.69)式。观测表明(4.69)式的适用范围是 $|\zeta|>0.05$(Zou et al.，2018)。

至于稳定条件下湍流速度方差和湍流温度方差的相似律，观测结果的不确定性比较大，通常的情况是观测数据比较分散，无量纲标准差与稳定度参数之间的对应关系不够明确，这反映出稳定边界层湍流行为的复杂性。尽管如此，随着观测研究的持续开展和观测资料的不断积累，人们发现在稳定条件下 σ_u/u_{*0}、σ_v/u_{*0}、σ_w/u_{*0} 和 $\sigma_\theta/|\theta_{*0}|$ 表现出随稳定度 ζ 变化的趋势，存在一定程度的相似性，可以近似写成 $\sigma_i/u_{*0}\approx a_1(1+a_2\zeta)^{1/3}$ (其中 $i=u,v,w$) 及 $\sigma_\theta/\theta_{*0}\approx C\zeta^{-1/3}$，也就是说，相似关系在函数形式上与不稳定条件下的表达式相同，其中的经验系数 a_1、a_2 和 C 在不同的观测结果中会不相同。

§4.5 地表粗糙度

在近地层相似理论的通量-廓线关系中引入了空气动力学粗糙度长度和标量粗糙度长度。当然，它们也会出现在拖曳系数表示法和输送系数表示法的公式当中。空气动力学粗糙度长度 z_0 是个非常重要的参数，它与拖曳系数的大小直接相关，并且是计算风速廓线、地表应力以及计算标量粗糙度长度的必要参数。本节专门介绍关于这些粗糙度长度的简单概念模型，以及它们如何受地表物理特性的影响。首先讨论陆地下垫面的粗糙度长度 z_0 和零平面位移高度 d，包括这两个空气动力学参数如何受可测地表物理特性的影响，以及如何用它们计算标量粗糙度长度。这部分内容主要集中在植被冠层的情形，因为植被冠层普遍存在于陆地之上，冠层的动力学和热力学作用是数值模式需要描述的地气交换过程的重要组成部分。然后，我们把这方面的讨论拓展到海洋表面上的气流，海洋表面的粗糙度与风速有关，海上气流中整体输送系数的行为特征与陆上不同。我们希望通过这一节内容的介绍来阐明粗糙度长度的物理意义。

4.5.1 陆地的空气动力学特征

风速廓线关系式中需要确定零平面位移高度和空气动力学粗糙度，这两个参数在很大程度上体现了地表的物理特征。当存在植被冠层的时候，我们在风速廓线关系式中用到的高度 z 是以零平面位移高度 d 为起点计量的高度，而不是以实际地面为起点计量的高度 Z。这个零平面位移高度可以这么理解：当作用在冠层粗糙元上的地表拖曳力按照其等价效果被看作是作用在某个水平面上时，这个水平面所在高度就是零平面位移高度。由此可见，零平面位移高度是个等效高度。对于冠层之上的气流而言，地表拖曳力作用在这个等效高度所在平面上。从风速廓线的角度讲，引入零平面位移高度 d 是为了使得在高大植被冠层之上气流中的风速垂直分布在中性条件下仍可以用对数廓线来描述，也就是说，对数廓线所对应的是冠层之上的气流（冠层高度为 h_c）。于是，引入零平面位移高度 d 可以使得 $U(Z)$ 满足下列关系：

$$\kappa U/u_{*0}=\ln[(Z-d)/z_0]=\ln(z/z_0) \tag{4.70}$$

其中 $z=Z-d$。需要指出的是，用对数廓线描述冠层之上气流的风速垂直分布是个近似处理，因为冠层的存在使得其上方靠近冠层的气层中流动特性具有粗糙子层特征（见图 1.3），而粗糙子层中的风速廓线会偏离对数廓线（严格意义上讲，在粗糙子层之上的惯性子层当中风速廓线才满足对数律），因此从概念上讲，需要对粗糙子层中的风速廓线进行修正。但实际情况是我们尚不清楚粗糙子层顶的确切高度（因为缺乏确切的判据），所以在实际应用中通常直接用对数廓线描述冠层之上气流的风速垂直分布（一般情况下，只要不是很靠近冠层顶，这样的处理是可以被接受的）。

零平面位移高度 d 通常只能通过观测中性条件下的近地层风速廓线来确定，即按照方程(4.70)所选取的 d 值应该使得风速廓线满足对数律（当然是近似满足，判据是误差最小）。零平面位移高度的概念也被拓展到非中性条件，通常假设 d 不受稳定度影响。此外，零平面位移高度的概念也被应用于其他平均量（特别是 Θ 和 $\bar{q}$）的廓线，通常假设 d 在所有的平均量廓线当中是相同的。一般用一个简单关系 $d/h_c\approx 2/3$ 来估算零平面位移高度，这个关系式对很多种有植被覆盖的下垫面都能适用，特别是农作物和森林覆盖的下垫面。当然，这个比值显然不会是个常数，其量值与下垫面特征有关，对于粗糙元分布特别稀疏的下垫面，参考高度就应该是地面，d 应该接近 0；另一方面，如果粗糙元分布非常密集，气流会从冠层上方掠过，d/h_c 应该接近于 1。

在第一章中我们已经介绍过，中性条件下边界层流动中速度廓线满足对数律，其中需要引入地表粗糙度长度 z_0。对于大气边界层而言，z_0 代表了地表粗糙元的长度尺度，于是在 $z=z_0$ 处风速为零。对于动力学特征表现为光滑流（即黏性副层的厚度大于地表粗糙元的凸起高度）的情形，试验结果表明 z_0 满足下列关系：

$$z_0\approx 0.11\nu/u_{*0} \tag{4.71}$$

上式与(1.16)式相同，它表明在这种情况下 z_0 与粗糙元的几何特征无关。当流经静止粗糙元的流动在动力学上表现为粗糙流的时候，z_0 与地表几何特征之间存在着复杂的函数关系（其中粗糙元的高度是主导因子）；如果粗糙元是有弹性的（比如农作物、草，等等），z_0 可能与风速（或 u_{*0}）有关。通常情况下（不论是风洞中还是实际大气中）都是依据中性条件下风速廓线的观测结果来获取 z_0 的估计值。

关于地表几何特征如何影响 z_0，我们已经获得的一个重要认识是当粗糙元密度达到某种程度时 z_0/h_c 会达到最大值。如果地表没有大的粗糙元时，气流受到的拖曳作用完全来自下垫面。当地表存在大粗糙元时，随着地表粗糙元密集程度的增加，拖曳力会增大，于是 z_0 增大；当粗糙元密度达到一定程度（既不很小也不很大）的时候 z_0 相对较大，气流会很难从粗糙元之间穿过（气流更明显地表现为从粗糙元上方“掠过”）；粗糙元密度进一步增加会

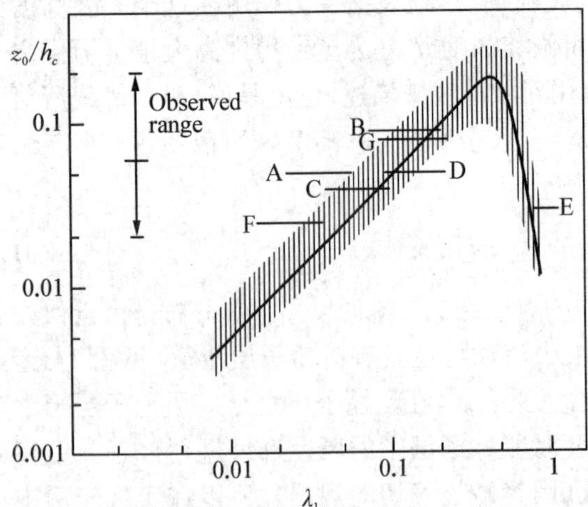

图 4.9　z_0/h_c 随 λ_1 变化的实验结果和观测结果。阴影和曲线代表实验室模拟结果；不同自然下垫面上的观测结果：A 和 B 代表稀疏树林，C 和 D 代表麦田，E 代表松树森林，F 代表气流平行于葡萄架吹过葡萄园，G 代表气流垂直于葡萄架吹过葡萄园。引自 Garratt (1992)。

使得拖曳力下降，因而 z_0 减小。风洞试验和实际大气中的观测数据表明，在粗糙元密度处于中等程度的情况下 z_0/h_c 比值会达到极大值(极大值所对应的粗糙元密度还会受到其他因子的影响，如粗糙元的形状)。对于大气中的观测结果(见图 4.9)，下垫面结构特征(或说形态学特征)经常用参数 λ_1 来表征，λ_1 被定义为粗糙元在垂直于风向上轮廓面积(即迎风面积)与粗糙元所占据地面面积的比例，它实际上代表了粗糙元的密集程度。图 4.9 中阴影和曲线显示了实验室模拟结果，z_0/h_c 的极大值出现在 $\lambda_1 \approx 0.4$ 的位置；由图中可以看出，自然下垫面 z_0/h_c 的变化情况基本符合平均曲线的变化趋势。图中数据显示，对于不同的下垫面而言，用曲线关系来描述 z_0/h_c 随 λ_1 的变化显得过于简单化了。不仅如此，如果粗糙元是有弹性的，z_0 会与 u_{*0} 有关，并且会因为植物生长的季节变化而随时间变化(因为 h_c 和 λ_1 发生了变化)。从应用的角度讲，简单化处理会带来很大方便，通常按经验法则取为 $z_0/h_c = 0.1$。

此外，因为与 h_c 直接相关，可以认为 z_0 与 d 之间存在关联，或者更为简单地认为 z_0 是由零平位移高度之上的那部分粗糙元形成的，这个关系通常表示为如下关系：

$$z_0 = \gamma_1(h_c - d) \tag{4.72}$$

其中 γ_1 为常数，取值为 0.2～0.4，基于经验估计关系 $d/h_c \approx 2/3$，z_0/h_c 的取值为 0.07～0.14。

4.5.2　标量粗糙度长度

从概念上讲，标量粗糙度 z_{0h} 和 z_{0q} 与空气动力学粗糙度长度之间的差异源于靠近地面的粗糙流中热量、水汽和动量输送机制存在不同。动量传输是由粗糙元下游湍流尾流中的气压扰动引起的，而对于热量和水汽输送而言不存在这样的动力学机制。事实上，热量和水汽输送最终必须经由界面副层的分子扩散过程来完成。热量和动量输送的一致性被认为属于雷诺相似(Monin and Yaglom, 1971)，而上述观点告诉我们在粗糙地表之上的流动当中这种相似通常是不成立的。在这种情况下，近地层中某一高度与地表之间动量的传输阻抗肯定会小于热量或水汽的传输阻抗。基于界面副层结构模型，我们可以确定出 z_{0h}、z_{0q} 和 z_0 的相对大小。

界面副层是紧靠地表的气层，在这一层里，具有一致性的廓线形式和雷诺相似都不存在。雷诺相似的失效或许源于粗糙元周围的气流扰动，也可能源于动量、热量和水汽的源和汇在地面上(或冠层内)的分布不同。对于光滑流，界面层相当于黏性副层，分子输送过程很

重要；对于粗糙流，界面副层（也称为粗糙子层）当中风速廓线取决于粗糙元的类型和分布状况。

类比于惯性子层中的无量纲廓线形式，界面副层中的廓线可以被表示成对流动特性有影响的多个无量纲变量的函数，这些变量包括：z/h_d（其中 h_d 是界面副层厚度）、$Re_+ = u_{*0}h_d/\nu$（一种粗糙度雷诺数）、$Pr=\nu/k_T$（普朗特数）、$Sc=\nu/k_V$（施密特数）；通常认为还会受到整体几何特征以及次层（比如冠层）中源和汇位置的影响。很显然，想要获得涵盖不同下垫面特征的普适廓线公式几乎是不可能的。因此，有应用价值的分析结果应该针对特定的下垫面类型，简单概括为三种类型可能比较合适：光滑粗糙元、直立粗糙元、可透过的密集粗糙元。实际上，自然下垫面可能是中间状态或过渡情形。

处理界面副层交换问题的时候，通常需要定义界面拖曳系数 $C_{D0}=u_{*0}^2/U_d^2$、界面热量输送系数（即斯坦顿数，Stanton number）$St_0=\theta_{v*0}/(\theta_{Vd}-\theta_{V0})$、界面物质输送系数（即道尔顿数，Dalton number）$Da_0=q_{*0}/(\bar{q}_d-\bar{q}_0)$，其中下标 d 表示界面副层顶。尽管很多研究给出了界面副层（黏性副层）中的风速廓线，但标量廓线很难处理。为了把界面副层和惯性子层的廓线公式耦合起来，通常假设上下两层的廓线在 $z=h_d$ 处是相衔接的（即上下两层的廓线公式在此高度上的值相等）。于是可以把高度 z 与地面之间的整体输送公式（如(4.39)式和(4.42)式）分解成界面副层部分和惯性子层部分，并假设惯性子层的公式在 $z=h_d$ 处是适用的（这个做法相当于把 M-O 相似理论的通量-廓线关系能够适用的下限设定在 $z=h_d$ 处）。对于中性条件而言，$C_{D0}=\kappa^2/[\ln(h_d/z_0)]^2$，在高度 $z=h_d$ 处的未知量（如 U_d、Θ_{Vd} 和 $\bar{q}_{Vd}$）可以在两个联立方程（即分别针对界面副层和惯性子层的公式）中被消元，于是可以得到如下关系：

$$(\Theta_V-\Theta_0)/\theta_{v*0}=B_H^{-1}-\kappa^{-1}\ln(z/z_0) \tag{4.73}$$

$$(\bar{q}-\bar{q}_0)/q_{*0}=B_V^{-1}-\kappa^{-1}\ln(z/z_0) \tag{4.74}$$

这里引入了变量 B^{-1}，它满足下列关系：

$$B_H^{-1}=St_0^{-1}-C_{D0}^{-1/2}=\kappa^{-1}\ln(z_0/z_{0h}) \tag{4.75}$$

$$B_V^{-1}=Da_0^{-1}-C_{D0}^{-1/2}=\kappa^{-1}\ln(z_0/z_{0q}) \tag{4.76}$$

在中性条件下可以得到如下关系：

$$C_{HN}=C_{DN}^{1/2}/(B_H^{-1}+C_{DN}^{-1/2}) \tag{4.77}$$

$$C_{EN}=C_{DN}^{1/2}/(B_V^{-1}+C_{DN}^{-1/2}) \tag{4.78}$$

这里需要指出的是，存在界面副层的情况下，方程(4.73)中的 Θ_0 和 B_H^{-1}（或 z_{0h}）以及方程(4.74)中的 $\bar{q}_0$ 和 B_V^{-1}（或 z_{0q}）还没有给出明确的定义。对于热量输送，我们可以取 $B_H^{-1}=0$，这相当于取 $z=z_0$ 处的温度为 Θ_0，但这在观测上是难以实现的。如果用地表辐射温度作为 Θ_0（事实上在地表能量平衡方程中辐射温度是很重要的参数），则问题就转化为如何确定 B_H^{-1}，通常需要依据观测来确定。虽然对于饱和下垫面可以用 Θ_0 很容易地计算出饱和比湿，但是不饱和情况下如何确定 $\bar{q}_0$ 还是一件困难的事，最简单的办法是用饱和比湿乘以一个经验系数（当然，这个系数应该小于 1）。总之，按照方程(4.73)—(4.78)，在知道平均量的情况下，问题就变成针对三种不同类型下垫面来确定 St_0（或 Da_0）和 C_{D0}，对于 C_{D0} 需要知道界面副层的厚度 h_d。

接下来我们按照三种不同下垫面类型分别介绍关于 z_0/z_{0h} 和 z_0/z_{0q} 的情况。对于光滑表面之上的流动，实验数值表明，无量纲数 $zu_{*0}/\nu<5$ 时，流动在这个高度范围内是黏性流，速度廓线是线性的，满足 $\kappa U/u_{*0}=zu_{*0}/\nu$。当 $zu_{*0}/\nu>30$ 时，流动完全是湍流流动，速度廓线满足对数律，取 $h_d=30\nu/u_{*0}$，则 $C_{D0}^{-1/2}\approx 12$；斯坦顿数和道尔顿数与 Pr 和 Sc 有关，研究表明，(4.75)式和(4.76)式可以近似写成如下形式：

$$B_H^{-1}\approx 13.6Pr^{2/3}-12 \tag{4.79}$$

$$B_V^{-1}\approx 13.6Sc^{2/3}-12 \tag{4.80}$$

对于低层大气，普朗特数和施密特数近似为常数，取值分别为 $Pr=0.71$ 和 $Sc=0.60$。于是可得 $B_H^{-1}\approx -1.7$ 和 $B_V^{-1}\approx -2.8$，依据(4.75)式和(4.76)式可得 $z_0/z_{0h}\approx 0.5$ 和 $z_0/z_{0q}\approx 0.3$，其中 z_0 按照(4.71)式计算。

对于有直立粗糙元的下垫面（比如城市下垫面上的建筑物），这些粗糙元对于气流来讲是无法穿透的障碍物，h_d 大致与粗糙元高度相当。这种情况下气流是粗糙流，并且粗糙度雷诺数 $Re_*=u_{*0}z_0/\nu$ 远大于1，粗糙元的几何特征和障碍物高度对气流的作用塑造了风速廓线的形状，这些作用都会综合地体现在 z_0 上。界面副层的拖曳系数被认为只是 Re_* 的函数，于是 St_0 和 Da_0 只是 Re_*、Pr 和 Sc 的函数。然而野外观测数据非常少，我们对拖曳系数在细节上所知甚少。实验结果表明，对数廓线能够适用的下限高度（即粗糙子层顶的所在高度 z_*）大约是 $z=z_*\approx 10z_0$，取 $h_d=z_*$ 可以粗略地估计出 $C_{D0}^{-1/2}\approx 5$。实验结果给出如下关系(Brutsaert，1982)：

$$B_H^{-1}\approx 7.3Re_*^{1/4}Pr^{1/2}-5=6.2Re_*^{1/4}-5 \tag{4.81}$$

$$B_V^{-1}\approx 7.3Re_*^{1/4}Sc^{1/2}-5=5.7Re_*^{1/4}-5 \tag{4.82}$$

在上式中已经取 $Pr=0.71$ 和 $Sc=0.60$。于是，z_0/z_{0h} 和 z_0/z_{0q} 可以由方程(4.75)和(4.76)算出。

对于有可透过粗糙元或随机分布粗糙元的下垫面（可以是有弹性的密集粗糙元的下垫面，一般来讲地面上是植被冠层；也可以是有颗粒物的下垫面，比如土壤、沙地等），有关界面副层输送系数的实验数据很少。有冠层的情况下，把冠层厚度近似看作是界面副层的厚度（即 $h_d=h_c$），于是可得 $C_{D0}^{-1/2}\approx 2.5$。不过这样的处理可能会出现偏低估计，因为粗糙子层的厚度往往会超过冠层厚度。对于很多自然下垫面，在 $Re_*>10$ 的情况下，B^{-1} 几乎与 Re_* 无关。在实际应用当中通常取下列近似关系(Garratt and Francey，1978)：

$$\kappa B_H^{-1}=\kappa B_V^{-1}=\ln(z_0/z_{0h})=\ln(z_0/z_{0q})\approx 2 \tag{4.83}$$

方程(4.81)—(4.83)表明在陆地上 $z_0\gg z_{0h}$（或 z_{0q}），这反映出地气之间动量输送的效率要高于热量和物质交换。但是在海上，通常 $Re_*\leqslant 1-10$，z_0 会与标量粗糙度长度相当，甚至更小。

4.5.3 植被冠层湍流交换特征

陆地表面存在植被冠层是很普遍的情况。获取冠层中风速廓线公式显得非常重要，因为它体现了冠层的动力学效应，并且是计算有关参数的依据。冠层内部枝叶漫布，对动量而言形成空间上连续的汇。在这种情况下，平均风速和切应力在冠层内随高度的下降而衰减，在地面处（$Z=0$）通常取边界条件$U=K_M=0$。在最简单的模式当中，一般会假设空气中的应力散度$\partial\tau/\partial z$等于单位体积空气中的叶面阻力$D_f=\rho(A_f/2)C_{Df}U^2$（即应力和阻力相平衡），其中A_f等于单位体积空气中的叶面积，它是高度的函数，C_{Df}是叶子拖曳系数。可以在对K_M和A_fC_{Df}做些适当假设的前提下求解出$U(Z)$，具体如下：

（1）假设冠层混合长l_c为常数，动量交换系数表示为$K_M=l_c^2\partial U/\partial Z$，并取$A_fC_{Df}$为常数，可以解得冠层内的风速廓线是指数形式：

$$U=U(h_c)\exp(-n_1\eta_1) \tag{4.84}$$

其中$\eta_1=1-Z/h_c$。

（2）如果把K_M和A_fC_{Df}都取为常数，则风速廓线公式为下列形式：

$$U=U(h_c)(1+n_2\eta_1)^{-2} \tag{4.85}$$

系数n_1和n_2取决于冠层植物的密度和结构，综合各种植被冠层的情况，这两个系数的取值一般为1～4。这两个公式适合于描述叶子随高度近乎均匀分布的冠层中的风速垂直分布。

冠层内的平均温度廓线和湿度廓线会表现出一些自有特征，比如，对于比较密集的植被冠层，中午前后的测量结果显示，温度廓线会在冠层的中部出现极大值，湿度在冠层内随高度减小（靠近地面处梯度最大）。观测还发现在冠层内会出现反梯度输送（尤其是热量输送），这表明梯度输送的概念（即通量-梯度关系）在冠层内并不适用于标量输送（Finnigan and Raupach，1987）。

冠层内因为枝叶的存在而使得湍流被增强。由于拖曳力作用在植物上，风会损失动量，并且风速会在冠层中随高度下降而减小；与此同时，平均风速损失掉的动能被转化为湍流动能。虽然冠层内湍流动能的绝对量值通常会随高度下降而减小，但湍流强度（即湍流速度标准差与平均风速之比）是增加的（Raupach，1988）。观测表明，湍流输送主要受间歇性大涡旋的"下扫"（sweep）和"上扬"（ejection）行为的控制。因此，垂直输送行为在很大程度上表现为具有较大水平速度的边界层空气"下扫"进入冠层，这个过程主导了动量输送；同时，这个过程将较冷的空气带入冠层，使得冠层内较暖的空气向上移出冠层，形成热量输送。这个过程所对应的湍流涡旋的尺度比冠层厚度h_c稍大（Finnigan and Raupach，1987）。

在近中性条件下，热量输送与动量输送耦合在一起。但是在强不稳定条件下二者的行为明显不同，热量输送变成以冠层内暖空气的"上扬"运动为主，而动量输送却仍以"下扫"运动为主，这种情况下热量和动量的输送机制不同。对于平均量而言，其廓线是一个时间段内的平均廓线，如果在这个时间段内"下扫"和"上扬"运动很不活跃，那么垂直输送会非常微弱（也就是说，即使平均量表现出明显的垂直梯度，在这种情况下也难以形成垂直输送）。因此，需要发展植被冠层内部湍流输送模型（即参数化方案），在模型中充分考虑冠层过程，以体现冠层对低层大气的动力学和热力学作用，这对提高数值模式的模拟能力是十分必要的。

4.5.4 海气交换的输送系数

海洋覆盖了大部分地球表面，一个重要的动力学问题是如何确定作用于海表的风应力。

这个问题对于海上大气边界层和海洋混合层的结构以及风驱动的洋流都很重要，风应力与海表动力学粗糙度长度和拖曳系数直接相关。当然，描述海气之间的热量和物质交换还需要知道输送系数。海洋表面与陆地表面的主要差别在于海洋的热容量很大，同时海表是不固定的，它在风的驱动下产生海浪，并产生运动。

一般来讲，当 $Re_* \approx 0.11$ 时，海表之上是光滑流；当 $Re_* > 2$ 时，海表之上是粗糙流；Re_* 介于两者之间时，流动处于过渡状态。$Re_* \approx 2$ 时流动转化为完全的粗糙流，流动特性的这个转换点与 $u_{*0} \approx 0.23\ \mathrm{m \cdot s^{-1}}$（相应的 10 m 风速约为 $5.5\ \mathrm{m \cdot s^{-1}}$）时海面波发生破碎（浪头形成白色泡沫）直接相对应，并且伴随拖曳系数的明显增大。观测表明，中性条件下风速的对数廓线公式和非中性条件下的相似函数 ϕ 都能广泛地适用于水面之上的边界层流动。依据观测可以获得 z_0 和输送系数。需要注意的是，由于海表是运动的，风速廓线方程中应该包含海表的滑行速度 u_s：

$$\kappa(U - u_s) = \ln(z/z_0) \tag{4.86}$$

观测表明 $u_s \approx 0.55u_{*0}$。由于量值很小，在实际应用中经常把 u_s 忽略不计。

在小风情况下，海表之上的气流特性非常接近于光滑壁面之上的气流，z_0 符合(4.71)式，即 $z_0 \approx 0.11\nu/u_{*0}$。随着风速不断增大（$Re_*$ 也相应增大），气流会逐渐转化为粗糙流。对于粗糙流的情况，观测表明 z_0 符合(1.17)式，即 $z_0 = \alpha_c u_{*0}^2/g$，这个关系式表明重力加速度 g 是个重要的动力学参数，它体现了风与浪之间相互作用的动态平衡，而海面重力波的起伏形状构成了海洋表面的粗糙元；这个关系式也意味着 z_0 和 C_{DN} 随风速增大；基于不同的观测结果，一般认为比较合理的 α_c 值范围是 0.014—0.018(Garratt，1992)。

关于拖曳系数，我们主要关注于中性条件下 C_{DN} 受哪些因子影响，尤其关注它如何受风速影响。对于光滑流，C_{DN} 符合下列关系：

$$C_{DN} = \kappa^2/[\ln(u_{*0}z/0.11\nu)]^2 \tag{4.87}$$

对于粗糙流，C_{DN} 符合下列关系：

$$C_{DN} = \kappa^2/[\ln(zg/\alpha_c u_{*0}^2)]^2 \tag{4.88}$$

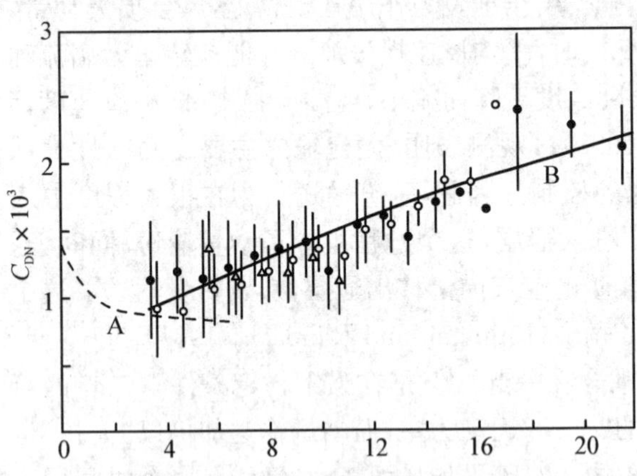

图 4.10　海面上气流的中性拖曳系数 C_{DN} 随 10 m 高度处风速 U_{10} 变化的预报结果和观测结果。有线条的数据点代表多个观测值的平均值（每个点包含的样本书在 3 和 84 之间不等），线条是均方根变化范围。曲线 A 对应于光滑流，是按照 $z_0 = 0.11\nu/u_{*0}$ 的预报结果；曲线 B 对应于粗糙流，是按照 $z_0 = \alpha_c u_{*0}^2/g$ 的预报结果（取 $\alpha_c = 0.016$）。引自 Garratt (1977)。

图 4.10 显示了 C_{DN} 随 10 m 风速 U_{10} 变化的情况（取 $\alpha_c \approx 0.016$），过渡区的范围是 $2.5 < U_{10} < 5.5\ \mathrm{m \cdot s^{-1}}$。由图中可以看出，在光滑流中 C_{DN} 随风速增大而变小，但在粗糙流中 C_{DN} 则随风速增大而变大。

拖曳系数与风速之间的关系经常被拟合成某种形式的代数关系式，比如：

$$C_{DN} = (a_1 + b_1 U_{10}) \times 10^{-3} \tag{4.89}$$

$$C_{DN} = a_2 U_{10}^{b_2} \times 10^{-3} \tag{4.90}$$

上述经验关系显式描述了隐含在 $z_0=\alpha_c u_{*0}^2/g$ 关系式中 C_{DN} 与风速之间的对应关系，这给应用带来了很大的方便。依据图 4.10 中的数据，可以拟合出经验系数：$a_1=0.75,b_1=0.067$；$a_2=0.51,b_2=0.46$。风速超过20 m・s^{-1} 的观测数据很少，但为数不多的研究显示(4.89)式适用的风速范围可以达到 50 m・s^{-1}。由此可见，即使是在有风暴的海域，空气动力学粗糙度的概念也还是可用的。

热量和水汽输送的整体输送系数与标量粗糙度长度直接相关，在知道 C_{DN} 和 B^{-1} 的情况下，中性条件下的整体输送系数由方程(4.77)和(4.78)获得。对于光滑流，方程(4.79)和(4.80)适用；对于粗糙流，方程(4.81)和(4.82)适用。水面上的热量和水汽输送行为与陆地上的情形相似，对于光滑流 ($U_{10}<2.5$ m・s^{-1})，z_0 按照方程(4.71)计算，标量粗糙度长度可由下列关系式确定：

$$z_{0h}u_{*0}/\nu \approx 0.2 \tag{4.91}$$

$$z_{0q}u_{*0}/\nu \approx 0.3 \tag{4.92}$$

对于粗糙流，B^{-1} 可由方程(4.81)和(4.82)给出，于是标量粗糙度长度按照下列关系式来确定：

$$\ln(z_0/z_{0h})=2.48Re_*^{1/4}-2 \tag{4.93}$$

$$\ln(z_0/z_{0q})=2.28Re_*^{1/4}-2 \tag{4.94}$$

其中 z_0 按照 $z_0=\alpha_c u_{*0}^2/g$ 计算，并取 $\alpha_c=0.016$。

方程(4.91)—(4.94)得到了为数不多的海上观测数据的支持。于是，依据这些关系式就可以获得 C_{HN} 和 C_{EN} 随风速变化的情况，如图 4.11 所示(为与 C_{DN} 对比，图中还给出了 C_{DN} 随风速变化的情况)。从图上可以看出，海上近地层粗糙流中 C_{HN} 和 C_{EN} 几乎不随风速变化，其行为特征与 C_{DN} 不同。

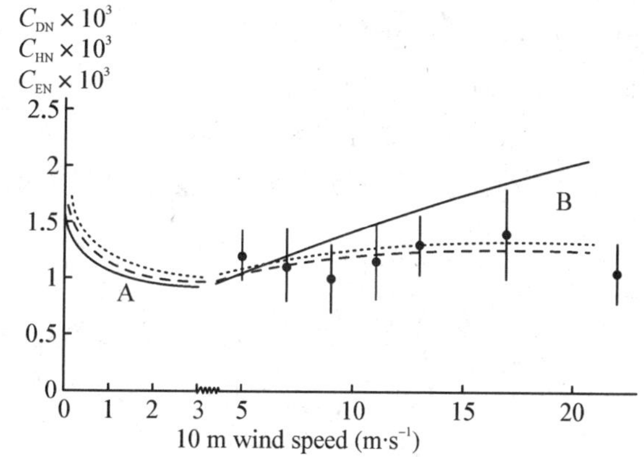

图 4.11　海气交换的热量输送系数 C_{HN} 和水汽输送系数 C_{EN} 以及拖曳系数 C_{DN} 随 10 m 高度风速 U_{10} 变化的关系曲线。A 组曲线对应于光滑流：实线代表 C_{DN}(按照方程(4.87)的预报结果)，虚线代表 C_{HN}(按照方程(4.77)和(4.91)的预报结果)，点线代表 C_{EN}(按照方程(4.78)和(4.92)的预报结果)。B 组曲线对应于粗糙流：实线代表 C_{DN}(按照方程(4.88)的预报结果)，虚线代表 C_{HN}(按照方程(4.77)和(4.93)的预报结果)，点线代表 C_{EN}(按照方程(4.78)和(4.94)的预报结果)。观测数据来源于 Large and Pond (1982)。引自 Garratt (1992)。

对于 C_{HN} 和 C_{EN} 观测而言，有几个重要问题需要考虑到：首先是需要进行稳定度修正；其次是高风速情况下需要考虑飞沫及其在空气中的蒸发所带来的影响；再就是如何确定海表温度。关于最后这个问题，观测方式不同会带来观测结果的不同，可以用测量到的辐射温度作为海表温度(它应该是真正的海表温度)，也常把采用浮筒观测方式测量到的海表之下 10～50 cm 海水温度当作海表温度，两者之间存在差异，由于海表水蒸发会损失热量，海表辐射温度应该会略低于浮筒观测温度。

§4.6 局地相似理论

4.6.1 局地相似

在经典M-O相似理论中要用到常通量层假设,即在近地层中湍流通量不随高度变化,也就是说,奥布霍夫长度 L 在近地层中与高度 z 无关。当近地层中的湍流交换行为符合常通量层假设时,则这一层当中任意高度上的湍流通量都能近似代表通量的地面值,因此,我们应该把奥布霍夫长度 L 理解为是用通量的地面值来定义的,即 $L=-u_{*0}^3\theta_0/\kappa g\,\overline{w\theta_0}$,其中 $u_{*0}^2=\tau_0/\rho=[(\overline{uw_0})^2+(\overline{vw_0})^2]^{1/2}$ 是地表运动学湍流应力(u_{*0} 是地表摩擦速度),$\overline{w\theta_0}$ 是运动学地表热通量。

然而常通量层经常是不存在的,尤其是夜间由于地表辐射冷却作用使得近地面大气呈现出较强稳定层结的时候,在这种情况下,稳定边界层中的湍流通量通常是随高度变化的(近地层的概念变得比较模糊,如果以稳定边界层厚度的10%来定义,近地层厚度往往只有几米,即便如此,也很难保证近地层满足常通量层假设)。针对这种情况,Nieuwstadt(1984a)提出了"局地相似"概念。他提出把奥布霍夫长度定义在实际离地高度 z 上:

$$\Lambda(z)=\frac{-[\tau(z)/\rho]^{3/2}}{\kappa(g/\theta_0)\,\overline{w\theta}(z)}=\frac{-[u_*(z)]^3}{\kappa(g/\theta_0)\,\overline{w\theta}(z)} \tag{4.95}$$

其中 $u_*(z)=[(\overline{uw}(z))^2+(\overline{vw}(z))^2]^{1/4}$ 是定义在高度 z 的局地摩擦速度。由于 $\tau(z)$ 和 $\overline{w\theta}(z)$ 随高度变化,所以 $\Lambda(z)$ 是高度 z 的函数,称 $\Lambda(z)$ 为局地奥布霍夫长度,于是 $\zeta_l=z/\Lambda(z)$ 被称为局地相似参数,即局地稳定度参数。在此基础上,仍在M-O相似理论框架下考虑平均量垂直分布与局地稳定度之间的关系,即认为平均量的无量纲梯度是 $z/\Lambda(z)$ 的函数:

$$\frac{\kappa z}{u_*(z)}\frac{\partial U(z)}{\partial z}=\Phi_m\left(\frac{z}{\Lambda(z)}\right)=\Phi_m(\zeta_l) \tag{4.96a}$$

$$\frac{\kappa z}{\theta_*(z)}\frac{\partial \Theta(z)}{\partial z}=\Phi_h\left(\frac{z}{\Lambda(z)}\right)=\Phi_h(\zeta_l) \tag{4.96b}$$

$$\frac{\kappa z}{q_*(z)}\frac{\partial \bar{q}(z)}{\partial z}=\Phi_q\left(\frac{z}{\Lambda(z)}\right)=\Phi_q(\zeta_l) \tag{4.96c}$$

其中 $\theta_*(z)=\overline{w\theta}(z)/u_*(z)$ 和 $q_*(z)=\overline{wq}(z)/u_*(z)$ 是定义在高度 z 的局地湍流温度尺度和局地湍流水汽尺度。如果存在明确的相似函数 Φ_m、Φ_h 和 Φ_q,则它们被称为局地相似函数,于是称这样的湍流流动满足局地相似。研究表明,在湍流通量随高度变化的稳定边界层中,湍流统计量满足局地相似(Nieuwstadt, 1984b)。

4.6.2 城市粗糙子层中的拖曳系数

城市近地层因为城市冠层的存在而形成具有一定厚度的粗糙子层,在城市粗糙子层当中湍流通量随高度变化比较明显,因而不满足常通量层假设,在研究城市粗糙子层的流动特性和湍流行为特征时，我们会很自然地想到局地相似问题。由于城市下垫面与自然下垫面之间存在显著差异，城市区域的大气边界层应该具有其独有的特征。基于这样的认识，Oke(1976)提出了城市边界层和城市冠层的概念。依据对植被冠层之上气流特性的认识，又形成了城市粗糙子层的概念。然而迄今为止，粗糙子层厚度仍是一个颇具争议的问题，因为我们并不知道粗糙子层顶在哪里(事实上我们还没有找到定义粗糙子层顶的客观判据)，于是借用植被冠层和风洞实验的研究结果来粗略估计粗糙子层的厚度，评判的依据是看无量纲垂直廓线函数是否偏离经典相似关系，明显偏离则说明处于粗糙子层当中，基本符合则说明处于惯性子层当中。显然这种方法存在较大的不确定性，因为观测本身有误差；同时因为随着高度增加偏离的程度是减小的，这是个渐近过程，并不存在明确的分界，判断起来会带有主观性。综合多个研究结果可以让我们了解到粗糙子层厚度 (z_*) 受哪些因子影响，研究结果显示，它与粗糙元的水平尺度(D)、粗糙元的高度 (z_H) 以及空气动力学粗糙度长度 (z_0) 有关。Garratt (1980)指出粗糙子层厚度受大气稳定度影响，通常在不稳定条件下会更高一些。比较简单的做法是用建筑物平均高度 (z_H) 对它进行度量，Raupach 等人(1991)给出一个比较宽泛的估算范围，粗糙子层厚度为建筑物平均高度的 2—5 倍。关于城市边界层各层的特征，Roth(2000)在他的综述文章里进行了归纳总结，请见表 4.3。

惯性子层的湍流特性具有良好的局地代表性，能够反映源区域范围内城市下垫面的整体特征及其对气流的影响，但惯性子层与粗糙子层是耦合在一起的，在城市近地层中湍流统计量在垂直方向上的变化是连续的，也就是说，惯性子层的湍流特性与粗糙子层的湍流特性具有内在的关联性，我们需要知道湍流统计特征在垂直方向上如何变化，以及形成这种变化的支配因子。因此，研究粗糙子层中的湍流特性并非是因为观测条件的限制使得观测高度往往落在了粗糙子层当中不得已而为之，而是因为我们确实需要认识粗糙子层中的湍流过程并深刻理解其与所形成的湍流特性之间的关系。

由于到目前为止对城市地气交换过程的研究仍然在相似(或局地相似)理论的框架下进行，需要知道确切的城市下垫面空气动力学参数 z_0 和 d，这对于分析近地层风速廓线和湍流行为特征显得十分重要。当然，数值模式也需要知道这些参数。确定城市下垫面空气动力学参数通常采用几何形态学方法，即建立 z_0 或 d 与源区域内建筑物形态学参数之间的对应关系。形态学参数主要包括建筑物平均高度 z_H 、面积指数 λ_p (即建筑物占地面积与源区域面积之比)、迎风面积指数 λ_f (即建筑物迎风面总面积与源区域面积之比)以及建筑物高度的标准差 σ_H。 面积指数 λ_p 在一定程度上体现了建筑物的密集程度，它的取值肯定小于1.0；而迎风面积指数包含了建筑物高度、宽度及个数的信息，在 λ_p 和 z_H 相同的情况下如果建筑物个数不同，则 λ_p 通常不同，它的取值可以超过 1.0，所以，λ_p 与 λ_f 结合在一起可以更好地表征城市下垫面的形态学特征。这样的模型比较多，大都基于风洞实验结果，而实际的城市下垫面的复杂度很高，这些模型的估算精度并不高，不同模型之间的估算结果存在较大差异，但由于城市 z_0 和 d 的值都比较大，这种情况降低了廓线公式及通量-梯度关系对它们的敏感性，因而使得这些模型得以具备可应用性。Grimmond 和 Oke(1999)对这些模型进行了评估，推荐了几个表现相对较好的模型，并给出了依据城市下垫面的不同分类如何经验估计城市地表空气动力学参数的指导意见，本书不做详细介绍，读者可查阅文献了解具体方案。

表 4.3 城市边界层不同区域的特征

区 域	特 征
城市冠层 地面到建筑物顶	动力学和热力学过程受到很小范围内的微尺度环境因素控制；气流结构和标量场结构都非常复杂；这种特征在建筑物密集分布的城区更为突出，但在建筑物分布稀疏的郊区可能是不连续的
粗糙子层 从地面到 z_*	也称过渡层/界面层/尾流层，包含了城市冠层；在动力学和热力学方面都受到与粗糙元尺度相关的过程的影响；因为尾流扩散作用及动量和标量的源/汇交织，动量与热量的输送过程不相似，因此，雷诺法则可能是不适用的；局部平流作用导致湍流在水平方向是不均匀的，即使经过时间平均也是不均匀的，必须考虑其三维结构
常通量层 从 z_* 到 $0.1z_i$	也称惯性子层；平均廓线遵循准对数律，莫宁-奥布霍夫相似理论适用；但在城市区域对这一层的情况所知甚少，部分原因是粗糙子层厚度会达到几十米，而观测塔的高度有限，通常到不了惯性子层；在不稳定条件下，粗糙子层的厚度可能会超出能够存在常通量层的高度范围，在这种情况下常通量层可能不存在
混合层 从 $0.1z_i$ 到 z_i	我们对城市混合层的了解其实很少，但通常认为湍流特性已经与地面粗糙元无关；混合层顶部是夹卷层，城市边界层的夹卷过程可能会被增强，因为粗糙且温度更高的城市地表使得混合层湍流发展得更为旺盛，从而激发更强的夹卷过程

在湍流流动中拖曳系数 C_D 是个应用性很强的重要参数，它可以建立起动量通量和平均风速之间的关系，从而在数值模式中提供关于地表应力的参数化方案。在经典相似理论中，中性条件下近地层气流的平均风速满足对数律，因此，满足下列关系：

$$C_{DN}^{1/2}=u_*/U=\kappa/\ln(z'_s/z_0) \tag{4.97}$$

其中 $z'_s=z_s-d$（此处 z_s 就是 4.5 节中所讲的离地高度 Z）。由此可见，在某个特定高度上 C_D 随下垫面粗糙程度的增加而增大，而在特定的下垫面（对应于某个固定的 z_0 值）之上 C_D 随高度减小。在城市冠层之上的粗糙子层当中，中性气流的平均风速近似满足对数律（确切地讲，应该是平均风速廓线的拐点之上的那层气流），虽然 u_* 随高度有变化（通常在拐点位置出现极大值），但 u_*/U 还是能在较大程度上符合对数律。Roth(2000)从之前的众多研究中筛选出可信度较高的观测结果，给出了 u_*/U 随 z'_s/z_0 及 z_s/z_H 变化的关系，如图 4.12 所示。结果显示，u_*/U 与 z'_s/z_0 之间确实存在比较好的对数关系；而 u_*/U 与 z_s/z_H 之间也存在很明显的对应关系（数据的一致性虽不如前者，但变化趋势还是比较明确的），可以用经验拟合公式来描述。这应该是目前的数值模式能够用对数律来近似描述城市冠层之上气流中动量的通量-廓线关系的依据所在，但同时我们应该知道，方程(4.97)只能表明 $C_{DN}^{1/2}$ 随高度分布满足对数律的倒数，由于 u_* 随高度有变化，实际情况是风速廓线偏离了对数律，所以在中性条件下用对数律来描述城市粗糙子层中的风速垂直分布是很粗略的近似处理。

在非中性条件下，经典相似理论告诉我们近地层的风速廓线受到稳定度的影响而偏离对数律（具体形式是“对数律＋稳定度修正项”），于是拖曳系数满足下列关系：

$$C_D^{1/2}=u_*/U=\kappa/\{\ln(z'_s/z_0)-\psi_m(\zeta)\} \tag{4.98}$$

其中 $\psi_m(\zeta)$ 是稳定度修正项，不稳定条件下此项为正，稳定条件下此项为负。因此，在某个指定高度上，按照经典相似关系，u_*/U 应该随稳定度的增加而减小，随不稳定度的增加而增大，然而在城市粗糙子层当中情况并非如此。彭珍和孙鉴泞利用北京 325 m 铁塔观测资

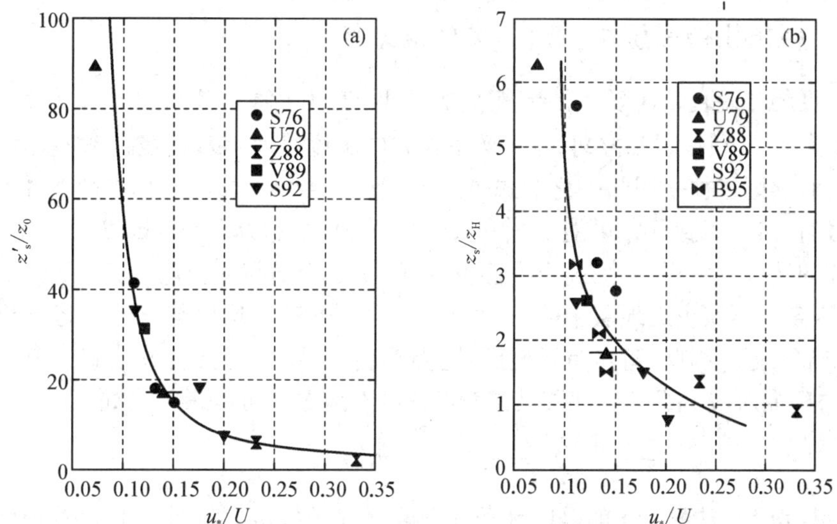

图 4.12　中性条件下 u_*/U 随归一化高度 (a) z_s'/z_0 和(b) z_s/z_H 变化的观测结果。(a)中的曲线是方程(4.97);(b)中的曲线是经验拟合关系;标记观测数据的不同符号代表不同的观测研究。引自 Roth (2000)。

料分析了粗糙子层中 u_*/U 随稳定度参数的变化情况(Peng and Sun, 2014),结果如图 4.13 所示。由图中可以看出,u_*/U 随稳定度的增加而减小,变化趋势与经典相似理论的预报结果相同;但随不稳定度的增加也是减小的,变化趋势与经典相似理论的预报结果相反,这表明在不稳定条件下城市粗糙子层中平均气流与湍流通量的对应关系并不像经典相似理论所描述的那样。事实上,观测研究表明在城市粗糙子层当中通量-梯度关系满足局地相似理论,即 $(\kappa z_s'/u_*)\partial U/\partial z=\Phi_m(\zeta_l)$,但是其中的 u_* 和 $\zeta_l=z_s'/\Lambda$ 是局地变量,它们都随高度变化(Λ 包含 u_* 和 θ_*,由于 u_* 和 θ_* 随高度变化,所以 Λ 随高度变化),所以其积分后的表达式并不像方程(4.98)那样,而应该是更为复杂的函数形式。正如 Rotach(1993)指出的,只有知道了粗糙子层中湍流通量廓线的具体形式(即 u_* 和 θ_* 如何随高度变化),才能获得通量-廓线关系的确切表达式。遗憾的是迄今为止我们仍然不清楚粗糙子层中的湍流通量如何随高度变化。从这个意义上讲,更多的观测研究应该能够帮助我们知道真实的情况,关键在于如何通过观测知道空间水平平均意义上的湍流通量和平均量的垂直变化。

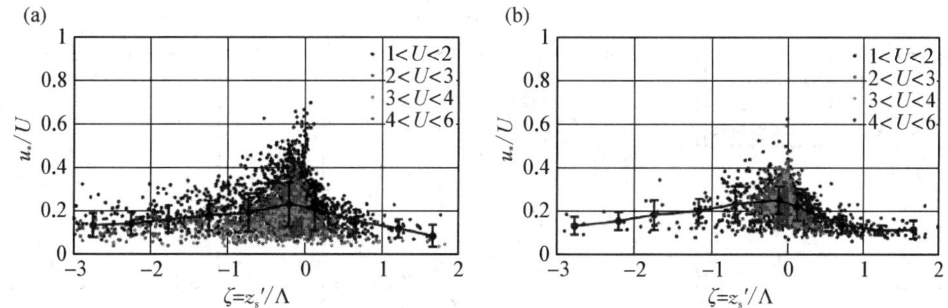

图 4.13　北京 325 m 铁塔离地 47 m 高度处观测到的风向来自 (a)源区域有植被地块的城市下垫面和 (b)源区域无植被地块的城市下垫面的 u_*/U 随局地稳定度参数 $\zeta=z_s'/\Lambda$ 变化的观测结果。引自 Peng and Sun (2014)。彩图可见文后插页。

4.6.3 城市粗糙子层中湍流方差的局地相似

湍流速度的方差直接体现了湍流能量的大小，统计上通常用湍流速度的标准差 σ_u、σ_v 和 σ_w（u、v 和 w 分别是顺流方向、侧向及垂直方向湍流速度）表征湍流特征速度，分析湍流行为特征的时候则往往采用归一化形式 $A_i = \sigma_i / u_*$（$i = u, v, w$）。在中性条件下没有层结的作用，人们自然会想到，A_i 可能是 z'_s/z_0（或 z_s/z_H）的函数，但 Roth (2000)归纳了多个城市观测研究的结果后发现，无法确定中性条件下 A_i 是否随高度变化，也看不出 z_0 有什么影响，虽然中性条件下城市近地层中的 A_i 值相对分散，但其平均值与自然平坦下垫面之上的观测结果非常接近。因此，对城市近地层 A_i 行为特征的研究主要集中在确定其与局地稳定度参数 ζ_l 之间的对应关系上。观测结果表明这个对应关系可以表示成如下形式：

$$A_i = a_i (1 + b_i \mid \zeta_l \mid)^{1/3} \tag{4.99}$$

其中 a_i 和 b_i 是经验常数（a_i 就是中性条件下 A_i 的取值，b_i 的大小体现了稳定度影响的程度），虽然有些观测结果显示(4.99)式中的指数明显偏离 1/3，但把指数取为 1/3 是比较公认的做法，因为这个取值符合自由对流条件下相似理论的物理意义，且得到大多数观测结果的支持。于是在城市近地层观测研究中关于这个问题的重点就变成为关注 a_i 和 b_i 的取值。之前的观测结果未能确定 a_i 在城市近地层是否随高度变化，b_i 的取值在不同的观测研究中也各不相同。然而邹钧等人的观测研究显示(Zou et al., 2018)，a_i 在城市冠层之上的粗糙子层中随高度减小，如图 4.14 所示；在不稳定条件下 b_i 则随高度增大，如图 4.15 所示（在稳定条件下 b_i 也是随高度增大，具体结果请详见文献）。"a_i 在城市冠层之上的粗糙子层中随高度减小"这个结果表明，在城市近地层的粗糙子层当中湍流的有序程度是随着高度增加的，因为动量的湍流交换效率可以表示成 $r_{uw} = \overline{u'w'}/(\sigma_u\sigma_w) = u_*^2/(\sigma_u\sigma_w) = (\sigma_u/u_*)^{-1}(\sigma_w/u_*)^{-1}$，$\sigma_u/u_*$ 和 σ_w/u_* 随高度减小意味着 r_{uw} 随高度增大，而较大的 r_{uw} 值则意味着在 $\sigma_u\sigma_w$ 相同的情况下可以形成更大的湍流通量。这个结果为我们进一步认识城市粗糙子层的湍流特性提供了依据。"b_i 在城市冠层之上的粗糙子层中随高度增大"这个结果表明，在城市近地层的粗糙子层当中随着高度的增加热力湍流的作用增强，这符合在相似理论框架下我们对近地层湍流行为的认识。按照经典相似理论，在惯性子层中 a_i 和 b_i 应该不随高度变化，而城市粗糙子层中 a_i 和 b_i 随高度变化的这个特征正反映了粗糙子层湍流特性与惯性子层不同。

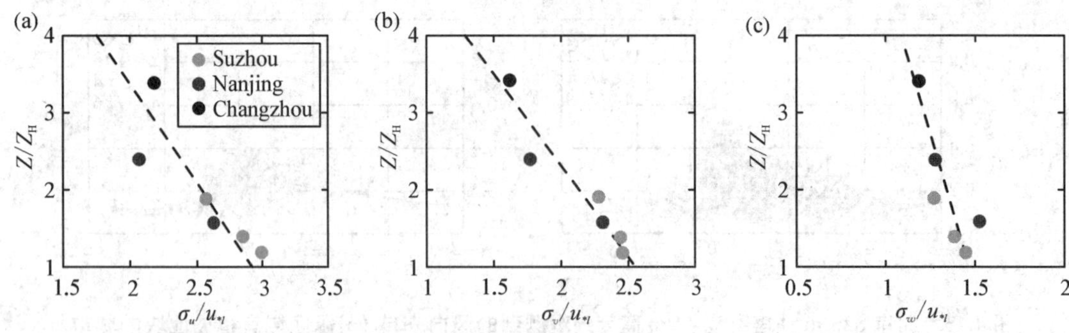

图 4.14　近中性($|\zeta| \leqslant 0.05$)条件下(a) σ_u/u_*，(b) σ_v/u_* 和 (c) σ_w/u_* 在城市粗糙子层中随高度变化的情况。引自 Zou et al. (2018)。彩图可见文后插页。

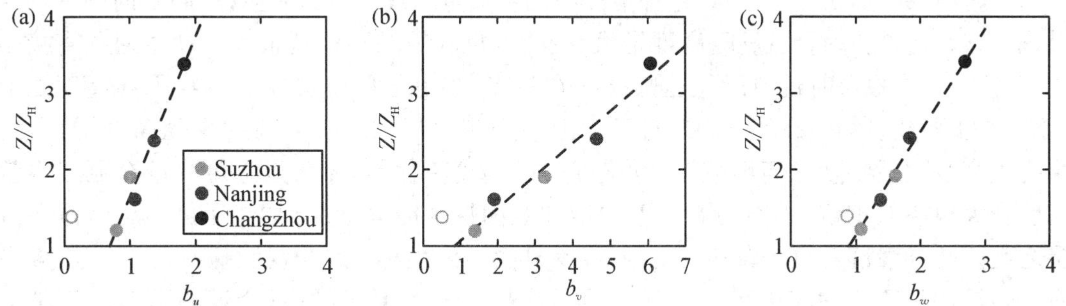

图 4.15　不稳定(ζ>0.05)条件下(a) b_u，(b) b_v 和 (c) b_w 在城市粗糙子层中随高度变化的情况。引自 Zou et al. (2018)。彩图可见文后插页。

近地层中归一化湍流温度标准差 σ_θ/θ_* 与稳定度参数 ζ 之间的对应关系可以表示成如下形式：

$$\sigma_\theta/|\theta_*|=b_T|\zeta_l|^{-1/3} \tag{4.100}$$

其中 b_T 是经验常数。关于(4.100)式中的指数，在不稳定条件下通常取为－1/3，因为这个取值符合自由对流条件下相似理论的物理意义，并且得到城市近地层观测结果的支持。稳定条件下的观测研究比较少，全利红和胡非对北京 325 m 铁塔上的观测结果进行了分析，他们认为在稳定条件下(4.100)式中的指数应该取为－1/3(Quan and Hu，2009)。虽然也有观测结果显示稳定条件下(4.100)式中的指数不是－1/3，但是邹钧等人对观测数据的分析结果表明把指数取为－1/3 是合理的选择(Zou et al.，2018)。需要特别指出的是，如(4.100)式所示的“－1/3 次律”只适用于非中性(即 $|\zeta_l|>0.05$) 条件；而在近中性 ($|\zeta_l|\leqslant 0.05$) 条件下，邹钧等人的观测结果表明 $\sigma_\theta/|\theta_*|\sim|\zeta_l|^{-1}$，这个结果符合 4.4.2 小节中所分析的近中性条件下 $\sigma_\theta/|\theta_*|$ 的行为特征，反映了真实大气中的情况。关于(4.100)式中的系数 b_T，邹钧等人的观测结果显示在稳定条件下它在城市粗糙子层当中有明显的随高度增大趋势；但在不稳定条件下它在城市粗糙子层当中它几乎不随高度变化，量值约为 1.45(高于自然下垫面之上的取值 0.95，见 4.4.2 小节)。

4.6.4　城市粗糙子层中湍流通量的高度变化

认识城市地气交换过程及其形成的湍流通量显得尤为重要，数值模式也需要对城市地气交换通量有准确的描述。然而现状是模式对城市地气交换通量的模拟存在较大的不确定性，观测结果应该能够检验模式的模拟效果并为改进模式的模拟能力提供依据，但是通量观测会因为观测高度经常落在粗糙子层当中也存在较大不确定性。所以如果知道湍流通量在粗糙子层当中如何随高度变化及其原因，我们就能够获得具有局地代表性的城市地气交换通量，并且有助于建立关于城市近地层湍流通量的理论模型。从这个意义上讲，应该加强对城市粗糙子层湍流特性和湍流通量垂直分布特征的观测研究。

Grimmond 等人(2004)分析了法国马赛的通量观测数据，结果表明动量通量和感热通量在城市粗糙子层中随高度增加。Christen 等人(2009)分析了 BUBBLE 计划(the Basal UrBan Boundary Layer Experiment project)在瑞士巴塞尔的观测结果，按不同风向给出了动量通量和感热通量在粗糙子层中的垂直分布情况，如图 4.16 所示。从图中可以看出，不同风向的廓线形状存在差异,这种情况在动量通量廓线中更为明显;不同风向的平均结果显示感热通量和动量通量随高度增大,变化幅度在冠层顶附近最大。动量通量直接与风切变相关,有冠层时近地层风速廓线存在拐点,拐点通常出现在建筑物平均高度之上(原因在于各建筑物的高度不同),自下而上在未到达拐点高度之前切变随高度增大,达到拐点高度之后切变随高度减小,动量通量随高度变化不难理解,感热通量在冠层内随高度增大也不难理解,因为随着高度的增加观测探头能够感受到更多的热源,但是在冠层之上感热通量随高度增加似乎不太容易理解,因为热源都在观测探头之下。热量在向上传输的过程当中应该有一部分被用于加热当地的大气,所以合理的情形应该是感热通量随高度减小(即使是在所谓的常通量层中也会随高度略有减小)。为了进一步探究这个问题,邹钧等人(2017)利用在南京市架设在屋顶上的铁塔观测资料,并选择500 m范围内几乎所有建筑物高度都低于架塔建筑物高度的风向区内观测数据,对比分析了观测高度分别在$z_s/z_H=2.0$和$z_s/z_H=2.5$上的动量通量和感热通量的白天观测结果,发现上层的动量通量显著高于下层,前者几乎是后者的2倍;上层的感热通量也明显高于下层,两者的比值约为1.2—1.3(Zou et al., 2017)。上述观测表明,在城市冠层之上的粗糙子层当中感热通量随高度增加应该是事实而非特例,问题在于怎样理解这样的结果。

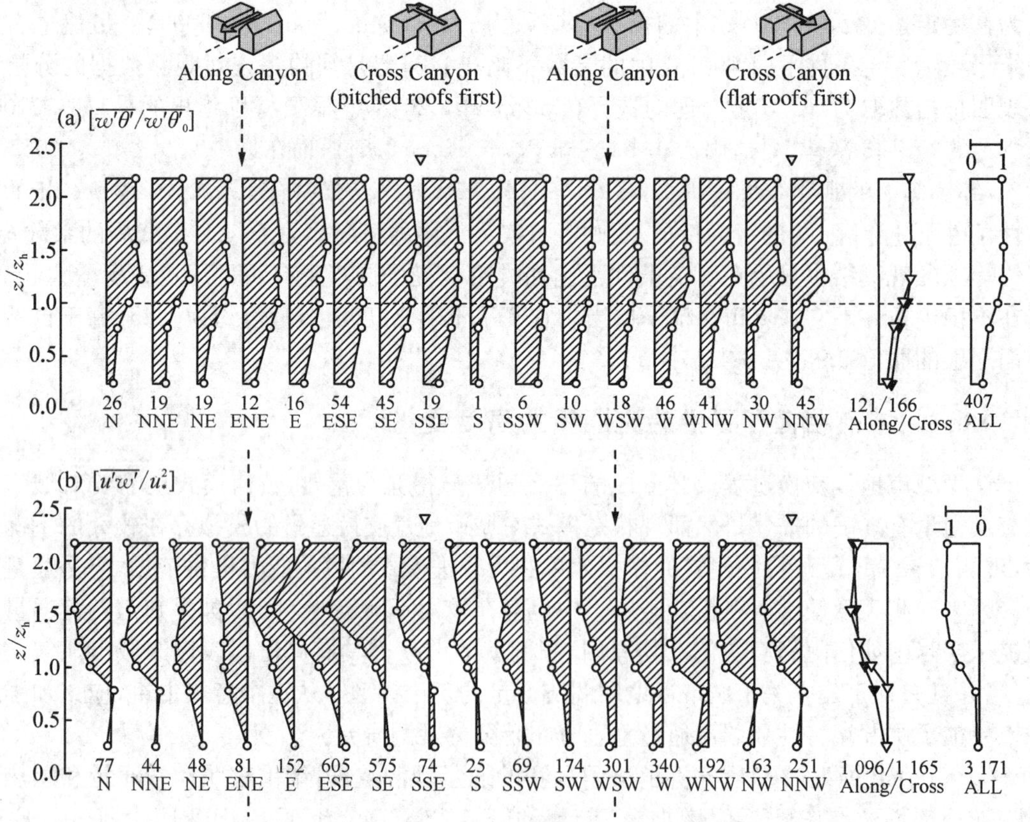

图 4.16 瑞士巴塞尔铁塔观测的(a)感热通量和(b)动量通量在城市近地层的垂直分布。铁塔架设于街衢当中,不同高度上的观测值被最上一层的观测值归一化。引自 Christen et al. (2009)。

基于耦合的拉格朗日随机扩散模式和大涡模式，Hellsten 等人(2015)对下垫面为理想城市冠层(建筑物长宽高相同，规则排列并形成直线街道)、排放源位于街道内离地 1 m 处的标量扩散行为特征及冠层之上水平平均标量通量的垂直分布特征进行了数值模拟研究。模拟结果表明，水平平均的标量通量随高度增大，并在 $z/z_H=1.8$ 高度处形成最大标量通量。依据模拟数据的分析结果表明，就标量通量观测而言，对于高度位于 $z_s/z_H=1.25$ 的探头，其上游源区域内某个位置出现了印痕函数(即源权重函数)为负值的区块，而当探头高度升至 $z_s/z_H=1.8$ 处其上游源区域内所有位置上的印痕函数全是正值。蔡旭晖等人(2010)的研究表明，负的印痕函数值意味着相应位置上的排放源所排放的标量对观测点的标量通量的贡献为负值(Cai et al., 2010)。而在更高的高度上形成更大的标量通量则意味着从这些印痕函数为负值的位置上释放的排放物跑到了更高的高度上，并在那里形成了更高的浓度值(模拟结果确实如此)。于是这些跑到高处的排放物有一部分会因为局地扩散作用被向下输送，从而对我们所讲的高度上的标量通量形成负贡献。依据 Hellsten 等人(2015)的模拟结果和对湍流扩散行为的印痕分析，邹钧等人(2017)进一步推论认为，与平坦下垫面之上的湍流扩散过程相比，建筑物的阻挡作用使得排放物从冠层内部向冠层之上扩散的过程中改变了移动轨迹，从印痕函数的角度讲就是扭曲了通量印痕(flux footprint)的空间分布，其结果是造成冠层之上的粗糙子层当中较低的高度上出现较小的标量通量，而在较高的高度上出现较大的标量通量。据此，邹钧等人(2017)提出“阻挡效应”来解释在城市冠层之上的粗糙子层当中感热通量随高度增大的现象(Zou et al., 2017)。可以想见的是，对于城市冠层之上的标量通量观测而言，在靠近冠层顶的高度上观测会明显受到“阻挡效应”的影响，随着高度的增加“阻挡效应”会减弱，进入惯性子层当中“阻挡效应”就变得没有作用了，所以在惯性子层中测量到的标量通量才是真实体现城市地气交换的湍流通量。换句话说，在城市粗糙子层中测量到的标量通量会因为“阻挡效应”而不可避免地存在偏低估计。所以，从观测的角度上讲，想要通过单点观测获得具有代表性的标量通量(感热通量、潜热通量、二氧化碳通量以及气溶胶通量)，观测高度最好是在惯性子层当中，如果是在粗糙子层当中则要尽可能接近惯性子层。虽然 Hellsten 等人(2015)的模拟研究针对的是理想城市场景，但他们的模拟结果仍具有一定的指示意义，按照他们的研究结果，如果在真实场景中观测高度能够达到建筑物平均高度的 2 倍，则“阻挡效应”应该会变得很小。这或许可以成为城市地表通量观测结果代表性的一个判据。

4.6.5　城市粗糙子层中动量的通量-梯度关系

通量-梯度关系是近地层相似理论的基础。我们目前按照局地相似理论来分析城市粗糙子层当中观测结果的通量-梯度关系。这里我们只讨论动量的通量-梯度关系，并且只针对冠层之上的粗糙子层部分。根据相似关系的通用表达式，可以写成如下形式：

$$\frac{\kappa z_s}{u_*}\frac{\partial U}{\partial z}=\Phi_m(\zeta_l)=\alpha_m(1-\gamma_m\zeta_l)^{-1/4},\ \zeta_l<0 \tag{4.101a}$$

$$\frac{\kappa z_s}{u_*}\frac{\partial U}{\partial z}=\Phi_m(\zeta_l)=\alpha_m+\beta_m\zeta_l,\ \zeta_l>0 \tag{4.101b}$$

针对城市近地层湍流的观测研究有很多，包括平均量和湍流通量观测，但对城市粗糙子层中的通量-梯度关系的分析却很少。邹钧等人(2015)利用在南京、常州和苏州的市区观测资料对(4.101)式进行了检验,结果如图 4.17 所示(Zou et al., 2015)。由图上可以看出,局地相似关系是存在的。在不稳定条件下 ($\zeta_l < 0$),局地的通量-梯度关系与 Businger 等人(1971)给出的经典相似关系非常接近;但在稳定条件下 ($\zeta_l > 0$),局地的通量-梯度关系偏离了 Businger 等人(1971)给出的经典相似关系,接近冠层顶的地方 ($z/z_{\mathrm{H}} = 1.2$) 偏离的程度最大,随着高度的增加偏离程度减小,在 $z/z_{\mathrm{H}} = 3.4$ 的高度上局地的通量-梯度关系很接近经典相似关系。

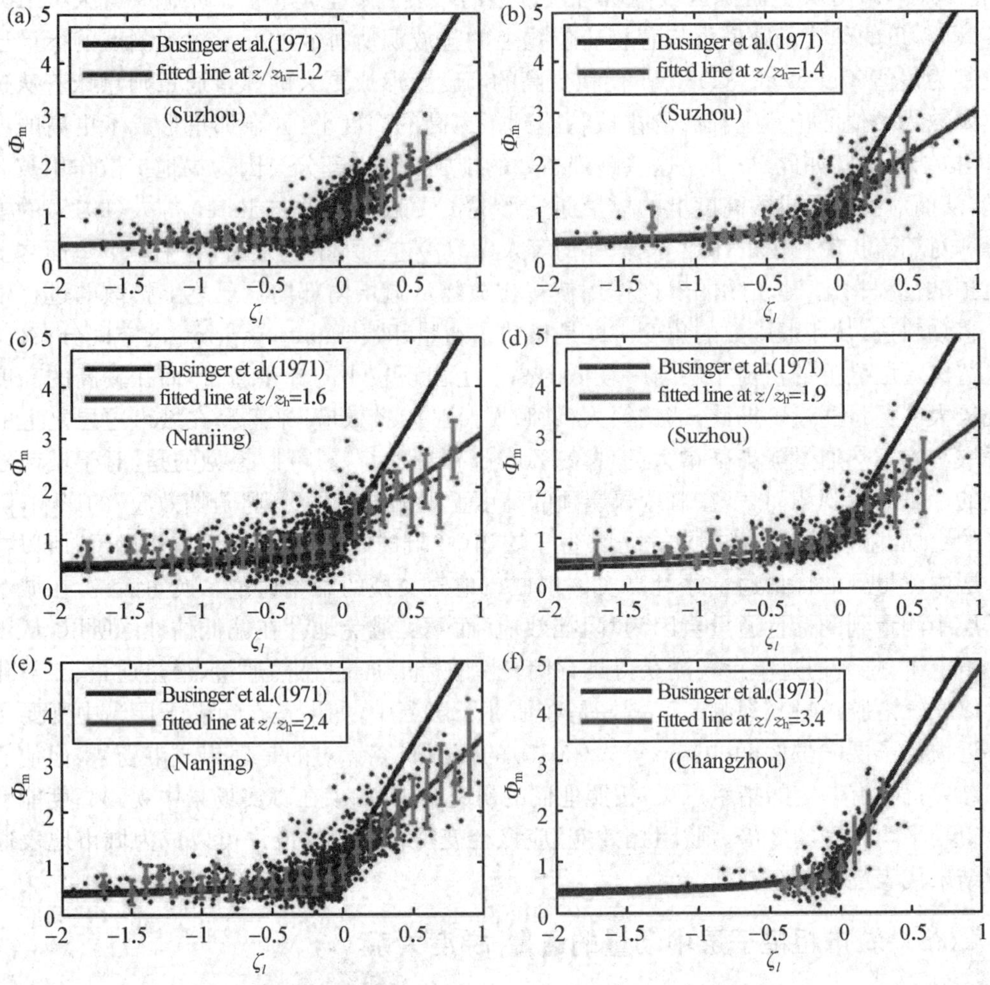

图 4.17　城市近地层中观测高度分别在 (a) $z/z_{\mathrm{H}}=1.2$, (b) $z/z_{\mathrm{H}}=1.4$, (c) $z/z_{\mathrm{H}}=1.6$, (d) $z/z_{\mathrm{H}}=1.9$, (e) $z/z_{\mathrm{H}}=2.4$ 和 (f) $z/z_{\mathrm{H}}=3.4$ 的无量纲风速梯度 ϕ_{m} 与局地稳定度参数之间的对应关系。红线是依据(4.101)式从观测数据拟合得到的曲线;黑线是 Businger et al. (1971)经典相似关系给出的曲线。引自 Zou et al. (2015)。彩图可见文后插页。

表 4.4　按照(4.101)式拟合观测数据得到的系数及 Businger(1971)经典关系中的系数

观测地点	z/z_{H}	α_{m}	β_{m}	γ_{m}
苏州	1.2	1.03	1.5	15.8
苏州	1.4	1.17	1.6	17.6

续　表

观测地点	z/z_H	α_m	β_m	γ_m
南京	1.6	1.07	1.9	8.6
苏州	1.9	1.08	2.1	7.1
南京	2.4	0.95	2.7	18.8
常州	3.4	0.94	4.2	18.0
Businger(1971)		1	4.7	15

对比局地的通量-梯度关系中系数 α_m、β_m 和 γ_m 与经典相似关系的系数之间的差异，并了解这些系数在城市粗糙子层中随高度的变化情况，可以帮助我们认识城市粗糙子层当中通量-梯度关系的特征。表 4.4 显示了邹钧等人(2015)拟合观测数据得到的这些系数在不同高度上的取值(Zou et al., 2015)。观测数据的拟合结果显示，系数 α_m 在不同高度的值都很接近 1.0，基本可以认定它不随高度变化；系数 β_m 明显地随高度增大，并趋近于经典取值4.7；系数 γ_m 的一致性看上去不像系数 α_m 那么好，似乎与经典取值偏差较大，但考虑到如(4.101a)式所示的函数对系数 γ_m 并不敏感(从图 4.17 中可以看出，在不同高度上拟合曲线都很接近于经典关系给出的曲线)，可以认为系数 γ_m 在不同高度的值接近经典取值，且不随高度变化。由此看来，在不稳定条件下城市粗糙子层中动量的通量-梯度局地相似与经典关系相比在函数形式上并无明显差别；而在稳定条件下则存在明显差异，这个差异体现在系数 β_m 上，并且这个差异是有规律的，即系数 β_m 随高度增大，逐渐趋近于经典取值。这里需要指出的是，虽然在不稳定条件下局地的通量-梯度关系与经典相似关系很接近，这并不意味着经典的通量-廓线关系就适用于城市粗糙子层，因为经典的通量-廓线关系是在常通量层假设的前提下(即 u_* 和 θ_* 不随高度变化)由经典的通量-梯度关系积分获得的，而局地的通量-梯度关系中湍流通量在粗糙子层中随高度是变化的，其积分结果(如果能够进行积分的话)应该不同于经典的通量-廓线关系。

通过在局地相似理论框架下对观测数据的分析，我们发现城市粗糙子层中动量的通量-梯度关系呈现出自有的特征。首先，在不稳定条件下局地相似关系在函数形式上与经典关系并无明显差别，这个特征有可能成为获得通量-廓线关系的基础，因为只要我们确切知道动量通量和感热通量在城市粗糙子层中如何随高度变化，就可以对通量-梯度关系进行积分，从而获得粗糙子层中的通量-廓线关系，并使其与惯性子层的通量-廓线关系相衔接，获得城市近地层冠层之上的通量-廓线关系。可以想见的是，城市粗糙子层中的湍流通量由湍流交换过程决定，因此，揭示城市粗糙子层中湍流交换过程如何在不同高度上形成量值不同的湍流通量可能是问题的关键。其次，在稳定条件下局地相似关系在函数形式上也与经典关系相同，即可以认为是近似的线性关系，所不同的是系数 β_m 呈现出明显的随高度变化趋势，随着高度增加这个系数增大并趋近于经典关系的取值。这样的变化趋势具有合理的物理意义，因为粗糙子层之上是惯性子层，粗糙子层的流动特性在高度趋近于惯性子层的过程中逐步演变为惯性子层的流动特性(在不稳定条件下的情况也应该如此)，局地相似关系也将演变为经典相似关系，从相似关系的系数 β_m 来看，它的取值应该在粗糙子层顶部变为4.7。基于这样的推论，邹钧等人(2015)将系数 β_m 按照线性近似进行外推，以 $\beta_m=4.7$ 为判据确定

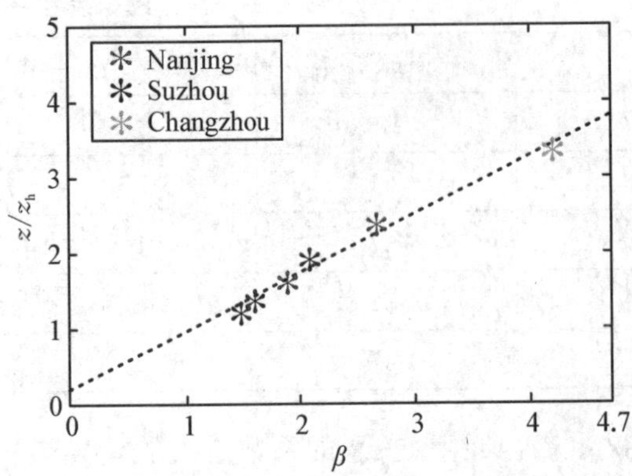

图 4.18 按照在粗糙子层中系数 β_m 与相对高度 z/z_H 之间近似为线性关系外推出粗糙子层厚度。虚线为拟合直线。引自 Zou et al. (2015)。彩图可见文后插页。

粗糙子层顶的位置,如图 4.18 所示,结果显示 $z_*=3.8z_H$ (Zou et al., 2015)。稳定条件下动量的通量-梯度关系在城市粗糙子层中所表现出来的这个特征或许可以成为依据观测结果来判定粗糙子层厚度的客观判据,再结合城市冠层的形态学特征,或许可以建立起 z_* 与 z_H、λ_p、λ_f 及 σ_H 之间的关系,从而实现利用冠层形态学参数确定城市粗糙子层厚度的应用目标。

§4.7 M-O 相似理论的极值解[①]

M-O 相似理论被认为是关于近地层大气湍流最为成功的理论,然而不可否认的是它是个半经验理论。“经验性”主要体现在理论框架构建在量纲分析原理之上,而不是建立在更具根本性的关于湍流动力学的物理定律之上。“半”则表明湍流的一些物理性质通过所选取的主要控制参数被引入到相似关系当中,也就是说,M-O 相似理论具有一定的物理基础。虽然本质上讲 M-O 相似理论不是物理定律,但它能够在物理上为我们提供一些关于湍流的认识。比如,按照莫宁和奥布霍夫的说法,奥布霍夫长度 L 这个 M-O 相似理论中的重要参数可以被理解为“机械湍流占主导的流动副层的厚度”。

在经典 M-O 相似理论中,有 4 个描述流动状态的变量:动量通量、热通量、平均速度切变和平均温度梯度。它们可以被表示成一个无量纲独立变量的函数,并通过两个基于白金汉定理的无量纲控制方程被联系在一起。因此,我们会很自然地认为其中任意两个变量都可以在已知另外两个变量的情况下被确切地求解出来,例如,已知温度梯度和动量通量可以解得热通量。然而实际情况是,在稳定条件下知道风切变和热通量时依据相似关系求解得到的动量通量经常不是唯一的;在不稳定条件下知道温度梯度和热通量时依据相似关系求解得到的动量通量也不是唯一的。当这种情况发生的时候我们无法选出在物理上真实存在的那个解,原因在于我们根本就不知道依据什么准则来进行选择。因为 M-O 相似理论中包含两个关于近地层大气不稳定性的非线性函数(即相似关系),必须用迭代方法进行数值求解才能获得热通量或动量通量,而在实际应用当中我们时常要面对迭代不收敛的问题。当这种情况发生的时候我们会不得已做出主观决定(比如中止迭代计算),这会造成所得结果不准确,甚至是错误的。M-O 相似理论是否存在唯一解是个值得进一步探讨的问题。

4.7.1 极值解假设

关于 M-O 相似理论是否存在唯一解的问题,从物理上讲,就是一个动力系统是否处于动态平衡的问题。也就是说,当动力系统处于动态平衡时,这个动力系统的状态是确定的(也是唯一的),这种状态对应于物理上所说的极值原理。实际上,一些物理定律(比如经典力学中的

① 本节内容来自 Wang and Bras (2010)发表的文章。

牛顿定律)通常都与极值原理相等效。当一个动力系统达到动态平衡时,一些物理量处于它们的极值。人们对这样的极值原理已经很熟悉了,动力系统的势能最小原理和热力学第二定律(即热力学系统的熵最大原理)就是很好的例子。基于熵最大原理,我们认为,当近地层流动的某些状态变量达到极值的时候,M-O 相似方程的解是唯一的,这个解就应该是 M-O 相似方程的极值解。极值解的想法基于一些物理和数学上的推理。在近地层中机械混合(即受迫对流)对动量和热量的输送作用要比浮力混合(即自由对流)具有更高的效率,这个说法是合理的。"效率"可以用相应梯度之下的通量值的相对大小来度量,输送作用的高效率意味着在某些条件或约束之下通量可以达到极值。用 M-O 相似理论模拟近地层大气湍流的时候,我们希望输入已知量(温度梯度和风切变)可以得到未知量(动量通量和热通量)的唯一解。对于近地层中均匀且平稳的湍流,被 M-O 相似理论的两个无量纲方程联系在一起的通量和梯度有多种组合方式,这在物理上是可能的,极值原理从可能的多个解中把那个唯一存在的解筛选出来。

4.7.2　极值解的推导

这里我们介绍 Wang and Bras(2010)推导的极值解。把经典 M-O 相似理论的相似方程写成如下形式:

$$\frac{\kappa z U_z}{u_*}=\phi_m\left(\frac{z}{L}\right) \tag{4.102}$$

$$\frac{\kappa z \Theta_z}{\theta_*}=\phi_h\left(\frac{z}{L}\right) \tag{4.103}$$

其中对 U_z 和 Θ_z 表示对 z 求偏导数。选用 Businger(Businger et al., 1971)提出的相似方程进行推导,即

稳定 $\left(\frac{z}{L}>0\right)$:

$$\phi_m=1+\beta\frac{z}{L} \tag{4.104}$$

$$\phi_h=\alpha+\beta\frac{z}{L} \tag{4.105}$$

不稳定 $\left(\frac{z}{L}<0\right)$:

$$\phi_m=\left(1-\gamma_1\frac{z}{L}\right)^{-1/4} \tag{4.106}$$

$$\phi_h=\left(1-\gamma_2\frac{z}{L}\right)^{-1/2} \tag{4.107}$$

其中 $\alpha=0.75$,$\beta=4.7$, $\gamma_1=15$, $\gamma_2=9$(选择不同的系数并不影响下面的推导)。因为相似函数在稳定和不稳定条件下的函数形式不同,所以对稳定和不稳定的情况分别进行推导。

1. 稳定情形

由方程(4.102)和(4.104)可以得到稳定条件下 $H_0(=\rho c_p\overline{w\theta})$ 和 U_z 作为 u_* 的函数的相应表达式(这两个表达式是相同式子的不同写法,但含义不同):

$$\frac{H_0}{\rho c_p}=\frac{1}{\beta}\frac{\theta_0}{g\kappa z}u_*^2(u_*-\kappa z U_z) \tag{4.108}$$

$$U_z=\frac{u_*}{\kappa z}\left(1-\beta\frac{g\kappa z}{\theta_0}\frac{1}{u_*^3}\frac{H_0}{\rho c_p}\right) \tag{4.109}$$

写成这样的表达式意味着在(4.108)式中 U_z 是已知量,在(4.109)式中 H_0 是已知量。在这种情况下,H_0 和 U_z 随 u_* 的变化关系如图 4.19(a)和图 4.19(b)所示,可以看到 H_0 和 U_z 并不是 u_* 的单调函数,这意味着速度廓线存在极值解。

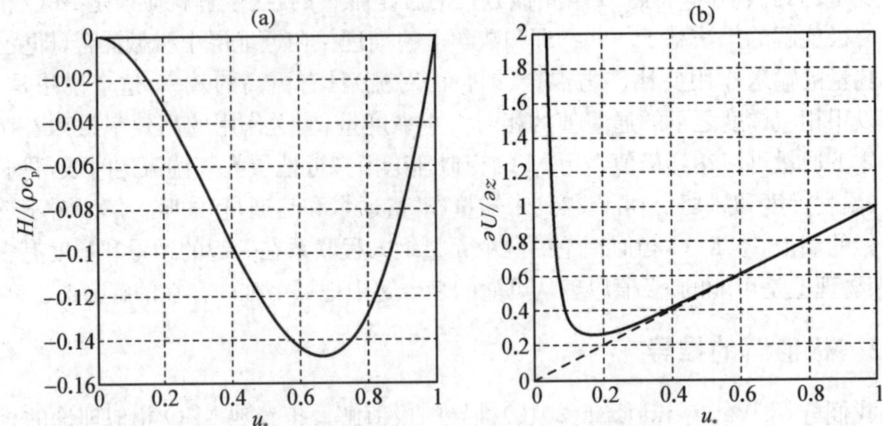

图 4.19　稳定条件下(a) 给定 U_z 时遵循方程(4.108)的 H_0 随 u_* 变化的关系图,(b) 给定 H_0 时遵循方程(4.109)的 U_z 随 u_* 变化的关系图。该图仅为示意图(常数和给定值的大小并不重要,在此无须明确说明)。引自 Wang and Bras (2010)。

由方程(4.103)和(4.105)可以得到如下等价的关系式:

$$\frac{H_0}{\rho c_p}=\frac{\alpha}{2\beta}\frac{\theta_0}{g\kappa z}u_*^3\left(1-\sqrt{1+\frac{4\beta}{\alpha}\frac{g\kappa^2 z^2}{\theta_0}\frac{\Theta_z}{u_*^2}}\right) \tag{4.110}$$

$$\Theta_z=\beta\frac{g}{\theta_0}\frac{H_0}{\rho c_p}\frac{1}{u_*}\left(\frac{H_0}{\rho c_p}\frac{1}{u_*^3}-\frac{\alpha}{\beta}\frac{\theta_0}{g\kappa z}\right) \tag{4.111}$$

H_0 和 Θ_z 随 u_* 的变化关系如图 4.20(a)和图 4.20(b)所示,可以看到 H_0 和 Θ_z 是 u_* 的单调函数,这意味着温度廓线不存在极值解。

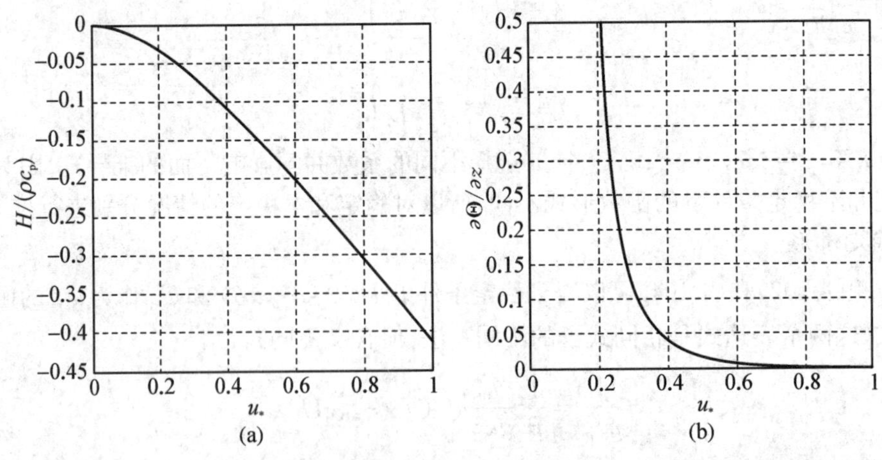

图 4.20　稳定条件下(a)给定 Θ_z 时遵循方程(4.110)的 H_0 随 u_* 变化的关系图,(b)给定 H_0 时遵循方程(4.111)的 Θ_z 随 u_* 变化的关系图。引自 Wang and Bras (2010)。

如图 4.19 所示，在给定 H_0 的情况下一个 U_z 值对应于两个 u_* 值；同样地，在给定 U_z 的情况下一个 H_0 值对应于两个 u_* 值，除非 U_z 或 H_0 达到它的极值。(4.108)式中 H_0 达到最小值（或者说 $-H_0$ 达到最大值）的条件是

$$U_z=\frac{3}{2}\frac{u_*}{\kappa z} \tag{4.112}$$

而(4.109)中 U_z 达到最小值的条件是

$$\frac{H_0}{\rho c_p}=-\frac{1}{2\beta}\frac{\theta_0}{g}\frac{u_*^3}{\kappa z} \tag{4.113}$$

因为(4.111)式表明 Θ_z 是 H_0 和 u_* 的单调函数，将(4.113)式代入(4.111)式消去 H_0 可得

$$\Theta_z=\left(\alpha+\frac{1}{2}\right)\frac{1}{2\beta}\frac{\theta_0}{g}\left(\frac{u_*}{\kappa z}\right)^2 \tag{4.114}$$

方程(4.112)—(4.114)就是稳定条件下的极值解。

将方程(4.112)所示的 U_z 代入方程(4.109)就可以得到方程(4.113)；同样地，把方程(4.113)所示的 H_0 代入方程(4.108)可以得到方程(4.112)。这样的结果并不奇怪，因为方程(4.108)和(4.109)其实是相同的。这个一致性意味着动量通量在使得热通量最小化（即 $-H_0$ 最大化）的同时也使得风速切变最小化。因此，最小的热通量（负的最小值实际上是量值的最大值）对应于风切变的最小值。u_* 的极值解取决于风速廓线的这个事实告诉我们，在稳定层结中当热力对流受到抑制时对热量输送起作用的是机械湍流的动力混合作用。如果极值解存在，就意味着动力混合不仅决定着热量输送，而且是以高效率来完成的，这个高效率体现为以最小的风切变就能通过使得热通量达到最大量值来实现其与热力过程之间的动态平衡。

2. 不稳定情形

由方程(4.102)和(4.106) 可以得到如下等价的关系式：

$$\frac{H_0}{\rho c_p}=\frac{1}{\gamma_1}\frac{\theta_0}{g\kappa z}u_*^3\left(\left(\frac{u_*}{\kappa z U_z}\right)^4-1\right) \tag{4.115}$$

$$U_z=\frac{u_*^{7/4}}{\kappa z}\left(u_*^3+\gamma_1\frac{g\kappa z}{\theta_0}\frac{H_0}{\rho c_p}\right)^{-1/4} \tag{4.116}$$

图 4.21(a)和图 4.21(b)分别显示了 H_0 和 U_z 作为 u_* 的函数的关系曲线。与稳定条件下的情况不同，H_0 和 U_z 是 u_* 的单调函数。

由方程(4.103)和(4.107)可以得到如下等价的关系式：

$$\frac{H_0}{\rho c_p}=\frac{1}{2\gamma_2}\frac{\theta_0}{g\kappa z}u_*^3\left(\frac{\gamma_2}{\alpha}\frac{g\kappa^2z^2}{\theta_0}\frac{\Theta_z}{u_*^2}\right)^2\left(1+\sqrt{1+\left(\frac{\alpha}{\gamma_2}\frac{\theta_0}{g\kappa^2z^2}\frac{u_*^2}{\Theta_z}\right)^2}\right) \tag{4.117}$$

$$\Theta_z=-\alpha\frac{H_0}{\rho c_p}\frac{u_*^{1/2}}{\kappa z}\left(u_*^3+\gamma_2\frac{g\kappa z}{\theta_0}\frac{H_0}{\rho c_p}\right)^{-1/2} \tag{4.118}$$

H_0 和 Θ_z 作为 u_* 的函数的关系曲线如图 4.22(a)和图 4.22(b)所示。与稳定条件下的情况

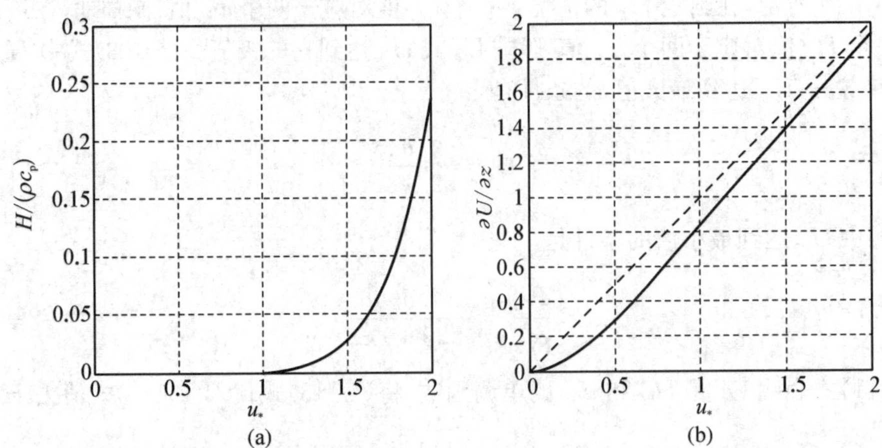

图 4.21　不稳定条件下(a) 给定 U_z 时遵循方程(4.115)的 H_0 随 u_* 变化的关系图,(b) 给定 H_0 时遵循方程(4.116)的 U_z 随 u_* 变化的关系图。引自 Wang and Bras (2010)。

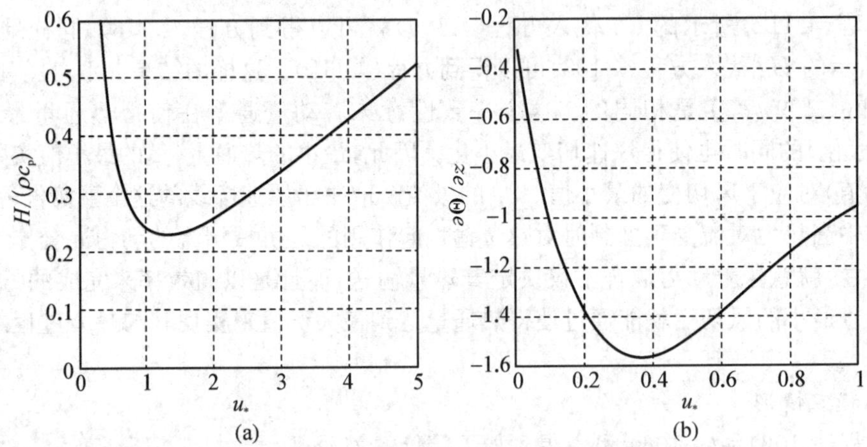

图 4.22　不稳定条件下(a)给定 U_z 时遵循方程(4.117)的 H_0 随 u_* 变化的关系图,(b)给定 H_0 时遵循方程(4.118)的 U_z 随 u_* 变化的关系图。引自 Wang and Bras (2010)。

不同,H_0 和 Θ_z 不是 u_* 的单调函数,这表明温度廓线存在极值解。用方程(4.118)求极值可得对应于 Θ_z 极小值(Θ_z 为负值,其极小值意味着 Θ_z 量值的极大值)的条件是

$$\frac{H_0}{\rho c_p}=\frac{2}{\gamma_2}\frac{\theta_0}{g}\frac{u_*^3}{\kappa z} \tag{4.119}$$

相应地,方程(4.117)中的 H_0 达到极小值的条件是

$$\Theta_z=-\frac{2}{\sqrt{3}}\frac{\alpha}{\gamma_2}\frac{\theta_0}{g}\left(\frac{u_*}{\kappa z}\right)^2 \tag{4.120}$$

方程(4.116)表明 U_z 是 H_0 和 u_* 的单调函数,将(4.119)式所示的 H_0 代入方程(4.116)可得

$$U_z=\left(\frac{\gamma_2}{\gamma_2+2\gamma_1}\right)^{1/4}\frac{u_*}{\kappa z} \tag{4.121}$$

方程(4.119)—(4.121)就是不稳定条件下的极值解。

不稳定条件下的极值解同样具有一致性，即把方程(4.120)代入方程(4.117)可以得到方程(4.119)，把方程(4.119)所示的 H_0 极值解代入方程(4.118)可以得到方程(4.120)。这种情况也是容易理解的，因为方程(4.117)和(4.118)实际上是相同的。这样的一致性意味着动量通量在使得热通量最小化的同时也使得温度梯度最小化(温度梯度的量值被最大化)。与稳定层结不同的是，极值解中被最小化的是温度廓线而不是风速廓线。因此，最小的热通量(正值)与最小的温度梯度(因为是负值，实际上其量值是最大值)相对应。这种情况表明，在某种意义上讲不稳定层结中浮力对热量输送起到的是抑制作用，也就是说，热力驱动的对流在输送热量这件事上效率不如动力混合，因为其最大强度的温度梯度得到的是最小的热通量。

4.7.3　极值解的性质

我们把 M-O 相似理论的极值解在不同稳定度条件下的表达式列在表 4.5 中。由表中可以看出，极值解的一个明显特征是把 U_z、Θ_z 和 H_0 看写成关于 u_* 和 z 的表达式时其函数形式在不稳定和稳定条件下是相同的，不同之处只体现在系数取值的不同。这似乎有些出人意料，但从定性上讲是合理的。在 u_* 相同的情况下，不稳定近地层热通量的量值大约是稳定近地层中的 2 倍。稳定近地层中的温度梯度和风切变都比不稳定近地层中的大。这些结果都与观测结果相一致。第二个特点是热通量与温度梯度之间是非线性关系，联立 H_0 和 Θ_z 的方程消去 u_*，得到的 H_0 和 Θ_z 之间的关系式是非线性的。可以把极值解写成 $H_0/(\rho c_p)=-C_k\kappa z u_*\Theta_z$，其中 C_k 在不稳定条件下的取值为 $2/\sqrt{3}$，在稳定条件下的取值为 $2/(1+2\alpha)$，于是热量的涡旋扩散率可以写成 $K_H=C_k\kappa z u_*$，所以 H_0 和 Θ_z 之间是非线性关系的原因在于 K_H 不是常数。消去 K_H 表达式中的 u_*，可以看出 K_H 与 H_0 或 Θ_z 有关。

表 4.5　M-O 相似理论的极值解在不同稳定度条件下的表达式(系数按表 4.1 中 B71 方案)

	稳定	不稳定	中性
U_z	$\dfrac{3}{2}\dfrac{u_*}{\kappa z}$	$\left(\dfrac{\gamma_2}{\gamma_2+2\gamma_1}\right)^{1/4}\dfrac{u_*}{\kappa z}$	$\dfrac{u_*}{\kappa z}$
Θ_z	$\left(\alpha+\dfrac{1}{2}\right)\dfrac{1}{2\beta}\dfrac{\theta_0}{g}\left(\dfrac{u_*}{\kappa z}\right)^2$	$-\dfrac{2}{\sqrt{3}}\dfrac{\alpha}{\gamma_2}\dfrac{\theta_0}{g}\left(\dfrac{u_*}{\kappa z}\right)^2$	0
$\dfrac{H_0}{\rho c_p}$	$-\dfrac{1}{2\beta}\dfrac{\theta_0}{g}\dfrac{u_*^3}{\kappa z}$	$\dfrac{2}{\gamma_2}\dfrac{\theta_0}{g}\dfrac{u_*^3}{\kappa z}$	0

推导极值解的过程中没有用到近地层的常通量层假设。事实上，经典 M-O 相似理论的相似方程(4.102)和(4.103)也不需要常通量层这个约束条件，只是在对这两个微分方程(关于梯度的方程)进行积分从而获得风速廓线和温度廓线的时候才用到了常通量层假设。所以，极值解具有通用性，即不受常通量层假设的约束。从表 4.5 中极值解的 U_z 表达式形式可以看出，非中性情况下风速廓线偏离对数律的事实意味着 u_* 随高度是有变化的。而表中 H_0 的表达式显示热通量也是随高度变化的，只要 u_* 不是按照 $z^{1/3}$ 随高度变化。但是极值解对应的 z/L 是常数，稳定情况下 $z/L=1/(2\beta)$，不稳定情况下 $z/L=2/\gamma_2$，这意味着 L 是

随高度变化的。这样的结果与我们的认识有很大不同。

在 Wang and Bras (2010)的文章里,他们把关于涡旋扩散率的极值解 $K_H = C_k \kappa z u_*$ 应用到基于非平衡状态热力学理论(即“最大熵”生成理论(Dewar, 2003, 2005),它是“熵最大”理论的微分形式)的地表能量平衡模式当中,预报的热通量和土壤热通量与观测结果相符。如何理解极值解背后的物理含义给我们留下了进一步思考的空间。作为教材,本书在这里介绍 M-O 相似理论的极值解,意在激发读者(特别是学生)在探究相似理论的物理本质方面进行思考,从这个意义上讲,相似理论极值解对于拓展我们的思路具有一定的启发作用。

§4.8 多点 M-O 相似理论①

M-O 相似理论是认识大气边界层中近地层湍流流动特性的理论基础。按照 M-O 相似理论的观点,在距离地面不远的某个高度上(z 远小于边界层厚度 z_i),归一化(即无量纲的)湍流统计量取决于 z/L,其中 L 是奥布霍夫长度(它是个特征高度,在这个高度上湍流的浮力产生率与切变产生率在量值上相当)。观测表明,许多单点统计量(比如垂直速度方差)在近地层中确实遵循 M-O 相似理论。然而观测同时也表明,水平速度方差在对流边界层的近地层中不能很好地满足 M-O 相似理论,而是表现为与 z_i/L 之间存在更好的对应关系(换句话说,水平速度方差并不取决于 z/L,而是取决于 z_i/L)。这种现象早已被人们熟知,并在经典的边界层气象学教材中都有介绍。

经典 M-O 相似理论隐含两个假设:首先,它假设含能涡旋的长度尺度是 z,因而无量纲单点统计量被认为只取决于 z/L,这并不符合对流边界层中的情况;其次,它应用于大尺度谱(两点统计量)时,$|L|$ 被假设成只是个垂直方向的长度尺度,并且用 z 对水平波数进行归一化,这使得相似关系的表达式中没能包含正确的无量纲水平波数。基于这样的认识,Tong 和 Nguyen(2015)提出了更具普适性的 M-O 相似理论框架,在这个理论框架中包含了垂直方向长度尺度 z 和水平方向长度尺度(用水平波数 k 来表征),并用奥布霍夫长度 L 对两者进行无量纲化。因为包含了水平尺度,它必然是关于多点统计量的相似关系,故此,把这个普适的 M-O 相似称为多点 M-O 相似,简称 MMO(multipoint M-O similarity)。

建立多点 MMO 相似理论的关键点在于认识到奥布霍夫长度既是垂直方向上的重要长度尺度又是水平方向上的重要长度尺度。这个观点是有依据的,研究发现压力-应变率相关(即协方差)把湍流动能从较小尺度的垂直运动传递给更大尺度的水平运动(Nguyen et al., 2013; Nguyen and Tong, 2015);压力-应变率协谱表明,垂直速度与水平速度在大尺度(小的水平波数)上具有相互耦合的特征(Nguyen et al., 2014);早先就已经观测到压力扰动对垂直速度起到向下输送的作用(Wyngaard and Coté, 1971),这意味着靠近地面的垂直速度与更高高度上($z > -L$)上的垂直速度是相耦合的。压力-应变率相关以及非局地压力输送的行为特征都提示我们,在 $-z/L \ll 1$ 处的大尺度水平速度起伏其实是与 $-z/L \gg 1$ 处的运动相关联的,所以水平长度尺度(比如说 $1/k$)也代表了垂直长度尺度,因为当 $zk \ll 1$ 时,z 对垂直尺度 $(1/k)$ 而言不再具有代表性。于是,在 $-z/L \gg 1$ 处起作用的浮力效应在

① 本节内容来自 Tong and Nguyen(2015)发表的文章。

$-z/L \ll 1$ 处的较大水平长度上也是重要的，也就是说，水平湍流长度尺度是表征浮力效应的重要参数。这种耦合的观点也源于人们对于对流边界层大涡结构的认识，大涡被认为在近地层中是“触地”的(Townsend, 1961, 1976)。对于具有水平尺度 $1/k \gg -L$ 的大涡而言，其垂直尺度也大约是 $1/k \gg -L$。大涡垂直运动的能量来源于浮力，而涡旋运动把能量传递给水平运动，因而即使是在 $z \ll -L$ 的高度上水平运动起伏具有的尺度也应该是 $1/k$，这意味着，即使是在 $z \ll -L$ 的高度上，对于较大尺度的水平运动起伏的动力学而言，浮力效应是重要的影响因子。需要指出的是，当相似关系中包含了水平尺度的时候，相似参数是 kL 而不是 z/L。

考虑到对流边界层湍流的上述行为特征，普适的近地层相似必须显式地包含水平尺度，而湍流涡旋的不同水平尺度需要通过多点统计量的谱形式体现出来。所以，普适化的相似关系必须是多点统计的形式。基于这样的观点，在相似理论框架下可以认为近地层中($z \ll z_i$)一个多点统计量(其所具有的长度尺度小于边界层厚度)应该只取决于近地层参数(摩擦速度 u_*、浮力参数 $\beta = g/\theta_0$、地表热通量 Q_0)、z 以及长度尺度。于是，只有多点统计量才能实现完全相似(也就是说，只有多点统计量才能包含完整的相似信息)。不失一般性，考虑 $N+1$ 个空间点 $\boldsymbol{x}_0, \boldsymbol{x}_1, \cdots, \boldsymbol{x}_N$(因为它们在近地层中，所以 $z_k \ll z_i$)，于是有 N 个距离矢量 $\boldsymbol{r}_k = \boldsymbol{x}_k - \boldsymbol{x}_0$($\boldsymbol{r}_k$ 满足 $|\boldsymbol{r}_k| \ll z_i$)，构成 N 个速度差 $\boldsymbol{v}_k = \boldsymbol{u}(\boldsymbol{x}_k) - \boldsymbol{u}(\boldsymbol{x}_0)$，其中 $k=1, 2, \cdots, N$。这 N 个速度差的联合概率密度函数 JPDF(joint probability density function)是

$$P'_N(\hat{\boldsymbol{v}}_1, \cdots, \hat{\boldsymbol{v}}_N, \boldsymbol{r}_1, \cdots, \boldsymbol{r}_N, z_0, \cdots, z_N, \beta, Q_0, u_*) = u_*^{-3N} P_N\left(\frac{\hat{\boldsymbol{v}}_1}{u_*}, \cdots, \frac{\hat{\boldsymbol{v}}_N}{u_*}, \frac{\boldsymbol{r}_1}{L}, \cdots, \frac{\boldsymbol{r}_N}{L}, \frac{z_0}{L}\right) \tag{4.122}$$

其中 $\hat{\boldsymbol{v}}_k$ 是 $\boldsymbol{v}_k$ 的空间样本变量，P_N 是无量纲 JPDF(这里需要指出的是，上式中 z_0 是参考高度而不是地表粗糙度长度)。所以，MMO 是近地层相似最具普适性的形式。当 $\boldsymbol{x}_k$ 落在高度为 z 的相同平面时，上式可以写成

$$P'_{hN}(\hat{\boldsymbol{v}}_1, \cdots, \hat{\boldsymbol{v}}_N, \boldsymbol{r}_1, \cdots, \boldsymbol{r}_N, z, \beta, Q_0, u_*) = u_*^{-3N} P_{hN}\left(\frac{\hat{\boldsymbol{v}}_1}{u_*}, \cdots, \frac{\hat{\boldsymbol{v}}_N}{u_*}, \frac{\boldsymbol{r}_{h1}}{L}, \cdots \frac{\boldsymbol{r}_{hN}}{L}, \frac{z}{L}\right) \tag{4.123}$$

其中 $\boldsymbol{r}_h$ 是水平距离矢量。

对于两点统计量($N=1$)，上式就变成如下形式：

$$P'(\hat{\boldsymbol{v}}, \boldsymbol{r}_h, z, \beta, Q_0, u_*) = u_*^{-3} P\left(\frac{\hat{\boldsymbol{v}}}{u_*}, \frac{\boldsymbol{r}_h}{L}, \frac{z}{L}\right) \tag{4.124}$$

其中 $\boldsymbol{v} = \boldsymbol{u}(\boldsymbol{x}+\boldsymbol{r}) - \boldsymbol{u}(\boldsymbol{x})$，而 $\hat{\boldsymbol{v}}$ 是 $\boldsymbol{v}$ 的空间样本变量。于是 $\boldsymbol{u}$ 的二阶结构函数是

$$\begin{aligned} D'_{ij}(\boldsymbol{r}_h, z) = \langle \boldsymbol{v}_i \boldsymbol{v}_j \rangle &= u_*^{-3} \int P_{h1}\left(\frac{\hat{\boldsymbol{v}}}{u_*}, \frac{\boldsymbol{r}_h}{L}, \frac{z}{L}\right) \hat{\boldsymbol{v}}_i \hat{\boldsymbol{v}}_j \, \mathrm{d}\hat{\boldsymbol{v}} \\ &= u_*^2 \int P'_{h1}\left(\frac{\hat{\boldsymbol{v}}}{u_*}, \frac{\boldsymbol{r}_h}{L}, \frac{z}{L}\right) \left(\frac{\hat{\boldsymbol{v}}_i}{u_*}\right) \left(\frac{\hat{\boldsymbol{v}}_j}{u_*}\right) \mathrm{d}\frac{\hat{\boldsymbol{v}}}{u_*^3} \\ &= u_*^2 D_{ij}\left(\frac{\boldsymbol{r}_h}{L}, \frac{z}{L}\right) \end{aligned} \tag{4.125}$$

其中 D_{ij} 是无量纲结构函数。因为 $\boldsymbol{u}$ 的谱和二阶结构函数是等效的，也就是说，两者包含的信息是相同的(Monin and Yaglom, 1975)，并满足如下关系：

$$\psi'_{ij}(\boldsymbol{k}_h, z) = u_*^2 L \psi_{ij}\left(\boldsymbol{k}_h L, \frac{z}{L}\right) \tag{4.126}$$

其中 ψ'_{ij} 和 ψ_{ij} 分别是有量纲谱和无量纲谱。二维谱(ψ'_{ij} 和 ψ_{ij} 在水平面同心环上的积分)满足如下关系：

$$\phi'_{ij}(k, z) = u_*^2 L \phi_{ij}\left(kL, \frac{z}{L}\right) \tag{4.127}$$

其中 k 是水平波数 $\boldsymbol{k}_h$ 的量值。因此，在多点 M-O 相似理论框架下，稳定度条件由水平和垂直稳定度参数决定。对于二维谱(两点统计量)而言，这两个稳定度参数分别是 kL 和 z/L。

在对流边界层 ($L<0$) 中，不同湍流尺度受稳定度条件影响的情况可以从图 4.23 所示的 $k-z$ 平面上的不同区域来说明。在近地层中(一般定义为 $z/z_i<0.2$)，曲线 $kz=1$ 把 Kolmogrov 尺度区间(即小尺度区间)与 MMO 尺度区间区分开来，后者在大尺度一端的边界是 $kz_i=0.2$。在 Kolmogrov 尺度区间里统计量的尺度与 L 无关。MMO 尺度区间可以划分为两层：对流层 ($-z/L \gg 1$) 和对流-动力层 ($-z/L \ll 1$)。前者包含了一个水平尺度区间 ($-kL \ll 1$)，在其中湍流扰动基本上不受切变影响，因为涡旋的尺度 $1/k$ 比 $-L$ 大很多(z 也比 $-L$ 大很多)。后者则包含了两个区间：对流-动力区 ($-kL \ll 1$) 和动力区 ($-kL \gg 1$)。在动力区中 ($-kL \gg 1$ 且 $-z/L \ll 1$)，湍流涡旋基本不受浮力影响，因为其尺度比 $-L$ 小很多；在对流-动力区中 ($-kL \ll 1$ 且 $-z/L \ll 1$)，尽管 $-z/L \ll 1$，对扰动有贡献的涡旋的尺度比 $-L$ 大很多，所以会受到浮力的影响。

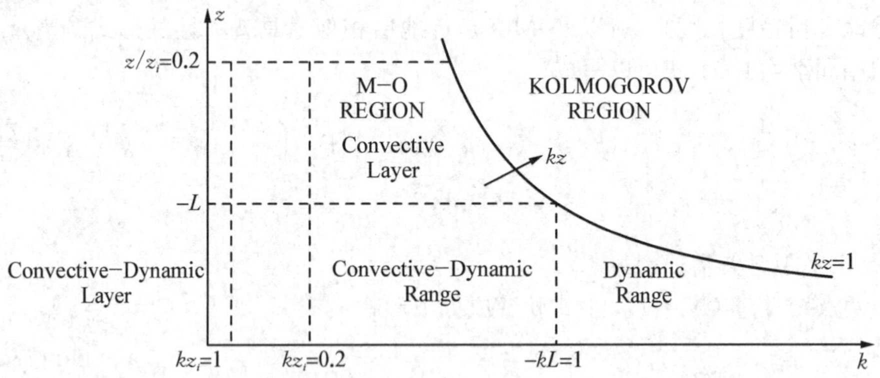

图 4.23　对流边界层的近地层中不同尺度区间的示意图。引自 Tong and Nguyen(2015)。

对于自由对流边界层，在靠近地面的地方存在对流运动引起的应力层，它取决于混合层厚度和地表粗糙度长度(Businger, 1973; Sykes et al., 1993; Grachev et al., 1997)。MMO 不适用于这一层中的湍流统计量，因为 MMO 并没有考虑相应的参数。

对于水平速度谱 $\phi_h(k)$ 和垂直速度谱 $\phi_w(k)$，以及温度谱 $\phi_\theta(k)$，基于 MMO 理论可以推导出它们的表达式(详见 Tong and Nguyen (2015)中的推导过程)：

(1) 在对流-动力区间 ($1/z_i \ll k \ll -1/L$)

$$\phi_h(k)=A_h(-\kappa\beta Q_0 L)^{2/3}(-L)(-kL)^{-5/3} \tag{4.128a}$$

$$\phi_w(k)=A_w(-\kappa\beta Q_0 L)^{2/3}(-L)\left(-\frac{z}{L}\right)^2(-kL)^{1/3} \tag{4.128b}$$

$$\phi_\theta(k)=A_\theta(\kappa\beta)^{-2/3}Q_0^{4/3}(-L)^{1/3}(-kL)^{-1/3} \tag{4.128c}$$

（2）在动力区间 $(-1/L \ll k \ll 1/z)$

$$\phi_h(k)=B_h u_*^2(-L)(-kL)^{-1} \tag{4.129a}$$

$$\phi_w(k)=B_w u_*^2 z^2 k=B_w u_*^2(-L)\left(-\frac{z}{L}\right)^2(-kL) \tag{4.129b}$$

$$\phi_\theta(k)=B_\theta\theta_*^2(-L)(-kL)^{-1} \tag{4.129c}$$

其中 A_h、A_w 和 A_θ 以及 B_h、B_w 和 B_θ 是谱系数，κ 是冯·卡门常数。

上述理论推导结果表明，水平速度波数谱、垂直速度波数谱和温度波数谱在对流-动力区间分别满足 $-5/3$ 次律、$1/3$ 次律和 $-1/3$ 次律，在动力区间分别满足 -1 次律、1 次律和 -1 次律，在 Kolmogrov 区间都满足 $-5/3$ 次律，如图 4.24 所示。这里需要指出的是，图中显示的是示意图，实际的谱在不同区间之间过渡区域中应该呈现出平滑过渡的形状。MMO 相似理论给出的是二维谱的谱幂律，大涡模拟结果表明这些二维谱（ϕ_h、ϕ_w 和 ϕ_θ）的谱幂律与理论分析结果相一致（Tong and Nguyen，2015）。

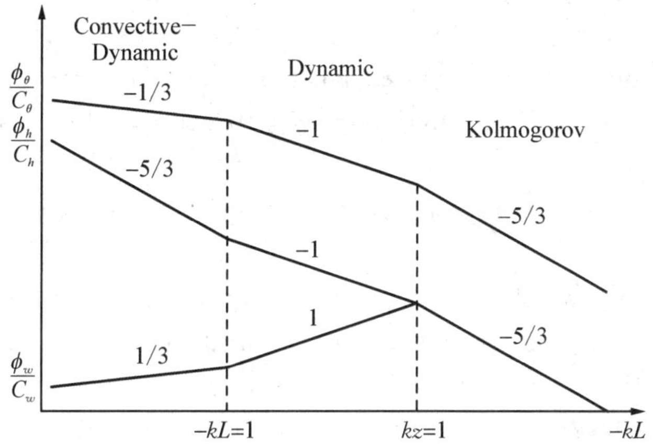

图 4.24 被 $C_\theta=(\kappa\beta)^{-2/3}Q_0^{4/3}(-L)^{1/3}$ 无量纲化的温度谱的谱幂率，以及被 $C_h=C_w=(\kappa\beta Q_0)^{2/3}(-L)^{5/3}$ 无量纲化的水平速度谱和垂直速度谱的谱幂率，在不同尺度区间的示意图。引自 Tong and Nguyen(2015)。

Tong and Nguyen (2015)指出，经典 M-O 相似理论针对的是单点统计量，这些单点统计量可以从 MMO 相似理论的多点统计量的谱相似关系获得，比如，对速度谱进行积分就可以得到速度方差。因此，经典 M-O 相似关系只是 MMO 相似关系的特例。一般来讲，如果 z 是对单点统计量起主要贡献的湍流涡旋的特征尺度，那么单点统计量就应该满足经典 M-O 相似关系。MMO 相似为分析对流边界层中近地层流动的湍流特性提供了新的理论框架。

参考文献

Brutsaert W.. 1982. *Evaporation into the Atmosphere*. Reidel, Dordrecht: 299pp.

Businger J. A.. 1973. A note on free convection. Bound-Layer Meteor., 4: 323 - 326.

Businger J. A., Wyngaard J. C. and Y. Izumi, 1971. Flux-profile relationships in the atmospheric surface layer. J. Atmos. Sci., 28: 181 - 189.

Cai X., Chen J., and R. Desjardins. 2010. Flux footprints in the convective boundary layer: large-eddy simulation and Lagrangian stochastic modelling. Bound-Layer Meteor., 137 (1): 31 - 47.

Christen A., Rotach M. W., and R. Vogt. 2009. The budget of turbulent kinetic energy in the urban roughness sublayer. Bound-Layer Meteor., 131(2): 193 - 222.

Corrsin S.. 1951. On the spectrum of isotropic temperature fluctuations in isotropic turbulence. J. Appl. Phys., 22: 469 - 473.

De Briun H. A. R., Kohsiek W. and B. J. J. M. van den Hurk. 1993. A verification of some methods to determine the fluxes of momentum, sensible heat, and water vapor using standard deviation and structure parameter of scalar meteorological quantities. Bound-Layer Meteor., 63: 231 - 257.

Deacon E. L.. 1988. The streamwise Kolmogorov constant. Bound-Layer Meteor., 42: 9 - 17.

Dewar R. C.. 2003. Information theory explanation of the fluctuation theorem, maximum entropy production and self-organized criticality in non-equilibrium stationary states. J. Phys., 36: 631 - 641.

Dewar R. C.. 2005. Maximum entropy production and the fluctuation theorem. J. Phys., 38: L371 - L381.

Dyer A. J.. 1974. A review of flus-profile relationship. Bound-Layer Meteor., 7: 363 - 372.

Finnigan J. J. and M. R. Raupach. 1987. Transfer processes in plant canopies in relation to stomatal characteristics, in *Stomatal Function*, eds. E. Zeiger, G. Farquhar and I. Cowan. Stanford University Press, Stanford, CA: pp. 385 - 429.

Foken T.. 2008. *Micrometeorology*. Springer-Verlag, Berlin Heidelberg: 306pp.

Garratt J. R.. 1977. Review of drag coefficients over oceans and continents. Mon. Wea. Rev., 105: 915 - 929.

Garratt J. R.. 1980. Surface influence upon vertical profiles in the atmosphere near-surface layer. Quart. J. Roy. Meteor. Soc., 106: 803 - 819.

Garratt J. R.. 1992. *The Atmospheric Boundary Later*. Cambridge University Press, Cambridge: 316pp.

Garratt J. R. and R. J. Francey. 1978. Bulk characteristics of heat transfer in the unstable, baroclinic atmospheric boundary layer. Bound-Layer Meteor., 15: 399 - 421.

Grachev A. A., Fairall C. W., and S. S. Zilitinkevich. 1997. Surface layer scaling for the

convection induced stress regime. Bound-Layer Meteor., 83: 423 - 439.

Grimmond C. S. B. and Oke T. R.. 1999. Aerodynamic properties of urban areas derived from analysis of surface form. J. Appl. Meteor., 38: 1262 - 1292.

Grimmond C. S. B., Salmond J. A., Oke T. R., Offerle B., and A. Lemonsu. 2004. Flux and turbulence measurements at a densely built-up site in Marseille: Heat, mass (water and carbon dioxide), and momentum. J. Geophys. Res. Atmos., 109(D24): 2561 - 2580.

Hellsten A., Luukkonen S. M., Steinfeld G., Kanani-Sühring F., Markkanen T., Järvi L., Lento J., Vesala T. and, S. Raasch. 2015. Footprint evaluation for flux and concentration measurements for an urban-like canopy with coupled Lagrangian stochastic and large-eddy simulation models. Bound-Layer Meteor., 157(2):1 - 27.

Hogstrom U.. 1988. Non-dimensional wind and temperature profiles in the atmospheric surface layer. Bound-Layer Meteor., 42: 55 - 78.

Kaimal J. C., Wyngaard J. C., Izumi Y., and O. R. Coté. 1972. Spectral characteristics of surface layer turbulence. Quart. J. Roy. Meteor. Soc., 98: 563 - 589.

Large W. G. and S. Pond. 1982. Sensible and latent heat flux measurements over the ocean. J. Phys. Oceanogr., 12: 464 - 482.

Monin A. S. and A. M. Yaglom. 1971. *Statistical Fluid Mechanism: Mechanism of Turbulence*. Vol. 1, English translation, ed. J. L. Lumley, MIT Press, Cambridge, MA: 769pp.

Monin A. S. and A. M. Yaglom. 1975. *Statistical Fluid Mechanics*. MIT Press, Cambridge, MA: 874 pp.

Moody L. F.. 1944. Friction factors for pipe flow. Trans. ASME, 66: 671 - 684.

Nguyen K. X., Horst T. W., Oncley S. P., and C. Tong. 2013. Measurements of the budgets of the subgrid-scale stress and temperature flux in a convective atmospheric surface layer. J. Fluid Mech., 729: 388 - 422.

Nguyen K. X., Otte M. J., Patton E. G., Sullivan P. P., and C. Tong. 2014. Investigation of the pressure-strain-rate correlation using high-resolution LES of the atmospheric boundary layer. *Proc. 67th Annual Meeting of the APS Division of Fluid Dynamics*, San Francisco, CA, American Physical Society, L27.00003. [Available online at http://meetings.aps.org/Meeting/DFD14/Session/L27.3]

Nguyen K. X. and C. Tong. 2015. Investigation of subgrid-scale physics in the convective atmospheric surface layer using the budgets of the conditional mean subgrid-scale stress and temperature flux. J. Fluid Mech., 772: 295 - 329.

Nieuwstadt F. T. M.. 1984a. Some aspects of the turbulent stable boundary layer. Bound-Layer Meteor., 30: 31 - 55.

Nieuwstadt F. T. M.. 1984b. The turbulent structure of the stable, nocturnal boundary layer. J. Atmos. Sci., 41: 2202 - 2216.

Oke T. R.. 1976. The distinction between canopy and boundary-layer urban heat islands. Atmosphere, 14: 268 - 277.

Panofsky H. A, Tennekes H., Lenschow D. H., and J. C. Wyngaard. 1977. The characteristics of turbulent velocity components in the surface layer under convective conditions. Bound-Layer Meteor., 11: 355 - 361.

Peng Z. and J. Sun. 2014. Characteristics of the drag coefficient in the roughness sublayer over a complex urban surface. Bound-Layer Meteor., 153: 568 - 580.

Quan L. and F. Hu. 2009. Relationship between turbulent flux and variance in the urban canopy. Meteor. Atmos. Phys. 104: 29 - 36.

Raupach M. R.. 1988. Canopy transport processes, in *Flow and Transport in the Natural Environment: Advances and Applications*, eds. W. L. Steffen and O. T. Denmead. Springer-Verlag, New York: pp. 95 - 127.

Raupach M. R., Antonia R. A., and S. Rajagopalan. 1991. Rough-wall turbulent boundary layers. Appl. Mech. Rev., 44: 1 - 25.

Rotach M. W.. 1993. Turbulence close to a rough urban surface part II: Variances and gradients. Bound-Layer Meteor., 66: 75 - 92.

Roth M.. 2000. Review of atmospheric turbulence over cities. Quart. J. Roy. Meteor. Soc., 126: 941 - 990.

Stull R. B.. 1988. *An Introduction to Boundary Layer Meteorology*. Kluwer, Dordrecht: 666 pp.

Sykes R. I., Henn D. S., and W. S. Lewellen. 1993. Surface-layer description under free-convection conditions. Quart. J. Roy. Meteor. Soc., 119: 409 - 421.

Tampieri F., Maurizi A. and A. Viola.. 2009. An investigation of on temperature variance scaling in the atmospheric surface layer. Bound-Layer Meteor., 132: 31 - 42.

Tennekes H. and J. L. Lumley. 1972. *A First Course in Turbulence*. MIT Press, Cambridge, MA: 300pp.

Tong C. and K. X. Nguyen. 2015. Multipoint Monin-Obukhov similarity and its application to turbulence spectra in the convective atmospheric surface layer. J. Atmos. Sci., 72: 4337 - 4348.

Townsend A. A.. 1961. Equilibrium layers and wall turbulence. J. Fluid Mech., 11: 97 - 120.

Townsend A. A.. 1976. *The Structure of Turbulent Shear Flows*. Cambridge University Press, Cambridge: 429 pp.

Wang J. and R. L. Bras. 2010. An extremum solution of the Monin-Obukhov similarity equations. J. Atmos. Sci., 67: 485 - 499.

Wilson K.. 2001. An alternative function for the wind and temperature gradient in unstable surface layers. Bound-Layer Meteor., 99: 151 - 158.

Wyngaard J. C.. 2010. *Turbulence in the Atmosphere*. Cambridge University Press, Cambridge: 393pp.

Wyngaard J. C., Coté O. R. and Y. Izumi. 1971. Local free convection, similarity, and budgets of shear stress and het flux. J. Atmos. Sci., 28: 1171 - 1182.

Wyngaard J. C and O R. Coté. 1971. The budgets of turbulent kinetic energy and temperature variance in the atmospheric surface layer. J. Atmos. Sci., 28: 190 - 201.

Wyngaard J. C and O R. Coté. 1972. Cospectral similarity in the atmospheric surface layer. Quart. J. Roy. Meteor. Soc., 98: 590 - 603.

Zou J., Liu G., Sun J., Zhang H., and R. Yuan. 2015. The momentum flux-gradient relations derived from field measurements in the urban roughness sublayer in three cities in China. J. Geophys. Res. Atmos., 120: 10797 - 10809.

Zou, J., Zhou, B. and J. Sun. 2017. Impact of eddy characteristics on turbulent heat and momentum fluxes in the urban roughness sublayer. Bound-Layer Meteor., 164: 39 - 62.

Zou J., Sun J., Liu G., Yuan R., and H. Zhang. 2018. Vertical variation of the effects of atmospheric stability on turbulence statistics within the roughness sublayer over real urban canopy. J. Geophys. Res. Atmos., 123: 2017 - 2036.

第五章

对流边界层

白天地表加热作用是形成对流边界层的驱动因子。在对流边界层中浮力是产生湍流的主导机制，这样的湍流并不是完全随机的，而是通常具有可识别的有组织结构，比如上升热气流和热羽。夹卷过程发生在不同的尺度上：上升热气流的边缘处会因小尺度涡旋的混合作用发生侧向夹卷，使得气流外的空气被卷入气流当中；垂直方向上的夹卷作用可以在整个混合层高度范围内产生垂直混合。经过几十年的研究和积累，人们在对流边界层方面已经取得了较为充分的认识。在这一章里，我们将重点介绍对流边界层的结构和演变过程及其强迫因子。

§5.1 对流边界层的基本特征

通常把对流边界层在垂直方向上细分为三层，如图5.1所示：

- 下部靠近地面的一层是近地层，这部分占对流边界层的5%～10%
- 中部是混合层，这部分是对流边界层的主体，占对流边界层的35%～80%
- 上部是界面层（即夹卷层），这部分占对流边界层的10%～60%

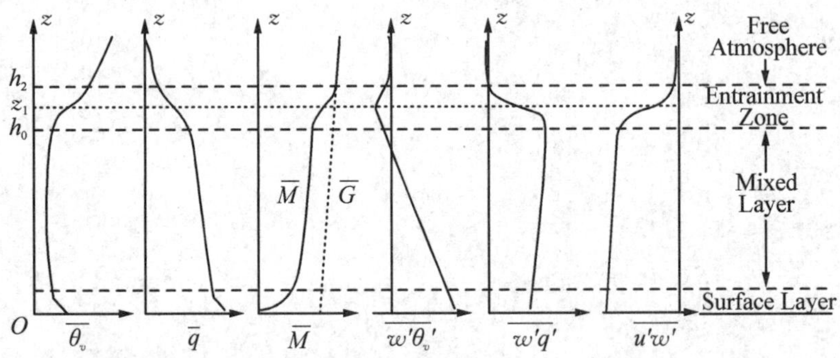

图5.1 对流边界层的分层结构及平均量和湍流通量的垂直分布。引自Driedonks and Tennekes(1984)。

在不稳定的近地层中存在一些小尺度结构，诸如浮升热羽、辐合线、上升气帘，以及尘卷风。在混合层中可以观测到尺度更大的上升气流、水平滚涡，以及中尺度网状对流结构。在混合层顶的夹卷层中，我们能够看到间歇性湍流、上冲热泡、开尔文-亥姆霍兹波、重力内波，有时还能看到云。

陆地上的对流边界层在地表加热的驱动下会经历不同的发展阶段。日出之后对流边界层形成，在2—3小时的时段里发展比较缓慢，一方面因为地表热通量比较小，另一方面因为这一时段对流边界层在夜间形成的较强贴地逆温层的背景下发展，其厚度的增长速度较慢。

这个过程会持续到对流边界层超过贴地逆温层顶为止，所以经历这一阶段的发展对流边界层的厚度通常只有 200—300 m。在随后的时段里（上午的后半段），由于对流边界层已经突破贴地逆温层，而对流边界层之上是残留层，于是对流边界层在弱稳定层结（甚至是中性层结）背景下发展，加之地表热通量的增大，对流边界层会经历一个快速发展阶段。这个过程通常持续到对流边界层顶上升到残留层顶为止（因为在这个高度之上是覆盖逆温层）。经历这一阶段，中纬度地区陆上对流边界层厚度通常可以发展到 1—2 km。午后（即下午的大部分时段里）对流边界层又进入缓慢发展阶段，原因是在这一时段里地表热通量减小，上有逆温层限制，并且对流边界层已经比较深厚，整个边界层的增温速度放慢（在下午的后半段，靠近地面的气温是下降的，这与地表热通量减小是相关的，因为近地层的温度梯度减小），所以在这一阶段对流边界层基本处于维持状态，边界层高度变化较小。到日落前后，对流湍流的生成速率已难以维持其与耗散率之间的平衡，在没有机械强迫作用的情况下，混合层中的湍流会彻底衰减掉，使得这一层变成残留层。在这个衰减过程中，仅存的上述上升热气流仍能上升到边界层顶部并产生夹卷作用，但近地层已经变为稳定层结，这一阶段通常被称为转换期。

在对流边界层得到充分发展的情况下会出现强不稳定条件（$-z_i/L$ 的值很大，这种情况一般对应于小风条件），此时 $|L|$ 量值很小，在离地不远的近地层某高度上 $-z/L$ 值就会比 1.0 大很多，切变湍流变得不重要（因为其作用与热力湍流相比显得微不足道），于是显现出所谓的“局地自由对流”状态（通常 $-z/L$ 达到 5—10 或更大）。在这种情况下，近地层湍流流动的控制参数变成 g/θ_0、z、$Q_0=(\overline{w\theta})_0$（不再包括 u_{*0}），于是近地层湍流速度尺度和湍流温度尺度变得与高度有关（Wyngaard et al., 1971）：

$$u_{\mathrm{f}}=\left(\frac{g}{\theta_0}zQ_0\right)^{1/3} \tag{5.1}$$

$$\theta_{\mathrm{f}}=\frac{Q_0}{u_{\mathrm{f}}}=\left(\frac{\theta_0}{gz}Q_0^2\right)^{1/3} \tag{5.2}$$

上式中的下标 f 表示自由对流。

在平均风速几乎为零的对流边界层中，含能涡旋的速度尺度取决于 g/θ_0、Q_0 和 z_i，于是可以定义一个自由对流速度尺度（一般称为对流速度尺度）w_*：

$$w_*=\left(\frac{g}{\theta_0}z_iQ_0\right)^{1/3} \tag{5.3}$$

在这种情况下湍流温度尺度被定义为 $\theta_*=Q_0/w_*$。依据 w_* 和 L 的定义，我们可以得到 $w_*/u_*=\kappa^{-1/3}(-z_i/L)^{1/3}$，在对流边界层中 $-z_i/L$ 的量值可以达到上百，这意味着 $w_*\gg u_*$，对流边界层呈现出类似于自由对流的情况。把(5.3)式写成 $w_*^3=\frac{g}{\theta_0}z_iQ_0=\frac{g}{\theta_0}z_iw_*\theta_*$ 的形式，于是可得 $w_*^2=\frac{g}{\theta_0}\theta_*z_i$，从热泡（即上升热气块）观点讲，$\theta_*$ 代表了热泡温度与环境空气温度之间的平均温差（即扰动温度的特征值），$\frac{g}{\theta_0}\theta_*$ 是单位质量气块受到的浮力，

$\frac{g}{\theta_0}\theta_* z_i$ 就是单位质量气块从地面上升到混合层顶的过程中浮力所做的功，于是 w_* 可以被理解为热泡上升到混合层顶时所具有的特征速度。

关于准平稳条件下的对流边界层（通常对应于上午的后半段和下午的大部分时段），Garratt (1992)在他的著作 *The Atmospheric Boundary Layer* 中按照尺度特征对其平均结构进行了如下划分：

① 近地层：这一层的高度范围是 $z < |L|$，M-O 相似理论适用。平均廓线、谱和湍流统计量，在它们以恰当方式被归一化后，应该是 $\zeta(=z/L)$ 的函数（水平湍流速度除外，这一点已经在第四章中有过介绍）。

② 自由对流层：这一层被限定在 $|L| < z < 0.1z_i$ 高度范围内，在这一层里 u_{*0} 已经不是重要的速度尺度，而 z 仍然是长度尺度。事实上，u_{*0} 在实际当中并非为零（只是量值较小，但它对于湍流速度而言不具备代表性），但是"局地自由对流"条件决定了湍流结构的尺度，湍流的速度尺度和温度尺度分别是 u_f 和 θ_f。

③ 混合层：这一层是对流边界层的主体部分，其高度范围是 $0.1 < z/z_i < 1$。在这一层里发生强烈的湍流混合，湍流速度尺度是 w_*（通常情况下 $w_* > 1\ \text{m} \cdot \text{s}^{-1}$），平均位温梯度 $\partial\Theta/\partial z$ 和平均速度梯度 $\partial U/\partial z$ 都很小（即使地转风存在较大切变的情况下也是如此）；整个气层以相同的速率增温，这意味着垂直热通量 $H = c_p\rho\overline{w\theta}$ 随高度是线性变化的（这一特征得到观测结果和大涡模拟的支持）。在混合层上部，标量的充分混合假设是不成立的，实际情况是，Θ 通常随高度增大，而 $\bar{q}$ 通常随高度减小，其原因与夹卷过程有关。在混合层中，湍流量和湍流结构不再与 u_{*0} 和 z 相关，而是与 w_* 和 θ_* 相关。

④ 覆盖逆温层（或称界面层或夹卷层）：这一层取决于局地夹卷效应以及其上方自由大气的层结状况，声雷达探测结果显示这是个水平方向上有起伏的逆温层，其凸起部分形如圆丘状，对应于来自混合层的上冲热泡。

传统上讲，从地面到 $z = 0.1z_i$ 被认为是近地层的高度范围。Garratt 把它细分为两部分，在下面这部分强调了地表摩擦的作用（机械湍流强于热力湍流），在上面这部分强调了热力作用（热力湍流强于机械湍流）。这样的划分有助于我们理解对流边界层的湍流特征。

§5.2 对流边界层湍流的有组织结构

在对流边界层中，决定湍流场特征的主导因子是有组织相干结构（即大涡）。所谓对流边界层大涡，就是空间尺度与边界层厚度相当的对流环流，其上升支是由浮力驱动的上升气流，在垂直方向上从近地层到边界层顶纵贯整个混合层，而在混合层顶部受到上方覆盖逆温层的限制，运动方向发生转变，因而形成水平运动（在上升气流的上部形成辐散，在上升气流下部靠近地面的地方形成辐合）；与此同时，由于流体的连续性，在上升气流的周围形成补偿下沉气流（在下沉气流的上部形成辐合，在下沉气流下部由于地表的限制形成辐散）。如果对流边界层的特征高度为 $z_i = 1\,000—2\,000$ m，对流特征速度为 $w_* = 2\ \text{m} \cdot \text{s}^{-1}$，则大涡的特征时间尺度（即生命周期）为 $z_i/w_* = 500—1\,000$ s（大约为 10—20 分钟）。大涡的垂直尺度是 z_i，其水平尺度约为 $1.5z_i$。依据对鸥鸟飞行轨迹的观察，以及滑翔机飞行员的经验，人们很早就知道对流边界层上升气流表现出两种基本类型。在风速较大的情况下，上升气流沿着平均风速方向呈现条状分布(形成上升气帘)，对应于水平滚涡(涡旋的轴线方向是水平的，平行于平均风向)；在风速较小的情况下，上升气流是些孤立的热羽，在热羽的周围是下沉气流，形成轴对称结构(轴是垂直的，对称结构体现在水平面上)。后来，这样的结构特征被野外观测和数值模拟证实。

对流涡旋的上升气流起源于靠近地面的超绝热层中，因地表的加热作用产生尺度为100 m量级的热上升气流。平均风速会影响其结构特征，使得上升气流产生倾斜，形成所谓的近地层热羽。平均气流的运动方向就是热羽的水平移动方向，因此，热羽的前缘比较模糊，而热羽的后缘比较清晰(在上升气流与周围环境空气之间形成较为清晰的分界面，这样的结构也被称为微型锋面)。图 5.2 给出了近地层热羽的结构示意图。当热羽跟随平均气流经过靠近地面的固定观测点时，观测到的温度时间序列会呈现出较为典型的“斜坡结构”(或称为“锯齿状结构”)。热羽的前缘达到观测点时温度开始上升，热羽的后缘经过观测点时温度陡然下降(下降幅度可达 1 ℃—2 ℃)。热羽中的空气因浮力作用产生加速度，使得平均垂直速度可达 $1\ \mathrm{m\cdot s^{-1}}$，并且使得热羽中的空气与外部环境空气相比具有更为强烈的湍流运动，因此，热羽中垂直速度扰动可达 $5\ \mathrm{m\cdot s^{-1}}$的幅度。虽然热羽在整体上表现为上升气流，但也会夹杂着随机的向下垂直速度。在强风和弱对流的情况下，热羽沿平均风向呈现条状分布，长度为几百米，宽度为几十米；而在弱风和强对流的情况下，热羽沿侧风向呈条状分布，顺风向的宽度被压缩，形成微型锋面的结构特征。

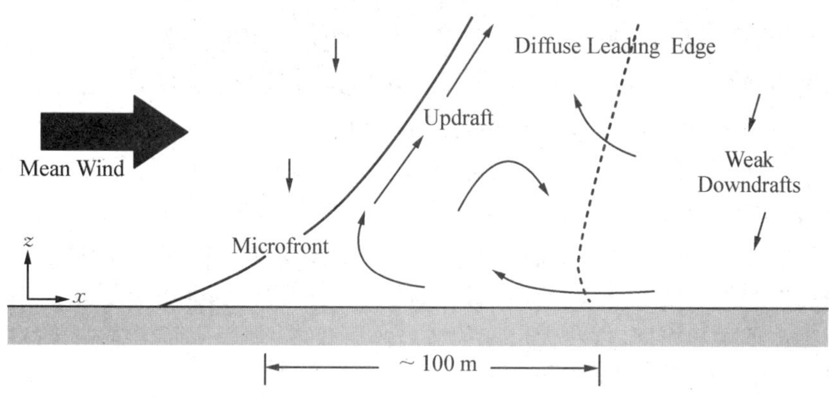

图 5.2　近地层热羽的结构示意图。引自 Stull(1988)。

进入混合层当中，生成于近地层的热羽会合并成更大尺度的热上升气流或气柱，一般还是称之为热羽，其水平范围通常为几百米，在接近混合层顶的高度上 ($z/z_i=0.75$) 其最大上升速度为 $2—5\ \mathrm{m\cdot s^{-1}}$。在混合层热羽的四周是下沉的环境空气，而环境空气通常会呈现出弱稳定层结(这种情况主要出现在混合层上部)。如果具有更高温度的自由大气被夹卷进入对流边界层当中，这种情况会更加明显。与这样的环境稳定度相对应，热羽与环境空气的温差会随高度的增加而减小，在 $z/z_i=0.75$ 高度上经过零点(也就是说，在此高度之上，上升气流中的温度会低于环境空气)。在边界层顶部，上升空气向水平方向伸展，在分界面(与自由大气的分界面)处形成圆丘状扰动。而在上升区域周围产生下沉空气，下沉气流与夹卷过程密切相关，它们在夹卷层中是小尺度的下沉气帘，下降到混合层中变成边界模糊的更大尺度的下沉气流。如果上升气流能够达到凝结高度，则会产生积云，于是相变释放的热量提供了新的浮升能量，使得空气进一步上升，从而穿越覆盖逆温层。依据大涡模拟结果，对流边界层顶的夹卷热通量(方向向下)由冷上升气流和热下沉气流共同形成(Schmidt and Schumann, 1989)。图 5.3 显示了对流槽实验模拟的对流边界层上部湍流结构的可视化图像。从图中可以清晰地看到上升气流在对流边界层顶形成的圆丘状凸起扰动。

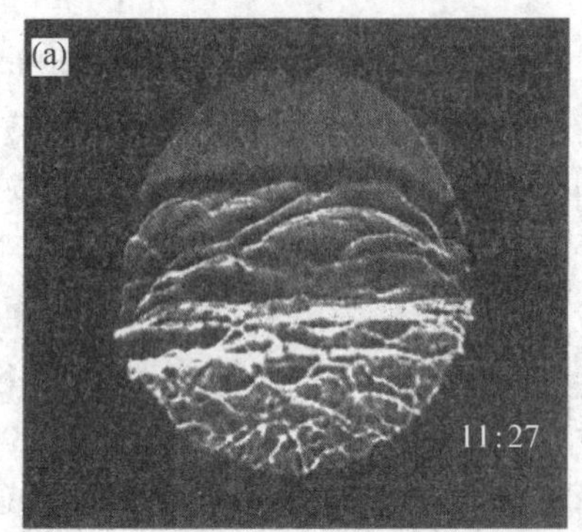

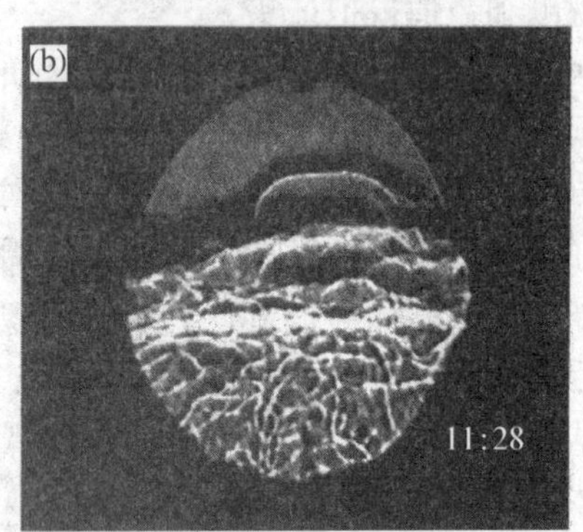

图 5.3　对流槽实验模拟的对流边界层上部的湍流结构可视化图像。在水槽一侧发射直径为 10 cm(相当于边界层厚度的 1/2)的圆形激光束,让激光束水平穿过水槽,在水槽的另一侧放置垂直于光路中的接收板,于是在接收板上形成光学图像。图像中部亮线集中的地方对应于混合层顶,在此高度之上是来自混合层的上升热羽在覆盖逆温层中形成的圆丘状凸起扰动,清晰的圆丘状边缘就是热羽与自由大气的分界面。引自孙鉴泞等(2002)。

如图 5.1 所示,对流边界层顶部的界面层(即夹卷层)是稳定层结,通常把混合层之上的这一层称为覆盖逆温层。由于混合层中的平均风速通常是次地转的,而在自由大气中平均风速就是地转风,所以在夹卷层中会存在较强的切变。尽管此处的层结是稳定的,但较强的风切变会激发出开尔文-亥姆霍兹波动,这种情形就是所谓的动力学不稳定(即切变不稳定),也称为开尔文-亥姆霍兹不稳定。开尔文-亥姆霍兹波动也会出现在小尺度上,当来自混合层的上升气流顶部进入覆盖逆温层时,圆丘状的分界面处也会出现局地较强的风切变,从而在界面层中引发小尺度开尔文-亥姆霍兹波动。总而言之,在夹卷层尺度上的开尔文-亥姆霍兹波动占据主导作用,这些大尺度的波破碎后变成湍流,从而增强夹卷过程。这个机制被大涡模拟证实(Kim et al., 2003)。

夹卷过程因流体的易混合性而引发跨越界面层的垂直交换,这个过程是决定边界层云结构的重要因子。夹卷过程由混合层上升气流驱动,湍流把界面层上方的自由大气向下卷入混合层中,然后这些自由大气在混合层上部的湍流区域内被混合掉,小尺度运动被界面层中的较强稳定层结迅速衰减掉,这使得界面层中较强的逆温结构得以维持(当然,这与界面层之上的自由大气是稳定层结密切相关)。所以,在这个持续发生的过程中,我们看到的情况是界面层会不断向上抬升,即混合层不断增厚。从效果上讲,在对流边界层的发展过程中,自由大气被不断向下夹卷,经由对流边界层顶进入边界层中,因此,把夹卷速率定义为边界层顶处水平面上的体积通量,即单位时间单位面积上经由边界层顶进入混合层的自由大气的体积,其量纲为 $\mathrm{m \cdot s^{-1}}$,与速度量纲相同。在大尺度背景场没有垂直运动的情况下,夹卷速率就是对流边界层高度的抬升速度 $\partial z_i/\partial t$。显然,在夹卷过程中,自由大气穿越覆盖逆温层被向下输送进入对流边界层,这会消耗掉部分湍流动能,如果湍流运动失去能量来源,则夹卷过程就会停止。所以,从机制上讲,存在切变驱动的夹卷和与穿透对流相关的热力驱动的夹卷(我们把穿透进入覆盖逆温层的对流运动称为穿透对流)。就对流边界层而言,这两种机制会同时存在(当然,如果没有平均风速,就只有热力驱动的夹卷)。在稳定边界层顶部会发生切变驱动的夹卷,这种情况也会出现在夜间斜坡地形上的下泻气流的顶部。

从更大的水平范围上看,整个对流边界层中的对流环流系统包括边缘清晰的上升气流和边缘相对模糊的下沉气流,它们以边界层中的平均风速向下游移动。在风速较小的情况下(对应于强热力不稳定),在水平面上能够看到热羽以上升气帘的方式呈现多边形分布样式,其水平尺度达到 1—3 km,整体结构呈现蜂窝状(或网状)分布。大涡模拟结果很好地展示了湍流垂直速度和扰动温度的这种分布特征,如图 5.4 所示。大涡模拟结果表明这种结构特征主要出现在对流边界层下部。而在对流边界层中部,湍流垂直速度和扰动温度呈现出絮状分布,如图 5.5 所示。

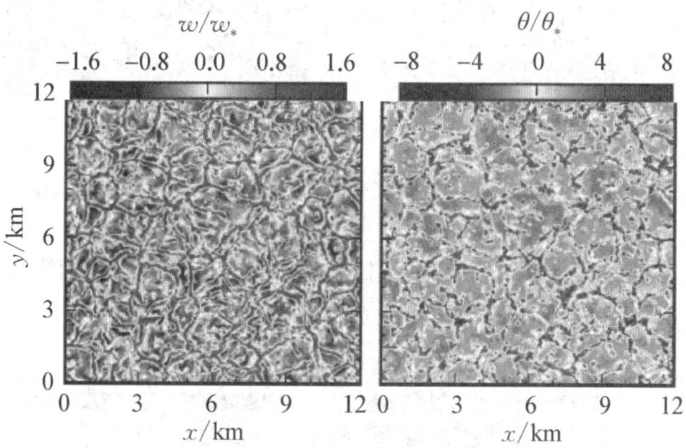

图 5.4 大涡模拟得到的对流边界层无量纲垂直湍流速度 w/w_* 和扰动温度 θ/θ_* 在 $z/z_i=0.1$ 高度处的水平分布。地转风为 $U_g=1\ \mathrm{m\cdot s^{-1}}$,地表热通量为 $Q_0=0.24\ \mathrm{K\cdot m\cdot s^{-1}}$,边界层高度为 $z_i=1\ 234$ m,稳定度为 $-z_i/L=1\ 082$。引自 Salesky et al.(2017)。彩图可见文后插页。

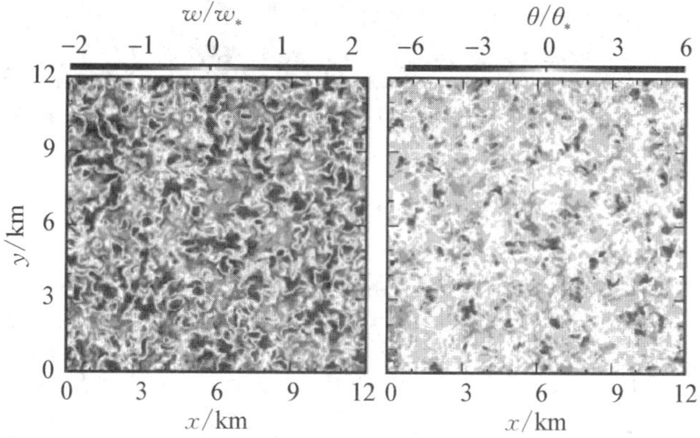

图 5.5 与图 5.4 相同,但显示的是 $z/z_i=0.5$ 高度处的结果。引自 Salesky et al. (2017)。彩图可见文后插页。

在地表加热驱动对流边界层发展的过程中,如果伴有较大风速(对应于弱热力不稳定或中等程度热力不稳定),则会在对流边界层中产生沿平均风速方向呈条状分布的水平滚涡(涡旋的轴线平行于平均风向)。这会在近地层中形成条状辐合带,如果水汽条件合适,则会在辐合带上方对流边界层顶处形成“云街”。大涡模拟显示,在对流边界层下部,垂直湍流速度和扰动温度在水平面上呈现条状分布;上升速度带对应于热空气带,也就是说,热上升气流成条状分布，如图 5.6 所示。在对流边界层中部，垂直湍流速度的条状分布依然清晰可辨，且宽度变得更宽；而扰动温度的条状分布变得比较模糊，二者的对应关系不如在边界层下部那么明显，如图 5.7 所示。

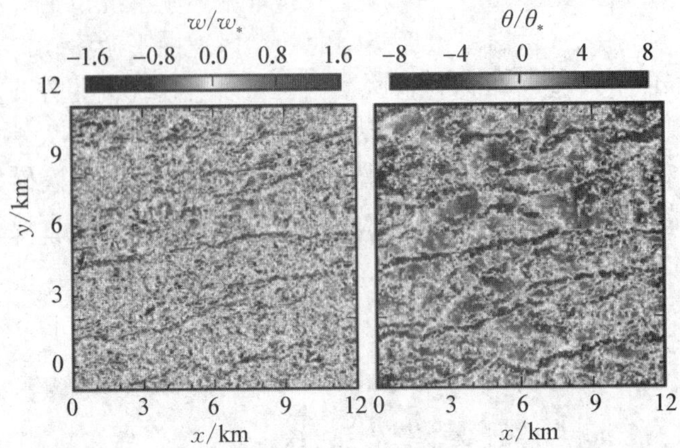

图 5.6　大涡模拟得到的对流边界层无量纲垂直湍流速度 w/w_* 和扰动温度 θ/θ_* 在 $z/z_i=0.1$ 高度处的水平分布。地转风为 $U_g=15\ \mathrm{m\cdot s^{-1}}$，地表热通量为 $Q_0=0.1\ \mathrm{K\cdot m\cdot s^{-1}}$，边界层高度为 $z_i=1\,086\ \mathrm{m}$，稳定度为 $-z_i/L=4.3$。引自 Salesky et al. (2017)。彩图可见文后插页。

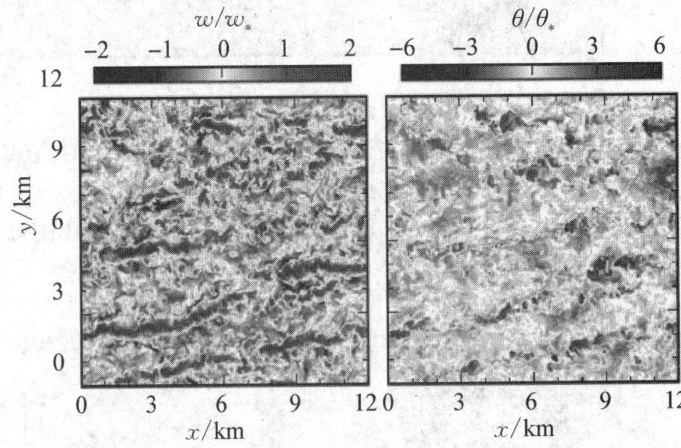

图 5.7　与图 5.6 相同，但显示的是 $z/z_i=0.5$ 高度处的结果。引自 Salesky et al. (2017)。彩图可见文后插页。

Salesky et al. (2017)大涡模拟研究表明，对流边界层中对流系统的有组织结构与对流稳定度 $-z_i/L$ 密切相关。当 $-z_i/L$ 值相对较大(对应于小风条件)，对流系统呈现蜂窝状(或网状)分布；当 $-z_i/L$ 值相对较小(对应于大风条件)，对流系统呈现准二维的水平滚涡结构。两者的转换区间为 $-z_i/L=20$—25。在弱对流不稳定条件下，对流系统的水平滚涡结构有利于动量的高效输送；在强对流不稳定条件下，对流系统的蜂窝状(或网状)分布有利于热量的高效传输。

§5.3　混合层相似

在不稳定条件下，在近地层之上的混合层流动当中 M-O 相似参数变得不适用了，因为

湍流结构变得对 z 和 u_{*0} 不敏感，而湍流的特征长度尺度变成为 z_i。在此情形之下，湍流速度尺度和湍流温度尺度分别为 w_* 和 $\theta_*(\theta_*=Q_0/w_*)$。于是，按照相似理论的观点，混合层中的无量纲变量应该只是 z/z_i 的函数。

混合层相似主要针对湍流统计量。对流边界层中湍流速度方差的垂直分布情况如图5.8所示。水平速度方差在近地层中满足方程(4.68)，当 $-z_i/L$ 的量值足够大时(即呈现出自由对流的特征)，方程的形式就蜕变成 $\sigma_u=\sigma_v=0.6w_*$，它表现为混合层相似的形式，因为湍流特征速度尺度是 w_* 而不是 u_{*0}。在整个混合层当中 $\sigma_u=\sigma_v\approx 0.6w_*$，基本不随高度变化。对于垂直速度方差，适用于近地层的方程(4.67)在自由对流条件下应该具有的形式是 $\sigma_w/u_{*0}=a_1(-z/L)^{1/3}$，从而可以被写成 $\sigma_w/w_*=(a_1\kappa^{1/3})(z/z_i)^{1/3}$，其中 $a_1=1.8$，使得湍流速度尺度由 u_{*0} 变成 w_*(在自由对流条件下，即使是在近地层当中，湍流速度尺度也应该是 w_* 而不是 u_{*0})。在整个混合层中，σ_w/w_* 变化不大，可以近似地取为 $\sigma_w/w_*\approx 0.6$，所以在混合层中湍流接近于各向同性(这一点与近地层中的情形不同，在近地层中湍流表现为各向异性特征)。事实上 σ_w/w_* 在混合层中随高度是有变化的，观测表明它符合下列关系(Sorbjan，1989)：

$$\sigma_w/w_*=1.08(z/z_i)^{1/3}(1-z/z_i)^{1/3} \tag{5.4}$$

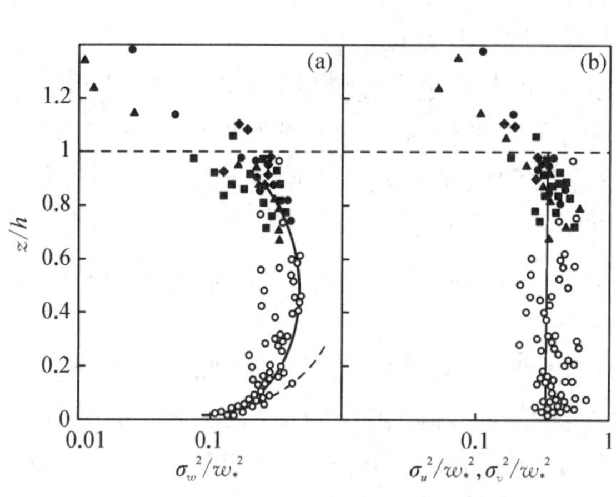

图 5.8　无量纲湍流速度方差在对流边界层的垂直分布：(a) σ_w^2/w_*^2，虚线代表 $\sigma_w/w_*=(a_1\kappa^{1/3})(z/z_i)^{1/3}$，其中 $a_1=1.8$，实线代表方程(5.4)；(b) σ_u^2/w_*^2 和 σ_v^2/w_*^2，直线代表 $\sigma_u^2/w_*^2=\sigma_v^2/w_*^2=0.36$。图中观测数据取自 Caughey and Palmer (1979)。引自 Garratt (1992)。

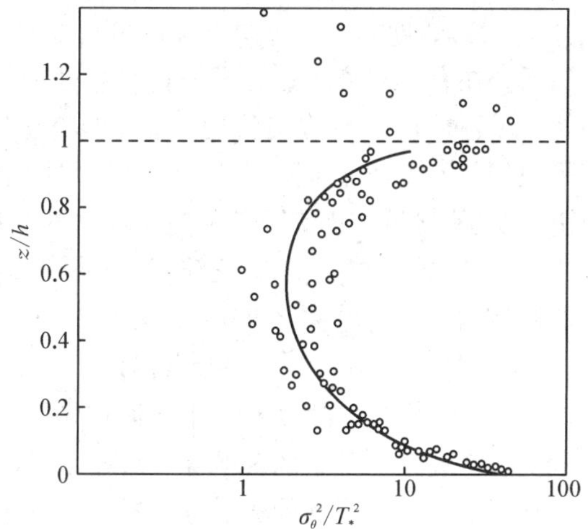

图 5.9　对流边界层中无量纲湍流温度方差廓线。图中圆圈代表观测数据，取自 Caughey and Palmer (1979)。引自 Garratt(1992)。

混合层相似对于湍流速度方差是适用的(尤其是垂直湍流速度)。湍流温度方差也表现出混合层相似的特征，如图 5.9 所示。但是对于无量纲比湿方差，混合层相似就失效了(Wyngaard，2010)，原因在于混合层相似忽略了夹卷过程在混合层顶部形成的夹卷通量，而这个通量是引起混合层上部水汽扰动的另一个源(Deardorff，1974)。换句话说，之所以无量纲温度方差能够表现出混合层相似特征，是因为夹卷热通量与地表热通量相比通常会小一个量级（在自由对流情况下更是如此），所以湍流温度尺度可用 θ_* 表征；而水汽夹卷通量则可能与地表通量相当，因此用地表通量 $\overline{(wq)}_0$ 定义的 $q_* = \overline{(wq)}_0 / w_*$ 并不能很好地代表水汽扰动的尺度（它不是具有代表性的特征量）。

关于对流边界层中的无量纲垂直湍流速度方差廓线，基于中国东海海域的 AMTEX（Air Mass Transformation Experiment）试验的飞机观测数据，得到了如下关系式（Lenschow et al.，1980）：

$$\sigma_w^2 / w_*^2 = 1.8(z/z_i)^{2/3}(1 - 0.8z/z_i)^2 \tag{5.5}$$

这个方程的廓线形状其实与方程（5.3）相比差别并不大，但它的适用性更强，因为在 $z = z_i$ 高度上由方程（5.5）可得 $\sigma_w^2 = 0.072w_*^2 \approx 0.1w_*^2$，而方程（5.3）给出的结果是 $\sigma_w^2 = 0$。显然，在对流边界层顶附近，方程（5.5）更符合实际大气中的情况。

许多研究（包括陆上野外观测试验，实验室模拟实验，以及大涡模拟和直接数值模拟）证实，在非常宽泛的对流边界层稳定度条件下（以 $-z_i/L$ 来表征，其取值范围可在 10～1 000 的广泛区间内），以及在普遍的对流边界层场景下（可以是晴天对流边界层，也可以是有积云/层积云的对流边界层），方程（5.5）都能很好地反映垂直速度方差的垂直分布状况。普适的对流边界层垂直速度方差廓线对于边界层物理参数化而言是非常有用的性质。最常用到方程（5.5）的地方是边界层方案中的反梯度项，因为在这个方案中需要知道 σ_w^2 廓线的诊断关系。在有些湍流扩散方案中会用它对质量通量项进行参数化。

尽管方程（5.5）在对流边界层中具有普适性，它也是有适用条件的：首先，它适用于相对平坦均匀下垫面之上的对流边界层；其次，它适用于准平稳状态下的对流边界层（从时间上讲，就是从接近中午到下午的这个时段里，在这个时间段里对流边界层得到充分发展，尽管边界层平均流动随时间缓慢演变，但湍流统计量处于准平稳状态）；第三，不能有中尺度环流的影响，因为中尺度环境因子会改变 σ_w^2/w_*^2 廓线（中尺度环流会输入额外能量，使得 σ_w^2/w_*^2 增大，于是 σ_w^2/w_*^2 会偏离（5.5）式）。

在没有中尺度扰动并且下垫面均匀平坦的情况下，为什么对流边界层中 σ_w^2/w_*^2 廓线会不受内在动力学因素的影响呢？事实上，在充分发展的对流边界层当中，湍流通常会受到浮力和切变两个因子共同驱动。在接近自由对流的条件下（相应的 $-z_i/L$ 值较大），σ_w^2/w_*^2 廓线遵循方程（5.5）会比较容易理解，因为此时的对流边界层主要受浮力驱动，而 w_* 很好地体现了浮力驱动下的边界层湍流的湍流速度尺度。但是在切变作用较强的情况下（相应的 $-z_i/L$ 值较小），σ_w^2/w_*^2 廓线仍然表现为浮力占主导的对流边界层中的特征（即仍然很好地遵循（5.5）式），这一点似乎不好理解，因为这个性质意味着切变生成的湍流不会影响到 σ_w^2/w_*^2。大涡模拟研究发现，$\sigma_u^2 + \sigma_v^2$ 对热力和机械（即浮力和切变）强迫都有响应，只要其中一个强迫因子增强，$\sigma_u^2 + \sigma_v^2$ 就会增大。但 σ_w^2 基本上只随热力强迫因子的变化而变化，却不受机械强迫因子变化的影响，这样的湍流行为特征是造成 σ_w^2/w_*^2 能够在稳定度（$-z_i/L$）处于很宽泛的区间范围内保持一致的廓线形式的原因（Zhou et al.，2019）。也就是说，虽然热力生成和机械生成都是对流边界层湍流能量的来源，但是机械生成只影响水平湍流，而热力生成则同时影响到水平湍流和垂直湍流。

Zhou et al (2019) 基于大涡模拟结果分析了对流边界层湍流行为。从垂直湍流动能

$\bar{e}_\mathrm{v}(\equiv\sigma_w^2/2)$ 和水平湍流动能 $\bar{e}_\mathrm{h}(\equiv(\sigma_u^2+\sigma_v^2)/2)$ 的收支关系看，浮力生成和切变生成分别是 $\bar{e}_\mathrm{v}$ 和 $\bar{e}_\mathrm{h}$ 的源，两者通过气压再分配项在湍流能量的不同分量间的传递作用耦合在一起（在 $\bar{e}_\mathrm{v}$ 方程中这项为 $\frac{1}{\rho}\overline{p\frac{\partial w}{\partial z}}$，在 $\bar{e}_\mathrm{h}$ 方程中这项为 $\frac{1}{\rho}\overline{p\left(\frac{\partial u}{\partial x}+\frac{\partial v}{\partial y}\right)}$，并且满足 $\frac{1}{\rho}\overline{p\frac{\partial w}{\partial z}}+\frac{1}{\rho}\overline{p\left(\frac{\partial u}{\partial x}+\frac{\partial v}{\partial y}\right)}=0$），浮力生成直接影响 $\bar{e}_\mathrm{v}$，而切变生成只能通过 $\bar{e}_\mathrm{h}\rightarrow\bar{e}_\mathrm{v}$ 传递过程间接影响 $\bar{e}_\mathrm{v}$。大涡模拟结果表明，在 $-z_i/L>\sim 5$ 的情况下，混合层中实际发生的传递途径都是 $\bar{e}_\mathrm{v}\rightarrow\bar{e}_\mathrm{h}$（这意味着 $\bar{e}_\mathrm{h}\rightarrow\bar{e}_\mathrm{v}$ 传递途径被阻断），这可以解释为什么切变生成的湍流对 $\bar{e}_\mathrm{v}$ 几乎没有贡献。

如果把水平湍流速度分解成有旋度部分 $\boldsymbol{u}_\mathrm{r}$ 和有散度部分 $\boldsymbol{u}_\mathrm{d}$（即 $\boldsymbol{u}_\mathrm{h}=\boldsymbol{u}_\mathrm{r}+\boldsymbol{u}_\mathrm{d}$，其中下标 r 表示有旋度的分量，下标 d 表示有散度的分量），则 $\bar{e}_\mathrm{h}=\bar{e}_\mathrm{r}+\bar{e}_\mathrm{d}$。Zhou et al (2019)的进一步分析表明，水平湍流速度的有散度分量的无量纲方差廓线表现为具有一致性的曲线（情形与 σ_w^2/w_*^2 一样），而有旋度分量的无量纲方差廓线则随 $-z_i/L$ 变化而变化。谱分析表明，水平湍流速度的有散度分量代表了尺度为边界层厚度的有组织对流运动，而水平湍流速度的有旋度分量代表了尺度落在惯性副区的湍流涡旋。通过对 $\bar{e}_\mathrm{r}(=(\overline{u_r^2}+\overline{v_r^2})/2)$ 和 $\bar{e}_\mathrm{d}(=(\overline{u_d^2}+\overline{v_d^2})/2)$ 收支方程各项的分析，Zhou et al (2019)发现，切变直接生成 $\bar{e}_\mathrm{d}$ 的作用十分微弱（详见文献），而切变通过 $\bar{e}_\mathrm{r}\rightarrow\bar{e}_\mathrm{d}$ 传递过程对 $\bar{e}_\mathrm{d}$ 产生间接影响的途径受到抑制，因为对流边界层中优先的传递途径是 $\bar{e}_\mathrm{d}\rightarrow\bar{e}_\mathrm{r}$（从物理上讲，湍流能量从边界层尺度的对流运动向更小尺度的惯性副区涡旋传递，这与我们关于湍流能量从大尺度涡旋向更小尺度涡旋传递的串级过程的认识是相一致的）。由于切变生成对 $\bar{e}_\mathrm{d}$ 的直接影响和间接影响在对流边界层中都受到抑制，于是由切变变化引起的水平速度扰动基本上都集中在有旋度（但无散度）分量上。但是 $\bar{e}_\mathrm{h}\rightarrow\bar{e}_\mathrm{v}$ 传递途径需要水平湍流速度具有散度才能实现，这就解释了为什么切变的变化不能对 $\bar{e}_\mathrm{v}$ 产生影响，这也正是对流边界层中 σ_w^2/w_*^2 廓线基本不受切变影响的原因。

Zhou et al (2019)的研究表明，当对流边界层在浮力和切变共同驱动下充分发展并处于准平稳状态时，混合层中的水平湍流和垂直湍流的能量传输动力学机制存在明显的不同。一方面，热力生成作用通过产生 $\bar{e}_\mathrm{v}$ 把能量输入湍流系统当中，然后通过气压再分配项的作用把能量传递给有散度的水平湍流部分 $\bar{e}_\mathrm{d}$，再经由湍流扩散驱使湍流在水平方向上均匀化的过程（即水平湍流的有散度部分与有旋度部分之间的相互转化过程，在这个过程中传递途径是 $\bar{e}_\mathrm{d}\rightarrow\bar{e}_\mathrm{r}$）把能量传递给 $\bar{e}_\mathrm{r}$，最后在小尺度涡旋上把能量耗散掉。另一方面，切变生成作用通过在混合层下部和夹卷层中产生 $\bar{e}_\mathrm{r}$ 把能量输入湍流系统当中，然后直接在小尺度涡旋上把能量耗散掉。这样的湍流能量传输机制让我们在对流边界层湍流行为方面获得了一些新的认识，同样也把新的问题摆在我们面前，局地涡旋和非局地涡旋之间是怎样相互作用的？为什么在对流条件下会形成受热力作用主导的湍流能量优先传输路径？这些问题还需要进一步研究。

§5.4 对流边界层的速度场

在水平均匀的条件下，边界层中很多物理量（平均气压除外）都只是高度的函数。由平均的连续方程(3.69)可知平均垂直速度为零，于是平均动量方程(3.68)的水平分量方程变成为：

$$\frac{\partial U}{\partial t}+\frac{\partial\,\overline{uw}}{\partial z}=-\frac{1}{\rho_0}\frac{\partial P}{\partial x}+2\Omega_3 V \tag{5.6a}$$

$$\frac{\partial V}{\partial t}+\frac{\partial\,\overline{vw}}{\partial z}=-\frac{1}{\rho_0}\frac{\partial P}{\partial y}-2\Omega_3 U \tag{5.6b}$$

式中 $2\Omega_3=2\Omega\sin\theta$（其中 θ 是纬度），记为柯氏力参数 f。平稳条件下的层流地转流方程是：

$$0=-\frac{1}{\rho_0}\frac{\partial P}{\partial x}+fV,\ 0=-\frac{1}{\rho_0}\frac{\partial P}{\partial y}-fU \tag{5.7}$$

于是有

$$U=U_g=-\frac{1}{f\rho_0}\frac{\partial P}{\partial y},\ V=V_g=\frac{1}{f\rho_0}\frac{\partial P}{\partial x} \tag{5.8}$$

这种气压梯度力与柯氏力之间的地转平衡使得速度矢垂直于气压梯度：

$$U_i\frac{\partial P}{\partial x_i}=\frac{1}{f\rho_0}\left(-\frac{\partial P}{\partial y}\frac{\partial P}{\partial x}+\frac{\partial P}{\partial x}\frac{\partial P}{\partial y}\right)=0 \tag{5.9}$$

在北半球（f 为正值），地转流围绕高压中心顺时针运动，围绕低压中心逆时针运动；而在南半球（f 为负值），旋转方向则正好相反。

运用地转流的解(5.8)式来代表水平气压梯度力，则可以把平均动量方程(5.6)写成如下形式：

$$\frac{\partial U}{\partial t}+\frac{\partial\,\overline{uw}}{\partial z}=f(V-V_g) \tag{5.10a}$$

$$\frac{\partial V}{\partial t}+\frac{\partial\,\overline{vw}}{\partial z}=f(U_g-U) \tag{5.10b}$$

如果同时满足水平均匀和平稳条件，则(5.6)式变成为平均水平动量平衡关系：

$$\frac{\partial\,\overline{uw}}{\partial z}=-\frac{1}{\rho_0}\frac{\partial P}{\partial x}+fV \tag{5.11a}$$

$$\frac{\partial\,\overline{vw}}{\partial z}=-\frac{1}{\rho_0}\frac{\partial P}{\partial y}-fU \tag{5.11b}$$

方程(5.11)中湍流摩擦应力与柯氏力的比值是罗斯贝数，在典型的对流边界层中罗斯贝数大约为1，因此柯氏力通常是不可忽略的。

由于大气边界层是浅层流动，它在垂直方向上满足流体静力学近似，于是可以把平均动量方程(3.68)的垂直分量方程写成 $\frac{1}{\rho_0}\frac{\partial P}{\partial z}=\frac{g}{\theta_0}\bar{\bar{\theta}}'$，对其求 y 导数则变成 $\frac{\partial}{\partial y}\left(\frac{1}{\rho_0}\frac{\partial P}{\partial z}\right)=\frac{g}{\theta_0}\frac{\partial\bar{\bar{\theta}}'}{\partial y}=\frac{g}{T_0}\frac{\partial T}{\partial y}$。依据地转风定义(5.8)式，并用到 $\frac{\partial\rho_0}{\partial y}=0$，求导可得 $f\frac{\partial U_g}{\partial z}=-\frac{\partial}{\partial z}\left(\frac{1}{\rho_0}\frac{\partial P}{\partial y}\right)=-\frac{1}{\rho_0}\frac{\partial^2 P}{\partial y\partial z}+\frac{1}{\rho_0}\frac{\partial\rho_0}{\partial z}\frac{1}{\rho_0}\frac{\partial P}{\partial y}=\frac{\partial}{\partial y}\left(-\frac{1}{\rho_0}\frac{\partial P}{\partial z}\right)+\frac{fU_g}{H_\rho}\approx\frac{\partial}{\partial y}\left(-\frac{1}{\rho_0}\frac{\partial P}{\partial z}\right)=\frac{g}{T_0}\frac{\partial T}{\partial y}$，

其中 $\frac{1}{H_\rho}=-\frac{1}{\rho_0}\frac{\partial \rho_0}{\partial z}$，$H_\rho$ 是均质大气高度(见(3.12)式)，由于通常情况下边界层厚度与 H_ρ 相比小很多，所以把 $\frac{fU_g}{H_\rho}$ 作为小量略去。同理可得 $f\frac{\partial V_g}{\partial z}=\frac{g}{T_0}\frac{\partial T}{\partial x}$。于是对方程(5.11)求 z 导数使其转化为如下形式：

$$\frac{\partial^2 \overline{uw}}{\partial z^2}=-\frac{g}{T_0}\frac{\partial T}{\partial x}+f\frac{\partial V}{\partial z} \tag{5.12a}$$

$$\frac{\partial^2 \overline{vw}}{\partial z^2}=-\frac{g}{T_0}\frac{\partial T}{\partial y}-f\frac{\partial U}{\partial z} \tag{5.12b}$$

上式意味着当存在水平温度梯度(即大气具有斜压性)时大气边界层中的应力廓线呈现出明显的曲线形状。

在正压情况下，水平温度梯度为零，经由 u_* 和 z_i 无量纲化的平均应力平衡方程(5.12)变成：

$$\frac{\partial^2(\overline{uw}/u_*^2)}{\partial(z/z_i)^2}=\left(\frac{fz_i}{u_*}\right)\frac{z_i}{u_*}\frac{\partial V}{\partial z} \tag{5.13a}$$

$$\frac{\partial^2(\overline{vw}/u_*^2)}{\partial(z/z_i)^2}=-\left(\frac{fz_i}{u_*}\right)\frac{z_i}{u_*}\frac{\partial U}{\partial z} \tag{5.13b}$$

无量纲数 fz_i/u_* 的典型值约为 1 或更小(取 $f=10^{-4}\ \mathrm{s}^{-1}$，$z_i=1\,000\ \mathrm{m}$，$u_*=0.3\ \mathrm{m\cdot s^{-1}}$，其值为 1/3)。当对流条件增强(即 $-z_i/L$ 增大)，平均风速减小，由方程(5.13)推断应力廓线的弯曲度也会减小，当 $-z_i/L$ 大到一定程度时，混合层中的平均风速基本不随高度变化(即风切变近乎为零)，应力随高度呈线性变化。这种变化趋势被大涡模拟结果证实。

图 5.10 显示的是正压对流边界层中应力和平均风速垂直分布的理想化模型。把方程(5.10)写成如下形式：

$$\frac{\partial \overline{uw}}{\partial z}=f(V-V_g) \tag{5.14a}$$

$$\frac{\partial \overline{vw}}{\partial z}=f(U_g-U) \tag{5.14b}$$

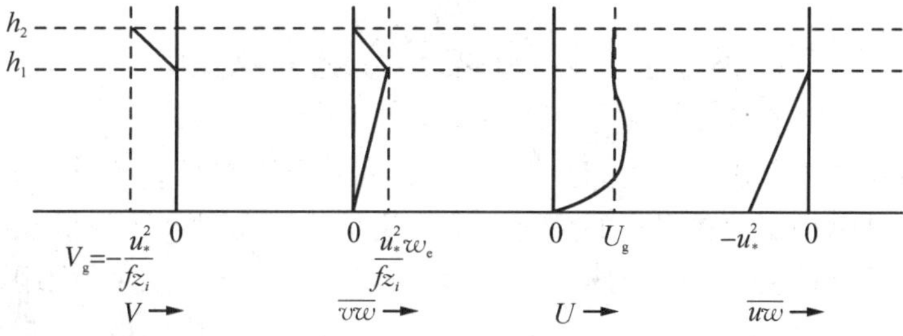

图 5.10　正压对流边界层中平均速度和应力的理想化廓线。其中 w_e 是夹卷速度(其定义将在 5.6 节中介绍)；x 方向是近地层平均风速 U 的方向。引自 Wyngaard(2010)。

取近地层坐标(即近地层平均风速方向为 x 方向,于是 $V=0$),我们可以推断出应力和平均风速在正压对流边界层中的垂直分布:从地面开始 U 随高度增加而 V 为零,在混合层中 U 几乎不随高度变化而 V 依然为零;因为 $\overline{uw}$ 线性减小到边界层顶位置其值为零,所以它的梯度不随高度变化,梯度值为 u_*^2/z_i。于是 U 分量方程(5.14a)变成:

$$\frac{u_*^2}{z_i}=-fV_g,\ 即\ V_g=-\frac{u_*^2}{fz_i} \tag{5.15}$$

在混合层中 $\partial V/\partial z\approx 0$,所以 $\overline{vw}\approx 0$(这个推断基于 K 闭合)。由方程(5.14b)可知 $U\approx U_g$。

如图 5.10 所示,$V\to V_g$ 的调整适应过程(即实际风速趋向于地转风的过程)发生在界面层(即覆盖逆温层)中。如果风向偏转角(即边界层平均风速与地转风之间的夹角)是 α,则 $\tan\alpha=V_g/U_g\approx -u_*^2/fUz_i$,它通常具有的量级是 u_*/U,其量值很小,于是 $\tan\alpha\approx\alpha\approx -u_*^2/fUz_i$。所以风向偏转角 α 可能只有几度,比中性边界层中的典型值小很多。由于出现跨越覆盖逆温层的平均速度跳跃 ΔV,速率为 w_e 的夹卷过程会在逆温层底部产生一个侧向的应力 $-w_e\Delta V\approx w_e\alpha U\approx w_e u_*^2/fz_i$。关于夹卷速度 w_e 的定义,将在本章 5.6 节中介绍。

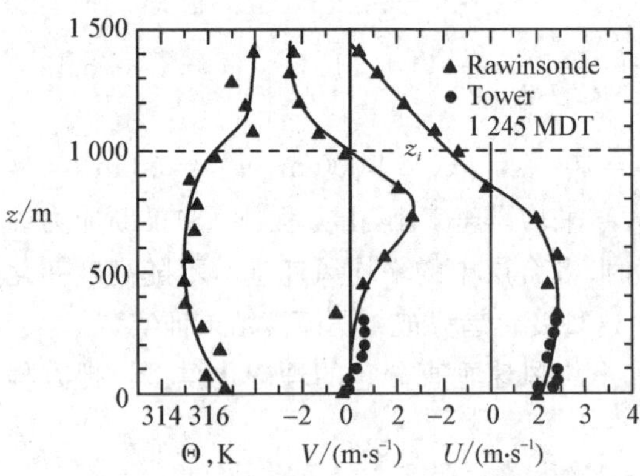

图 5.11 在博尔德(Boulder)大气观测站观测到的 $-z_i/L=250$ 时的平均位温廓线和平均风速廓线。引自 Wyngaard (1985)。

在斜压情况下,方程(5.12)表明斜压性在平稳条件下与具有平均风速切变的柯氏力和具有弯曲廓线形状的应力相平衡。在这种情况下,如果热力作用很强,湍流在垂直方向的充分混合作用能否使得平均风速切变最小化,从而形成斜压性与应力之间建立起平衡关系呢?图 5.11 显示了陆上对流边界层在非常不稳定条件下 $(-z_i/L=250)$ 的平均位温和平均速度的垂直分布,平均位温廓线表现出对流边界层的典型特征,但平均风向发生了 180°变化。观测表明斜压对流边界层中通常不会发生上述情况。大气斜压性会显著影响大气边界层结构,使得平均风速廓线和应力廓线产生明显的弯曲。

§5.5 对流边界层的标量场

由于对流边界层中存在大尺度湍流涡旋(如大涡),所以它在垂直方向上是充分混合的。给人的直观感受是标量变量在强烈的垂直混合作用下应该在混合层中呈现出上下一致的分布特征。这种情况出现在平均位温廓线上(平均位温在混合层中几乎是不随高度变化的,如图 5.1 和图 5.11 所示),但平均水汽混合比却经常是随高度变化的(如图 5.1 所示),这与对流边界层顶部发生的夹卷过程有关。换句话说,夹卷过程对保守标量在混合层中的垂直分布起到了非常重要的作用。

夹卷过程在对流边界层顶这个位置产生了上下交换，从湍流扩散的角度讲就是形成了湍流通量。由于从效果上讲(也就是站在边界层内部来看)是把自由大气卷入了边界层当中，于是把这个过程称为“顶部向下扩散”。与之相对应，把地气交换过程称为“底部向上扩散”。对于热量交换而言，实际发生的确实是“顶部向下扩散”和“底部向上扩散”，因为对流边界层顶部的热通量方向向下，而地表热通量方向向上。但是对于水汽而言，由于地表的蒸发作用，在地表形成向上的水汽通量，地气交换过程确实是“底部向上扩散”，而对流边界层顶部的水汽通量经常是方向向上的(因为自由大气中的水汽含量更小)，这种情况仍然被称为“顶部向下扩散”。由此可见，所谓“顶部向下扩散”和“底部向上扩散”并非指的是通量的方向，而是指的交换过程发生的位置。把这样的说法应用于海洋边界层时，“顶部”指的是温跃层，而“底部”指的是海洋表面(Wyngaard，2010)。

在水平均匀的情况下，保守标量的平均浓度 C 满足：

$$\partial C/\partial t = -\partial \overline{wc}/\partial z \tag{5.16}$$

方程中的分子扩散项已被略去(因为分子扩散作用远小于湍流扩散)。如果我们考虑标量垂直梯度 $\partial C/\partial z$ 不随高度变化的情况，则通量 $\overline{wc}$ 在混合层中随高度是线性变化的，于是可以把通量廓线写成如下形式：

$$\overline{wc} = \overline{(wc)}_0(1 - z/z_i) + \overline{(wc)}_i(z/z_i) \tag{5.17}$$

它表示高度 z 上的标量通量包含了底部向上扩散(体现在 $\overline{(wc)}_0$ 上)和顶部向下扩散(体现在 $\overline{(wc)}_i$ 上)两部分的贡献。

接下来我们分别考虑这两个过程。对于底部向上扩散过程，其涡旋扩散率 K_b 可以写成：

$$K_b = -\overline{wc}_b/(\partial C_b/\partial z) = -\overline{(wc)}_0(1 - z/z_i)/(\partial C_b/\partial z) \tag{5.18}$$

其中下标 b 表示“底部向上”(bottom-up)。而对于顶部向下扩散过程，其涡旋扩散率 K_t 可以写成：

$$K_t = -\overline{wc}_t/(\partial C_t/\partial z) = -\overline{(wc)}_i(z/z_i)/(\partial C_t/\partial z) \tag{5.19}$$

其中下标 t 表示“顶部向下”(top-down)。我们把标量的平均浓度和扰动浓度分解成两部分：

$$C = C_b + C_t \tag{5.20}$$

$$c = c_b + c_t \tag{5.21}$$

那么把两部分合在一起，它应该满足如下关系：

$$\partial C/\partial z = -[\overline{(wc)}_0(1 - z/z_i)/K_b + \overline{(wc)}_i(z/z_i)/K_t] \tag{5.22}$$

上式表明：(1) 如果两个通量的方向相同(即符号相同)，则 C 的垂直梯度会比较大，这是水汽混合比廓线的特征；(2) 如果两个通量的方向相反(即符号相反)，则 C 的垂直梯度会更接近于零，这是位温廓线的特征。

我们可以运用方程(5.22)把涡旋扩散率 K 写成如下形式：

$$K = -\overline{wc}/(\partial C/\partial z) = \frac{K_b K_t \overline{wc}}{K_t \overline{(wc)}_0 (1 - z/z_i) + K_b \overline{(wc)}_i (z/z_i)} \tag{5.23}$$

由于 K 取决于顶部和底部两个通量，上式显示这个方案中 K 与两部分是非线性关系。Holtslag and Moeng (1991)发现，即使 K_b 和 K_t 都能够合理地描述各自的扩散过程(所谓合理，指的是 K_b 和 K_t 在混合层随高度连续变化，并且保持为正值，但两者是不对称的——即它们的垂直分布关于 $z/z_i = 0.5$ 平面不对称)，K 的行为也会出现不合理的情况(所谓不合理，指的是 K 会出现负值)。

对于方程(5.22)，想要得到 C 的垂直廓线，就要知道涡旋扩散率 K_b 和 K_t，这样才能对方程进行垂直积分。K_b 和 K_t 的表达式通常依据大涡模拟结果来获得，Moeng and Wyngaard (1984)得到如下关系：

$$K_t = 1.4 w_* z (1 - z/z_i)^2 \tag{5.24}$$

$$K_b = w_* z_i (1 - z/z_i)/g_b \tag{5.25}$$

顶部向下的涡旋扩散率表现出合理的行为，并在整个对流边界层中都是正值。但是梯度函数 g_b 在混合层中下部是正值，而在 $z/z_i = 0.6$ 高度上改变了符号(在此高度之上 g_b 变为负值，详见 Moeng and Wyngaard (1984)的文章，也可以参见 Wyngaard (2010)所著的 *Turbulence in the Atmosphere* 一书的第 11.3.1 节)，这表明 K 闭合方案在描述对流边界层扩散行为时失效了，因为 K_b 在混合层中部出现了奇异点(即 K 的符号发生了改变)。K_b 的这个结果意味着底部向上扩散在混合层中上部出现了反梯度(或者说成逆梯度)输送行为。把 K_t 和 K_b 的表达式代入方程(5.22)，积分可得

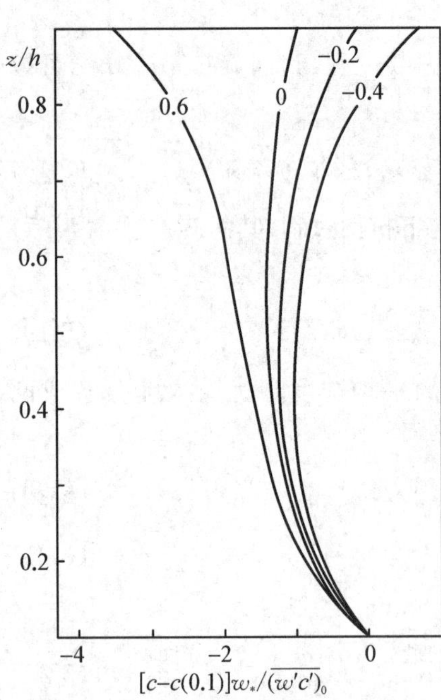

图 5.12　对应于不同 R 值的归一化 C 廓线。$C(0.1)$ 是近地层顶 $z/z_i = 0.1$ 高度上的浓度，由方程(5.26)计算获得。引自 Garratt (1992)。

$$C = -[\overline{(wc)}_0 / w_* z_i] \int g_b \mathrm{d}z - 0.7[\overline{(wc)}_i / w_*] (1 - z/z_i)^{-1} + 常数 \tag{5.26}$$

在合适的边界条件下，由上式可以获得 C 廓线。廓线的形状受到 $R = \overline{(wc)}_i / \overline{(wc)}_0$ 取值的影响，如图 5.12 所示。当 R 为小的负值时(例如 $R = -0.2$)，廓线类似于位温在对流边界层中的垂直分布，这个廓线形状表明在对流边界层上部存在热量的反梯度输送问题。当 R 为正值时，廓线呈现出“未被充分混合”的特征(随高度有明显的变化)，这种情况经常出现在湿度廓线上。

对流边界层的“顶部向下扩散”和“底部向上扩散”行为形成了标量平均廓线的特有形状。特别是位温廓线，其在对流边界层上部表现为弱稳定层结(即 $\partial\Theta/\partial z > 0$)，而在这个区域内热量是向上输送的(即 $\overline{w\theta} > 0$)，这使得 K 闭合方案 $\overline{w\theta} = -K_H \partial\Theta/\partial z$ 产生了奇异，因为在此情形之下 K_H 变成了负值，这在物理

上是不合理的。

从现象学层面上讲，这种情况被归结为反梯度（或逆梯度）输送行为。由于 K 闭合方案的简单性以及它在应用于数值模式所具有的方便性，人们很自然地想到通过对它进行改进来克服物理意义上的不合理性。于是，Deardorff (1966，1972)提出在 K 闭合方案中增加一个反梯度输送项 γ_{cg}（下标 cg 表示“反梯度”，对应于英文 counter-gradient），把 K 闭合方案的表达式改写成如下形式：

$$\overline{w\theta} = -K_H\left(\frac{\partial\Theta}{\partial z} - \gamma_{cg}\right) \tag{5.27}$$

其中 K_H 和 γ_{cg} 都是正值。$K_H\gamma_{cg}$ 代表了热通量 $\overline{w\theta}$ 与顺梯度输送部分 $-K_H\partial\Theta/\partial z$ 之间的差值。由于在对流边界层上部 $-\gamma_{cg}$ 的符号与局地位温梯度 $\partial\Theta/\partial z$ 的符号相反，它被称为反梯度修正项，简称为反梯度项。在对流边界层下部 $-\gamma_{cg}$ 与 $\partial\Theta/\partial z$ 符号一致，其输送效果与顺梯度项是相同的。在混合层中反梯度热通量占主导，而顺梯度热通量在近地层和夹卷层中占主导。通常把反梯度热通量归结为混合层中大尺度涡旋的非局地扩散作用。

在这个改进的热通量方案中我们需要知道 K_H 和 γ_{cg} 的具体表达式。Holtslag and Moeng (1991)提出：

$$\gamma_{cg} = \frac{g}{\theta_0}\frac{\overline{\theta^2}}{\overline{w^2}} \tag{5.28}$$

$$K_H = w_* z_i\left(\frac{z}{z_i}\right)^{4/3}\left(1-\frac{z}{z_i}\right)^2\left(1+R_H\frac{z}{z_i}\right) \tag{5.29}$$

其中 $\overline{\theta^2}$ 和 $\overline{w^2}$ 是扰动位温方差和垂直湍流速度方差（后者满足(5.5)式），$R_H=-0.2$ 是夹卷热通量与底部热通量之比（即夹卷通量比，取为固定值 -0.2 代表对流边界层的典型值）。

在现行的数值模式中存在多个边界层湍流参数化方案，主要分为两种类型，一类是局地闭合方案，另一类是非局地闭合方案，其中 YSU 方案属于后者，它是 K 闭合模型的改进方案，这个方案在顺梯度热通量和反梯度热通量之外还显式地包含了夹卷通量项，具体表达式如下（Hong et al.，2006）：

$$\overline{w\theta} = -K_H\left(\frac{\partial\Theta}{\partial z} - \gamma_{cg}\right) + \overline{(w\theta)}_i\left(\frac{z}{z_i}\right)^3 \tag{5.30}$$

$$\gamma_{cg} = 6.8\,\frac{\overline{(w\theta)}_0}{w_{s0}z_i} \tag{5.31}$$

$$K_H = \kappa w_s z\left(1-\frac{z}{z_i}\right)^2 Pr \tag{5.32}$$

其中 w_{s0} 是混合层中的速度尺度 w_s 在 $z/z_i=0.5$ 高度上的取值，而 w_s 的垂直廓线具有如下形式：

$$w_s = (u_{*0}^3 + \phi_m^* \kappa w_*^3 z/z_i)^{1/3} \tag{5.33}$$

其中 ϕ_m^* 是近地层顶 $(z/z_i=0.1)$ 所在高度的无量纲风切变，即

$$\phi_{\mathrm{m}}^{*}=\frac{\kappa z}{u_{*0}}\frac{\partial U}{\partial z}=\left(1-16\,\frac{0.1z_i}{L}\right)^{-1/4} \tag{5.34}$$

方程(5.32)中的湍流普朗特数 Pr 按下列式子计算：

$$Pr=1+(Pr_0-1)\exp\left[-3\left(\frac{z}{z_i}-1\right)^2\right] \tag{5.35}$$

其中 $Pr_0=1.272$ 是湍流普朗特数的地面值。在方程(5.30)中的夹卷热通量 $\overline{(w\theta)}_i$ 按下列式子计算：

$$\overline{(w\theta)}_i=-e_1 w_{\mathrm{m}}^3/z_i \tag{5.36}$$

其中 $e_1=4.5\ \mathrm{m^{-1}\cdot s^{-2}\cdot K^{-1}}$ 是经验常数，$w_{\mathrm{m}}=(w_*^3+5u_{*0}^3)^{1/3}$ 是混合层湍流速度尺度(它包含了浮力和切变两者的贡献)。

Zhou et al. (2018)依据大涡模拟结果对上述两个方案进行了检验，结果表明这两个方案在描述对流边界层热量垂直扩散行为方面是相似的。在混合层中上部和夹卷层中顺梯度热通量与反梯度热通量的符号相反，顺梯度热通量为负值，这对应于 $z=0.4z_i$ 高度之上平均位温梯度为正值所形成的向下热通量，与之相对应的是反梯度热通量在 $0.4z_i-0.8z_i$ 高度范围内的量值超过了顺梯度热通量，从而在这个高度范围内形成净向上热通量。所以，把顺梯度扩散和反梯度扩散相结合的这种类型的热量输送模型能够再现出实际对流边界层中热通量的垂直分布状况，并且在物理意义上似乎是合理的和清晰的。我们一般把顺梯度热量输送归结为小尺度湍流涡旋的局地扩散作用，而把反梯度热量输送归结为大尺度湍流涡旋的非局地扩散作用。但是，Zhou et al. (2018)对大涡模拟结果的进一步分析表明，小尺度湍流涡旋的局地扩散作用所形成的热通量与大尺度湍流涡旋的非局地扩散作用所形成的热通量具有相同的符号，即两者在 $0.8z_i$ 高度之下都是正值，而在此高度之上都是负值。也就是说，在 $0.4z_i-0.8z_i$ 高度范围内小尺度湍流涡旋的作用是向上输送热量，而在这个高度范围内 $\partial\Theta/\partial z>0$，这与我们通常理解的局地扩散理论(即 K 理论)产生了矛盾，其中的缘由有待进一步探究。由此可见，我们在对流边界层湍流过程的认识方面仍然存在着很大的局限性。从应用层面上讲，数值模式运用顺梯度扩散和逆梯度扩散相结合的参数化方案确实能够模拟出对流边界层中与实际相符的温度垂直分布和热通量垂直分布。但从物理意义上讲，我们并不清楚与这个参数化方案相对应的湍流过程到底是怎样的。陆地上对流边界层几乎每天都在重复发生，真实的场景就在我们面前，应该说在现象学层面上我们对对流边界层已经有了较为充分的了解(至少与稳定边界层相比是这样的)，但是我们对这些现象背后的物理本质仍知道得不多，对有些现象的理解(特别是涉及到湍流过程的理解)可能是错误的，这正是引人入胜的地方，也是我们研究大气边界层湍流的动力所在。

§5.6　混合层的整层性质

在面对不同问题的时候我们会采用不同的模型来描述对流边界层的平均结构，不同模型之间的主要差别在于如何表征覆盖逆温层的结构。如图 5.13 所示，有两个理想化的对流边界层结构模型。一个是“零阶模型”或“平板模型”，如图 5.13(a)和(b)所示，很薄的近地层和自由对流层被当作一层来看待(姑且称为低层,实际就是近地层),而覆盖逆温层的厚度被忽略,物理量在对流边界层顶附近的变化被处理成如同台阶状的跳跃变化(零阶模型不考虑覆盖逆温层的厚度,英文名称为 zero-order jump model),于是对流边界层被简化成两层结构,在有些问题中低层的热容量和动量损失与整个混合层相比被认为可以忽略不计,于是对流边界层可被看作是更为简化的一个平板(即平板模型,英文名称就是 slab model)。另一个模型就是"一阶模型"(英文名称为 first-order jump model),如图 5.13(c)所示,这个模型考虑了覆盖逆温层的厚度 Δh,于是物理量在覆盖逆温层内有一个跳跃式的变化,这个变化被处理成随高度的线性变化。这两个模型常被用于研究对流边界层增长和夹卷过程,在所研究的问题当中涉及一个非常重要的物理量,它就是 $z=z_i$ 高度处的夹卷热通量 $\overline{(w\theta)}_i$。

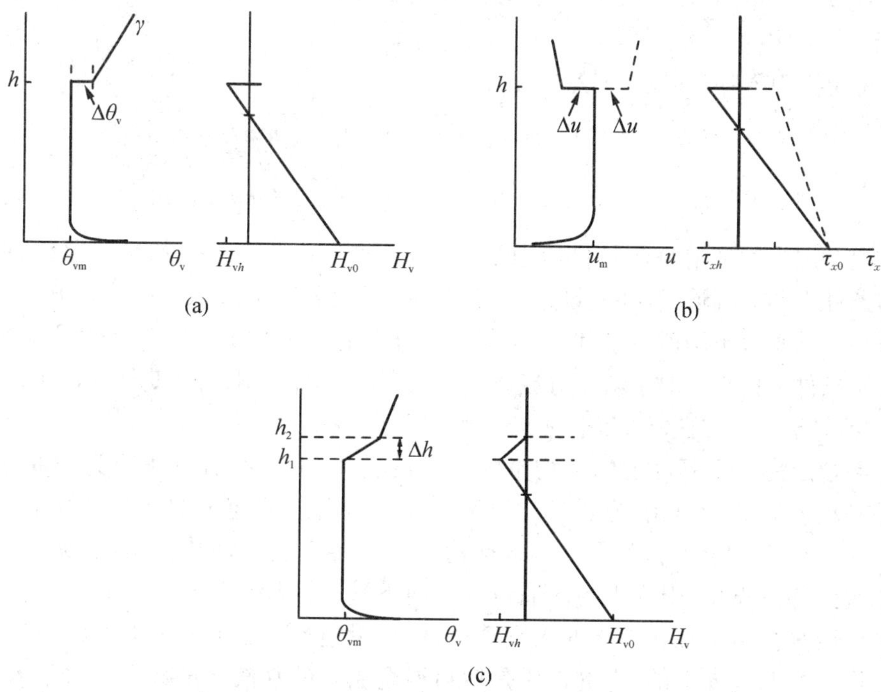

图 5.13 对流边界层位温和风速以及热通量和动量通量的垂直结构示意图。在(a)和(b)中假设覆盖逆温层厚度为零,对应于零阶模型;在(c)中覆盖逆温层具有一定的厚度 Δh,这个结构特征更接近真实大气中的情况,对应于一阶模型。引自 Garratt (1992)。

对于任意一个物理量 S 的守恒方程,我们可以从地面到 z_i 对它进行积分,从而得到关于这个物理量在边界层中的垂直平均量 S_m 的方程。在零阶模型中,积分的上限设为 $z_i-\varepsilon$,并在积分之后取 $\varepsilon\rightarrow 0$ 的极限;对于一阶模型则不需要这样的步骤,直接进行积分即可。对方程(5.16)积分得到的结果是:

$$\partial S_m/\partial t=[\overline{(ws)}_0-\overline{(ws)}_i]/z_i \tag{5.37}$$

其中 S_m 是 S 的垂直平均值,其定义如下:

$$S_m=z_i^{-1}\int_{z_0}^{z_i}S\mathrm{d}z \tag{5.38}$$

这里需要指出的是，方程(5.37)是积分过程中运用了莱布尼兹法则之后的结果，即被积方程的左边为：

$$\int_{z_0}^{z_i}(\partial S/\partial t)\mathrm{d}z=\frac{\partial}{\partial t}\int_{z_0}^{z_i}S\mathrm{d}z-S(z_i)\partial z_i/\partial t \tag{5.39}$$
$$=z_i\partial S_\mathrm{m}/\partial t-[S(z_i)-S_\mathrm{m}]\partial z_i/\partial t$$

取$S(z_i)=S_\mathrm{m}$，则被积方程的左边就变成了$z_i\partial S_\mathrm{m}/\partial t$。而被积方程的右边是$\int_{z_0}^{z_i}-\frac{\partial\overline{ws}}{\partial z}\mathrm{d}z=\overline{(ws)}_0-\overline{(ws)}_i$，整理之后就是方程(5.37)的样子。该方程描述了混合层整层位温或比湿的时间变化(显然，与辐射相关的源汇项被忽略掉，因为被积分的方程是$\partial S/\partial t=-\partial\overline{ws}/\partial z$)。

对于动量守恒方程，积分结果是

$$\partial U_\mathrm{m}/\partial t=f(V_\mathrm{m}-V_\mathrm{gm})+[\overline{(uw)}_0-\overline{(uw)}_i]/z_i \tag{5.40a}$$

$$\partial V_\mathrm{m}/\partial t=-f(U_\mathrm{m}-U_\mathrm{gm})+[\overline{(vw)}_0-\overline{(vw)}_i]/z_i \tag{5.40b}$$

这些关于混合层中物理量的垂直平均值的方程包含了$z=z_i$高度处的夹卷通量，它们都是水平均匀条件下的方程形式，并假设边界层之上的风速就是地转风。虽然在方程(5.40)中给出了地转风的垂直平均值U_gm和V_gm，但严格来讲把方程(5.37)和(5.40)联立起来的方程组只在正压条件下成立。对于斜压对流边界层而言，U_g和V_g随高度变化(这意味着$\partial\Theta/\partial x$和$\partial\Theta/\partial y$不等于零)，方程(5.37)中应该包含$\Theta$的水平梯度项。

由于混合层中各个高度上的平均量随时间的变化都是相同的(正因为如此才把方程写成整层平均的形式)，因此，方程(5.37)和(5.40)所对应的通量廓线是线性的。在方程(5.37)中取$S=\Theta$，我们可以看到，地表热通量对边界层起到加热作用，而夹卷热通量对边界层也起到加热作用(因为夹卷热通量方向向下)。对于湿度而言，取$S=\bar{q}$，地表蒸发形成的水汽通量会增加混合层中的水汽含量，但如果边界层之上是更干燥的空气，那么水汽夹卷通量的方向是向上的，它的作用是使得混合层中的水汽含量减少。对于风速而言，如果$U_\mathrm{m}>0$，则$\overline{(uw)}_0<0$(也就是说$\tau_{x0}=-\rho\overline{(uw)}_0>0$，如图5.13(b)所示)，因为地表的摩擦作用是使得混合层气流失去动量。如果边界层之上的风速U_g大于U_m，上层空气的卷入意味着产生加速作用，很显然这会造成$\overline{(uw)}_i$为负值(也就是说$\tau_{xi}=-\rho\overline{(uw)}_i$为正值，如图5.13(b)中虚线所示)；如果边界层之上的风速U_g小于U_m，那么夹卷通量起到的是减速作用，这使得$\overline{(uw)}_i$为正值(也就是说$\tau_{xi}=-\rho\overline{(uw)}_i$为负值，如图5.13(b)中实线所示)。

在对流边界层顶出现了平均量的跳跃值$\Delta S=S(z_i)-S_\mathrm{m}$，运用零阶模型可以建立起夹卷通量与$\Delta S$之间的关系。我们采用平均量守恒方程的一维形式(即水平均匀条件下的方程形式)，并保留垂直平流项(为了不失一般性，考虑大尺度背景场有上升或下沉运动，其平均速度为W)，对方程进行$z_i-\varepsilon$和$z_i+\varepsilon$之间的垂直积分，运用方程(5.39)和(5.40)，然后取$\varepsilon\to0$的极限，就可以得到如下关系：

$$\overline{(uw)}_i=-\Delta U(\partial z_i/\partial t-W)=-w_\mathrm{e}\Delta U \tag{5.41}$$

$$\overline{(vw)}_i = -\Delta V(\partial z_i/\partial t - W) = -w_e \Delta V \tag{5.42}$$

$$\overline{(w\theta)}_i = -\Delta\Theta(\partial z_i/\partial t - W) = -w_e \Delta\Theta \tag{5.43}$$

$$\overline{(wq)}_i = -\Delta\bar{q}(\partial z_i/\partial t - W) = -w_e \Delta\bar{q} \tag{5.44}$$

其中 $w_e = \partial z_i/\partial t - W$ 是夹卷速度，它表示无湍流的自由大气被有湍流的混合层大气侵蚀的平均速度。如果 $W=0$(大尺度背景场没有垂直运动)，则 $w_e = \partial z_i/\partial t$，夹卷速度就是对流边界层高度的抬升速度。如果 $w_e = -W$，夹卷速度就与平均下沉运动相平衡，于是 $\partial z_i/\partial t = 0$，这种情况经常发生在天气条件稳定的海上边界层。在陆地上，w_e 的量值通常在上午及下午的前半段超过 W，使得 z_i 增长。在高压天气系统控制下 W 为负值，限制 z_i 增长，并抑制了边界层云的形成，因此，在高压控制区经常是晴空。

因为混合层中的物理量在对流边界层发展过程中发生变化，所以物理量在对流边界层顶部的跳跃值也相应地发生变化。按照零阶模型的廓线形状，可以得出 $\partial S(z_i)/\partial t = (\partial S/\partial z)^+(\partial z_i/\partial t - W)$，其中 $(\partial S/\partial z)^+$ 是物理量 S 在自由大气中 (z_i 之上)的垂直梯度。于是物理量跳跃值的方程可以写成如下形式：

$$\partial(\Delta S)/\partial t = (\partial S/\partial z)^+(\partial z_i/\partial t - W) - \partial S_m/\partial t \tag{5.45}$$

对于 Θ 和 $\bar{q}$，$\partial S_m/\partial t$ 按方程(5.37)计算；对于风速，$\partial S_m/\partial t$ 按方程(5.40)计算。对于位温而言，$(\partial\Theta/\partial z)^+ = \gamma_\theta$ (如图 5.13 所示)，由方程(5.45)可以看出，引起 $\Delta\Theta$ 变化的途径有三种：由于 $\gamma_\theta > 0$，混合层高度增加或者大尺度背景场存在下沉运动 ($W < 0$) 都会使它增大，而混合层增温会使它减小。

基于零阶模型，我们可以建立起简单的混合层模式。这个模式的基本方程是关于位温的方程：

$$\partial \Theta_m/\partial t = [\overline{(w\theta)}_0 - \overline{(w\theta)}_i]/z_i \tag{5.46}$$

$$\partial(\Delta\Theta)/\partial t = \gamma_\theta(\partial z_i/\partial t - W) - \partial \Theta_m/\partial t \tag{5.47}$$

以及关于夹卷通量的方程(5.43)。这 3 个方程包含了 7 个未知量，如果假设 W 和 γ_θ 是已知量，则这组方程里有 5 个未知量：Θ_m、$\Delta\Theta$、z_i、$\overline{(w\theta)}_0$ 和 $\overline{(w\theta)}_i$。如果我们认为地表热通量 $\overline{(w\theta)}_0$ 作为边界条件应该被看作是已知量，那么这组方程就剩下 4 个未知量。我们可以对湍流能量(TKE)方程进行垂直积分来使方程组得到闭合。闭合问题主要针对如何确定夹卷热通量。

§ 5.7　对流边界层增长

为研究对流边界层增长，需要把增长率 $\partial z_i/\partial t$ 与边界层的已知量联系起来，这些量包括地表热通量、边界层高度、$\Delta\Theta$ 和 γ_θ。把方程(5.46)和(5.47)联立起来可得：

$$\partial(\Delta\Theta)/\partial t = \gamma_\theta(\partial z_i/\partial t - W) - [\overline{(w\theta)}_0 - \overline{(w\theta)}_i]/z_i \tag{5.48}$$

其中 $\overline{(w\theta)}_i$ 可以用方程(5.43)来表示。

如果我们假设 $\Delta\Theta=\overline{(w\theta)}_i=0$(即不考虑夹卷过程,我们称这样的混合层模式为侵入模式,英文名称为 encroachment model),并假设 $W=0$,则方程(5.48)蜕变成如下形式:

$$(\partial z_i/\partial t)^{\text{enc}}=\overline{(w\theta)}_0/\gamma_\theta z_i \tag{5.49}$$

其中上标 enc 表示 encroachment(意思是混合层不断向上侵入覆盖逆温层)。取夏季晴天中午前后的典型值: $z_i=1\,000$ m, $\gamma_\theta=5$ K·km^{-1} 及 $\overline{(w\theta)}_0=0.2$ K·m·s^{-1},则对流边界层厚度的增长率为 0.04 m·s^{-1}(或 144 m·h^{-1})。侵入模式意味着混合层空气的增温只是地表加热的结果(忽略掉了夹卷过程的贡献),它可以作为对流边界层增长率的粗略估计。

实际上在对流边界层的发展进程中伴随着夹卷过程,因此,需要对夹卷热通量进行参数化。通常采用的参数化方案是引入夹卷通量比 β,于是有

$$\overline{(w\theta)}_i=-\beta\,\overline{(w\theta)}_0 \tag{5.50}$$

如果知道 β 的取值,我们便知道 $\overline{(w\theta)}_i$,所以方程(5.50)把夹卷热通量的参数化转化为夹卷通量比 β 的参数化(在简单模式当中会把 β 取为常数,通常取 $\beta=0.2$)。于是在不考虑大尺度背景场垂直运动的情况下(即 $W=0$),运用方程(5.43)可以把方程(5.48)写成如下形式:

$$\beta^{-1}(1+\beta)\Delta\Theta\partial z_i/\partial t=\gamma_\theta z_i\partial z_i/\partial t-z_i\partial(\Delta\Theta)/\partial t \tag{5.51}$$

这个方程的解(Betts, 1973, 1974)是:

$$\Delta\Theta=\gamma_\theta z_i\beta/(1+\beta) \tag{5.52}$$

将上式代入方程(5.43),并联合方程(5.50),可得

$$\partial z_i/\partial t=(1+2\beta)\,\overline{(w\theta)}_0/\gamma_\theta z_i \tag{5.53}$$

基于方程(5.53),我们可以做如下一些有益的讨论:

① 对比方程(5.49)和(5.53)让我们知道,就对流边界层的发展进程而言,考虑夹卷过程的对流边界层高度抬升速度是不考虑夹卷过程的侵入模式的 $1+2\beta\approx1.4$ 倍,夹卷过程的实际贡献为 $2\beta/(1+2\beta)\approx30\%$。由此可见,夹卷过程对于对流边界层而言是不可忽略的(如在 5.5 节中所讨论的那样,夹卷过程还会影响到标量在混合层中的垂直分布)。

② 关于夹卷通量比 β,在干空气和湿空气中的取值其实是不同的。假如我们认为方程(5.50)是针对湿空气的,即 $\overline{(w\theta_v)}_i=-\beta_v\,\overline{(w\theta_v)}_0$,且 $\beta_v=0.2$,那么

$$\overline{(w\theta)}_i/\overline{(w\theta)}_0=-\beta_v-0.61\Theta[\beta_v\,\overline{(wq)}_0+\overline{(wq)}_i]/\overline{(w\theta)}_0$$

上式表明 $\overline{(w\theta)}_i/\overline{(w\theta)}_0$ 会是一个更大的负值。如果我们假设 $\overline{(wq)}_0=\overline{(wq)}_i$,取 $\Theta=300$ K,取波文比 $B=c_p\rho Q_0/\lambda E_0=\gamma\,\overline{(w\theta)}_0/\overline{(wq)}_0=1.0$,其中 $\gamma=c_p/\lambda$ 被称为干湿表常数(psychrometric constant),则 $\overline{(w\theta)}_i/\overline{(w\theta)}_0=-0.29$。相反地,如果按(5.50)式取 $\beta=0.2$,其他取值不变,则 $\beta_v=0.11$。在这里我们通过这个例子从概念上提醒大家,$\overline{w\theta}$ 与 $\overline{w\theta_v}$ 不同,如果相关计算涉及它们之间的差别,我们应该能够将它们区分清楚,其实这个问题还直接涉及地表能量平衡关系 $Rn_0-G_0=H_0+\lambda E_0$,其中 Rn_0 是地表接收的净辐射,G_0 是地表的土壤热通量,$H_0=c_p\rho\,\overline{(w\theta)}_0$ 是地表感热通量,$\lambda E_0=\lambda\rho\,\overline{(wq)}_0$ 是地表潜热通量。如果在这个

平衡关系中用 $H_{v0}=c_p\rho\,\overline{(w\theta_v)}_0$ 代替 H_0，则地面气温为 300 K 时这个平衡关系的右边应该是 $H_{v0}+0.93\lambda E_0$（请见 Garratt 1992 年著 *The Atmospheric Boundary Layer* 书中第 116 页）。

③ 我们可以把方程(5.53)写成如下形式：

$$\partial/\partial t(z_i^2/2)=\gamma_\theta^{-1}(1+2\beta)\,\overline{(w\theta)}_0 \tag{5.54}$$

如果把 γ_θ 看作是常数，于是积分可得

$$(z_i^2-z_{i0}^2)/2=\gamma_\theta^{-1}(1+2\beta)\int_0^t\overline{(w\theta)}_0\mathrm{d}t' \tag{5.55}$$

其中 z_{i0} 是 $t=0$ 时刻的边界层高度。对于侵入模式而言，如果取 $z_{i0}=0$，则有

$$z_i^2=(2/\gamma_\theta)\int_0^t\overline{(w\theta)}_0\mathrm{d}t' \tag{5.56}$$

它是单纯加热驱动下（即地表加热作用输入的热量仅用于混合层空气增温）的对流边界层高度演变公式，这样的单纯加热过程如图 5.14(a)所示。

④ 方程(5.56)可以作为简化模式来描述上午时段浅薄对流边界层增长并突破贴地逆温层的过程。假设贴地逆温层的厚度是 h_i，逆温层中 Θ 随高度是线性增加，于是 $\gamma_\theta=\Delta\Theta/h_i$，其中 $\Delta\Theta$ 是逆温层上下的温差。假设地表热通量随时间线性增加，即 $\overline{(w\theta)}_0=(t/T)\,\overline{(w\theta)}_\mathrm{n}$，其中 $\overline{(w\theta)}_\mathrm{n}$ 是中午时分的地表热通量，$T\approx 3\,\mathrm{h}$ 是上午时段的时长。于是依据方程(5.56)可以粗略地估算出贴地逆温层被完全加热并消失所需要的时间，也就是贴地逆温层被对流边界层不断侵蚀直至完全瓦解所需要的时间，这个时间长度为

$$t=(Th_i\Delta\Theta/\overline{(w\theta)}_\mathrm{n})^{1/2} \tag{5.57}$$

取中午时分地表热通量的最大值为 500 $\mathrm{W\cdot m^{-2}}$，早晨贴地逆温层的厚度为 250 m，$\Delta\Theta$ 为 10 K，这些值为中纬度地区夏季晴天的典型值。用方程(5.57)估算出的逆温层瓦解时间是大于 2.5 h。而冬季地表热通量会小很多，逆温层瓦解时间会超过 5 h。虽然这个简单模式并未考虑夹卷过程以及切变作用的影响，但其估算结果与观测基本相一致。

⑤ 把夹卷通量与地表通量联系在一起的方程(5.50)在上述分析讨论中并没有考虑机械湍流的作用，而方程(5.49)是在不考虑夹卷过程的情况下得到的。引入摩擦作用需要建立起更具一般性的夹卷通量闭合方案，从而使边界层厚度增长速度的方程中包含动力强迫的贡献（这部分内容我们将在下一节中介绍）。这里我们讨论只有风速驱动的机械混合情形（即地表热通量为零）。对于初始状态是垂直位温梯度为 γ_θ 的逆温层，经过 t 时间的混合以后其位温廓线如图 5.14(b)所示。考虑简单情况，即混合作用在 $z=h$ 的高度上形成的位温跳跃值为 $\Delta\Theta=\gamma_\theta h/2$，在高度 h 之下气层被充分混合（层内各高度上的位温相同），这里需要指出的是，只要认为高度 h 之下气层被混合成均匀一致，那么在 $z=h$ 的高度上位温跳跃值就应该是 $\gamma_\theta h/2$。事实上，它是方程(5.48)在所设定条件下的解，相当于在方程(5.52)中取 $\beta=\infty$。把 $\Delta\Theta=\gamma_\theta h/2$ 代入方程(5.43)，并取 $W=0$，那么这一层的厚度增长速度为

$$\partial h/\partial t=-2\,\overline{(w\theta)}_i/\gamma_\theta h \tag{5.58}$$

其实它就是方程(5.53)对应于 $\beta=\infty$ 的解。现在的问题是如何闭合夹卷通量。在这种情况

下,我们认为夹卷通量是地表摩擦作用通过机械湍流的整层混合在 $z=h$ 处形成热量交换,如果我们设置一个待定系数 c_1,那么夹卷通量可以表示成

$$\overline{(w\theta)}_i = c_1 u_{*0}^3 / h \tag{5.59a}$$

这个关系式可以从湍流能量方程推得(Tennekes and Driedonks, 1981)。于是增长速度可以写成

$$\partial h / \partial t = 2c_1 u_{*0}^3 / \gamma_\theta h^2 \tag{5.59b}$$

对上式积分可得 $h \propto u_{*0} t^{1/3}$,它不同于浮力驱动的夹卷过程所对应的结果 $h \propto t^{1/2}$(基于方程(5.56),并取地表热通量为常值)。

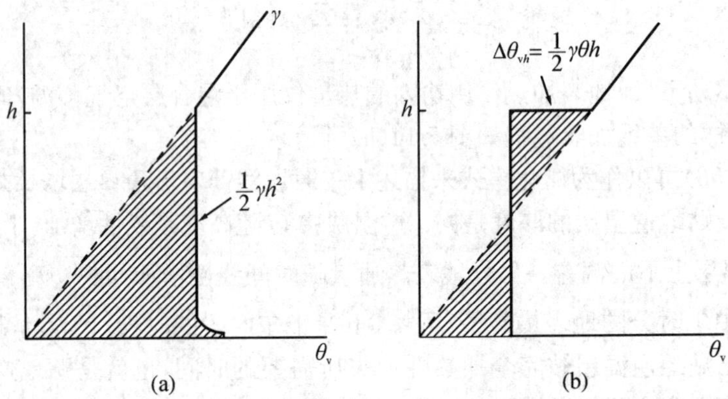

图 5.14　混合层加热过程示意图:(a) 单纯加热的侵入过程,(b) 动力夹卷所形成的加热过程。在(a)中 $\Delta\Theta=0$;在(b)中 $\overline{(w\theta)}_0=0$。在(a)中阴影部分表示对地表热通量的时间积分(见(5.56)式);在(b)中两块阴影部分的面积相等,由于没有外来热量输入,实际上它只表现为热量在垂直方向的重新分布。引自 Tennekes and Driedonks (1981)。

§5.8　夹卷通量参数化

通过前面几节的分析和讨论,我们已经知道,夹卷过程是发生在对流边界层顶部的重要物理过程。这个过程不仅影响保守标量在混合层中的垂直分布,而且对边界层的发展有重要贡献,因此,在数值模式当中需要对这个过程做出相应的描述。在不考虑大尺度背景场垂直运动的情况下,夹卷速度就是对流边界层高度的抬升速度,依据对流边界层位温垂直分布的结构模型,夹卷速度与夹卷热通量及位温在夹卷层中的跳跃值有关(见(5.43)式)。前面的分析主要基于零阶模型,本节依据一阶模型来分析热力和切变共同驱动下的夹卷过程,重点讨论夹卷热通量的参数化问题(实际上是关于夹卷通量比 β 的参数化问题)。

图 5.15 显示了针对正压对流边界层(存在较大地转风,但地转风不随高度变化)所做的大涡模拟得到的位温和风速廓线以及湍流通量廓线(Liu et al., 2016)。图 5.16 显示了针对斜压对流边界层所做的大涡模拟(模拟的是相当于斜压对流边界层的情况,即地转风随高度线性增大,但水平方向不存在温度梯度,这样的模拟结果在机械湍流方面可以取得与斜压对流边界层相等价的效果)得到的位温和风速廓线以及湍流通量廓线(Liu et al., 2016)。我们

称前者为 GC 模拟(Constant Geostrophic-wind,取两个大写首字母,并把 G 放在前面),称后者为 GS 模拟(Shear Geostrophic-wind)。

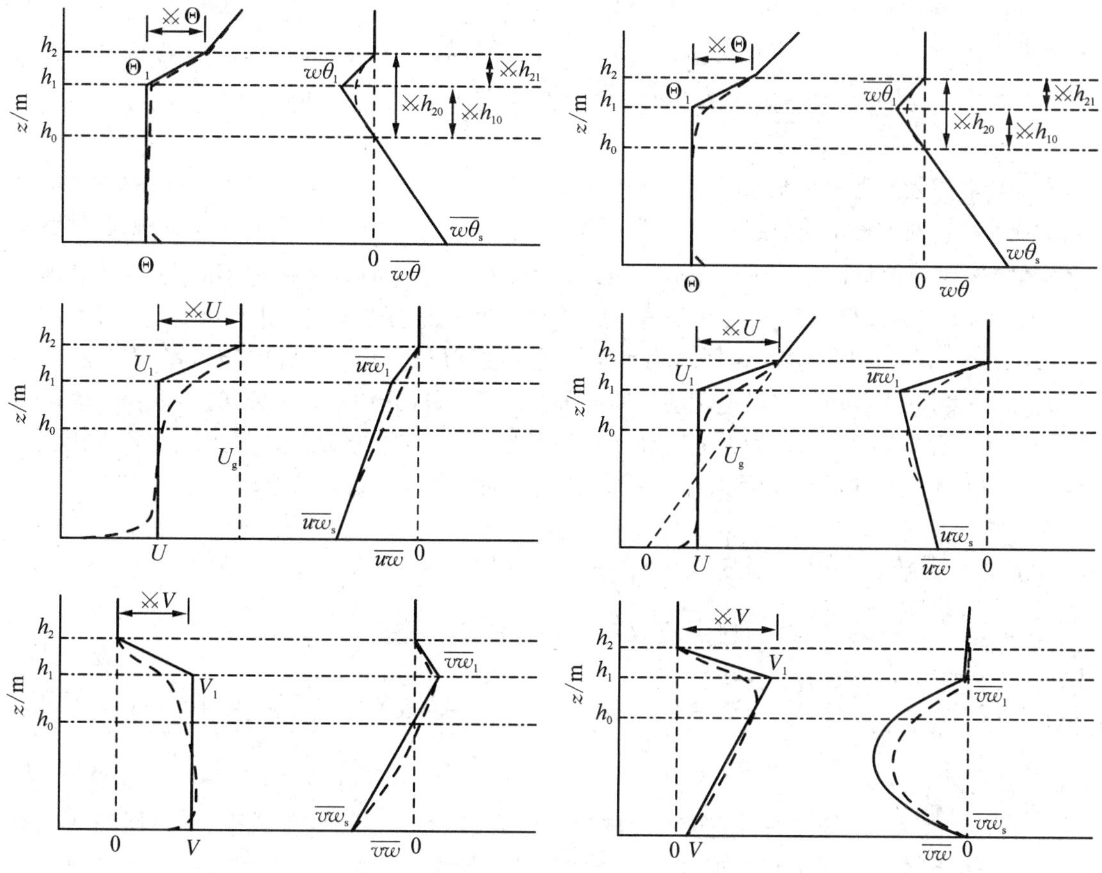

图 5.15　正压对流边界层中位温和风速廓线以及热通量和动量通量廓线的大涡模拟结果(GC 模拟),及其在一阶模型中所对应的廓线形状。虚线为大涡模拟得到的廓线;实线为一阶模型的廓线。引自 Liu et al. (2016)。

图 5.16　斜压对流边界层中位温和风速廓线以及热通量和动量通量廓线的大涡模拟结果(GS 模拟),及其在一阶模型中所对应的廓线形状。引自 Liu et al. (2016)。

从图中可以看出,位温廓线和热通量廓线在两种情形的模拟结果中是相同的,并且与图 5.13(c)相一致;GC 模拟结果显示风速的两个分量 U 和 V 在混合层中几乎不随高度变化,而在覆盖逆温层的厚度上形成了跳跃值 ΔU 和 ΔV,动量通量在混合层中随高度几乎是线性变化的(如图 5.15 所示),这样的分布特征与图 5.13(b)相一致(不同之处在于混合层之上,图 5.15 显示的是一阶模型的廓线,而图 5.13(b)显示的是零阶模型的廓线)。同时我们可以看到,图 5.15 中的 U 廓线和 $\overline{uw}$ 廓线对应于图 5.13(b)的虚线,图 5.15 中的 V 廓线和 $\overline{vw}$ 廓线对应于图 5.13(b)的实线。GS 模拟结果显示 U 在混合层中几乎不随高度变化,V 在混合层中随高度增大(变化几乎是线性的),$\overline{uw}$ 在混合层中基本上随高度线性变化(但变化趋势与正压边界层中不同),在混合层中 $\overline{vw}$ 廓线处呈现抛物线形状,最大值出现在边界层中间高度上,与 Fedorovich (1995)大涡模拟结果相一致。为了不失一般性,关于机械湍流作用的推导依据 GS 模拟结果呈现风速廓线和动量通量廓线的形状。也就是说,推导得出的结果是关于斜压对流边界层的结果。

推导夹卷热通量参数化方案通常依据湍流能量方程,对于水平均匀的边界层,其方程形式如下:

$$\frac{\partial e}{\partial t}=\frac{g}{\theta_0}\overline{w\theta}-\left(\overline{uw}\frac{\partial U}{\partial z}+\overline{vw}\frac{\partial V}{\partial z}\right)-\left(\frac{\partial\,\overline{we}}{\partial z}+\frac{1}{\rho_0}\frac{\partial\,\overline{wp}}{\partial z}\right)-\epsilon \tag{5.60}$$

当对流边界层发展得较为充分以后就处于准平稳状态,于是 $\partial e/\partial t\approx 0$,方程右边的收支项之间达成平衡。对方程从地面到 h_2 进行高度积分,并运用各物理量在一阶模型中的廓线形状(如热通量廓线是 $\overline{w\theta}=(1-z/z_i)\overline{(w\theta)}_s+(z/z_i)\overline{(w\theta)}_1$,在这个推导中我们用下标 s 代表地面值,用下标 1 代表混合层顶(或覆盖逆温层底)所在高度的值,用 h_1 代表边界层高度),那么方程右边第三项的积分结果为零(括号内的两项是通量散度形式,其上下界的值为零,因此从地面到 h_2 的高度积分为零)。对风速和动量通量采取分段积分(分别在 $0\to h_s$、$h_s\to h_1$ 和 $h_1\to h_2$ 三个区间进行积分,其中 h_s 为近地层高度),并假设在不同的高度范围内湍流耗散率与湍流生成率之间的比值不同,于是得到如下关系式(具体推导详见 Liu et al. (2016)):

$$\begin{aligned}-\frac{1}{2}\frac{g}{\theta_0}\overline{(w\theta)}_1(h_1+\Delta h_{21})=&\frac{1}{2}(1-\alpha_1)\frac{g}{\theta_0}\overline{(w\theta)}_s+(1-\alpha_2)C_D^{-1/2}u_{*0}^3+\\&(1-\alpha_3)\left(-\frac{1}{2}\overline{(uw)}_1\Delta U-\frac{1}{2}\overline{(vw)}_1\Delta V\right)+\\&(1-\alpha_4)(V_1-V_s)\left(-\frac{1}{2}\overline{(vw)}_s-\frac{1}{2}\overline{(vw)}_1+\frac{1}{12}f\gamma_u h_1^2\right)\end{aligned} \tag{5.61}$$

其中 α_1、α_2、α_3 和 α_4 是分别对应于湍流的热力生成率、近地层切变生成率、夹卷层切变生成率和混合层切变生成率的耗散率与各自生成率的比例系数,$C_D=u_{*0}^2/(U_s^2+V_s^2)$ 是地表拖曳系数,U_s 和 V_s 分别是近地层顶风速的 x 方向分量和 y 方向分量(U_s 与混合层顶风速 U_1 相等),V_s 取风速的 y 分量在近地层顶 $z=0.1z_i$ 高度的值。

依据夹卷通量比的定义和 w_* 的定义,可得

$$\begin{aligned}\beta=-\frac{\overline{(w\theta)}_1}{\overline{(w\theta)}_s}=&\underbrace{A_1\frac{1}{1+\Delta h_{21}/h_1}}_{\text{Term I}}+\underbrace{A_2\frac{C_D^{-1/2}u_{*0}^3}{(1+\Delta h_{21}/h_1)w_*^3}}_{\text{Term II}}+\underbrace{A_3\frac{\left(-\frac{1}{2}\overline{(uw)}_1\Delta U-\frac{1}{2}\overline{(vw)}_1\Delta V\right)}{(1+\Delta h_{21}/h_1)w_*^3}}_{\text{Term III}}+\\&\underbrace{A_4\frac{(V_1-V_s)\left(-\frac{1}{2}\overline{(vw)}_s-\frac{1}{2}\overline{(vw)}_1+\frac{1}{12}f\gamma_u h_1^2\right)}{(1+\Delta h_{21}/h_1)w_*^3}}_{\text{Term IV}}\end{aligned} \tag{5.62}$$

其中 $A_1=1-\alpha_1$,$A_2=2(1-\alpha_2)$,$A_3=2(1-\alpha_3)$,$A_4=2(1-\alpha_4)$,f 是柯氏力参数,$\gamma_u=\partial U_g/\partial z$ 是地转风垂直梯度(地转风切变)。方程(5.62)右边的 Term I 代表热力作用(即地表加热作用)对夹卷通量比的贡献,Term II 代表近地层切变的贡献,Term III 代表夹卷层切变的贡献,Term IV 代表混合层切变的贡献。如果对流边界层是正压的(即 $\gamma_u=0$),那么

Term IV 为零(因为正压情形下 V_s 与 V_1 相等,如图 5.15 所示)。如果是纯对流边界层(平均速度为零,在此情形之下只有热力作用),那么 Term II、Term III 和 Term IV 都是零,方程(5.62)右边只剩下 Term I,如果在这种情况下采用零阶模型(即 $\Delta h_{21}=0$),那么 Term I 就变成 A_1(即 $\beta=A_1$),它应该是个常数。由此可见,方程(5.62)是关于对流边界层具有普适性的夹卷通量比参数化方案。

对于大涡模拟而言,方程(5.62)中所有变量都可以获得,于是不同模拟条件下的多个算例的模拟结果用分步拟合的方法可以确定方程中的系数 A_1、A_2、A_3 和 A_4。Liu et al. (2016)采用 26 个算例的模拟结果进行拟合,得到的结果是 $A_1=0.21$,$A_2=0.01$,$A_3=0.86$,$A_4=0.70$。这个结果表明:对于纯对流边界层,夹卷通量比接近 0.2(零阶模型的结果就是 $\beta=0.21$);$A_2=0.01$ 说明不论是正压还是斜压对流边界层,近地层切变对夹卷过程的贡献都小到可以忽略不计,因为与 $A_2=0.01$ 相对应的是 $\alpha_2=99.5\%$,这意味着近地层切变生成的湍流在局地几乎全部被耗散掉,所以对夹卷过程没有直接贡献;$A_3=0.86$ 意味着 $\alpha_3=0.57$,这表明夹卷层切变生成的湍流能量有 57%被耗散掉,还有 43%被用于增强夹卷过程,所以在风速较大的情况下夹卷层切变对夹卷通量比有重要贡献,其作用是增大夹卷热通量;$A_4=0.70$ 表明混合层切变生成的湍流能量有 35%被用来增强夹卷过程(65%被耗散掉),但混合层切变主要发生在垂直于地转风方向的速度分量上(即 V 分量,如图 5.16 所示),这个速度分量相对较小,所以 Term IV 的贡献通常比较小。

图 5.17 显示了正压对流边界层的不同算例中各湍流生成项对夹卷通量比的贡献。从图中可以看出,Term I(蓝色)的贡献非常接近 0.2;Term II(绿色)的贡献几乎为零;Term

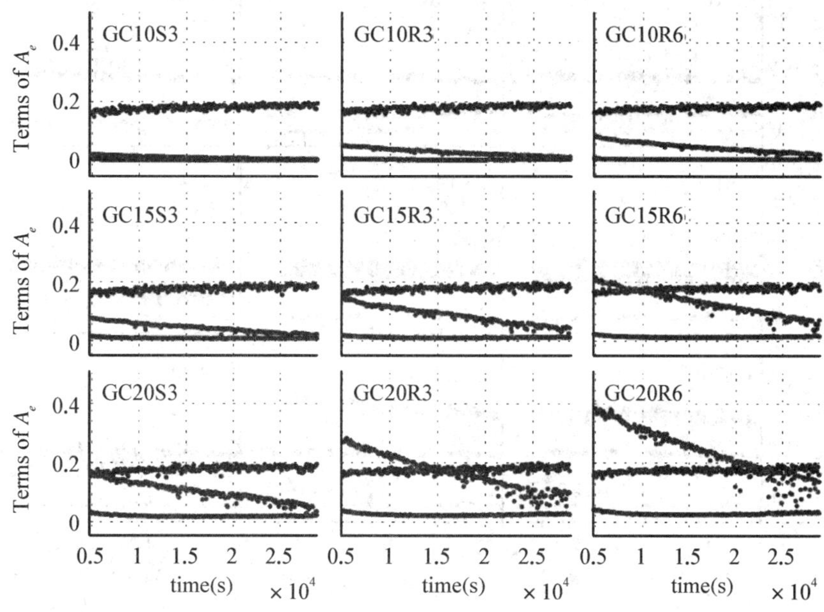

图 5.17　大涡模拟正压对流边界层的不同算例中方程(5.62)右边前三项对夹卷通量比的各自贡献。算例 GC10S3 对应的模拟条件:GC10 表示 $U_g=10\ m\cdot s^{-1}$,S 表示光滑地表($z_0=0.01\ m$),3 表示 $\gamma_\theta=3\ K\cdot km^{-1}$;算例 GC15R3 对应的模拟条件:GC15 表示 $U_g=15\ m\cdot s^{-1}$,R 表示粗糙地表($z_0=0.1\ m$),3 表示 $\gamma_\theta=3\ K\cdot km^{-1}$;算例 GC20R6 对应的模拟条件:GC20 表示 $U_g=20\ m\cdot s^{-1}$,R 表示粗糙地表($z_0=0.01\ m$),6 表示 $\gamma_\theta=6\ K\cdot km^{-1}$;。引自 Liu et al. (2016)。彩图可见文后插页。

III(红色)的贡献在地转风相对较小 ($U_g = 10\ m \cdot s^{-1}$,其实这样的风速并不小,相当于混合层中风速为中等大小)的情况下明显小于 Term I,这表明动力作用明显小于热力作用,这种情况下对流边界层是热力占主导的强不稳定边界层,但是在地转风较大 ($U_g=20\ m \cdot s^{-1}$,属于大风条件)的情况下,Term III 的贡献显著增大,原因在于夹卷层切变增大,这会产生更强的机械湍流,从而增强夹卷过程,并形成更大的夹卷热通量。由图 5.17 还可以看出,地表粗糙度增大会增加 Term III 的贡献,这是因为地表摩擦增大会减小混合层中的平均风速,从而使得边界层顶部 ΔU 和 ΔV 增大,于是 Term III 的贡献增大;不仅如此,自由大气的稳定度也会影响 Term III,因为更大的 γ_θ 会产生更大的 ΔU 和 ΔV (Sun and Xu, 2009),从而增大 Term III。最后我们还能看到,在对流边界层的发展过程中,Term I 的贡献几乎不随时间变化,而 Term III 的贡献随时间减小。

图 5.18 显示了斜压对流边界层不同算例的情况。Term I(蓝色)的贡献大约为 0.2,并且几乎不随时间变化,与正压对流边界层中的情形相一致;Term II(绿色)的贡献也是几乎为零,与正压对流边界层中的情况基本相同;Term III(红色)的贡献随地转风切变 $\gamma_u = \partial U_g/\partial z$ 增大而增大,但是随时间基本没有变化,并且受地表粗糙度的影响很小,而自由大气逆温强度 γ_θ 对它的影响很明显,γ_θ 增大会使得 Term III 明显减小;Term IV(浅蓝色)的贡献与 Term I 和 Term III 相比明显小很多,大多数情况下这一项的贡献接近于零,只是在 γ_u 很大并且 γ_θ 很小的情况下,边界层发展很充分(即边界层高度较高)以后这一项的贡献才变得比较明显(最大可达 0.1)。

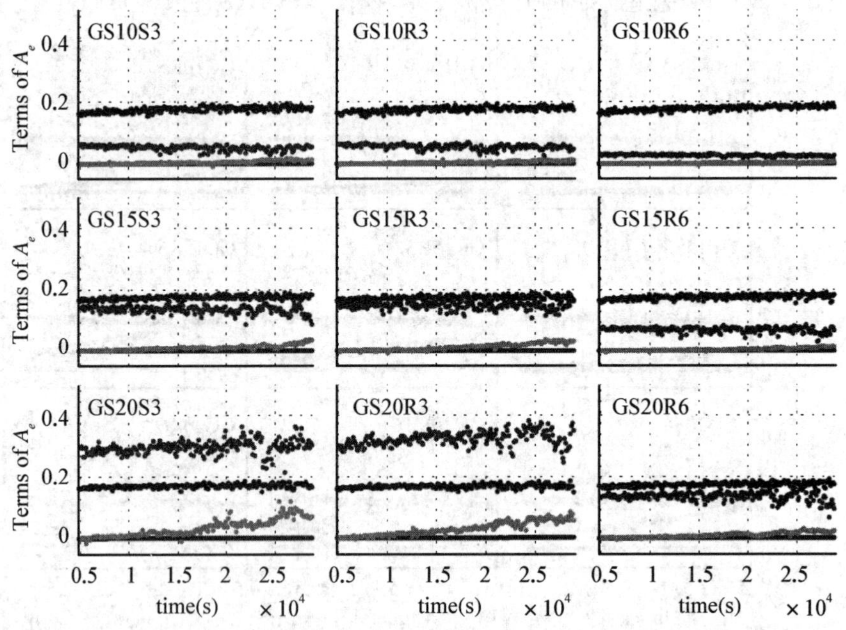

图 5.18 大涡模拟斜压对流边界层的不同算例中方程(5.62)右边各项对夹卷通量比的贡献。算例 GS10S3 对应的模拟条件是:GS10 表示 $\gamma_u = \partial U_g/\partial z = 10\ m \cdot s^{-1}/2\ km$,S3 的含义与图 5.17 中相同;算例 GS15R3 对应的模拟条件是:GS15 表示 $\gamma_u = \partial U_g/\partial z = 15\ m \cdot s^{-1}/2\ km$,R3 的含义与图 5.17 中相同;算例 GS20R6 对应的模拟条件是:GC20 表示 $\gamma_u = \partial U_g/\partial z = 20\ m \cdot s^{-1}/2\ km$,R6 的含义与图 5.17中相同。引自 Liu et al. (2016)。彩图可见文后插页。

最后我们要指出的是，本节对夹卷通量比参数化方案（即(5.62)式）的讨论旨在分析出对流边界层的内在动力学（即热力和切变共同强迫）对夹卷过程的影响。基于大涡模拟结果我们认识到，地表加热的强迫作用几乎是恒定的，它所形成的夹卷热通量正比于地表热通量，比值基本上就是0.2；机械强迫作用主要体现为边界层顶部切变对夹卷过程的增强效应，它的贡献随地转风（或地转风切变）增大而增大。这些认识有助于我们获得适用的夹卷过程参数化方案。从实用的角度讲，方程(5.62)显得过于复杂，涉及的物理量比较多，目前在数值模式中还无法应用，需要进行简化，形成简单实用的参数化方案。

参考文献

孙鉴泞，蒋维楣，袁仁民.2002.对流边界层顶部特性的对流槽实验模拟研究.地球物理学报，45(增刊)：231－238.

Betts A. K.. 1973. Non-precipitation cumulus convection and its parameterization. Quart. J. Roy. Meteor. Soc., 99: 178－196.

Betts A. K.. 1974. Reply to comment on the paper "Non-precipitation cumulus convection and its parameterization". Quart. J. Roy. Meteor. Soc., 100: 469－471.

Caughey S. J. and S. G. Palmer, 1979. Some aspects of turbulence structure through the depth of the convective boundary layer. Quart. J. Roy. Meteor. Soc., 105: 811－827.

Deardorff J. W.. 1966. The counter-gradient heat flux in the atmosphere and in laboratory. J. Atmos. Sci., 23: 503－506.

Deardorff J. W.. 1972. Theoretical expression for the counter-gradient vertical heat flux. J. Geophys. Res., 77: 5900－5904.

Deardorff J. W.. 1974. Three-dimensional numerical study of the height and mean structure of a heated planetary boundary layer. Bound-Layer Meteor., 7: 81－106.

Driedonks A. G. M. and H. Tennekes. 1984. Entrainment effects in the well-mixed atmospheric boundary layer. Bound-Layer Meteor., 30: 75－105.

Fedorovich E.. 1995. Modeling the atmospheric convective boundary layer within a zero-order jump approach: An extended theoretical framework. J. Appl. Meteor., 34: 1916－1928.

Garratt J. R.. 1992. *The Atmospheric Boundary Layer*. Cambridge University Press, Cambridge: 316pp.

Holtslag A. A. M. and C.-H. Moeng. 1991. Eddy diffusivity and countergradient transport in the convective atmospheric boundary layer. J. Atmos. Sci., 48: 1690－1698.

Hong S.-Y., Noh Y. and J. Dudhia. 2006. A new vertical diffusion package with an explicit treatment of entrainment processes. Mon. Wea. Rev., 134: 2318－2341.

Kim S.-W., Park S.-U. and C.-H. Moeng. 2003. Entrainment processes in atmospheric boundary layer structure driven by wind shear and surface heat flux. Bound-Layer Meteor., 108: 221－245.

Lenschow D. H., Wyngaard J. C. and W. T. Pennell. 1980. Mean-field and second-moment budgets in a baroclinic, convective boundary layer. J. Atmos. Sci., 37: 1313 - 1326.

Liu P., Sun J. and L. Shen. 2016. Parameterization of sheared entrainment in a well-developed CBL, Part I: Evaluation of the scheme through large-eddy simulations. Adv. Atmos. Sci., 33: 1171 - 1184.

Moeng C.-H. and J. C. Wyngaard. 1984. Statistics of conservative scalars in the convective boundary layer. J. Atmos. Sci., 41: 3161 - 3169.

Salesky S. T., Chamecki M. and E. Bou-Zeid. 2017. On the nature of the transition between roll and cellular organization in the convective boundary layer. Bound-Layer Meteor., 163: 41 - 68.

Schmidt H. and U. Schumann. 1989. Coherent structure of convective boundary layer derived from large-eddy simulations. J. Fluid Mech., 200: 511 - 562.

Sorbjan Z.. 1989. *Structure of the Atmospheric Boundary Layer*. Prentice Hall, NJ: 317 pp.

Stull R. B.. 1988. *An Introduction to Boundary Layer Meteorology*. Kluwer, Dordrecht: 666 pp.

Sun J. and Q. Xu.. 2009. Parameterization of sheared convective entrainment in the first-order jump model: Evaluation through large-eddy simulation. Bound-Layer Meteor., 132: 279 - 288.

Tennekes H. and A. G. M. Driedonks. 1981. Basic entrainment equations for the atmospheric boundary layer. Bound-Layer Meteor., 20: 515 - 531.

Wyngaard J. C., Coté O. R. and Y. Izumi. 1971. Local free convection, similarity, and budgets of shear stress and het flux. J. Atmos. Sci., 28: 1171 - 1182.

Wyngaard J. C.. 1985. Structure of the planetary boundary layer and implications for its modeling. J. Clim. Appl. Meteor., 24: 1131 - 1142.

Wyngaard J. C.. 2010. *Turbulence in the Atmosphere*. Cambridge University Press, Cambridge: 393pp.

Zhou B., Sun S, Yao K., and K. Zhu. 2018. Reexamining the gradient and countergradient representation of the local and nonlocal heat fluxes in the convective boundary layer. J. Atmos. Sci., 75: 2317 - 2335.

Zhou B., Sun S, Sun J., and K. Zhu.. 2019. The universality of the normalized vertical velocity variance in contrast to the horizontal velocity variance in the convective boundary layer. J. Atmos. Sci., 76: 1437 - 1456.

第六章

稳定边界层

陆上大气边界层具有显著的日变化特征。与对流边界层发生在白天相对应，稳定边界层发生在夜间(如图 1.4 所示)，所以稳定边界层一般指的是夜间边界层。从观测的角度讲，研究稳定边界层要比研究对流边界层困难许多，原因在于稳定边界层中浮力的作用是抑制湍流，因而稳定边界层通常很薄，并且湍流很弱。不仅如此，与湍流相伴生的还有波动，这使得稳定边界层结构变得很复杂，对观测数据的解读和分析变得很有难度。稳定边界层的发生和发展与长波辐射的冷却效应密切相关，因此，冷却过程显得非常重要，这个过程主导了贴地逆温层的发展，尤其是在小风条件下(这种情况下湍流运动很微弱)。于是要给稳定边界层下一个确切的定义就变成一件困难的事。我们可以把靠近地面有湍流的一层看作稳定边界层，也可以把贴地逆温层看作是稳定边界层，但观测结果表明这两种定义所确定的稳定边界层厚度是不同的。图 6.1 显示的是两个野外观测试验观测的位温廓线，并在图中标注了按照上述两种不同定义确定的稳定边界层顶的位置，结果差异很大。一般来讲，贴地逆温层的厚度要大于近地面湍流层的厚度。所以通常把稳定边界层定义为有湍流的薄层，在它之上平均的切应力和热通量都小到可以忽略不计，这意味着在稳定边界层中梯度理查森数小于临界值(这个临界值大约为 0.20—0.25)。

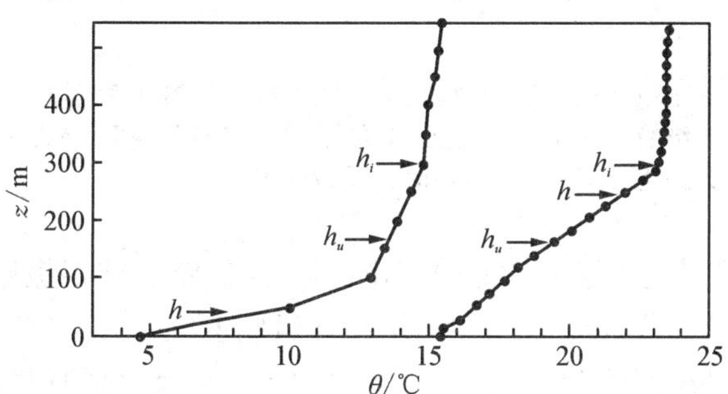

图 6.1　在 WANGARA 试验(左)和 VEVOS 试验(右)观测到的晴天夜间位温廓线。图中箭头标识出不同位置：h_i 是贴地逆温层顶的高度；h_u 是近地面最大风速所在高度；h 是湍流层的高度。观测数据来源于 André and Mahrt (1982)。引自 Garratt (1992)。

在平坦下垫面并且风速较大的情况下，稳定边界层的厚度 h 比较容易确定。但是在风速较小的情况下，稳定边界层有时候会非常薄(甚至时有时无)，在其上方会伴有波动和间歇性碎片化湍流。事实上稳定边界层结构对斜坡地形非常敏感，并且与重力流(或称下泻流)密切相关。此外，在稳定边界层和贴地逆温层的发展过程中还会发生夜间低空急流。在本章中，我们主要介绍稳定边界层、贴地逆温层及夜间急流的特征，讨论如何用恰当的长度尺度来表征稳定边界层高度，以及分析稳定边界层中湍流的行为特征。

§6.1 稳定边界层的基本特征

在自然界中至少存在三种类型的稳定边界层:一种发生在边界层大气流经下游更冷地表的时候(如图 6.2(a)所示);另一种是覆盖逆温层里的暖空气被夹卷到边界层中,而同时地表热通量为零(如图 6.2(b)所示),把这种情形称为“有覆盖逆温的中性”边界层可能更为合适(因为传统上讲中性的意思是地表热通量为零);再一种就是最常见的情形,即晴天夜间更冷地表之上的边界层。稳定边界层通常很薄,与对流边界层相比其含能涡旋的尺度要小很多,湍流强度也弱很多。

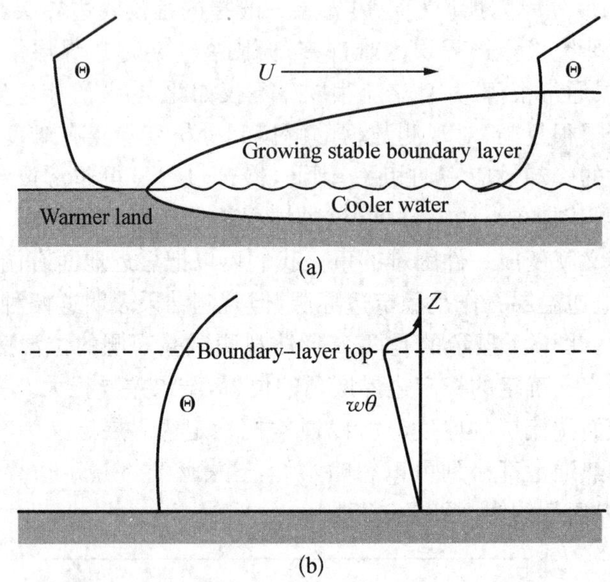

图 6.2　形成稳定边界层的过程:(a) 气流经过更冷地表形成具有稳定层结的边界层,(b) 把上层更暖空气夹卷下来形成具有稳定层结的边界层。引自 Wyngaard (2010)。

稳定边界层中的湍流与对流边界层中不同。它对稳定层结很敏感,原因在于稳定边界层中的湍流动能(TKE)的收入项(即产生项)只有切变生成,切变产生的湍流能量不仅消耗于黏性,还要消耗于克服(负)浮力做功。黏性力只在最小尺度的耗散涡旋上直接把湍流动能耗散掉,在动态平衡状态下通过黏性耗散失去能量的速率与通过串级过程获得能量的速率达到平衡,如果能量串级速率减小,则耗散涡旋的动能会减小,从而减小耗散率(如果能量串级速率增大,则耗散涡旋的动能会增大,从而增大耗散率),这样的适应机制使得动态平衡状态得以维持。但是浮力只对那些含能涡旋直接产生显著影响,过强的稳定层结会使含能涡旋熄灭,这会中断能量串级过程,从而使残留的湍流消亡(这正是存在临界理查森数概念的原因)。图 6.3 显示了日落之后地表开始冷却、稳定边界层建立起来之后湍流迅速衰减的情形。

我们用湍流动能的分量收支方程来说明稳定边界层中的湍流能量收支问题。Wyngaard and Coté (1971)发现,夜间稳定边界层中湍流输送项明显小于切变产生项和黏性

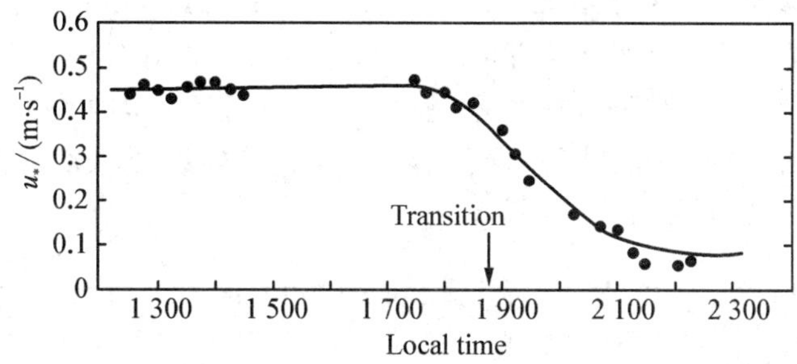

图 6.3　1973 年明尼苏达试验第二阶段观测到的黄昏时分摩擦速度 u_* 的衰减。图中实线是二阶闭合模式的预报结果。引自 Wyngaard(1975)。

耗散项，堪萨斯试验观测结果表明气压输送项也是小项(因此气压协方差项就只剩下气压再分配项)。于是在准平稳、水平均匀条件下，可以把湍流动能的分量收支方程按照近地层坐标写成它的一级近似形式：

$$\frac{1}{2}\frac{\partial \overline{u^2}}{\partial t}=0=-\overline{uw}\frac{\partial U}{\partial z}+\frac{1}{\rho_0}\overline{p\frac{\partial u}{\partial x}}-\frac{\epsilon}{3} \tag{6.1}$$

$$\frac{1}{2}\frac{\partial \overline{v^2}}{\partial t}=0=\frac{1}{\rho_0}\overline{p\frac{\partial v}{\partial y}}-\frac{\epsilon}{3} \tag{6.2}$$

$$\frac{1}{2}\frac{\partial \overline{w^2}}{\partial t}=0=\frac{1}{\rho_0}\overline{p\frac{\partial w}{\partial z}}+\frac{g}{\theta_0}\overline{\theta w}-\frac{\epsilon}{3} \tag{6.3}$$

方程(6.3)中的浮力项生成项是负值 ($\overline{w\theta}<0$)，它表示因克服负浮力做功而损失 $\overline{w^2}/2$ 的平均速率，谱动力学表明这个损失速率发生在 w 场的含能区间(详见 Wyngaard 2010 年著 *Turbulence in the Atmosphere* 书中第十六章)；方程(6.3)中的耗散率项是另一个损失能量的平均速率。所以气压再分配项必须提供能与之相平衡的能量输入平均速率，这样才能使湍流得以维持。因为流体不可压性的约束，气压再分配项的三个分量之和为零(在方程(6.1)中气压再分配项为负值，它把切变生成湍流的一部分能量转化出去，分配给方程(6.2)和(6.3)中的气压再分配项——这两项在各自的分量方程中都是正值并在各自的方程中成为湍流能量的输入项)。由此可见，$\overline{w^2}$ 之所以能够保持非零值是因为湍流能量的分量间传递(即湍流能量从它生成的水平方向向另一个水平方向和垂直方向传递)。观测显示，当梯度理查森数 $Ri<0.2$ 时，温度和速度信号表现为充分的湍流行为，但是在更加稳定时湍流会出现间歇性(温度信号表现得更加明显)；随着 Ri 进一步增大，湍流更加间歇、更加微弱，最终消失(Kondo et al., 1978)。

稳定边界层湍流表现出很强的复杂性。有时候湍流是连续的或接续的(也就是说，虽然湍流强度会有起伏，但基本上不会出现明显的中断)，这种情形一般出现在风速较大(同时地表较为粗糙)的情形下，这时流动与地表之间的耦合可以达成一种动态平衡关系，从而使湍流出现较为明显的相似性。图 6.4 显示了 1973 年明尼苏达试验中在晴天的上半夜观测到的湍流方差和协方差廓线，所用数据为中段观测数据(该时段从黄昏转换期之后 1 小时算起)，观测结果显示出比较明显的相似结构。虽然这种状态是易变的，但观测显示这种状态能够持续到转换期之后大约 5 小时才结束。显然,这种状态下湍流的统计特征是比较明显的,用地表特征量来表征湍流流动特性是合适的。稳定边界层湍流有时候是碎片化的,这时候湍流相对较弱,并不是每时每刻都存在,也不是每个高度上都存在,但是一段时间内的平均结果还是能显示出如图 6.4 所示的特征,这种情况下用地表特征量来对湍流进行参数化也是可行的。

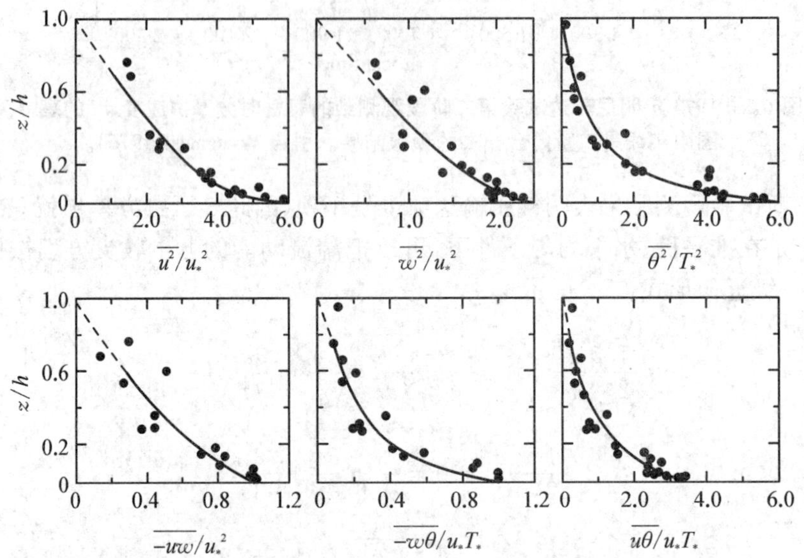

图 6.4　1973 年明尼苏达试验中观测到的无量纲方差和协方差的垂直廓线。在 7 次观测中稳定边界层厚度 h 的变化范围是 30 m～400 m。图中虚线是对数据的目测拟合结果。数据来源于 Caughey et al. (1979)。引自 Stull (1988)。

在非常稳定的条件下湍流会表现出不连续性。Businger(1973)提出这种间歇机制会调制湍流。当湍流熄灭之后,动量方程中的湍流摩擦力项就消失了,于是失去平衡的水平气压梯度会使气流加速,直至切变足够大(理查森数变得足够小)而激发出湍流;湍流产生以后会造成动量和热量的垂直混合,于是切变又会变小,当切变小到不足以维持湍流的时候,湍流又会熄灭。这样的过程在接下来的时间里还会重复出现。Van de Wiel et al. (2002) 提供的研究结果显示,地面植被对这个间歇性动力学机制有很强的影响。

夜间稳定边界层还会与我们讨论的上述情况不同。在美国中西部相对平坦的草地上进行的 CASES99 试验观测到了夜间边界层截然不同的垂直结构特征(Mahrt and Vickes, 2003),观测结果中出现了被称为“由上向下”型的稳定边界层,在其中湍流动能 TKE 随高度增加,而湍流输送项在湍流能量方程中表现为“从上向下输入”所引起的 TKE 局地收入速率。在这种情况下,TKE 的主要源项是上方与夜间急流相关的切变产生项。

基于上述夜间温度边界层湍流特征的讨论,我们可以把稳定边界层归纳为三类:一种是弱稳定情况,它通常出现在夜间稳定边界层的初期准平稳阶段,或是强风和/或有云天气;第二种是强稳定情况,它出现在晴天有很大的地表冷却速率并且风速较小的时候,它的湍流较弱且有间歇性,即使是在很靠近地面的地方也是如此;第三种就是“由上向下”型的稳定边界层,它与夜间低空急流有关。

§6.2　准平稳稳定边界层

在经典 M-O 相似理论中奥布霍夫长度 L 与 z 无关(即满足常通量层假设),所以就像第四章中所讲述的,可以用 $\phi_m(z/L)$、τ_0 和 Q_0 去计算 $U(z)$。但是在稳定边界层中,常通量层未必得到满足。那么在局地相似理论的框架下,为了获得稳定边界层平均量的垂直结构,我们需要知道 $\tau(z)$ 和 $\overline{w\theta}(z)$。基于通量理查森数和梯度理查森数都是 0.2 的假设,Nieuwstadt(1984)发现在平稳条件下湍流通量廓线的垂直分布满足如下关系:

$$\overline{w\theta}=Q_0(1-z/h) \tag{6.4}$$

$$\tau=\rho u_{*0}^2(1-z/h)^{3/2} \tag{6.5}$$

其中 h 是稳定边界层厚度。事实上,在准平稳条件下平均位温梯度不随时间变化,即

$$\frac{\partial}{\partial t}\frac{\partial\Theta}{\partial z}=-\frac{\partial^2\overline{w\theta}}{\partial z^2}=0 \tag{6.6}$$

于是 $\overline{w\theta}$ 廓线是线性的,如(6.4)式所示。方程(6.4)和(6.5)得到荷兰卡博(Cabauw)观测站高塔观测数据的支持,如图 6.5 所示。

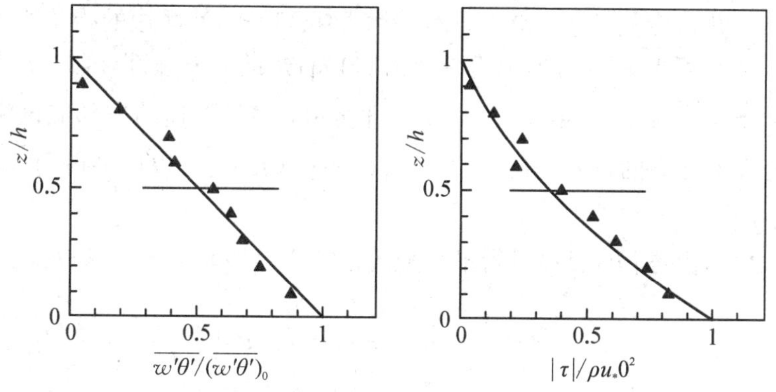

图 6.5　在荷兰卡博(Cabauw)观测站观测到的稳定边界层中的归一化热通量廓线(左)和动量通量廓线(右)。左图中的实线代表方程(6.4),右图中的实线代表方程(6.5)。数据来源于 Nieuwstadt (1985)。引自 Garratt (1992)。

由 R_f 的定义及线性 $\overline{w\theta}$ 廓线可得:

$$R_f=\frac{\frac{g}{\theta_0}\overline{w\theta}}{\overline{uw}\frac{\partial U}{\partial z}+\overline{vw}\frac{\partial V}{\partial z}}=\frac{\frac{g}{\theta_0}Q_0(1-z/h)}{\overline{uw}\frac{\partial U}{\partial z}+\overline{vw}\frac{\partial V}{\partial z}} \tag{6.7}$$

它可以被写成如下形式:

$$\overline{uw}\frac{\partial U}{\partial z}+\overline{vw}\frac{\partial V}{\partial z}=\frac{g}{\theta_0}\frac{Q_0}{R_f}\left(1-\frac{z}{h}\right) \tag{6.8}$$

采用复数形式表示运动学湍流应力和平均速度：$T=\overline{uw}+\mathrm{i}\,\overline{vw}$，$W=U+\mathrm{i}V$。如果 T 与 $\mathrm{d}W/\mathrm{d}z$ 平行，方程(6.8)可写成

$$T^{*}\frac{\mathrm{d}W}{\mathrm{d}z}=\frac{g}{\theta_0}\frac{Q_0}{R_\mathrm{f}}\left(1-\frac{z}{h}\right) \tag{6.9}$$

其中星号 * 表示复共轭。

用复数来表示准平稳的平均水平动量平衡关系，其表达式如下：

$$\frac{\mathrm{d}T}{\mathrm{d}z}=-\mathrm{i}f(W-W_g) \tag{6.10}$$

其中 $W_g=U_g+\mathrm{i}V_g$。对(6.10)式求导，假设 W_g 不随高度变化(即正压情形)，然后乘以 T^{*}，再用到方程(6.9)，可以得到

$$T^{*}\frac{\mathrm{d}^2T}{\mathrm{d}z^2}=-\mathrm{i}f\frac{g}{\theta_0}\frac{Q_0}{R_\mathrm{f}}\left(1-\frac{z}{h}\right) \tag{6.11}$$

$T(z)$ 廓线的一个解是

$$T=-u_{*0}^2\left(1-\frac{z}{h}\right)^{\alpha} \tag{6.12}$$

其中 $\alpha=\alpha^m+\mathrm{i}\alpha^n$ 是待定复常数。将(6.12)式代入(6.11)式，使两边的指数相等，则可以得到 $\alpha^{*}+\alpha-2=1$，于是可得 $\alpha^m=3/2$；由于方程(6.11)右边的只有虚部，因此方程(6.11)左边的实部应该为零，于是可得 $\alpha^n=\mp\sqrt{3}/2$。又由于方程(6.11)两边的虚部应该相等，由此可以确定 α^n 的符号应该与 f 的符号相同，即 $\alpha^n=\sqrt{3}/2\mathrm{sgn}(f)$。所以最终得到常数为 $\alpha=3/2+(\sqrt{3}/2)\mathrm{i}\,\mathrm{sgn}(f)$。

确定了 α 之后，由方程(6.11)可得准平稳的稳定边界层厚度 h 的表达式：

$$h^2=-\sqrt{3}R_\mathrm{f}\frac{u_{*0}^4}{\dfrac{g}{\theta_0}Q_0\,|f|}=\sqrt{3}\kappa R_\mathrm{f}\left(\frac{u_{*0}L}{|f|}\right) \tag{6.13}$$

这里需要指出的是，上式中的奥布霍夫长度是用湍流通量的地面值来定义的，即 $L=-u_{*0}^3/\kappa(g/\theta_0)Q_0$。对于 $R_\mathrm{f}\cong0.2-0.25$(我们应该注意到，在上述推导过程中 R_f 实际上是被当作常数处理的)，则可以得到

$$h\cong0.4\left(\frac{u_{*0}L}{|f|}\right)^{1/2},\quad\frac{h\,|f|}{u_{*0}}\cong0.4\left(\frac{u_{*0}}{|f|L}\right)^{-1/2} \tag{6.14}$$

关系式(6.14)是基于方程推导出来的解析解，而在此之前 Zilitinkevich (1972)运用量纲分析方法推导出了这样的结果。$u_{*0}/|f|$ 是一个长度尺度，它是表征中性边界层厚度的特征长度(观测表明，在中性条件下边界层厚度与 $u_{*0}/|f|$ 之间存在很好的比例关系)。于是方程(6.14)第二个式子的左边 $h/(u_{*0}/|f|)$ 就是无量纲的稳定边界层厚度，而式子右边表达式中 $(u_{*0}/|f|)/L$ 具有稳定度参数的含义。所以方程(6.14)表明无量纲的稳定边界层厚度是稳定度的函数，稳定度函数的形式就是 $[u_{*0}/(|f|L)]^{-1/2}$。这为确定准平稳稳定边界层

厚度提供了坚实的动力学基础。

在准平稳稳定边界层的动力框架下可以推导出平均位温和平均速度的廓线表达式。由于推导过程中用到了理想化的假设条件，推导出来的关系式与实际情况相比存在一定程度的差异。相关推导和讨论可参阅 Garratt (1992)所著 *The Atmospheric Boundary Layer* 书中第 6.2 节，本书在此不做详细介绍。

Derbyshire (1990)利用 T 廓线方程(6.12)把方程(6.9)写成如下形式：

$$\frac{\mathrm{d}W}{\mathrm{d}z}=-\frac{g}{\theta_0}\frac{Q_0}{u_{*0}^2 R_\mathrm{f}}(1-z/h)^{1-\alpha^*} \tag{6.15}$$

对方程从地面到 z 进行积分，并运用 $z=h$ 处的边界条件(即这个高度上的风速为地转风)，就可以得到地转拖曳定律：

$$\frac{G}{u_*}=\frac{1}{\kappa R_\mathrm{f}}\frac{h}{L} \tag{6.16}$$

其中 $G=|W_g|$ 是地转风的大小。把这个拖曳定律与方程(6.13)结合起来，再运用恒等式 $(g/\theta_0)Q_0=-u_*^3/(\kappa L)$，可以得到地表热通量满足下列关系：

$$\frac{g}{\theta_0}Q_0=-\frac{R_\mathrm{f}}{\sqrt{3}}G^2|f| \tag{6.17}$$

在这个解析模式里，右边的参数都是常数，所以这个方程意味着地表热通量也是常数。这似乎是个出乎预料的结果，如何理解这个结果需要进一步解读。

Derbyshire (1990)把方程(6.17)的含义解释成平稳的稳定边界层情况下(即在 $Ri\cong 0.25$ 时没有出现湍流的间歇性和衰减的情况下)能够具有的最大地表热通量。因此，可以把方程(6.17)写成如下形式来解释这个说法：

$$R_\mathrm{f}=\frac{-\sqrt{3}\dfrac{g}{\theta_0}Q_0}{G^2|f|}\approx \text{常数} \tag{6.18}$$

分式中的分子部分正比于稳定边界层中(负)浮力损耗 TKE 的平均速率。因为 $|f|G$ 是平均水平气压梯度的量级，在平均运动方程的动量平衡关系中分母部分应该正比于平均流动动能的产生率。如果平均运动动能的收支项之间保持平衡关系(即满足准平稳假设)，那么分母部分应该正比于稳定边界层中湍流动能的平均产生率(把平均动能转化为湍流动能的平均速率，这一项在平均运动的动能方程中是汇项，而在湍流动能方程中是源项，即切变产生率)。因此，方程(6.18)可以被理解为对稳定边界层最大“总体”通量理查森数的一个估计值(即超过它湍流就不能维持)：

$$R_\mathrm{f}(\max)=\text{常数}\sim\frac{\text{稳定边界层中 TKE 的平均浮力损耗率}}{\text{稳定边界层中 TKE 的平均切变产生率}} \tag{6.19}$$

这意味着平稳的稳定边界层能够得以维持的条件是 $R_\mathrm{f}\leqslant R_\mathrm{f}(\max)$。很显然，较大的风速有利于准平稳稳定边界层的维持。

§6.3 长波辐射的作用与逆温层增长

在水平均匀的情况下，方程(3.70)就可以简化成如下形式：

$$\frac{\partial \Theta_v}{\partial t} = -\frac{\partial \overline{w\theta_v}}{\partial z} + \frac{1}{\rho c_p}\frac{\partial R_N}{\partial z} \tag{6.20}$$

其中 $\partial R_N/\partial z$ 是辐射通量散度。对于夜间稳定边界层而言，只有长波辐射，因而辐射冷却过程变得很重要。方程(6.20)显示，湍流混合和辐射冷却共同决定了稳定边界层的降温过程。事实上辐射冷却对温度的垂直分布 $\Theta_v(z)$ 影响很大，地表的冷却速率受辐射冷却主导，并受地表能量平衡方程控制。在稳定边界层顶部及其上方，湍流的作用小到可以忽略不计，空气的冷却速率主要是由辐射冷却决定的。

Garratt and Brost (1981)的研究表明，夜间稳定边界层大致可以分为三层：

➤底层，这一层相当于近地层 ($z < 0.1h$)，降温主要由辐射冷却过程控制；

➤中层，这一层是稳定边界层的主体部分 ($0.1h < z < 0.8h$)，降温主要由湍流交换形成的冷却作用控制，$\Theta_v(z)$ 廓线接近于线性分布；

➤上层，即稳定边界层层靠近顶部的部分 ($0.8h < z < h$)，降温主要由辐射冷却过程控制。

在平稳条件下，在稳定边界层和贴地逆温层中(本章第一节中我们已经指出，这两层的厚度是不一样的，通常前者小于后者) $\Theta_v(z)$ 廓线的弯曲程度取决于辐射冷却作用和湍流混合冷却作用的相对贡献。风速较大时，湍流混合较强，位温廓线表现为充分混合的特征(在稳定边界层的中层随高度变化较小)，廓线呈现出凸起弯曲形状 ($\partial\Theta_v/\partial z$ 随高度增大，即 $\partial^2\Theta_v/\partial z^2 > 0$)；风速较小时，辐射冷却作用在靠近地面的地方很大，随高度增加而快速减小，于是位温廓线呈现出凹陷弯曲形状 ($\partial\Theta_v/\partial z$ 随高度减小，即 $\partial^2\Theta_v/\partial z^2 < 0$)。$\Theta_v(z)$ 廓线的经验公式可以写成如下形式：

$$(\Theta_v - \Theta_0)/\Delta\Theta_{vB} = (z/h)^n \tag{6.21}$$

或者

$$(\Theta_v - \Theta_{vh})/\Delta\Theta_{vB} = -(1 - z/h)^m \tag{6.22}$$

其中 Θ_0 是地面温度，Θ_{vh} 是稳定边界层(或逆温层)顶的温度，$\Delta\Theta_{vB} = \Theta_{vh} - \Theta_0$。图 6.6 显示了两个不同观测试验观测到的位温廓线，由图上可以看出，辐射冷却作用和湍流混合冷却作用的相对贡献在两组数据中表现出明显差异。在 Wangara 试验的观测结果中，曲线的弯曲度明显为负值(即 $\partial^2\Theta_v/\partial z^2 < 0$)，表明辐射冷却作用占主导；在海上观测结果中，曲线的弯曲度为正值(即 $\partial^2\Theta_v/\partial z^2 > 0$)，表明湍流混合冷却作用占主导。

陆上贴地逆温层是日落以后在辐射冷却、湍流混合及其他因素作用下降温过程的结果。对逆温层高度 h_i 的判别带有一定的主观性，但是我们有理由认为在 h_i 高度上 $\partial\Theta_v/\partial z$ 应该趋近于零。对方程(6.20)进行垂直积分，并假设在逆温层顶的高度上热通量为零，我们可以得到水平均匀情况下逆温层厚度 h_i 的变化速率方程(由于 h_i 是随时间变化的，所以积分要用到莱布尼兹法则)：

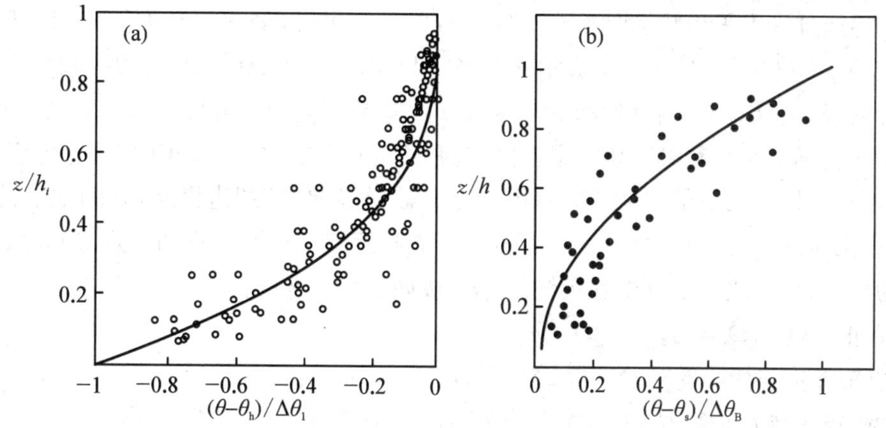

图 6.6 (a) Wangara 试验观测到的夜间归一化位温垂直分布，其中 h_i 是贴地逆温层的高度，数据来源于 Yamada (1979)，实线表示方程(6.22)取 $m=3$ 所对应的曲线；(b) 海上观测到的归一化位温垂直分布，其中 θ_s 是海表温度，数据来源于 Garratt and Ryan (1989)，实线表示方程(6.21)取 $n=2$ 所对应的曲线。引自 Garratt (1992)。

$$\partial/\partial t\left[\int_0^{h_i}\Theta_v \mathrm{d}z\right]-\Theta_v(h_i)\partial h_i/\partial t=(\overline{w\theta_v})_0+\int_0^{h_i}(\partial\Theta_v/\partial t)_r \mathrm{d}z \tag{6.23}$$

方程右边的第二项代表辐射冷却速率。把方程(6.21)代入方程(6.23)，并假设辐射冷却速率随高度线性减小(即由地面值线性减小到 $z=h_i$ 高度的零值)，于是可以得到如下结果：

$$\Delta\Theta_{vI}\partial h_i/\partial t=-a\,(\overline{w\theta_v})_0-bh_i\partial\Theta_{v0}/\partial t \tag{6.24}$$

其中 $a=(n+1)/n, b=(1-n)/(2n)$。方程右边代表湍流混合降温作用的贡献(体现为地表热通量)和辐射冷却作用的贡献(体现为地表降温速率)。如果湍流混合降温作用占主导，取 $n=2$，则有

$$\partial h_i/\partial t\approx-1.5\,(\overline{w\theta_v})_0/\,\Delta\Theta_{vI} \tag{6.25a}$$

$\partial h_i/\partial t$ 的量值大约为 15—20 m · h^{-1}。如果湍流很弱，在此情况之下 $n\approx 1/2$，则有

$$\partial h_i/\partial t\approx-(h_i/2\Delta\Theta_{vI})\partial\Theta_{v0}/\partial t \tag{6.25b}$$

$\partial h_i/\partial t$ 的量值大约为 15 m · h^{-1}。上述估算结果表明，湍流过程和辐射过程对贴地逆温层增长的作用是相当的。

在晴朗的夜间，经过大约 12 小时的降温过程，贴地逆温层的厚度可达数百米，逆温层的上下温差可达 10—25 K。日出以后，对流边界层将在这样的背景环境下缓慢发展起来。在夜间，贴地逆温层形成之后，会存在厚度更薄的湍流层(即我们所说的稳定边界层)，而在逆温层的上部会存在重力波。当地转风加大的时候，在稳定边界层顶附近会出现风速的极大值(通常出现风速极大值的位置处于逆温层当中)，这种情况就是所谓的夜间低空急流(我们将在本章第五节中介绍夜间低空急流的形成机制)。

§6.4 中性和稳定边界层的平衡高度

在这一节里我们讨论中性和稳定边界层的平衡高度问题。所谓平衡高度，指的是中性

和稳定边界层处于准平稳状态时气层所具有的高度。Zilitinkevich et al. (2007b)建议用“埃克曼公式”$h_E \sim (K/|f|)^{1/2}$ 来表示这个平衡高度(它是埃克曼层的厚度尺度),其中 f 是柯氏力参数,K 是特征涡旋扩散率,大致为 $u_T l_T$(边界层湍流速度尺度与长度尺度的乘积)。这种表示法实际上是一种参数化方案,考虑三种边界层状态:(i)“真正中性”边界层,它的地表热通量为零,地表之上是中性层结;(ii)“有覆盖逆温的中性”边界层,它的地表热通量为零,地表之上是强度为 $N(N^2 = (g/\theta_0)\partial\Theta/\partial z)$ 的稳定层结;(iii)“夜间稳定”边界层,其地表热通量为负值,地表之上是近中性层结。$u_T l_T$ 按如下规定选取:

- “真正中性”$(Q_0 = 0, N = 0)$　$u_T l_T \sim u_{*0} h_E$;
- “有覆盖逆温的中性”$(Q_0 = 0, N > 0)$　$u_T l_T \sim u_{*0}(u_{*0}/N)$;
- “夜间稳定”$(Q_0 < 0, N \approx 0)$　$u_T l_T \sim u_{*0} L$。

有覆盖逆温的中性情况下的湍流长度尺度,$l_T \sim u_{*0}/N$,是由 Kitaigorodskii and Joffre (1988)提出的,它类似于 $l_b \sim \sigma_w/N$(稳定层结中湍流运动在垂直方向上的长度尺度),体现了层结对湍流的影响。在夜间稳定情况下,$l_T \sim L$,它是稳定边界层的特征长度尺度。事实上,夜间稳定边界层经常是 $Q_0 < 0$ 和 $N > 0$ 同时存在的,只有在风速较大的情况下才会因为较强的湍流混合导致 $N \to 0$(即 $\partial\Theta/\partial z \to 0$)。这里需要指出的是,“有覆盖逆温的中性”对应于辐射冷却作用占主导的稳定边界层,而“夜间稳定”对应于湍流混合冷却作用占主导的稳定边界层(见上节),两者对稳定边界层的形成都是有贡献的,因此,虽然在尺度分析的时候是分别考虑的,但在参数化方案中需要把它们的作用都体现出来。

上述解析公式让我们可以把边界层高度表示为:

$$\begin{aligned} & h_E \sim \frac{u_{*0}}{|f|}, \text{真实中性边界层} \\ & h_E \sim \frac{u_{*0}}{|fN|^{1/2}}, \text{有覆盖逆温的中性边界层} \\ & h_E \sim \left(\frac{u_{*0}L}{|f|}\right)^{1/2}, \text{夜间稳定边界层} \end{aligned} \tag{6.26}$$

方程(6.26)的第一个式子是 Rossby and Montgomery (1935)给出的中性边界层平衡厚度的表达式;第二个式子是 Pollard et al. (1973)的研究结果;第三个式子是 Zilitinkevich (1972)的研究结果(即(6.14)式)。

Zilitinkevich et al (2007b)后来建议,对于这个包含中性和稳定状态的边界层高度 h_E,可以用下列内插公式表示

$$\frac{1}{h_E^2} = \frac{f^2}{(C_R u_{*0})^2} + \frac{N|f|}{(C_{CN} u_{*0})^2} + \frac{|f|}{C_{NS}^2 k u_{*0} L} \tag{6.27}$$

其中 C_R、C_{CN} 和 C_{NS} 是对应于真正中性、有覆盖逆温的中性及夜间稳定情形的常数。一系列的观测和大涡模拟结果建议将它们取为 $C_R \cong 0.6$、$C_{CN} \cong 1.36$ 和 $C_{NS} \cong 0.51$。最后的这个取值意味着在(6.14)式中的常数约为 0.3(这与之前的讨论中把这个常数定为 0.4 并无明显差异)。

§6.5 夜间低空急流

在晴朗的夜间，如果陆上低层大气中风速的垂直分布在某高度上出现明显的极大值(在这个高度之下风速随高度增加，在这个高度之上的一定范围内风速随高度减小)，通常把这种情况称为夜间低空急流(low-level jet)。在近地层之上的气层里风速可能是超地转风的，并且在夜间的大部分时段里一直维持这样的情形。风速极大值或多或少地受到很多因子的影响，诸如斜压性、斜坡地形、空气的辐射冷却、地表降温速率、日落时的大气条件、低层大气与地表之间出现摩擦失耦，以及地转风随时间的变化。低空急流的重要性在于它的发生在离地几百米的范围内引起风速的强切变，以及明显的平流输送。图 6.7 显示了 Wangara 试验期间观测到的夜间低空急流的发生和演变。人们对这种现象已经开展了大量的研究，包括观测分析、数值模拟分析和理论分析。

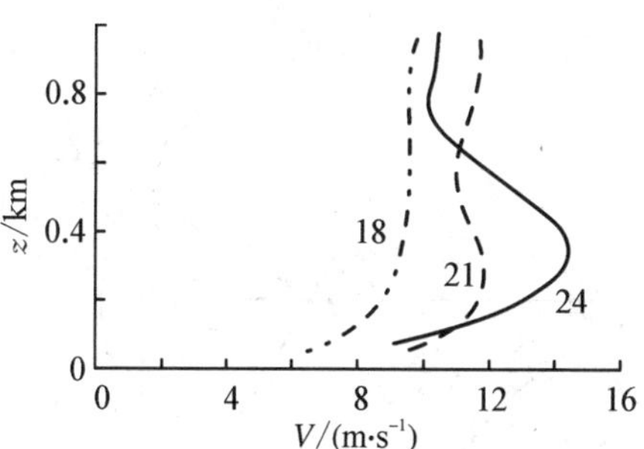

图 6.7 在 Wangara 试验第 13 天观测到的夜间低空急流。图中标注数字为当地时间，数据来源于 Thorpe and Guymer (1977)。引自 Garratt (1992)。

对夜间低空急流的动力学解释和描述基于对观测到的低层大气风速日变化的认识，包括阻尼和非阻尼惯性振荡理论。首先，我们来考虑日落前平坦的水平下垫面之上对流边界层中动量平衡的情况，此时平均风速应该满足方程(5.10)，并且边界层处于平稳状态，即 $\partial U/\partial t \approx \partial V/\partial t \approx 0$，而湍流运动仍然得以维持，于是动量通量散度与地转偏差之间基本上相平衡。日落时分(此时地表热通量通常已经变成负值，地表开始降温)地表加热作用消失，由热力驱动的混合层湍流迅速衰减，在此期间辐射通量散度的作用开始显现，使得温度的垂直分布呈现弱稳定层结(这一过程会加速混合层湍流的衰减)，于是原来混合层中的湍流很快消失，湍流应力也随之消失，地转偏差与湍流应力之间的平衡被打破，流动进入非平稳状态。用复数形式来表示风速矢量，即 $\mathbf{V} = U + \mathrm{i}V$，$\mathbf{V}_\mathrm{g} = U_\mathrm{g} + \mathrm{i}V_\mathrm{g}$，则地转偏差为 $\mathbf{V}_\mathrm{ag} = \mathbf{V} - \mathbf{V}_\mathrm{g}$，于是动量方程变为如下形式(它是个振荡方程)：

$$\partial \mathbf{V}_\mathrm{ag}/\partial t = -\mathrm{i}f\mathbf{V}_\mathrm{ag} \tag{6.28}$$

假设地转风不随时间变化，则方程(6.28)的解为

$$\mathbf{V}_\mathrm{ag} = \mathbf{V}_\mathrm{ag}^0 \exp(-\mathrm{i}ft) \tag{6.29}$$

其中 $\mathbf{V}_\mathrm{ag}^0$ 是 $t=0$ 时刻的地转偏差风速(通常把日落时分看作是 $t=0$ 时刻)。这个解析解告诉我们：

① 惯性振荡周期为 $2\pi/|f|$，所以它与纬度有关；

② 风速转变为超地转风取决于两个因子，维持超地转的时间长短取决于惯性振荡周期的大小，超地转的幅度(即量值大小)取决于初始条件；

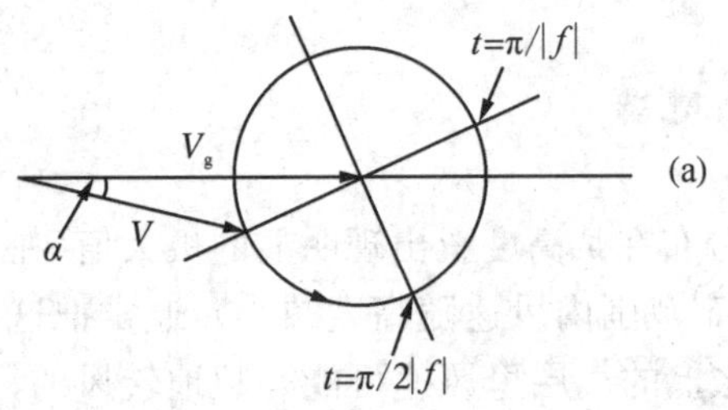

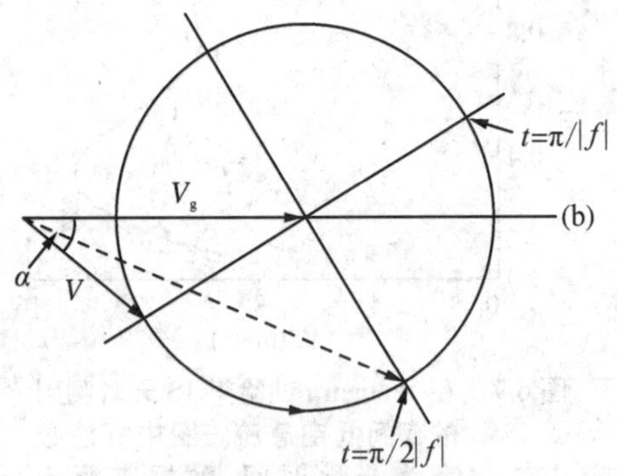

图 6.8　惯性振荡方程的解(6.29)式在不同粗糙程度下垫面之上的情形：(a) 低粗糙度下垫面；(b) 高粗糙度下垫面。这是南半球非阻尼振荡情形，因此风速矢量 V 围绕地转风 V_g 逆时针旋转。引自 Garratt (1992)。

③ 初始地转偏差风速 $\boldsymbol{V}_{ag}^{0}$ 受地表粗糙度影响，地表越粗糙，$\boldsymbol{V}_{ag}^{0}$ 的量值就越大。

图 6.8 显示了方程(6.29)在南半球低粗糙度下垫面和高粗糙度下垫面的情形。对于纬度为 40°的中纬度地区，急流出现在 $\pi/2<|f|t<\pi$ 大约需要 6 小时；对于纬度为 15°的低纬度地区，急流出现的时间大约需要 18 小时，由于夜间的长度通常为 12 小时，因此，在日出之前急流未必能出现。

上述讨论针对的是非阻尼振荡的情形(即气层内湍流摩擦力为零的情况)，这种情况出现在白天混合层的相应高度范围内。在夜间稳定边界层当中，湍流仍然存在，但强度比白天要弱很多，所以在这一层当中发生阻尼振荡。非阻尼惯性振荡解(6.29)式是理想条件下的理论分析结果，实际大气当中的情况并非这么简单，在稳定边界层之上湍流并非完全不存在，地转风在斜压情况下随高度有变化，此外地转风也可能随时间变化，这些都会影响夜间低空急流，因此夜间低空急流的发生和演变过程并非完全按照(6.29)式的方式进行。尽管如此，惯性振荡理论还是在机理上对夜间低空急流现象给出了很好的阐释。

§6.6　斜坡地形与下泄流

斜坡地形的存在对夜间稳定边界层的结构有着显著的影响，引起所谓的重力流或下泄流(也称下坡流、重力风等)。即使在坡度很小 ($\Delta y/\Delta x=0.001-0.01$)的斜坡地形上，也能产生风速为 1—2 m·s^{-1}的下泄流。斜坡地表和近地面大气在夜间由于长波辐射的冷却作用而降温，这使得靠近地面的空气密度增大，并且大于相同高度的环境大气，于是在重力的作用下形成沿斜坡向下运动的气流，即下泄流。图 6.9 显示了下泄流中典型的廓线形状。在靠近地面的地方，因地表的拖曳作用使得风速很小；离地稍高一点的地方摩擦作用变小，但空气温度仍然相对较低(密度较大)，于是风速在此高度上出现极大值；在更高一些的高度上重力流的顶部存在明显的风切变，且层结的稳定度较小，这使得切变湍流很容易在这个高度上被激发出来，形成混合和夹卷。在气流沿斜坡运动的过程中，气流的厚度会增加，风速也会增大，但这个过程不会一直持续下去，因为风速增大的过程也是切变增大的过程，气流底部和顶部的拖曳作用也会随之增大，在环境条件不变的情况下，最终气流会达到平稳状态。

在如图 6.9 所示的坐标系下，Mahrt (1982)给出了运动方程中沿斜坡的分量方程：

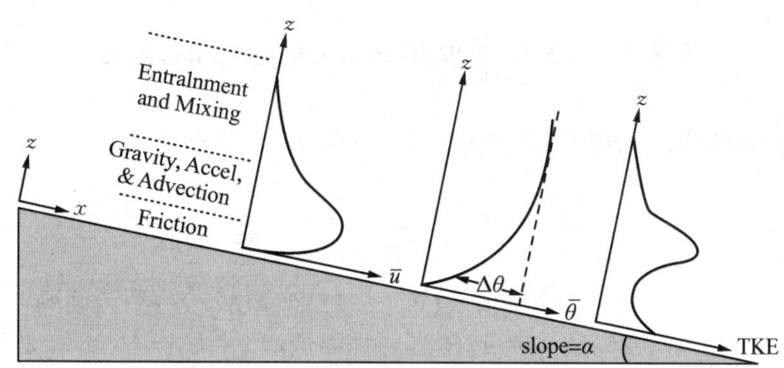

图 6.9 稳定边界层中下泄流的结构示意图。引自 Stull (1988)。

$$\frac{\partial U}{\partial t}+U\frac{\partial U}{\partial x}+V\frac{\partial U}{\partial y}+W\frac{\partial U}{\partial z}=g\frac{\Delta\Theta}{\Theta_0}\sin\alpha-\frac{g}{\Theta_0}\frac{\partial(\bar{\bar{\Theta}}h_{\mathrm{d}})}{\partial x}\cos\alpha+fV-\frac{\partial\overline{uw}}{\partial z}\tag{6.30}$$

$$\begin{array}{cccccccc}\mathrm{I} & \mathrm{II} & \mathrm{III} & \mathrm{IV} & \mathrm{V} & \mathrm{VI} & \mathrm{VII} & \mathrm{VIII}\end{array}$$

其中 α 是斜坡角，h_{d} 是气流的厚度，$\Delta\Theta(z)$ 是气流与环境空气之间温度差(这个量随高度变化)，气流的厚度平均温度差定义为 $\bar{\bar{\Theta}}(z)=\frac{1}{h_{\mathrm{d}}}\int_{z'=z}^{h_{\mathrm{d}}}\Delta\Theta\mathrm{d}z'$ (这个量也随高度变化)。方程中各项的含义为：Term I 是局地加速度项，Term II 是沿斜坡平流项，Term III 是斜坡侧向平流项，Term IV 是垂直平流项，Term V 是浮力项(重力项)，Term VI 是热成风项，Term VII 是柯氏力项，Term VIII 是应力散度项(湍流摩擦力项)。

想要对这个方程进行解析求解几乎是不可能的，但是这个方程可以帮助我们从物理上理解各个影响因子的作用。当然，在特殊条件下这个方程也能为我们分析流动特性提供依据，比如，在平稳条件下，流动顶部和底部的拖曳力与重力相平衡(取 Term V 与 Term VIII 相平衡)，这样的流动具有固定的空间分布，并且不随时间变化。在 z 方向对仅包含 Term V 和 Term VIII 的方程从地面到 h_{d} 进行积分，可以得到平衡时的平均风速 $\bar{\bar{U}}_{\mathrm{eq}}$ 为

$$\bar{\bar{U}}_{\mathrm{eq}}=\left[\frac{g(\bar{\bar{\Theta}}/\Theta_0)h_{\mathrm{d}}\sin\alpha}{C_{\mathrm{D}}+C_{\mathrm{Dh}}}\right]^{1/2}\tag{6.31}$$

其中 C_{D} 是地表拖曳系数，C_{Dh} 是气流顶部的拖曳系数：$C_{\mathrm{Dh}}=(\overline{uw})_{\mathrm{h}}/\bar{\bar{U}}_{\mathrm{eq}}^2$。

环境空气与下坡气流之间的混合对下泄流的厚度增长起到非常重要的作用，同时在气流顶部产生湍流应力 $(\overline{uw})_{\mathrm{h}}$ (这个应力对气流起到的是阻力作用)，实际上这是切变驱动的动力夹卷过程在界面层形成的湍流摩擦力。当气流中靠近地面的地方出现较强稳定层结的情况下，地表摩擦作用会比较小，于是气流顶部的摩擦阻力是对气流起减速作用的主要因子。

事实上地球陆地表面极少是水平的(所谓地表水平，指的是重力的方向垂直于地表)，也就是说，陆地表面一般都或多或少地具有一定的坡度。因此，在夜间稳定边界层中下坡力(重力沿斜坡的分量)会变得很重要，它会催生下泄流，这些下坡风随时间变化，并且以非常复杂的方式相互作用。

§6.7 稳定边界层的湍流总能量方程

在水平均匀的情况下，我们可以把湍流动能方程写成如下形式：

$$\frac{DE_k}{Dt}=\boldsymbol{\tau}\cdot\boldsymbol{s}+\beta\,\overline{w\theta}-\epsilon-\frac{\partial F_k}{\partial z} \tag{6.32}$$

其中 $E_k=(\sigma_u^2+\sigma_v^2+\sigma_w^2)/2$ 是湍流动能，$\boldsymbol{\tau}=-(\overline{uw},\ \overline{vw})$ 是运动学湍流应力矢量，$\boldsymbol{s}=(\partial U/\partial z,\ \partial V/\partial z)$ 是风切变矢量，$\beta=g/\Theta_0$ 是浮力因子，$F_k=\overline{E_k w}+\overline{pw}/\rho$ 是 E_K 的三阶垂直通量。因此，方程右边依次是切变生成项、浮力生成项、耗散项和垂直输送项（即通量散度项）。对于水平均匀的边界层而言，DE_k/Dt 就只剩下时间变化项。

对于位温方差 σ_θ^2，我们可以把它的收支方程写成如下形式：

$$\frac{D(\sigma_\theta^2/2)}{Dt}=-\overline{w\theta}\,\frac{\partial\Theta}{\partial z}-\phi-\frac{\partial F_\theta}{\partial z} \tag{6.33}$$

其中 ϕ 是耗散率，$F_\theta=\overline{\sigma_\theta^2 w}/2$ 是 $\sigma_\theta^2/2$ 的垂直通量（$\partial F_\theta/\partial z$ 是通量散度）。因此，方程右边依次是梯度产生项、耗散项和垂直输送项。在水平均匀的边界层中，$D(\sigma_\theta^2/2)/Dt$ 也只剩下时间变化项。

我们会注意到，对于稳定层结，$\overline{w\theta}<0$ 且 $\partial\Theta/\partial z>0$，于是方程(6.32)右边第二项为负值，而方程(6.33)右边第一项为正值；对于不稳定层结，$\overline{w\theta}>0$ 且 $\partial\Theta/\partial z<0$，方程(6.32)和(6.33)中的浮力项都是正值。在此情况下，我们可以对方程(6.33)乘以 $\beta^2/|N^2|$，其中 $N^2=\beta\partial\Theta/\partial z$ 是布伦特-维萨拉频率，并把 $E_p=(\sigma_\theta^2/2)\beta^2/|N^2|$ 定义为湍流势能，于是由方程(6.33)就可以得到湍流势能方程：

$$\frac{DE_p}{Dt}=\beta\,|\overline{w\theta}|-\frac{\beta^2}{|N^2|}\left(\phi+\frac{\partial F_\theta}{\partial z}\right) \tag{6.34}$$

我们把方程(6.32)和(6.34)相加，并把湍流总能量记为 $E=E_k+E_p$，就可以得到关于湍流总能量的方程：

$$\frac{DE}{Dt}=\boldsymbol{\tau}\cdot\boldsymbol{s}-\gamma-\frac{\partial F_E}{\partial z}+\begin{cases}0 & N^2\geqslant 0\\ 2\beta\,\overline{w\theta} & N^2<0\end{cases} \tag{6.35}$$

其中 $\gamma=\epsilon+\phi\beta^2/|N^2|$ 被定义为湍流总能量的耗散率，$F_E=F_k+F_\theta\beta^2/|N^2|$ 被定义为湍流总能量的垂直通量。

对于稳定边界层 $(N^2>0)$，虽然 $\beta\,\overline{w\theta}$ 是存在的，但它在方程(6.35)中并不出现。我们知道在稳定边界层中 $\beta\,\overline{w\theta}<0$，这一项在湍流动能方程中是浮力损耗项，其作用是消耗湍流动能，事实上，它是把一部分湍流动能转化为了湍流势能。在湍流总能量方程(6.35)中，我们应该把它理解为浮力再分配项，所以它并不出现在方程中，它的作用体现在湍流势能 E_p 上。因此，在方程(6.35)中唯一的源项（即收入项）是切变产生项 $\boldsymbol{\tau}\cdot\boldsymbol{s}$，唯一的汇项（即支出项）是耗散项，而垂直输送项通常是小项，在准平稳状态下切变产生项与耗散项之间基本上能够达成平衡。

经典湍流理论认为当流动的梯度理查森数 $Ri = N^2/S^2$ 超过临界值(一般认为临界理查森数 $Ri_c \approx 0.25$) 时湍流就不能发生,但实际大气中的情况并不是这样。采用湍流总能量的好处就在于不受临界理查森数的约束,这给构建适用于稳定边界层的湍流闭合方案带来方便。

了解稳定边界层的湍流行为特征是建立湍流闭合方案的基础。Mauritsen and Svensson (2007)的研究发现稳定边界层中的湍流在弱稳定 ($Ri < 0.1$) 和强稳定 ($Ri > 1$) 条件下表现出很大的差别。在弱稳定条件下湍流应力正比于方差,表明湍流涡旋对动量和热量的输送作用非常有效;但在强稳定条件下被湍流速度方差归一化的湍流应力与弱稳定条件下的量值相比要小很多,而归一化湍流热通量的量值几乎为零(这并不意味着热通量真的为零,而是表明随着稳定程度的增加热通量的衰减速率明显大于温度方差的衰减速率,换句话说,从极限的观点看,湍流热通量是高阶小量)。在 $0.1 < Ri < 1$ 的区间范围内,无量纲湍流通量在两种情形之间过渡转换,量值上有明显的变化。

我们把相应的归一化湍流通量定义为如下形式:

$$f_\tau = |\boldsymbol{\tau}|/E_k,\ f_\theta = \overline{w\theta}/\sqrt{E_k\sigma_\theta^2} \tag{6.36}$$

如图 6.10 所示,观测结果表明 f_τ 和 f_θ 与 Ri 之间存在很好的对应关系。拟合观测数据可以得到如下函数关系:

$$f_\tau = 0.17[0.25 + 0.75(1 + 4Ri)^{-1}] \tag{6.37}$$

$$f_\theta = -0.145(1 + 4Ri)^{-1} \tag{6.38}$$

依据上述经验关系,在知道湍流方差的情况下就很容易计算出湍流动量通量和热通量。

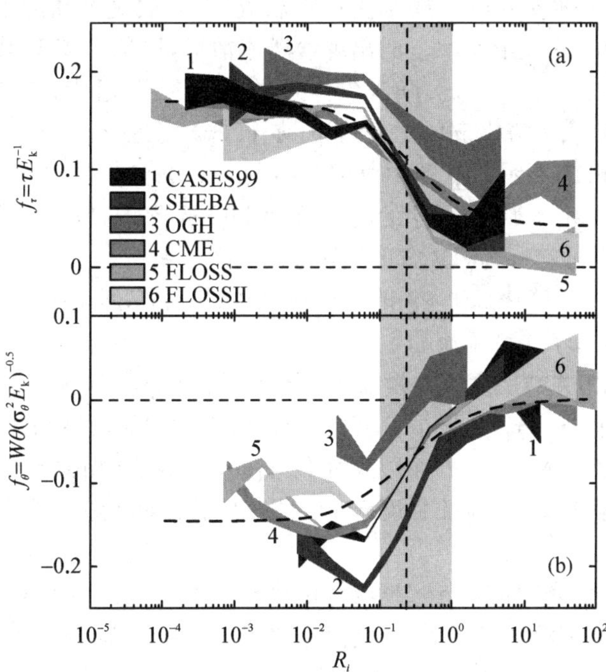

图 6.10　依据六个野外观测试验观测数据分析得到的归一化湍流通量与 Ri 之间的关系:(a) 动量通量;(b) 热通量。在阴影区内的观测数据的分段平均值达到 95%置信程度,粗虚线代表经验拟合曲线。引自 Zilitinkevich et al. (2007a)。

这里我们想要强调的一点是，实际大气边界层中即使是在具有很强静力稳定度的切变流里湍流总能量也不会完全衰减消失。这在认识上是对传统湍流理论中临界理查森数概念的突破。Zilitinkevich et al (2007a)提出了基于湍流总能量方程构建湍流通量参数化方案的思路，其基本出发点就在于突破临界理查森数的约束，依据弱稳定条件 ($Ri < 0.1$)、强稳定条件 ($Ri > 1$) 及过渡区间 ($0.1 < Ri < 1$) 湍流的不同行为特征，建立起描述稳定边界层湍流通量的理论框架。这为克服经典 M-O 相似理论在层结比较稳定时所表现出来的不足(在第四章中我们讨论过 M-O 相似理论的不足)提供了可能的途径。

§6.8 稳定边界层的湍流生成尺度——HOST 模型

通过观测揭示出边界层大气中平均量与湍流通量之间的对应关系是建立湍流参数化方案的依据。从这个意义上讲，M-O 相似理论其实就是一套关于近地层湍流通量的参数化方案。因此，大气边界层研究的一个重要目的就是认识湍流行为所遵循的规律。然而在夜间稳定边界层当中，湍流行为非常复杂，M-O 相似理论似乎并不能很好地描述湍流的行为特征。如何改进稳定边界层的湍流参数化方案是近二三十年里大气边界层研究的重要课题。

基于对 CASES－99 (Cooperative Atmosphere-Surface Exchange Study in October 1999)试验观测数据的分析，Sun et al (2012)发现，在夜间稳定边界层当中，因切变而生成的湍流在从地面到 50－60 m 高度范围内起到的垂直混合作用取决于湍流量与平均风速 $V(z)$ 之间的关系。这里所说的湍流量，指的是与湍流动能 TKE 相关的变量，它可以是 TKE 的平方根，即 $V_{\mathrm{TKE}}(z)=[(\sigma_u^2(z)+\sigma_v^2(z)+\sigma_w^2(z))/2]^{1/2}$，也可以是 $\sigma_w(z)$。对于某高度 z，湍流行为特征主要表现为两种类型——弱湍流和强湍流，它们被这个高度上的临界风速 $V_s(z)$ 区分开来(也就是说，风速大于 $V_s(z)$ 时出现强湍流情形，风速小于 $V_s(z)$ 时出现弱湍流情形)。在强湍流情形之下 $V_{\mathrm{TKE}}(z)$ 随 $V(z)$ 的增大而线性增大；而在弱湍流情形之下 $V_{\mathrm{TKE}}(z)$ 随 $V(z)$ 的增大呈现微弱的增大趋势；在 $V_s(z)$ 附近 $V_{\mathrm{TKE}}(z)$ 与 $V(z)$ 之间的关系发生过渡转换，如图 6.11 所示。从图中可以看出 $V_{\mathrm{TKE}}(z)$ 与 $V(z)$ 之间关系曲线的形状如同曲棍球球杆，Sun et al. (2015)形象地将其称为 HOST (Hockey-Stick Transition，即“曲棍球杆”型转换)，本书把它称为“HOST 模型”。

Sun et al. (2012)对 CASES－99 试验观测数据的分析表明，夜间稳定边界层中含能涡旋具有的长度尺度是 δz，并且湍流的生成与切变 $\delta V(z)/\delta z$ 相关，因此，湍流尺度并非是与局地切变 $\partial V(z)/\partial z$ 相关的尺度。在强湍流情形之下湍流的主导尺度是 z，表明湍流由整层切变 $V(z)/z$ 产生(即 $\delta z=z$)。随着高度的增加，湍流主导尺度变得小于 z，但具有一定大小，这表明湍流的生成与 $\delta V(z)/\delta z$ 相关，而不是在经典 M-O 相似理论中所假设的那样与 $\partial V(z)/\partial z$ 相关。也就是说，对湍流强度起主要贡献的含能涡旋所具有的空间尺度是 δz，这个尺度并不受 $\partial V(z)/\partial z$ 控制。

HOST 模型强调的是湍流主导尺度与湍流生成尺度之间的内在联系，以及湍流强度取决于湍流动能 TKE 与湍流势能 TPE 在湍流生成层中的相互耦合作用。夜间的观测结果表明，$u_*(z)$ 和 $\theta_*(z)$ 与 $V(z)$ 和 $\Delta\Theta(z)$($\Delta\Theta(z)=\Theta(z)-\Theta_0$) 密切相关，这说明湍流混合作用把 TKE 和 TPE 紧密联系在一起(Sun et al, 2016)。当 $V(z)$ 较小的时候，较弱的湍流混合对地表冷空气的交换效率较低，并且主要发生在靠近地面的地方，因而较高高度上的空气

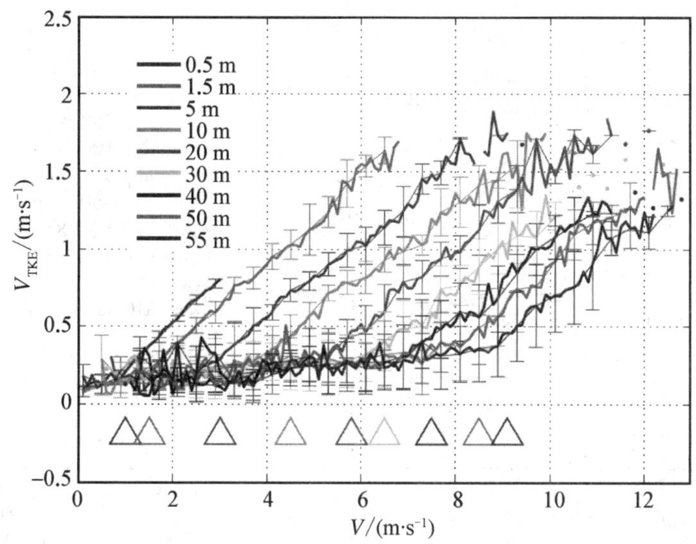

图 6.11　分段平均的湍流强度 $V_{TKE}(z)$ 与平均风速 $V(z)$ 之间的对应关系。图中三角形表示不同高度上的临界风速 $V_s(z)$，数据来源于 CASES－99 试验。引自 Sun et al. (2012)。彩图可见文后插页。

温度基本不受影响，于是如果 Θ_0 是下降的，则 $\Delta\Theta(z)$ 会增大。当湍流强度足够大的时候（对应于 $V(z)$ 较大的情形），对交换过程起主导作用的大涡旋的尺度会增大到 z，在 z 高度之下的位温梯度显著减小（这时候地表冷空气的生成速率会慢于湍流交换速率，冷空气无法累积）。因此，当 $V(z)<V_s(z)$ 时，近地面的 TKE 受到抑制，因为在较强的稳定层结中需要把更多能量用于增加 TPE（见上一节），于是 TKE 不会随 $V(z)$ 的增大而显著增强；当 $V(z)>V_s(z)$ 时，较强的湍流混合作用使得 z 高度之下的气层中位温梯度变得很小（往往是接近于中性层结特征），在这种情况下切变直接产生 TKE，而不需要消耗太多的能量来增加 TPE，于是 TKE 随 $V(z)$ 增大而显著增强。所以，HOST 模型可以从机理上解释为什么 $V_s(z)$ 可以把夜间稳定边界层中的湍流行为划分为两种不同的类型。因为在从地面到高度 z 之间的气层中通过湍流混合作用消减位温垂直梯度需要消耗能量，所消耗的能量随气层厚度的增大而增加，于是 $V_s(z)$ 是随高度增大的，这一点并不难理解。从这一层中湍流总能量收支动态平衡的角度讲，其影响因子除了湍流的切变生成之外，还有边界条件。因此，在 HOST 模型中任何与湍流能量相关的变量都会受到地表粗糙度和地表冷却速率的影响。

依据 HOST 模型所呈现的湍流行为特征，我们可以把强湍流（即 $V(z)>V_s(z)$）条件下的 $u_*(z)$ 近似地表示成如下形式：

$$u_*(z)=\alpha(z)V(z)+\beta(z) \tag{6.39}$$

这个表达式如图 6.12(a)所示（这里需要说明的是，虽然本节讨论的夜间稳定边界层的情况，示意图中也包含白天对流边界层的情况，因为白天热力生成的湍流会增大 $u_*(z)$，使得 $u_*(z)-V(z)$ 关系偏离近中性的情形，热力作用对 $u_*(z)$ 的增大效应主要发生在小风情况下，方程(6.39)对于白天的湍流混合过程也能近似成立）。

我们来讨论一下 HOST 模型与 M-O 相似理论之间的差别。为简单起见，公式推导只

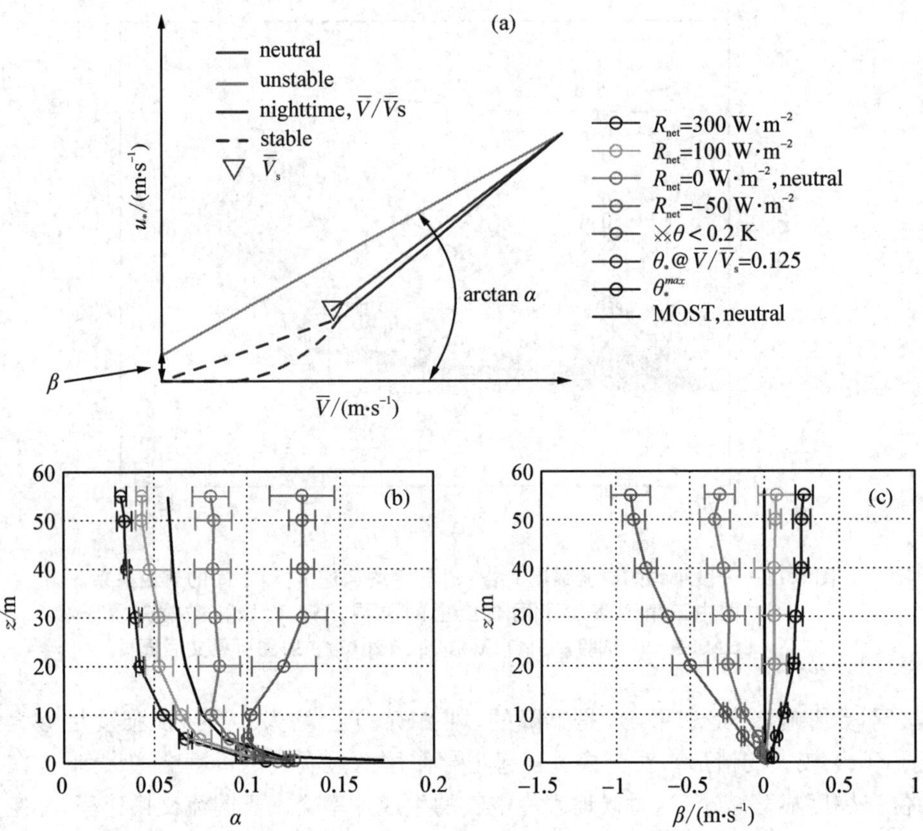

图 6.12 (a)不同稳定度条件下 $u_*(z)-V(z)$ 关系示意图,(b)从观测数据计算获得的不同条件下的 $\alpha(z)$ 与按照 M-O 相似理论计算得到的中性条件下的 $\alpha_N^{MO}(z)$ 之间的对比,(c)从观测数据计算获得的不同条件下的 $\beta(z)$ 与按照 M-O 相似理论计算得到的中性条件下的 $\beta_N^{MO}(z)$ 之间的对比。观测数据来源于 CASES - 99 试验。引自 Sun et al. (2016)。彩图可见文后插页。

针对中性条件。在近中性条件下(即大风情形),靠近地面处观测到的 $\alpha(z)$ 可以近似表示成 $\alpha_N(z)\approx u_*(z)/V(z)$,按照 M-O 相似理论可以等价地写成如下形式:

$$\alpha_N^{MO}(z)=\frac{\kappa}{\ln(z/z_0)} \tag{6.40}$$

而 $\beta(z)$ 在 M-O 相似理论的等价形式为

$$\beta_N^{MO}(z)=0 \tag{6.41}$$

从图 6.12(b)和图 6.12(c)中可以看出,即使是中性条件下 ($R_{net}=0$),观测数据显示 $\alpha_N(z)$ 只在 10 m 高度之下与 M-O 相似理论的 $\alpha_N^{MO}(z)$ 非常接近,在此高度之上二者之间出现了比较明显的偏差,这样的结果意味着 M-O 相似理论在靠近地面的薄层里是适用的,而 $\alpha_N(z)$ 与 $\alpha_N^{MO}(z)$ 之间的差异则反映了实际的近地层大气中 $u_*(z)$ 是随高度变化的。$\beta(z)$ 从地面的零值随高度的增加而单调减小,而 $\beta_N^{MO}(z)$ 在不同高度上都保持为零值。观测数据显示 $\beta(z)$ 为负值,这意味着随着气层厚度的增加需要增大切变来产生更强的湍流混合以达成把气层的层结混合成近中性的结果。也就是说,大风条件下夜间近中性层结是湍流混合的结果，这样的混合需要消耗湍流能量（这正是为什么 $\beta(z)$ 为负值的原因），因而会影响到 $u_*(z)$ 的大小，而这一点在 M-O 相似理论中是没有考虑的。在这里需要指出的是，$\alpha(z)$ 和 $\beta(z)$ 在描述 $u_*(z)-V(z)$ 关系中的作用不同：$\alpha(z)$ 代表 $u_*(z)$ 的产生率，而 $\beta(z)$ 直接与 $V_s(z)$ 相关联，它体现了为使得在从地面到高度 z 的气层中切变生成的湍流具有足够强的混合能力从而把该气层的层结混合成近中性状态所需要的最小风速，最终 $u_*(z)$ 量值的大小由这两个因素共同决定。基于这样的认识，图中显示的非中性条件下的观测结果也可以得到合理的解释。

关于 HOST 模型框架下如何解读观测呈现的湍流行为特征，我们在此仅做了简要介绍，有关细节的讨论可以参阅 Sun et al.（2016）的文章。事实上 HOST 模型在现象学层面上给我们提供了新的认识，从定性的角度讲，该模型可以对如图 6.11 所示的湍流行为特征给出合理的解释，但定量关系还不清楚，方程（6.39）只是个近似的经验关系，或者说是概念模型，其中 $\alpha(z)$ 和 $\beta(z)$ 由什么因子决定并不明确，在小风条件下（弱湍流情形）的经验关系还无法确定（如图 6.12(a)中虚线所示）。而实际大气中大风发生的频率通常并不高，虽然临界风速 $V_s(z)$ 对夜间稳定边界层中与 TKE 相关的湍流量的行为特征具有很好的区分度，但同时也使得定量描述变得更具挑战性。本书在此介绍 HOST 模型旨在拓展对夜间稳定边界层湍流特性的认识，从这个意义上讲，HOST 模型为我们提供了一个新的视角。

参考文献

André J. C. and L. Mahrt. 1982. The nocturnal surface inversion and influence of clear-air radiative cooling. J. Atmos. Sci., 39: 864 - 878.

Businger J. A.. 1973. Turbulent Transfer in the Atmospheric Boundary Layer, in *Workshop on Micro-meteorology*, D. A. Haugen, eds. Am. Meteor. Soc.: 67 - 98pp.

Caughey S. J., Wyngaard J. C. and J. C. Kaimal. 1979. Turbulence in the evolving nocturnal boundary later. J. Atmos. Sci., 36: 1041 - 1052.

Derbyshire S. H.. 1990. Nieuwstadt's stable boundary layer revisited. Quart. J. Roy. Meteor. Soc., 116: 127 - 158.

Garratt J. R.. 1992. *The Atmospheric Boundary Later*. Cambridge University Press, Cambridge: 316pp.

Garratt J. R. and R. A. Brost. 1981. Radiative cooling effects within and above the nocturnal boundary layer. J. Atmos. Sci., 38: 2730 - 2746.

Garratt J. R. and B. F. Ryan. 1989. The structure of the stably stratified internal boundary layer in offshore flow over the sea. Bound-Layer Meteor., 45: 209 - 236.

Kitaigorodskii S. A. and S. M. Joffre. 1988. In search of simple scaling for the heights of the stratified atmospheric boundary layer. Tellus, 40A: 419 - 433.

Kondo J., Kanechika O. and N. Yasuda. 1978. Hear and momentum transfers under strong stability in the atmospheric surface layer. J. Atmos. Sci., 35: 1012 - 1021.

Mahrt L., 1982. Momentum balance of gravity flows. J. Atmos. Sci., 39: 2701 - 2711.

Mahrt L. and D. Vickers. 2003. Contrasting vertical structures of nocturnal boundary layer.

Bound-Layer Meteor., 105: 351 - 363.

Mauritsen T. and G. Svensson. 2007. Observations of stably stratified shear-driven atmospheric turbulence at low and high Richardson numbers. J. Atmos. Sci., 64: 645 - 655.

Nieuwstadt F. T. M.. 1984. The Turbulent Structure of the Stable, Nocturnal Boundary Layer. J. Atmos. Sci., 41: 2202 - 2216.

Nieuwstadt F. T. M.. 1985. A Model for the Stationary, Stable Boundary Layer, in *Turbulence and Diffusion in Stable Environments*, ed. J. C. R. Hunt, Clarendon Press, Oxford: pp.149 - 179.

Pollard R. T., Rhines P. B. and R. Thompson. 1973. The deepening of the wind-mixed layer. Geophys. Fluid Dyn., 3: 381 - 404.

Rossby C. G. and R. B. Montgomery. 1935. The layer of frictional influence in wind and ocean currents. Pap. Phys. Oceanogr. Meteor. (MIT and Woods Hole Oceanogr. Inst.), 3: 1 - 101.

Stull R. B.. 1988. *An Introduction to Boundary Layer Meteorology*. Kluwer, Dordrecht: 666 pp.

Sun J., Mahrt L., Banta R. M., and Y. L. Pichugina. 2012. Turbulence regimes and turbulence intermittency in the stable boundary layer during CASES - 99. J. Atmos. Sci., 69: 338 - 351.

Sun J., Mahrt L., Nappo C., and D. H. Lenschow. 2015. Wind and temperature oscillations generated by wave-turbulence interactions in the stably stratified boundary layer. J. Atmos. Sci., 72: 1484 - 1503.

Sun J., Lenschow D. H., LeMone M. A., and L. Mahrt. 2016. The role of large-coherent-eddy transport in the atmospheric surface layer based on CASES - 99 observations. Bound-Layer Meteor., 160: 83 - 111.

Thorpe A. J. and T. H. Guymer. 1977. The nocturnal jet. Quart. J. Toy. Meteor. Soc., 103: 633 - 653.

Van de Wiel B. J. H., Ronda R. J., Moene A. F., et al.. 2002. Intermittent turbulence and oscillation in the stable boundary layer over land. Part 1: A bulk model. J. Atmos. Sci., 59: 942 - 958.

Wyngaard J. C., and O. R. Coté. 1971. The budgets of turbulent kinetic energy and temperature variance in the atmospheric surface layer. J. Atmos. Sci., 28: 190 - 201.

Wyngaard J. C.. 1975. Modeling the planetary boundary layer-extension to the stable case. Bound-Later Meteor., 9: 441 - 460.

Wyngaard J. C.. 2010. *Turbulence in the Atmosphere*. Cambridge University Press, Cambridge: 393pp.

Yamada T.. 1979. Prediction of the nocturnal surface layer height. J. Appl. Meteor., 18: 526 - 531.

Zilitinkevich S. S.. 1972. On the determination of the height of the Ekman boundary layer.

Bound-Layer Meteor.，3：141－145.

Zilitinkevich S. S.，Elperin T.，Kleeorin N.，and I. Rogachecskii. 2007a. Energy-and flux-budget (EFB) turbulence closure model for stably stratified flows. Part I：steady-state，homogeneous regimes. Bound-Layer Meteor.，125：167－191.

Zilitinkevich S. S.，Esau I. and A. Bakalov. 2007b. Further comments on the equilibrium height of neutral and stable planetary boundary layer. Quart. J. Roy. Meteor. Soc.，133：265－271.

第七章
非均匀下垫面上的边界层

§7.1　下垫面改变与内边界层

当边界层气流流经下垫面性质不连续的地表时，为了适应新的下垫面性质(因为近地层气流直接受地表的强迫作用)，近地层气流特性会发生变化，在继续行进的过程中下，新的下垫面所影响的厚度会不断增大，最终整个边界层气流特性完全与新的下垫面性质相匹配。于是，气流进入新下垫面之后就形成了所谓的内边界层。最简单的情形是气流垂直于下垫面性质产生不连续的分界线，这样就把气流特性的变化简化为二维问题，主要涉及三个方面：

① 地表强迫的属性(这方面通常涉及下垫面性质的突然改变，这些性质包括地表粗糙度、地表温度或湿度、地表感热通量或潜热通量)。

② 来流气流的层结状况(中性或非中性)。

③ 气流受新的下垫面影响之后的水平特征尺度。内边界层的厚度随下游距离的增大而增加，在小尺度或微尺度上，水平范围是几百米；而在中尺度上，水平范围是几十到上百公里。对于前者，研究更关注于内层的发展；而对于后者，研究更强调整个边界层的发展。

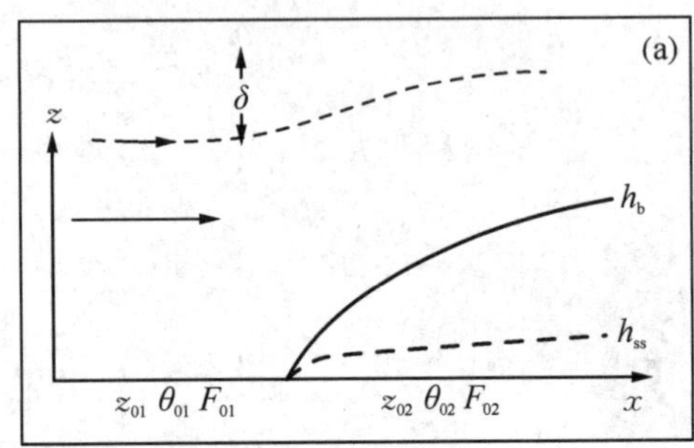

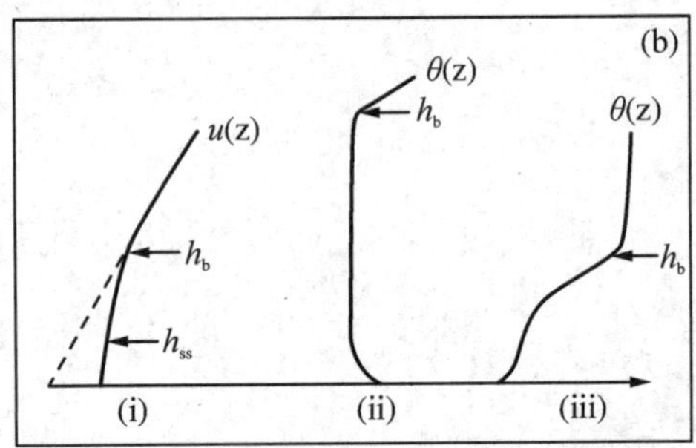

图 7.1　(a) 内边界层概念图，其中 $h_b(x)$ 为内边界层厚度，h_{ss} 为内层厚度，地表粗糙度 z_0、地面温度 Θ_0 及地表通量 F_0 从上游下垫面(用下标 1 表示)到下游下垫面(用下标 2 表示)发生了“台阶型”变化，δ 为流线在垂直方向上产生的位移；(b) 分界点下游某位置 x 处的垂直廓线：(i) 中性气流经过 z_0 变化的下垫面所具有的风廓线(虚线代表的是符合对数率的上游气流风廓线)，(ii) 不稳定内边界层的 Θ 廓线，(iii) 稳定内边界层的 Θ 廓线。引自 Garratt (1992)。

本章所讨论的内边界层问题只针对下垫面性质出现“台阶型”变化的情形(所谓“台阶型”变化，是指以分界线为参考位置，上游和下游的地表性质都是水平均匀的，但各自在某个或某些地表特征参数上具有不同的量值，比如，地表粗糙度、地表温度或者地表热通量不同)。图 7.1 给出了这种内边界层的概念图，图中同时显示了内边界层中的典型风廓线和位温廓线。对于中性层结的气流，内边界层可以被定义为地表粗糙度 z_0 和应力

τ_0 的变化所影响到的气流范围。例如,内边界层厚度 h_b 被定义为在 $z=h_b$ 高度上内边界层风速(或应力)与上游气流的风速(或应力)之间差异不超过1%。通常情况下,用风速作为判据得到的是 h_{b1},而用应力作为判据得到的是 h_{b2},二者并不相等,原因在于风速廓线和应力廓线的调整适应过程存在快慢差异。对于大气边界层中的情况,经常用 $\partial U/\partial z$ 的不连续变化或者用风速廓线呈现出来的"扭曲"作为判据来确定内边界层顶的高度。

在以上述方式定义的内边界层当中,存在厚度为 h_{ss} 的内层 ($h_{ss} \ll h_b$)。在这个内层(或称为平衡层)当中,气流的特性不受上游气流的影响,其廓线特征完全由其所处的下垫面性质决定 。在中性条件下,在这个内嵌的平衡层中风速廓线满足对数律,由此可见,在内层当中不存在气流特性的调整问题,而是立即与新的下垫面相适应,达成与地表之间的完全耦合,这正是称之为"平衡"层(equilibrium layer)的原因。Kaimal and Finnigan(1994)指出,这个平衡层可能并不是一过分界点就在新下垫面上形成,而是在分界点下游一段距离之后才出现。

对于非中性气流中出现的内边界层,上述判据还是可以用来定义 h_b,同时还需要考虑温度廓线和热通量廓线的情况。

7.1.1　内边界层对下垫面粗糙度变化的响应

本节讨论中性气流经过地表粗糙度有变化的下垫面所形成的内边界层。显然,这样的内边界层只与地表的动力强迫作用有关,而不涉及热力过程。观测揭示了这种内边界层的一些特征:内边界层之上的流场具有相同高度的上游气流的特征(也就是说气流的特性是由上游下垫面决定的,唯一可能的变化是因流体连续性的约束而产生的流线在垂直方向上的平移,如图7.1(a)所示);在非常靠近地面处存在着内层(即平衡层),在这一层当中风速廓线已经完全调整到与局地条件相适应的状态;内层之上的内边界层(即 $h_{ss}<z<h_b$,也就是内边界层的主体部分)被看作是掺混层,在其中速度的垂直分布由低处的对数分布(该对数分布对应于新下垫面的粗糙度)逐步变化为内边界层之上的廓线形式(该廓线对应于上游下垫面的地表特征);在分界点上游和下游足够远的地方,地表应力与各自均匀下垫面上的气流所应该具有的应力(即应力的平衡值)相同。

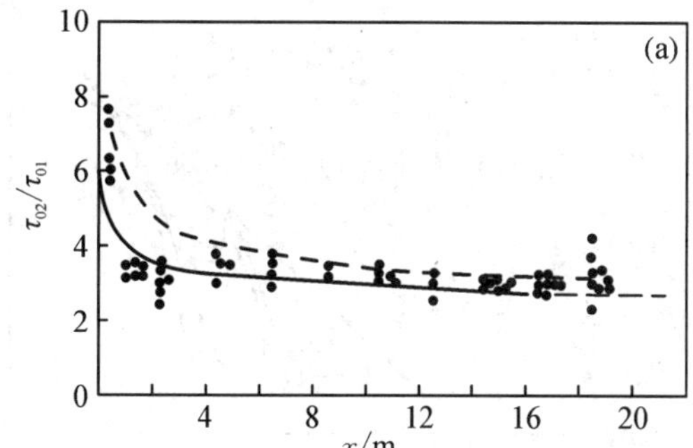

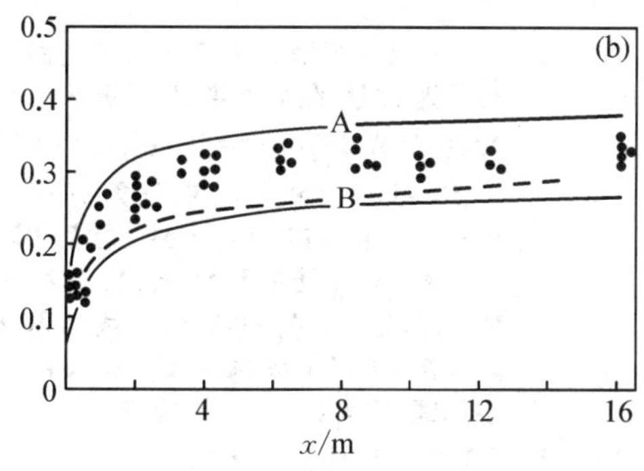

图7.2　(a) 气流从光滑地面流向粗糙地面时地表应力随分界点下游距离的变化情况,观测数据来源于Bradley (1968),虚线是Panofsky and Townsend (1964)的结果,实线是Rao et al. (1974)的结果;(b) 气流从粗糙地面流向光滑地面的情况,曲线A和B是Rao et al. (1974)的结果,分别对应于 $z_{02}=2\times10^{-5}$ m和 $z_{02}=2\times10^{-6}$ m。引自Garratt (1992)。

对内边界层的观测研究主要关注低层的风廓线和切应力的变化,一般是在分界点的上游和下游不同位置上同时观测风廓线和地表应力。图7.2显示的是气流从光滑地面流向粗糙地面和从粗糙地面流向光滑地面的应力观测结果,两组数据都显示出随下游距离的增加应力会向其平衡值变化的趋势，同时表现出非常有趣的现象：气流从光滑地面流向粗糙地面时，应力在分界点处最大，然后随下游距离的增加而减小到其平衡值，前者大约是后者的两倍；气流从粗糙地面流向光滑地面时，应力在分界点处最小，然后随下游距离的增加而增大到其平衡值，前者大约是后者的二分之一。应力在分界点处的突变无疑是对地表粗糙度突然变化以及风速廓线变化的响应。

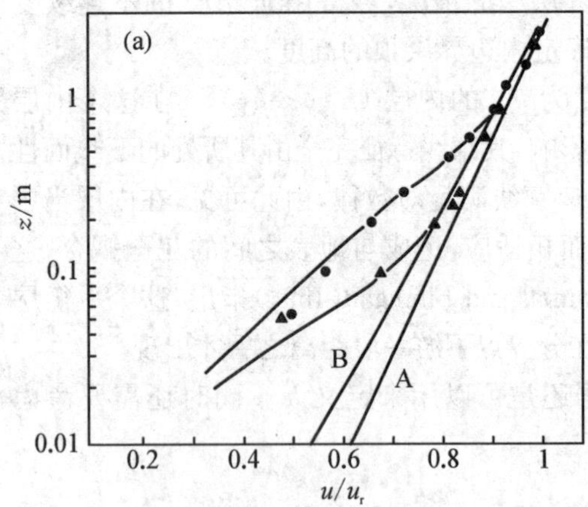

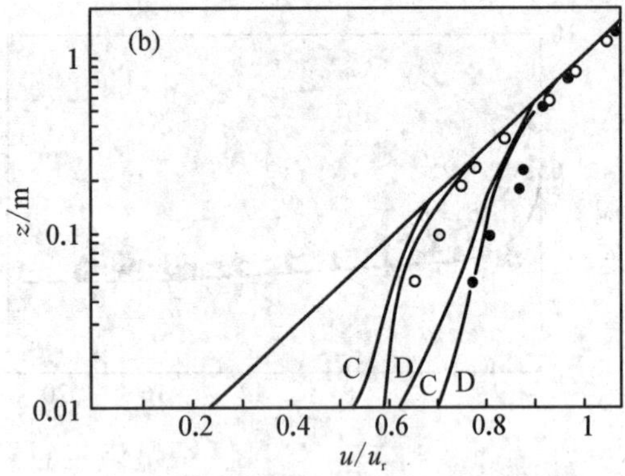

图 7.3 (a) 气流从光滑地面流向粗糙地面之后风速廓线的调整变化情况（$z_{01}=2\times10^{-5}$ m，$z_{02}=0.0025$ m），数据来源于 Bradley（1968），其中三角点代表 $x=2.32$ m 处的观测结果，圆点代表 $x=16.42$ m 处的观测结果，曲线是 Rao et al.（1974）的结果，直线 A 和 B 分别是 Bradley 和 Rao et al.假设的上游廓线，横坐标中 u_r 是参考高度 $z=2.2$ m 处的风速；(b) 气流从粗糙地面流向光滑地面的情况（z_0 值颠倒过来），空心圆代表 $x=2.1$ m 处的观测结果，实心圆代表 $x=12.2$ m 处的观测结果，C 和 D 两组曲线分别是取新下垫面粗糙度为 $z_{02}=2\times10^{-5}$ m 和 $z_{02}=2\times10^{-6}$ m 的数值模拟结果，直线是 Rao et al.假设的上游风速廓线，u_r 是参考高度 $z=1.125$ m 处的风速。引自 Garratt(1992)。

图 7.3 给出的是风速廓线的观测结果，以及高阶闭合数值模式的模拟结果，我们可以从中看到一些有趣的现象：

① 在新下垫面上风速廓线发生了系统性向左或向右偏离，随着下游距离的增加，变化的廓线向上伸展，表明内边界层厚度增大；

② 在内边界层之上的风速廓线几乎没有什么变化，这种情形意味着流线的转折程度很轻微（即 δ 很小，当然，δ 的大小取决于地表粗糙度量值变化的幅度）；

③ 在下游距离为 x 的地方，风速廓线在某个高度范围内既偏离它下方与新下垫面相对应的对数廓线，又偏离内边界层之上的对数廓线，表现出掺混层的特征。

我们在此所讨论的内边界层对下垫面粗糙度变化的响应是小尺度问题。于是在控制方程中可以取柯氏力项和气压梯度项为零，这样就可以把运动方程和连续方程写成如下形式：

$$U\partial U/\partial x+W\partial U/\partial z=\rho^{-1}\partial\tau/\partial z \quad (7.1)$$

$$\partial U/\partial x+\partial W/\partial z=0 \quad (7.2)$$

求解 $U(x, z)$ 需要知道关于 τ 的方程以及适合的边界条件。通常运用数值模拟方法获得速度场的分布，也可以运用一些近似假设求取解析解。后者的关键在于如何描述应力与风速廓线之间的关系，以便求得 $\tau_0(x)$、$U(x, z)$ 和 $h_b(x)$。

理论求解基于对方程从地面到 h_b 进行垂直积分，这需要有合适的关于内边界层整层动力平衡的积分约束条件（Schlichting, 1979），并结合连续方程，可以得到

$$\partial/\partial x\left(\int_0^{h_b} U^2 \mathrm{d}z\right) - U_h \partial/\partial x\left(\int_0^{h_b} U \mathrm{d}z\right) = \tau_h/\rho - u_{*2}^2 \tag{7.3}$$

其中下标 2 代表新下垫面。依据方程(7.3)的解，可以计算出 $h_b(x)$ 和 $u_{*2}(x)$。在这个方程中 U_h 取 $z=h_b-\delta$ 高度上的 U_1(下标 1 代表上游下垫面)，τ_h 取上游流动中位于相应高度上的应力值。这种简化处理方案意味着上、下游应力之间存在不连续(这当然在物理上是不合理的)。为了使方程闭合，还需要关于 $u_2(z)$ 的关系式，通常假设它具有如下形式：

$$u_2(z)/u_{*2} = \kappa^{-1}\ln(z/z_{02}) + f(z/h_b) \tag{7.4}$$

当 $z/h_b \ll 1$ 时，$f(z/h_b)=0$，这对应于平衡层中的情形。有了掺混函数 $f(z/h_b)$ 的确切表达式，方程(7.4)不仅可以用于上述积分方案，也可以直接用于方程(7.1)和(7.2)。

应力的理论计算结果与观测结果的对比情况如图 7.2 所示。对于气流从光滑地面流向粗糙地面的情形，在靠近分界点的地方，观测数据呈现出的地表应力变化要快于理论计算结果；而对于气流从粗糙地面流向光滑地面的情形，理论计算对地表应力变化的描述要表现得更好一些(尽管量值上存在偏差)。风速廓线的理论计算结果与观测结果的对比如图 7.3 所示。虽然观测数据更明显地表现出廓线具有拐点特征，它们之间在形式上还是很相似的，低层空气的加速(从粗糙地面流向光滑地面)和减速(从光滑地面流向粗糙地面)都很明显地在观测和计算结果中得到体现。

上面提及的一些解析解模型通常存在一个致命的缺陷，就是未能恰当地描述过渡状态(即非平衡状态)下地表应力与风速廓线之间的关系。在这种非平衡状态下，诸如 $u_* = \kappa z \partial U/\partial z$ 的关系未必适用，而局地应力可能是由非局地流动状态决定的，换句话说，应力与速度梯度之间的关系并不是仅用混合长概念就能建立起来的。数值模拟方法应该是解决这个问题的有效途径，运用湍流二阶矩的预报方程，并对其中的三阶矩项进行恰当的参数化，就可以得到数值解。图 7.2 给出了 Rao et al. (1974)运用高阶闭合方案得到的关于地表应力随下游距离变化的数值模拟结果。与观测结果的对比显示，数值解与理论计算相比更好地描述了应力的空间分布情况。数值模拟得到的风速廓线如图 7.3 所示，它们与观测结果符合得很好，并且在掺混层中表现出过渡型廓线具有拐点这一特征。

在靠近分界点的下游过渡区内混合长理论不再适用。这种情况可以从数值模拟结果中计算得到的无量纲梯度 $\phi=(\kappa z/u_*)\partial U/\partial z$ 反映出来。如图 7.4 所示，ϕ 随高度变化，并不等于 1，这体现了过渡区流场特性对 ϕ 的影响，同时也表明 $l=\kappa z$ 的混合长假设不适用(如果 $l=\kappa z$ 成立，则 $\phi=1$)。

关于内边界层厚度 h_b 与下游距离 x 的关系(习惯上会把气流在新下垫面上行进的距离简称为"风程"，所以在讨论内边界层问题时下游距离就是风程)，观测表明，中性气流从光滑地面流向粗糙地面和从粗糙地面流向光滑地面这两种情形都符合 $h_b \propto x^{0.8}$。图 7.5 显示了观测结果与数值模拟结果的对比情况。为了显式体现地表粗糙度的影响，可以把这个关系式写成如下形式：

$$h_b = f_1(z_{01}/z_{02}) x^{0.8+f_2(z_{01}/z_{02})} \tag{7.5}$$

数值模拟结果表明，在气流从粗糙地面流向光滑地面的情形中 f_2 是小的负值，而在气流从光滑地面流向粗糙地面的情形中 f_2 非常接近于零。

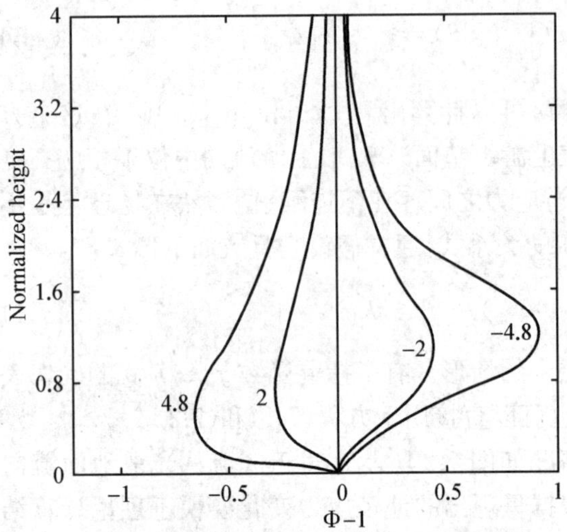

图 7.4　无量纲风切变 $\phi-1$ 随归一化高度变化的情况。其中 $M=\ln(z_{01}/z_{02})$ 是表征粗糙度变化的参数，曲线旁的数字是 M 的取值，这些曲线对应的下游位置是 $x=2$ m，曲线由 Rao et al.(1974)的数值模拟结果提供的数据计算获得。引自 Garratt(1992)。

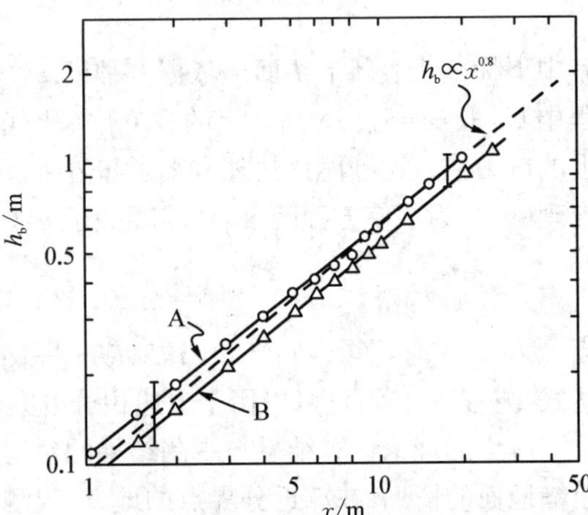

图 7.5　内边界层厚度随风程变化的关系曲线。图中实线 A 和 B 是 Rao et al.(1974)的数值模拟结果，分别对应于 $M=\ln(z_{01}/z_{02})$值为 4.8 和 −4.8 的情形；虚线代表 Bradley(1968)的观测结果(两条短粗线代表数据的分布范围)。引自 Garratt(1992)。

内边界层厚度随风程增长的过程可以类比于地面源排放物的烟羽扩散过程(Panofsky, 1973)。基于这样的类比我们可以认为对于受到新下垫面粗糙度影响的一层(即内边界层)，其厚度的变化率取决于 u_* 或 σ_w，即

$$\mathrm{d}h_b/\mathrm{d}x \propto \sigma_w/u(h_b) \propto u_*/u(h_b) \propto \kappa/\ln(h_b/z_0) \tag{7.6}$$

积分可得

$$(h_b/z_{02})[\ln(h_b/z_{02})-1]+1=Ax/z_{02} \tag{7.7}$$

其中 $A\approx1$。有研究表明，对方程(7.7)右边做适当调整，即用 $z_0'=0.5(z_{01}^2+z_{02}^2)^{1/2}$ 代替 z_{02} 可以使得这个关系式更好地符合观测结果和风洞试验结果(Jackson, 1976)。

在本节中所讨论的内边界层问题只针对中性气流，而且所介绍的研究结果是微气象意义上的结果，即内边界层在风程为 1 km 范围内的情况。所以经常把这样的情况说成是局地平流问题。当下垫面的热通量或者温度发生改变时，层结的作用会对关系式 $h_b \propto x^n$ 产生影响。数值模拟结果表明，在较强的不稳定条件下，指数 n 会从中性条件下的 0.8 上升为 1.4，也就是说，当地表存在加热作用时，内边界层厚度会以更快的速率随风程增长。当然，在稳定条件下这个指数 n 会变得更小一些。如果我们用方程(7.7)来估算比值 h_b/x 在1 km 范围内的量级(取两个粗糙度分别为 0.1 m 和 0.001 m)，并假设 $h_{ss}=0.1h_b$，那么，在气流从光滑地面流向粗糙地面的情形当中，比值 h_{ss}/x 大约是 1/100；而在气流从粗糙地面流向光滑地面的情形当中，比值 h_{ss}/x 大约是 1/200(Garratt, 1992)。所以按照 1/100 来粗略估计比值 h_{ss}/x 是可以被接受的。考虑到层结对内边界层厚度的影响，在不稳定情况下比值 h_{ss}/x 的量值会接近 1/10；而在稳定条件下比值 h_{ss}/x 的量值可以接近 1/500(很稳定的情

况下可达 1/1 000)。为什么要在这里提出平衡层与风程之比的估算问题呢?这涉及观测的代表性问题。在非均匀下垫面进行观测的时候,如果观测点处于距离分界点比较近的下游位置,那么观测到的湍流特征是代表分界点下游(近处)下垫面强迫的结果还是代表分界点上游(远处)下垫面强迫的结果呢?这与观测点高度有关。显然,如果观测高度落在平衡层内,则观测到的湍流量(包括方差和通量)应该与近处(新)下垫面的特性相对应;如果是高塔观测,则塔上高处的观测高度有可能超出了内边界层顶,这种情况下的观测结果则应该代表远处(旧)下垫面的特性;还有一种情况就是观测高度落在掺混层当中,这种情况下观测到的流动特性代表过渡区的调整状态(即受到局地平流的影响)。所以,风程估算对于解读非均匀下垫面之上的观测结果显得十分必要。

7.1.2　热力内边界层

沿海地区海陆下垫面之间存在明显的热力差异(地表温度不同),气流跨越海岸线会形成热力内边界层,经历海岸线附近的局地平流之后,随着下游距离的增加,内边界层逐步演变成平衡的大气边界层。中尺度研究大都关注于热力内边界层随风程的增长以及内边界层的结构,虽然气流跨越海岸线会同时经历下垫面粗糙度和地表温度的改变,对热力内边界层的研究更多地考虑其增长过程对地表温度变化的响应,所以研究的目标是获得对流条件和稳定条件下内边界层的厚度增长公式以及影响内边界层厚度的因子。

对热力内边界层的定义通常依据其顶部温度梯度和湿度梯度的显著变化,这样的判据似乎对于稳定条件下的情形更为有效。在发生海陆风时对向岸流形成的陆地对流热力内边界层结构(通常其风程范围在 50 km 以内)的观测表明,依据 Θ 廓线定义的内边界层顶会明显低于湍流动能最小值所对应的高度。这些关于平均量和湍流量结构的观测显示,内边界层中垂直方向上表现出充分混合的特征,而在水平方向上很明显地存在 Θ_v 和湍流动能的水平梯度,这样的结构会在陆地上延伸几十公里。湍流闭合模式的数值模拟结果表明,依据 Θ_v 逆温层定义的热力内边界层顶附近,热通量和湍流动能都不为零,而温度方差在此处存在极大值。本小节主要从中尺度角度讨论热力内边界层结构。

对流热力内边界层经常发生在晴朗的白天出现向岸流的陆地上。依据混合层动力学模型和整层方案,可以建立对流热力内边界层增长的简单模式,这样可以推导出一套控制方程,从而确定出 $h_b(x)$ 遵循的关系式(其中 x 是以海岸线为起点的风程)。联立混合层风速和温度方程、连续方程、一个关于 $h_b(x)$ 的方程以及合适的边界条件,就可以进行数值模拟,闭合所需的 $h_b(x)$ 方程可以运用 TKE 方程和恰当的夹卷过程参数化方案推导出来。在实际应用中,可以运用第五章中平稳条件下的方程(5.43)、(5.46)和(5.47)推导出均匀下垫面之上对流边界层的增长模型(如图 7.6a 所示),运用变量代换 $\partial/\partial t = U_m \partial/\partial x$($U_m$ 是整层平均风速),我们可以得到类似于简单夹卷模型的如下关系式:

$$\gamma_\theta h_b U_m \partial h_b / \partial x = (1 + 2\beta)\,(\overline{w\theta_v})_0 \tag{7.8}$$

假设 γ_θ 是常数且地表热通量不随 x 变化,并运用初始条件 $h_b(0) = 0$,于是积分可得

$$h_b^2 = 2(1 + 2\beta)(\overline{w\theta_v})_0 x / (\gamma_\theta U_m) \tag{7.9}$$

对流热力内边界层厚度随风程的增长关系是 $h_b \propto x^{1/2}$。

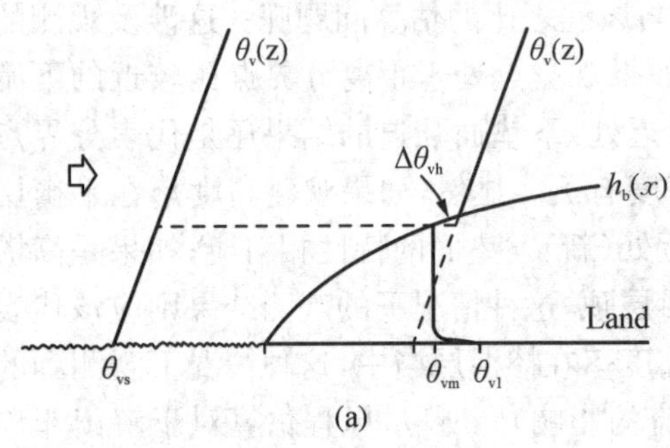

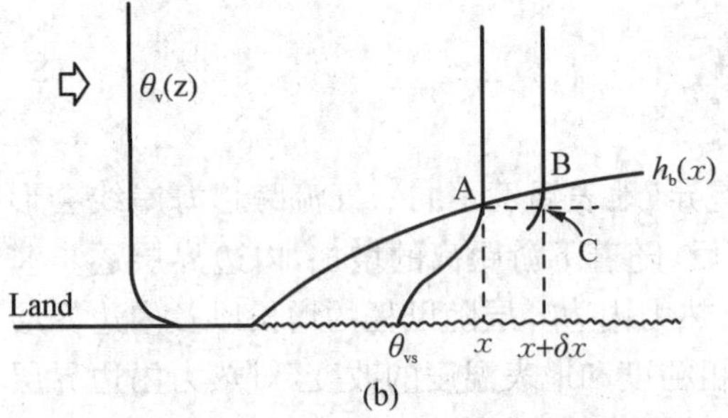

图 7.6 (a) 向岸流形成陆上对流内边界层的情形之下陆上和海上 Θ_v 廓线和 $h_b(x)$ 轮廓线的示意图，其中 Θ_{vs} 和 Θ_{vl} 分别是海表和地表温度；(b) 离岸流形成的海上稳定内边界层结构示意图，其中 A、B 和 C 是正文中提到的参考点。引自 Garratt (1992)。

许多观测都选择陆地上风程为 5—50 km 的范围内进行，因为这个风程范围是内边界层完成调整适应过程的典型距离。观测结果表明，在这个距离范围内热力内边界层厚度随风程的增长关系满足 $h_b = ax^{1/2}$（h_b 和 x 的单位是米），这个 $x^{1/2}$ 关系是在平稳条件和地表热通量水平均匀的假设前提下获得的，但实际上地表热通量存在日变化，中午时候的内边界层厚度肯定比日出不久的时候要大很多，所以系数 a 是有日变化的。经历很长的风程之后，内边界层高度必然趋向于一个平衡值，也就是说，当风程 x 大到一定程度，$x^{1/2}$ 关系将不再成立，h_b 将不再随 x 变化。此外，γ_θ 有可能随 x 变化，这对 $x^{1/2}$ 关系也会产生影响。

由于陆地温度高而海面温度低，离岸流在海上形成稳定的热力内边界层。数值模拟和观测结果表明，稳定热力内边界层的增长速率要小很多，经历数百公里的风程之后其厚度为几百米。海上内边界层中 Θ_v 廓线的形状与陆上稳定边界层中的情形有很大差别，海上 Θ_v 廓线有很明显的正弯曲度（即垂直梯度随高度增大，如图 7.6(b)所示），体现了湍流混合冷却作用在这一层中很重要。这种情况不同于陆上夜间稳定边界层中经常是辐射冷却作用占主导，Θ_v 廓线的弯曲度是负值（即垂直梯度随高度减小）。海上热力内边界层中温度的垂直分布可以表示成如下形式：

$$(\Theta_v - \Theta_s)/\Delta\Theta_{vB} = (z/h_b)^2 \tag{7.10}$$

其中 Θ_s 是海面温度，$\Delta\Theta_{vB}$ 是内边界层顶与海面之间的温差。在 $z=h_b$ 附近温度廓线的弯曲度是负值，所以在这个高度之上 $\partial\Theta_v/\partial z$ 的值很小。

基于上述温度廓线特征（如图 7.6(b)所示），我们可以建立内边界层厚度的增长模型。为使问题简化，我们假设位温的平流输送作用保持不变（即不随风程 x 变化），在内边界层之上 $\gamma_\theta=0$。对平稳的二维 Θ_v 方程从海面到 h_b 进行积分，假设热通量廓线是线性的，并假设风速廓线和温度廓线具有不随风程变化的形状，即 $u/U=f_1(z/h_b)$ 和 $(\Theta_v-\Theta_s)/\Delta\Theta_{vB}=f_2(z/h_b)$，其中 U 是大尺度背景风速或地转风（以内边界层中的平均风向为 x 轴方向，U 方向与内边界层中风向的夹角很小，因此 x 实际上就是风程）。在这个问题中垂直平流的作用被忽略（认为它的影响很小），于是我们得到

$$\int_0^{h_b} u\partial\Theta_v/\partial x\,\mathrm{d}z = (\overline{w\theta_v})_0 \tag{7.11}$$

我们应该注意的是 $\partial\Theta_v/\partial x$ 和 $(\overline{w\theta})_0$ 都是负值。为了从方程(7.11)中求解出 h_b，我们还需

要做进一步推导。参照图 7.6(b)，我们考虑风从 x 变化到 $x+\delta x$ 时内边界层厚度从 h_b 变化到 $h_b+\delta h$；然后，假设 Θ_v 在 $z=h_b(x)$ 的地方保持不变，记为 Θ_{vc}（即等于上游陆上混合层中的温度，在 A 和 B 点都是如此）；在 C 点的温度 $\Theta_{vh}(x+\delta x)$ 可以近似地表示成 $\Theta_{vc}-(\partial\Theta_v/\partial z)\delta h$，对 $\partial\Theta_v/\partial x$ 做如下近似计算：

$$\partial\Theta_v/\partial x=[\Theta_{vh}(x+\delta x)-\Theta_{vh}(x)]/\delta x\approx-(\partial\Theta_v/\partial z)(\delta h_b/\delta x) \tag{7.12}$$

将(7.12)式代入方程(7.11)，可得

$$\partial h_b/\partial x=-(A_0/U\Delta\Theta_{vB})(\overline{w\theta_v})_0 \tag{7.13}$$

其中 A_0 是由 f_1 和 f_2 共同决定的廓线形状因子，它是正值，量级为 $O(1)$。从方程(7.13)右边表达式的形式可以看出，$\partial h_b/\partial x\sim C_{gH}$（其中 C_{gH} 是边界层热量输送系数，其典型量值为 10^{-3}），所以稳定内边界层厚度随风程的增长率是很小的。

在实际应用当中，我们需要对方程(7.13)中的热通量进行参数化。通过假设通量廓线具有自相似形式，即 $\overline{w\theta_v}=(\overline{w\theta_v})_0f_3(z/h_b)$ 和 $u_*^2=u_{*0}^2f_4(z/h_b)$，则 $(\overline{w\theta_v})_0$ 可以写成如下形式：

$$(\overline{w\theta_v})_0=-u_{*0}^2U^2\,\overline{Rf}[(g/\Theta_0)h_bf(z/h_b)]^{-1} \tag{7.14}$$

式中 $f(z/h_b)$ 是由 f_1、f_3 和 f_4 构成的正函数，$\overline{Rf}$ 是整层通量理查森数，被定义为 $\overline{Rf}=-N_B/P_S$，其中 $N_B=(g/\Theta_0)\int_0^h\overline{w\theta_v}\mathrm{d}z$，$P_S=\rho^{-1}\int_0^h\boldsymbol{\tau}\cdot\partial\boldsymbol{V}/\partial z\mathrm{d}z$。联立方程(7.13)和(7.14)，积分可得

$$h_b^2=\alpha_1U^2(g\Delta\Theta_{vB}/\Theta_v)^{-1}x \tag{7.15}$$

其中

$$\alpha_1=2A_0f(z/h_b)\,\overline{Rf}C_g \tag{7.16}$$

式中 C_g 是拖曳系数，其定义为 $u_{*0}^2=C_gU^2$。关于方程(7.15)所呈现的 $x^{1/2}$ 关系以及其他参数的作用，观测和数值模拟都表明该关系式能够较好地描述稳定热力内边界层的行为。图 7.7 显示了数值模拟结果和观测结果，相应的系数 $\alpha_1^{1/2}$ 分别是 0.014 和 0.024。

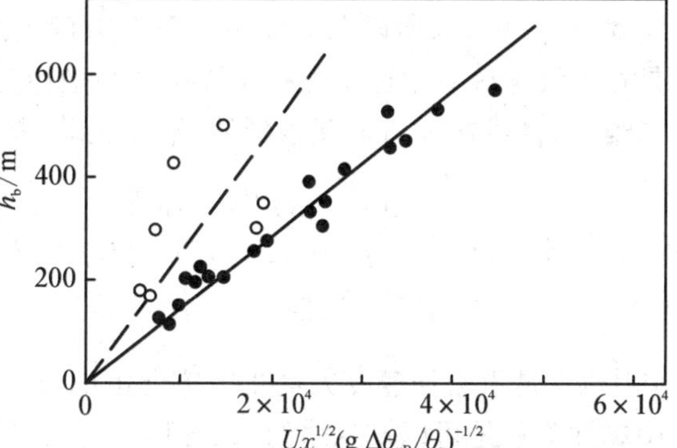

图 7.7　由方程(7.15)描述的 h_b-x 关系。图中实心圆和空心圆分别代表数值模拟结果和观测结果，实线和虚线是数据的拟合结果，造成两组数据存在差异(体现为 $\alpha_1^{1/2}$ 的不同取值)的原因是地转风与海岸线的法线方向之间的夹角不同。引自 Garratt (1992)。

§7.2　低矮山体对边界层的影响

本节主要讨论低矮山体对边界层流动的影响，属于小尺度问题。所谓低矮山体，指的是高度在 50—500 m 范围的小山(英文中称为 hill，更高的山在英文中称为 mountain)。选择低矮山体的原因在于理论研究可以对运动方程进行线性化处理，从而获得近似的解析解。

当然，在此类问题的研究中通常会选择坡度较为平缓的理想化山体形状（二维或三维轴对称流线型山体轮廓），这对理论分析、风洞实验和数值模拟都会带来方便，使得气流特性与山体强迫作用的关系更容易被定量描述。虽然这方面研究工作都采用了理想化条件，但研究结果在诸如风能利用和污染扩散等问题上具有重要的应用价值。

7.2.1　流线坐标系

对于平坦下垫面，可以把直角坐标系的 x 轴方向取为近地层气流的平均风向（即所谓的近地层坐标），这样就能够从 x 方向的动量平衡关系中获知我们需要的动力学信息。然而，山体表面是个曲面，在此情形之下我们必须考虑沿直角坐标系三个方向上的动量平衡。不过直觉告诉我们，应该存在某个特定方向（也就是局地平均风速矢量的方向），使得在这个方向上对山体地形之上的气流的动力学表述可以取得与水平地面直角坐标系中 x 方向相同的效果。于是我们会很自然地想到采用流线坐标系，取这个坐标系的 x 方向为流线的方向，所以它总是平行于局地平均风速矢量的方向，同时 y 方向和 z 方向与 x 方向垂直（y 方向和 z 方向之间也相垂直），因此，它是始终跟随流线的局地直角坐标系。由于流线是弯曲的，因此在流线的不同位置上 x、y、z 三个方向是不同的，但在任何一个位置上三个坐标轴是正交的，在这样的坐标系中，速度矢量以及任何其他矢量或张量都是我们熟悉的形式。

在流线坐标系中，z 轴并不垂直于地面，而 x 轴和 y 轴落在流面上（最低的流面就是地面，z 轴与之相垂直，这种情况就与地形跟随坐标相一致，但也仅在地面是如此）。于是风速满足 $\bar{v}=\bar{w}=0$，所以在 x、y 和 z 三个方向上速度全变量的分量分别是 $\bar{u}+u'$，v' 和 w'。于是在流线坐标系中运动方程应该包含因坐标轴方向的空间变化而产生的附加项，例如，对于二维（山脊线在 y 方向无限延伸）平稳流动，其 x 方向的动量方程具有如下形式：

$$\bar{u}\frac{\mathrm{d}\bar{u}}{\mathrm{d}x}=-\frac{1}{\rho}\frac{\mathrm{d}\bar{p}}{\mathrm{d}x}-\frac{\mathrm{d}\overline{u'^2}}{\mathrm{d}x}+\left(\frac{\overline{u'^2}-\overline{w'^2}}{L_a}\right)-\frac{\mathrm{d}}{\mathrm{d}z}\overline{u'w'}+2\left(\frac{\overline{u'w'}}{R}\right)+g_x\left(\frac{\bar{\theta}-\overline{\theta_0}(x)}{\overline{\theta_0}(x)}\right) \tag{7.17}$$

其中 g_x 是重力加速度矢量在 x 方向上的分量，黏性项已经被忽略（在湍流流动的动量方程中黏性项总是可以被忽略的）。方程右边的最后一项是浮力项，对这一项的表达式我们应该有准确的理解，这一项的出现是因为 z 轴的方向不在重力的方向上，参考温度 $\overline{\theta_0}$ 是上游未受地形扰动的流动中等高面上（这个等高面就是流面）的位温，而在流动经过山体的过程中它的实际高度是变化的，因此 $\overline{\theta_0}$ 是 x 的函数。

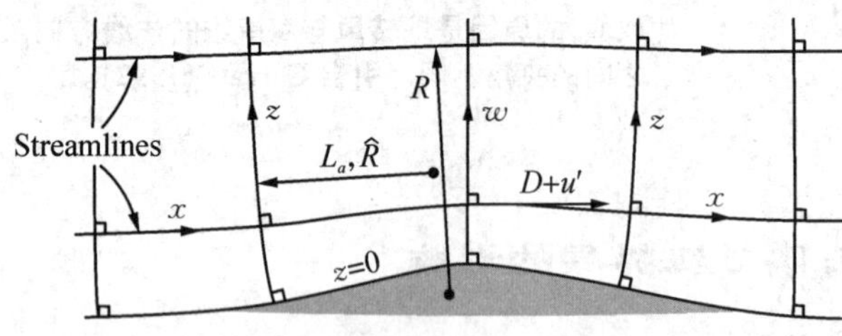

图 7.8　与流经二维山体的流动相对应的流线坐标系以及局地的流线曲率半径 R 和加速度长度尺度 L_a。引自 Kaimal and Finnigan (1994)。

R 是弯曲的 x 轴线的局地半径，L_a 是加速度长度尺度。在二维流动中，L_a 与 $\hat{R}$ 相等，其中 $\hat{R}$ 是 z 坐标轴线的曲率半径。图 7.8 是流线坐标系（即坐标轴线为曲线的坐标系）示意图，并在图中标注了 L_a、R 和 $\hat{R}$。L_a 和 R 与流动的散度和涡度相关联，表达式如下：

$$\frac{1}{L_a}=\frac{1}{\bar{u}}\frac{\mathrm{d}\bar{u}}{\mathrm{d}x} \tag{7.18}$$

$$\frac{1}{R}=\frac{1}{\bar{u}}\left(\Omega_y+\frac{\mathrm{d}\bar{u}}{\mathrm{d}z}\right) \tag{7.19}$$

其中 Ω_y 是平均涡度在 y 方向的分量，L_a 和 R 既是表征坐标系统几何特征的参数，也是反映流场特征的变量。它们出现在方程(7.17)中突显出流线坐标系统与传统直角坐标系之间的差别：事实上流场本身决定了流线坐标系框架，而传统直角坐标系不取决于流场的情况。我们将会看到，$1/L_a$ 和 $1/R$ 是描述流场动力学特征的重要参数。

对于流动经过三维山体的情形，对应于山体中心线(即山峰所在垂直剖面)上顺流方向(即 x 方向)的动量方程变成如下形式：

$$\begin{aligned}\bar{u}\frac{\mathrm{d}\bar{u}}{\mathrm{d}x}=&-\frac{1}{\rho}\frac{\mathrm{d}\bar{p}}{\mathrm{d}x}-\frac{\mathrm{d}\overline{u'^2}}{\mathrm{d}x}+\left(\frac{\overline{u'^2}-\overline{w'^2}}{L_a}\right)-\frac{\mathrm{d}}{\mathrm{d}z}\overline{u'w'}+\\&2\left(\frac{\overline{u'w'}}{R}\right)+\frac{\overline{u'w'}}{L_b}+\left(\frac{\overline{w'^2}-\overline{v'^2}}{L_c}\right)+g_x\left(\frac{\bar{\theta}-\overline{\theta_0}(x)}{\overline{\theta_0}(x)}\right)\end{aligned} \tag{7.20}$$

其中 $1/R$、$1/L_a$、$1/L_b$ 和 $1/L_c$ 的二阶项已经被略去，因为对于坡度比较平缓的山体，这些项是小项(对于坡度比较陡峭的山体它们的作用会变得比较重要)。

长度尺度 L_b 和 L_c 表征三维流动的流场几何特征，因为 y 坐标轴是弯曲的，它们直接与 y 坐标线的局地曲率半径 r 相关，其表达式如下：

$$\frac{1}{L_b}=\frac{1}{r}\frac{\mathrm{d}r}{\mathrm{d}z} \tag{7.21a}$$

$$\frac{1}{L_c}=\frac{1}{r}\frac{\mathrm{d}r}{\mathrm{d}x} \tag{7.21b}$$

在这种情况下 L_a 不再与 z 坐标轴线的曲率半径 $\hat{R}$ 相等，它满足如下关系：

$$\frac{1}{L_a}=\frac{1}{\hat{R}}+\frac{1}{L_c} \tag{7.22}$$

从方程(7.17)和(7.20)可以看出，即使我们已经对平流项做了简化处理，它还是包含了一些附加项(它们被放到了方程的右边)，这些附加项则反映了流场弯曲和加速对湍流应力散度的影响。我们还应该注意到，在这两个方程当中空间导数用的是沿坐标轴线的常微分(方向微分) $\mathrm{d}/\mathrm{d}x$，而不是偏微分 $\partial/\partial x$，这是将直角坐标参照系附着于流线坐标的必然结果，它不会妨碍对方程的理解，但在流线坐标系中进行计算的时候需要正确处理。关于这方面的论证以及这两个公式的推导，读者可以参阅 Finnigan (1983，1990)的文章，本书不做进一步的详细介绍。

采用流线坐标系可以解决野外观测和风洞实验中遇到的实操问题，这就是把测量仪器或是把观测数据转换到任意笛卡尔坐标或者地形跟随坐标，要做到这点，必须准确知道仪器的观测方位与所选择坐标方位之间的关系(这是观测经常遇到的棘手问题)。采用流线坐标系时，只需要把仪器的方位大致对准平均风速的方向，通过对观测数据进行后验坐标旋转就

能实现 $\bar{v}=\bar{w}=0$，从而确定 y 和 z 的方向。这对正确解读观测数据和正确理解观测结果显得尤为重要。

Finnigan(1990)和 Bradshaw(1973)都对流线坐标和地形跟随坐标进行了对比分析，结果显示在流线方程中出现的所有项都会出现在地形跟随方程中，并且在地形跟随方程中还会出现因坐标方向与流线方向不一致而产生的附加项，在靠近地面的地方，这些附加项是二阶量(在实际应用中通常忽略不计)，所以流线方程可以被看作是地形跟随方程的一阶近似，反之亦然。这在实际应用中会带来很大方便，因为我们可以把在地形坐标系中收集到的观测数据当作局地流线坐标系中的数据进行使用和解读，这么做的误差通常要小于野外观测的误差范围。

7.2.2 平均气流

我们首先从最简单的情形开始，即气流层结是中性的、山体是二维的。在靠近地面的高度上，上游气流在山脚处首先经历一个减速过程(如果迎风坡的坡度足够大，则会在山脚处形成一个小的独立涡旋包)；然后再加速向山顶行进，在山顶处风速达到最大；经过山顶之后气流减速，如果背风坡的坡度足够大，则会在背风坡形成独立涡旋包。无论是否能够形成独立涡旋包，山体下游都会发展出尾流区，这个尾流区会向下游延伸到多个山体高度的距离。在尾流区中气流因湍流运动活跃而使平均速度衰减。上述气流特征如图 7.9 所示。如果我们跟随较高高度上的流线，我们只能感受到山体前的加速过程和山体后的减速过程。对于气流经过轴对称三维山体的情形，山前的减速过程不会发生，代之以侧向绕流形成的辐散区，这个辐散区随高度减小，在超过山峰所在高度上就彻底消失了。

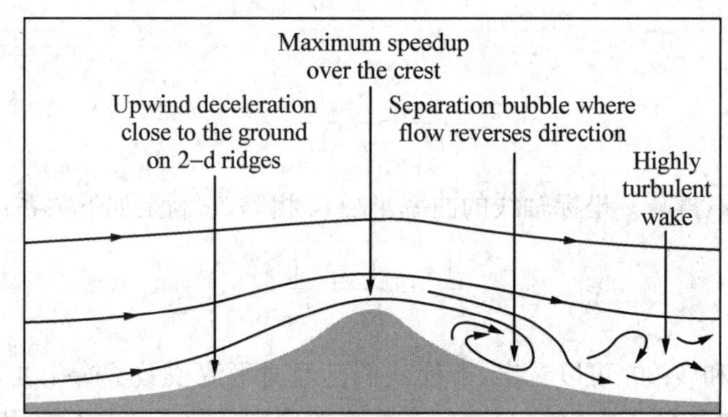

图 7.9 气流经过二维山体而形成的流场特征。如果背风坡的坡度足够大则会形成独立涡旋包。引自 Kaimal and Finnigan (1994)。

为方便定量描述，通常把过山气流分为几个区域：靠近地面的内层，离地较远的外层(经常会从外层的下部划分出一个“中层”)，以及尾流区，如图 7.10 所示。在每个区域里起主导作用的动力过程各不相同，在外层当中，平均气流受惯性力控制，湍流摩擦力的作用并不重要，因此我们可以把它看作是无黏性运动；在内层当中，湍流摩擦力占主导作用，尤其是促成涡旋包的形成；在独立涡旋包和尾流区中湍流运动占据主导。这里需要引入几个参数：内层厚度 l，外层的离地高度 h_{m}，山体高度 h，山体长度尺度 L_{h}(即 $h/2$ 高度处的山体半宽度，见图 7.10)。

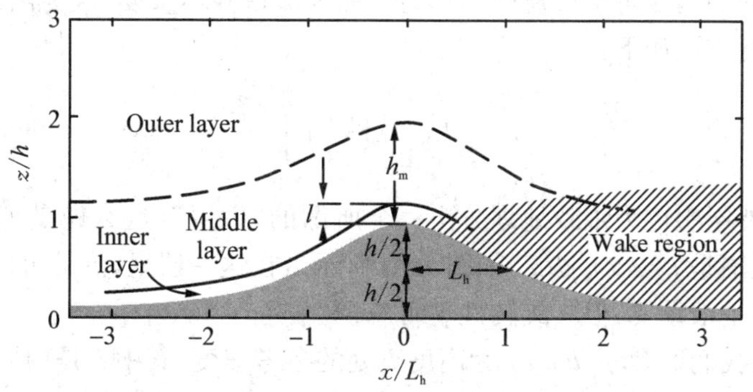

图 7.10 流经二维山体的气流的区域划分:内层、中层、外层及尾流区。引自 Kaimal and Finnigan (1994)。

图 7.11 从两个不同视角展示了气流受山体影响而产生的变化,分别是不同位置的风速廓线和不同高度上平均风速的水平分布。从图上可以很直观地看出气流中平均风速的垂直变化和水平变化特征,这里不做过多解释。

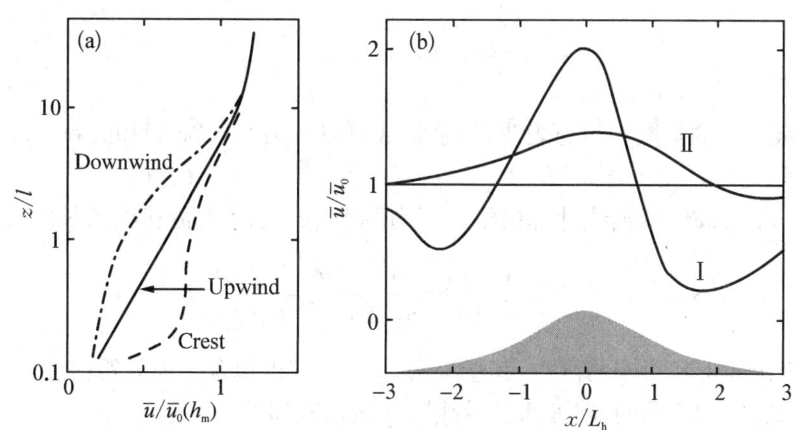

图 7.11 (a) 在流经二维山体的气流中山峰处及背风坡山脚处的归一化平均风速廓线;(b) 归一化平均风速在Ⅰ层(内层)和Ⅱ层(外层)随离山峰的水平距离变化的情况。引自 Kaimal and Finnigan (1994)。

对于风能发电和山顶建筑物的风载评估,山顶处的速度增长是人们关注的问题。按照惯例,风速增长率 ΔS 被定义为

$$\Delta S=\frac{\bar{u}(x,\ z)-\bar{u}_0(z)}{\bar{u}_0(z)}=\frac{\Delta\bar{u}(x,\ z)}{\bar{u}_0(z)} \tag{7.23}$$

其中 $\bar{u}_0(z)$ 是离山体足够远的上游气流的平均风速廓线。我们进一步定义 ΔS_{max} 为 $\Delta\bar{u}$ 为最大值所对应的 ΔS 值,它通常出现在山峰之上的某个高度上。对于坡度很小的山体(不会发生独立涡旋包)——实践中一般认为这个坡度应该小于 10°,可以借用线性理论对方程进行简化,从而获得定量计算风速增长率的表达式。

在实际情况当中,经过山体的气流是切变流,其流动特性在内层和外层中表现出不同特征。在外层中,我们可以取 $U\sim\bar{u}_0(h_m)$ 为高度 h_m 处的参考风速,在 $z=h_m$ 这个高度上,上

游气流中此高度处的切变对于气流中的动力学而言显得并不重要(因为离地面已经较远,切变很小),这个高度定义如下:

$$h_{\mathrm{m}} = L_{\mathrm{h}} \left[\ln\left(\frac{L_{\mathrm{h}}}{z_0} \right) \right]^{-1/2} \tag{7.24}$$

于是我们可以从外层中更为细致地划分出一个所谓的"中层"(这么说是把中层当作外层的一部分,其高度范围是 $l < z < h_{\mathrm{m}}$,如图 7.10 所示),在这一层里,流动可以被看作是无黏性的,湍流应力也不是很重要,但其旋转性不可忽视。

在内层当中,我们取 $U \sim \bar{u}_0(l)$ 为高度 l 处的参考速度,其中 l 是内层的厚度,l 的典型值为 $0.1h_{\mathrm{m}}$(即 $l/h_{\mathrm{m}} \sim 0.1$)。我们把它定义为这样的高度,在这个高度上平均平流、顺流气压梯度和湍流应力散度(在方程(7.17)分别是第一项、第二项和第五项)具有相同的量级。在 $z \gg l$ 高度上湍流应力的作用变得不重要,但是在 $z < l$ 高度范围内湍流应力是主导项。想要对内层厚度下一个定量化的定义,需要对平均风速廓线和切应力廓线的形式做出一些假设,最简单的假设就是认为山体的作用使得风速廓线产生了偏离对数率的小扰动,这样的假设适合于低矮山体,并使得线性理论可以适用,于是可以按下列表达式定义内层厚度 l:

$$\frac{l}{L_{\mathrm{h}}} = \ln\left(\frac{l}{z_0} \right) = C \tag{7.25}$$

其中 C 是量级为 1 的常数。研究表明,这个常数可以取为 $C = 2\kappa^2$(Hunt et al., 1988),κ 是冯·卡门常数。

Hunt et al. (1988)依据线性理论给出了内层中($z < l$)气流速度增长的公式:

$$\Delta S(x, z) = \frac{\Delta \bar{u}(x, z)}{\bar{u}_0(z)} = \frac{h}{L_{\mathrm{h}}} \left[\frac{\bar{u}_0^2(h_{\mathrm{m}})}{\bar{u}_0(l)\, \bar{u}_0(z)} \right] \zeta(x, z_0) \tag{7.26}$$

其中 ζ 是体现山体形状影响的函数,其量级为 1,同时它也包含了地表粗糙度 z_0 的作用。通常把山体轮廓线取为所谓的"阿涅西箕舌线",其表达式如下:

$$z = h \left[1 + \left(\frac{x}{L_{\mathrm{h}}} \right)^2 \right]^{-1} \tag{7.27}$$

基于这样的山体形状廓线可以计算出 $\zeta(x, z_0)$,线性理论给出的结果是速度增长的最大值发生在 $x = 0$ 和 $z \approx l/3$ 的位置,其表达式如下:

$$\Delta S_{\max} = \frac{\Delta \bar{u}_{\max}}{\bar{u}_0(l/3)} = \frac{h}{L_{\mathrm{h}}} \left[\frac{\bar{u}_0^2(h_{\mathrm{m}})}{\bar{u}_0(l)\, \bar{u}_0(l/3)} \right] (1 + 1.8\delta) \tag{7.28}$$

其中 $\delta = [\ln(l/z_0)]^{-1}$,这个表达式与观测结果基本相符。在中层当中 ($l < z < h_{\mathrm{m}}$),线性理论给出的速度增长表达式为

$$\Delta S = \frac{\Delta \bar{u}(x, z)}{\bar{u}_0(z)} = \frac{h}{L_{\mathrm{h}}} \left[\frac{\bar{u}_0^2(h_{\mathrm{m}})}{\bar{u}_0^2(z)} \right] \xi(x) \tag{7.29}$$

其中 ξ 是类似于 ζ 的因子。

随着山体坡度的增大,平均气流在背风坡会产生独立涡旋包,使得气流结构变得更加复

杂。研究表明，当坡度超过10°—20°时就有可能产生独立涡旋包，并且与地表粗糙度有关。一般来讲，地表越粗糙，独立涡旋包就会更容易在坡度相对较小的山体背风坡发生。二维和三维山体背后的独立涡旋包在结构上存在明显差异，三维独立涡旋包不是闭合的结构，存在入流和出流，但二维的独立涡旋包的流线是闭合的(形成闭环)，所以二维涡旋包内外的标量交换只能通过穿越流面的湍流扩散过程来实现，而三维情形当中平均气流的平流输送起到主要作用。这会对污染物的分布状况产生重要影响。

即使是在山体背后的平均气流中没有出现独立涡旋包的情况下，尾流区通常都是存在的，并且靠近山体的近体尾流的结构与山体形状密切相关。至于孤立山体下游的远处尾流，其特征比较一致，与地表障碍物(诸如风障体或建筑物等)下游的流动特性基本相同。图7.12是二维山体下游尾流区结构示意图，尾流厚度 l_w 被定义为平均风速为来流风速的95%的高度，风速亏损 $\bar{u}_w$ 被定义为 z 高度上尾流中平均风速与来流平均风速的差值，虚拟起始点 x_0 的位置与近体尾流结构特征直接相关，所以这个位置在不同的具体流动当中是变动的。

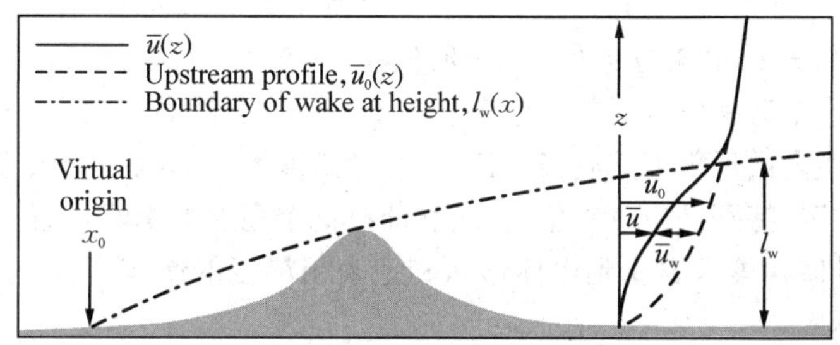

图7.12　二维山体下游尾流区示意图及相关特征参数。引自 Kaimal and Finnigan (1994)。

很多理论提出尾流具有“自相似”能力，其特征参数满足如下关系：

$$l_w(x-x_0)=A\,(x-x_0)^a \tag{7.30a}$$

$$\bar{u}_w=B\,(x-x_0)^b f(z/l_w) \tag{7.30b}$$

其中系数 A 和 B 以及形状函数 $f(z/l_w)$ 取决于近体尾流的特征。在二维山体情形之下比较一致结果是 $b\approx 1$，但指数 a 的取值在理论分析、风洞实验和野外观测中没能获得一致性的结果，有的倾向于 $a=0.5$，有的倾向于 $a=1$。

对于三维山体，尾流区的横风向范围在 y 和 z 两个方向上都往下游扩展，于是需要定义两个指数 a_y 和 a_z，并且形状函数变成为 $f(y/l_{wy},\ z/l_{wz})$。有研究表明，可以取 $a_z=0.5$ 和 $a_y\approx 0.5$，并且 $b=-1.5$。

至于稳定度对平均气流的影响，主要是在M-O相似理论框架内对线性理论公式中的有关参数进行调整，比如，对于方程(7.25)，把内层厚度 l 的计算公式调整为 $(l/L_h)[\ln(l/z_0)+\Psi_m(l/L)]=2\kappa^2$；对于方程(7.24)，把稳定条件下 $(z/L>0)$ 的 h_m 计算公式调整为 $h_m/L_h=[\ln(h_m/z_0)+5h_m/L]^{-1/2}$，把不稳定条件下 $(z/L<0)$ 的 h_m 计算公式调整为 $h_m/L_h=\{(1+15h_m/|L|)^{-1/4}/[\ln(h_m/z_0)+\Psi_m(l/L)]\}^{1/2}$，其中 L 是奥布霍夫长度，Ψ_m 是M-O相似关系中的稳定度修正函数。这样的调整使得计算变得更加复杂，虽然可以数值求解方程，但应用起来很不方便。从效果上讲，也只是在弱稳定和弱不稳定条件下

可以适用。在强稳定条件下会出现流场分离现象,即存在分离高度 h_s,在 h_s 高度之上的气流可以翻越山体,而在 h_s 高度之下的气流只能从侧面绕过山体。在强不稳定条件下,通常平均风速会很小,于是山坡上会产生局地热上坡风,平均气流特性变得不那么清晰。

7.2.3 过山气流的湍流特征

在讨论过山气流湍流特征的时候我们需要运用几个重要概念:局地平衡、快变扭曲、湍流记忆。所谓局地平衡,指的是湍流通量可以用涡旋扩散率表示,比如动量通量 $-\overline{u'w'}$,它应该正比于平均切变 $\mathrm{d}\bar{u}/\mathrm{d}z$。所谓快变扭曲,指的是不满足局地平衡的状态,具体而言,就是平均气流变化太快,以至于湍流来不及与之达成平衡,体现快变扭曲作用的是应变率(即形变率),在流线坐标系中它们是切变 $\mathrm{d}\bar{u}/\mathrm{d}z$ 、顺流加速度 $\mathrm{d}\bar{u}/\mathrm{d}x$ 或 $\bar{u}/L_a$,以及弯曲应变(或离心应变) $\bar{u}/R$。所谓湍流记忆,指的是在应变率维持不变的情况下湍流经过适应过程达到局地平衡状态所需要的时间。

图 7.13 显示了流线坐标系中三个速度分量标准差 σ_u、σ_v 和 σ_w,以及湍流应力 $-\overline{u'w'}$ 廓线。它们在山顶的地面值最大,并且都显著大于上游平地的地面值,在靠近地面处 σ_u 和 σ_v 随高度迅速减小,在 $z/l=0.3$ 的高度上与上游值相等,在大约 $0.5l-10l$ 的高度范围内基本不随高度变化(在这个区间内其量值略小于上游值),然后又随高度减小,σ_w 和 $-\overline{u'w'}$ 在内层中随高度减小,在内层顶附近达到极小值,然后随高度增加达到一个次极大值。这些二阶矩廓线在图中的位置,特别是出现等值的高度(即在这个高度上山峰位置气流中二阶矩与上游气流中二阶矩量值相等),因受到山体形状和地表粗糙度的影响会在一定范围内变动,但廓线的形状基本不变。

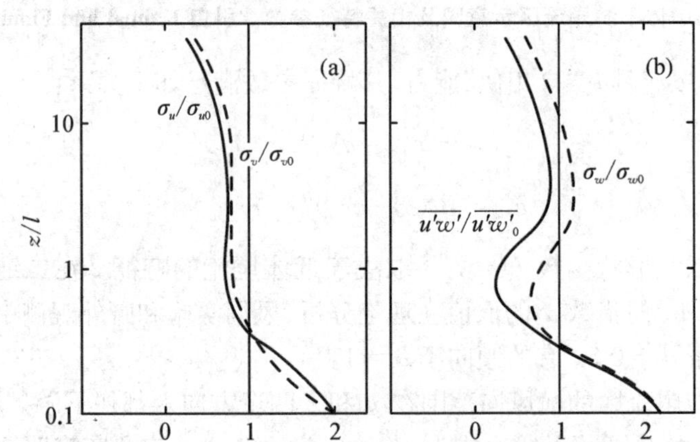

图 7.13　山峰所在位置三个速度分量的标准差和湍流应力的典型垂直廓线。引自 Kaimal and Finnigan (1994)。

图 7.14 给出了上述二阶矩分别在 $z/l=0.05$、0.5 和 3.0 这三个高度上沿流线的水平分布情况(所对应的流线分别记为Ⅰ、Ⅱ和Ⅲ)。流线Ⅰ对应于内层的底部,在这个高度上流动处于局地平衡状态,σ_w/σ_{w0} 和 $\overline{u'w'}/(\overline{u'w'})_0$ 表现出一致的特征,它们的水平变化反映了近地层平均风切变的变化:上游减速、山峰处增速、下游尾流区减速(如图 7.11(b)所示),山峰处的增速使得 $l/3$ 高度之下的流动显著增强了切变,因而使得 σ_w 和 $-\overline{u'w'}$ 增大,而尾流区减速则使得这个区域的湍流矩减小。σ_u/σ_{u0} 和 σ_v/σ_{v0} 的情况与 σ_w/σ_{w0} 和 $\overline{u'w'}/(\overline{u'w'})_0$ 相类似。

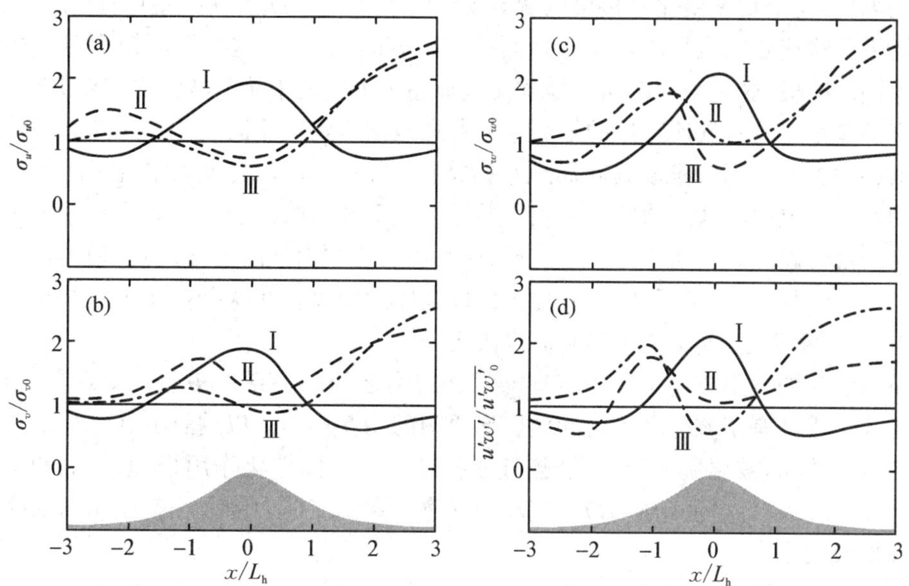

图 7.14 归一化速度分量(a) u,(b) v 和(c) w 的标准差,以及(d)湍流切应力 $-\overline{u'w'}$ 沿流线Ⅰ($z/l=0.05$)、流线Ⅱ($z/l=0.5$)和流线Ⅲ($z/l=3.0$)的变化情况。引自 Kaimal and Finnigan (1994)。

对于流线Ⅱ和Ⅲ,我们看到的情况与靠近地面的流线Ⅰ相比有很大不同。首先看 σ_u,它沿流线Ⅱ的变化情况是:在上游减速区(这个减速区的说法是针对内层的)先增大后减小,然后在山峰位置它减小到最小值,其量值小于上游来流的值;再往下游进入尾流区之后它又会有一个很大幅度的增大。这样的变化情形在流线Ⅲ中基本上得到了再现,所不同的是上游的增大变得不明显了。

如图 7.14(c)所示,σ_w 的变化是很明显的。沿流线Ⅱ它先是在上游减小,然后快速增大,在山前半山腰的位置达到最大值,然后又快速减小,在山峰位置减小到最小值,随后在尾流区中又有很大幅度的增大。在流线Ⅲ上,σ_w 在上游不再出现减小,随后的变化情况如同在流线Ⅱ中一样,在山峰位置会减小到小于上游的来流值。$-\overline{u'w'}$ 沿流线Ⅱ和流线Ⅲ的变化基本与 σ_w 相一致。σ_v 沿流线Ⅱ和流线Ⅲ的变化情况与 σ_w 和 $-\overline{u'w'}$ 略有不同,它在流线Ⅱ上没有出现上游的减小,除此之外,其随后的变化情况基本复制了 σ_w 和 $-\overline{u'w'}$ 的变化过程。

对于三维轴对称山体,气流中的上述湍流矩沿流线的分布(即沿流线的变化)情况会有别于气流经过二维山体的情形。首先是上游的减小不会出现,因为三维山体前的减速过程不存在。其次是气流在山前的侧向辐散取代了减速过程,这会使得 σ_v 增大,并且在一定程度上使得 $-\overline{u'w'}$ 在山脊线为凹形曲线的山前区域有所增大,这些都体现了气流对三维轴对称山体的响应。

三个高度流线的选择具有一定的代表性。流线Ⅰ很靠近地面,它位于局地平衡区域;流线Ⅱ位于内层的中间高度上,这里的流动特性距离地面局地平衡状态并不远(可看作是过渡状态);而流线Ⅲ处于快变扭曲区域。湍流矩沿这些代表性路径所发生的变化可以让我们了解湍流应力变化的一般情况(即共性特征)。首先,我们看到靠近地面的地方湍流矩对切变变化的响应,这个切变变化直接可以从 $z/l=0.3$ 高度的流线上 $\bar{u}$ 的变化看出来,因为在这个高度附近的增速效应最强。在离开地面一定距离的高度上,这些湍流矩都对流场的扭曲做出了不同的响应,这是为什么简单模式无法描述过山气流中湍流状况的主要原因。

我们不能把上述对气流特性的划分毫无顾忌地推广到尾流区当中。虽然在山体背风坡靠近地面的地方气流仍然应该具有局地平衡特征,但是独立涡旋包和尾流区的动力学特征与山前迎风坡气流中的情况通常存在很大差异。一个基本的差别在于因尾流的显著失速而在尾流区顶部发展出悬空切变,这个切变的最大值出现在山顶高度 h 附近,使得风速廓线出现拐点,这种情况会向下游延伸到 10 倍于山体高度的距离。在这种情况下,湍流尺度由“自由切变层”的厚度决定,而不是由离地高度决定。

二阶湍流量的方程描述了平均流动与雷诺应力之间的关系。按照正统观点,湍流应力或湍流矩来源于已有湍流与平均流动应变率之间的相互作用。以这种方式产生的应力沿平均流动的流线传输,被湍流本身扩散,被气压扰动的各向同性化作用损耗(针对切向应力),或被黏性作用耗散(针对法向应力)。流动中任意一点湍流应力的大小都是由这四个过程达成平衡而形成的。

含能涡旋包含了与平均流动发生强烈相互作用的大部分湍流运动的尺度,它们的大小、强度、结构,特别是它们的各向异性特征,主要是由产生它们的平均应变率的特征来决定的。这些涡旋的重要性在于我们观测到的应力主要是由它们形成的。对于三维轴对称山体中心线的流线坐标系中的方程分别为:

➤ TKE 收支:

$$\bar{u}\frac{\mathrm{d}\bar{e}}{\mathrm{d}x}=-\overline{u'^2}\left(\frac{\bar{u}}{L_a}\right)+\overline{v'^2}\left(\frac{\bar{u}}{L_c}\right)+\overline{w'^2}\left(\frac{\bar{u}}{L_a}+\frac{\bar{u}}{L_c}\right)-\overline{u'w'}\left(\frac{\bar{u}}{R}+\frac{\mathrm{d}\bar{u}}{\mathrm{d}z}\right)+\frac{g_x}{\theta_0}\overline{u'\theta'}+\frac{g_z}{\theta_0}\overline{w'\theta'}+\text{湍流扩散项}+\epsilon \tag{7.31}$$

➤ σ_u^2 收支:

$$\bar{u}\frac{\mathrm{d}\overline{u'^2}}{\mathrm{d}x}=-2\overline{u'^2}\left(\frac{\bar{u}}{L_a}\right)-2\overline{u'w'}\frac{\mathrm{d}\bar{u}}{\mathrm{d}z}+2\overline{u'w'}\left(\frac{\bar{u}}{R}\right)+2\frac{g_x}{\theta_0}\overline{u'\theta'}+\text{湍流扩散项}+\text{气压应变相互作用项}+\epsilon_u \tag{7.32}$$

➤ σ_v^2 收支:

$$\bar{u}\frac{\mathrm{d}\overline{v'^2}}{\mathrm{d}x}=2\overline{v'^2}\left(\frac{\bar{u}}{L_c}\right)+\text{湍流扩散项}+\text{气压应变相互作用项}+\epsilon_v \tag{7.33}$$

➤ σ_w^2 收支:

$$\bar{u}\frac{\mathrm{d}\overline{w'^2}}{\mathrm{d}x}=-4\overline{u'w'}\left(\frac{\bar{u}}{R}\right)+2\overline{w'^2}\left(\frac{\bar{u}}{L_a}+\frac{\bar{u}}{L_c}\right)+2\frac{g_z}{\theta_0}\overline{w'\theta'}+\text{湍流扩散项}+\text{气压应变相互作用项}+\epsilon_w \tag{7.34}$$

➤ $\overline{u'w'}$ 收支:

$$\bar{u}\frac{\mathrm{d}\overline{u'w'}}{\mathrm{d}x}=-2\overline{u'^2}\left(\frac{\bar{u}}{R}\right)+\overline{w'^2}\left(\frac{\bar{u}}{R}\right)-\overline{w'^2}\left(\frac{\mathrm{d}\bar{u}}{\mathrm{d}z}\right)-\overline{u'w'}\left(\frac{\bar{u}}{L_c}\right)+\frac{g_x}{\theta_0}\overline{u'\theta'}+$$

$$\frac{g_z}{\theta_0}\overline{w'\theta'}+\text{湍流扩散项}+\text{气压应变相互作用项} \tag{7.35}$$

上述方程当中只有平流项和生成项写出了完整形式，重要的应变率是切变 $\mathrm{d}\bar{u}/\mathrm{d}z$ 、顺流加速度 $\bar{u}/L_a=\mathrm{d}\bar{u}/\mathrm{d}x$ 、离心加速度 $\bar{u}/R$ 以及侧向辐散 $\bar{u}/L_c$。这些方程写成流线坐标系下的形式让我们更容易建立起物理图像：应变率按照流线来定义时，湍流量的平流项就是沿流线输送的，这简化了我们对这些复杂流动中湍流生成项的理解。

因为在地面处除了 $\mathrm{d}\bar{u}/\mathrm{d}z$ 之外其他应变率项都消失了，所以在内层底部切变的作用占据主导地位。随着离地高度的增加，其他应变率项就变得重要起来，而它们沿山体不同位置的分布情况是不相似的，图 7.15 显示了应变率沿不同高度流线的分布情况（应变率被来流 $\mathrm{d}\bar{u}_0/\mathrm{d}z$ 归一化）。沿流线Ⅰ（$z/l=0.05$），这个高度位于内层中出现最大增速的高度之下，我们能够看到 $\mathrm{d}\bar{u}/\mathrm{d}z$ 的变化很接近速度的变化情况（后者如图 7.11(b)所示），而其他应变率的大小要小一个量级。沿流线Ⅱ（$z/l=0.5$），情况有很大不同，$\mathrm{d}\bar{u}/\mathrm{d}z$ 的最小值出现在山峰处，而 $\bar{u}/R$ 和 $\bar{u}/L_a$ 的量级与之相当，这些额外的应变率沿山体不同位置的分布情况也很不相同，$\bar{u}/R$ 相对于山峰位置是对称分布，而 $\bar{u}/L_a$ 则是反向对称（即山体一侧改变正负号后与山体另一侧形成对称），$\bar{u}/L_c$ 也是反向对称。

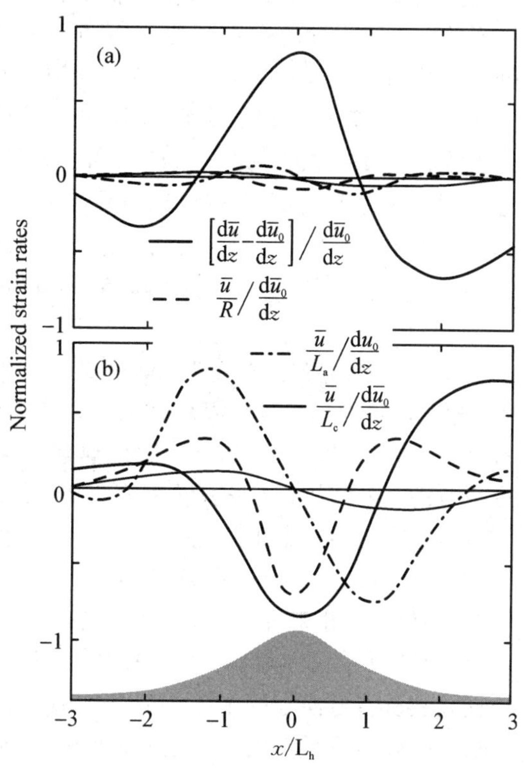

图 7.15　过山气流沿(a)流线Ⅰ($z/l=0.05$)，(b)流线Ⅱ($z/l=0.5$)的归一化应变律分布(各应变率被 $\mathrm{d}\bar{u}_0/\mathrm{d}z$ 归一化)。引自 Kaimal and Finnigan (1994)。

表征湍流能量的耗散率和应力的气压应变损耗率的时间尺度是涡旋生命周期（或翻转时间）T_ϵ。这个时间尺度有多种定义方式，在非平衡湍流流动中，将其定义为如下形式比较恰当：

$$T_\epsilon=e/\epsilon \tag{7.36}$$

湍流记忆被定义为涡旋在其生命周期内被平流输送的距离：

$$l_\epsilon=\bar{u}T_\epsilon \tag{7.37}$$

如果我们假设山体只是对满足对数律的气流产生了一个小扰动，则可以运用 M-O 相似关系来估算 l_ϵ，取 $e\approx 3u_*^2$，$\epsilon=u_*^3/\kappa z$ 及 $T_\epsilon\approx z/u_*$，则有

$$\frac{z}{l_\epsilon}\ln\left(\frac{z}{z_0}\right)=\kappa \tag{7.38}$$

我们在介绍方程(7.25)时曾讲过，对其中的常数 C 可以取为 $2\kappa^2$，即可以把方程(7.25)写成 $\frac{l}{L_\text{h}}\ln\left(\frac{l}{z_0}\right)=2\kappa^2$，对照在方程(7.38)中取 $z=l$ 的形式，可以看出 $l_\epsilon \sim L_\text{h}$，也就是说，在 $z=l$ 高度上，涡旋在其生命周期内能被平流输送的距离大约为 L_h。如果高度明显小于 l(即非常靠近地面的地方)，涡旋在其生命周期内几乎感受不到应变的变化。而在明显大于 l 的高度上，情况正好相反(涡旋会经历应变的变化)。现在我们知道为什么可以把内层底部的流动看作是局地平衡的，因为在此处的湍流涡旋尺度很小 (l_ϵ/L_h 很小)，湍流是相对均匀的，所以平流项和输送项的作用很小，生成项必须与耗散项相平衡。但是在内层之上湍流具有很强的非均匀性，于是平流作用很强。所以当 l_ϵ/L_h 较大时(即高度明显处于内层之上)，湍流耗散率无法与快速变化的生成率之间达成平衡，这样的区域就是快变扭曲区域。毫无疑问，最难描述湍流应力的地方就是 $z=l$ 附近，因为在此处生成、平流、气压与应力间相互作用的非线性过程，以及耗散项等都很重要，它们具有大小相当的量值，使得流动特性变得非常复杂。

§7.3　植被冠层对近地层气流特性的影响

在陆地上，只要是有定期降水的地方，地表通常都被植物所覆盖。如果植被高度比较可观(达到 1 m 的量级)，则成片的植被就构成了所谓的“植被冠层”，比如，长满庄稼的农田、灌木丛、森林等。事实上，如果我们在很接近高大植被的高度上进行观测，我们会发现观测结果明显偏离前面的章节里所介绍的近地层尺度律及有关公式，因为那些尺度律和公式只适用于离开冠层顶一定距离之上的近地层流动。确切地讲，之前介绍的近地层理论针对的是没有冠层的边界层流动，在这种情况下，地表粗糙元的尺度是由粗糙度长度 z_0 来表征的。但是，如果地表粗糙元的垂直尺度足够大，那么这些粗糙元对气流的动力学影响就不是仅用一个粗糙度长度 z_0 就能体现出来的。实际上 z_0 只能代表粗糙元顶部的空气动力学特征，而粗糙元在垂直方向上的主体部分是以冠层的形式来体现其动力学影响的。对于风速而言，动量的吸收并不只是发生在地面(如果没有冠层，地面就是动量的汇)，而是以植株的形体阻力形式发生在整个冠层的厚度范围内。所以，尽管我们在距离冠层充分远的高度上仍然能够观测到风速的对数廓线，但是这样的廓线所对应的起始高度是在冠层顶附近 $z=d$ 的高度上。这个“位移高度”d(更常用的名称是“零平面位移高度”)取决于植株上拖曳力的垂直分布方式(与枝叶密度的分布有关，见 4.5.3 节)，而这样的拖曳力又取决于冠层内的平均风速和湍流的结构特征，所以植被冠层对于近地层气流具有显著的动力学效应。

测量和表征冠层中的流动特性会因为湍流强度很高而变得非常困难。之所以冠层中的湍流强度会明显高于平整下垫面之上近地层中的湍流强度，是因为植被顶部附近存在很强的切变，从而生成很强的湍流(植株尾流所产生的更小尺度湍流也对冠层中的高强度湍流有重要贡献)。不仅如此，植株之间的空隙在空间分布上存在一定随机性(也可以说成是植株的空间分布有一定的随机性)，这会增强冠层中湍流的时空复杂性。再者，动量及诸如热量和水汽等标量的源和汇在冠层中呈现三维分布，于是作为近地层理论重要基础的许多概念模型在这里变得不再适用，例如，描述湍流扩散的涡旋扩散率模型在冠层中就是不适用的。

上述种种原因导致的一个直接结果就是到目前为止尚未能够形成像 M-O 相似理论那样强有力的普适相似框架。

植被冠层是具有生物活性的生命体，通过植株叶面的气孔与空气进行水汽和 CO_2 交换，影响这些生物过程的至关重要的因素是植物与土壤中的含水量（虽然这个因素同时会受到蒸发和降水过程的影响）。因此，植被冠层可以被看作是有一定厚度的界面，在这个界面上发生诸如阳光照射和湍流交换等快速物理过程，以及缓慢变化的生物质生成演变过程（即植物的生长过程）。所以，我们不能简单地把植被冠层处理成近地层大气的粗糙边界，还要考虑到它如何把接收到的辐射能量分配给感热和潜热。也就是说，植被冠层还具有特别的热力学效应。

7.3.1　冠层之上的流动

尽管我们很想考虑植物枝叶的分布及其对冠层之上气流的影响，但这会涉及冠层内部湍流分布的细节，从建立模型的角度讲，这会使得问题复杂化。于是，我们通常把冠层作为一个整体处理成边界层底部的一个界面，在这个界面上动量和标量被吸收（或者释放），并且把太阳辐射能量分配给感热和潜热。这样的模型分为两类：一类以近地层相似理论为基础，运用风速和标量的对数廓线以及总体输送方程来描述冠层之上的气流特征和湍流交换过程；另一类则采用同时包含冠层水、热过程的联合方程来描述冠层的热力效应。

在近中性情况下，冠层之上的风速廓线在离开冠层顶一定距离之后是满足对数律的。我们可以把对数廓线向下外推，于是在 $z=d+z_0$ 高度上平均风速为零（即 $\bar{u}=0$），如图 7.16 所示，零平面位移高度 d 的典型值是冠层高度 h_c 的 70%—80%。所以我们可以把风速廓线写成如下形式：

$$\bar{u}(z)=\frac{u_*}{\kappa}\ln\left(\frac{z-d}{z_{0m}}\right) \tag{7.39}$$

对于热量和水汽，假设零平面位移高度都是 d，于是位温和比湿廓线可以写成如下形式：

$$\bar{\theta}(z)-\bar{\theta}_0=\frac{\theta_*}{\kappa}\ln\left(\frac{z-d}{z_{0h}}\right) \tag{7.40}$$

$$\bar{q}(z)-\bar{q}_0=\frac{q_*}{\kappa}\ln\left(\frac{z-d}{z_{0q}}\right) \tag{7.41}$$

其中 $\bar{\theta}_0$ 和 $\bar{q}_0$ 是平均位温和比湿分别在 $d+z_{0h}$ 和 $d+z_{0q}$ 高度上的取值。

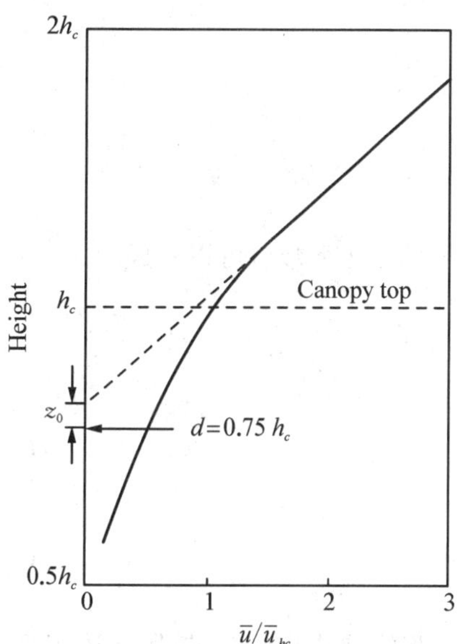

图 7.16　植被冠层之上的平均风速廓线。廓线涉及的参数包括冠层高度 h_c、零平面位移高度 d 和粗糙度长度 z_0；图中高度为对数坐标，风速为线性坐标，且风速被冠层顶的风速 $\bar{u}_{hc}$ 归一化。引自 Kaimal and Finnigan(1994)。

于是，在冠层之上，无量纲梯度就变成为

$$\phi_m=\frac{\kappa(z-d)}{u_*}\frac{\partial\bar{u}}{\partial z} \tag{7.42}$$

$$\phi_h=\frac{\kappa(z-d)}{\theta_*}\frac{\partial\bar{\theta}}{\partial z} \tag{7.43}$$

$$\phi_q=\frac{\kappa(z-d)}{q_*}\frac{\partial\bar{q}}{\partial z} \tag{7.44}$$

实际上这相当于在垂直方向上进行了坐标平移，现在 ϕ_m、ϕ_h 和 ϕ_q 是 $z'=z-d$ 的函数(这也正是把 d 称为零平面位移高度的原因)。上述式子可以等效地写成如下通量-梯度关系：

$$\frac{\tau}{\rho}=u_*^2=[\kappa(z-d)u_*\phi_m^{-1}]\frac{\partial\bar{u}}{\partial z}=K_m\frac{\partial\bar{u}}{\partial z} \tag{7.45}$$

$$\frac{H}{c_p\rho}=-u_*\theta_*=[\kappa(z-d)u_*\phi_h^{-1}]\frac{\partial\bar{\theta}}{\partial z}=K_h\frac{\partial\bar{\theta}}{\partial z} \tag{7.46}$$

$$\frac{E}{\rho}=-u_*q_*=[\kappa(z-d)u_*\phi_q^{-1}]\frac{\partial\bar{q}}{\partial z}=K_q\frac{\partial\bar{q}}{\partial z} \tag{7.47}$$

在中性情况下，$K_m=K_h=K_q=\kappa(z-d)u_*$。

如果我们用输送系数和平均量来描述湍流通量，则湍流通量可以写成如下表达式：

$$\frac{\tau}{\rho}=C_f^2\bar{u}^2 \tag{7.48}$$

$$\frac{H}{c_p\rho}=-C_h\bar{u}(\bar{\theta}-\bar{\theta}_0) \tag{7.49}$$

$$\frac{E}{\rho}=-C_q\bar{u}(\bar{q}-\bar{q}_0) \tag{7.50}$$

于是输送系数就可以写成

$$C_f(z)=\frac{u_*}{\bar{u}(z)} \tag{7.51}$$

$$C_h(z)=\frac{u_*\theta_*}{\bar{u}(z)[\theta(z)-\theta_0]} \tag{7.52}$$

$$C_q(z)=\frac{u_*q_*}{\bar{u}(z)[\bar{q}(z)-\bar{q}_0]} \tag{7.53}$$

这里需要指出的是，按照上述定义，C_f 不是 C_D，它们之间的关系是 $C_f^2=C_D$。相应地，我们可以把中性条件下的粗糙度长度 z_{0m}、z_{0h} 和 z_{0q} 写成如下形式：

$$z_{0m}=(z-d)\exp(-\kappa/C_f) \tag{7.54}$$

$$z_{0h}=(z-d)\exp(-\kappa C_f/C_h) \tag{7.55}$$

$$z_{0q}=(z-d)\exp(-\kappa C_f/C_q) \tag{7.56}$$

我们可以把 z_{0m} 理解为冠层吸收动量的能力，同时把 z_{0h} 和 z_{0q} 理解为冠层吸收(或释放)热量和水汽的能力(显然，这个能力与冠层吸收动量的能力有关，因为在(7.55)式和(7.56)式中

不仅分别包含 C_h 和 C_q，同时还包含 C_f）。通常情况下 z_{0h} 和 z_{0q} 小于 z_{0m}，大致为 $z_{0m}/5$。这种粗糙度长度差异（通常用比值表示）体现了冠层吸收动量的效率要明显高于吸收标量的效率这个事实。这个差异被称为"非流线形体效应"，其原因在于通过气压的作用把动量传递给了植被，而标量的输送则不存在这样的物理过程。

如果缺乏在植被上方的常通量层中的湍流通量观测结果，通常会对观测到的平均浓度和风速按照方程(7.39)—(7.41)进行拟合，从而估算出 d、z_{0m}、z_{0h}、z_{0q}、u_*、θ_* 和 q_*。但是这种多元回归方法的估算结果误差很大（甚至是不合理的）。避免此类误差最有效的办法是先把 d 确定下来，方法是测量冠层内部的风速廓线，找到拖曳力的质心所在高度，取这个高度为 d。研究发现，对于各类自然的植被冠层而言，用这种方法确定的零平面位移高度与冠层高度之间具有良好的对应关系，即 $d \cong 0.75h_c$。

关于地表空气动力学参数 d 和 z_{0m}，以及标量的粗糙度长度 z_{0h} 和 z_{0q}，我们在本书 4.5 节中已经有过介绍，此处不再赘述。

在冠层之上靠近冠层顶的一定高度范围内是粗糙子层。由于冠层的存在，使得粗糙子层中的湍流特性直接受到冠层的影响，从而表现出不同于平整下垫面之上的流动中的湍流特征。粗糙子层从地面算起，其厚度大约是 $3h_c$（包括冠层，如图 1.3 所示）。如果我们的观测处于冠层之上的粗糙子层当中，我们会发现流动特性是偏离经典 M-O 相似理论的。一个明显的情况就是，粗糙子层当中的涡旋扩散率 K_m、K_h 和 K_q 会分别大于 $[\kappa(z-d)u_*\phi_m^{-1}]$、$[\kappa(z-d)u_*\phi_h^{-1}]$ 和 $[\kappa(z-d)u_*\phi_q^{-1}]$。如果我们把粗糙子层当中的相似函数 ϕ 分别记为 ϕ_m^*、ϕ_h^* 和 ϕ_q^*，那么相应的涡旋扩散率分别是 $[\kappa(z-d)u_*\phi_m^{*-1}]$、$[\kappa(z-d)u_*\phi_h^{*-1}]$ 和 $[\kappa(z-d)u_*\phi_q^{*-1}]$。

事实上，ϕ_m^*、ϕ_h^* 和 ϕ_q^* 应该是局地相似函数，它们是局地相似参数 $(z-d)/\Lambda$ 的函数，其中 Λ 是局地奥布霍夫长度（在粗糙子层中 Λ 随高度变化，原因是湍流通量随高度变化）。但这会给应用带来困难，因为 ϕ_m^*、ϕ_h^* 和 ϕ_q^* 是通量—梯度关系，想要把它们积分成通量—廓线关系需要知道动量通量、感热通量和水汽通量是如何随高度变化的（即知道 Λ 如何随高度变化）。对这个问题进行简化的一个有效途径是假设粗糙子层当中的相似关系偏离经典相似关系的程度只与高度有关，而与稳定度无关，也就是在相似关系中引入一个高度修正函数，可以写成如下形式(Cellier and Brunet, 1992; Physick and Garratt, 1995)：

$$\phi_m^* = \phi_m\left(\frac{z'}{L}\right)\varphi_m\left(\frac{z'}{z^*}\right) \tag{7.57}$$

$$\phi_h^* = \phi_h\left(\frac{z'}{L}\right)\varphi_h\left(\frac{z'}{z^*}\right) \tag{7.58}$$

$$\phi_q^* = \phi_q\left(\frac{z'}{L}\right)\varphi_q\left(\frac{z'}{z^*}\right) \tag{7.59}$$

其中 $z'=z-d$ 是有效高度，L 是定义在惯性子层中的奥布霍夫长度，z^* 是粗糙子层厚度（从零平面位移高度算起），并且，通常取 $\phi_h=\phi_q$。Mölder et al. (1999)利用森林冠层之上的近地层观测数据验证了方程(7.57)—(7.59)的适用性，并确定了修正函数 φ_m、φ_h 和 φ_q 的函数形式，他们得到如下关系式：

$$\varphi_m=\left(\frac{z'}{z^*}\right)^{0.6} \tag{7.60}$$

$$\varphi_h=\varphi_q=\frac{z'}{z^*} \tag{7.61}$$

并且，它们发现温度和湿度的粗糙子层厚度明显大于动量的粗糙子层厚度（即 $z_h^*=z_q^*>z_m^*$）。

近地层相似关系对于不同标量及动量的输送过程是分别处理的，但是地表的水、热过程往往是耦合在一起的。所以，把感热和潜热耦合在一起的联合方程是很重要的关系式。我们把温度通量和水汽通量写成阻抗形式：

$$-\frac{H}{c_p\rho}=\frac{\bar{\theta}(z)-\bar{\theta}_0}{r_{ah}} \tag{7.62}$$

$$-\frac{E}{\rho}=\frac{\bar{q}(z)-\bar{q}_0}{r_{aq}} \tag{7.63}$$

其实空气动力学阻抗 r_{ah} 和 r_{aq} 表征的是植被表面与参考高度 z 之间的气层对热量和水汽输送的阻抗。这些阻抗具有速度倒数的量纲，于是在中性条件下具有如下形式：

$$r_{ah}=\frac{C_f}{C_h u_*}=\frac{1}{\kappa u_*}\ln\left(\frac{z-d}{z_{0h}}\right) \tag{7.64}$$

$$r_{aq}=\frac{C_f}{C_q u_*}=\frac{1}{\kappa u_*}\ln\left(\frac{z-d}{z_{0q}}\right) \tag{7.65}$$

除非植被表面是湿的，水汽并非来源于植物表面的蒸发过程，而是来源于植物叶面气孔的蒸腾过程（也就是说，水汽来源于植物内部）。通常情况下认为薄叶片是等温的（这是个很好的近似），并且假设叶面气孔空腔内的空气在叶面温度下是饱和的，于是可以引入冠层阻抗 r_c，其表达式如下：

$$-\frac{E}{\rho}=\frac{\bar{q}_0-\bar{q}_{sat}(\bar{\theta}_0)}{r_c} \tag{7.66}$$

其中 $\bar{q}_{sat}(\bar{\theta}_0)$ 是温度为 $\bar{\theta}_0$ 时的饱和比湿。

植被冠层阻抗 r_c 表征冠层对水汽被从叶子内部输送到表面的生理响应，它受叶面气孔孔径大小的控制，这样的响应过程经历了复杂的生物学反馈，涉及光照、植物含水量、环境的水汽条件、CO_2 浓度以及其他的植物学特性。到目前为止我们对这方面的认识还很不够。事实上，冠层阻抗 r_c 并不能准确地反映不同季节的冠层内所有植物叶子的气孔阻抗，最明显的一个原因就是如果情况如上所述，则 $\bar{\theta}_0$ 和 $\bar{q}_0$ 应该分别是所有能蒸发的叶子表面 $\bar{\theta}$ 和 $\bar{q}$ 的恰当加权平均值，但实际情况是满足对数表达式(7.40)和(7.41)的 $\bar{\theta}_0$ 和 $\bar{q}_0$ 并不代表这样的加权平均量，因为它们受到诸如冠层内的湍流输送、风速分布和热辐射等非生物因子的影响。这个问题的另一方面是 r_{ah} 和 r_{aq} 是依据单层模型框架来定义的，就像是热量和水汽所有源都集中在 $z=d$ 这个位置，但实际情况是动量、热量和水汽的源和汇在空间分布上会表现出很大的差异。

在近地层底部的能量平衡关系通常被写成如下形式：

$$A = R_n - G_s - P_i = H + \lambda E \tag{7.67}$$

其中 R_n 是净辐射，G_s 是进入土壤和植被的储热通量，P_i 是光合作用吸收的太阳能量（通常是 R_n 的很小份额，一般不超过 R_n 的 2%），λ 是蒸发潜热。A 被称为可用能量，因为它代表了实际被转化为感热和潜热的能量。联立方程(7.64)—(7.67)，经过推导，可以得到如下联合方程(Kaimal and Finnigan, 1994)：

$$\lambda E = \frac{\epsilon_s A + \lambda\rho\Delta / r_{ah}}{\epsilon_s + r_{aq}/r_{ah} + r_c/r_{ah}} \tag{7.68}$$

其中 $\Delta = \bar{q}(z) - \bar{q}_{sat}(\bar{\theta})$ 是 z 高度上比湿的饱和缺损（简称为饱和缺损），ϵ_s 的表达式为 $\epsilon_s = (\lambda/c_p)(\mathrm{d}q_{sat}/\mathrm{d}\theta)$，它是饱和比湿随温度变化的无量纲变率（在温度为 20 ℃时 $\epsilon_s = 2.2$）。

通过定义一个如下的气候学阻抗 r_i：

$$r_i = \frac{\lambda\rho\Delta}{A} \tag{7.69}$$

并因为 r_{ah} 和 r_{aq} 变化很小（通常变化不超过百分之几），我们可以拥有如下近似关系：

$$r_{ah} \cong r_{aq} = r_a \tag{7.70}$$

于是我们可以把方程(7.68)写成为

$$\frac{\lambda E}{A} = \frac{1}{1+\beta} = \frac{\epsilon_s + r_i/r_a}{\epsilon_s + 1 + r_c/r_a} \tag{7.71}$$

其中 $\beta = H/(\lambda E)$ 就是我们熟知的波文比。

联合方程巧妙地把控制蒸发的两个基本物理因子结合在一起：能量供给和水汽从植物表面向空气中扩散，它还把表征扩散物理过程的 r_a 与体现植物生物过程的 r_c 区分开来。如果我们知道 r_a 和 r_c（或者对它们做出恰当的假设），那么联合方程就提供了一个蒸发的诊断模型。如果我们知道饱和缺损 Δ 的情况（这个量可以依据边界层模式的输出结果进行计算），则联合方程就是蒸发预报模式的核心。反过来，如果把观测到的 A、λE 和 r_a 代入方程(7.68)或(7.71)，我们就能推断出体现冠层生理状态的 r_c。这在农艺学和农业气象上是很好的应用模型，比如，可以用它来比较不同种类植物的水分利用效率。表 7.1 给出了 r_a 和 r_c 的典型值。

表 7.1　空气动力学阻抗 r_a 和植被冠层阻抗 r_c 的典型值

表面	r_a (s·m^{-1})	r_c (s·m^{-1})
水体	200	0
草/谷类作物	50	50
森林	20	200

我们可以通过设想方程(7.71)的极限状态来获得关于辐射能量分配的有用信息。这里列举三种情况：

(1) 如果 r_c 小到可以忽略不计(或者它实际上就是零),就像雨后植物表面完全被雨水浸湿的情况,于是方程(7.71)变成:

$$\frac{1}{1+\beta}=\frac{\lambda E}{A}=\frac{\epsilon_s+r_i/r_a}{\epsilon_s+1} \tag{7.72}$$

这种情况被称为"潜在蒸发",这是植物气孔不起作用时的蒸发;

(2) 如果 r_a 远大于 r_c 和 r_i,这种情况对应于无风和高湿条件,于是

$$\frac{1}{1+\beta}=\frac{\lambda E}{A}=\frac{\epsilon_s}{\epsilon_s+1}(\cong 0.7,\text{当温度为 20 ℃时}) \tag{7.73a}$$

或者

$$\lambda E=\epsilon_s H \tag{7.73b}$$

这种情况就是所谓的"平衡蒸发"。在这种情况下,冠层阻抗也不起作用,但是原因不同,这种情况的出现不是因为 r_c 很小,而是因为无法把水汽从叶子的气孔中扩散出来。

(3) $r_i/r_a\to\infty$ 且 $r_c/r_a\to\infty$,这种情况出现在灌溉植被上方是干燥有风的条件,有时被称为"绿洲"情形,联立方程(7.69)、(7.70)和(7.71),可得

$$E=\frac{\rho\Delta}{r_c} \tag{7.74}$$

蒸发过程因存在向下的干空气通量而持续发生,气孔蒸腾是最主要的过程。

7.3.2 冠层中的流动

对于冠层中湍流特性的观测,无论是野外观测还是风洞实验测量,都会是件困难的事,因为冠层中的湍流通常很强,并且需要对观测结果做某种方式的空间平均。图 7.17(a)显示了观测到的归一化平均风速 $\bar{u}(z)/\bar{u}_{hc}$ (其中 $\bar{u}_{hc}$ 是冠层顶高度 $z=h_c$ 处的平均风速)随相对高度 z/h_c 变化的曲线。观测结果涵盖了不同类型的冠层,有森林冠层,有不同生长期的谷类作物冠层,还有风洞实验中的人造农作物冠层,但它们的平均风速廓线都表现出共同的特征,即风速廓线在冠层顶部 $z=h_c$ 高度处出现拐点,也就是说,风速曲线在冠层内是凸形的,在冠层之上时凹形的。这种分布特征表明平均风速在冠层顶 $z=h_c$ 处切变最大,所以此处的湍流强度往往非常大。

在冠层当中 $\bar{u}$ 和 $\partial\bar{u}/\partial z$ 的衰减速度都直接取决于植物枝叶密度的大小。叶面积密度 $a(z)$ 被定义为单位体积空间当中植物表面的面积,在冠层厚度范围内对 $a(z)$ 的积分被称为叶面积指数 LAI(leaf area index):

$$\mathrm{LAI}=\int_0^{h_c}a(z)\mathrm{d}z \tag{7.75}$$

LAI 是最为简单有效地表征冠层面积密度的量。在冠层的中上部平均风速 $\bar{u}$ 很好地符合指数律:

$$\frac{\bar{u}}{\bar{u}_{hc}}=\mathrm{e}^{-\nu_e(1-z/h_c)} \tag{7.76}$$

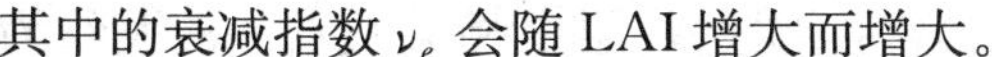

其中的衰减指数 ν_e 会随 LAI 增大而增大。

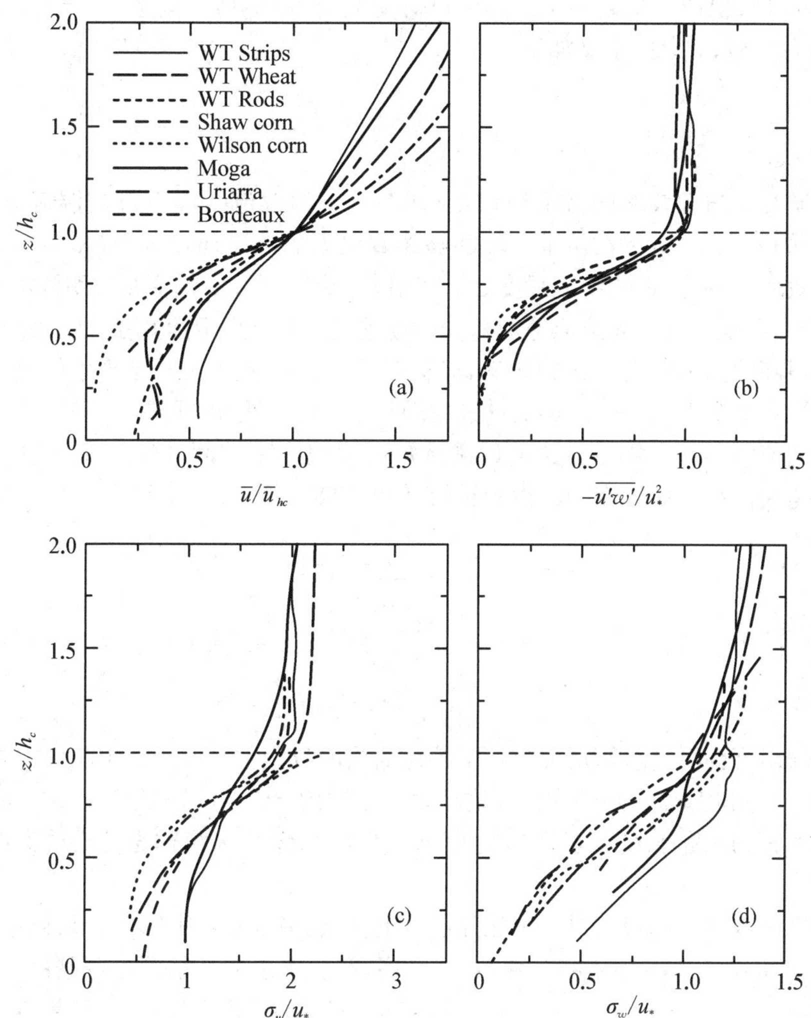

图 7.17　野外观测和风洞实验获得的涵盖冠层内部和冠层之上的归一化廓线：(a) 平均风速，(b) 切应力，(c) 水流风速的标准差，(d) 垂直风速的标准差，其中 WT Strips、WT Wheat 和 WT Rods 是模拟农作物的风洞实验结果，Shaw corn 和 Wilson corn 是不同生长阶段的谷类作物冠层的农田观测结果，Moga 是桉树和山龙眼树森林冠层的观测结果，Uriarra 和 Bordeaux 是两处人工松树林冠层的观测结果。引自 Kaimal and Finnigan (1994)。

图 7.17(b)显示了不同观测结果表现出的很好的一致性。u_* 被取为 $z=h_c$ 高度处的 $(-\overline{u'w'})^{1/2}$ 值，所有的廓线都表现出共同的特征：冠层之上湍流应力不随高度变化的常通量层特征。而冠层当中的湍流与冠层之上相比有很大差别，冠层之中的湍流在垂直方向上具有很强的不均匀性。如图 7.17(b)所示，几乎所有的动量都是在冠层的中上部被吸收掉的，所以切应力传播到地面处就几乎为零了(至少对于稠密的冠层(即 LAI $>$ 1) 是这样的)。σ_u/u_* 和 σ_w/u_* 也是随高度变化很大，如图 7.17(c)和图 7.17(d)所示。在冠层之上 σ_u 和 σ_w 的典型值分别是 $2.5u_*$ 和 $1.25u_*$。从冠层之上较远处往下进入粗糙子层之后 σ_u 和 σ_w 会略有减小，在 $z=h_c$ 这个高度上它们分别是 $2.0u_*$ 和 $1.1u_*$。

虽然在植被冠层之上观测到了常值应力层的存在，在这一层中相关系数 r_{uw} 大约为 -0.3，但向下进入粗糙子层之后 r_{uw} 的量值会变大，在冠层顶高度上 $(z=h_c)$，r_{uw} 的值达到 -0.45。相关系数 r_{uw} 的定义如下：

$$r_{uw}=\frac{\overline{u'w'}}{\sigma_u\sigma_w} \tag{7.77}$$

它是表征湍流交换输送效率的特征统计量，即在一定的湍流强度下形成湍流通量的能力。r_{uw} 量值大，则说明在一定的湍流强度下能够形成更大的湍流通量，所以相关系数也被认为是湍流交换效率，即在一定的湍流强度之下如果 r_{uw} 具有更大的量值则说明湍流交换具有更高的效率(因为形成了更大的湍流通量)。进入冠层当中，r_{uw} 迅速减小，也就是说在冠层顶部湍流具有很高的向下输送动量的效率，但这个效率在往下进入冠层当中的过程中要比方差衰减得更快。事实上，$-\overline{u'w'}$ 的衰减速度要比 σ_u^2 和 σ_w^2 更快(见图 7.17)。

冠层中湍流的另一个特性是速度的高阶矩所表现出来的间歇性。在近地层中 u 和 w 的偏斜度都是表征流动中湍流间歇性的量，它们的定义如下：

$$Sk_u=\frac{\overline{u'^3}}{(\sigma_u)^3} \tag{7.78a}$$

$$Sk_w=\frac{\overline{w'^3}}{(\sigma_w)^3} \tag{7.78b}$$

高斯分布的偏斜度为零。从冠层上方往下接近冠层的过程中，Sk_u 在粗糙子层中增大，进入冠层当中 Sk_u 值可达 1.0；与此同时，在这个垂直范围内 Sk_w 可以变化到 -0.6，如图 7.18(a) 所示。很强的正的 u 偏斜度和很强的负的 w 偏斜度意味着湍流输送特性受间歇的阵性向下运动主导。

湍流长度尺度和时间尺度是表征湍流特性的重要特征量。因为定点观测获得的是时间序列，运用泰勒冻结假设(即各态历经假设)，可以把从时间序列信号中计算得到的时间尺度 I_u 和 I_w 转换为欧拉积分长度尺度 Λ_u 和 Λ_w。湍流的积分时间尺度为

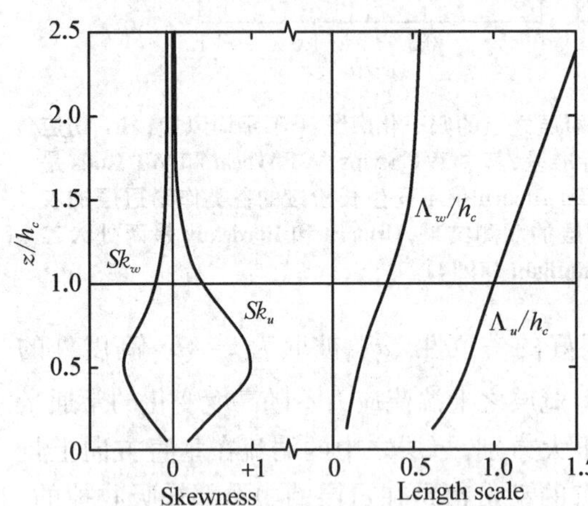

图 7.18　包含冠层的近地层中速度分量 u 和 w 的偏斜度的典型廓线，以及归一化积分长度尺度的典型廓线(垂直范围为 $0<z/h_c<2.5$)。引自 Kaimal and Finnigan (1994)。

$$I_u=\int_0^\infty \rho_u(\xi)\mathrm{d}\xi=\int_0^\infty \frac{\overline{u'(t)u'(t+\xi)}}{\sigma_u^2}\mathrm{d}\xi \tag{7.79a}$$

$$I_w=\int_0^\infty \rho_w(\xi)\mathrm{d}\xi=\int_0^\infty \frac{\overline{w'(t)w'(t+\xi)}}{\sigma_w^2}\mathrm{d}\xi \tag{7.79b}$$

其中 $\rho_u(\xi)$ 和 $\rho_w(\xi)$ 是自相关系数(ξ 是时间间隔)。于是积分长度尺度为

$$\Lambda_u=\bar{u}I_u=\bar{u}\int_0^\infty \rho_u(\xi)\mathrm{d}\xi \tag{7.80a}$$

$$\Lambda_w = \bar{u} I_w = \bar{u} \int_0^\infty \rho_w(\xi) \mathrm{d}\xi \tag{7.80b}$$

Λ_u 和 Λ_w 能够很好地表征 u 谱和 w 谱的谱峰所对应的长度尺度，即含能涡旋的长度尺度。如图 7.18(b)所示，Λ_u 和 Λ_w 随高度增加而增大，但变化幅度不大；在 $z=h_c$ 附近，$\Lambda_u \cong h_c$ 且 $\Lambda_w \cong h_c/3$。由此可见，在冠层顶附近湍流的典型长度尺度与冠层厚度相对应，并且，这些湍流涡旋的垂直输送作用表现为阵性向下运动"下扫"进入冠层当中(见 4.5.3 节的表述)。这些认识是我们描述冠层内外湍流交换过程的依据。

图 7.19(a)显示的是对应于图 7.17 中的森林冠层所观测到的白天和夜间典型的位温 $\bar{\theta}$ 廓线。值得注意的是白天的廓线在 $z=0.75h_c$ 高度附近存在极大值，这个温度极大值对应于这个高度附近植物枝叶对太阳辐射的最大吸收。在这个极大值所在高度之上是我们熟悉的超绝热廓线，但在这个极大值所在高度之下是稳定层结，这个出现在冠层下部的白天逆温结构是植株具备明显树冠和树干特征的森林冠层的显著特征。这种情况在诸如玉米和水稻等植株所构成的农作物冠层中也能观测到(虽然逆温结构不如森林冠层那么突出)。夜间的情况正好相反，温度廓线在冠层下部有一个弱的递减率，而在此之上廓线表现为稳定层结。

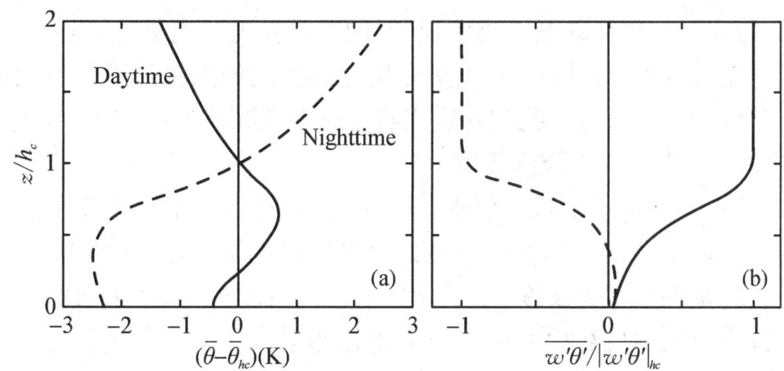

图 7.19　白天和夜间森林冠层内部和冠层之上(a)平均位温廓线和(b)热通量廓线的典型形状。引自 Kaimal and Finnigan (1994)。

热通量廓线如图 4.19(b)所示。为了保留通量的方向所对应的正负号，用冠层顶部热通量的量值(即绝对值)对热通量廓线进行归一化。由图中可以看出，在白天冠层下部是逆温结构的情况下此处的热通量是正值(即热通量方向向上)，这表明在这里形成了反梯度的通量，原因在于此处的热量垂直输送主要由大尺度湍流涡旋完成，而非小尺度局地湍流涡旋来完成。

图 7.20 显示的是白天冠层内部和冠层之上的比湿廓线和水汽通量廓线(冠层的植物种类与图 7.19 中相同)。比湿廓线在冠层中树冠下部有一个并不显眼的次极大值，而比湿的最大值出现在贴近地面处。这样的廓线形状出现在地面及地上落叶都是潮湿的情况下，一般在雨后的几天中会维持这种情况。水汽通量廓线在冠层中部也出现反梯度输送行为，在靠近地面的地方，水汽通量随高度迅速增大。

从图 7.19(a)中可以看到，冠层内部的局地稳定度随高度存在明显变化。在白天，冠层下部梯度理查森数 Ri 为正值，表明此处为稳定层结，但是冠层下部通量理查森数 Rf 为负值，表明此处为不稳定层结。事实上，冠层下部的稳定度在时间上经常出现双模态：当 Ri 明

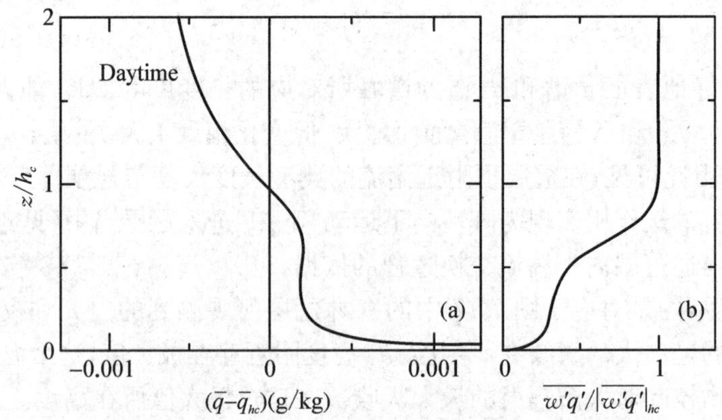

图 7.20　在地面潮湿的情况下白天森林冠层内部和冠层之上(a)平均比湿廓线和(b)水汽通量廓线的典型形状。引自 Kaimal and Finnigan (1994)。

显为正值的时候,大尺度湍流的“下扫”运动间歇性地侵入到冠层内部(把冠层之上的“冷”空气带下来,并把冠层内部(尤其是下部)的“暖”空气交换上去),从而形成正的热通量(Rf 为负值)。在夜间,冠层下部很可能是不稳定层结,因此会发生湍流混合;但是在冠层上部的树冠位置,层结是稳定的,此处湍流很弱,于是在植株的树冠处因辐射冷却作用会发生凝结过程,而此时树干仍保持干燥状态。我们在这里再次强调,这种景象在诸如谷类作物和茅草等上下一致的低矮植被冠层中是观测不到的。

自树冠上部所在高度往上的近地层中,Ri 和 Rf 的符号是相同的,但是想用这两个参数来分析观测数据,以期揭示冠层的流动特性如何受稳定度影响,这样的努力一直很难奏效。采用 h_c/L (其中 L 是奥布霍夫长度)似乎比较有效,选择这个参数来表征冠层对稳定度的响应,这意味着决定冠层湍流结构的参数与决定粗糙子层之上的近地层流动特性的参数相同。但事实上冠层湍流取决于冠层顶附近很强的切变所产生的大涡旋,这个切变层以及其中的湍流所具有的特征取决于枝叶密度的水平分布和垂直分布以及植物表面的温度分布情况。

在 $z=d$ 高度之上,湍流通量通常是与梯度相关联的,通量理查森数 Rf 可以很好地表征稳定度。依据第四章中的分析,我们知道 $Rf=z/L\phi_m$。采用 h_c/L 作为稳定度参数,等效于把冠层顶这个高度上的切变取为 $u_*/[\kappa(h_c-d)]$,但是 Raupach (1989)指出实际上此处的切变大约为 $\bar{u}_{hc}/(h_c-d)$,两者是有差别的(前者与后者相比略小)。所以,运用 h_c/L 来表征冠层对稳定度的响应,它能否恰当地描述冠层流动的特性是需要考虑的问题。

7.3.3　耦合冠层效应的粗糙子层理论:一体化风速廓线模型

在 7.3.1 节中已经讲过,尽管植被冠层通常被处理成水平均匀的情形,但因为冠层的存在使得冠层之上并靠近冠层的气流表现出独特的特性,形成了所谓的粗糙子层。粗糙子层气流特性不同于满足经典 M-O 相似理论的平坦下垫面之上的近地层气流,所以粗糙子层气流并不满足经典 M-O 相似理论。于是就引入一个高度修正函数来调整粗糙子层中的通量—梯度关系,以期获得接近于真实状况的通量—梯度关系。如果能把高度修正函数取为具有较高近似程度的简单表达式,则可以通过积分获得通量—廓线关系的表达式。这样的

处理方式只是在数学描述上取得等价效果，但是缺乏物理基础，因而会存在不合理现象，例如，平均量廓线在粗糙子层与惯性子层的连接高度上出现不连续。

粗糙子层的流动特性类似于平均速度不相等的两层平行流动之间形成的湍流切变流(Raupach et al., 1996)。于是平均速度廓线在冠层顶处存在拐点(如图 7.17(a)所示，表明切变在此处最大)，而湍流特性与冠层顶处的强切变所生成的具有特定空间尺度的湍流涡旋密切相关，这些湍流涡旋的尺度与冠层厚度之间具有良好的对应关系(如图 7.18(b)所示)。合理的粗糙子层模型应该能够恰当地体现冠层效应(包括动力学效应和热力学效应)，因此需要考虑冠层中的流动与冠层之上的流动之间的相互作用，形成一体化的粗糙子层流动模型。Harman and Finnigan (2007)提出了针对森林冠层的一体化风速廓线模型，在这一节当中我们对该模型做简要介绍。

首先，我们选用坐标原点位于冠层顶的坐标系，如图 7.21 所示。在这样的坐标系当中，当我们针对冠层之上的流动应用标准的通量-梯度关系时，所对应的高度应该是 $z+d_t$(其中 $d_t=h_c-d$)，而不是 $z-d$。在接下来的推导过程当中我们只考虑稠密冠层的情形。所谓“稠密”，指的是所有动量在冠层中被吸收掉，因而在地表并未形成拖曳力。在这种情况下，气流的动力学特性与地表所在的位置无关，于是很自然地想到把坐标原点取在冠层顶的位置。因为冠层厚度与气流动力学无关，这意味着用 h_c/L 来表征稳定度参数对于稠密冠层而言是不恰当的。

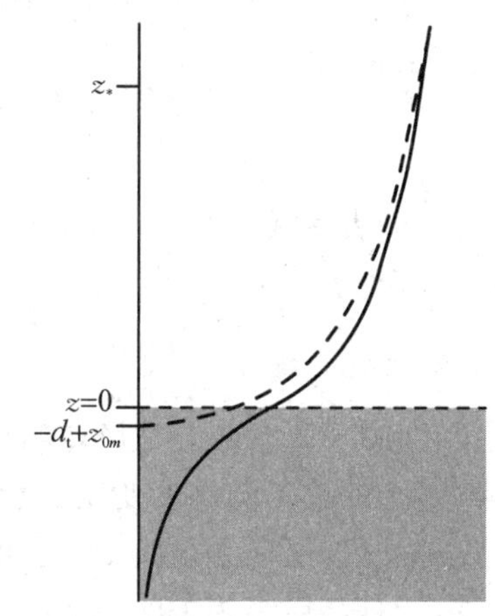

图 7.21　包含冠层在内的粗糙子层当中一体化风速廓线及其坐标系的示意图。虚线表示向下外推的近地层廓线，这个廓线的起始点是 $z=-d_t+z_{0m}$；实线表示实际“观测”到的风速廓线，这个廓线自粗糙子层顶处($z=z_*$)向下与外推廓线(虚线)不重合，并在冠层顶处形成拐点；阴影区表示冠层。引自 Harman and Finnigan (2007)。

为使问题简化，对湍流通量采用混合长假设，即 $\tau(z)=\rho l_m^2(z)(\mathrm{d}U/\mathrm{d}z)^2$，其中 l_m 是混合长，τ/ρ 是运动学切应力，U 是平均风速。这个闭合方案主要出于简单化考虑，可以看作是一个近似方案，这个近似方案能够体现切变形成的大涡旋的非局地交换作用，这个作用表现为冠层内高度 z 处的切应力是由包含 z 的一定范围内的动量吸收来决定的。Finnigan and Belcher (2004)的研究表明，如果冠层中的物理量随高度变化比较平缓的话，非局地交换作用可以近似地用混合长来表示。

对于冠层内 ($z<0$) 的流动，可以定义一个冠层穿透厚度 L_c，即

$$L_c=(C_d a)^{-1} \tag{7.81}$$

其中 C_d 是叶子尺度上的拖曳系数，a 是单位体积内的叶面积。这个长度尺度 L_c 体现边界层与冠层相互作用在冠层内所能到达的垂直距离，它在这个问题当中是独立的长度尺度。我们可以认为在自然的植被冠层中 L_c 的变化会比 C_d 和 a 小，因为 $a(z)$ 在冠层上部为大值，但此处风速较大而 C_d 相对较小；而随着高度下降 $a(z)$ 变小，C_d 随 $U(z)$ 减小而增大(低风速下黏性应力的作用会更大)。

取平均风速方向为 x 方向，并运用湍流动量通量的混合长模型，平稳的时空平均动量方程为如下形式：

$$0=-\frac{1}{\rho}\frac{\partial\tau}{\partial z}-F_D\equiv\frac{\mathrm{d}}{\mathrm{d}z}\left[l_m^2\left(\frac{\mathrm{d}U}{\mathrm{d}z}\right)^2\right]-\frac{U^2}{L_c} \tag{7.82}$$

其中 $U(z)$ 是时空平均风速，$F_D=U^2/L_c$ 是冠层的运动学拖曳力。如果我们取 L_c 为常数，并取 $l_m=l$ 为常数，则我们可以从方程(7.82)解得稠密冠层内（$z\to-\infty$ 时 $\tau\to0$）风速和风速切变的表达式：

$$U(z)=U_h\exp\{\beta z/l\} \tag{7.83}$$

$$\frac{\mathrm{d}U}{\mathrm{d}z}=\frac{\beta}{l}U \tag{7.84}$$

其中

$$\beta=u_*/U_h \tag{7.85}$$

在上面的表达式中 $U_h=U(z=0)$ 和 $u_*=[\tau(z=0)/\rho]^{1/2}$ 分别是冠层顶处的风速和摩擦速度。同时，上述推导也能给出 l 与 L_c 之间的关系，即

$$l=2\beta^3L_c \tag{7.86}$$

假设 l 和 L_c 为常数会把风速廓线的解约束成 β 为常数的情形。需要指出的是，这里所说的“常数”指的是不随高度变化，但是，稳定度对冠层当中气流的影响体现为 C_d、β 和 l 都是稳定度的函数，所以无须改变方程的形式。这是因为平均的水平动量方程并不包含重力加速度项，于是与层结相关的稳定度只出现在模式的参数当中(即作为参变量)。在接下来的推导过程中都不考虑稳定度对 C_d 的影响。

对于冠层之上（$z>0$）的流动，在相似理论框架下动量方程蜕变为应力的垂直散度为零(即常通量层)，于是需要运用尺度律(即相似关系)的表达方式，通常为如下形式：

$$\frac{\mathrm{d}U}{\mathrm{d}z}=\frac{u_*}{\kappa(z+d_t)}\Phi_m \tag{7.87}$$

其中 d_t 是与惯性子层当中风速垂直廓线直接相关的位移高度。在我们所选取的坐标系当中垂直尺度是 $z+d_t$，相似函数 Φ_m 应该是以 $z=-d_t$ 为参考点的高度、冠层参数及稳定度的函数。位移高度 d_t 被定义为作用于冠层上的拖曳力的质心高度(Jackson，1981)：

$$d_t=-\frac{\int_{-\infty}^{0}zU(z)^2/L_c\,\mathrm{d}z}{\int_{-\infty}^{0}U(z)^2/L_c\,\mathrm{d}z}=\frac{l}{2\beta}=\beta^2L_c \tag{7.88}$$

取为负值的原因在于坐标的取法。

在粗糙子层当中，流动特性取决于冠层顶处切变不稳定机制生成的具有相干结构的大湍流涡旋及其混合作用。因此，对于粗糙子层的相似函数而言，它应该包括新的长度尺度，这个长度尺度就是切变不稳定机制所对应的长度尺度，也就是风速廓线拐点处(对于植被冠层而言通常就是冠层顶处)切变涡旋的尺度 $U/(\mathrm{d}U/\mathrm{d}z)$。依据方程(7.84)它就是 l/β。换一个角度讲，粗糙子层函数反映了冠层结构对冠层之上流动的影响，我们很自然地把这个影

响的尺度取为冠层内平均风速廓线所对应的垂直长度尺度，从方程(7.83)可以看出，这个尺度就是 l/β。于是我们可以把粗糙子层函数写成如下形式：

$$\Phi_m = \phi_m\left(\frac{z+d_t}{L}\right)\hat{\phi}_m\left[\frac{z+d_t}{L}, \frac{\beta(z+d_t)}{l}\right] \tag{7.89}$$

其中 ϕ_m 就是M-O相似理论中的相似函数，$\hat{\phi}_m$ 代表粗糙子层中因偏离经典相似关系而需要修正的订正函数。这里我们对 $\hat{\phi}_m$ 做这样一个假设，即 $\hat{\phi}_m$ 不是奥布霍夫长度 L 的函数，也就是说，粗糙子层的影响尺度只是体现在 l/β 上(因为 l/β 可以是稳定度的函数，稳定度的影响已经隐含在其中)。所以方程(7.89)就蜕变成如下形式：

$$\Phi_m = \phi_m\left(\frac{z+d_t}{L}\right)\hat{\phi}_m\left[\frac{\beta(z+d_t)}{l}\right] \tag{7.90}$$

把方程(7.87)从 $z'=-d_t+z_{0m}$ 积分到 $z'=z$ (其中 Φ_m 如方程(7.90)所示)，在冠层之上可以得到如下关系：

$$\frac{\kappa}{u_*}[U(z)-U(-d_t+z_{0m})] = \ln\left(\frac{z+d_t}{z_{0m}}\right) - \psi_m\left(\frac{z+d_t}{L}\right) + \psi_m\left(\frac{z_{0m}}{L}\right) - \int_{z_{0m}}^{z+d_t}\frac{\phi_m\left(\frac{z'}{L}\right)\left[1-\hat{\phi}_m\left(\frac{z'}{l/\beta}\right)\right]}{z'}dz' \tag{7.91}$$

其中 z_{0m} 对应于惯性子层流动的粗糙度长度，ψ_m 是M-O相似理论中相似关系的积分形式。在(7.91)中速度 $U(-d_t+z_{0m})$ 是未知量，但可以通过以下推论将其消去。因为影响粗糙子层风速廓线的切变流涡旋生成于冠层顶的位置，所以这些湍流涡旋的影响会随高度的增加而减小，取 $z\to\infty$ 的极限情况，则可以认定气流已经不受粗糙子层的影响，于是 $\hat{\phi}_m\equiv 1$。基于这个推论，并做恒等变换，可得

$$\frac{\kappa}{u_*}U(-d_t+z_{0m}) = \int_{z_{0m}}^{0}\frac{\phi_m\left(\frac{z'}{L}\right)\left[1-\hat{\phi}_m\left(\frac{z'}{l/\beta}\right)\right]}{z'}dz' \tag{7.92}$$

于是方程(7.91)就变成如下形式：

$$\frac{\kappa}{u_*}U(z) = \ln\left(\frac{z+d_t}{z_{0m}}\right) - \psi_m\left(\frac{z+d_t}{L}\right) + \psi_m\left(\frac{z_{0m}}{L}\right) + \hat{\psi}_m(z) \tag{7.93}$$

粗糙子层的作用由 $\hat{\psi}_m$ 体现出来：

$$\hat{\psi}_m = \int_{z+d_t}^{\infty}\frac{\phi_m\left(\frac{z'}{L}\right)\left[1-\hat{\phi}_m\left(\frac{z'}{l/\beta}\right)\right]}{z'}dz' \tag{7.94}$$

冠层顶附近的流动特性主要受单一长度尺度和单一速尺度控制。这意味着当 $z\to 0$ 时冠层之上的流动中的混合长应该与冠层内流动的混合长相同；与此同时，我们还需要冠层顶处的垂直通量保持连续，这意味着平均风速梯度在冠层顶处应该是连续的。所以在 $z=0$ 高度上方程(7.84)与方程(7.87)应该相等，于是可得

$$\Phi_m(z=0)=\frac{\kappa d_t}{l}=\frac{\kappa}{2\beta} \tag{7.95}$$

积分方程(7.87)时需要引入积分常数 z_{0m}。依据冠层顶处风速廓线应该连续这个约束条件,可以得到

$$z_{0m}=d_t\exp\left(\frac{-\kappa}{\beta}\right)\exp\left[-\psi_m\left(\frac{d_t}{L}\right)+\psi_m\left(\frac{z_{0m}}{L}\right)\right]\exp[\hat{\psi}_m(z=0)] \tag{7.96}$$

很显然,方程(7.96)是个隐式方程(因为方程右边也包含 z_{0m})。如果忽略 $\psi_m(z_{0m}/L)$ 的作用,则方程就变成显式方程,这会给应用带来很大方便,但同时也引入了误差。数值试验的检验结果表明,运用方程(7.96)的隐式方程及略去 $\psi_m(z_{0m}/L)$,会给 z_{0m} 的计算带来10%的误差,这样的误差程度并不算小。

方程(7.86)和(7.88),以及方程(7.95)和(7.96)联立起来,如果 $\Phi_m(z=0)$ 可以用 d_t 或者 β 来表示,那么流动参数就可以用冠层长度尺度 L_c 来确定。比如,如果我们不考虑冠层顶处切变涡旋的影响,即取 $\hat{\phi}_m=1$,于是不需要额外的附加信息,在此情况下 $\beta=\beta_{\mathrm{norsl}}$ 就是 L_c/L 的函数。将冠层内流动与冠层之上流动在冠层顶处耦合在一起的一体化模型引出一个重要结果就是粗糙子层高度和位移高度都不再是常数,这两个参数是 β 的函数,而 β 又是稳定度的函数。如果这些参数随稳定度的改变存在明显变化,这会给数值模式中的地表通量和边界层方案带来显著影响。而现有模式当中都没有考虑这些参数的日变化,即取为常数(顶多也只是在年尺度上考虑其变化)。

$\hat{\phi}_m$ 函数定量描述了因为冠层的存在而导致的冠层之上气流特性偏离 M-O 相似理论经典廓线(或称标准廓线)的程度。Garratt (1980)从尺度分析的角度提出,粗糙子层厚度应该与 $\hat{\phi}_m$ 变化的长度尺度具有相同量级,即 $\dfrac{1}{\hat{\phi}_m}\dfrac{\mathrm{d}\hat{\phi}_m}{\mathrm{d}z}=\dfrac{b}{z_*}$,于是可以得到在粗糙子层 $(0<z<z_*)$ 当中 $\hat{\phi}_m$ 是高度的指数函数,并规定在粗糙子层之上 $(z>z_*)$ 满足 $\hat{\phi}_m=1$。这样处理的结果是 $\mathrm{d}\hat{\phi}_m/\mathrm{d}z$ 在 $z=z_*$ 处不连续。为克服这个缺陷,Harman and Finnigan (2007)指出,Garratt (1980)关于 $\hat{\phi}_m$ 的长度尺度的观点实际上还意味着 $\Delta\hat{\phi}_m/(\mathrm{d}\hat{\phi}_m/\mathrm{d}z)$ 与 $\hat{\phi}_m/(\mathrm{d}\hat{\phi}_m/\mathrm{d}z)$ 在量级上是相当的。因为 $\hat{\phi}_m$ 在粗糙子层范围内从某高度上的值变化到顶部的值1,所以有 $\Delta\hat{\phi}_m\sim(1-\hat{\phi}_m)$。再用 l/β 代替 z_*(这样处理更有物理意义,因为 l/β 既代表了切变不稳定层的垂直尺度,又代表了冠层流动的垂直尺度),于是有如下关系:

$$\frac{1}{1-\hat{\phi}_m}\frac{\mathrm{d}\hat{\phi}_m}{\mathrm{d}z}=\frac{c_2\beta}{l} \tag{7.97}$$

从 $-d_t$ 到 z 进行积分,可得

$$\hat{\phi}_m(z)=1-c_1\exp[-\beta c_2(z+d_t)/l] \tag{7.98}$$

其中 $c_1=1-\hat{\phi}_m(z=-d_t)$ 是积分常数。当 $z=0$ 时,运用方程(7.88)形如 $\beta d_t/l=1/2$ 的表达式,可以得出简单关系:

$$c_1=[1-\hat{\phi}_m(z=0)]\exp(c_2/2) \tag{7.99}$$

方程(7.98)中并没有包含冠层之上的粗糙子层厚度 z_* 这个量,所以它不能告诉我们粗糙子

层顶在哪里。$\hat{\phi}_m$ 随高度增加而趋近于1，这是个渐近过程，所以 $\hat{\phi}_m$ 的导数是连续的。$\hat{\phi}_m$ 随高度变化的过程表明粗糙子层的影响随着高度的增加而变得越来越小。要得到风速廓线就需要知道 $\hat{\psi}_m$ 的具体函数形式，但方程(7.98)所具有的函数表达式意味着 $\hat{\psi}_m$ 难有简单的解析解。这种情况下数值求解的作用凸显出来，如今数值计算的能力已经非常强大，可以轻松解决此类问题。现在只剩下 $\hat{\phi}_m(z=0)$ 或者 β 是未知数，只要知道 $\hat{\phi}_m(z=0)$ 或 β 如何随稳定度变化，我们就构建出将冠层内气流与冠层之上气流耦合在一起的一体化风速廓线模型。多个观测试验得到较为一致的结果，在中性条件下 $\beta=\beta_N\approx0.3$(其中下标 N 表示中性)。观测结果还表明，β 随稳定度变化会在稳定条件下显得比较明显。

图7.22(a)显示了中性条件下取 $\beta_N=0.3$ 和 $c_2=1/2$ 的 $\hat{\phi}_m$ 垂直廓线。如前所述，该方案克服了其他方案所表现出来的斜率在 $z=z_*$ 处不连续的缺陷。图7.22(b)和图7.22(c)显示了中性条件下不同方案的风速垂直廓线分布在高度上是自然坐标和对数坐标中的形状。在粗糙子层当中耦合模型的一体化方案廓线位于外推方案和 Physick and Garratt (1995)方案所对应的两条廓线之间，这意味着外推方案对粗糙子层风速存在偏低估计，而 Physick and Garratt (1995)方案则对此处风速存在偏高估计。问题的关键似乎并不在这里，而在于一体化风速廓线模型把冠层之上的气流与冠层内的气流耦合在一起，因而包含了它们之间相互作用的机制。至于取 $c_2=1/2$，这是个估计值，Harman and Finnigan (2007)对 c_2 的取值进行了敏感性试验，发现风速廓线对 c_2 取值并不敏感。不仅如此，在一体化风速廓线模型当中，动力学参数 d_t 和 z_{0m} 随稳定度改变而变化，如果这个变化是显著的，那么对于数值模式而言必然会影响地气交换参数化方案。

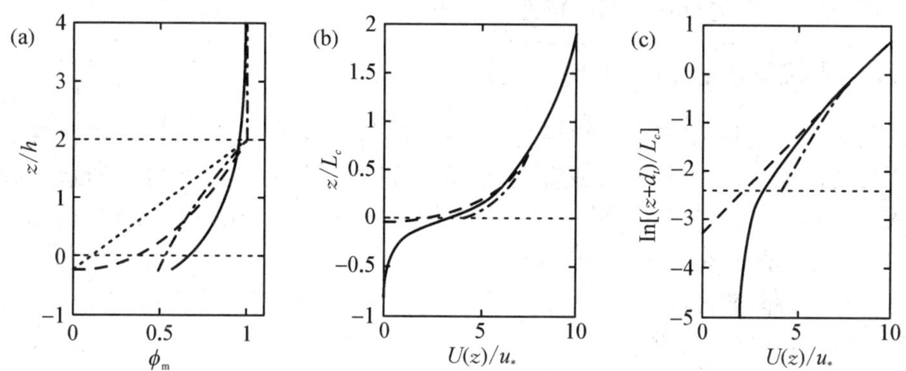

图7.22 (a) $\hat{\phi}_m$ 函数的垂直廓线，其中实线是方程(7.98)取 $c_2=1/2$ 和 $\beta=0.3$ 的结果，点划线是 Garratt (1980)及 Physick and Garratt (1995)方案，虚线是 Cellier and Brunet (1992)方案取 $\eta=0.45$ 的结果，点线是 Raupach (1992)的方案；(b)和(c)中性条件下不同方案的风速廓线在高度上分别为自然坐标和对数坐标中的形状，点划线是 Physick and Garratt (1995)方案的预报结果。引自 Harman and Finnigan (2007)。

在上述工作基础上，Harman and Finnigan (2008)采用类似于 K 理论的湍流闭合方案建立起一体化的标量廓线模型。该模型能够较好地描述温度和水汽廓线，但它们发现这样的简单模型在应用中会遇到困难，比如，这个模型不能正确地描述 CO_2 廓线，原因在于模型未能正确反映 CO_2 的源/汇分布(没有包含地表呼吸作用)。Harman (2012)把一体化模型耦合进数值模式，评估了粗糙子层效应(其效应体现为对经典 M-O 相似理论的偏离)对地气交换参数化方案的影响，结果表明，考虑和不考虑粗糙子层响应的模拟结果之间差异明显，上午的波文比差异超过50%,近地面温度差异可达1 K,风速差异可达1 $\mathrm{m\cdot s^{-1}}$。由此可见,由冠层引起的粗糙子层效应会显著影响近地层气流特性及地气交换过程,这实际上体现了冠层的动力学和热力学作用。地气交换对地球大气系统而言是非常重要的物理过程,因此,数值模式在描述地气交换过程方面的改进对于提升模式模拟能力具有重要意义。

§7.4 标量和标量通量的源区域

对于均匀下垫面而言,基于经典相似理论建立起来的近地层相似关系能够较好地描述地气交换过程(见第四章)。然而对于非均匀下垫面而言,既有的近地层相似关系通常不适用于描述地气之间热量、物质和动量的湍流交换。当然,这个问题涉及地表非均匀性的尺度和分辨率:大尺度的地表非均匀性可以很好地被模式和观测网分辨出来,于是不同地块上交换过程的变化情况能够较为准确地从观测结果中体现出来或是被模式模拟出来。所以,我们在诸如海陆风系统、城市热岛等现象上的物理认识方面取得了很大的进展。但是,如果地表非均匀性的尺度较小(比如,城市不同形态特征的片区,分成小块种植不同作物的农田,等等),上述处理方式在多数情况下是难以操作的,甚至是不可能的。对于非均匀下垫面之上的观测而言,这涉及观测结果的代表性问题,观测的实际分辨率(即观测代表了哪个区域内的地气交换)通常是根本不清楚的,于是就有了探头的"视场"或者"对探头有影响的地表区域"这样模糊的概念。事实上,如果探头所测量到的物理量涉及湍流扩散过程,就按"视场"这个形象化的说法,它应该取决于湍流交换过程本身,并且其大小和位置肯定是变化的,因为扩散过程与风速、风向及其他湍流特性直接相关。

7.4.1 源权重函数和源区域

就观测而言,我们需要知道观测到的结果代表了什么,具体来讲,就是在近地层的某个高度上测量的信号与地表上的源(或者汇)的分布是什么关系。在讨论这个问题时,早期用到的术语说法不一,大致分为两类:一是源权重函数(source weight function),或称为"印痕"(footprint);二是"有效风程"(effective fetch)或者源区域(source area)。事实上,源区域可以被理解为源权重函数在特定区域上的积分。为了规范化使用上述术语,Schmid (1994)建议用"源权重函数"取代"印痕函数"。

在大气中具有扩散属性的物理量的空间分布可以写成扩散方程的积分形式:

$$\eta(\boldsymbol{r})=\int_R Q_\eta(\boldsymbol{r}')\cdot f(\boldsymbol{r}-\boldsymbol{r}')\mathrm{d}\boldsymbol{r}' \tag{7.100}$$

其中 η 是空间点 $\boldsymbol{r}$ 上物理量的值,Q_η 是空间点 $\boldsymbol{r}'$ 处的源强(点源强度),f 是物理量从 $\boldsymbol{r}'$ 点输送到 $\boldsymbol{r}$ 点的概率(f 也称为概率输送函数),R 是对 $\boldsymbol{r}$ 点上物理量取值有贡献的点源的空间分布范围。如果把点源分布限定在地表(即 $z=z_0$ 处),并且取 x 方向为平均气流方向,那么针对观测位置处于$(0,\ 0,\ z_m)$ 的情形,上式可以写成如下形式:

$$\eta(0,\ 0,\ z_m)=\int_{-\infty}^{\infty}\int_{-\infty}^{x} Q_\eta(x,\ y,\ z=z_0)\cdot f(-x,\ -y,\ z_m-z_0)\mathrm{d}x\,\mathrm{d}y \tag{7.101}$$

于是 $f(-x,\ -y,\ z_m-z_0)$ 就体现了观测值 $\eta(0,\ 0,\ z_m)$ 与源的地表分布状况之间的关联性，因此将其称为源权重函数（x 轴由观测点指向平均气流的下游方向，$f(-x, -y, z_m - z_0)$ 中 $-x$ 和 $-y$ 表示有贡献的点源位于观测点上游区域）。源权重函数的取值可以被理解为某个位置处于 (x_s, y_s, z_0) 的点源对观测点处 δ 值 $(\delta = 1)$ 的贡献的相对权重，因此，源权重是原点与观测点之间距离的函数。至于它的函数形式，我们可以用源强均匀分布的情况加以说明，此时的源强可以写成：

$$Q_\eta(x, y, z_0) = Q_{\eta,u} \cdot \delta(x_s - x) \cdot \delta(y_s - y) \tag{7.102}$$

其中 $Q_{\eta,u}$ 是均一的点源强度。于是把(7.102)式代入(7.101)式，则被积函数可以写成

$$\eta(x, y, z_m) = Q_{\eta,u} \cdot f(-x, -y, z_m - z_0) \tag{7.103}$$

事实上按照 δ 函数计算后被积函数的形式是 $\eta(x_s, y_s, z_m) = Q_{\eta,u} \cdot f(-x_s, -y_s, z_m - z_0)$，然后又重新写回关于 x 和 y 的形式。如果 η 是个可扩散的保守量（保守标量或者保守标量的通量），那么就可以基于扩散过程把源权重函数计算出来。对于有平流输送的情形，那些距离很近的地面源排放出来的可扩散量大部分还来不及扩散到 z_m 高度处就经过了观测点，因此近距离的源权重量值会很小，这个特征是由扩散特性决定的。源权重函数 f 的空间（水平）分布如图 7.23 所示。假设湍流是水平均匀的，风速平行于 x 轴，但指向 x 轴反方向，于是源区域落在 $x \geqslant 0$ 范围，这样在(7.103)式中就不需要负号了。

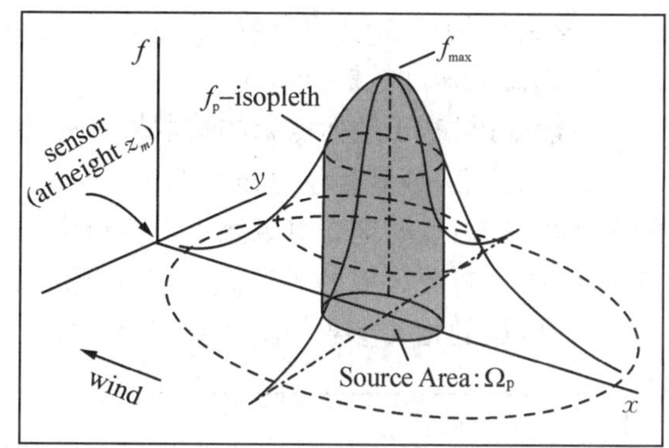

图 7.23　源区域与源权重函数之间关系的示意图。源权重函数是个"帽型"曲面，曲面之下的总体积（即对 f 积分）是 φ_{tot}，P 是以等值线 f_p 为边界的曲面之下的体积（图中圆筒的体积）与 φ_{tot} 的比值（即所占份额），表示贡献率为 P；Ω_p 是等值线 f_p 在 $x-y$ 平面上投影所围成的面积，表示贡献率为 P 的源区域。引自 Schmid (1994)。

源权重函数提供了单个点源相对权重的信息。但是在实际应用当中，我们需要确定地表哪个区域是影响观测高度 z_m 处物理量 η 的最有效源区域。换言之，在给定 P 值的情况下（比如，$P = 0.5 = 50\%$），与 z_m 高度处量值为 η 相对应的那个贡献率为 P 的面积最小的区域是如何确定的？这里需要注意的是，针对这个问题只考虑地表源强是均匀分布的情况，即点源强度相同的情况。从数学计算的角度讲，贡献率为 P 的源区域有无数个，只有那个面积最小的才是唯一的，这个面积最小的源区域 Ω_p 被称为贡献率为 P 的源区域。它被定义为源权重函数等值线 $f(x, y, z_m - z_0) = f_p$ 所围成的区域 Ω_p，并且使得在该区域上的积分值占权重函数总积分值的份额为 P。写成表达式是如下形式：

$$P = \frac{\varphi_P}{\varphi_{tot}} = \iint_{\Omega_p} f(x, y, z_m - z_0)\mathrm{d}x\mathrm{d}y \Big/ \int_{-\infty}^{\infty}\int_0^{\infty} f(x, y, z_m - z_0)\mathrm{d}x\mathrm{d}y \tag{7.104}$$

其中 φ_P 就是源权重函数在区域 Ω_p 上的积分值。源区域及其与源权重函数的关系如图 7.23 所示。源区域的贡献率 P 值就相当于以 f_p 为边界的源权重函数曲面下的那个圆筒的体积。将(7.103)式代入(7.104)式，方程可以写成如下形式：

$$P = \frac{\varphi_{\mathrm{P}}}{\varphi_{\mathrm{tot}}} = \iint_{\Omega_{\mathrm{p}}} \eta(x, y, z_m) \mathrm{d}x\mathrm{d}y \Big/ \int_{-\infty}^{\infty}\int_{0}^{\infty} \eta(x, y, z_m) \mathrm{d}x\mathrm{d}y \tag{7.105}$$

其中 Ω_{p} 是等值线 $\eta(x, y, z_m) = \eta_{\mathrm{P}}$ 围成的区域，并把垂直距离简单记为 z_m。

图 7.24 是椭圆形 Ω_{p} 的示意图。积分的上下限用于计算 φ_{P}，表达式为

$$\varphi_{\mathrm{P}} = \frac{1}{Q_{\eta, u}} \int_{-y_{\mathrm{P_m}}}^{+y_{\mathrm{P_m}}} \int_{x=g_1^{-1}(y)}^{x=g_2^{-1}(y)} \eta(x, y, z_m) \mathrm{d}x\mathrm{d}y \tag{7.106}$$

在这样的表达式之下，源权重函数的定义和源区域的定义都看上去很简单。但是在需要对扩散方程求积分的应用当中，所涉及的模型计算就不那么简单了，通常需要通过数值模拟手段获得相应的参数化方案。对于标量浓度 $C(x, y, z_m)$ 而言，它会与观测高度 z_m 直接相关，并受到近地层参数的影响，这些参数包括奥布霍夫长度 L、地表粗糙度 z_0、摩擦速度 u_*、侧向湍流速度的标准差 σ_v。

一般来讲，基于地面点源的扩散模式就能够得到下游某个位置(x, y)处的标量浓度分布 $C(x, y, z_m)$或者标量通量分布 $F(x, y, z_m)$。运用数值计算手段可以确定贡献率为 P 的源区域参数：上游地表对观测值影响最大(即源权重最大)的点源位置 x_m，上游源区域的最近点 a，上游源区域的最远点 e，上游源区域的半宽度 d，半宽度位置 x_d，源区域的面积 Ar。源区域的相关参数如图 7.25 所示。

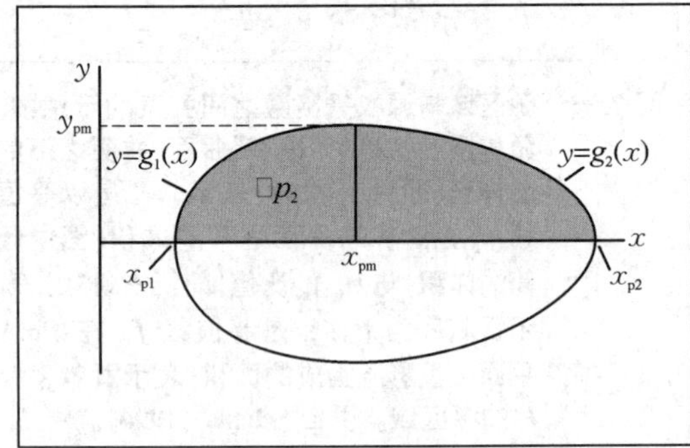

图 7.24　源区域 Ω_{p} 的等值线边界示意图。y 方向的积分区间是 $-y_{\mathrm{P_m}} \leqslant y \leqslant +y_{\mathrm{Pm}}$，其中 y_{Pm} 是椭圆的半宽度；x 方向的积分区间在 $y=g_1(x)$和 $y=g_2(x)$之间，应该写成反函数 $x=g_{1,2}^{-1}(y)$的形式。如果侧向扩散满足高斯分布，则源区域的边界线应该关于 x 轴对称。引自 Schmid (1994)。

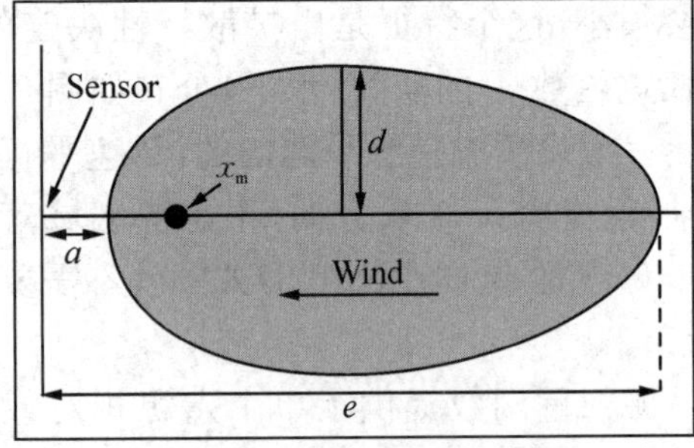

图 7.25　源区域及其特征参数示意图。x_m 是最大权重点源的位置，a 是区域最近点，e 是区域最远点，d 是源区域半宽度，半宽度的位置记为 x_d，源区域面积记为 Ar。引自 Schmid (1994)。

7.4.2　标量和标量通量源区域的参数化模型

基于扩散模型并运用数值计算手段，就可以确定贡献率为 P 的标量和标量通量的源区域，从而确定源区域参数的参数化方案。通常参数化方案中的变量都是无量纲形式，用 z_0 对这些量进行归一化，则待定量是 a/z_0、e/z_0、x_m/z_0、d/z_0、x_d/z_0 和 Ar/z_0^2。影响因子是 z_m/z_0、z_m/L 和σ_v/u_*。于是，参数化方案就是待定量与影响因子之间的关系式。本书在

这里介绍 $P=0.5$(即贡献率为 50%)的源区域参数化方案,由 Schmid (1994)提供。把无量纲待定量记为 D_N,并分别考虑稳定 ($L>0$) 和不稳定 ($L<0$) 情形,其参数化方案采用如下形式:

$$稳定:\quad D_N=\alpha_1(z_m/z_0)^{\alpha 2}\exp[\alpha_3(z_m/L)^{\alpha 4}](\sigma_v/u_*)^{\alpha 5} \tag{7.107a}$$

$$不稳定:\quad D_N=\alpha_1(z_m/z_0)^{\alpha 2}(1-\alpha_3\cdot z_m/L)^{\alpha 4}(\sigma_v/u_*)^{\alpha 5} \tag{7.107b}$$

其中 $\alpha_i(i=1, 2, \cdots, 5)$ 是经验常数。关于这些经验常数在源区域参数方案中的取值,稳定和不稳定条件下的取值不同,针对标量的源区域和标量通量的源区域,经验常数的取值也不相同。不同稳定度条件下标量和标量通量参数化方案中的经验常数列于表 7.2—表 7.5 当中。

表 7.2　稳定条件下贡献率为 50%的标量(下标为 c)源区域的参数化方案中的经验常数

源区域参数	适用方程	α_1	α_2	α_3	α_4	α_5
a_c/z_0	7.107a	0.773	1.24	0.957	1.25	0
e_c/z_0	7.107a	30.4	1.23	2.60	0.452	0
d_c/z_0	7.107a	4.31	1.07	1.69	0.397	1
x_{dc}/z_0	7.107a	15.7	1.25	2.49	0.449	0
x_{mc}/z_0	7.107a	4.30	1.28	1.74	0.688	0
Ar_c/z_0^2	7.107a	203	2.28	4.38	0.408	1

表 7.3　不稳定条件下贡献率为 50%的标量(下标为 c)源区域的参数化方案中的经验常数

源区域参数	适用方程	α_1	α_2	α_3	α_4	α_5
a_c/z_0	7.107a	0.853	1.23	0.441	1	0
e_c/z_0	7.107b	40.4	1.22	15.5	−0.548	0
d_c/z_0	7.107b	5.73	1.05	16.8	−0.458	1
x_{dc}/z_0	7.107b	21.3	1.23	16.9	−0.517	0
x_{mc}/z_0	7.107b	5.37	1.25	5.96	−0.472	0
Ar_c/z_0^2	7.107b	405	2.25	16.0	−1.03	1

表 7.4　稳定条件下贡献率为 50%的标量通量(下标为 f)源区域的参数化方案中的经验常数

源区域参数	适用方程	α_1	α_2	α_3	α_4	α_5
a_f/z_0	7.107a	3.28	1.09	3.53	1.05	0
e_f/z_0	7.107a	10.1	1.08	3.84	1.07	0
d_f/z_0	7.107a	4.07	0.79	2.97	0.977	1
x_{df}/z_0	7.107a	4.84	1.13	3.83	1.10	0
x_{mf}/z_0	7.107a	1.58	1.25	2.91	1.02	0
Ar_f/z_0^2	7.107a	51.3	1.86	7.29	0.405	1

表 7.5　不稳定条件贡献率为 50%的标量通量(下标为 f)源区域的参数化方案中的经验常数

源区域参数	适用方程	α_1	α_2	α_3	α_4	α_5
a_f/z_0	7.107b	2.79	1.11	14.1	−0.399	0
e_f/z_0	7.107b	8.54	1.11	12.8	−0.390	0
d_f/z_0	7.107b	3.25	0.832	28.2	−0.272	1
x_{df}/z_0	7.107b	4.29	1.15	10.3	−0.408	0
x_{mf}/z_0	7.107b	1.17	1.22	8.65	−0.746	0
Ar_f/z_0^2	7.107b	31.4	1.93	17.8	−0.642	1

一般来讲,观测高度增大和稳定度增加会使得源区域沿气流方向伸展,并使得最近点向上游方向的远处移动,而侧向湍流强度的增大会使得源区域的横向范围扩大,这其中观测高度对源区域大小的影响非常明显,与之相比,稳定度和侧向湍流的影响会小一些。

对于通量观测而言,如果观测点周围的下垫面是非均匀的(典型的例子就是城市下垫面)或者是复杂下垫面,通常需要进行源区域分析,至少应该知道上游源区域的大致范围,这对理解观测结果与下垫面状况之间的关系是非常必要的。Kormann and Meixner (2001)建立了关于标量通量源区域的模式(简称 K-M 模式),在分析通量观测的源区域方面得到了广泛应用。需要指出的是,K-M 模式针对的是均匀平坦下垫面源强均匀分布的情形,对于非均匀下垫面而言,这类模式提供的只是粗略的估算结果。我们还应该知道,这类模式针对的是标量,而针对矢量通量(如动量通量)并没有相应的模式,通常把标量通量的源区域看作是矢量通量的源区域。事实上源区域范围与贡献率 P 值的大小有关,理论上讲对应于 100%贡献率的源区域是无限大的,实际应用中一般选择 75%贡献率的源区域。

§7.5　非均匀下垫面的地气交换湍流通量

地气之间的物质和能量交换是地球系统的重要物理过程。地球大气的能量基本上都来自太阳辐射,而大部分太阳辐射首先被地表吸收,再由地表传输给大气;地表通过蒸发作用将水汽输送给大气,水汽在大气中通过凝结过程将能量释放给大气,这个过程为地球大气的运动提供了大约 80%的能量(Stull, 1988)。在数值模式当中,地表通量作为大气模式的边界条件需要通过参数化方式进行描述,能否准确模拟地表通量直接影响到模式的模拟效果。地表通量的观测研究不仅是我们认识不同下垫面地气交换过程的重要途径,也是改进模式地表通量参数化方案的主要依据。本节基于观测结果对非均匀下垫面的地气交换通量观测结果的局地代表性问题做简要讨论。

7.5.1　非均匀下垫面地气交换通量的局地代表性问题

涡动相关方法已成为测量地气交换湍流通量的主要手段,该方法通过测量近地面大气中的湍流速度和温度、湿度及二氧化碳浓度等物理量的扰动量,并计算垂直湍流速度与被输送量的扰动量之间的涡动协方差来获得地气交换通量(Aubinet et al., 2012)。边界层气象学通常关注的湍流通量是动量通量 $\tau=\rho[(-\overline{u'w'})^2+(-\overline{v'w'})^2]^{1/2}$ 、感热通量 $H=\rho c_p Q=$

$\rho c_p \overline{w'T'_v}$、潜热通量 $LE=\lambda E=\rho\lambda\overline{w'q'}$（为简便起见，经常用摩擦速度的平方 $u_*^2=\tau/\rho$ 代表动量通量，用 $Q=\overline{w'T'_v}$ 代表热通量，用水汽通量 $E/\rho=\overline{w'q'}$ 取代潜热通量）。当然，在地球大气中 CO_2 含量不断增加引起气候变化不断加剧的背景之下，全球碳循环也备受关注，所以在湍流通量观测中也包括 CO_2 通量 $F_{CO_2}=\overline{w'\rho'_{CO_2}}$。

目前在观测上都采用一体化的涡动相关系统来获取上述湍流通量。在已建成的全球通量网 FLUXNET 中涡动相关方法是地气交换通量观测的标准方法(Baldocchi et al., 2001)。对于均匀平坦下垫面，湍流通量在近地层中基本不随高度变化(即满足常通量层假设)，因而在近地层中运用涡动相关方法测量到的湍流通量能够很好地代表测量点附近的地气交换通量，而测量高度几乎不会影响到测量结果的代表性。而对于非均匀下垫面而言，通量观测的局地代表性问题就突显出来。

所谓通量观测结果的代表性，指的是通量观测值能够代表观测点附近一定水平范围内某种类型下垫面的地气交换平均通量的真实值，即观测到的湍流通量应该具有局地代表性。然而对于诸如城市地表这样典型的非均匀下垫面(事实上城市地表已经不能被看成平面，它具有三维结构)，作为地表粗糙元的建筑物构成了城市冠层，造成冠层内气流因受建筑的阻挡和扰动变得非常复杂，不仅形成形体阻力，而且生成尾流湍流，冠层的三维结构造成地表热力作用的非均匀，这些作用直接影响到冠层之上气流的流动特性，因此，在冠层之上形成了粗糙子层。在粗糙子层当中，气流在动力学和热力学方面都受到与建筑物尺度相关的过程的影响，因为尾流扩散作用及动量和标量的源/汇交织，导致湍流在水平方向是不均匀的，因此，要获得具有局地代表性的湍流通量，观测高度应该设在粗糙子层之上的惯性子层当中(Roth, 2000; Grimmond, 2006; Aubinet et al., 2012)。粗糙子层的厚度大约是建筑物平均高度的 2～5 倍(Raupach et al., 1991; Roth, 2000)，在建筑物密集的市区架设高塔实施观测会受到诸多条件的限制，所以通量观测很可能会落在粗糙子层当中，这给城市地气交换通量观测带来了不确定性。

对于有地形的复杂下垫面，山地地形对气流的强迫作用与山体的空间尺度有关(Finnigan et al., 2020)。山区里的观测结果表明山地地形的强迫作用使得气流的湍流特性与平坦下垫面相比表现出明显的不同(Martins et al., 2009)。对于山体尺度较小的丘陵地区，以及不同高度的植被相混杂的区域，下垫面的复杂性主要表现为水平不均匀以及存在较大尺度的粗糙元，从局地尺度上讲，这样的下垫面特征会使得近地层气流形成粗糙子层和零平面位移(Toda and Sugita, 2003)。在这样的下垫面环境之下进行通量观测，如果观测高度很靠近地面，则观测结果通常会受到下垫面微尺度特征的影响，然而对这种情况下通量观测代表性问题的研究还很少见。

M-O 相似理论建立起地气交换湍流通量与近地层大气平均量垂直梯度之间的关系，使得我们可以依据近地层大气平均量的垂直分布计算出地气交换湍流通量。数值模式当中的地表通量参数化方案基本上都以 M-O 相似理论为基础，只是细节处理会有不同。然而相似理论是基于均匀平坦下垫面之上的湍流流动特性建立起来的，其相似关系也是基于均匀平坦下垫面之上的观测结果获得的，因此严格来讲 M-O 相似理论只适用于均匀平坦下垫面(Kaimal and Finnigan, 1994)。但实际情况是数值模式当中对非均匀下垫面的地气交换通量仍采用 M-O 相似理论进行计算，这会给数值模拟带来误差。客观描述非均匀下垫面的地气交换过程对于大气边界层理论的发展及其在模式当中的应用都显得尤为重要，这需要获得具有局地代表性的通量观测结果，才有可能把非均匀下垫面特征考虑进来并在现有相似理论框架下进行改进，使其适用于描述非均匀下垫面的地气交换过程。

7.5.2 城市粗糙子层中湍流通量的垂直变化

关于城市近地层湍流的统计特征，在20世纪八九十年代就开展了很多观测研究，Roth (2000)对这些研究的结果进行了综述性总结，但从他的文章里没能看到对比不同观测高度湍流通量的结果。随后的观测研究开始关注到这个问题，在为数不多的相关研究中给出了这方面的观测结果，在法国马赛的观测结果(Grimmond et al., 2004)、瑞士巴塞尔的观测结果(Christen et al., 2009)，以及国内南京市的观测结果(Zou et al., 2017)都表明，在城市近地层的粗糙子层当中动量通量和感热通量随高度增加。这里我们给出南京和苏州两个市区观测点粗糙子层当中两个观测高度上测量到的湍流通量的日变化对比情况，如图7.26所示。图中分别给出了南京市区(观测地点在南京市白下路原南京市委党校，记为DX站)和苏州市区(观测地点为苏州市环境监测站，记为SZ站)的两个观测高度上感热通量、潜热通量和动量通量的平均日变化情况。观测数据显示出湍流通量的典型日变化特征，但上一层的感热通量和潜热通量在白天都明显大于下一层，其差值不为零的显著性在白天的大部分时段通过了信度检验，也就是说，上下两层感热通量和潜热通量的观测值在白天存在显著的

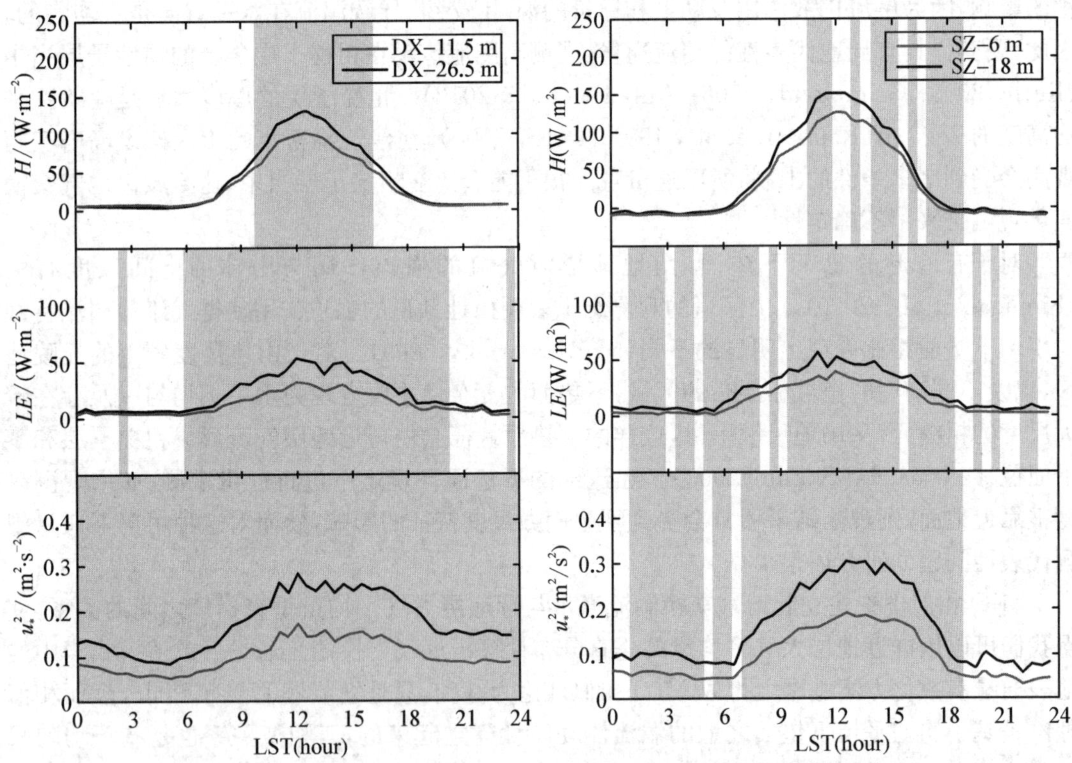

图7.26 DX站(左)和SZ站(右)两个观测高度上感热通量、潜热通量和动量通量的平均日变化。图中标注高度为距离观测塔所在建筑物楼顶的高度；阴影区表示两个观测高度上的湍流通量平均值差值的显著性通过了95%置信水平的信度检验。引自沙杰 等(2021)。彩图可见文后插页。

差异。而动量通量的观测结果更是如此，上一层的观测值明显大于下一层，DX 站两层的差值全天都通过了信度检验，SZ 站两层的差值在全天大部分时段通过了信度检验。在白天时段(08:00—17:00)，DX 站感热通量、潜热通量和动量通量比值中位数的平均值分别为 1.24、1.56 和 1.68；SZ 站感热通量、潜热通量和动量通量比值中位数的平均值分别是 1.29、1.42 和 1.56。由此可见，在城市近地层的粗糙子层当中动量通量、感热通量和潜热通量都随高度增加。

动量通量在城市粗糙子层中随高度增加的现象较早被观测到(Rotach, 1993)，后来研究表明这个现象与湍流行为特征(包括湍流的切变生成和热力生成、建筑物引起的尾流湍流对湍流有序度和垂直交换效率的影响)随高度的变化有关(Castro et al., 2006; Christen et al. 2007, 2009; Böhm et al., 2013; Zou et al., 2017)。关于感热通量和潜热通量等标量通量在城市粗糙子层当中随高度增加的现象，Zou et al. (2017)提出建筑物对标量扩散过程的“阻挡效应”(城市近地层的湍流扩散过程与平坦下垫面不同，建筑物阻挡并改变来自冠层内部的标量成分的扩散路径，使得标量成分向粗糙子层的上部汇聚，这种阻挡效应在冠层顶附近最强，并在粗糙子层中随高度增加而减弱，从而造成标量通量在粗糙子层中随高度增加)是形成这一现象的原因。也就是说，湍流通量在城市粗糙子层中随高度增加是观测事实。两个观测高度都在粗糙子层当中(Zou et al., 2015)，上层湍流通量的大小与下层相比平均变化幅度都超过了 20%，由此可见，粗糙子层顶所在高度的湍流通量与冠层顶所在高度的湍流通量相比变化幅度会更大，而粗糙子层顶处的湍流通量才是具有局地代表性的地气交换通量，这种情况表明，在城市进行通量观测的时候如果观测高度距离冠层顶(建筑物的平均高度)较近，则观测到的湍流通量相较于地气交换通量的真值而言会出现明显的偏低估计。

7.5.3　城市粗糙子层观测高度对地表能量平衡关系的影响

上节的分析表明，白天城市粗糙子层当中测量到的湍流通量随高度增加，这便引出了另一个问题，即城市地表能量平衡关系中各项的收支关系在城市粗糙子层当中随高度也是变化的。城市地表能量平衡关系如下：

$$Rn = H + LE + Qs \tag{7.108}$$

其中 Rn 是净辐射通量，H 是感热通量，LE 是潜热通量，Qs 的城市地表储热。从观测的角度讲，城市地表储热无法直接观测，通常按照(7.108)式进行估算，即 $Qs = Rn - H - LE$，这算是间接测量结果。当然，在城市当中因人类活动还会释放人为热，但因为人为热也无法从观测当中获得，一般在分析城市地表能量平和关系的时候不予考虑。事实上，人为热可以作为强迫项加在(7.108)式的左边，然而到目前为止我们并不知道它如何分配给(7.108)式右边的各项，这里没有考虑人为热。这会使得分析结果带有一定的不确定性，但不影响结论。

依据 DX 站的观测结果，把塔上不同高度观测到的 Rn、H 和 LE 及按照(7.108)式估算的 Qs 的平均日变化情况画在图 7.27 当中进行对比。塔上上层观测到的净辐射通量 Rn 在白天小于下层的观测值，这意味着在粗糙子层的较低高度上白天观测到的城市地表接收的净辐射 Rn 会出现偏高估计。造成这种差异的原因是这两个高度上观测到的城市地表反照率不同，正午前后(10:00—14:00)塔上上层和下层观测到的反照率观测值分别是 0.11 和 0.09(图略)。观测表明向下短波辐射在两个高度相同，但地表反射的向上短波辐射在上层的观测值要大于下层的观测值,这是因为城市地表的三维结构形成了遮挡效应,探头只能感受到它能“看”到的面上反射过来的短波辐射,较高的观测高度上探头能“看”到的面积更大一些,所以测量到的短波反射辐射与较低的观测高度相比就更大一些,这使得较高的高度上会观测到更大一些的反照率。观测结果显示白天的长波净辐射在这两个高度上基本相同(从图 7.27 中的夜间结果也能看到这种情况,夜间只有长波辐射,两个观测高度上的净辐射曲线几乎完全重合)。如图 7.27 所示,塔上上层观测到的感热通量和潜热通量大于下层的观测值,这与上节中的结果一致。城市地表储热 Qs 则是白天上层的观测值明显小于下层的观测值,原因就在于这两个高度上的 Rn、H 和 LE 都不相同。也就是说,在粗糙子层的较低高度上白天观测到的城市地表储热 Qs 会出现偏高估计。

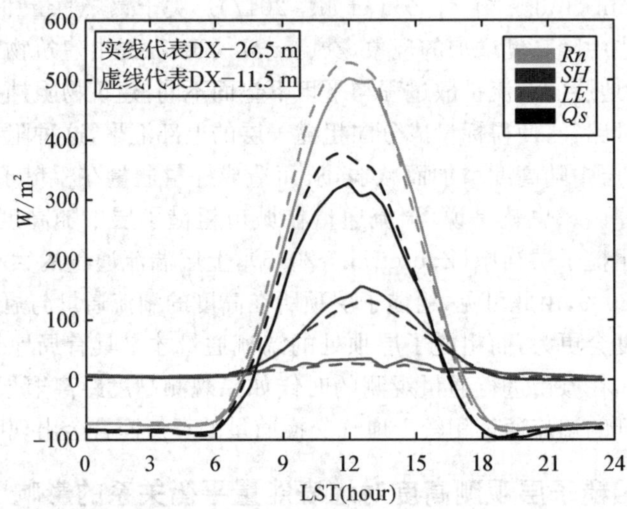

图 7.27　DX 站塔上不同高度观测到的 Rn、H 和 LE 及按(7.108)式计算出的 Qs 的平均日变化。引自沙杰 等(2021)。彩图可见文后插页。

7.5.4　复杂下垫面之上不同高度的湍流通量

关于复杂下垫面上的通量观测,我们在这里展示南京大学仙林校区 SORPES(Station for Observing Regional Processes of the Earth System)观测站的观测结果。SORPES 观测站位于南京市东北郊南京大学仙林校区内(32°07′ N, 118°57′ E,记为 XL 站),2011 年底建成并开始进行观测。XL 站周边环境是有植被和小地形的丘陵地块以及具有城市特征的建筑区块相交织的复杂下垫面。观测站建在小山包顶的平地上,平地主体部分建有 30 m×40 m观测场,观测场的下垫面为矮草地,内有一套涡动相关系统,观测高度为 2.6 m;观测场边建有 75 m 三角形观测塔,塔上 25 m 和 50 m 高度处各架设一套涡动相关系统。

图 7.28 中分别给出了 XL 站的三个观测高度上感热通量、潜热通量和动量通量的平均日变化情况。三个高度的湍流通量都呈现典型的日变化特征,感热通量和潜热通量在观测场内的地面观测值在白天与观测塔上两层的观测值相比存在明显的量值差别,并且是地面观测值大于塔上两层的观测值(感热通量尤为明显),而塔上两层的观测值非常接近;动量通量在白天则是随高度增加,但塔上两层观测值的量值差别相对较小,而地面观测值则明显小于塔上两层观测值。对地面观测值与塔上 25 m 高度处的观测值之间的差值进行了显著性

检验，结果表明，感热通量和动量通量几乎在全天通过了显著性检验，而潜热通量在白天的大部分时段通过了显著性检验，这表明湍流通量的地面观测值与塔上的观测值之间存在明显的量值差异。

如7.4节中所介绍的那样，不同高度的标量通量观测对应于不同的下垫面源区域范围。观测场中很低的观测高度主要对应于观测场内平坦均匀的矮草地下垫面，塔上观测则因高度较高而对应于上游很大的下垫面源区域范围。XL站周边环境复杂，塔上观测结果对应的是其源区域范围内复杂下垫面地气交换。因此，从局地尺度上讲，XL站观测场内离地面只有2—3 m的通量观测结果并不能代表站点所处区域复杂下垫面的地气交换情况。

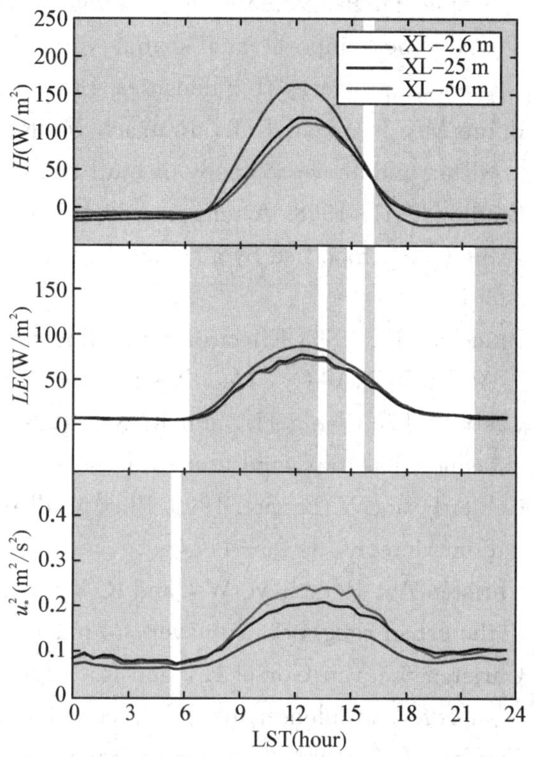

图7.28　XL站三个观测高度上感热通量、潜热通量和动量通量的平均日变化。阴影区表示25 m和2.6 m这两个高度上的湍流通量平均值差值的显著性通过了95%置信水平的信度检验。引自沙杰等(2021)。彩图可见文后插页。

上述观测结果提示我们，对于复杂下垫面的近地层湍流通量观测，获得具有局地代表性的地气交换通量应该是观测的重要目标。就观测方法而言，气象塔观测仍然是行之有效的手段。但传统的气象塔观测通常设置多层平均量观测和一层湍流通量，本节所介绍的研究表明这样的设置难以确定其在复杂下垫面之上的通量观测结果是否具有局地代表性。因此，在塔上设置多层通量观测显得尤为必要。对于城市中的观测，即使观测高度不能达到惯性子层的高度，粗糙子层当中的多层通量观测也能揭示通量随高度的变化情况，这会为合理地推算出具有局地代表性的地气交换通量提供依据。对于郊区乃至自然的复杂下垫面，架设高塔相对容易实现，上述研究结果表明，塔上多层通量观测有助于识别惯性子层(即常通量层)的高度，并获得具有局地代表性的地气交换通量观测结果。

参考文献

沙杰，邹钧，孙鉴泞.2021.城市和郊区复杂下垫面地气交换湍流通量的观测研究.中国科学：地球科学，51(11)：1964－1977.

Aubinet M.，Vesala T. and D. Papale. 2012. *Eddy Covariance：A Practical Guide to Measurement and Data Analysis*. Springer：438pp.

Baldocchi D.，Falge E.，Gu L.，Olson R.，Hollinger D.，Running S.，Anthoni P.，Bernhofer C.，Davis K.，Evans R.，Fuentes J.，Goldstein A.，Katul G.，Law B.，Lee X.，Malhi Y.，Meyers T.，Munger W.，Oechel W.，Paw U. K. T.，Pilegaard K.，

Schmid H. P., Valentini R., Verma S., and Vesala T.. 2001. FLUXNET: a new tool to study the temporal and spatial variability of ecosystem-scale carbon dioxide, water vapor, and energy flux densities. Bull. Am. Meteor. Soc., 82: 2415 - 2434.

Böhm M., Finnigan J. J., Raupach M. R., and D. Hughes. 2013. Turbulence structure within and above a canopy of bluff elements. Boundary-Layer Meteor., 146: 393 - 419.

Bradley E. F.. 1968. A micrometeorological study of velocity profiles and surface drag in the region modified by a change in surface roughness. Quart. J. Roy. Meteor. Soc., 94: 361 - 379.

Bradshaw P.. 1973. Effect of streamline curvature on turbulent flow. AGARDograph 169, AGARD (NATO), Neuilly-sur-Seine, France: 80pp.

Castro I. P., Cheng H., and R. Reynolds. 2006. Turbulence over urban-type roughness: deductions from wind-tunnel measurements. Boundary-Layer Meteor., 118: 109 - 131.

Cellier P. and Y. Brunet. 1992. Flux-gradient relationships above tall plant canopies. Agric. For. Meteor., 8: 93 - 117.

Christen A., Rotach M. W., and R. Vogt. 2009. The budget of turbulent kinetic energy in the urban roughness sublayer. Boundary-Layer Meteor., 131: 193 - 222.

Christen A., van Gorsel E., and R. Vogt. 2007. Coherent structures in urban roughness sublayer turbulence. Int. J. Climatol., 27: 1955 - 1968.

Finnigan J. J.. 1983. A streamline coordinate system for distorted turbulent shear flows. J. Fluid Mech., 130: 241 - 258.

Finnigan J. J.. 1990. Streamline coordinates, moving frames, chaos and integrability in fluid flow. In *Topologicul Fluid Mechunics* (Moffatt H. K. and A. Tsinober, Eds.), *Proc., IUTAM Symposium*, 13 - 18 August 1989, Cambridge, U.K.: 64 - 74.

Finnigan J. J. and S. E. Belcher. 2004. Flow over a hill covered with a plant canopy. Quart. J. Roy. Meteor. Soc., 130: 1 - 29.

Finnigan J., Ayotte K., Harman I., Katul G., Oldroyd H., Patton E., Poggi D., Ross A., and P. Taylor. 2020. Boundary-layer flow over complex topography, Boundary-Layer Meteor., 177: 247 - 313.

Garratt J. R.. 1980. Surface influence on vertical profiles in the atmospheric near-surface layer. Quart. J. Roy. Meteor. Soc., 106: 803 - 819.

Garratt J, R.. 1992. *The Atmospheric Boundary Layer*. Cambridge University Press, Cambridge: 316pp.

Grimmond C. S. B.. 2006. Progress in measuring and observing the urban atmosphere. Theor. Appl. Climatol., 84: 3 - 22.

Grimmond C. S. B., Salmond J. A., Oke T. R., Offerle B., and A. Lemonsu. 2004. Flux and turbulence measurements at a densely built-up site in Marseille: Heat, mass (water and carbon dioxide), and momentum. J. Geophys. Res. Atmos., 109(D24): 2561 - 2580.

Harman I. N. and J. J. Finnigan. 2007. A simple unified theory for flow in the canopy and roughness sublayer. Boundary-Layer Meteor., 123: 339 - 363.

Harman I. N. and J. J. Finnigan. 2008. Scalar concentration profiles in the canopy and Roughness Sublayer. Boundary-Layer Meteor., 129: 323 - 351.

Harman I. N.. 2012. The role of roughness sublayer dynamics within surface exchange schemes. Boundary-Layer Meteor., 141: 1 - 20.

Hunt J. C. R., Leibovich S. and K. J. Richards. 1988. Turbulent shear flow over low hills. Quart. J. Roy. Meteor. Soc., 114: 1435 - 1470.

Jackson N. A.. 1976. The propagation of modified flow downstream of a change in roughness. Quart. J. Roy. Meteor. Soc., 102: 924 - 933.

Jackson P. S.. 1981. On the displacement height in the logarithmic velocity profile. J. Fluid Mech., 111:15 - 25.

Kaimal J. C. and J. J. Finnigan. 1994. *Atmospheric Boundary Layer Flows: Their Structure and Measurement*. Oxford University Press, Oxford: 289 pp.

Kormann R. and F. X. Meixner. 2001. An analytical footprint model for non-neutral stratification. Boundary-Layer Meteor., 99(2): 207 - 224.

Martins C. A., Moraes O. L. L., Acevedo O. C., and G. A. Degrazia. 2009. Turbulence intensity parameters over a very complex terrain. Boundary-Layer Meteor., 133: 35 - 45.

Mölder M., Grelle A., Lindroth A. and S. Halldin. 1999. Flux-profile relationships over a boreal forest—roughness sublayer corrections. Agric. For. Meteor., 98 - 99: 645 - 658.

Panofsky H. A. and A. A Townsend. 1964. Change of terrain roughness and the wind profile. Quart. J. Roy. Meteor. Soc., 90: 147 - 155.

Panofsky H. A.. 1973. Tower Micrometeorology, Chapter 4 in Workshop on Micrometeorology, ed. D. A. Haugen, Am. Meteor. Soc., Boston, MA: 151 - 176.

Physick W. L. and J. R. Garratt. 1995. Incorporation of a high-roughness lower boundary into a mesoscale model for studies of dry deposition over complex terrain. Boundary-Layer Meteor. 74: 55 - 71.

Rao K. S., Wyngaard J. C. and O. R. Coté. 1974. The structure of the two-dimensional internal boundary layer over a sudden change of surface roughness. J. Atmos. Sci., 31: 738 - 746.

Raupach M. R.. 1989. A practical Lagrangian method for relating scalar concentrations to source distributions in vegetation canopies. Quart. J. Roy. Meteor. Soc., 115: 609 - 632.

Raupach M. R.. 1992. Drag and drag partition on rough surfaces. Boundary-Layer Meteor., 60: 375 - 395.

Raupach M. R., Antonia R. A., and S. Rajagopalan. 1991. Rough-wall turbulent boundary layers. Appl. Mech. Rev, 44: 1 - 25.

Raupach M. R., Finnigan J. J and Y. Brunet. 1996. Coherent eddies and turbulence in vegetation canopies: The mixing layer analogy. Boundary-Layer Meteor., 78: 351 - 382.

Rotach M. W.. 1993. Turbulence close to a rough urban surface part I: Reynolds stress. Boundary-Layer Meteor., 65: 1 - 28.

Roth M.. 2000. Review of atmospheric turbulence over cities. Quart. J. R. Meteor. Soc.,

126: 941 - 990.

Schlichting H.. 1979. *Boundary-Layer Theory* (translated by J. Kestin), 7th edition. McGraw-Hill, Hamburg: 817 pp.

Schmid H. P.. 1994. Source areas for scalars and scalar fluxes. Boundary-Layer Meteor., 67: 293 - 318.

Stull R. B.. 1988. *An Introduction to Boundary Layer Meteorology*. Kluwer, Dordrecht: 666 pp.

Toda M. and M. Sugita. 2003. Single level turbulence measurements to determine roughness parameters of complex terrain. J. Geophys. Res. Atmos., 108(D12): 4363 - 4371.

Zou J, Liu G, Sun J, Zhang H, and R. Yuan. 2015. The momentum flux-gradient relations derived from field measurements in the urban roughness sublayer in three cities in China. J. Geophys. Res. Atmos., 120: 10797 - 10809.

Zou J., Zhou B., and J. Sun. 2017. Impact of eddy characteristics on turbulent heat and momentum fluxes in the urban roughness sublayer. Boundary-Layer Meteor., 164: 39 - 62.

第八章
云覆盖的边界层[①]

到目前为止,我们在讨论很多问题时都忽略了云的存在,原因在于这些问题没有直接涉及云(例如,平均方程和湍流方程、地表能量平衡关系以及地表蒸发方程),或者不言而喻地假设为晴天条件。事实上,云的存在会对边界层结构和地面天气状况产生很大影响。那些垂直范围受到覆盖逆温层或者下沉逆温限制的云是有云覆盖的边界层的固有景象,这样的云通常分为三类:(1) 浅积云 Cu,指的是晴天积云,以随机散布的云团或云街的形式出现;(2) 层积云 Sc;(3) 层云 St。此外,还有在大气边界层低层出现的雾,包括辐射雾、锋面雾、平流雾以及冰雪雾。

与干燥的大气边界层相比,云的出现使得问题变得非常复杂,因为在其中辐射通量和相变过程起到了很重要的作用。在干燥的大气边界层当中,湍流结构和平均量及其随时间演变受到大尺度背景条件和地表通量的控制。而在有云的大气边界层当中,地表通量可能很重要,但辐射通量引起的大气边界层内部局地的加热或冷却作用会对湍流结构和动力学过程产生很大影响。有云覆盖的边界层的准平稳状态取决于辐射冷却、云上干空气的卷入、大尺度辐合/辐散,以及湍流浮力通量等诸多因子之间的竞争关系。本章主要介绍有云覆盖的边界层结构(包括观测结果和数值模拟结果),在云夹卷过程中辐射通量的作用,以及云顶夹卷不稳定所引起的云消散过程。

§8.1 云覆盖边界层的基本特征

8.1.1 引言

云覆盖的边界层广泛存在于有湍流的低层大气,在其中不同类型和不同组合方式的积云、层积云和层云出现在覆盖逆温层的下方。它是低层大气天气状况的常见景象,也是地球上很多区域(特别是海洋上)气候条件的构成要件。现在人们已经充分认识到它是地球气候系统的重要分量。

云是自然界的一大景观,姿态万千,变化无穷。但对于研究云的人来讲,我们需要从科学的视角来看待云。当你想要从云层中区分出层云和层积云时,你需要分辨它们的外观差异,以及云层和云下层的动力学属性。一般来讲,与层积云相比,层云会形成于更靠近地面的高度上(也就是说,层云出现的高度会明显低于层积云)。实际上,层云经常肇始于靠近地面的雾,然后发展为离地几十米到几百米的悬空云层。与之相反,层积云会出现在更高的高

---

① 本章内容来自 Garratt 编著的教材 *The Atmospheric Boundary Layer*。

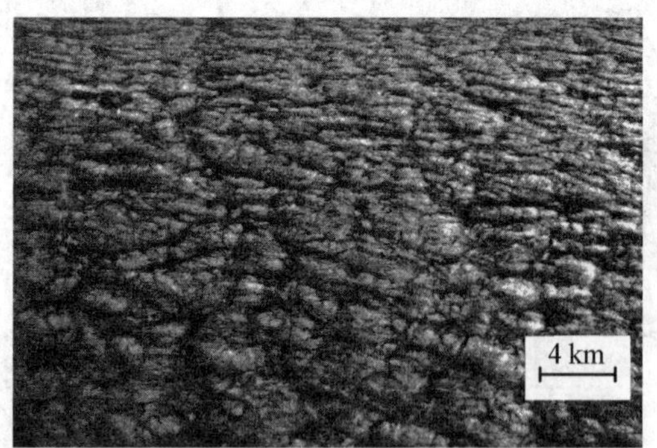

图 8.1　从云上拍摄的层积云照片(云顶高度大约为 1 500 m)。照片来源于 Nicholls and Leighton (1986)。引自 Garratt (1992)。

度上,通常是在下沉逆温层中边界层顶的下方,其厚度从百米到几百米不等。从云层之上往下看,虽然层积云看上去是连片的,但同时也呈现出很明显的蜂窝状结构,这样的结构由云中的对流运动所致。那些凸起状的云泡对应于上升运动,如图 8.1 所示。然而层云通常是水平分布比较均匀的,云顶没有明显的起伏。从动力学上讲,层积云受对流运动驱动,特别是在云顶附近因强烈的辐射冷却作用引起的浮力生成。而层云只是部分地受到云顶辐射冷却作用驱动,它还与大风和强切变有关。

大气边界层中同时存在水汽和液态水的情况增加了分析边界层过程的复杂性。在有云边界层中,水的相变过程使得除变量 θ 和 q 之外还需要增加一个液态水含量 q_l,使得在虚位温方程中必须考虑液态水质量对空气密度的影响,即

$$\theta_v \approx \theta(1+0.61q-q_l) \approx \theta+\bar{\theta}(0.61q-q_l) \tag{8.1a}$$

而扰动量的方程为

$$\theta'_v \approx \theta'+\bar{\theta}(0.61q'-q'_l) \tag{8.1b}$$

在无云情况下 ($q_l=0$),方程(8.1a)和(8.1b)就蜕变成 $\theta_v \approx \theta+0.61\bar{\theta}q$ 和 $\theta'_v \approx \theta'+0.61\bar{\theta}q'$ (之所以采用“≈”是因为对方程进行了线性化处理,我们可以把平均温度 $\bar{\theta}$ 理解为在这个线性关系中它扮演的角色是参考温度)。

在发生相变的情况下,一个很重要的热力学变量就是相当位温 θ_e,它被定义为湿气块经过可逆的绝热上升过程将所有的水汽都凝结出来之后干绝热下降至 1 000 hPa 时所具有的温度(见第三章)。对于边界层过程而言,如下关系具有很高的精度(Lilly, 1968; Betts, 1973):

$$\theta_e \approx \theta+(\lambda/c_p)q \tag{8.2a}$$

于是扰动量的关系如下:

$$\theta'_e \approx \theta'+(\lambda/c_p)q' \tag{8.2b}$$

其中 λ 是凝结/蒸发潜热,c_p 是定压比热 (λ/c_p 为干湿表常数)。

云底高度近似为湿气块上升达到饱和状态时所处的高度,即局地凝结高度。如果局地凝结高度处于覆盖逆温层的下方,则认为存在云覆盖边界层,其顶部与逆温层相一致或者更低一些。在略显不稳定的层结条件下,云覆盖边界层中 θ_e 及总水比湿 q_t 或总水混合比 r_t 经常会呈现出充分混合的特征。体现在 θ 或 θ_v 廓线上充分混合的形状会出现在云底之下的混合层中,因为这两个温度在云中都不是保守量。而在云层当中,θ_v 廓线遵循湿绝热线。

图 8.2 给出了三种类型的云覆盖边界层示意图。在覆盖逆温层或下沉逆温层之下存在一个或者不止一个云层。类型(a)是经典的云覆盖边界层,在其中云层与云下层因湍流混合

作用完全耦合在一起(我们在本章中将主要讨论这种类型的情况),它的边界层厚度 h 从地面到云顶(云顶位于覆盖逆温层)。在类型(b)中,两个或两个以上的云层存在于逆温层的下方,而边界层只包含了最下面的云层,也就是说,边界层顶位于最下面云层的云顶处。在类型(c)中,云层处于由辐射驱动的悬空混合层(厚度为 h_c)当中,但是与地表之间已经失去耦合作用(与地表的驱动作用无关)。严格来讲,类型(c)已经不属于云覆盖边界层,尽管它与类型(a)有关联,因为它们之间可以从一种类型演变成另一种类型。

当大气边界层中出现了含有液态水的云时,温度和水变量的平均方程中必须考虑可能发生的相变过程,因此,必须包含一个液态水含量(比湿或者混合比)的守恒方程。平均比湿 $\bar{q}$ 的方程可以写成如下形式:

$$\frac{\partial \bar{q}}{\partial t}+\bar{u}_j\frac{\partial \bar{q}}{\partial x_j}=-\frac{\partial \overline{u_j q}}{\partial x_j}+\frac{\bar{M}}{\rho} \tag{8.3}$$

其中 $\bar{M}$ 是单位时间单位体积从液相或固相转变而来的水汽的质量(方程中的分子扩散项已经被忽略掉)。类似地,液态水 $\bar{q}_l$ 的方程可以写成如下形式:

$$\frac{\partial \bar{q}_l}{\partial t}+\bar{u}_j\frac{\partial \bar{q}_l}{\partial x_j}=-\frac{\partial \overline{u_j q_l}}{\partial x_j}+\frac{W_q}{\rho}-\frac{\bar{M}}{\rho} \tag{8.4}$$

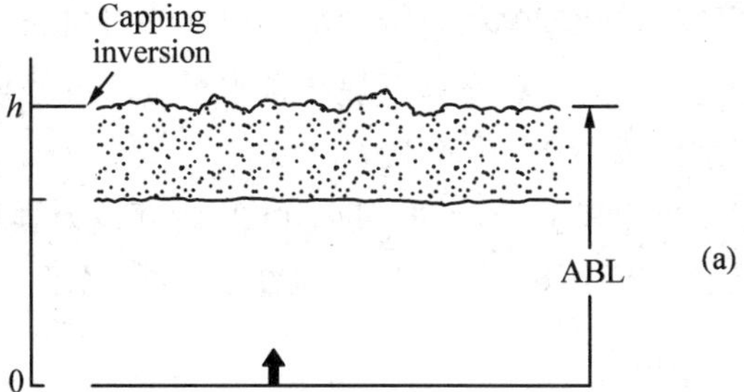

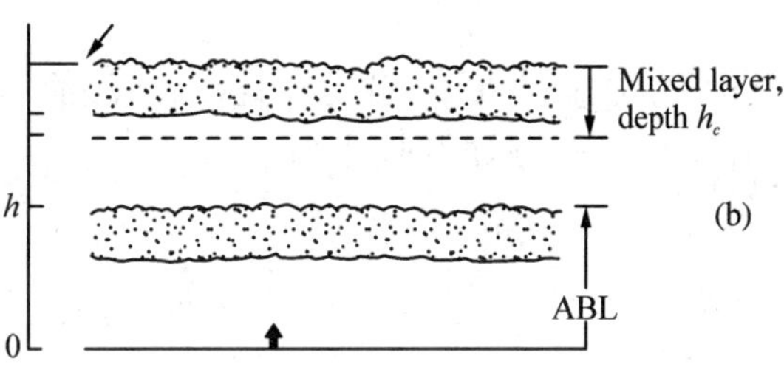

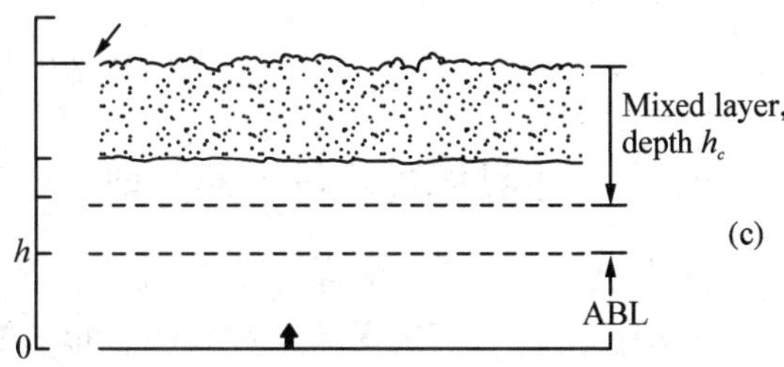

图 8.2　三种类型的云覆盖边界层示意图:(a) 完全耦合的系统,混合层从地面到云顶,向上的箭头表示地表通量的量值较大;(b) 逆温层之下的双云层系统,逆温层位置用斜箭头标出,充分混合的边界层厚度为 h,悬空混合层的厚度为 h_c;(c) 只有一个云层的失耦系统,地表通量的量值很小,悬空混合层的厚度为 h_c。引自 Garratt (1992)。

其中 W_q 是液态水的源/汇项(对降水而言,此项为负值)。总水比湿定义为:

$$\bar{q}_t=\bar{q}+\bar{q}_l \tag{8.5}$$

把方程(8.3)和(8.4)相加就可以得到 $\bar{q}_t$ 的方程:

$$\frac{\partial \bar{q}_t}{\partial t}+\bar{u}_j\frac{\partial \bar{q}_t}{\partial x_j}=-\frac{\partial \overline{u_j q_t}}{\partial x_j}+\frac{W_q}{\rho} \tag{8.6}$$

如果需要总水混合比 $\bar{r}_t$ 的守恒方程,则可以在方程(8.6)中把 $\bar{q}_t$ 替换成 $\bar{r}_t$ 即可。

在无云情况下,干绝热过程当中 θ_v 是保守变量。在有液态水的云中,情况有所不同。当气块上升穿过云层时,$\bar{\theta}_v$ 通常遵循湿绝热线。然而在不产生降水的情况下变量 θ_e 和 q_t 在干绝热过程和湿绝热过程中都是保守变量(Betts, 1973)。变量 θ_e 和 q_t 以及气压等可以被用来定义热力学状态和气块的含水量。需要注意的是，辐射冷却会改变 θ_e，但不会影响 q_t；而降水会减小 q_t，并改变 θ_e。

严格来讲，关于平均 θ_v 和 θ_e 的守恒方程并不是必需的，因为知道了 $\bar{q}$、$\bar{q}_l$ 和 $\bar{\theta}$ 之后就可以通过方程(8.1a)和(8.2a)把它们计算出来。考虑了相变过程之后，$\bar{\theta}$ 方程变成如下形式：

$$\frac{\partial \bar{\theta}}{\partial t}+\bar{u}_j \frac{\partial \bar{\theta}}{\partial x_j}=-\frac{\partial \overline{u_j\theta}}{\partial x_j}+\frac{1}{\rho c_p}\frac{\partial \bar{R}_j}{\partial x_j}-\frac{\lambda \bar{M}}{\rho c_p} \tag{8.7}$$

其中 $\bar{R}_j$ 是辐射通量。因为方程(8.2a)是简单的线性关系，依据方程(8.3)和(8.7)可以把 θ_e 的平均方程写成如下形式：

$$\frac{\partial \bar{\theta}_e}{\partial t}+\bar{u}_j \frac{\partial \bar{\theta}_e}{\partial x_j}=-\frac{\partial \overline{u_j\theta_e}}{\partial x_j}+\frac{1}{\rho c_p}\frac{\partial \bar{R}_j}{\partial x_j} \tag{8.8}$$

基于方程(8.2b)，可以得到如下关系：

$$\overline{u_i\theta_e}=\overline{u_i\theta}+(\lambda/c_p)\overline{u_iq} \tag{8.9}$$

8.1.2 边界层过程与云的类型

边界层云更容易在海洋上发生，主要是因为云非常依赖于低层的水汽源，而海洋表面的蒸发过程恰恰提供了这样的水汽来源。很多观测研究关注于海上云覆盖边界层，特别是热带和亚热带地区的积云，以及亚热带和中纬度地区的层积云。理论研究和数值模拟研究更多地集中在层积云覆盖的边界层。

有云边界层会出现在符合下列条件的广大区域：

(1) 在大陆以东的海面上爆发冷空气期间，随着离海岸线距离的增加，云会逐渐发展起来，起初是积云状的，然后在逆温层的下方在水平方向延展开来，发展成层积云。这种云覆盖边界层能够存在几天的时间，并且经常与中尺度蜂窝状对流运动相关，地表热通量通常比较大，可达到 200—300 W · m^{-2}。

(2) 在温带低纬地区(特别是在大陆以西)海洋上的反气旋区域，这种边界层云主要是层积云，云覆盖率从部分覆盖到完全覆盖，通常可以在任何一个区域维持数周时间，地表热通量会很小。

(3) 在中纬度陆地上，当沿海地区吹海风的时候容易形成层积云；或者是因为白天地表加热作用产生晴天浅积云，然后在水平方向上扩展开来，形成层积云。在反气旋天气条件下，尤其是在冬半年，层云可以维持数天的时间。

(4) 在极地地区，特别是在夏季，经常出现层云，并且可以存在多个云层，其中有些云层与地表之间没有耦合关系。北极海域上空持续存在的层云是地球系统辐射收支的重要调节器，并且对极区浮冰的融化速度产生重要影响。

(5) 在信风区，通常是在海洋的西部海域，产生的云以晴天积云和层积云为主，观测发现这类云一般出现在热带辐合带扰动区域之外的地方。

8.1.3 对物理过程的已有认识

关于边界层云的生成、维持和消散，观测研究和数值模拟研究让我们认识到有些过程在其中发挥了重要的作用。一般来讲，云覆盖边界层的内部结构取决于湍流运动、夹卷过程、辐射传输以及云微物理结构等因素。生成湍流的主导机制对云覆盖边界层的结构起到了决定性作用，它可以是地表加热或者是云顶辐射冷却驱动的对流，也可以是地表应力或者云顶切变引起的机械强迫，此外，云对辐射通量的影响会产生局地加热或冷却作用，从而影响湍流结构。通常认为辐射冷却在层积云云顶之下 50 m 厚度范围内非常重要，辐射冷却的重要作用是在边界层中产生向上的浮力通量，这会驱动云顶夹卷过程。夹卷过程把云上温暖干燥的空气卷入到边界层中(当然也卷入到云中)，这会引起云滴的蒸发而形成冷却效应。在有些条件下，蒸发冷却作用会引发不稳定过程，在这个过程中气块进一步冷却，从而形成负的浮力，使得气块下沉穿过整个云层，这会产生更大的夹卷速率，触发云层的消散过程。还有一些与云覆盖边界层相关的其他因子，诸如，毛毛雨的产生，发生在云下层的水滴蒸发，其所形成的冷却作用会影响大气边界层的垂直热力稳定度。

对于天气和气候而言，那些分布广泛且能够长时间维持的层积云，其重要性主要体现为影响地球系统的辐射收支。这涉及地球大气的加热和冷却两方面作用，对大气边界层热通量和水汽通量的影响，以及地表辐射收支。这些分布广泛的云层的形成和维持与地球大气系统某些特征直接相关，诸如下述情况(Driedonks and Duynkerke，1989)：

(1) 对流层中层大气的无条件稳定层结，这限制了来自地表的对流，把云的形成限制在强逆温层之下相对浅的大气边界层中，并抑制了深度湿对流。

(2) 把来自地表的水汽通过垂直混合使其分布在整个边界层当中，这对云层的形成和维持是至关重要的条件。它抵消了那些促使边界层变干的因子，这些因子包括云顶夹卷、大尺度下沉运动、地表热通量或者短波吸收对大气边界层的加热作用。来自地表蒸发所提供的充足水汽补偿了这些稀释水汽的过程，从而使得层积云得以维持。因此，层积云会更多地出现在海上。

8.1.4 数值模拟

相较于晴天大气边界层，针对云覆盖边界层的数值模拟研究比较少。就数值模拟而言，一个重要的任务就是为气候模式提供关于云覆盖边界层的参数化方案。任何适用的气候模式都必须模拟出海洋上分布广泛的层积云和夏季极地区域的层云，以客观反映它们对辐射收支的影响及其气候效应。这样的模式也是研究和评估全球气候变暖背景下复杂的云-辐射相互作用及其对气候变化影响的重要工具。

精细的云覆盖边界层模式应该能够反映大气边界层对外强迫的响应，模拟出接近真实的云覆盖边界层的湍流结构和云分布状况，并能预报相关物理量的时间演变。这需要把影响云层形成、维持和消散的相关过程考虑进来并加以恰当描述，不同复杂程度的模式已经用于研究云覆盖边界层，这些模式包括大涡模式、显式表征湍流闭合方案(高阶闭合或者 K 闭合)的模式，以及整体方案模式。只有前两种模式能够分辨云下层的结构，以及云的多层结构。实际上，所有模式都要能够处理相关问题，包括能够恰当描述云顶夹卷和辐射冷却，充分细致的云微物理过程，以及特别重要的云-辐射相互作用。

§8.2 观测研究

8.2.1 层积云

大部分层积云观测都是在海洋上进行的，观测到的云，有些很薄，厚度只有大约 100 m；有些厚一些，云层可能是完整的，也可能是破碎的，厚度也只有数百米。观测结果揭示出层积云覆盖的边界层具有如下一些特征：

(1) 完全混合的大气边界层，其悬空的单个云层与云下层(云层之下的那一层)之间处于充分耦合的状态。这种类型的云覆盖边界层通常伴随明显的地表加热和很强的云顶辐射冷却。

(2) 与地表之间没有耦合作用的单个云层，云层中的垂直混合受到云顶辐射冷却作用驱使，产生了分离出来的湍流层，它与实际的大气边界层(触地的混合层)分离开来，通常地表通量都很小。

(3) 整体上是充分混合的单层，或者是整层当中存在两层以上相互分离的湍流层，会出现多层云结构(这些云层并不都是层积云)，如果存在不止一个云层，无云的逆温层会成为垂直混合的屏障。

对于完全耦合的单个云层，它主要受到地表加热的驱动，或者部分受到大风引起的摩擦作用的驱动，还可能受到云顶强辐射冷却作用的驱动。在后一种情况下，云顶辐射冷却会很强，相比之下地表通量通常较小，这会使得对流混合层从云顶贯穿到地面。

图 8.3 显示了薄层积云、厚层积云和破碎的层积云不同情况下热力学变量的垂直廓线；图 8.4 则显示了水平风速的垂直廓线。造成大气边界层能够充分耦合的原因是多个因子的联合作用，包括较大风速条件下较强的地表通量，以及存在云顶辐射冷却。虽然在云层当中 θ 和 θ_v 遵循湿绝热线随高度增大，但 θ_e 的跳跃值可能是正的也可能是负的。如图 8.3所示，在破碎层积云的个例中跳跃值的幅度会略小一些。如图 8.4 所示，在整个边界层中风切变都很小，这体现了整

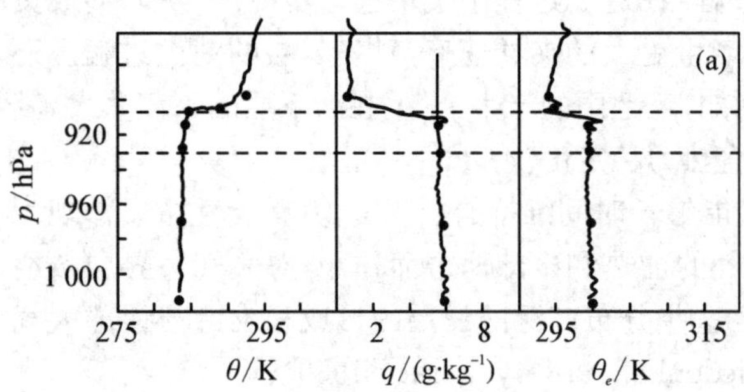

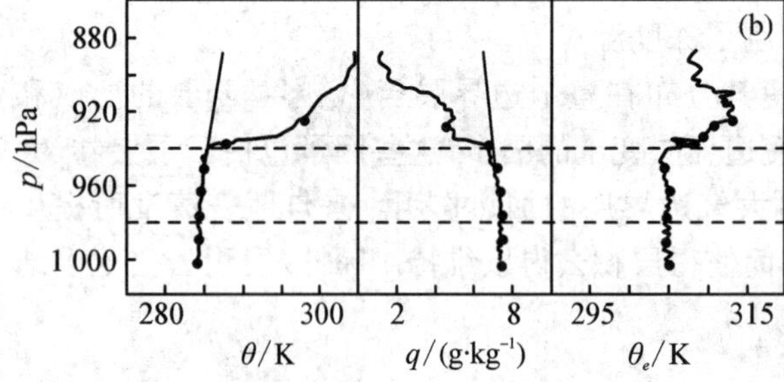

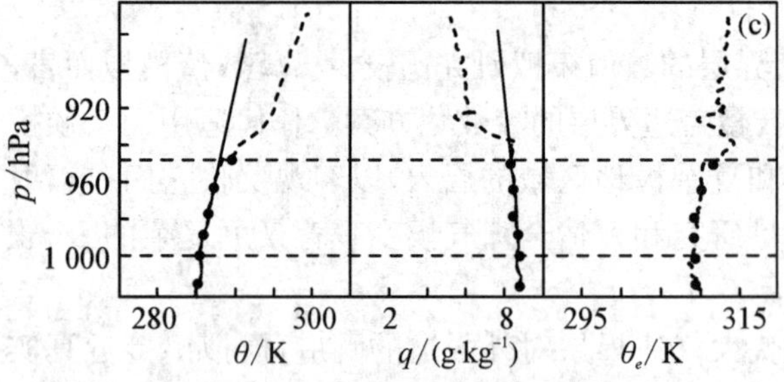

图 8.3 在美国加利福尼亚以西海域观测到的云覆盖边界层中热力学变量的平均廓线：(a) 连续的薄层积云，(b) 连续的厚层积云，(c) 破碎的层积云。水平虚线代表云顶(同时也是边界层顶)和云底。观测到的海表辐射温度分布是 286.9 K、282.9 K 和 287.2 K。观测数据来自 Albrecht(1985)。引自 Garratt(1992)。

层充分混合的特征，而在云顶处会存在切变，但切变并不是很强。

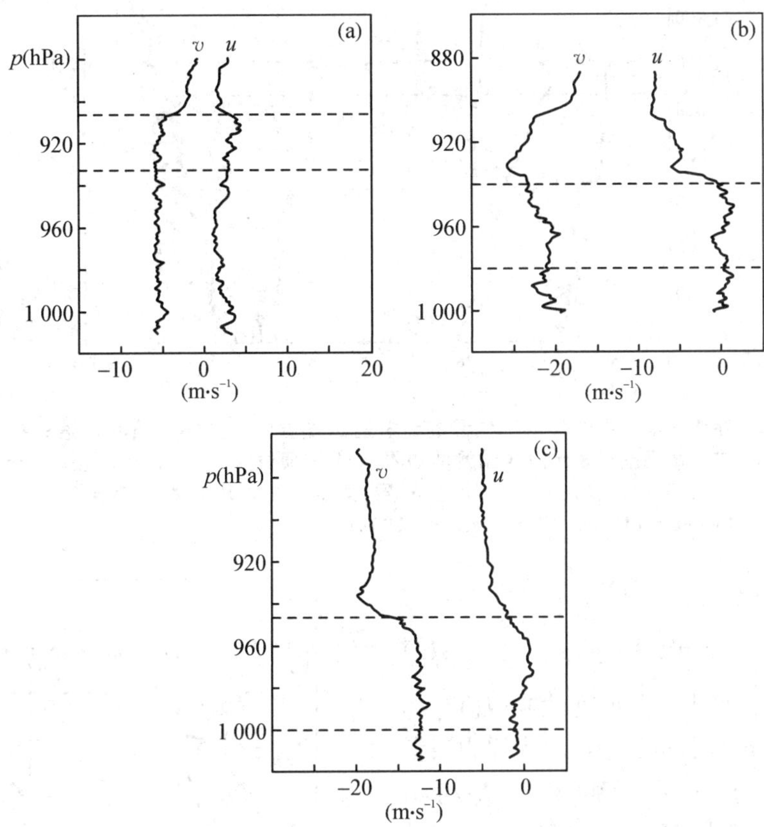

图 8.4　与图 8.3 相同，但变量为纬向风 u 和经向风 v。观测数据来自 Albrecht(1985)。引自 Garratt(1992)。

对于失耦的单个云层，图 8.5 给出了热力学变量和风速的平均廓线。云层厚度也就只有 150 m 左右，它位于强逆温层的下方。干绝热递减率以及风速扰动表明，湍流混合从云中向下延伸到云下层中去，在充分混合的整层当中，θ_e 和 q_t 几乎上下一致，它与实际的边界层(或者说是以地表为下边界的埃克曼层)之间处于失耦状态，而后者的厚度为 280 m 左右，它是个稳定层结(其实从图上可以看出，这个稳定层结一直向上延伸到上面的混合层底部)，地表摩擦作用使这一层中的湍流得以维持。

想要用简单的尺度分析方法来分析包括云层在内(云顶过程也是驱动因子)的对流运动，并获得具有普适性的应用方案，这恐怕是难以实现的目标，原因在于湍流过程非常复杂。不过，运用某些形式的混合层尺度或许在一定程度上能够达成这样的目的。我们所关心的是从云顶向下延伸到处于云底与地面之间的某个高度(这是与地面失耦的情况)，混合层厚度 h_c 可以被定义为从云顶算起的某个厚度。在地表热通量很小的情况下，速度和温度的对流尺度可以依据混合层中垂直积分的浮力通量来定义(Nicholls, 1989)，积分浮力通量 I 为

$$I=(g/\theta_v)\int_0^h \overline{w'\theta'_v}\,dz \tag{8.10}$$

于是可以定义出对流速度尺度 W_* 和对流温度尺度 T_{v*}：

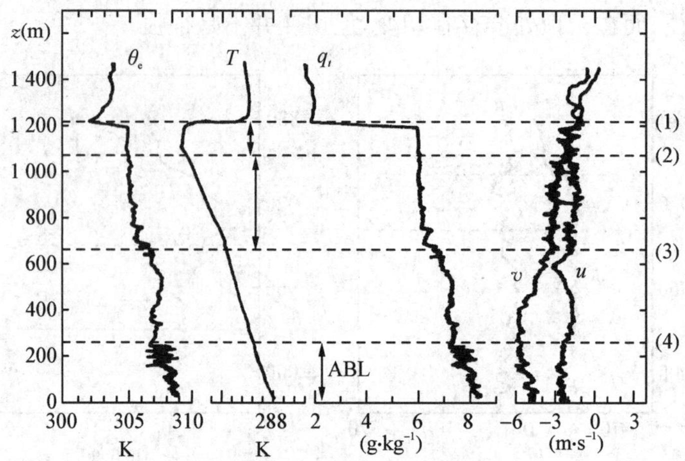

图 8.5　在海上观测到的失耦层积云的云覆盖边界层中热力学变量和风速的平均廓线。水平虚线表示分层结构的边界：(1) 云顶位置，(2) 云底位置，(3) 云下层的底部，(4) 埃克曼层(实际边界层)顶的位置。观测数据来自 Nicholls and Leighton (1986)。引自 Garratt (1992)。

$$W_* = (2.5I)^{1/3} \tag{8.11}$$

$$T_{v*} = W_*^2 T_v / g h_c \tag{8.12}$$

这样我们可以估算出这些尺度的典型值。如果取 $h_c = 500$ m，并且取云中的最大浮力通量为 0.02 K·m·s^{-1}，那么 I 大约为 0.15 m^3·s^{-3}，于是 $W_* \approx 0.75$ m·s^{-1}，$T_{v*} \approx 0.03$ K。它们相当于下沉速度的量值和温度下降的幅度。

图 8.6 显示的是被特征尺度归一化了的垂直湍流速度方差和热通量垂直分布，图中数据对应于云层和云顶辐射对湍流动能 TKE 和负的浮力通量有较大影响的几次飞行观测结果。图 8.6(a)中的曲线是陆上或海上晴天无云对流边界层观测数据的拟合曲线(注意用到的对流速度尺度是 w_*)，并且用倒置的方式呈现出来的(即 z' 从云顶指向地面)，这样处理是考虑到因冷却作用在云顶附近产生的浮力源，与云晴天对流边界层的浮力源在地面的情形不同。

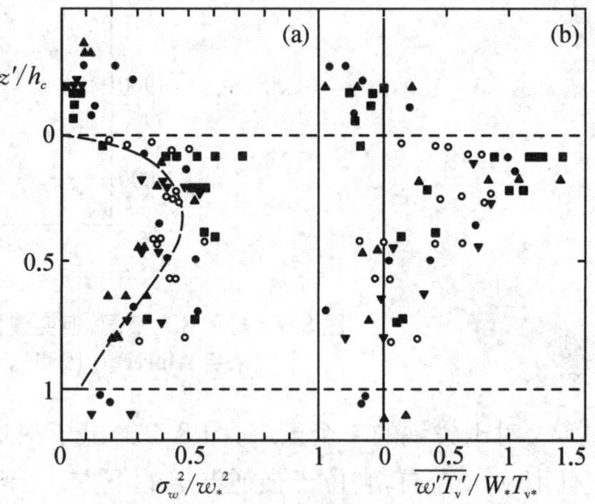

图 8.6　受云辐射冷却作用驱动的层积云覆盖边界层中归一化廓线：(a) 垂直速度方差，(b) 浮力通量。数据来源于 5 次飞行观测，其中 1 次是耦合情形(空心圆)，4 次是失耦情形，混合层厚度 h_c 从云顶向下算起。在(a)中曲线是 Lenschow et al. (1980)基于观测数据提出的经典关系：$\sigma_w^2/w_*^2 = 1.8(z'/h)^{2/3}(1-0.8z'/h)^2$，用到的对流速度尺度是 w_*，而图中数据用到的是 W_*。数据来源于英国附近海域的飞机观测。观测数据来自 Nicholls (1989)。引自 Garratt(1992)。

8.2.2　层云

层云观测主要集中在夏季北极海域，其他地方的综合观测数据难得一见。尽管如此，已有的观测数据表明，层云覆盖的边界层似乎可以分为两类：

(1) 充分混合的边界层，有悬空的单个云层，它与云下层完全耦合在一起，这种类型的云覆盖边界层通常伴随较大的风速和几乎可以忽略不计的浮力效应，图 8.7 显示的是海上层云的一个比较典型的个例，云层占据了厚度为 950 m 的边界层的大部分。θ_e 在云层和云下层中几乎是上下一致的，风廓线显示湍流基本上由切变产生，垂直速度方差显示在云顶附近的夹卷过程很微弱。因此，浮力的作用应该是不明显的(Nicholls and Leighton，1986)。

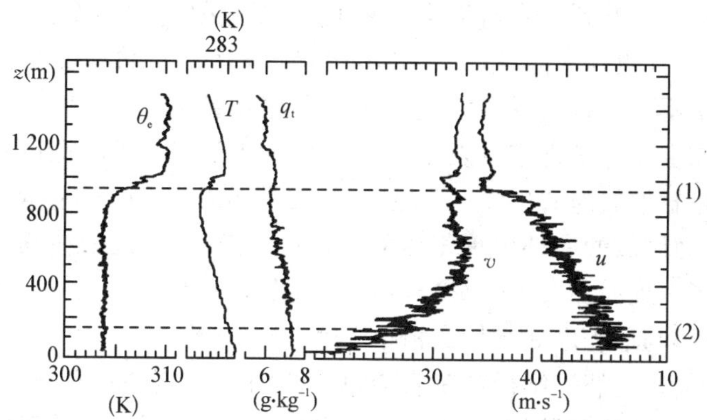

图 8.7　海上观测到的厚云覆盖的边界层中热力学变量和风速的平均廓线。水平虚线表示云层的边界：(1) 云层顶，(2) 云层底。观测数据来自 Nicholls and Leighton(1986)。引自 Garratt(1992)。

(2) 边界层上方存在若干层低云。

我们可以对观测到的层云或者层积云覆盖的边界层的一些重要特征做如下归纳：

① 与晴天无云对流边界层一样，云顶处(也就是边界层顶) θ_v 和 q 以及 θ_e 出现很强的跳跃变化，θ_e 的跳跃值可正可负。云顶处 θ_e 的变化量，即 $\Delta^c\theta_e$，是个能够反映夹卷特征的重要参数，并且与云顶的强辐射冷却过程密切相关(此处算子 Δ^c 表示云上值减去云中值)。

② 出现大风、较大地表通量及较强夹卷(夹卷与云顶辐射有关)时，对流边界层是充分混合的，云层与云下层及地表是耦合在一起的，通常云顶就是对流边界层顶。

③ 当风速较小(小风到中等风速)，且地表的动量通量和热通量都很小的时候，云层与地表之间失去耦合。在这种情况下，云覆盖边界层未能充分混合。

④ 云覆盖边界层中包含两个以上云层。

⑤ 出现毛毛雨，这会在云覆盖边界层中产生热力稳定的层结，因为云层中会发生凝结过程而释放潜热，而在云下层中水滴蒸发产生了冷却作用。

⑥ 在有些情况下，分层的有云边界层本质上是对流性质的，因而与地表加热驱动的无云对流边界层在某些方面是相似的。但是总体而言这类云覆盖边界层的主要浮力源在夹卷层的边界上，并且还会因为辐射效应和相变过程存在湍流动能 TKE 的其他源或汇。因此，TKE 的平衡关系会变得非常复杂。在有些情况下很难找到一个简单对流尺度来表征复杂的湍流状况。在其他时候，特别是在强风条件下，很难从动力学角度区分出它与无云中性边界层之间有什么区别。

8.2.3　积云

边界层积云是那些在垂直方向上受到较大尺度下沉气流或者是覆盖逆温层抑制的积云。这类云通常不会形成降水，一般被称为晴天积云、淡积云，或者是信风积云。边界层积云经常被分为几种情况:受迫云、活性云、失活云(Stull, 1985)。它们可能同时存在于天空当中,其中活性云的厚度最大,一般最高可达逆温层之上 2—3 km。

在混合层热泡上冲进入稳定层结的过程中会在热泡顶部产生受迫云。这些热泡在上冲过程中浮力是负的,即使凝结过程会对气块起到加热作用,情况也是如此。因此,在凝结高度之上可以看到热泡上升,但它们达不到自由对流高度(在自由对流高度上,气块受到正的浮力)。活性积云可以上升到自由对流高度之上,从而获得正的浮力。正因为如此,活性积云能够比受迫云上升到更高的高度,并发展出与起始触发热泡没有关系的后生环流。处于受迫云情况下,几乎不可能有边界层大气被输送到对流层自由大气中去。而对于活性云而言,边界层大气的向上输送是肯定会发生的。存在两种可能的机制把边界层大气输送到活性云的云底,其一是触发热泡的持续上升运动,其二是形成云的时候释放出来的热量引起的上升运动使得正浮力区域的底部出现气压的负扰动。最终,活性云在其生命后期会以失活云的形式存在,除了在地面上投下阴影(与其他类型的非边界层云一样对太阳辐射起到遮挡作用)之外,它们不再与地表之间有什么相互作用。

积云的存在如何影响湍流结构和垂直通量? GATE 试验的观测结果表明,对于积云随机散布于天空的情形,这些分散的云块存在与否对归一化的浮力通量廓线几乎没有什么影响。但是,云的出现直接会影响到水汽通量廓线,如图 8.8 所示。一般来讲,垂直通量和速度方差的最大值出现在云底附近或者是云底之下,而在云层当中没有明显的变化。

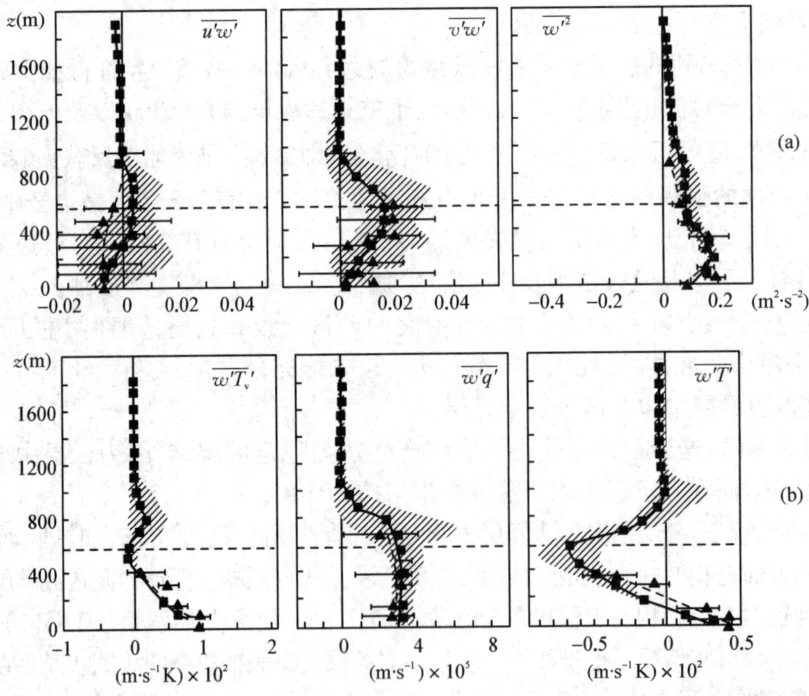

图 8.8 晴天有积云覆盖的海上边界层的湍流量垂直廓线。湍流量的垂直分布来自大涡模拟结果和 GATE 试验的飞机观测结果。水平虚线代表云底位置。(a) 动量通量和垂直速度方差的模拟结果(实心方块和实线)与观测结果(实心三角和虚线)的对比,误差棒表示观测值的分布范围,阴影区表示模拟值的分布范围,拟合曲线是根据视觉判断的经验结果;(b) 变量是热通量和水汽通量,值得注意的是,在云底处虚温热通量的值大约为地面值的 −0.2 倍,这个特征似乎与边界层之上是否有云没什么关系。观测数据来自 Nicholls et al.(1982)。引自 Garratt(1992)。

8.2.4　日变化情况

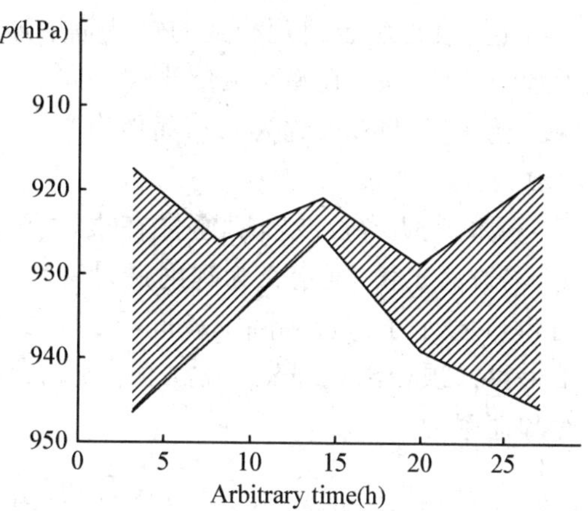

图 8.9　云顶和云底气压的日变化情况。数据来源于 1987 年 FIRE 试验(第一个 ISCCP 外场试验)中对加利福尼亚近海海域层积云的探空观测(Betts, 1990)。引自 Garratt(1992)。

一个早已为人熟知的事实是陆上层积云和层云都与一天当中的时间密切相关。海上边界层云也存在日变化。数值模拟研究揭示了日变化背后的物理过程。图 8.9 给出了加利福尼亚海岸地带层云厚度变化的观测结果,观测数据显示,云底在白天上升在夜间下降的变化情况,而云顶高度则变化不很明显,因此,云的厚度在夜间可达 240 m,而下午只有大约 30—40 m。这样的行为特征与白天太阳辐射对云层的加热作用有关,使得云下层的层结稳定度增强,造成云层与地表之间失去耦合作用。

数值模拟研究表明,失耦过程与云层厚度的显著日变化关系密切,使云层脱耦的原因通常是白天太阳对云层的加热作用和地表浮力通量很小这两个因素共同促成的,失耦之后,云下层变成稳定层结,自云底进入云层的水汽量减少,云中含水量也相应地减少。

§8.3　辐射通量与云顶辐射冷却

在层积云的云顶,释放长波辐射主要源自云中的水滴,因此,冷却速率取决于云中的液态水含量。由于在云顶附近有云空气与无云空气之间过渡变化很急剧,净长波辐射通量在云顶处变化剧烈。在没有短波辐射的情况下,这会导致在较薄的云层中产生很大的冷却速率。在这种情况下,辐射传输的主要作用是促使云层去稳定化,并由此产生浮力湍流。当阳光照射到云顶时,云吸收阳光的加热作用能在多大程度上补偿长波辐射冷却,这取决于阳光在穿透云层时短波辐射的变化速率。长波辐射冷却是层积云覆盖的边界层的主要强迫机制,而吸收阳光所产生的加热作用会使得云层消散。

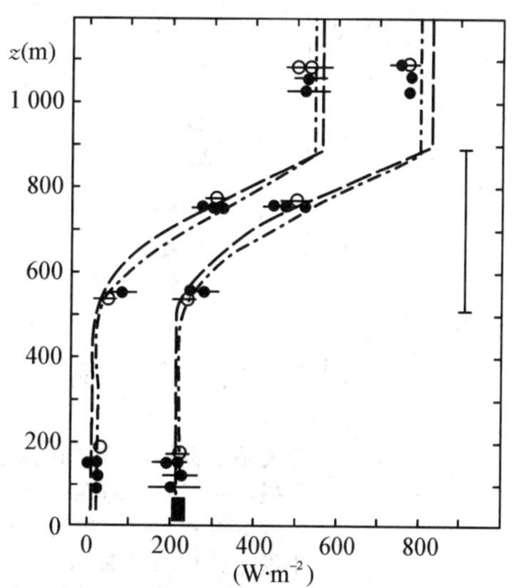

图 8.10　层积云覆盖的大气边界层中向下和向上短波辐射通量的垂直廓线。数据来源于飞机观测(空心圆和实心圆)和理论计算(虚线),观测集中在当地中午时段,图中标注了云层位置,理论计算分别依据 Slingo and Schrecker(1982)和 Schmetz et al. (1981)的方案。数据来源于 Slingo et al. (1982a)。引自 Garratt(1992)。

8.3.1　观测结果

观测显示,向下短波辐射的大部分被典型的层积云反射回去,反照率大约为 0.7;大约 25%被云层吸收(夏季中纬度海域大约为 60 W·m^{-2});剩下的到达地面。图 8.10 给出了海上存在层积云时观测到的短波辐射通量廓线，同时也给出了理论计算得到的廓线。毫无疑问，短波辐射在整个云层当中是向下减小的，云层之上的向下和向上短波辐射通量值表明，云层的反照率大约为0.7；而地表与云底之间的辐射通量值则意味着海表的反照率大约为0.1。

观测表明净长波辐射通量在很薄的云层的云顶和云中紧靠云顶的地方发生很大变化，辐射消光长度（定义为辐射通量变化 $1-e^{-1}=0.632$ 所经过的距离）一般小于50 m。图8.11显示了海上和陆上夜间层积云的长波辐射通量垂直廓线的观测结果和理论计算结果。云顶处出现强烈变化，净吸收的典型值为−60 W·m^{-2}（实际上是净释放），相应的冷却速率为

$$(\partial T/\partial t)_{\text{rad}}=(\rho c_p)^{-1}\partial R_N^{lw}/\partial z \tag{8.13}$$

其中 R_N^{lw} 是净长波辐射通量。在30 m的厚度范围内，R_N^{lw} 的变化为50−100 W·m^{-2}，相应的冷却速率为5−10 K·h^{-1}。这样大小的量值在一个薄云层当中并不常见，此处是为了强调在云模式中处理此类问题时垂直分辨率的重要性。

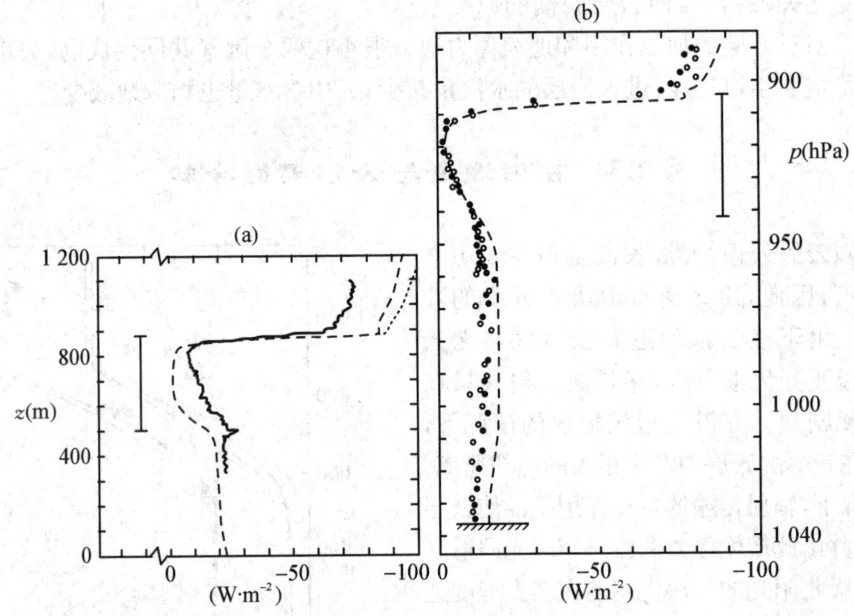

图8.11 长波辐射通量廓线：(a) 海上夜间层积云，(b) 陆上夜间层积云。数据来源于飞机观测（(a)中的连续线和(b)中的圆点）和理论计算（虚线）。图中标注了云层的位置，在(a)中理论计算依据 Schmetz and Raschke(1981)方案，在(b)中理论计算依据 Roach and Slingo(1979)方案。分图(a)来源于 Slingo et al.(1982a)，分图(b)来源于 Slingo et al.(1982b)。引自 Garratt(1992)。

云顶附近辐射冷却的分布影响浮力通量的垂直分布，它是确定夹卷速率的重要因子。这个问题对于云覆盖边界层用到的混合层模型假设显得特别重要，直到二十世纪七十年代后期观测提供了有力的依据才得以解决。上述观测结果及其他依据告诉我们，长波冷却发生在整个云层当中，而云层正好处于逆温层之下。

8.3.2　模拟结果

短波和长波的辐射通量基本上决定了云的高度、温度和湿度廓线、地表温度，以及云的微物理特征（特别是液态水含量和云滴粒径分布）。图 8.10 给出了短波辐射通量的理论计算结果，而图 8.11 给出了长波辐射通量的理论计算结果，它们与观测结果都很接近。这样的理论计算可以让我们把云中冷却和加热的分布情况处理成云层厚度的函数，例如，云的液态水路径。图 8.12(a)给出了一定液态水含量范围的层积云短波辐射通量的模式计算结果，这些结果表明，短波辐射加热（与短波辐射通量的局地梯度有关）在云层当中或多或少地呈现出上下较为一致的分布特征。

相反，如图 8.12(b)所示，计算表明长波辐射通量强烈地依赖于云中液态水含量。液态水含量少时（薄云），随着液态水路径的增大，长波冷却作用增强，并在云顶附近更倾向于表现为局地效应。当液态水含量多时（厚云），云中冷却与众多混合层模型中所假设的情况相类似（见后文），只在云顶附近有较弱的冷却效应。在真实大气当中，夜间没有短波辐射，但在白天短波辐射加热在一定程度上补偿了云的上部发生的长波辐射冷却，并增强了云底处的长波加热作用（液态水含量要足够大），这意味着云中加热和冷却的变化会引起浮力通量的变化。

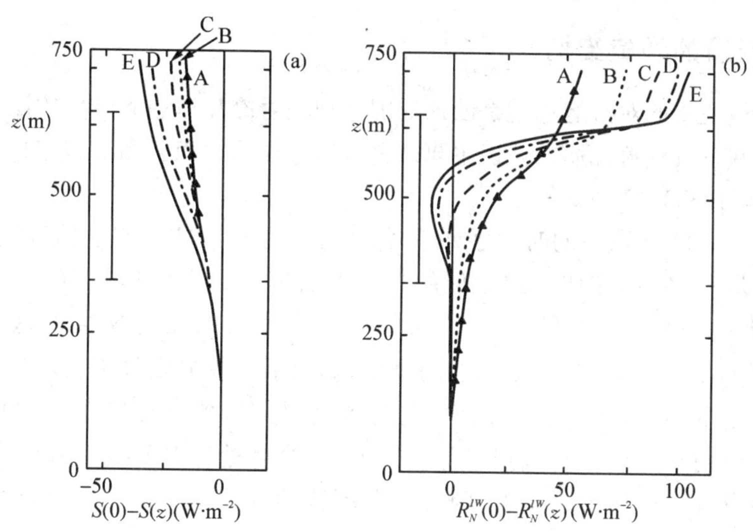

图 8.12　(a) 短波辐射通量随云中液态水路径变化的模型计算结果：A, 0.004 kg · m^{-2}；B, 0.008 kg · m^{-2}；C, 0.016 kg · m^{-2}；D, 0.032 kg · m^{-2}；E, 0.064 kg · m^{-2}，(b) 液态水路径取值与(a)相同的净长波辐射通量的计算结果。横坐标用的是差值，图中标注了云层位置。数据来源于 Fravalo et al.(1981)。引自 Garratt(1992)。

§8.4　夹卷过程和夹卷不稳定

8.4.1　夹卷过程

在第五章中我们已经讨论过无云对流边界层的夹卷问题。在无云条件下，生成湍流动能 TKE 的主要源位于被加热的下边界，通过混合层的湍流输送作用将能量提供给夹卷层。

在有云条件下，潜热释放和云顶冷却都能提供额外的浮力，成为 TKE 的内生源。因此，有云情况下的云顶夹卷过程可以受到云顶附近源的驱动而得以维持。

层积云顶的观测显示，云与逆温层空气之间的(夹卷)混合发生在很薄的一层当中，厚度也只有数十米(Nicholls and Turton, 1986)，这一层被称为夹卷层。在考虑这个混合区域时，很重要的一点就是区分局地界面层与平均界面层。大多数观测是局地意义上的，通常是云顶结构的直线观测，而数值模拟则代表了水平平均的结构。界面层的局地厚度也只有 10 m 的量级甚至更小，但是模式计算出的平均厚度为 50—100 m。

在夹卷界面层中空气通常是不饱和的，并且会发生混合。因辐射冷却，那些温度较低的气块从这一层的底部下沉脱离出去，同时把这一层中它上面更加暖的空气拖着一起往下沉，这便在略低的高度上形成有组织的下沉气流，从而向下混合进入云层的其他部分。云层的出现意味着像辐射和蒸发冷却这样在无云边界层中不存在的过程都会在界面层附近的夹卷区域内引起空气密度的显著扰动。至于它们对界面层中温度的下降会起多大的作用，可能两者都很重要。产生具有负浮力的气块(与云中空气相比 θ_v 更低)的过程主要受辐射冷却控制，并且几乎不与逆温层空气发生混合。因此，云层中的下沉气流最初都是以这样的方式形成的。

8.4.2 云顶的涡旋结构

云层上部最主要的对流运动就是云顶处因强烈辐射冷却作用而产生的浮力为负值的下沉气流。对这些下沉气流性质的认识主要来自对海上成片层积云和破碎层积云的飞机观测研究(Nicholls, 1989)。

即使是在云中随意采集的时间序列信号，也能从中看到非常明显的有组织下沉运动，如图 8.13(a)所示。它们在比云层稍低的高度上占据着最大份额为 30%—40%的区域，并且分布在大的下沉区(直径约为 $0.5h_c$—$0.75h_c$)周围相对狭窄的区域(宽幅约为 $0.1h_c$—$0.15h_c$)，这里 h_c 是悬空混合层的厚度，其上下边界分别位于云顶和云下层的某个高度。就平均情况而言，在云层上部下沉气流要比其周围空气更冷更干，如图 8.13(b)所示。在云顶附近对比反差最为强烈，到 $z' = 0.5h_c$ 高度处反差就减小到几乎为零，因为在此处已经充分混合(z' 从云顶向下算起)。在更低的高度上下沉气流受到微弱的正浮力作用。

平均而言，下沉气帘起初在云顶处只占空气的小部分，与辐射冷却的有云空气合并进入下沉气流是产生负浮力的主要机制。观测发现，占水平面积只有 35%的下沉气流贡献了云层上部的大部分(一半以上)热通量、水汽通量和液态水通量。

下沉气流的平均浮力亏损足以解释它们的向下加速度，但在分辨出的下沉运动中 w' 和 T_v' 之间的相关性很差，说明决定垂直运动符号的是受到覆盖逆温层制约的环流的水平辐合/辐散，而不是直接取决于云顶的浮力不稳定。基于这样的认识，由下沉气流引起的水平环流在逆温层之下掠过云顶界面层，并入一些辐射冷却的空气，或者混入一些逆温层空气，然后在狭窄的辐合区中下沉进入云中，因所受浮力为负值，于是它们在下沉过程中加速，与周围云空气发生侧向混合，下沉气流激发出补偿上升气流，它们的垂直运动在靠近逆温层时受到抑制，于是转向水平方向蔓延开来。

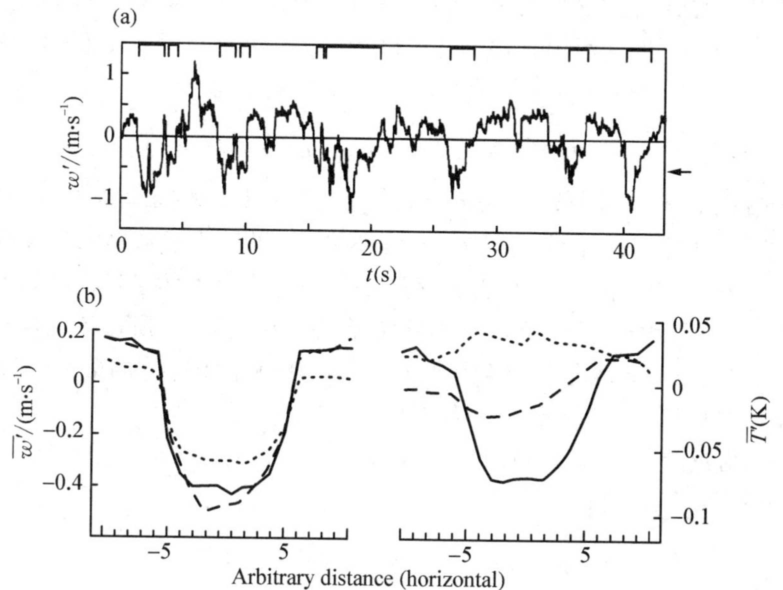

图 8.13　(a) 从飞机观测的垂直速度时间序列中分辨出来的下沉运动，水平箭头标注的位置是判定下沉运动所使用的阈值($-0.5W_*$)，(b) 三个不同高度上下沉气流中垂直速度和温度的扰动量：实线为$z'/h_c=0.11$，虚线为 $z'/h_c=0.49$，点线为 $z'/h_c=1.04$($z'/h_c=0$ 代表云顶)。数据来源于 Nicholls (1989)。引自 Garratt (1992)。

8.4.3　夹卷不稳定

观测发现层积云云顶之上的空气具有比云内空气高得多的位温和低得多的比湿。从一般的概念上讲，人们认为云顶夹卷过程会破坏云层。进一步思考这个问题后提出了这样一个可能的稳定性判据(Lilly, 1968)：如果夹卷过程把云上空气卷入云中并与云中空气混合，云滴粒子蒸发会使得气块温度降低，如果在更低的温度上混合气块又达到饱和状态，它会受到负的浮力并自由地向云中下沉下去。在这样的情形之下，蒸发和穿透过程将自发进行，直到云蒸发完毕。对于夹卷过程而言，云顶变为不稳定所需要的条件不稳定判据为

$$\Delta^c\theta_e < 0 \tag{8.14}$$

其中 Δ^c 是无云的逆温层空气与有云空气之间的差值。但是方程(8.14)并没有考虑水汽和液态水对浮力的影响(应该用 θ_v 而不是 θ)。所以，当 $\delta\theta_v<0$ 时 ($\delta\theta_v$ 是云中混合气块的虚位温 θ_{vp} 与气块周围云中虚位温 θ_{vb} 之间的差值)，云中就会发生对流。为了探究云顶蒸发不稳定问题，以及混合造成的气块密度起伏的可能幅度，此处做这样的考虑：如果来自云上逆温层质量为 χ 的干暖空气(记为气块"a")与云中质量为 $1-\chi$ 的湿冷空气(记为气块"b")进行绝热混合，那么混合气块(记为气块"p")中的变量为：

$$\theta_{ep}=\chi\theta_{ea}+(1-\chi)\theta_{eb} \tag{8.15}$$

$$q_{tp}=\chi q_{ta}+(1-\chi)q_{tb} \tag{8.16}$$

其中 χ 相当于质量混合比。注意，方程(8.15)可以写成 $\theta_{ep}-\theta_{eb}=\chi\Delta^c\theta_e$，因为 $\Delta^c\theta_e=\theta_{ea}-\theta_{eb}$，又由于 $\delta\theta_v=\theta_{vp}-\theta_{vb}$，运用方程(8.1a)和(8.2a)，并联合方程(8.15)和(8.16)，整理后可得：

$$\delta\theta_v \approx \chi(\Delta^c\theta_e - \theta_{eb}\Delta^c q_t) - (q_p - q_b)(\lambda/c_p - 1.61\theta_{eb}) \tag{8.17}$$

在上式的推导过程中一些小项被忽略掉(参见 Nicholls and Turton (1986))。对于给定的热力学条件，混合气块中液态水含量会因蒸发而变为零，如果 χ 小于临界值 χ_{cr}，则混合气块会是饱和的。当 $\chi<\chi_{cr}$ 时，我们需要找到方程(8.17)右边为负值的条件。在这种情况下，q_p 和 q_b 都是饱和值。读者需要注意的是，当空气混合在一起的时候，所有的混合比例都是有可能的。但是，其中只有部分情况会产生负浮力，而且，实际上负浮力的最大幅度所对应的温度(虚温)差很小，只有二三十分之一度，甚至更小。

对于很小的温度差 $\theta_p-\theta_b$，我们可以写出 $s=\partial q^*/\partial T\approx(q_p-q_b)/(\theta_p-\theta_b)$，用 θ_e 替换 θ，并运用方程(8.2a)，可得

$$q_p - q_b = s\gamma(\theta_{ep}-\theta_{eb})/(s+\gamma) \tag{8.18}$$

其中 $\gamma=c_p/\lambda$。运用方程(8.15)，并代入方程(8.17)，可以得到混合了足够多的逆温层空气后仍能使气块恰好处于饱和状态时气块的浮力亏损：

$$\delta\theta_v = \chi\theta_{eb}(\gamma\Delta^c\theta_e/a_0 - \Delta^c q_t) \tag{8.19}$$

其中

$$a_0 = (s+\gamma)\theta_{eb}(1+1.61s\theta_{eb})^{-1} \tag{8.20}$$

对应于 θ_{eb} 取值为 274 K、283 K、293 K、303 K，系数 a_0 的取值分别为 0.18、0.22、0.29、0.37。如果方程(8.19)中右边的括号里面为负值，则满足 $0<\chi<\chi_{cr}$ 的所有混合比例都会产生负的浮力。因此，用一个简单的蒸发不稳定理论就可以得到修正的云顶夹卷不稳定判据(Randall，1980b)：

$$\Delta^c\theta_e < (a_0/\gamma)\Delta^c q_t \tag{8.21}$$

需要注意的是，因为典型的层积云符合 $\Delta^c q_t<0$，即使是在 $\Delta^c\theta_e$ 呈现微弱负值的情况下，依据方程(8.21)判别出来的云顶稳定度可能是稳定的，从这个意义上讲，方程(8.21)所提供的判据并不如方程(8.14)那么严格。因此，取 $\Delta^c q_t=-0.002$ 和 $a_0=0.2$，按照方程(8.21)算出来的 $\Delta^c\theta_e$ 的截断值为 -1 K。取 $\theta_{eb}=300$ K 且括号内等于 -0.002 时，按照方程(8.19)计算出来的浮力亏损是 -0.6χ。取 $\chi=0.1$ 可得 $\delta\theta_v=-0.06$ K。此处强调了前面提到的 $\delta\theta_v$ 值通常比较小的情况。

我们并不清楚这样的不稳定性是否足以破坏业已稳定存在的层积云。比如，具有负浮力的气块下沉进入云中并产生 TKE，这并不意味着下沉气块能够穿透云层。图 8.14 显示了从稳定存在的层积云和信风积云中观测到的结果，令人感到惊讶的是很多数据点违背了方程(8.21)给出的稳定性判据(曲线左边的数据代表了满足方程的情况，但实际情况是此时云正处于稳定维持的状态)。换句话说，肯定还存在其他机制，才能起到破坏稳定层云的作用，使其变成破碎的层积云或者变成分散的积云。对于图 8.14 的典型曲线左边任意一个数据

点，蒸发不稳定都不足以造成云层瓦解。地表蒸发以及水汽向上输送的过程可能会提供足够的水汽用于补偿弱蒸发不稳定引起的水汽稀释。

事实上，在很宽泛的真实条件下云顶夹卷过程可能会造成已有层云变厚（Randall, 1984）。当夹卷过程的净效应是使得云顶的上升速度快于云底时，这样的情况就会发生。

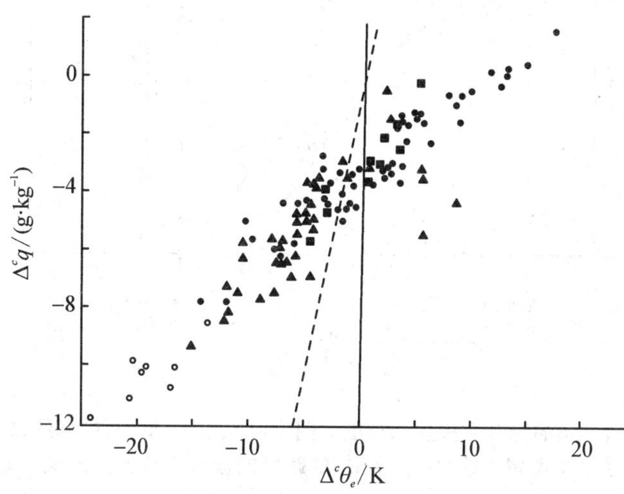

图 8.14　依据层积云（实心符号）和信风积云（空心符号）的观测数据得到的关于 $\Delta^c q_t$ 与 $\Delta^c \theta_e$ 之间关系的散点图。实心方块表示中纬度层积云，实心三角代表亚热带层积云，实心圆代表亚热带 FIRE 试验的观测结果。热力学不稳定判据对应的曲线是取 $a_0=0.2$ 时按照方程(8.21)确定出来的，在图中用虚线标出。需要注意的是，层积云的大部分数据落在了曲线的左边，这些数据并不符合蒸发不稳定的热力学理论的预报结果。数据来源于 Kuo and Schubert(1988)。引自 Garratt(1992)。

§8.5　云覆盖边界层的数值模拟

数值模拟基于大涡模式和高阶闭合的系综平均模式对云覆盖边界层开展研究。这些模式的一个主要有利因素是包含了细致的微物理方案和辐射方案，所以模式能够较为真实地模拟出辐射冷却过程。然而作为本章的最后一小节，我们把重点放在混合层的模拟上，因为这样的模式很普遍，并且是大尺度大气模式当中云覆盖边界层参数化方案的基础。

混合层模拟类似于第五章中介绍的对晴天干燥对流边界层的整层模拟，只是存在覆盖于边界层之上的层积云。混合层"跳跃"模型类似于图 8.15 中的干过程，只是在云层和逆温层之间的界面区域辐射通量散度的分配比例被放大，以及湍流通量发生了变化。令人感兴趣的一个关注点在于与云层中发生辐射冷却的区域所占的比例相比逆温层中发生辐射冷却的区域所占比例 r 是多少。如果 $r=1$，辐射效应就直接作用于夹卷过程，且辐射冷却直接与边界层高度的增长相关。另一方面，如果 $r=0$，则辐射对夹卷过程的影响是间接的，也就是说，辐射冷却只发生在云层当中并产生 TKE。虽然模拟结果表明辐射冷却的垂直分布依赖于液态水含量，观测结果倾向于辐射冷却只发生在云中靠近云顶且高度仅为 10—50 m 的薄层当中。

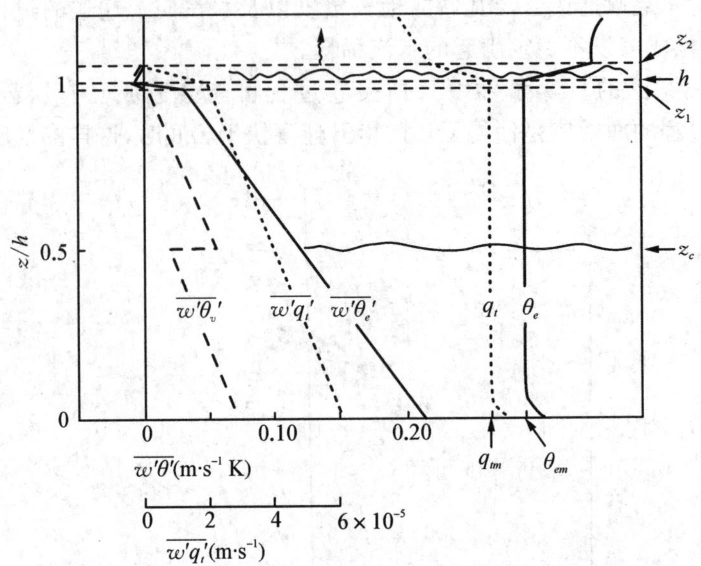

图 8.15　有云覆盖的边界层的混合层模型示意图。图中$\overline{w'\theta'}_v$、$\overline{w'q_t'}$和$\overline{w'\theta_e'}$的廓线形状是理想化的，q_t 和 θ_e 的廓线形状也是理想化的，且 q_t 和 θ_e 的跳跃值被适当放大。云底在 $z=z_c$ 处，云顶在 $z=h$ 和 $z=z_2$ 之间。$\overline{w'\theta_e'}$在 z_1 和 h 之间有一个跳跃值，它在一定程度上补偿了云顶辐射冷却薄层下部的长波辐射通量散度。与 $\Delta^c R_N$ 直接相关的长波冷却发生在 z_1 和 z_2 之间，其中占比为 r 的部分发生在云层之上的逆温层中（$h<z<z_2$）。对于给定的$\overline{w'q_t'}$和$\overline{w'\theta_e'}$廓线（取 $r=0.5$，$\Delta^c\theta_e=5$ K，$\Delta^c q_t=-0.002$，$z_c/h=0.5$，$\theta_m=284$ K，$q_{tm}=0.006$，$\Delta^c R_N=75$ W·m^{-2}），$\overline{w'\theta'}_v$的云下层部分按照方程(8.29)计算，云层中的部分按照方程(8.31b)计算。结果来源于 Deardorff (1976)。引自 Garratt (1992)。

对于边界层干过程，最简单的模式只包含 4 个变量，θ_{vm}、$\Delta\theta_{vh}$、h 和 $(\overline{w'\theta_v'})_h$。假设地表通量是已知的，运用适当的夹卷假设就可以使方程闭合。而对于边界层湿过程（层积云覆盖的边界层），模型需要包含更多的细节，因为问题涉及了云顶附近的辐射冷却和凝结效应。模式的目标在于能够让边界层在有云层的情况下发生增长，并且能够让云顶夹卷通量发生变化，能够诊断出云顶的夹卷不稳定，以及诊断或预报云底高度的改变（因此，云的厚度是可变的）。湿过程模式需要保守量 θ_e 和 q_t 的方程，h 及 $(\overline{w'\theta_e'})_h$ 和 $(\overline{w'q_t'})_h$ 的方程，还有合适的夹卷假设。在混合层模式当中，如果诊断或者计算出来边界层顶的高度高于凝结高度，则认为层积云的云顶位于边界层的上部。变量在边界层顶的跳跃变化由 $\Delta^c\theta_e$ 和 $\Delta^c q_t$（在 h 和 z_2 之间）及 $\Delta^c R_N$（在 z_1 和 z_2 之间）来体现，$\Delta^c R_N$ 发生在云顶之上逆温层中（$h<z<z_2$）的部分所占比例记为 r。如同在干过程中一样，保守变量在混合层中的平均值可以通过对方程(8.6)和(8.8)的垂直积分（取 $W_q=0$）推导出来（按水平均匀的简单形式）：

$$\partial\theta_{em}/\partial t=[(\overline{w'\theta_e'})_0-(\overline{w'\theta_e'})_h]/h+(1-r)\Delta^c R_N/\rho c_p h \tag{8.22}$$

$$\partial q_{tm}/\partial t=[(\overline{w'q_t'})_0-(\overline{w'q_t'})_h]/h \tag{8.23}$$

在方程(8.22)当中处在地表与 z_1 之间的辐射通量散度被忽略（与 z_1 和 h 之间相比它是小量），对于 r 值较小的时候这样的处理是合适的。通量在混合层中随高度线性变化至 $z=z_1$

高度处，在 $z=h$ 处的跳跃为新的取值，因为，此处有不为零的辐射通量散度，在 $z=z_2$ 高度上通量为零，如图 8.15 所示。在无限薄的一层上运用守恒方程，可以得到

$$\Delta^c\theta_e(\partial h/\partial t - w_h) = -(\overline{w'\theta'_e})_h + r\Delta^c R_N/(\rho c_p) \tag{8.24}$$

$$\Delta^c q_t(\partial h/\partial t - w_h) = -(\overline{w'q'_t})_h \tag{8.25}$$

方程(8.24)和(8.25)可以被认为是 h 的预报方程，为了让它们在预报 h 时取得一致的效果，如下条件需要得到满足：

$$\Delta^c q_t[-(\overline{w'\theta'_e})_h + r\Delta^c R_N/(\rho c_p)] = -\Delta^c\theta_e(\overline{w'q'_t})_h \tag{8.26}$$

在方程(8.22)和(8.24)中出现的辐射项分别代表了辐射对混合层湍流和夹卷的影响。读者可以证明，取 $q_l=0$ 和 $\Delta^c R_N=0$，则方程(8.24)和(8.25)就蜕变为无云条件下相应的方程。关于 $\Delta^c\theta_e$ 和 $\Delta^c q_t$ 的方程，它们既可以是诊断的，也可以是预报的。按照前一种情况，它们的定义为：

$$\Delta^c\theta_e = \theta_e^+ - \theta_{em} \tag{8.27}$$

$$\Delta^c q_t = q_t^+ - q_{tm} \tag{8.28}$$

因为混合层变量可以从方程(8.22)和(8.23)获得，所以需要知道 z_2 高度上的值 $(\theta_e^+,\ q_t^+)$。如果采用预报方程，这两个差值的预报方程可以写成类似于第五章中关于 $\Delta\theta_{vh}$ 的方程。

在我们介绍的简单模式当中，有 6 个方程，包括(8.22)—(8.25)以及(8.27)和(8.28)；有 10 个变量，包括 θ_{em}、q_{tm} 、h，两个夹卷通量，$\Delta^c\theta_e$ 和 $\Delta^c q_t$（或者是 θ_e^+ 和 q_t^+），两个地表通量，以及 $\Delta^c R_N$。地表通量 $(\overline{w'\theta'_e})_0$ 和 $(\overline{w'q'_t})_0$ 通常被当作已知量，因为在模式当中有专门的公式对其进行计算。此外，辐射通量也由相应的模块进行计算。即便如此，未知量的个数还是超过了方程的个数，所以必须增加关于夹卷过程的假设才能计算出 $\partial h/\partial t$。

要对夹卷速率进行假设需要知道 θ_v 的垂直通量，因为浮力项 $(g/\theta_v)\overline{w'\theta'_v}$ 在很大程度上决定了混合层中的 TKE 生成，并且因为夹卷是以这种方式生成的湍流所致。按照方程(8.1b)和(8.9)，并在云下层中 $(z<z_c)$ 取 $q_l=0$，则有

$$\overline{w'\theta'_v} \approx \overline{w'\theta'_e} - e_1\overline{w'q'} \tag{8.29}$$

其中

$$e_1 = (\lambda/c_p) - 0.61\theta_m \tag{8.30}$$

在云层当中 $(z_c<z<h)$，假设整个云层处于饱和状态 $(q=q^*)$，于是我们发现可以有

$$\overline{w'\theta'_v} \approx \overline{w'\theta'_e} - (e_1-\theta_m)\overline{w'q^{*\prime}} - \theta_m\overline{w'q'_t} \tag{8.31a}$$

其中 q 被饱和值 q^* 取代，因此它只是温度的函数。Deardorff (1976)依据方程(8.9)，并运用饱和水汽压的克劳修斯-克拉伯龙方程 $\mathrm{d}e^*/\mathrm{d}T=\lambda e^*/(R_v T^2)$，把 $\overline{w'q^{*\prime}}$ 写成 $e_2\overline{w'\theta'_e}$，其中 $e_2=e_3/(1+e_3/\lambda)$，$e_3=0.622\lambda q^*(\theta_m)/R_v\theta_m^2$。于是方程(8.31a)可以简化成如下形式：

$$\overline{w'\theta'_v} \approx e_4\overline{w'\theta'_e} - \theta_m\overline{w'q'_t} \tag{8.31b}$$

其中 $e_4 \approx 1-e_1e_2$。当 θ_m 分别为 275 K 和 290 K 的时候，e_4 的值分别为 0.7 和 0.5。假设 $\overline{w'\theta'_e}$ 和 $\overline{w'q'_t}$ 的廓线是线性的，那么在云层和云下层当中 $\overline{w'\theta'_v}$ 就很容易被估算出来。值得注意的是 $\overline{w'\theta'_v}$ 廓线在 $z=z_c$ 高度上是不连续的，因为 θ_v 在发生气-液相变的时候是不保守变量（但是 θ_e 和 q_t 是保守量）。联合方程(8.24)、(8.25)和(8.31b)，可以把 $z=h$ 高度的浮力通量写成如下形式：

$$(\overline{w'\theta'_v})_h \approx e_4\Delta^c R_N/\rho c_p-(e_4\Delta^c\theta_e-\theta_m\Delta^c q_t)(\partial h/\partial t-w_h) \tag{8.32}$$

需要注意的是，在无云情况下 $(q_l=0)$，方程(8.32)就蜕变成第五章中介绍的夹卷通量关系式 $(\overline{w'\theta'_v})_h=-\Delta\theta_{vh}(\partial h/\partial t-w_h)$（当然，我们必须注意到在推导方程(8.31a)和(8.31b)时所用到的假设），并且方程(8.31a)会蜕变成方程(8.29)。

关于夹卷闭合假设，情况类似于第五章中介绍的那样，在 TKE 平衡关系中设置夹卷的最大和最小边界(Lilly，1968)。所采用的是夹卷通量比方案，即

$$(\overline{w'\theta'_v})_{\min}/(\overline{w'\theta'_v})_{\max}=-\beta_1 \tag{8.33}$$

当浮力生成的湍流全部用于夹卷过程时，发生最大夹卷；而当混合层中所有能量消耗与浮力生成相平衡时，发生最小夹卷。在物理上能够真实反映湍流能量收支情况的假设是认为通量 $(\overline{w'\theta'_v})_h$ 在混合层的平均浮力通量中占有一定的比例，即

$$(\overline{w'\theta'_v})_h=-h^{-1}[2\beta_1/(1-\beta_1)]\int_0^h \overline{w'\theta'_v}\,\mathrm{d}z \tag{8.34}$$

如果 $\beta_1=0.2$，则这个比例等于 1/2(Deardorff，1976)。

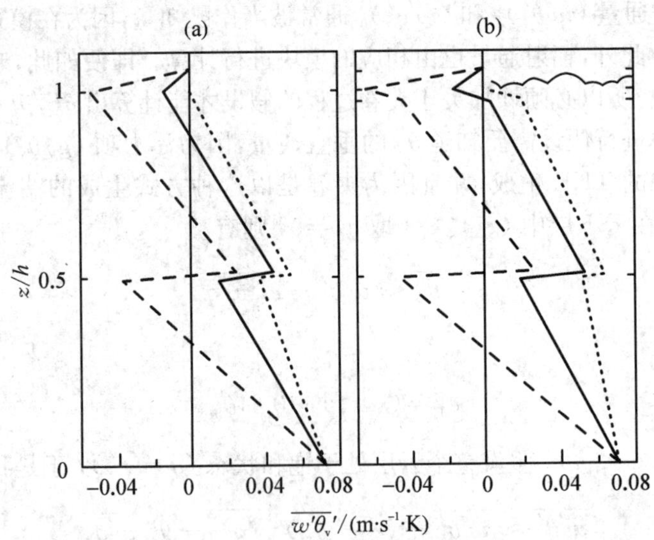

图 8.16　基于方程(8.22)—(8.34)数值求解得到的位温通量理论廓线。所用参数如图 8.15 所示，且 $(\overline{w'\theta'})_0=0.06\ \mathrm{K\cdot m\cdot s^{-1}}$，$(\overline{w'q'})_0=0.06\times10^{-5}\ \mathrm{m\cdot s^{-1}}$。在(a)中 $\Delta^c R_N=0$，$\partial h/\partial t=0.004\,2\ \mathrm{m\cdot s^{-1}}$。在(b)中 $\Delta^c R_N/\rho c_p=(\overline{w'\theta'})_0$，$\partial h/\partial t=0.01\ \mathrm{m\cdot s^{-1}}$。实线是依据方程(8.34)并取 $\beta_1=0.2$ 的计算结果；点线是依据方程(8.33)并取 $\beta_1=0$ 的计算结果；虚线是依据方程(8.33)并取 $\beta_1=1$ 的计算结果（对应于最小浮力通量或最大夹卷）。结果来源于 Deardorff(1976)。引自 Garratt(1992)。

为说明浮力通量廓线对几个关键变量和参数的敏感性，我们把 $\overline{w'\theta'_v}$ 的理论廓线显示在图 8.16 中，其中 $\Delta^c R_N$ 和 β_1 作为已知外部条件和地表通量条件被给定。在云底处的不连续是显而易见的，所以在两个界面层区域也都呈现跳跃结构。对应于 $r=0.5$ 的情况，这个例子的地表通量和蒸发量不强也不弱（$(\overline{w'\theta'})_0=0.06\ \mathrm{K\cdot m\cdot s^{-1}}$，蒸发量是 $6.6\ \mathrm{mm\cdot d^{-1}}$），相应的 $\overline{w'\theta'_e}$ 廓线和 $\overline{w'q'_t}$ 如图 8.15 所示。

图 8.17 显示的是“干云”（不考虑潜热作用）情况下浮力对 r 取值的敏感性，结果来源于 Deardorff (1981)。在图 8.17(a)中，不同的 r 值都倾向于使得混合层中的浮力通量垂直积分最大化——这个值大约为 0.2。在图 8.17(b)中，地表通量为零，廓线受 r 值的影响更加明显，云顶辐射冷却作用在混合层上部引起 $\overline{w'\theta'_v}$ 最大化，这些廓线的形状与层积云覆盖的边界层中的观测结果非常相似（见图 8.6(b)）。

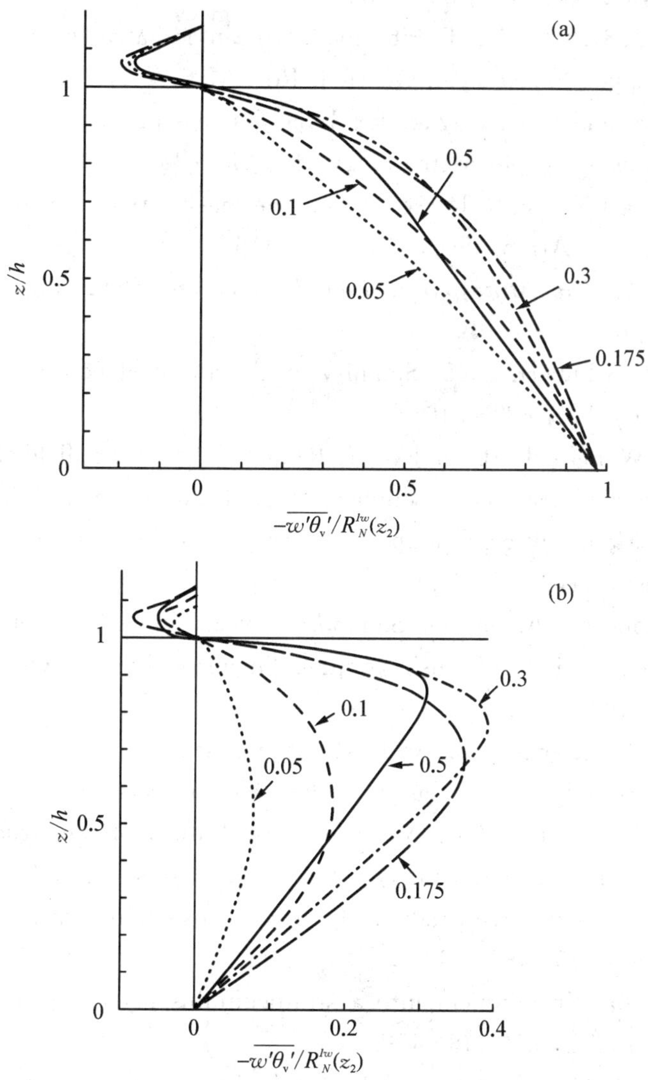

图 8.17　层积云覆盖的边界层中浮力通量廓线对辐射冷却比例 r 值的敏感性。在(a)中，云上长波辐射通量 $R_N^{lw}(z_2)$ 取为量值与 $\rho c_p(\overline{w'\theta'})_0$ 相等；在(b)中，取 $(\overline{w'\theta'})_0=0$。图中曲线旁边的数字为 r 值。结果来源于 Deardorff(1981)。引自 Garratt(1992)。

参考文献

Albrecht B. A., Penc R. S. and W. H. Schubert. 1985. An observational study of cloud-topped mixed layer. J. Atmos. Sci., 42: 800 - 822.

Betts A. K.. 1973. Non-precipitating cumulus convection and its parameterization. Quart. J. Roy. Met. Soc., 99: 178 - 196.

Betts A. K.. 1990. Diurnal variation of California coastal stratocumulus from two days of boundary layer soundings. Tellus 42A: 302 - 304.

Deardorff J. W.. 1976. On the entrainment rate of a stratocumulus-topped mixed layer. Quart. J. Roy. Met. Soc., 102: 563 - 582.

Deardorff J. W.. 1981. On the distribution of mean radiative cooling at the top of a stratocumulus-capped mixed layer. Quart. J. Roy. Met. Soc., 107: 191 - 202.

Driedonks A. G. M. and P. G. Duynkerke. 1989. Current problems in the stratocumulus-topped ABL. Boundary-Layer Meteorology, 46: 275 - 303.

Fravalo C., Fourquart Y. and R. Rosset. 1981. The sensitivity of a model of low stratiform clouds to radiation. J. Atmos. Sci., 38: 1049 - 1062.

Garratt J, R.. 1992. *The Atmospheric Boundary Layer*. Cambridge University Press, Cambridge: 316pp.

Kuo H.-C. and H. Schubert. 1988. Stability of cloud-topped boundary layers. Quart. J. Roy. Meteor. Soc., 114: 887 - 916.

Lenschow D. H., Wyngaard J. C. and W. T. Pennell. 1980. Mean-field and second moment budgets in a baroclinic convective boundary layer. J. Atmos. Sci., 37: 1313 - 1326.

Lilly D. K.. 1968. Models of cloud-topped mixed layers under a strong inversion. Quart. J. Roy. Meteor. Soc., 94: 292 - 309.

Nicholls S., LeMone M. A. and G. Sommeria. 1982. The simulation of a fair weather marine boundary layer in GATE using a three dimensional model. Quart. J. Roy. Meteor. Soc., 108: 167 - 190.

Nicholls S. and J. Leighton. 1986. An observational study of the structure of stratiform cloud sheets, Part I: Structure. Quart. J. Roy. Meteor. Soc., 112: 431 - 460.

Nicholls S. and J. D. Turton. 1986. An observational study of the structure of stratiform cloud sheets, Part II: Entrainment. Quart. J. Roy. Meteor. Soc., 112: 461 - 480.

Nicholls S. 1989. The structure of radiatively driven convection in stratocumulus. Quart. J. Roy. Meteor. Soc., 115: 487 - 511.

Randall D. A.. 1980a. Entrainment into a stratocumulus layer with distributed radiative cooling. J. Atmos. Sci., 37: 148 - 159.

Randall D. A.. 1980b. Conditional instability of the first kind upside-down. J. Atmos. Sci., 37: 125 - 130.

Randall D. A.. 1984. Stratocumulus cloud deepening through entrainment. Tellus 36A:

446 -457.

Roach W. T. and A. Slingo. 1979. A high resolution infrared radiative transfer scheme to study the interaction of radiation with cloud. Quart. J. Roy. Meteor. Soc., 105: 603 - 614.

Schmetz J. and E. Raschke. 1981. An approximate computation of infrared radiative fluxes in a cloudy atmosphere. Pure. Appl. Geophys., 119: 248 - 258.

Schmetz J., Raschke E. and H. Fimpel. 1981. Solar and thermal radiation in maritime stratocumulus clouds. Contrib. Atmos. Phys., 54: 442 - 452.

Slingo A. and H. M. Schrecker. 1982. On the shortwave radiative properties of stratiform water cloud. Quart. J. Roy. Meteor. Soc., 108: 407 - 426.

Slingo A., Nicholls S. and J. Schmetz. 1982a. Aircraft observations of marine stratocumulus during JASIN. Quart. J. Roy. Meteor. Soc., 108: 833 - 856.

Slingo A., Brown B. and C. L. Wrench. 1982b. A field study of nocturnal stratocumulus: III. High resolution radiative and microphysical observations. Quart. J. Roy. Meteor. Soc., 108: 145 - 165.

Stull R. B.. 1985. A fair-weather cumulus cloud classification scheme for mixed layer studies. J. Clim. Appl. Meteor., 24: 49 - 56.

第九章
大气边界层数值模拟和参数化方案[①]

§9.1 引 言

对平均的守恒方程进行数值求解需要具备必要的条件。一方面，需要适合于描述湍流通量项的闭合方案；另一方面，需要一套关于地表、云和辐射的物理参数化方案。不管是一维大气边界层模式，还是二维和三维大气模式(通常情况下其水平网格距都会显著大于大气边界层的特征长度尺度——即大气边界层特征厚度，大约为 1 km)，它们都采用系综平均方程。而大涡模式则与系综平均模式不同，大涡模式求解的是空间平均方程(即对方程进行体积平均处理，实际上是一种空间滤波)，它的求解结果得到的是三维的、随时间变化的大气边界层结构。因网格距明显小于湍流特征尺度(即湍流主尺度)，在大涡模拟中次网格尺度湍流的参数化方案要比系综平均模式简单很多，并且应用的普适性也强很多。这主要是因为大涡模式能够显式求解出大的湍流涡旋，那些小湍流涡旋因具有更为一致的特征而更容易被参数化方案描述。不过，大涡模式也有它不适用的地方，例如，在中尺度和大尺度模式当中，目前还只能求解系综平均方程，所有尺度湍流的作用都需要在闭合方案中体现出来，因此，闭合方案的细节会受到更多的关注，于是就发展出了不同版本的湍流闭合方案。

大气边界层模拟的核心问题是表征湍流混合并估算出平均方程中出现的二阶矩。大气边界层模式可以是积分形式的(即整层模式)，或者是运用一阶闭合或高阶闭合方案并在垂直方向上具有高分辨率的形式。

整层模式的预报量是物理量在大气边界层厚度范围内的平均值，因此，任何有关物理量在边界层中垂直廓线细节的信息都是不可知的。整层方案特别适用于边界层中垂直梯度较小的情形，或者是需要知道垂直平均量的情形。白天有夹卷的对流边界层就是前一种情形的典型例子，大气环流模式因其很粗的垂直分辨率而代表了后一种情形。在第五章和第八章中所讨论的内容都涉及整层模式(或称为垂直积分模式)。不管是晴天边界层，还是有云边界层，想要让模式的方程闭合，就需要知道地表通量、夹卷通量及边界层高度。

所谓“高分辨”模式，指的是垂直方向分为若干层的模式，因而可以知道大气边界层内部结构的一些情况。为了求解出平均场，在每一层上都必须知道方程中的雷诺通量散度项。这类模式主要通过两种方式处理方程：(i) 系综平均模式，它求解系综平均方程，或者求解空

① 本章内容主要来源于 Garratt 编写的经典教材 *The Atmospheric Boundary Layer*。

间平均的尺度远大于大气边界层尺度的空间平均方程(因为在这种情况下空间平均近似等于系综平均)；(ii) 大涡模式，它求解空间平均方程，并且解出的物理量场中显式包含了大尺度湍流结构。系综平均模式当中的大气边界层部分既可以看作是专门的大气边界层模式，它实际上也是中尺度模式和大气环流模式的内在组成部分。

当求解体积平均方程时，如果平均的尺度足够小，那么具有最大能量的湍流涡旋(既含能涡旋)就能被数值解显式地分辨出来，至少在离地表和边界层之上覆盖逆温层较远的地方是这样的。这一点其实很重要，因为湍流流动的差别主要体现在大的湍流涡旋结构的差别上，而那些小尺度湍流涡旋在不同的湍流流动中都基本上是相似的。大的湍流涡旋对整体流场环境(比如，流动的几何特征和层结特征)很敏感，特别是对热力强迫也很敏感。因此，只需要对那些并不敏感的小尺度湍流涡旋进行参数化。大涡模式可以采用相对简单的次网格闭合方案，包括在系综平均模式中用到的一阶和二阶闭合方案。体积平均方程的解包含了变量的部分随机成分(即湍流成分)，因此，如果想要获得一个变量的平均垂直廓线(系综平均意义上的)，就需要在不同高度的水平面上做平均计算，或者是对不同时步的解做时间平均计算，或者是对相同条件下的若干次模拟结果做平均计算。对于区域平均的湍流统计量而言，物理量的总量值应该是可分辨尺度部分和次网格尺度部分(即需要被参数化的那部分)之和。图 9.1 所示为网格距为 50 m 的大涡模拟结果，在对流边界层中归一化的湍流动能 TKE 和热通量的可分辨部分与次网格部分随高度分布呈现出不同特征。在这个网格分辨率的模拟结果当中，次网格部分在近地层之上对 TKE 的贡献小于 12%，而对热通量的贡献则几乎可以忽略不计，但需要注意的是，在接近下边界的地方(也就是在近地层当中)，越靠近地面则被参数化的次网格部分占地面值的比例就越大。

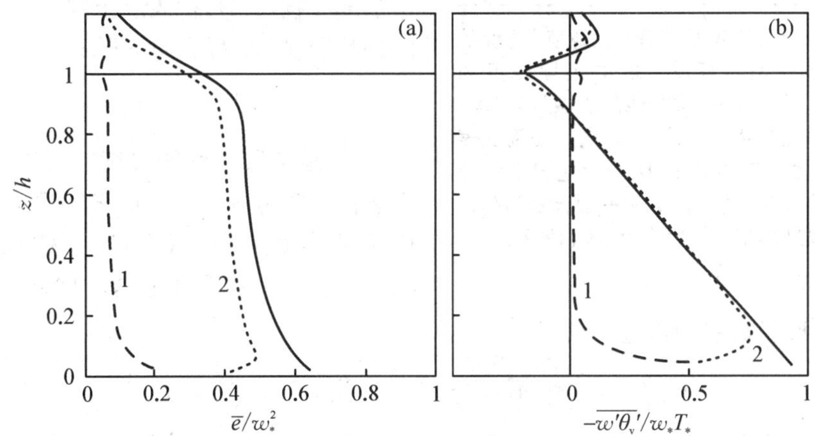

图 9.1　对流边界层垂直廓线的大涡模拟结果：(a) 归一化湍流动能 TKE；(b) 归一化热通量。曲线 1 和 2 分别代表次网格部分和可分辨部分，实线是二者之和。模拟结果来源于 Moeng and Wyngaard (1989)。引自 Garratt(1992)。

对于任何一个数值模式而言，想要计算出地表通量以及边界层中的通量，就必须知道一些地表特征量，比如，地表粗糙度长度、地表反照率，等等。但对于地表温度和湿度而言，情况并非如此。如果我们要处理的是海面，那么海表温度需要由专门的模块先计算出来，而海表湿度则是这个温度之下的饱和值。

§9.2 地表温度

在大气模式当中，地表温度 T_0 通常由地表能量平衡(SEB: surface energy balance)方程的诊断形式：

$$R_{N0} - G_0 = H_0 + \lambda E_0 \tag{9.1}$$

来计算，其中 R_{N0} 是净辐射通量，G_0 是土壤热通量，H_0 是感热通量，λE_0 是潜热通量。或者用它的预报方程：

$$R_{N0} - G_1 = H_0 + \lambda E_0 + \partial W_s/\partial t \tag{9.2}$$

来计算，其中 $W_s = \rho_s c_s \Delta z' T_s$ 是厚度为 $\Delta z'$ 的土壤薄层的能储(T_s 是土壤薄层的温度，ρ_s 是土壤密度，c_s 是土壤比热)，$\partial W_s/\partial t$ 是单位面积土壤薄层的能储速率。

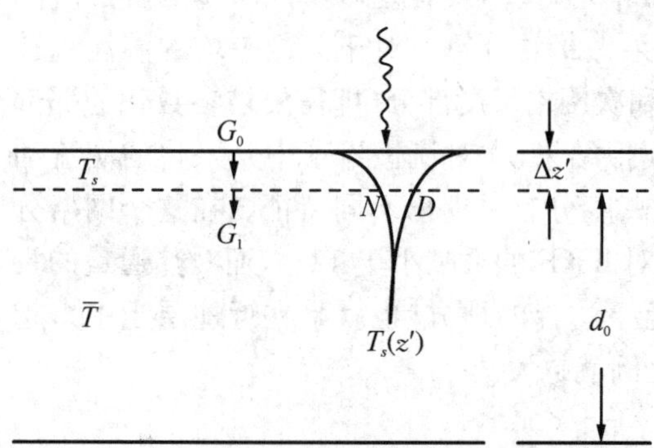

图 9.2 用于计算土壤热通量和"地表"温度的两层模型示意图。表层土壤厚度为 $\Delta z'$，温度为 T_s；而次表层土壤(储热池)的厚度为 d_0，温度为 $\bar{T}$。向下粗箭头表示与白天温度廓线 D 相对应的土壤热通量方向；温度廓线 N 是晴天夜间陆地的典型形状。引自 Garratt (1992)。

如果采用预报方程，对土壤热通量的参数化一般会比较简单，甚至会把它设置为零。基于方程(9.2)的一个广为应用的方法是采用两层土壤模型来计算 G_1，如图 9.2 所示。在这个模型当中，把地表温度取为厚度为 $\Delta z'$ 的土壤薄层(即表层土壤)的温度 T_s，并假设更深的土壤层具有厚度 d_0，从而使得在我们关心的时间尺度上该土壤层底部的热通量为零。为了求解方程(9.2)，把表层土壤与次表层土壤之间的热通量 G_1 写成如下形式：

$$G_1 = \mu(T_s - \bar{T}) \tag{9.3}$$

其中 $\bar{T}$ 是深层土壤的温度。深层土壤相当于储热池。将方程(9.2)和(9.3)联合起来，并运用关系式 $C_g = C_s \Delta z'$(C_s 是体积比热 $C_s = \rho_s c_s$，其中 c_s 是质量比热，即单位质量的物质温度升高 1 K 所需要的热量)，则有

$$C_g \partial T_s/\partial t = (R_{N0} - H_0 - \lambda E_0) - \mu(T_s - \bar{T}) \tag{9.4}$$

这个土壤表面温度的方程经常被说成是"强迫-还原"方程，因为受到包含 $\bar{T}$ 的还原项的调制。如果强迫项被移除，那么这一项的作用就是使得 T_s 按照指数变化逼近 $\bar{T}$。类似地，可以得到关于 $\bar{T}$ 的如下方程：

$$(C_s d_0)\partial \bar{T}/\partial t = (R_{N0} - H_0 - \lambda E_0) \tag{9.5}$$

在方程(9.5)中 d_0 是有年振荡变化的 e 指数衰减厚度，即 $d_0 = 365^{1/2} D/2$，其中 $D = (2k_s/\Omega)^{1/2}$ 是衰减厚度(它是个厚度，也就是土壤深度，在这个深度上温度振荡变化的振幅是地表温度振荡变化的 1/e。对于日变化而言，典型的土壤衰减厚度为 $D \approx 0.1$ m。对于年

变化而言，Ω 为 $2\pi/365$，因此 D 被放大了 $365^{1/2}\approx 19$ 倍，所以典型土壤的年尺度衰减厚度大约为 2 m)，k_s 是土壤的热传导率 ($k_s=\rho_s c_s \kappa_s$，其中 κ_s 是土壤扩散系数，κ_s 的单位是 $\mathrm{m\cdot s^{-1}}$，k_s 的单位是 $\mathrm{W\cdot m^{-1}\cdot K^{-1}}$)。在小于 1 天的时间尺度上 $\bar{T}$ 近似为常数。

在实际应用当中，系数 C_g (以及 $\Delta z'$) 和 μ 必须是已知参数，相关研究和分析建议采用如下关系：

$$C_g=C_s(\kappa_s/2\Omega)^{1/2} \tag{9.6a}$$

及

$$\mu=\Omega C_g \tag{9.6b}$$

我们应该注意到，方程(9.6a)意味着 $\Delta z'=(\kappa_s/2\Omega)^{1/2}=D/2$。

因为实际当中地表强迫作用的日变化情况并非真正遵循正弦函数，需要对方程(9.6)所确定的 C_g 和 μ 进行必要的调整，比如，用傅里叶级数来表示，按照晴天日照时间长度进行标准化，并用正午时分的值进行归一化。经过这些调整和修正，可以得到如下关系：

$$C_g=0.95C_s(\kappa_s/2\Omega)^{1/2} \tag{9.7a}$$

和

$$\mu=1.18\Omega C_g \tag{9.7b}$$

数值模式当中通常用到的是上述关系式。

§9.3　地表湿度(土壤湿度)

我们需要搞清楚的是，在确定裸土地表湿度的时候，有两种截然不同的方案。一种是交互式的(即有反馈的)，另一种是非交互式的(即无反馈的)。非交互式方案意味着地表湿度或土壤湿度不能真实地反映其对大气强迫的响应。

9.3.1　非交互式(诊断)方案

裸土地表的水分蒸发及地表温度都强烈地依赖于地表湿度状况(即浅表土壤的水分含量)。在许多大气模式当中，计算裸土下垫面的地表空气湿度 q_0(或者地表空气相对湿度 r_h)的问题被避开，而是代之以对地表湿度的简单处理。在有些情况下这样的简单处理是能被接受的，但是它顶多也就能粗略地表征蒸发过程，而这样的处理无法反映大气与地表湿度状况之间的反馈影响，比如：

(1) 在知道波文比 B 的情况下，可以有如下关系：

$$q_0=\gamma B^{-1}(\theta_0-\theta)+q \tag{9.8}$$

其中 $\gamma=c_p/\lambda$ 是干湿表常数。

(2) 把实际的蒸发量设定为潜在可蒸发量 E_p 的某个固定比例，即

$$E_0=xE_p \tag{9.9}$$

这意味着可以有如下关系：

$$q_0 = xq^*(T_0) - (1-x)q \tag{9.10}$$

其中 T_0 是变干的土壤表面的温度。需要注意的是，其实更具可操作性的温度是 T_{0p}，这个温度是湿润地表所具有的温度，而 q 和 T 保持不变。但是，这个假想的温度是不知道的，如果用方程(9.10)中的 T_0，当地表比较干的时候，这会导致 E_p 的量值被不真实地偏高估计($E_p = \rho[q^*(T_0) - q]/r_{aV}$)。当然，如果把 E_p 处理得更精细一些(即把它处理成两项之和：$E_p = \Gamma(R_{0N} - G_0)/\lambda + (1-\Gamma)\rho\delta q/r_{aV}$，其中 $\Gamma = s/(s+\gamma)$，$\delta q = [q^*(T_0) - q] - s(T_0 - T)$，$s = \partial q^*/\partial T$ 取温度为 $(T_0 + T)/2$ 的值)，则可以避免这种情况出现。关于这方面的细节，读者可参阅 Garratt (1992)的经典教材 *The Atmospheric Boundary Layer*。

(3) 把地表相对湿度取为固定值，即 $r_h = q_0/q^*(T_0) =$ 常数，蒸发量由下式确定：

$$E_0 = \rho[r_h q^*(T_0) - q]/r_{aV} \tag{9.11}$$

特别是在(1)和(2)当中，一个从概念上讲不希望看到的情况是 q_0 依赖于第一层大气的比湿 q，这等于说 q_0 依赖于参考高度的选择。对很多场合来讲，需要一个交互式方案来真实地反映蒸发对土壤水分的依赖，而从实用的角度讲这个方案还要相对比较简单。

9.3.2 交互式方案

在方程(9.9)中 x 被设置成依赖于土壤湿度状况。这样的方案又分为两种情况，一种情况是土壤层比较厚的单层模型，它的作用就像个蓄水池，我们称之为方法一；另一种情况是表层土壤很薄的两层模型，我们称之为方法二。

方法一："蓄水池"方案

这个方案如图 9.3 所示。由下列关系确定 x：

$$x = \min(1,\ \eta_{bb}/\eta_k) \tag{9.12}$$

其中 η_{bb} 是厚度为 d_1 的土壤层中的体积含水量，η_k 是其临界值。在 $\eta_{bb} > \eta_k$ 的情况下，地表被当作处于饱和状态来看待，这只是 x 的众多状态中的一种。事实上，当用真实的土壤来做试验的时候，试验结果从未得到过具有一致性的关于 x 的表达式，这正是方程(9.9)和方程(9.12)的局限性所在。这个方案的优点在于它的简单性，所给出的蒸发量介于干、湿极限状态之间。

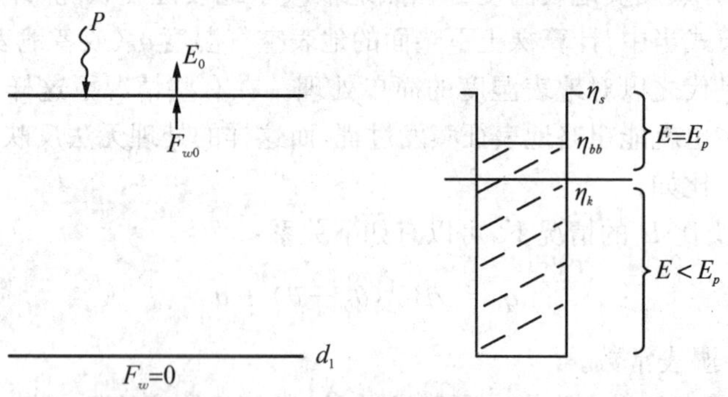

图 9.3 土壤水分的单层"蓄水池"方案示意图。在厚度为 d_1 的土壤层底部假设水分通量为零，这个比较厚的土壤层中表层含水量为 η_{bb}，它随时间变化遵循方程(9.13)，临界值 η_k 决定了蒸发率是等于还是小于潜在蒸发速率，如果 η_{bb} 等于饱和值 η_s 并且有降水，那么就假设产生径流(蓄水池溢出)。引自 Garratt(1992)。

在土壤层的底部，水汽通量设置为零。于是 η_{bb} 满足如下关系：

$$\partial\eta_{bb}/\partial t=(P-E_0/\rho_w)/d_1 \tag{9.13}$$

其中 P 是降水率，单位是 $m \cdot s^{-1}$。在这里，$0\leqslant\eta_{bb}\leqslant\eta_s$，其中 η_s 是最大(饱和)值，超过这个值就认为会产生径流。在几天这个时间尺度上，数值模式中 d_1 的典型值范围是 0.5—1.0 m，并且 $\eta_k\approx0.75\eta_s$。对于更长的时间尺度，土壤层底部的排水作用变得重要起来，尽管经常会把这个过程忽略掉，或者是把它并入径流来处理。

“蓄水池”方法的主要缺陷在于蒸发过程不能对短时降水做出响应。事实上，短时降水会改变 η_{bb}，从而改变蒸发。例如，假设 $d_1=0.5$ m，3 小时内 10 mm 降水量会使得 η_{bb} 从 0.08上升到 0.10(相对于饱和值 η_s 为 0.3 的情况)。而依据方程(9.9)计算出来的 E_0 只向着 E_p 的方向增加 10%(对应于湿地表的情形)。厚土壤层模型类似于蓄水池，它在饱和状态下能够储存 15 cm 水(如果因降水而出现更多的水，那么多出来的这部分水会溢出而形成径流)。清空或注满的速率由方程(9.13)所对应的时间尺度所控制(例如，3 小时降水量为 10 mm，蓄水厚度为 15 cm，时间尺度为 1—2 天)。实际上，短时降水就能使地表变饱和，而蒸发率很高的时候经过很短的时间地表就会变干。

方法二：“强迫-还原”方案

我们可以用两层土壤模型把表层土壤的湿度处理成类似于地表温度的情形。对于湿度，模式必须能够对降水或蒸发的强迫作用引起的表层土壤湿度变化所做出的快速响应进行描述。在没有降水的情况下，它必须包含深层土壤向地表输送水分的过程。

蒸发被处理成 E_p 的某个比例(如方程(9.9)所示)，如前所述，E_p 可按 $E_p=\rho[q^*(T_0)-q]/r_{aV}$ 计算，也可按 $E_p=\Gamma(R_{0N}-G_0)/\lambda+(1-\Gamma)\rho\delta q/r_{aV}$ 计算(见上一小节)。比例系数 x 与表层土壤的水分含量 η_g 有关，为了计算这个量，我们考虑两层土壤模型，在每层当中土壤湿度和其他量都是均匀分布的(如图 9.4 所示)。对于厚度为 d_2、水分含量为 η_g 的土壤薄层，其水分的收支关系如下：

$$\rho_w\partial\eta_g/\partial t=(\rho_wP-E_0)/d_2-F_{w1}/d_2 \tag{9.14}$$

其中 ρ_w 为水的密度，P 为降水速率(量纲与速度的量纲相同)，F_{w1} 是 $z'=d_2$ 处的液态水通量(量纲是 $kg \cdot m^{-2} \cdot s^{-1}$)，这是个需要参数化的量，可以按下列式子进行计算

$$F_{w1}=\rho_wd_2b_0(\eta_g-\eta_{eq}) \tag{9.15}$$

其中 $\eta_{eq}\approx\eta_b-K_\eta\Delta z''/D_\eta$($\Delta z''$ 是从 $z'=d_2$ 向下算起的厚度)，重力效应由水力传导率 K_η 来体现(即 K_η 包含了重力效应)，变量 η_{eq} 代表了重力效应与毛细管作用相平衡时的土壤平衡含水量。土壤平衡含水量显著低于土壤平均含水量的情况是有可能出现的，特别是那些像沙子一样的粗颗粒土壤，这种情况如图 9.5 所示。对于初始平均含水量大约为 0.4 的沙土而言，其中的水分会因为重力的作用而向下渗透，直到含水量降低到其平衡值 0.2 为止。

我们还需要知道关于 η_b 的方程，如果假设厚土壤层底部的液态水通量为零，则有

$$\partial\eta_b/\partial t=F_{w1}/\rho_wd_3 \tag{9.16}$$

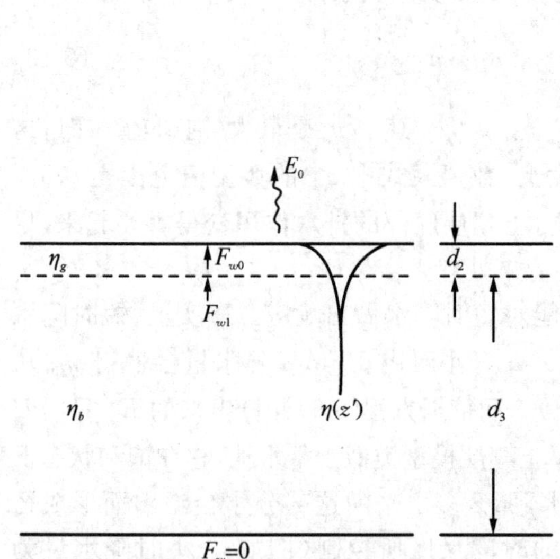

图 9.4　用于计算土壤水通量和表层土壤含水量的两层土壤模型示意图。表层土壤薄层的厚度为 d_2，其土壤含水量为 η_g；而次表层土壤（或称为蓄水层）的厚度为 d_3，其土壤含水量是 η_b。垂直箭头表示对应于图中左边 η 廓线的土壤水通量的大小和方向。引自 Garratt (1992)。

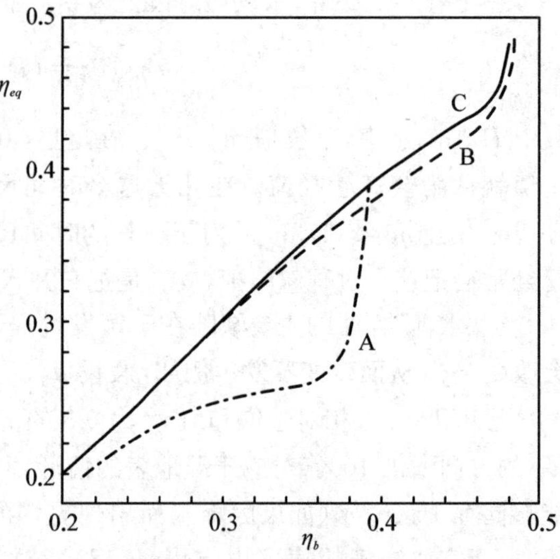

图 9.5　对应于三种土壤类型的平衡含水量 η_{eq} 与实际土壤整体含水量 η_b 之间的关系：A 沙土；B 粉沙土壤；C 黏土。结果来源于 Noilhan and Planton (1989)。引自 Garratt(1992)。

对于真实的土壤，考虑蒸发作用也是深层土壤水分的汇，方程(9.14)和(9.16)可以被重写成如下形式：

$$\partial\eta_g/\partial t = a_0(P - E_0/\rho_w) - b_0(\eta_g - \eta_{eq}) \tag{9.17}$$

$$\partial\eta_b/\partial t = c_0(\eta_g - \eta_{eq}) - E_{tr}/\rho_w d_3 \tag{9.18}$$

其中 E_{tr} 是植被冠层的蒸腾速率，对于裸土地表，它被设置为零。关于两个方程中的系数 a_0、b_0 和 c_0，需要在 η_g 和 η_b 的宽泛取值范围内针对不同的土壤类型获得它们的值，可以通过数值模拟的方法来实现，三种土壤类型的结果如图 9.6 所示。总而言之，其行为与土壤表面蒸发的三个干燥阶段相一致。在阶段 1，η_g 的量值相对较大，a_0 值很小，蒸发是按照潜在速率进行的，并受大气因子控制。在阶段 2，a_0 值处于中等大小，蒸发速率下降为小于潜在速率的大小，这种情况之下蒸发受到土壤内部水分向上输送过程的控制，而土壤水分的输送效率会强烈地依赖于土壤含水量。在阶段 3，a_0 值较大，蒸发率较小，且蒸发过程受土壤中水汽的向上输送过程和土壤吸收过程所控制。

当 η_g 被确定之后，由方程(9.9)可知蒸发率比例因子 x 应该是 η_g 的函数；或者按照 $E_0 = \rho[r_h q^*(T_0) - q]/r_{aV}$ 计算，而 r_h 应该是 η_g 的函数。对于前一种情况，它类似于方程(9.12)所描述的情形。因为在干燥土壤和土壤处于干燥过程的条件下按照 $E_p = \rho[q^*(T_0) - q]/r_{aV}$ 定义的潜在蒸发率 E_p 在概念上是有问题的，最好按照关系式 $E_p = \Gamma(R_{0N} - G_0)/\lambda + (1-\Gamma)\rho\delta q/r_{aV}$ 来表征 E_p，并把蒸发率公式简化成如下形式：

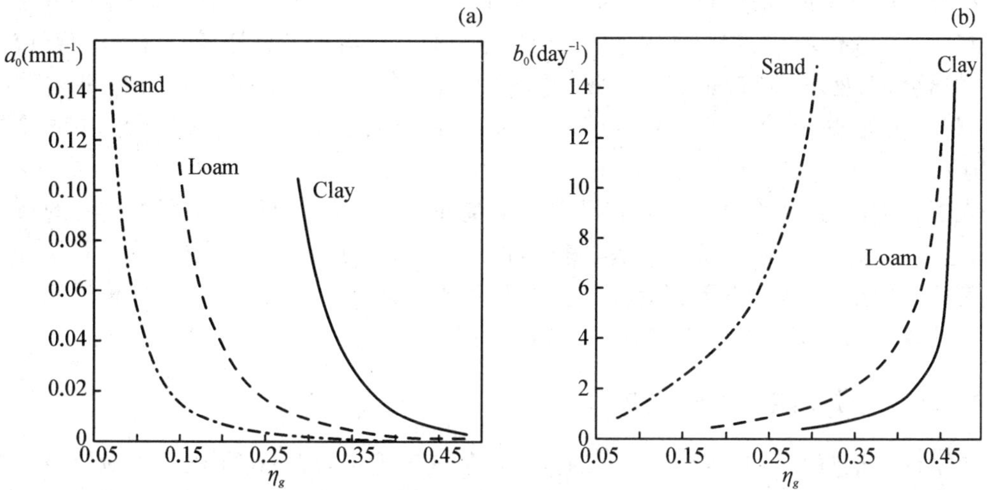

图 9.6 (a) 三种类型土壤的"强迫-还原"系数 a_0 随 η_g 变化的关系,(b) 系数 b_0 随 η_g 变化的关系。结果来源于 Noilhan and Planton(1989)。引自 Garratt(1992)。

$$E_0/E_p = f_{st}(\eta_g/\eta_s) \tag{9.19}$$

其中 η_s 是单位体积土壤含水量的饱和值,函数 f_{st} 可以通过数值模拟方法获得。当然,这些关系都是基于均匀土壤的平均特性获得的,在实际的网格区域当中平均的土壤特性并不明确的情况下,运用方程(9.19)或者是关于蒸发的类似关系(如方程(9.9))时需要谨慎地对其合理性加以审视。不过,这种方法的优点在于当存在诸如沙土和黏土这样差异极为明显的土壤时,我们可以对数值模拟结果中的大气行为进行比较和评估。

§9.4 植被冠层的参数化

地面上存在植被的情况是很常见的。植被冠层对土壤的蒸发过程会起到调制作用,并通过蒸腾作用进一步影响进入大气边界层的垂直水汽通量。一个实用的植被冠层模型必须最终能够体现植被对蒸发、能量分配、降水拦截、土壤湿度以及反照率和空气动力学粗糙度的影响。包含了这些冠层效应之后,深层土壤湿度(位于冠层的根系层)所起到的作用是蒸散发过程的源。除非是在完全湿润的条件下,冠层的枝叶部分对蒸发率起到了一定程度的生理控制作用,于是地表湿度变得不确定了,在这种情形之下,冠层或地表的阻抗(或传导率)被引入蒸发模型当中,而阻抗(或传导率)概念是大多数冠层模式的核心。

这里着重介绍的是单层冠层模型,这样的冠层模型很适用于中尺度模式和大气环流模式,例如,在大气环流模式中对网格范围内下垫面类型就设置了选项,可以是完全被植被冠层覆盖的下垫面,也可以是裸土下垫面,等等。对于网格范围内只有部分面积被冠层覆盖的情形,模式可以处理不同植被分布的情况,包括稀疏植物均匀分布的情况,稠密植被只是部分覆盖网格区域的情况,以及更复杂的情况。事实上,人们已经发展出多层冠层模式,本书对有关细节不做详细介绍。有兴趣的读者可以自行参看有关文献,如 Finnigan and Raupach (1987)及 Raupach(1988)的文章等。

对于完全被植被覆盖的下垫面,最简单的冠层模型运用阻抗 r_s 来描述蒸发过程(r_s 代表了植被冠层的整体气孔阻抗),并用反照率和 z_0 来表征地表状况。相反,复杂的单层冠层模式包含了更多的参数,它们被用于计算冠层之下来自土壤的各种通量、植株之间开放空间的各种通量,以及来自枝叶的各种通量。这样的模式有 Sellers et al.(1986)的 SiB 模式,还有 Dickinson et al. (1986)的 BATS 模式。在这样的方案当中,会用比较复杂的方式来处理地表阻抗。

在本节当中,针对等温下垫面和不等温下垫面的情形,我们只介绍简单实用的冠层模式,通过这样的介绍让读者了解到基本概念和处理方法。在等温情形当中,假设冠层和土壤层具有相同的温度;而在不等温情形当中,冠层和土壤具有不同的温度。这些模式基本上都是一维的,模式的计算结果反映了网格区域中的平均情况。

9.4.1 等温冠层/土壤模式

这个模式把植被和土壤放在一起当作一个整体来考虑,假设土壤表面和冠层枝叶具有相同的温度 T_{0f} (Noilhan and Planton, 1989),图 9.7 显示了这个模式的主要方面。模式的主要任务是计算从冠层进入边界层大气的热通量 H_0 和水汽通量 E_0。我们用 Θ_{0f} 来表示冠层表面的位温,则热通量为

$$H_0 = \rho c_p (\Theta_{0f} - \Theta)/r_{aH} \quad (9.20)$$

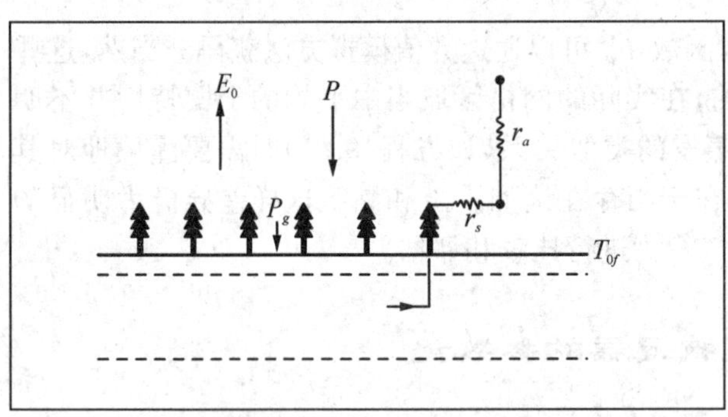

图 9.7 等温稠密冠层模型示意图。假设冠层和表层土壤的温度为 T_{0f},它与实际大气(由 r_s 和 r_a 表征)和深层土壤过程(由蒸腾过程体现)存在关联,P_g 是到达土壤表面的降水量。引自 Garratt (1992)。

对于蒸发过程,需要区分干燥冠层和湿润冠层。对于湿润冠层,蒸发率按照潜在速率计算:

$$E_{wc} = E_p = \rho[q^*(T_{0f}) - q]/r_{aV} \quad (9.21)$$

对于干燥冠层,蒸散过程受到植物生理学的控制,蒸发率按照下列式子计算:

$$E_{dc} = E_{tr} = \rho[q^*(T_{0f}) - q]/(r_{aV} + r_s) \quad (9.22)$$

其中 r_s 是单位面积上的地表阻抗。使用方程(9.21)还是(9.22)取决于因降水或结露过程在冠层枝叶上形成的液态水的含量。此外,土壤湿度取决于到达地面的降水量。所以,需要考虑冠层对降水的拦截作用,于是需要增加一个关于冠层枝叶上水膜厚度 m 的方程:

$$\partial m/\partial t = P - E_{wc}/\rho_w - P_g \quad (9.23)$$

其中 P 是冠层顶所处高度的降水量(单位是 $\mathrm{mm \cdot h^{-1}}$),P_g 是从冠层枝叶降落到地面进入土壤的雨水迁移通量(量纲与降水量相同)。我们定义 m^+ 为单位地表面积上冠层枝叶上驻留液态水的最大厚度,当 $m > m^+$ 时,雨水不再被冠层拦截,于是降水会全部到达地面。所以,它满足这样的约束条件:如果 $m < m^+$,则 $P_g = 0$;如果 $m > m^+$,则 $P_g = P$。

如果 $m = 0$,冠层被定义为是干燥的,于是地表蒸发率 E_0 按下式计算:

$$E_0 = E_{dc} \tag{9.24a}$$

而当冠层是完全湿润的，即 $m \geqslant m^+$（蒸发），或 $m > 0$（凝结），则 E_0 按下式计算：

$$E_0 = E_{wc} \tag{9.24b}$$

方程(9.24b)既可以描述冠层的液态水蒸发过程(此时 m 减少)，也可以描述在冠层上结露($E_{wc} < 0$)的凝结过程(此时 m 增大)。

需要说明的是，在大气环流模式当中网格尺度通常是百公里的量级，应该考虑降水拦截作用的空间不均匀性，因此，当 $m < m^+$ 时，一般假设只有比例为 m/m^+ 的部分冠层是湿润的，在整个网格区域上冠层的平均蒸发率为

$$E_0 = (m/m^+)E_{wc} + (1 - m/m^+)E_{dc} \tag{9.24c}$$

同时，如果发生结露过程($E_{wc} < 0$)，则应该启用方程(9.24b)来描述冠层的蒸发状态，此时整个冠层被认为处于变湿的过程当中。

为了求解 H_0 和 E_0，需要计算冠层顶处的湍流通量和冠层-土壤表面的温度，这样的计算通常依据地表能量平衡方程，并且把冠层-土壤系统处理成两层结构，运用"强迫-还原"方法计算冠层温度(T_{0f})。因此，温度方程类似于表层土壤的方程(9.4)，即

$$C_V \partial T_{0f}/\partial t = (R_{0N} - H_0 - \lambda E_0) - \mu_V(T_{0f} - \bar{T}) \tag{9.25}$$

其中 C_V 和 μ_V 类似于裸土方程(9.7)定义的 C_g 和 μ。事实上，一片植被的热容量通常远小于土壤，其量值在单位叶面积指数上 0.1—1.0 mm 液态水的热容量范围内(对于 $LAI = 5$ 的农作物和森林而言，C_V 介于 $2\times10^3\ \mathrm{J\cdot m^{-2}\cdot K^{-1}}$ 和 $2\times10^4\ \mathrm{J\cdot m^{-2}\cdot K^{-1}}$ 之间)，而土壤热通量相当于 15—60 mm 液态水的热容量(C_g 介于干沙土的 $7\times10^4\ \mathrm{J\cdot m^{-2}\cdot K^{-1}}$ 和湿黏土的 $2.5\times10^5\ \mathrm{J\cdot m^{-2}\cdot K^{-1}}$ 之间)。

在上述方程中，选择恰当的 r_s 值对计算 E_{dc} 至关重要，而且，需要设置 m^+ 的取值。对于完全被冠层覆盖的下垫面，这两个量被认为取决于枝叶的稠密程度，即直接与叶面积指数 L_A 有关。对于最大降水拦截(截留)而言，下列简单关系能够适用于草、农作物和很多种树(Dickinson，1984)

$$m^+ \approx 0.2L_A \tag{9.26}$$

其中 m^+ 的单位是 mm(液态水厚度)。枝叶稠密的深厚冠层的典型值是 1 mm，也就是说，在降水率为每小时 0.5 mm 且没有蒸发的情况下，冠层枝叶由干燥状态变为"饱和"状态所需要的时间大约是两小时。

对于 r_s 而言，通常假设一个总体阻抗。有很多公式被用来描述气孔阻抗与其影响因子之间的关系，这些因子包括土壤有效水分、太阳辐射、绝对温度、大气的水汽亏损(与饱和水汽的差值)和二氧化碳浓度。单片叶子的气孔阻抗可以写成如下一般形式：

$$r_{sti} = r_{sti}^+ F_1 F_2 F_3 F_4 F_5 \tag{9.27a}$$

而整个冠层的气孔阻抗则被表示成如下形式：

$$r_{st} = r_s^+ F_1 F_2 F_3 F_4 F_5 \tag{9.27b}$$

这意味着 $r_s^+ = r_{sti}^+/L_A$（整个冠层气孔阻抗的概念基于“大叶子”模型，即把整个冠层的气孔阻抗看作是假想的单片大叶子的阻抗 r_{st}；如果 r_{sti} 是每片真实叶子的阻抗，则 r_{st} 被定义为这些叶子的并联阻抗：$1/r_{st} = A^{-1}\sum L_{A,i}/r_{sti}$，其中 $L_{A,i}$ 是第 i 片叶子的面积，而 A 是冠层的占地面积；叶面积指数(LAI)为 $L_A = \sum L_{A,i}/A$；在实际应用中，可以采用近似关系 $r_{st} \approx r_{sti}/L_A$）。上式中的 F_1 代表太阳辐射强迫，F_2 代表土壤水分强迫（水应力），F_3 代表水汽压亏损强迫，F_4 代表温度强迫，F_5 代表二氧化碳浓度强迫。在很多情况下只有 F_1 和 F_2 是重要的，当然，对于比较极端的气候条件下的某些植物种类而言，高温和干旱环境会使得蒸腾作用明显减弱（通常发生在当地时间的午后）。r_s^+ 表示无强迫条件下的阻抗（我们称之为自由阻抗），其典型值为 50 s・m^{-1}。自由阻抗通常小于 r_{st} 的白天最大值，因为即使是在最优条件下这些 F 函数的乘积的取值通常都会大于 1。

9.4.2 不等温冠层/土壤模式

在本小节中我们介绍不等温冠层/土壤模式，并推导相应的方程，旨在获得更加接近真实状况的关于植被冠层与大气之间垂直通量的表达式。图 9.8 显示了这个修正模式的示意图。在这个模型当中土壤表面温度 T_g 与植被枝叶温度 T_f 不同，由此产生了两种通量，一种是由地面进入大气的通量（E_g，H_g），另一种是由植被枝叶表面进入大气的通量（E_f，H_f）。总的热通量 H_0 和水汽通量 E_0 可以表示成如下形式：

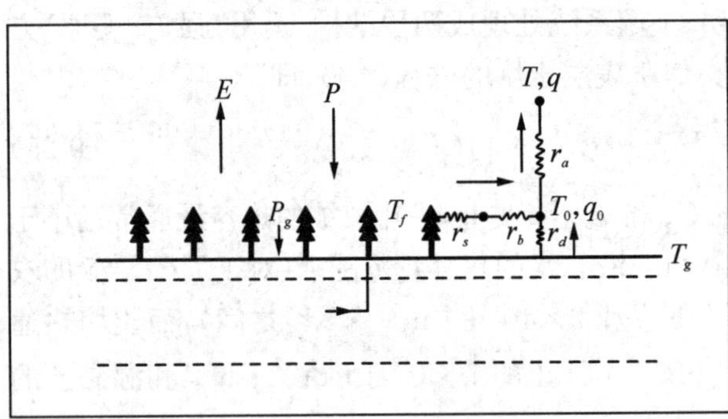

图 9.8　不等温冠层模型的示意图。冠层和表层土壤的温度分别为 T_f 和 T_g，它们与大气（由阻抗 r_s、r_b 和 r_a 表征）、土壤或林下草丛（由 r_d 表征）及深层土壤过程（由蒸腾作用体现）存在关联，P_g 是到达土壤表面的降水量。引自 Garratt(1992)。

$$H_0 = H_f + H_g = \rho c_p(\Theta_0 - \Theta)/r_{aH} \tag{9.28}$$

$$E_0 = E_f + E_g = \rho(q_0 - q)/r_{aV} \tag{9.29}$$

在上述表达式中，Θ 和 q 是冠层之上近地层某个高度上的位温和比湿，而 Θ_0 和 q_0 是冠层当中空气的等效位温和等效比湿。为了计算通量的分量，温度 T_0 必须通过在冠层顶（针对 T_f）和地面（针对 T_g）求解地表能量平衡方程来获取。分量通量可以写成如下关系：

$$H_f = \rho c_p(\Theta_f - \Theta_0)/r_b \tag{9.30}$$

$$H_g = \rho c_p(\Theta_g - \Theta_0)/r_d \tag{9.31}$$

$$E_f = \rho(q_f - q_0)/r_b \tag{9.32}$$

$$E_g = \rho(q_g - q_0)/r_d \tag{9.33}$$

通常假设热量和水汽的输送阻抗 r_b 和 r_d 相等。我们应该注意到，分量通量被写成关于被输送量的冠层（或地面）与冠层空气之间差值的形式，按照这样的表达方式，方程(9.28)和

(9.29)意味着如下关系：

$$T_0 = \alpha_1 T_f + \alpha_2 T_g + \alpha_3 T \tag{9.34a}$$

$$q_0 = \alpha_1 q_f + \alpha_2 q_g + \alpha_3 q \tag{9.34b}$$

这些方程是确定表面温度 T_0 和表面湿度 q_0 所需要的，其中的系数满足 $\alpha_1 = r_t / r_b$，$\alpha_2 = r_t / r_d$，$\alpha_3 = r_t / r_{aH}$，而总阻抗按照并联规则满足下列关系：

$$r_t^{-1} = r_b^{-1} + r_d^{-1} + r_{aH}^{-1} \tag{9.35}$$

实际上方程(9.32)和(9.33)并不会被用到，因为我们不知道 q_f 和 q_g。对于 E_f，可以采用类似于方程(9.24)的方式来描述。如果 $E_{wc}^f > 0$，则有

$$E_f = (m/m^+) E_{wc}^f + (1 - m/m^+) E_{dc}^f \tag{9.36a}$$

如果 $E_{wc}^f < 0$，则有

$$E_f = E_{wc}^f \tag{9.36b}$$

湿润冠层和干燥冠层的通量用下列式子表示：

$$E_{wc}^f = \rho [q^*(T_f) - q_0] / r_b \tag{9.37}$$

$$E_{dc}^f = \rho [q^*(T_f) - q_0] / (r_b + r_s) \tag{9.38}$$

对于 E_g，可以应用类似于方程(9.19)的表达式，当然，需要计算土壤湿度(计算方法之前已有介绍)。

冠层枝叶温度可以通过求解适用于枝叶层的地表能量平衡诊断方程来获得，如果忽略冠层的储热作用，这个方程可以写成如下形式：

$$(1 - \alpha_f) R_{s0} + \varepsilon_f R_{L0}^d + \varepsilon_g \sigma T_g^4 - 2\varepsilon_f \sigma T_f^4 \approx F_f + \lambda E_f \tag{9.39}$$

其中下标 f 和 g 分别表示枝叶和地表，R_{s0} 和 R_{L0}^d 是冠层顶部的短波辐射通量和向下长波辐射通量，两个 T^4 项分别是枝叶层释放的向上、向下长波辐射(支出项，符号为负)和收到来自地表的长波辐射(收入项，符号为正)。

对于地表温度，还需要求解第二个地表能量平衡方程，这个方程可以是诊断方程，也可以是预报方程，其诊断形式可以写成如下表达式：

$$(1 - \alpha_g) R_{sg} + \varepsilon_f \sigma T_f^4 - G \approx F_g + \lambda E_g \tag{9.40}$$

其中 R_{sg} 是到达冠层之下地表的短波辐射，一般用关于 R_{s0} 的参数化方案加以描述，它在冠层中随高度下降而减小(也就是说，用 R_{s0} 乘以一个高度分布函数来表示 R_{sg})。如果用强迫-还原方法来计算 G_0，则方程(9.40)必须改写成如 9.2 小节中介绍的预报方程形式。

想要求解这些方程，并计算出感热和潜热通量，我们需要知道空气动力学阻抗 r_{aH}、r_{aV}、r_b 和 r_d。前两个比较简单，就是我们在前面的章节里介绍过的近地层阻抗。r_b 就像是近地层阻抗，只是它反映了枝叶表面与枝叶层空气之间的输送阻抗，而 r_d 则是地表与冠层空气之间的输送阻抗。一般来讲，r_b 和 r_d 具有与 r_a 相同的量级，量值上可能大于 r_a (Deardorff, 1978)。

9.4.3 局部冠层模式

前面讨论的冠层模式适用于下垫面上分布着均匀稠密植被的情况。如果植被比较稀疏或者稠密冠层只覆盖了下垫面的部分区域(局部冠层的情形),直接应用这些冠层模式会产生较大的误差。在真实场景下,局部冠层的结构有多种表现形式,但是借助于两种基本结构可以帮助我们有效处理这个问题。一种情况是稀疏植被均匀分布于下垫面之上,另一种情况是下垫面分为稠密冠层地块和裸土地块。从网格区域的角度讲,这两种情形的冠层覆盖率 σ_f 是可以相同的。但是,在这两种情形之下 E_f 和 E_g 之间的差异会非常明显,在大尺度模式当中,很多冠层方案中并没有区分植被的不同次网格分布形态。

如果不考虑植被的分布状况,运用简单的方案可以计算出由冠层和裸土共同形成的(网格)区域平均的湍流通量。一种简便的方法是把冠层和裸土的分量通量线性组合在一起,并对温度方程(基于地表能量平衡关系)、降水拦截方程及各自的通量方程做恰当调整。如果采用等温冠层模式,总通量可以用下列关系表示:

$$H_0=\sigma_f H_{fc}+(1-\sigma_f)H_{g0} \tag{9.41}$$

$$E_0=\sigma_f E_{fc}+(1-\sigma_f)E_{g0} \tag{9.42}$$

其中 H_{fc} 和 E_{fc} 是网格区域上覆盖率为 σ_f 的冠层的通量,而 H_{g0} 和 E_{g0} 是裸土部分的通量。上述关系能保证 σ_f 趋近于零和趋近于 1 的渐近趋势是正确的。

人们已经发展出更为精细的不等温单层冠层模式,并应用于大气环流模式。这些模式的模拟能力要优于相应的等温冠层模式,特别是在冠层枝叶温度与地表温度差异显著的情况下,这种情况通常对应于短波辐射能够轻易穿透局部冠层到达地面的情形。虽然我们不能断言简单的冠层模式就一定能让数值模式的模拟能力得到很大的提高(因为它仍然是一种近似描述),但从合理性上讲,冠层模式描述了更为接近实际的地表状况及相关的物理过程,当冠层模式在细节上不断改进之后,冠层模式应该能够模拟出更接近实况的结果。更为重要的是,冠层模式体现了生态系统在地气交换过程中的作用,而生态系统又是地球气候系统的重要圈层,发展植被冠层模式是完善气候系统模式的必然诉求。事实上,人们在这方面一直不断努力,已经发展出较为完善的陆面模式系统。

9.4.4 关于冠层模式的一般认识

对于大气模式而言(无论是边界层模式,还是中尺度模式,或者是大气环流模式),我们面对的问题是冠层模式需要精细到怎样的程度才是合适的。任何数值模式都存在一定的不确定性,包括模式所做的许多简化假设,在很多情况下,单层冠层模式和两层土壤模型可能是描述地气交换过程所需要的细致程度最低的方案。在这样的方案中,需要对整体气孔(地表)阻抗、粗糙度长度、反照率以及冠层对降水的拦截储存量等参数进行描述。地表阻抗需要包含太阳辐射和土壤湿度对它的影响,以体现当土壤湿度减小到某个"萎蔫"值以下时蒸腾作用会变小的情况。关于土壤过程,需要知道几个与湿度相关的系数,还需要知道蒸发与土壤湿度之间的函数关系。冠层模式还需要考虑次网格尺度内的非均匀效应对网格平均计算结果的影响,以及复杂地形对大气边界层流动的影响。

就复杂程度而言,既有单层冠层模式,也有多层冠层模式。那么它们各自的优点又体现在哪里？一般来讲，在所关注的问题当中植被作为大气的可渗透下边界，并且长度尺度远大于植被的尺度时，单层模式是适用的，例如，在大气边界层和大气环流当中，或者是中尺度到大尺度流域水文模式当中，单层冠层模式应该就够用了。这样的模式能够反映地表蒸发状况，就好像植被冠层只不过是大气的下边界上一个具有一定湿润度的平面而已。这个抽象的平面(经常被看作是片“大叶子”)被赋予了对水汽输送具有生理学阻抗和空气动力学阻抗的属性。与之相反，当需要分析冠层的细节(不管是因为这些细节很重要，还是因为冠层的高度与所关注问题的空间尺度相当)的时候，多层冠层模式更适用，例如，需要用冠层模式来描述微气候与植物生理过程的相互作用，或者需要描述森林内部的水文过程，这样的模式不仅要能描述整个冠层的总体蒸发状态，还要能描述冠层不同部位(土壤、林下草丛和树冠)蒸发量的分配状况，以及冠层微气候的其他方面特性。

§9.5　地表通量(地气交换通量)

近地层相似理论为计算地表通量提供了基本方程。在大多数数值模式当中，这些相似理论方程与地表能量平衡方程一起共同构成了计算地表通量的基础。地表湍流通量用湍流尺度 u_{*0}、θ_{*0} 和 q_{*0} 来表征，在许多数值模式中采用基于“假想初值”的迭代方法来计算这些湍流尺度，得到的数值解依赖于稳定度函数 ψ 的具体形式以及地表温度和湿度的计算结果。从数值计算的角度讲，这种双重迭代方法很耗费机时，于是采用更为高效的与稳定度函数相关的解析表达式来求解这些湍流尺度。

关于地表通量的整体输送关系式可以表示成如下形式：

$$u_{*0}^2 = C_{DN} F_M(z/z_0, Ri_B) U^2 \tag{9.43}$$

$$u_{*0}\theta_{v*0} = C_{HN} F_H(z/z_0,\ z/z_{0h}, Ri_B) U(\Theta_v - \Theta_0) \tag{9.44}$$

$$u_{*0} q_{*0} = C_{EN} F_E(z/z_0,\ z/z_{0q}, Ri_B) U(\bar{q} - \bar{q}_0) \tag{9.45}$$

其中 $Ri_B = (g/\Theta_0) z (\Theta_v - \Theta_0)/U^2 = f(\zeta,\ z/z_0,\ z/z_{0h})$ 是地面到高度 z 之间的气层的整体理查森数。在 M-O 相似理论中理查森数 Ri 与稳定度参数 ζ 之间存在确切的对应关系(见 4.2.2 小节)，而 Ri_B 不仅是 ζ 的函数，还是 z/z_0 和 z/z_{0h} 的函数。图 9.9 显示了 z/z_0 和 z/z_{0h} 两组不同取值情况下的曲线。函数关系 f 由方程(4.25)和(4.28)联立起来确定，而 $\psi(\zeta)$ 函数形式取为方程(4.26)和(4.27)及方程(4.29)和(4.30)的表达式。

方程(9.43)—(9.45)中的 C_{DN}、C_{HN} 和 C_{EN} 按照方程(4.40)和(4.43)计算(通常情况下都会假设 $z_{0h} = z_{0q}$ 且 $C_{HN} = C_{EN}$)。函数 F 代表了输送系数与中性取值的比值，即 C_D/C_{DN}、C_H/C_{HN} 和 C_E/C_{EN}。写成这样的解析表达式之后，通量的计算不再需要采用双重迭代的方式。除此之外，解析表达式还能够呈现出正确的渐近行为，例如，近地层 M-O 相似理论无法正确给出自由对流情形的行为，因为在 M-O 相似理论中通量直接与 u_{*0} 相关(当 $U \to 0$ 时，通量变得不可确定)。描述 C/C_N 行为的简单解析表达式需要合理地体现出其渐近行为(当 $U \to 0$ 时能够给出热通量的有限值，这需要满足 $F \propto Ri_B^{1/2}$)，可以采用如下函数形式：

$$\text{当 } Ri_B < 0 \text{ 时，}\quad F_{M,H} = 1 - aRi_B/(1 + b_{M,H} \mid Ri_B \mid^{1/2}) \tag{9.46}$$

$$\text{当 } Ri_B > 0 \text{ 时，}\quad F_{M,H} = (1 + cRi_B)^{-2} \tag{9.47}$$

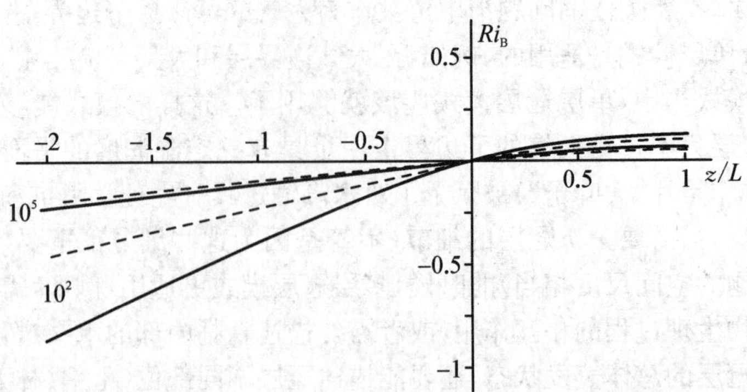

图 9.9 整体理查森数作为 $\zeta = z/L$ 的函数的曲线形状。z/z_{0h} 取两组不同值：虚线 $z_0/z_{0h}=1$；实线 $z_0/z_{0h}=7.4$。在上面一组曲线中 $z/z_0=10^5$；在下面一组曲线中 $z/z_0=10^2$。引自 Garratt (1992)。

显然，我们还需要知道如何计算系数 a、b 和 c。在知道 ψ 的具体函数表达式的情况下，可以计算出这些系数（同时需要允许 z_0 和 z_{0h} 取不同的值）。这些计算以实用为目的，以期获得最佳的近似效果。

地表通量的计算公式是大尺度模式中边界层参数化方案中最为重要的部分。除此之外，还需要计算以下参数：

(i) 大气边界层厚度 h，以便描述动量、热量和水汽在边界层中的垂直分布；

(ii) 大气边界层中湍流通量和其他湍流量，以便计算出垂直通量散度。

§9.6 大气边界层厚度的速率方程

对于晴天无云情况下的对流边界层，在只考虑热力作用的情况下（即纯对流条件下），我们在第五章中已经讨论了大气边界层厚度的速率方程（见 5.7 节）。对于仅由热力驱动的简单夹卷过程，方程(5.53)很适合于描述边界层厚度的抬升速度。但对于有切变的复杂情形，夹卷层厚度变得很重要，或者在有云情况下，这个简单方程就可能不适用了。虽然我们在第五章中还讨论了有切变情况下对流边界层夹卷过程的参数化（见 5.8 节），但主要目的在于分析切变对夹卷过程的影响，同时也可以看到相应的参数化方案确实比较复杂。从应用层面上讲，我们还是希望能够用既能体现切变的作用又相对简便的方案。

这里我们介绍 Deardorff (1974)提出的适用于数值模式的一套方案。在网格尺度上水平均匀的假设前提下，边界层厚度的速率方程可以写成如下形式：

$$\partial h/\partial t - W_h = w_{e0} X/Y - U_h \partial h/\partial x - U_y \partial h/\partial y \tag{9.48}$$

可见，边界层厚度 h 在水平方向上是有变化的，其中 U_h 和 U_y 是高度 h 处的水平风速分量。在上式中，w_{e0} 就是与夹卷过程相对应的速率方程（即方程(5.53)），于是

$$w_{e0} = \partial h/\partial t = (1+2\beta)(\overline{w\theta_v})_0/(\gamma_\theta h) \tag{9.49}$$

其中 β 为夹卷通量比。而 X 和 Y 按下列关系式计算：

$$X = 1 + 1.1(u_{*0}^3 / w_*^3)(1 - 3\,|\,f\,|\,h/u_{*0}) \tag{9.50}$$

$$Y = 1 + 9w_*^2[\gamma_\theta(g/\theta_v)h^2]^{-1}(1 + 0.8u_{*0}^2/w_*^2) \tag{9.51}$$

读者可能会注意到，方程(9.49)中的比例系数 $(1+2\beta)$ 在 Deardorff 的文章里被具体的数值 1.8 取代。速率方程(9.48)是个很有用的内插公式，它把如下两个极端情形的渐近行为包含进来(这里我们取 $W_h = 0$，并忽略了平流作用)：

(i) 对于 $u_{*0} \to 0$ 的情形，它对应于仅有热力驱动的纯对流夹卷过程。于是，$X \to 1$；且 $Y \to 1 + 9w_*^2[\gamma_\theta(g/\theta_v)h^2]^{-1} \approx 1$，这时候速率方程变成为 $\partial h/\partial t \approx w_{e0}$，它实际上就是方程(5.53)。对于背景层结时接近于中性的情形 $(\gamma_\theta \approx 0)$，考虑到通常情况下 u_{*0}^2/w_*^2 量值很小，于是 $X \to 1$ 且 $Y \to 9w_*^2[\gamma_\theta(g/\theta_v)h^2]^{-1}$，这时候速率方程变成为 $\partial h/\partial t \to 0.11(1 + 2\beta)w_* \approx 0.15w_*$。

(ii) 在没有热力作用并且背景层结为中性层结的情况下，即 $(\overline{w\theta_v})_0 \to 0$ 且 $\gamma_\theta \to 0$，于是速率方程变为如下形式：

$$\partial h/\partial t \approx 0.2u_{*0}(1 - 3\,|\,f\,|\,h/u_{*0}) \tag{9.52}$$

上式应该适用于中性边界层。我们可以做这样的讨论：当中性边界层处于准平稳状态时 $\partial h/\partial t \to 0$，上式给出的结果时 $h \to 0.33u_{*0}/|\,f\,|$，这个关系式与中性正压大气边界层的高度尺度 $u_{*0}/|\,f\,|$ 相一致，系数 0.33 也在被接受的范围之内。此外，如果忽略地球的自转效应，即 $|\,f\,| \to 0$，那么方程(9.52)给出的结果是 $\partial h/\partial t \to 0.2u_{*0}$，这个结果与实验室模拟的中性流动相一致。

关于稳定边界层的平衡高度 h，请见第六章 6.4 节中的讨论和相应关系式。对于有云边界层，请见第八章 8.5 节的讨论，方程(8.32)给出了相应的速率方程(这个方程忽略了切变对夹卷过程的贡献)。

§9.7　湍流闭合方案

这里我们要讨论的湍流闭合方案涉及求解系综平均方程的数值模式和求解体积平均方程的大涡模式。原则上这些闭合方案的目标是能够在不同稳定度条件下合理地计算出整个湍流边界层范围内的垂直通量。

9.7.1　一阶闭合(系综模式)

一阶闭合就是通常所说的 K 闭合。它运用如方程(3.117)—(3.120)所示的通量-梯度关系来计算湍流通量，把闭合问题从获知湍流通量转化为获知具有物理意义的涡旋扩散率。关于涡旋扩散率 K 的物理意义，我们已在第二章中做过讨论(见 2.6 节)，这里我们在应用层面上介绍其具体表达式。

从 2.6.1 小节中我们得知 $K \sim ul$，即湍流输送的涡旋扩散率可以表示成湍流速度尺度与湍流长度尺度的乘积。在近地层中动量输送的涡旋扩散率可以写成 $K_M \sim u_{*0}l$，其中 l 是湍流混合长，并且等于 κz (这就是普朗特提出的混合长假设)。在 M-O 相似理论中，涡旋扩散率 K 不仅针对动量输送，也可以针对热量输送和质量输送，因此，对于任意一个被输送

量 s，其涡旋扩散率可以写成如下形式：

$$K_s = \kappa u_{*0} z / \phi_s(\zeta) \tag{9.53}$$

其中 ϕ_s 是 M-O 函数，ζ 是稳定度参数（见 4.2 节）。在近地层之上，K 的物理意义没有在近地层中那么清晰，K 的表达式也没有在近地层中那么确切，但通常可以按照一定的物理考量来描述它的行为特征，最常见的方法是描述边界层中 K 廓线的形状，可以依据混合长假设写成如下形式：

$$K_s = l^2 \mid \partial \mathbf{V} / \partial z \mid f_s(Ri) \tag{9.54}$$

这个式子意味着 K 与流动结构和稳定度有关，其中稳定度用梯度理查森数 Ri 表示。把关系式写成这样的形式是基于湍流动能 TKE 的局地耗散与局地生成（包括切变生成和浮力生成）相平衡的考虑。在方程(9.54)中，需要知道混合长 l 和稳定度函数 $f_s(Ri)$ 的具体形式，并且，在近地层中需要满足 $l \rightarrow \kappa z$，在中性条件下需要满足 $f_s(Ri) \rightarrow 1$。

许多半经验关系被用来描述这两个量，在不稳定条件下，一个有代表性的关系式是

$$f_s(Ri) = 1 - aRi(1 + bRi^{1/2})^{-1} \tag{9.55a}$$

而在稳定条件下它是如下形式：

$$f_s(Ri) = (1 + cRi)^{-1} \tag{9.55b}$$

其中 a、b 和 c 是经验常数。对应于动量输送、热量输送和质量输送，这些系数的取值可能不同。在稳定和不稳定条件下混合长可以表示成如下形式（Blackadar, 1962）：

$$l = \kappa z / (1 + \kappa z / \lambda) \tag{9.56}$$

其中 λ 是混合长的渐近值（代表 $z \rightarrow \infty$ 时的混合长），它是个可调参数。另一组稳定度函数的经验关系式是

$$\text{当 } Ri \leqslant 0 \text{ 时，} \quad f_s(Ri) = (1 - 18Ri)^{1/2} \tag{9.57a}$$

$$\text{当 } Ri > 0 \text{ 时，} \quad f_s(Ri) = 1.1(1 - Ri/Ri_c) \tag{9.57b}$$

其中 Ri_c 是临界理查森数。

在稳定条件下，有一种参数化方案并未采用混合长表达式，而是采用了相似关系来描述的垂直分布，这种方案需要知道边界层厚度这个参数，把无量纲涡旋扩散率表示成 z/h 和 z/L 的函数（Brost and Wyngaard, 1978），即

$$K / \kappa u_{*0} h = f(z/h) / (1 + 5z/L) \tag{9.58}$$

且

$$f(z/h) = (z/h)(1 - z/h)^{3/2} \tag{9.59}$$

如果 h 是已知量，那么方程(9.59)实际上就是方程(9.57b)的另一种表现形式。

上述参数化方案给出的 K 廓线具有相似的形状，K 的最大值出现在大约 $h/3$ 高度处。如同在第五章中所讨论的那样，严格来讲 K 理论在对流边界层中是不适用的，因为对流边界层的含能涡旋具有与边界层厚度相当的长度尺度。这意味着大尺度湍流涡旋的输送作用

可以贯穿整个边界层，在这种情况下应用 K 理论会出现奇异现象，即在混合层中上部 K 是负值。为了避免使用具有负值的 K，在大尺度模式当中调整了热量输送的通量-梯度关系，在其中引入了反梯度输送项，于是在对流边界层的近地层之上采用下列关系式计算热通量：

$$\overline{w\theta_{\mathrm{v}}} = -K_H(\partial\Theta_{\mathrm{v}}/\partial z - \gamma'_\theta) \tag{9.60}$$

上式中 $K_H\gamma'_\theta$ 被看作是反梯度修正项，其中 γ'_θ 的典型值约为 0.000 7 K · m^{-1}，它的具体表达式如下：

$$\gamma'_\theta = (g/\Theta_{\mathrm{v}})\,\overline{\theta\theta_{\mathrm{v}}}/\overline{w^2} \tag{9.61}$$

这个方程与第五章中的方程(5.28)是一致的，所不同的是方程(9.61)包含了水汽的贡献，而方程(5.28)中没有考虑水汽。对于其他标量，应该采用如下关系式计算其湍流通量：

$$\overline{wc} = -K_c(\partial C/\partial z - \gamma'_c) \tag{9.62}$$

9.7.2　一阶半闭合(系综模式)

一阶半(1.5 阶)闭合方案就是我们通常所说的湍流动能闭合(TKE 闭合)方案。从物理上讲，湍流扩散率与湍流强度直接相关，基于这个想法，可以认为 K 与湍流动能 e 之间存在紧密关联，于是假设存在如下关系：

$$K = \Lambda e^{1/2} \tag{9.63}$$

这个方案引入一套关于湍流流动中被输送量的经验长度尺度，对于不同的被输送量需要分别对相应的 Λ 进行描述，也就是说，在动量、热量和质量输送过程中，相应的 Λ 应该是不同的。湍流动能的定义为 $e = \overline{u_i^2}/2$，湍流动能方程如方程(3.103)所示。为了求解湍流动能方程，需要对其中的气压协方差项、三阶矩项及耗散项进行参数化。

在系综平均模式当中通常假设水平均匀，于是湍流动能方程可以简化成如下形式：

$$\partial e/\partial t = -\overline{uw}\partial U/\partial z - \overline{vw}\partial V/\partial z + (g/\Theta_{\mathrm{v}})\,\overline{w\theta_{\mathrm{v}}} - \partial(\overline{we} + \overline{wp}/\rho)/\partial z - \epsilon \tag{9.64}$$

通常把气压项和三阶矩项放在一起考虑它们的联合作用，即按照顺梯度扩散假设，可以认为 $\overline{w(e+p/\rho)}$ 满足如下关系：

$$\overline{w(e+p/\rho)} = -K_e\partial e/\partial z \tag{9.65}$$

其中 K_e 按照方程(9.63)计算。对于耗散率 ϵ，按照中性近地层湍流处于平衡条件下的尺度分析结果，可以写成如下形式：

$$\epsilon = e^{3/2}/\Lambda_1 \tag{9.66}$$

方程(9.66)的意思是：虽然黏性耗散发生在湍流的最小尺度上，但 ϵ 由含能涡旋的尺度间传递速率(即湍流动能的串级速率)决定。这与第二章介绍的湍流模型中认为黏性耗散率 ϵ 取决于湍流生成率而与黏性无关的假设(即 $\epsilon \sim u^3/l$，其中 u 和 l 是含能涡旋的速度尺度和长度尺度)相一致(见 2.4.2 和 2.4.3 小节)。因此，耗散率可以用大尺度涡旋的特征尺度来表示，于是 Λ_1 就应该是含能涡旋的特征长度。

基于上述假设，需要求解的湍流动能方程就可以写成如下形式：

$$\frac{\partial e}{\partial t}=K_M\left[\left(\frac{\partial U}{\partial z}\right)^2+\left(\frac{\partial V}{\partial z}\right)^2\right]-\frac{g}{\Theta_v}K_H\frac{\partial \Theta_v}{\partial z}+\frac{\partial}{\partial z}\left(K_e\frac{\partial e}{\partial z}\right)-e^{3/2}/\Lambda_1 \tag{9.67}$$

依据方程(9.63)，动量、热量和湍流动能的涡旋扩散率分别是 $K_M=\Lambda_m e^{1/2}$、$K_H=\Lambda_h e^{1/2}$ 和 $K_e=\Lambda_e e^{1/2}$。在高阶闭合方案中都会采用一个基本假设：所有的长度尺度之间都彼此存在某个比例关系。于是可以表示成如下关系：

$$(\Lambda_1, \Lambda_m, \Lambda_h, \Lambda_e)=(a_1, S_m, S_h, S_e)l \tag{9.68}$$

其中 l 被认为是湍流的主导长度尺度(Mellor and Yamada, 1982)，我们通常把它理解为混合长。上式中不同的经验常数和经验函数可以依据试验数据来确定，试验一般模拟的是湍流生成与耗散之间近似平衡状态下的湍流流动。依据试验结果，人们发现 $a_1\approx 5$, S_e 与 S_m 可取为相等，而 S_m 和 S_h 可以表示成稳定度的函数(当 $Ri\rightarrow Ri_c$ 时，其值为零)。

在接近地面的地方 l 应该与普朗特混合长相一致，即 $l=\kappa z$。这个方案的主要缺陷在于所有流动的模拟当中都要用到 l。一般有两种方法确定 l，一种方法就是简单地使用方程(9.56)并对 λ 做出规定(比如，取 $\lambda=0.006\,3u_{*0}/f$)；另一种方法是采用 l 的预报方程(这个方程一般通过对两点相关系数的积分来获得)，并配合一些较为复杂的闭合假设。实际上，为了避免在参数化方案中使用众多的长度尺度，可以采用替代方案，在这样的方案中需要运用 ϵ 的预报方程，因而被称为 $e-\epsilon$ 闭合方案。类似地，还有 $e-\epsilon-l$ 闭合方案。有关 $e-\epsilon$ 闭合和 $e-\epsilon-l$ 闭合的细节处理，在赵鸣编著的《大气边界层动力学》中有详细介绍，此处不再赘述。

9.7.3 二阶闭合(系综模式)

二阶闭合方案避免了使用 K 闭合方式来参数化湍流通量，而是用到了二阶矩(包括湍流通量、湍流动能及方差)的预报方程，于是就像 1.5 阶的湍流动能闭合方案那样，需要对二阶矩预报方程中出现的气压协方差项、三阶矩项及分子耗散项等进行参数化，从而使方程组闭合可解。我们在这里只介绍以 Mellor and Yamada (1982)为代表(简称 MY 方案)的早期比较成熟的参数化方案，以了解二阶闭合的处理方法为主要目的。

在湍流动能方程和温度方差方程中，分子耗散项是不可忽略的，需要对其进行参数化。对于湍流动能方程是黏性耗散项 ϵ，其参数化方案采用方程(9.66)。而对温度方差方程中的分子耗散项 $\chi=K_T\overline{(\partial\theta/\partial x_j)^2}$，采用如下关系式：

$$\chi=e^{1/2}\,\overline{\theta^2}/\Lambda_2 \tag{9.69}$$

其中 $\Lambda_2=a_2 l$ 且 $a_2\approx 7$。

对于二阶矩 $\overline{u_i u_j}$ 的预报方程中出现的三阶矩输送项 $\partial\,\overline{u_i u_j u_k}/\partial x_j$ (在水平均匀条件下，相应的 $\overline{uw}$ 预报方程中三阶矩为 $\partial\,\overline{uw^2}/\partial z$)，对三阶矩采用如下参数化形式：

$$\overline{u_i u_j u_k}=\Lambda_3 e^{1/2}(\partial\,\overline{u_i u_j}/\partial x_k+\partial\,\overline{u_i u_k}/\partial x_j+\partial\,\overline{u_j u_k}/\partial x_i) \tag{9.70a}$$

这个表达式实际上是通量-梯度关系的形式，并假设 $\Lambda_3\propto\Lambda_e$。对于 $\overline{uw}$ 预报方程中出现的 $\overline{uw^2}$，上式就变成如下形式：

$$\overline{uw^2} = 2\Lambda_3 e^{1/2} \partial \overline{uw}/\partial z \tag{9.70b}$$

当 $k=i$ 时，二阶矩 $\overline{u_i u_k}$ 的预报方程就变成湍流能量方程，对输送项 $\partial \overline{we}/\partial z$ 的处理方式如方程(9.65)所示，其中 K_e 按方程(9.63)计算。

在 $\overline{u_i\theta}$ 的预报方程中出现 $\partial \overline{u_i u_j \theta}/\partial x_j$（在水平均匀条件下，$\overline{w\theta}$ 的预报方程中出现 $\partial \overline{w^2\theta}/\partial z$），类似于速度三阶矩的处理方式，采用下列关系式：

$$\overline{u_i u_j \theta} = \Lambda_4 e^{1/2} (\partial \overline{u_i\theta}/\partial x_j + \partial \overline{u_j\theta}/\partial x_i) \tag{9.71a}$$

及

$$\overline{w^2\theta} = 2\Lambda_4 e^{1/2} \partial \overline{w\theta}/\partial z \tag{9.71b}$$

在温度方差的预报方程中出现 $\partial \overline{\theta^2 u_j}/\partial x_j$，水平均匀条件下就是 $\partial \overline{w\theta^2}/\partial z$，相应的参数化方案采用如下关系式：

$$\overline{u_j\theta^2} = \Lambda_5 e^{1/2} \partial \overline{\theta^2}/\partial x_j \tag{9.72a}$$

及

$$\overline{w\theta^2} = \Lambda_5 e^{1/2} \partial \overline{\theta^2}/\partial z \tag{9.72b}$$

其中 $\Lambda_4 = lS_{u\theta}$，$\Lambda_5 = lS_\theta$，并取 $S_{u\theta}$ 和 S_θ 为稳定度参数的函数(Moeng and Wyngaard, 1989)。

对于二阶矩预报方程中出现的气压协方差项，如何获得合适的参数化表达式经历了一系列分析研究。基于气压对湍流动能的分量间传递作用，以及“气压使得湍流场趋向于各向同性”的认识(Mellor and Yamada, 1982)，获得了简化的闭合近似关系。对于 $\overline{u_i u_k}$ 预报方程中出现的气压协方差项，采用如下关系式：

$$(\overline{u_k \partial p/\partial x_i} + \overline{u_i \partial p/\partial x_k})/\rho = (e^{1/2}/\Lambda_6)[\overline{u_i u_k} - (2/3)e\delta_{ik}] \tag{9.73}$$

在湍流动能预报方程中出现的 $\partial \overline{pu_i}/\partial x_i$ 被理解为气压输送项，也就是说，其行为类似于湍流输送行为。于是将其合并入输送项的参数化描述，如方程(9.65)所示，其中 K_e 按方程(9.63)计算。对于 $\overline{u_i\theta}$ 的预报方程中出现 $\overline{\theta\partial p/\partial x_i}$，采用下列关系式：

$$\overline{\theta \partial p/\partial x_i} = (e^{1/2}/\Lambda_7)\overline{u_i\theta} \tag{9.74}$$

与之前对长度尺度的处理方式一样，取 $\Lambda_6 = a_6 l$ 和 $\Lambda_7 = a_7 l$，其中 $a_6 \approx 2$ 和 $a_7 \approx 2$。

在 MY 方案之后，又发展出 MYJ 方案(Janjic, 1990, 2001)。事实上，在现行的 WRF 模式系统当中，关于边界层参数化方案存在多个选项，除 MYJ 方案之外，还有 MYNN 方案(Nakanishi and Niino, 2004)，BOULAC 方案(Bougeault and Lacarrere, 1989)，YSU 方案(Hong et al., 2006)，ACM2 方案(Pleim, 2007a, b)，QNSE 方案(Sukoriansky et al., 2005)。其中 YSU 方案和 ACM2 方案是一阶闭合方案，它们在参数化方案中考虑了非局地扩散(即大尺度涡旋的湍流输送作用)。而其他 4 个边界层方案都属于局地闭合方案，都以湍流动能和混合长来构建参数化方案，不同之处在于处理细节有所不同，读者可以阅读所列文献加以了解。

9.7.4 非局地闭合(系综模式)

由于 K 闭合是局地闭合方案,而对流边界层中大尺度湍流涡旋的输送作用实际上是非局地的,因此,K 闭合应用于对流边界层时存在明显的缺陷。基于对流边界层中湍流交换行为具有明显的非局地特征这个物理事实,Stull (1984)提出了"过渡湍流"理论,并以此为据建立了非局地闭合模式。非局地闭合方案的基本思想是:某高度处的湍流通量不仅与紧邻这个高度的上下气层有关,还与气柱中各个高度的气层都有关。也就是说,湍流交换不仅发生于相邻的气层之间,也发生于各个高度的气层之间。非局地闭合的具体计算方案较为复杂,此处不再赘述。具体细节在赵鸣编著的《大气边界层动力学》中有介绍,读者可自行参阅。

从应用的角度讲,虽然非局地模式在原理上具有合理性,但计算处理上中间环节较多,在模拟复杂流动时容易产生较大误差。相比之下,YSU 方案和 ACM2 方案比较简单,同时也考虑了非局地湍流交换的作用,因而得到了广泛应用。

9.7.5 大涡模式中的闭合方案

大涡模拟由斯马格林斯基(Smagorinsky, 1963)和雷利(Lilly, 1967)提出,随后由蒂尔道夫率先实现了对渠道中的湍流流动和大气边界层湍流流动的模拟(Deardorff, 1970a,b)。自此之后,大涡模拟蓬勃发展,除了用于晴天大气边界层模拟,还用于云覆盖边界层模拟,成为重要的数值模拟手段。所研究的问题包括大气边界层与湍流、云微物理过程、辐射过程以及扩散过程,乃至气溶胶化学过程。

在大涡模式中,求解的是体积平均方程(也就是空间滤波后的方程)。由于大涡模拟的空间分辨率高(网格距通常在 100 m 以下),解方程获得的物理量场包含了大尺度湍流涡旋的信息,因而只需要对小尺度(次网格尺度)湍流进行参数化。由于小尺度湍流的结构特征相对简单(相对均匀,也更接近各项同性),因而比较容易参数化(即参数化方案的不确定性比较小)。更为重要的是,大涡模拟直接数值求解出起决定作用的大尺度湍流涡旋,其结果必然能够反映湍流的主要结构,因而大涡模拟结果对小尺度涡旋的参数化方案并不敏感,这也是大涡模拟的优势所在。但是,这并不意味着小尺度湍流涡旋的作用可以被忽略。大涡模拟必须对次网格湍流做出恰当的参数化描述,因为小尺度湍流的作用体现在湍流能量的串级和耗散过程(缺少这个环节会使得模拟结果完全不合理)。从这个意义上讲,大涡模式中的次网格参数化方案的重中之重在于恰当地描述湍流能量的串级速率(Wyngaard, 2010)。

大涡模式中的次网格参数化方案也分为一阶闭合、湍流能量闭合和高阶闭合等不同方案。现在已发展出不同版本的大涡模式,在这些大涡模式中主流的次网格参数化方案是湍流能量闭合方案,也有采用一阶闭合方案的。因此,本节只介绍一阶闭合方案和湍流能量闭合方案,意在帮助读者了解大涡模式如何处理次网格湍流的基本方法。

1. 一阶闭合:斯马格林斯基模型

在本书的第二章中我们讨论了空间滤波后的方程(见 2.9 节),其中出现了次网格动量通量 τ_{ij} 和标量通量 f_i(具体定义见 2.9.2 小节)。对于小尺度湍流,可以用 K 理论进行参数

化，即

$$\tau_{ij}/\rho = -K_m\left(\frac{\partial \tilde{u}_i^r}{\partial x_j} + \frac{\partial \tilde{u}_j^r}{\partial x_i}\right) = -2K_m S_{ij} \tag{9.75}$$

和

$$f_i = -K_c \frac{\partial \tilde{c}^r}{\partial x_i} \tag{9.76}$$

其中 K_m 和 K_c 是动量和标量 c 的局地涡旋扩散率，$\tilde{u}_i^r$ 和 $\tilde{u}_j^r$ 是可分辨速度的分量，$\tilde{c}^r$ 是可分辨标量(所谓可分辨量指的是数值求解空间滤波后的控制方程得到的速度场和标量场)，$S_{ij}=(\partial \tilde{u}_i^r/\partial x_j + \partial \tilde{u}_j^r/\partial x_i)/2$ 是可分辨速度场的形变率。

根据混合长理论，斯马格林斯基提出涡旋扩散率应该满足(Smagorinsky，1963)：

$$K_m = (C_s\Delta)^2(2S_{ij}S_{ij})^{1/2} \tag{9.77}$$

且

$$\Delta = (\Delta x \Delta y \Delta z)^{1/3} \tag{9.78}$$

其中 Δx、Δy 和 Δz 为网格距。雷利认为次网格尺度应当落在湍流惯性副区内，根据柯尔莫哥洛夫串级理论和局地均匀假设可以得到(Lilly，1967)

$$C_s = \frac{1}{\pi}\left(\frac{3}{2}C_K\right)^{-3/4} \tag{9.79}$$

其中 C_K 是柯尔莫哥洛夫常数。取 $C_K \approx 1.5$，则 $C_s \approx 0.17$。考虑到空间滤波尺度与网格距之间的差异，以及偏微分方程与差分方程之间的差别，麦森认为取 $C_s=0.2$ 是最佳选择(Mason，1994)。然而这个取值在靠近地面处会高估湍流耗散，因此需要调整该系数，比如，取 $C_s=0.1$。这种预设系数 C_s 的方法被称为标准斯马格林斯基模型。运用一定的技术手段，在计算过程中可以根据流场信息来设置 C_s 取值，这个方法被称为动态斯马格林斯基模型(Germano et al.，1991；Lesieur et al.，2005)。动量涡旋扩散率与标量涡旋扩散率之间通过湍流普朗特数建立联系：

$$K_m = Pr_t K_c \tag{9.80}$$

其中 $Pr_t=1/3$。

2. 1.5 阶闭合：湍流能量闭合方案

利用滤波规则，可以得到次网格湍流动能 e(定义为 $e=[(\tilde{u}_i\tilde{u}_i)^r - \tilde{u}_i^r\tilde{u}_i^r]/2$) 的方程：

$$\frac{\partial e}{\partial t} = -\frac{\partial}{\partial x_j}(\tilde{u}_j^r e) - \frac{\tau_{ij}}{\rho}\frac{\partial \tilde{u}_j^r}{\partial x_j} + \frac{g}{\theta_0}R_{w\theta_v} - \frac{\partial}{\partial x_j}\left(R_{uje} + \frac{1}{\rho}R_{ujp}\right) - \epsilon \tag{9.81}$$

其中 $R_{w\theta_v}$、R_{uje} 和 R_{ujp} 分别是次网格热通量、湍流能量通量和气压协方差，ϵ 是湍流耗散率。τ_{ij} 按方程(9.75)计算；$R_{w\theta_v}$ 按方程(9.76)计算，即 $R_{w\theta_v}=-K_h\partial\tilde{\theta}^r/\partial z$；湍流能量符合顺梯度输送：

$$R_{uje} + \frac{1}{\rho}R_{ujp} = 2K_m\frac{\partial e}{\partial x_j} \tag{9.82}$$

动量涡旋扩散率可以用长度尺度和次网格湍流能量表示为

$$K_m = 0.1\Lambda e^{1/2} \tag{9.83}$$

其中 Λ 为长度尺度：

$$\Lambda = \min\left[\Delta, 0.76e^{1/2}\left(\frac{g}{\theta_0}\frac{\partial \widetilde{\theta}^r}{\partial z}\right)^{-1/2}\right] \tag{9.84}$$

湍流耗散率与次网格湍流动能之间满足柯尔莫哥洛夫假设：

$$\epsilon = C_\epsilon e^{3/2}/\Lambda \tag{9.85}$$

及

$$C_\epsilon = 0.19 + 0.51\Lambda/\Delta \tag{9.86}$$

同时，动量涡旋扩散率与标量涡旋扩散率之间仍通过湍流普朗特数建立联系，且湍流普朗特数满足 $Pr_t = 1/(1 + 3\Lambda/\Delta)$（Lilly，1967；Deardorff，1980；Moeng，1984；Xue et al.，2000；Heus et al.，2010）。

参考文献

Blackadar A. K.. 1962. The vertical distribution of wind and turbulent exchange in a neutral atmosphere. J. Geophys. Res., 67: 3095 - 3102.

Bougeault P. and P. Lacarrere. 1989. Parametrization of orography-induced turbulence in a mesobeta-scale model. Mon. Wea. Rev., 117(8): 1872 - 1890.

Brost R. A. and J. C. Wyngaard. 1978. A model study of the stably stratified planetary boundary layer. J. Atmos. Sci., 35: 1427 - 1440.

Deardorff J. W.. 1970a. A numerical study of three-dimensional turbulent channel flow at large Reynolds numbers. J. Fluid Mech., 41: 453 - 480.

Deardorff J. W.. 1970b. A three-dimensional numerical investigation of the idealized planetary boundary layer. Geophys. Fluid Dyn., 1: 377 - 410.

Deardorff J. W.. 1974. Three-dimensional numerical study of the height and mean structure of a heated planetary boundary layer. Bound-Layer Meteor., 7: 81 - 106.

Deardorff J. W.. 1978. Efficient prediction of ground surface temperature and moisture, with inclusion of a layer of vegetation. J. Geophys. Res., 83(C4): 1889 - 1903.

Deardorff J. W.. 1980. Stratoculunus-capped mixed layers driven from a three-dimensional model. Bound-Layer Meteor., 18: 495 - 527.

Dickinson R. E.. 1984. Modeling evapotranspiration for three-dimensional global climate models, in *Climate Process and Climate Sensitivity*, eds J. E. Hansen and T. Takahashi, Geophysical Monographs, No. 29, pp. 58 - 72. American Geophysical Union, Washington DC.

Dickinson R. E., Henderson-Sellers A., Kennedy P. J. and M. F. Wilson. 1986. *Biosphere-atmosphere Transfer Scheme (BATS) for the NCAR Community Climate Model*.

NCAR Technical Note NCAR/TN－275＋STR，69pp.

Finnigan J. J. and M. R. Raupach. 1987. Transfer processes in plant canopies in relation to stomatal characteristics, in *Stomatal Function*, eds E. Zeiger, G. Farquhar and I. Cowan, pp. 385－429. Stanford University Press, Stanford, CA.

Garratt J, R.. 1992. *The Atmospheric Boundary Layer*. Cambridge University Press, Cambridge: 316pp.

Germano M., Piomelli U., Moin P., and W. H. Cabot. 1991. A dynamic subgrid-scale eddy viscosity model. Phys. Fluids A: Fluid Dyn. (1989－1993), 3: 1760－1765.

Heus T. and Coauthors. 2010. Formulation of Dutch Atmospheric Large-Eddy Simulation (DALES) and overview of its applications. Geosci. Model Dev., 3: 415－444.

Hong S., Noh Y., and J. Dudhia. 2006. A new vertical diffusion package with an explicit treatment of entrainment processes. Mon. Wea. Rev., 134(9): 2318－2341.

Janjic Z. I.. 1990. The step-mountain coordinate: physical package. Mon. Wea. Rev., 118 (7): 1429－1443.

Janjic Z. I.. 2001. Nonsingular Implementation of the Mellor-Yamada Level 2.5 Scheme in the NCEP Meso model. Technical report. National Center for Environmental Prediction, College Park: pp 61.

Lesieur M., Métais O. and P. Comte. 2005. *Large-Eddy Simulations of Turbulence*. Cambridge University Press, Cambridge.

Lilly D. K.. 1967. The representation of small-scale turbulence in numerical simulation experiments, in *Proceedings of IBM Scientific Computing Symposium on Environmental Sciences*, pp. 195－210. IBM Form No. 320－1951.

Mason P. J.. 1994. Large-eddy simulation: A critical review of the technique. Quart. J. Roy. Meteor. Soc., 120: 1－26.

Mellor G. L. and T. Yamada. 1982. Development of a turbulence closure model for geophysical fluid problems. Rev. Geophys., Space Phys., 20: 851－875.

Moeng C.-H.. 1984. A large-eddy simulation model for the study of planetary boundary-layer turbulence. J. Atmos. Sci., 41: 2052－2062.

Moeng C.-H. and J. C. Wyngaard. 1989. Evaluation of turbulent transport and dissipation closures in second-order modeling. J. Atmos. Sci., 46: 2311－2330.

Nakanishi M. and H. Niino. 2004. An improved Mellor-Yamada level－3 model with condensation physics: its design and verification. Bound-Layer Meteor., 112(1): 1－31.

Noilhan J. and S. Planton. 1989. A simple parameterization of land surface processes for meteorological models. Mon. Wea. Rev., 117:536－549.

Pleim J. E.. 2007a. A combined local and non-local closure model for the atmospheric boundary layer, part I: model description and testing. J. Appl. Meteor., 46(9): 1383－1395.

Pleim J. E.. 2007b. A combined local and non-local closure model for the atmospheric boundary layer, part II: application and evaluation in a mesoscale meteorological model.

J. Appl. Meteor., 46(9): 1396 - 1409.

Raupach M. R.. 1988. Canopy transport process, in *Flow and Transport in the Natural Environment: Advances and Applications*, eds W. L. Steffen and O. T. Denmead, pp. 95 - 127. Spinger-Verlag, New York.

Sellers P. J., Mintz Y., Sud Y. C. and A. Dalcher. 1986. A simple biosphere model (SiB) for use within general circulation models. J. Atmos. Sci., 43: 505 - 531.

Smagorinsky J.. 1963. General circulation experiments with the primitive equations. Mon. Wea. Rev., 91: 99 - 164.

Stull R. B.. 1984. Transilient turbulence theory, Part 1: The concept of eddy mixing across finite distances. J. Atmos. Sci., 41: 3351 - 3367.

Sukoriansky S., Galperin B. and V. Perov. 2005. Application of a new spectral theory of stably stratified turbulence to the atmospheric boundary layer over sea ice. Bound-Layer Meteor., 117(2): 231 - 257.

Wyngaard J. C.. 2010. *Turbulence In The Atmosphere*. Cambridge University Press, Cambridge: 393pp.

Xue M., Droegemeier K. K. and V. Wang. 2000. The Advanced Regional Prediction System (ARPS) -A multi-scale nonhydrostatic atmospheric simulation and prediction model. Part I: Model dynamics and verification. Meteor. Atmos. Phys., 75: 161 - 193.

赵鸣. 2006. 大气边界层动力学. 高等教育出版社，北京.

第十章

大气边界层研究进展

§10.1 非平稳边界层[①]

“非平稳”一词有不同的定义方式，并且包含不同的尺度。非平稳性可以指湍流统计量，也可以指对湍流起强迫作用的非湍流运动。在有些研究中，判别流动非平稳的标准被设置为背离相似理论。这个专题里我们更关注非平稳风场对湍流的作用，以及在变化的流动当中湍流能否保持准平稳状态。

10.1.1 非平稳运动的产生

湍流经常会因为地表热通量（热力强迫）随时间变化而变得非平稳。边界层在上午转换为不稳定流动和在傍晚转换为稳定流动的期间，热力强迫会发生快速变化，在这两个转换期内湍流的动态平衡状态会被打破。早晨贴地逆温层经常会快速溃散，这个过程要比用地表热通量预报的结果快很多，原因在于上方的暖空气被夹卷下来，加速了逆温层的溃散。

非平稳性也可以由随时间变化的水平气压梯度的驱动（动力强迫）而产生。流动的非平稳模态与次中尺度运动、中尺度运动以及天气系统锋面过境相关联。次中尺度运动包含最小尺度的中尺度运动，典型的时间尺度为 1 小时，或者是数公里的水平尺度。次中尺度运动经常沿某个方向进行传播，包括波动模态、微尺度锋面，以及多种更为复杂的模态。在稳定层结和低风速条件下，次中尺度运动主要是水平方向的，准水平模态会因为存在强稳定层结使得垂直方向上的运动受到抑制而形成。这些条件经常包含了风矢的弯曲，有时还会出现分层现象。在稳定边界层中局地生成的大涡旋也会引起非平稳的间歇性湍流，以及对相似理论的背离。当湍流与次中尺度运动之间存在尺度间隔时出现准平稳湍流的可能性会增大。

非平稳的气压梯度经常会产生非湍流运动，其时间尺度仅大于最大湍流涡旋的时间尺度，因而看不出尺度间隔的存在。图 10.1 把边界层中运动划分为不同类型，可以帮助我们理解非平稳性。图中按长度尺度来划分类型，这在一定程度上是推测出来的，因为在大气边界层中的观测通常得到的是固定位置上的时间序列。对于稳定边界层而言，最大湍流涡旋的空间尺度被选取为 10 m，这个取值只是个举例，是为了方便说明问题，如果它是真实场景下的取值，其实这个值会随稳定度增大而减小，随离地高度的增加而增大。在这个例子中，次中尺度运动的水平尺度被选取为传统意义上的中尺度运动的尺度下限，大约为 2 km。

① 本节内容来自 Mahrt and Bou-Zeid(2020)发表在 Boundary-layer Meteorology 上的综述文章。

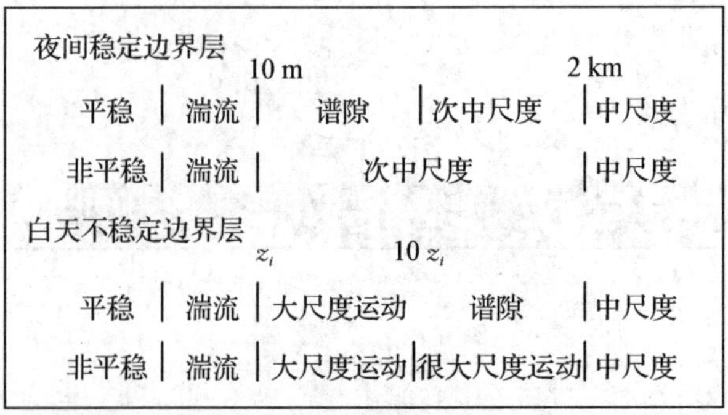

夜间稳定边界层				
	10 m		2 km	
平稳	湍流	谱隙	次中尺度	中尺度
非平稳	湍流	次中尺度		中尺度
白天不稳定边界层				
	z_i	$10z_i$		
平稳	湍流	大尺度运动	谱隙	中尺度
非平稳	湍流	大尺度运动	很大尺度运动	中尺度

图 10.1　稳定边界层和不稳定边界层中平稳和不平稳运动的尺度区间示意图。图中所用术语并不是精确用语，而是在不同的研究当中会有不同的说法。长度尺度 10 m 和 2 km 只是为方便说明问题而使用的举例，z_i 是对流边界层厚度。引自 Mahrt and Bou-Zeid(2020)。

图 10.1 中对稳定边界层的尺度区间划分还可以依据稳定度的强度级别（弱稳定和强稳定）或是依据离地高度（近地层和外层）做进一步细分，但我们的讨论仅限于如图所示的概念框架内。与不稳定边界层的情况不同，稳定边界层厚度经常无法成为有效的尺度变量，因为有些次中尺度运动被限制在靠近地面的地方，而有些次中尺度运动要比我们所理解的边界层厚度深厚许多，此外，稳定边界层顶的位置经常难以定义。

不稳定条件下最大湍流涡旋的尺度与稳定条件相比可以大一个甚至几个量级。水平速度分量的谱隙似乎不是那么明显，边界层大涡经常会对湍流与中尺度运动之间的谱隙起到弥合作用。对于尺度大于不稳定边界层中最大湍流涡旋的运动，存在一些不同的分类方案，这里我们按照 Salesky and Anderson(2018)和 Katul(2019)提出的方案来讨论问题，把大于湍流运动尺度的更大尺度涡旋划分为尺度与边界层厚度 z_i 相当的大尺度运动 LSM(large-scale motion)和尺度与 $10z_i$ 相当的很大尺度运动 VLSM(very large-scale motion)。

当层结稳定度从中性向着热力学不稳定的方向发展时，大尺度涡旋的水平尺度起初会增大，然后会减小，于是在水平方向的运动会变得趋于各向同性，纵向涡旋会分解为无组织对流运动，成为动力-对流体系的一部分(Katul, 2019)。这种情形可以被看作是处于 LSM 和 VLSM 之间的情形。在对流条件下（强不稳定），涡旋变得更像是有组织对流运动，在水平方向上呈现出接近各向同性的特征，这些涡旋属于 LSM 类型。这种具有对流边界层尺度的涡旋通常被认为属于湍流部分，但有时候会被单独进行参数化(Beljaars, 1995)。通常情况下我们把 LSM 类型看作是湍流部分，但是我们也会发现，把 LSM 类型区别于“其他”湍流是很有用的。不稳定边界层中的非平稳运动也会因边界层顶或边界层之上气压梯度扰动的驱动而产生，这种扰动与波动模态的运动相关，并且与对流边界层涡旋相耦合。

纵向涡旋会发生在很大的水平尺度范围上，发夹形状的涡旋会发生在不同的尺度上，包括较小尺度涡旋（这样的涡旋通常是触地的，属于湍流部分），这些涡旋会合并成更大涡旋，从而被归入 LSM 类型。沿流线方向的滚涡有时候会因为埃克曼不稳定而发展起来，在其缓慢地向横风向偏转的过程中，固定位置观测到的这些涡旋是相对低频的信号。沿风向的长度尺度会明显超过 $10z_i$，这取决于天气形势。这种涡旋被认为属于 VLSM 类型。横向涡旋在顺风方向的尺度较小，而在横风向上具有较大的尺度。与纵向涡旋相比横向涡旋比较少见。

就目前的研究现状而言，很难给非平稳性下一个简单定义。为简单起见，我们按图 10.2 左边展示的途径来讨论湍流的动态平衡状态被破坏之后而呈现出来的非平衡性问题。

保留观测信号的所有记录
⇓
对非平稳性进行参数化
⇓
获得修正后的湍流描述
⇓
能否对相似性进行调整？

清除观测记录中的非平稳信号
（去除相应的信号）
（或对记录进行滤波）
⇓
检验相似性

图 10.2　左边（实线框中）是对保留所有观测记录进行分析时所采用的检验方案，右边（虚线框中）是至少部分去除非平稳信号之后所采用的检验方案。引自 Mahrt and Bou-Zeid(2020)。

10.1.2　平衡湍流和非平衡湍流

我们在考虑理想化的平稳流动时会假设湍流的水平变化是可以忽略不计的。这是个比水平均匀假设更强的假设前提，或者说是更强的约束条件。于是，空间固定点上表现出来的欧拉平稳性就意味着拉格朗日平稳性；反之，拉格朗日平稳性就意味着欧拉平稳性。这是理想化的情形。事实上，在拉格朗日与欧拉不同视角下，平稳性的表现经常是不同的。

一般而言，与固定点的观测结果相比，跟随气流一起运动的湍流会经历不相同的非平稳性。考虑一种简单扰动的情形，被扰动增强的湍流按照与局地风速相同的速度跟随气流一起行进，如图 10.3(a)所示。湍流的动态平衡状态并非以增强的湍流经过固定观测点所需要的时间长短来判定，而是以湍流需要多长时间调整到与行进的扰动风速相适应来评判。从另一个角度讲，准平衡湍流需要满足湍流调整时间小于扰动所经历的时间（即扰动的时间尺度），前提是在湍流移动过程中其调整时间能够被有效地辨识出来并与扰动时间尺度进行对比，这种情形被认为符合拉格朗日平稳性。即使是在满足这种平稳性条件的情况下，空间固定点上的欧拉观测结果也会显示出非平稳特征，因为当扰动经过固定观测点时，观测到的湍流先是随时间增强，然后强度达到最大值，随后再随时间减小，如图 10.3(a)所示。

相反的情况是从拉格朗日视角看是非平

(a)拉格朗日平稳，但在固定点上表现出非平稳

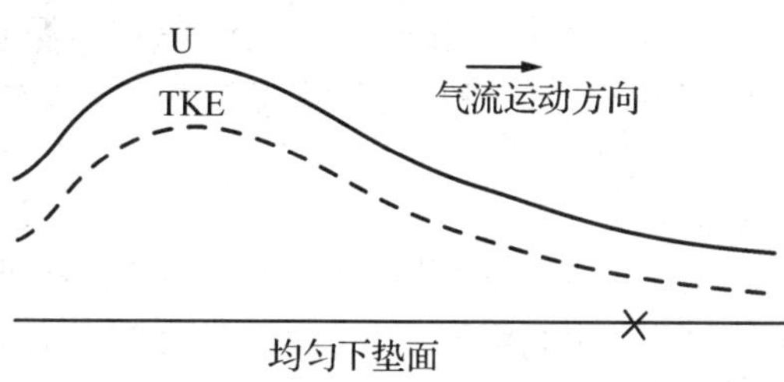

(b)拉格朗日非平稳，但在固定点上表现出平稳

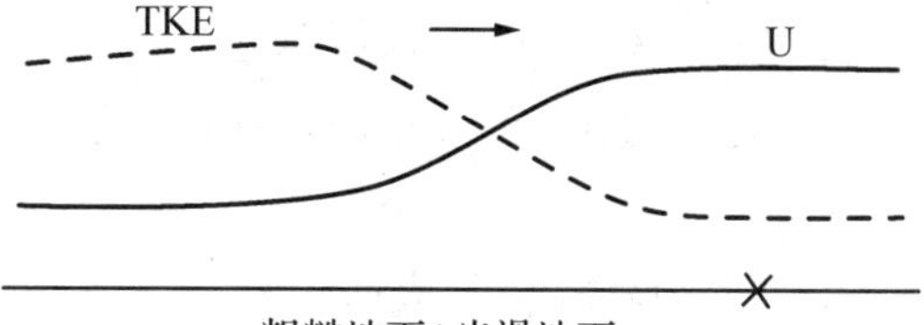

图 10.3　(a) 理想化的湍流水平结构（虚线）与行进中被冻结住的平均气流结构（实线）相平衡，但在固定点 X 感受到的是与平均流动相关联的非平稳湍流；(b) 气流在非均匀下垫面的固定点 X 被感受为平稳的，但实际上湍流是非平衡的。引自 Mahrt and Bou-Zeid(2020)。

稳的，但从欧拉视角看是平稳的。这种情况发生在气流经过下垫面粗糙度或温度出现改变的地方。进入到光滑的下垫面之后湍流处于非平衡状态，湍流强度变弱，如图 10.3(b)所示。然而对于固定观测点而言，湍流并不随时间变化，这给人一种湍流处于平衡状态的错觉。

在有些情况下，假设引起湍流增强的扰动跟随平均气流一起行进可能并不符合实际。如果气压场扰动的行进速度和方向与局地风矢不相同，那么湍流状态可能既不满足拉格朗日平稳性，也不满足欧拉平稳性。这种情况对应于波动模态在气流中以不同速度传播。

我们来看一看平衡湍流应该满足的条件。严格意义上讲，定量描述“准平衡”需要在拉格朗日框架下进行观测。遥感观测和光纤测量可以在一定程度上反映涡旋的演变，无人机观测可以获得近地层流动的空间变化情况。在缺乏这些观测方式的时候，只能尝试依据固定点观测结果来判断非平衡湍流。对于固定点观测而言，主导涡旋(即含能涡旋)的水平尺度 l 可以用 $U\tau_p$ 进行估算，其中 τ_p 是涡旋经过固定观测点的时间尺度，U 是局地风速。准平衡近似需要满足：

$$\tau_p \ll \tau_{adj} \tag{10.1}$$

其中 τ_{adj} 是涡旋的调整时间尺度。也就是说，方程(10.1)假设主导涡旋在其通过观测塔的时间内没有发生显著的变化，就像是被“冻结”住一样，即满足泰勒冻结假设。

准平衡湍流要求湍流的调整时间尺度 τ_{adj} 小于最小的无湍流运动的时间尺度 τ_{sm}。调整时间尺度 τ_{adj} 应该与大涡的时间尺度 τ_t 相关。而 τ_t 可以表示成如下形式(Tennekes and Lumley，1972；Kaimal and Finnigan，1994)：

$$\tau_t \equiv C_e l / u_e \tag{10.2}$$

其中 l 和 u_e 分别是主导涡旋的长度尺度和速度尺度；C_e 是无量纲系数，通常可以设置为 1。特征速度 u_e 可以用地表摩擦速度表示，涡旋尺度 l 有时被假设正比于边界层厚度。

将 τ_{adj} 与 τ_t 相关联，并假设准平衡湍流需要满足 $\tau_{adj} \ll \tau_{sm}$，于是可得

$$\tau_t \ll \tau_{sm} \tag{10.3}$$

其中 τ_{sm} 代表了对湍流起重要作用的最小的无湍流运动的时间尺度。

当采用摩擦速度和边界层厚度估算时间尺度 τ_t 时，它代表了最大湍流涡旋的调整时间。因此，在有些情况下，如方程(10.3)所示的条件可能并不充分，这取决于气流如何演变。例如，气压强迫的变化导致整层平均切变发生突然变化，大的涡旋结构首先受到影响，并大致按照时间尺度 τ_t 进行调整。但是，因为更小尺度湍流涡旋的能量来源于大尺度涡旋，小尺度涡旋达到平衡状态的时间会更晚，于是在全谱范围内达成平衡状态所需要的时间会大于 τ_t。

类似于调整时间，依据湍流能量方程中的气压再分配项可以定义张弛时间尺度 $\tau_r \equiv e/\epsilon$，其中 e 是湍流动能，ϵ 是湍流能量耗散率(e 和 ϵ 随时间变化)，这个张弛时间尺度被认为是通过气压项的作用迫使湍流趋向各向同性来实现平衡状态的快慢程度。在谱调整模式中，这个张弛时间的表达式更为显式地体现了其与尺度或波数之间的关系：$\tau_r(k) \sim k^{-2/3}\epsilon^{-1/3}$。

事实上，上述时间尺度所需要的输入量很难从地球物理流动的时间序列信号中被估算出来。一般来讲，我们需要通过一些替代计算来判别非平衡湍流，如下文所述。

10.1.3　非平衡湍流的生成

我们可以设置随时间变化的气压梯度或地表热通量形成强迫作用，通过数值模拟方法来检验湍流因非平稳运动而偏离动态平衡状态的变化情况，这样至少可以把主要物理机制突显出来。Momen and Bou-Zeid(2017)用这种方法判别出所设定的非平稳水平气压梯度的时间尺度的作用，当水平气压梯度的强迫时间尺度大于湍流特征时间尺度时(存在尺度间隔)，湍流与强迫作用之间能够保持准平衡状态；相反，如果强迫时间尺度与主导湍流涡旋的时间尺度之间量值相当的时候，湍流不能维持动态平衡状态。

在很稳定的边界层中情况会更加复杂，因为强迫作用可能同时存在于不同的尺度上，包括仅比湍流尺度略大的尺度。新的随机分析方法能够帮助我们认识非平稳运动引起的湍流生成过程，包括不同状态之间的来回转换。运用多尺度分析方法可以识别出特定尺度的无湍流次中尺度运动形成的湍流通量。非平稳运动引起的湍流变化也会被看作是外强迫作用导致的湍流间歇性，而在不同的研究当中"间歇性"这一术语的含义存在显著差异。

非平稳运动可被分为加速阶段和减速阶段，在不同的阶段其对湍流的作用不同。当流动减速的时候，湍流通量会大于平衡状态下的预报值，原因在于当流动减速时经常会发生风向切变的增强，流动变形会引起拐点不稳定，于是湍流处于衰减过程但仍然受到之前高风速的影响(Mahrt et al., 2013)。也就是说，在气流减速阶段湍流强度衰减，但由于衰减过程的滞后而表现为大于平衡值的状况。当处于气流加速阶段时，湍流相应的滞后性使得其强度会小于平衡值。平均而言，稳定边界层的非平稳性会引起湍流输送作用的净增加(Mahrt, 2013)，而我们对这个结果背后的原因还缺乏相应的认识。在 Salesky and Anderson(2018)的文章及其所引用的文献中都提到，LSM 和 VLSM 会显著改变小尺度湍流的扰动幅度。

大多数观测研究没有考虑湍流通量变化对非平稳运动的反馈作用。增强的湍流和向下动量通量会引起流动加速，以至于流动与湍流之间的因果关系变得模糊不清或者无法预测(Shah and Bou-Zeid, 2014)。另一方面，强烈混合作用的形成或许会消减或破坏引发湍流的非平稳运动，从而成为湍流最终熄灭的主要原因。

10.1.4　非平稳和非平衡湍流的判识

在平衡湍流假设变得不成立之前流动偏离平稳状态的程度会如何？Yaglom(1973)定义并详细讨论了不同程度的非平稳性，还有 Tennekes and Lumley(1972)和 Panofsky and Dutton(1984)及 Sorbjan(1989)都有相应的论述。比如，完全平稳的湍流从理论上讲应该满足延时自相关系数只取决于延时长度(对于任何滞后时间)，而与在时间序列中的位置无关。换句话说，一段记录的湍流统计特征应该与任何其他一段记录的结构相同。然而，要评估这些湍流统计量需要分段记录的长度足够长才能保证其随机误差足够小，这需要完整记录的长度非常长才行。在大气边界层中很难找到具有平稳性的长时段记录。此外，评估随机误差需要满足平稳性，于是出现了死循环。

湍流谱惯性副区的缺失可以作为非平稳性的指标(Sorbjan and Grachev, 2010; Grachev et al., 2013; Li et al., 2015)。依据群组结构和间歇性行为可以识别非平稳的作用(Li and Fu, 2011)。在对数据不做滤波或约束的情况下，依据积分尺度对记录长度的敏感性且无法收敛的特征也可以判别非平稳性(Panofsky and Dutton, 1984; Dias et al., 2018)。

因为非平稳性普遍存在，Panofsky and Dutton(1984)建议避免采用积分尺度来分析大气中的观测数据。Simiu et al.(2019)采用拟合谱来估算积分尺度，尽管不同变量的积分尺度会表现出不同的行为特征(Dias et al., 2004)。

更常见的情况是根据谱隙的缺失来识别非平稳性(如图 10.1 所示)，通常依据的是水平速度谱。值得注意的是我们通常认为谱隙存在于平稳边界层中，在边界层之上(自由大气中)几乎不存在谱隙。Vercauteren et al.(2016)发现，在稳定边界层当中存在尺度与湍流运动分离的次中尺度子集，这种情况下湍流能够处于准平衡状态；而湍流运动与非湍流运动之间出现不完整谱隙或是无谱隙则意味着湍流未能保持与次中尺度运动之间的平衡状态。在陆地上非常稳定的条件下，谱隙的缺失可能跟湍流运动尺度与无湍流运动尺度的界限不清有关，很可能是因为次中尺度运动与湍流之间的尺度重叠所致。从本质上讲这种情况属于非平稳性。

在对流边界层当中谱隙会看起来比较“浅”，这种情况对应于谱隙当中存在明显的湍流动能(Larsén et al., 2016)。在很多研究中都列举出尺度间隔难以辨认或不存在尺度间隔的情况。即使在水平速度谱中谱隙不明显或者缺失，依据协谱来判别湍流尺度或许是可用的方法。如果协谱难以确定，那么估算出来的湍流通量会变得对平均时间长短的选取很敏感(Schulz and Sanderson, 2004)。

我们可以考虑采用湍流强度的耗散率和生成率及其比值随时间变化的情况来评判湍流是否处于平衡状态。对于平衡湍流而言，这些变量，或至少它们的比值，应该是平稳的。耗散率可以从观测数据的结构函数估算出来。对平衡湍流的测试可以通过检验湍流动能的生成项与耗散项之间的平衡来评判，其中耗散率可由观测数据间接计算(Freire et al., 2019)，或是从直接数值模拟结果中直接评估非平衡。对于湍流与变化的平均运动之间达成平衡的情形，Momen and Bou-Zeid(2017)采用的判据是中性条件下切变生成项与耗散率的比值应该保持在 1.0 附近。Cancelli et al.(2012)把这种测试方法应用于不稳定条件下的标量，结果显示强烈的标量协方差的垂直输送扰乱了生成与耗散之间的平衡。这种扰乱行为背离了 M-O 相似理论和温度-湿度相似关系。他们还提出了用于度量输送作用影响不平衡程度的无量纲指数。

10.1.5 去除非平稳性

为了去除非平稳信号或者“滤除”非平稳尺度，一些并不十分严谨的方法被用来量化非平稳性。虽然去除非平稳信号能够使得湍流与平均气流之间的关系较好地满足相似理论，但数值模式经常把相似理论用于所有条件，包括气流处于非平稳阶段。其结果是当把只在平稳条件下才适用的相似关系应用于所有场景时，不可避免地引入了通量误差。

去除非平稳信号的方法都会做些假设，并且需要设置阈值。有研究对相关方法进行了对比检验(Večenaj and De Wacker, 2015; Babić et al., 2016)。由于不同的方法之间存在明显差别，Večenaj and De Wacker(2015)提出了若干能够确保有效去除明显是非平稳信号的方案。基于对间歇性的判别和设置相应的阈值，可以去除较大尺度的非平稳信号(Coulter and Doran, 2002)。那些明显偏离相似关系的数据点被认为是时间序列中包含的非平稳信号所致，这里我们称之为异常点。去除这些异常点可以明显改善数据对相似理论的符合程度，但同时也可能丢失掉了真实的过程。

从观测记录中去除非平稳尺度是个较为复杂的问题。从非湍流运动中滤除非平稳性可以使得湍流通量具有更加明确的含义，因为这样的处理排除掉了那些难以名状的非湍流运动对湍流的贡献，但这么做不能去掉湍流的非平衡特征。去趋势是滤除非平稳性的一种途径，依据从时间序列中分辨出的不同特征时间尺度可以去除非平稳性。基于多尺度分析方法可以检验不同尺度的通量间歇性对标准差的贡献，并从中滤除掉较大尺度的成分。局地小波变换是检测非平稳湍流的有效方法。

10.1.6　非平稳流动中的准平衡湍流

尽管在关于非平稳性的问题中我们主要关注的是湍流对动态平衡状态的偏离情况，在这里我们还是简要介绍一下存在较大尺度非平稳性时湍流仍然能够与变化的流动之间保持准平衡状态的情形。平均流动的非平稳性在时间尺度上大于湍流时间尺度，并且大于谱隙所对应的尺度，当这种情况发生时，通常会存在准平衡湍流，并符合经典理论的描述。未经归一化的湍流统计量可能呈现出非定常状态（即随时间变化），在很多情况下，这种平衡状态的瞬变动力机制是流动的主导特征，并控制着湍流动力学和地气交换通量。

在傍晚的转换期内（从白天对流边界层向夜间稳定边界层的转换过程中），所有高度上湍流强度的减小会降低气流与地表之间的耦合程度，于是出现惯性振荡，使得地面之上的气流加速，形成低空急流。在气压梯度力、柯氏力、湍流摩擦力之间平衡关系发生任何变化的情况下（诸如天气系统气压梯度的改变、因稳定度增加引起的湍流应力的减小，等等），这种对平均流动的瞬变响应是可预报的。

只有在气流所受的力在很长时间尺度上发生变化以至于谱隙能够得以维持的情况下，准平稳假设才能成立。经典湍流闭合方案可以应用于雷诺平均模式来描述平均风矢随时间演变的过程，平均气流的缓慢变化也会使得平衡湍流出现在重力流、海陆风，以及边界层对天气系统锋面过境的响应过程中。

10.1.7　海上边界层的情形

在开阔海域之上的边界层通常没有明显的日变化，这样的环境减少了产生非平稳流动的机会。尽管如此，海上边界层气流的非平稳性要比陆地上更为复杂，因为浪涌的状态和可变的海表粗糙度都会经历对非平稳风场的调整适应过程。在陆上，固定点上地表粗糙度不会有明显的变化，至少在固定风向上是这样的。海上气流的非平稳性通过调制海浪和粗糙度对海表应力产生直接和间接的影响。

海上气流风矢的改变会引起不同频率的海浪，表面张力波和重力波的响应速度很快，更容易与变化的风场之间达成准平衡状态，而风场驱动的浪涌则需要更长的调整时间。Mahrt et al.(2016)发现非平稳性能够增强海表应力。在低风速条件下，Grachev et al.(2003)发现气流的非平稳性能够产生较大的侧风应力角度。Chen et al.(2018)也发现风场的非平稳性会使得海表应力的方向更加偏离平均风速的方向。

10.1.8　非平稳运动的参数化

要对小尺度如何影响湍流进行参数化首先需要对小尺度运动本身进行预报，遗憾的是我们并不知道这种小尺度运动的成因，因为它们可能是从观测区域之外传播过来的。小尺度非平稳运动通常不能被数值模式分辨率分辨出来，于是因模式物理框架的不完备，或者因隐式或显式的水平扩散而被消除，数值模式的预报结果中没能包含这些小尺度非平稳运动。

从稳定边界层的观测结果中可以提取出表征非平稳性的指数。Acevedo et al.(2014)把这个指数定义为$R_{sm} \equiv e_{sm}/\sigma_w^2$，其中$e_{sm}$是次中尺度运动的动能，$\sigma_w$是垂直湍流速度的标准差。他们发现这个比值随稳定度增加而增大。也有研究发现次中尺度动能只随风速U增大而缓慢增大，但与稳定度几乎没有关系(Anfossi et al., 2005)。Vickers and Mahrt(2007)和Acevedo et al.(2014)发现，平均而言，e_{sm}在复杂地形之上的气流中最大，而在平坦地形之上的气流中较小，在海上气流中最小。因为e_{sm}会因涉及e_{sm}计算的非平稳运动的最大尺度的增大而增大，并且因为相对而言U^2和σ_w^2与这个尺度关系不大，所以R_{sm}会因为计算e_{sm}时所包含的最大尺度的增大而增大。

已经有研究涉及如何表征不稳定边界层中非平稳运动及其对湍流通量的影响。对这个问题的处理似乎比稳定边界层会更容易一些，因为在稳定边界层中不同类型的非平稳运动经常是叠加在一起的，并且可能是非局地生成的。

10.1.9 未来研究方向

评估边界层非平稳性的目的在于评判湍流是否处于动态平衡状态以及相似理论是否适用于计算地表通量。引发非平稳湍流的主要原因是尺度大于最大尺度湍流涡旋的运动所形成的随时间变化的热力强迫和动力强迫。这种小尺度运动的强迫作用所导致的非平衡湍流经常是不可预测的。

我们对湍流偏离平衡状态的情况还缺乏认识，部分原因在于现有的观测系统无法获得关于湍流在跟随局地气流移动的过程中如何变化的情况。固定观测点上的观测结果只是显现了涡旋或湍流经过观测点的“快照”，缺少这样的湍流如何在上游发生以及在下游如何衰减的信息。在均匀下垫面上设置观测网络可以让我们在拉格朗日框架下认知湍流的调整过程，这方面的研究工作有待进一步开展。光纤测量和激光雷达遥感测量能够让我们洞悉湍流在跟随气流移动的过程中如何演变的更多细节。

稳定边界层中非平稳的次中尺度运动目前还不能很好地被分辨出来，也几乎无法被数值模式预报出来，从尺度上讲这样的运动包含了能传播很远距离的一系列不同类型的运动。通过在足够大的空间范围内对比数值模拟结果和网格化观测结果，或许能让我们在认知上有所斩获。这么做可以让我们评估拉格朗日不平稳性和欧拉不平稳性，以及与之相关的湍流平衡状态被扰动的程度。

在未来研究非平稳效应时我们该如何入手，图10.1提供了应该是合理的但并非是唯一的分类方案。在这个初步的分类方案中(或者是在其他任何一种分类方案中)，检验湍流平衡状态的程度和评估湍流通量对平衡值的系统偏差会有用吗？图10.1中的方案能被用于分析转换期内气流中的运动和湍流的行为特征吗？这些问题需要未来的研究给出答案。

在研究路径上，未来可以按照图10.2左边的路径开展研究。关于非平稳性的参数化，预期在稳定条件下只能获得一些近似描述，而在不稳定条件下有可能获得更站得住脚的结果。调整关于湍流和湍流通量的有关表达式需要预报非平稳运动，目标至少是在一定程度上改进现有相似理论的应用效果，更为现实的短期目标应该是从实用的角度通过简单调整一些系数来改进相似理论的预报效果，从而能够修正“气候误差”(例如，这样的误差表现为

对地表应力的系统性偏低估计)。长期的目标应该是认知从湍流生成尺度到中尺度范围内不同尺度上的不同类型运动,以及它们在非平衡条件下如何相互作用。

§10.2 陆上大气边界层在日变化过程中的转换①

大气边界层会经历稳定边界层和对流边界层之间的转换,在陆上,这样的转换通常发生在早晨和傍晚时分。处于转换期中的大气边界层表现出与稳定边界层和对流边界层不同的动力学特征,所有的强迫因子都不够强,但又都很重要,因此,诸如地形、辐射、平流、下沉等因子的作用都不能轻易地被忽略掉,简化模型难以建立。

图 10.4 给出了中纬度地区大气边界层在理想条件下日变化情况的大涡模拟结果(相关细节请见图题中的说明)。图中显示了边界层演变过程所对应的时间:日出、转折点(地表浮力通量符号发生改变的时刻)、200 m 高度处对流湍流的启动(白天对流边界层的起始点),白天夹卷层高度的上升和混合层的增长、增长过程的停止和下午出现的收缩,以及傍晚转折点、日落,随后稳定边界层的增长,还有夜间覆盖逆温层的下沉。

如何描述转换期中大气边界层的行为特征已经成为大气边界层研究的重要课题。对于空气质量预报,湍流混合厚度随时间变化的情况显得非常重要;傍晚的转换过程是夜间低空急流发展演变的关键,而后者经常会引发恶劣天气;雾和霜冻天气的预报也有赖于我们对傍晚转换过程的认知程度。

地基遥感观测增进了我们对转换期内大气边界层特征的认识,而传统的地面观测在这方面存在较大的局限性。能够对全边界层高度范围内(特别是边界层上部)进行连续观测对于我们认知转换期中的情况显得尤为重要,传统的高塔观测和飞机观测在这方面也很有帮助。与只看完全的对流边界层和完全的稳定边界层相比,考虑边界层的日变化显然是一种进展,正确描述转换期中的大气边界层行为成为完整描述日变化过程的重要环节。从这个意义上讲,我们需要知道真实的大气与其在理想条件下的情况有哪些不同。地表的非均匀性、土地利用、土壤和植被特征等都有重要影响。海岸地区会有海陆风,而地形会引发山谷风。白天大气边界层并不总是湍流很强,夜间边界层也并不总是厚度很薄。

在讨论大气边界层问题时(特别是在讨论转换期中的大气边界层特征时)边界层厚度是个很重要的变量,但是边界层厚度有时是比较模糊的概念。当对流边界层之上覆盖有稳定气层时,因为虚位温廓线呈现出明显的随高度增大的变化特征,可以用不止一种方法来判别边界层厚度(比如,湍流强度、位温廓线、浮力通量廓线、理查森数)。而稳定边界层的厚度经常很难定义,因为湍流强度廓线会呈现出不同的形状。有云的情况会使问题更为复杂。激光雷达测量到的气溶胶层厚度有时是可用的,但必须经过谨慎检验,以避免误把残留层当作边界层。首选的方法应该是测量垂直速度方差的廓线,但这种方法也会因为边界层顶附近存在重力波而产生偏差。不管是对流边界层还是稳定边界层,从数值预报模式或大涡模式的模拟结果中都能依据某些定义来判定边界层厚度,但从观测结果中识别边界层厚度往往是件困难的事情。在这个专题的讨论中,我们在说“边界层厚度”或“边界层顶”时,只当它们能够被明确地判别出来,而不涉及其中的不确定性问题。

---

① 本节内容来自 Angevine et al.(2020)发表在 Boundary-Layer Meteorology 上的综述文章。

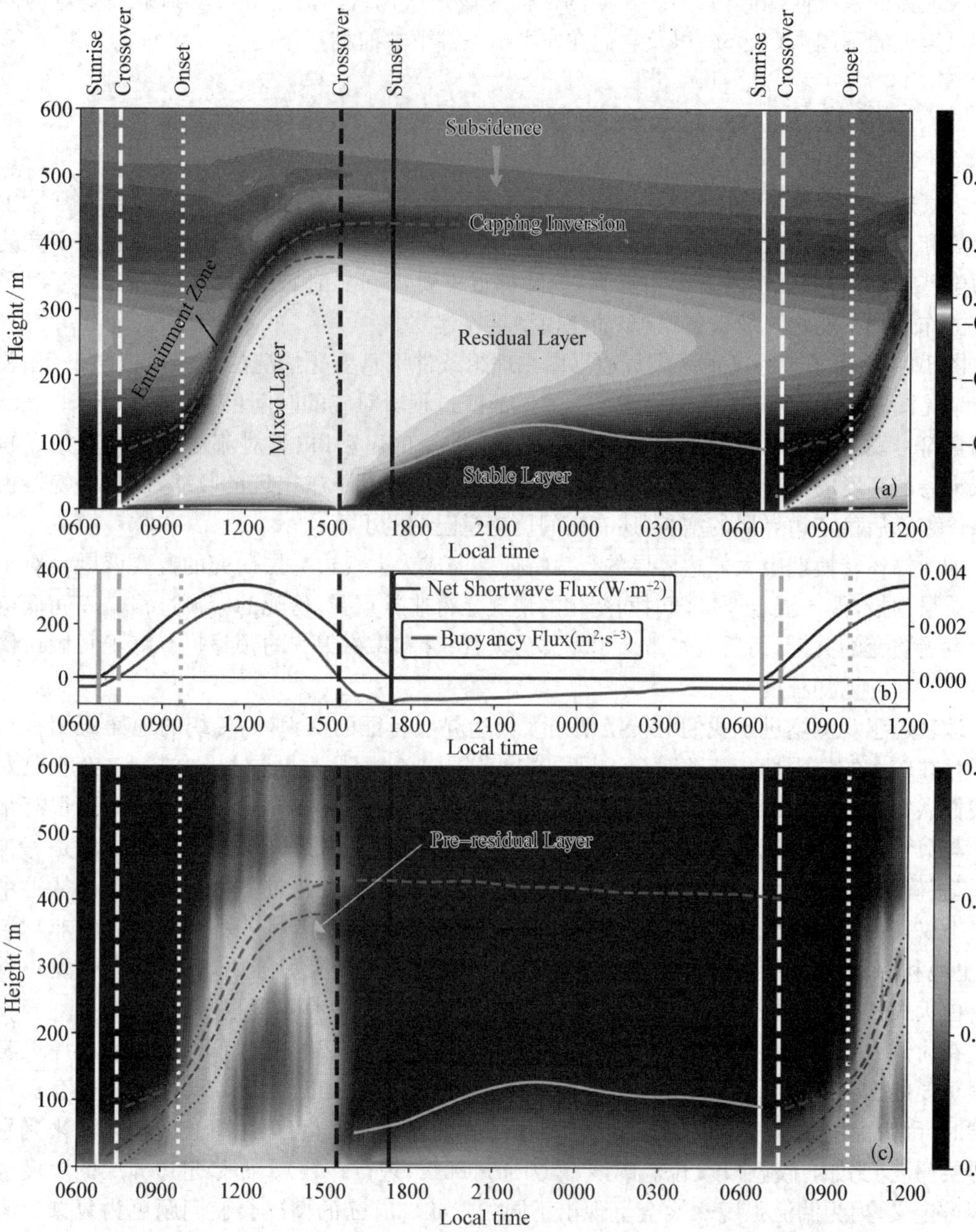

图 10.4 大涡模拟结果呈现的大气边界层状况的日变化过程：(a) 水平平均位温的垂直梯度随高度分布的日变化过程，白色垂直实线、虚线、点线分别表示早晨转换期的日出、转折点、起始点所对应的时间，黑色垂直实线和虚线表示傍晚转换期的转折点和日落所对应的时间，浅色灰线代表稳定边界层顶所处高度，品红色虚线代表空中位温梯度最大值的所在高度，深红色虚线代表不稳定边界层中浮力通量最小值的所在高度，深红色点线代表夹卷层顶和底的所在高度，图中还显示了上午夹卷层的抬升和混合层的发展、傍晚转换期之后稳定边界层的发展、辐射冷却对残留层的稳定化作用，以及覆盖逆温层的下沉；(b) 地表短波净辐射通量(左边坐标)和地表浮力通量(右边坐标)的日变化过程；(c) 垂直速度方差的平方根随高度分布的日变化过程。在(a)和(c)中的曲线还显示了前期残留层的出现。引自 **Angevine et al.(2020)**。彩图可见文后插页。

10.2.1　观测到的早晨转换期

在针对早晨转换期的早期研究中，与地表加热相关联的来自近地面气层上方的混合作用被认为是个重要问题，也就是说，夹卷过程被认为对早晨转换期中的边界层演变起到了重要作用。Angevine et al.(2001)对大样本的高塔观测数据和风廓线雷达观测数据进行了分析，他们定义了转换期内两个具有标志性的时刻：转折点（地表浮力通量首次变为正值的时刻）和启动时刻（在离地 200 m 高度上首次辨识出对流湍流的时刻）。在图 10.4 中用日出时刻作为参考时间。这个研究当中最令人感兴趣的是，采用侵入模型（只考虑地表加热作用，同时忽略掉夹卷过程的作用，见第五章 5.7 节）计算出来的对流湍流层侵蚀掉贴地逆温层所需要的时间会明显长于真实过程所需要的时间。换句话说，在观测时段里地表热通量不足以完成对整个逆温层的加热升温。由此我们可以得出的结论是，加热作用在很大程度上来自夹卷过程。观测数据显示其演变情形很像切变驱动的转换期行为（见图 5.14(b)）。

这里需要提请注意的是夹卷的定义比较模糊。规范的说法是“夹卷是混合层中的湍流流体通过混合并入相邻的无湍流或弱湍流流体的过程”（引自美国气象学会编辑的气象学词典）。但是，在早晨转换期的语境之下，贴地层在统计上呈现出稳定层结的特征，层中各个高度上的湍流状况经常是不知道的。由于混合作用而形成的近中性气层是湍流性质的，因而严格来讲这一层是边界层的一部分。未知的湍流状态使得夹卷的传统定义难以得到很好的应用，真实的状况应该比传统意义上的夹卷过程复杂很多。有一点应该是肯定的，即垂直混合作用很重要，在地表热通量转变为正值之前，暖空气向下混合是增温的主要机制。与观测到的情形相比，数值模拟经常得到的结果是转换期的边界层厚度更薄、温度更低，或许原因就在于模式对夹卷过程的描述与实际情况相比没能充分体现垂直混合作用。在很多个例当中平流作用很重要，但已有的观测并没有提供充分的证据，因此，把转换过程当中廓线的变化归因于夹卷的贡献只是推测性的，而非定论。

一个有趣的现象是有时候能观测到近地面比湿的时间序列在早晨转换期当中出现峰值。当植被的蒸散发作用在清晨变得明显而混合层还很浅薄的时候，湿度会呈现局地最大值，然后随着混合层的增长而下降。然而这个现象在有的观测点并没有被观测到，说明这个现象很可能与季节和下垫面植被类型有关。

值得注意的是多天平均有助于让可归因的现象从观测数据中显现出来。单日数据会呈现出受平流影响的行为特征，似乎平流作用是不可忽略的(Baas et al., 2010)，但是多天平均有时会把这样的特征抹平(Betts and Barr, 1996)。一些非均匀性的影响无法从观测结果中排除掉，尽管有些观测是在非常均匀平坦的下垫面环境下进行的。也就是说，从现象学层面上讲我们对早晨转换期中大气边界层行为特征的认识还不够充分。观测设备和技术的进一步发展会继续增进我们对早晨转换期大气边界层的认知程度。Wildmann et al.(2015)开展了无人机观测研究，他们把观测结果与理论结果进行对比，分析了偏差的特征，并讨论了不确定性和需要面对的问题。

10.2.2　观测到的下午和傍晚转换期

从地面的情形看，不稳定边界层转变为稳定边界层发生在“傍晚”，但从边界层顶的情形看，变化会发生在更早的白天时段。这导致我们在谈及转换过程时所用的术语缺乏清晰度和一致性。在这里我们沿用了文献中的一些说法，用到的主要术语标注在图 10.4 当中。一般来讲，“下午转换期”指的是地表浮力通量下降的时段（从中午到日落）；“傍晚转换期”指的是包含地表浮力通量改变符号的日落前后时段。如图 10.4 所示，我们指明了日落和转折点时刻，后者指地表浮力通量由正值变为负值的时刻（与清晨转折点的情形相反）。

早期研究关注转换期当中温度场和风场的变化。有研究强调温度场和风场经历三个阶段：初期（地表浮力通量变为零之前）降温速度较小，中期（净辐射为零前后）降温速度较大，后期（日落之后）降温速度又减小。气流会减速，变得近乎静风或是局地重力流，进而演变成区域重力流或者天气流。在比湿的时间序列当中也会出现峰值，这取决于季节和地理位置，以及作物生长状态。

在近期的研究中我们又看到了一些新的现象，比如反梯度通量（Blay-Carreras et al.，2014a），其原因在于地表通量改变符号的时刻与温度梯度改变符号的时刻不一致，两者之间存在时间差。研究发现这个时间差与涡旋反转时间存在一定关联，并且与植被覆盖和植被高度有关（Jensen et al.，2016）。值得一提的是，观测发现在离地较近的高度上会出现温度最小值（Blay-Carreras et al.，2015），即温度廓线在离地 0.1 m—1 m 处存在极小值。

Grimsdell and Angevine（2002）率先运用风廓线雷达观测结果并结合地表通量观测来分析整个边界层在下午到晚上的演变过程。他们发现边界层高度从日落前数小时就开始下降。对这一现象给出的解释是：下午地表热通量减小，此时混合层空气还在继续增温，而热对流则变弱，由于整个边界层内位温在垂直方向近乎是绝热分布，起初热羽仍然能够达到边界层顶，与此同时还有一些其他过程，这些过程的作用是降低热羽向上穿透的能力，大尺度下沉运动会直接降低边界层顶的高度，下沉、切变驱动的夹卷，以及短波辐射的直接加热作用都会使得边界层上部的稳定度增加。对湍流状况的直接测量会显示边界层高度是下降的，然而间接测量（特别是气溶胶层的厚度）很可能得到不一样的结果。由于边界层被定义为与地表有相互作用的气层，所以应该直接依据湍流状况来判断。

BLLAST（Boundary Layer Late Afternoon and Sunset Turbulence）外场观测研究关注于边界层的转换过程，并且用不同种类的仪器设备和平台进行了综合观测。与早期的研究不同，BLLAST 研究包含复杂地形和非均匀土地利用这样更具挑战性的问题，Lethon et al.（2014）的文章给出了这项研究的概述和初步结果，以及丰富的文献。基于对全边界层的高频次观测和连续观测可以更加全面地分析转换期当中边界层的演变过程，在垂直可分辨意义上的湍流能量衰减以及湍流长度尺度的变化情况是此项研究特别关注的问题。

关于边界层湍流，BLLAST 研究的飞机观测（Lethon et al.，2014；Darbieu et al.，2015）和近地面观测（Nilsson et al.，2016a，b）表明在切变较弱的白天里湍流统计量直到下午的中间时段都能保持为准平稳状态，在这种情况下湍流衰减很缓慢，湍流的垂直结构没有明显的变化，可以用边界层厚度进行标度（当高度被边界层厚度归一化后，湍流统计量的垂直廓线形状满足相似关系，即满足混合层相似）。在下午的后半段湍流衰减开始加速，湍流结构偏离混合层相似。湍流衰减从边界层顶部开始（Darbieu et al.，2015），尽管这个过程强烈地受制于边界层顶部切变和近地层切变。Nilsson et al.（2016b）用一个简单模型来识别稳定边界层形成之前边界层上部湍流衰减的区域，这个区域随着时间的推移向下伸展。他们把这个气层称为前期残留层（见图 10.4）。

10.2.3 边界层转换期的相关过程

下午的转换期几乎是非受迫的，对转换期有贡献的所有过程都很微弱。早晨转换期受到太阳辐射强迫，但这个强迫作用也很微弱。许多过程在日变化过程中影响到边界层，认知边界层在转换期中变化情况的主要困难在于需要把所有的相关过程都考虑进来。湍流涡旋的大小和时间尺度发生改变，边界层顶的夹卷和对卷入空气的混合会起到重要作用。在考虑单日变化或是若干小时的变化情况时，平流作用几乎总会显得很重要，但要评估其影响又是件很困难的事情。辐射对空气的直接加热或冷却作用经常会很小，但在转换期当中并不能轻易地被忽略掉。当湍流通量和湍流能量快速变化时，不考虑时间变化的分析方法可能是不适用的。云会影响平均量和湍流量的垂直廓线，特别是在靠近边界层顶的地方。

了解转换期中的不同时间尺度很重要。这些时间尺度包括涡旋翻转时间、边界层高度变化某个百分比数所需要的时间、地表浮力通量变化某个百分比数所需要的时间。在中午前后，涡旋翻转时间（大约 10—20 分钟）要比边界层高度演变的时间尺度小很多，后者的变化非常缓慢。然而在上午的快速发展阶段，边界层增长的速度可以与热羽的平均上升速度一样快（Sorbjan，1997）。在下午和傍晚湍流衰减的时间尺度很重要，并且取决于涡旋的大小。更大的涡旋会衰减得更慢，这会造成近地层之上的长度尺度增大。

Driel and Jonker(2011)探讨了理想条件下地表通量变化对时间尺度的影响，他们获得了一些有趣的发现：边界层厚度变化的时间尺度很长，大约为 10 小时，因为这个时间尺度受夹卷速率控制；造成地表热通量变化和边界层高度变化之间位相差的原因是时间尺度不同；在地表通量快速变化的情况下，湍流能量的生成率和耗散率变得很重要。由于是理想模拟，他们的模拟结果并不能直接应用于分析边界层在转换期中的演变过程，但是他们提出了时间尺度存在竞争关系的概念，这对进一步研究具有启发性。

从应用角度讲，分析湍流观测数据所需要的平均时间是另一个重要的时间尺度。如果在平均时间内湍流发生了重要的变化，我们很难解读观测结果。另一方面，在很短的时间段上进行平均会得到充满噪声且很不确定的结果，并且会造成对湍流通量的系统性偏低估计。

长度尺度及其变化对理解边界层行为也非常重要。Darbieu et al.(2015)通过分析 BLLAST 研究的观测数据发现，长度尺度可以用边界层厚度来标度的情况一直能够持续到下午的前半段，随后近地层中的长度尺度快速减小，而在近地层之上的长度尺度却增大了。

边界层顶部的夹卷过程在转换期中会起到非常重要的作用。在早晨转换期中，近地面空气的增温主要源自上方暖空气的向下混合。在下午转换期中，夹卷是造成边界层上部增温的一个重要过程，因而会减小垂直混合的厚度。理想条件下的夹卷过程相对简单，经典教科书都会对简化的概念模型进行介绍，针对理想条件下的夹卷过程及其参数化的研究论文有很多，因此，我们对夹卷过程的理解主要基于理想条件下的研究结果。发生在真实场景下的夹卷过程非常复杂，这里强调的是夹卷过程在转换期中的作用，想要了解更多的细节可以参看 Angevine(2008)的文章。

夜间稳定边界层之上经常存在着近乎处于绝热状态的残留层，残留层直接影响白天边界层的发展。在上午，当不断增长的边界层达到残留层底部时，增长速度变快，直至边界层发展到残留层顶部。我们应该知道，某个地方的残留层并非简单的是由白天混合层遗留下来的，因为平流的缘故，在早晨某个特定位置上方看到的残留层有可能形成于别的地方。

数值模拟结果表明，即使是在理想的情景之下平流作用也是不可忽略的，但是要对平流作用进行观测却很困难，甚至是不可能的。或许能做的就是用不受湍流混合影响的高度上的观测结果或是中尺度模式的输出结果来估计平流项。评估下沉运动也是很困难的事，下投式探空可以测量到下沉运动，但似乎也只有在海洋上空这样最简单的情形之下才能得到比较明确的结果(Bony and Stevens，2018)。然而我们应该注意到，采用相同的强迫条件来实施大涡和其他类型模式的数值模拟，通过对比模拟结果来研究平流的影响就不会受到这些不确定性的制约。

Baas et al.(2010)基于单柱模式(SCM：single-column model)的模拟结果讨论了平流如何影响夜间低空急流的形成(针对傍晚转换期)，结果表明影响很大。他们通过对若干相似的算例进行平均来滤除噪声，从而使得结论更加明晰。Angevine(2001)也通过对众多个例进行平均来理解早晨转换期的边界层行为。BLLAST 研究计划对下沉的影响(Blay-Carreras et al.，2014b)和平流的影响(Pietersen et al.，2015)都有探讨。在 BLLAST 观测点，每天都会出现下沉运动，起因是附近山地引发的山谷风环流，并且山区上空的湿对流会增强局地下沉运动。

晴天的辐射过程通常不受关注，但在转换期中可能起到重要作用。长波辐射冷却会侵蚀覆盖逆温层，这会在早晨转换期中加速边界层增长(Edwards et al.，2014)。在傍晚转换期中近地面辐射冷却会促进稳定边界层发展，并抑制湍流运动(Garratt and Brost，1981；Ha and Mahrt，2003)。在静稳条件下，辐射是决定温度廓线的主导过程(Savijarvi，2006；Edwards，2009)。在靠近地面的地方，长波辐射冷却速度在很短的长度尺度上就发生改变，因此，较粗的垂直分辨率都会造成观测结果和模拟结果出现偏差(Ha and Mahrt，2003；Edwards，2009；Steeneveld et al.，2010)。

当边界层中气溶胶含量较大或是气溶胶的吸收性较强时，气溶胶会显著影响辐射加热或冷却。气溶胶会减少到达地面的太阳辐射(Barbaro et al.，2014；Liu et al.，2019)，从而影响转换期的时间进程。边界层或残留层当中的吸收性气溶胶会直接加热大气，这也会影响转换期的时间进程。

在边界层顶部经常出现云。但是边界层观测研究通常会选择晴天条件，或是刻意把有云影响的观测数据排除在外。虽然有些研究关注到云对边界层的影响，比如，Angevine et al.(2001)注意到在有云天里早晨转换期的时间进程会有很大差异，而 Grimsdell and Angevine(2002)发现在下午云几乎没有系统性影响。我们在云对转换期中边界层行为的影响方面所知甚少。事实上，在边界层研究领域中对云与边界层相互作用的研究仍是薄弱环节，应该得到重视和加强。显然，这有赖于综合观测手段(特别要包括对低云的观测)的运用和对大样本数据的积累。

10.2.4　对转换期的数值模拟

在近二十年里大涡模拟被广泛应用于大气边界层研究，当然也包括对转换期的研究。Angevine et al.(2020)的综述文章里介绍了一些针对转换期的大涡模拟研究，有的针对早晨转换期，有的针对傍晚转换期，有的针对整个日变化过程。这些模拟研究在模式边界条件和强迫条件的设置方面不尽相同，因而侧重点也不相同，有的强调辐射过程的重要性，有的强调下沉运动的重要性。有些模拟设置了尽可能接近真实状况的模拟条件，依据模拟结果理解转换期中的湍流演变过程。这些大涡模拟结果对我们认识转换期中的边界层特性很有帮助。图 10.4 显示的是耦合模式的模拟结果，模式系统把大涡模式、陆面模式和辐射模块耦合在一起实施模拟，模拟地点的纬度选择在 57°N，下垫面选为短草地，地转风设置为 $8\ \mathrm{m \cdot s^{-1}}$，初始温度廓线和比湿廓线选择为不会成云的情况。这样的模拟结果能让我们了解大气边界层的日变化全貌，以及在转换期中边界层的基本特征。

GEWEX 大气边界层研究（The GEWEX Atmospheric Boundary Layer Study，简称 GABLS）是旨在改进模式的边界层模拟效果的长期研究计划。在 GABLS 研究计划的三个项目中有两个侧重于陆上日变化过程，因而为我们提供了很全面的视野来了解中尺度模式在转换期中的模拟结果。在 GABLS2 研究项目中，Svenssen et al.（2011）模拟了在 CAESE－99 观测试验中观测到的日变化个例。多个单柱模式参与其中，它们在转换期中的模拟结果存在差异。得到的一个结论是选择最真实或最合适的边界条件和强迫因子很重要，但也很困难。以设定的地表温度作为下边界条件，则在大气温度和地表温度相同的情况下不同模式得到的地表热通量不同。早晨转换期中的地表热通量太小、边界层增长速度太慢，这或许是因为模式模拟的夹卷过程太弱，并且导致模拟的风速太小。采用不同边界层方案得到的模拟结果存在一定程度的偏差，没有一种方案能在日变化模拟方面显示出些许优势。

GABLS3 项目在 GABLS2 项目的基础上开展了进一步研究（Bosveld et al.，2014），所选择的个例是在荷兰的卡博（Cabauw，The Netherlands）观测到的情形。在模式方面，单柱模式包含了陆面模式和辐射模块，这样就不需要人为设置下边界条件。结果显示，陆面模式所采用的方案对模拟结果有重要影响，并且决定了转换期和稳定边界层的行为。另一个重要结论是稳定边界层中的长波辐射有重要作用。

有研究关注于不同风速条件下的傍晚转换期，发现中等风速条件下长波辐射冷却作用很显著，但不是夜间稳定边界层发展的主导因子（Edwards，2006）；在微风条件下地表辐射冷却作用很强，并且是转换期中近地面温度演变过程的控制因子（Edwards，2009）。有研究利用观测的温度廓线来研究贴地逆温层的增长速率，并与整层模式和不同复杂度的单柱模式的模拟结果进行对比，发现最简单的模式无法再现观测到的结果（van Hooijdonk et al.，2017）。BLLAST 研究计划的中尺度模拟还指出了地表类型的重要性，Lothon et al.（2014）和 Couvreux et al.（2016）发现不同地表植被类型是造成下午转换期在不同观测点表现出不同时间进程的原因。模式分辨率也会影响模拟效果，Couvreux et al.（2016）发现高分辨数值预报模式（网格分辨率 2 km）能够很好地模拟出湍流动能的日变化，包括下午接近黄昏时段的衰减过程。

10.2.5 对转换期研究的展望

已有的研究在理解大气边界层转换期方面所取得的进展为进一步研究这个问题奠定了坚实的基础。包含所有相关过程的高分辨大涡模拟能够为我们提供更多的认识，这些过程包括有反馈的辐射过程和有反馈的陆面过程。对有云条件下边界层转换期的深入了解也可以从大涡模拟结果中获得，或者通过挖掘已有观测数据集中那些被以往分析研究舍弃掉的有云数据子集来获得。夹卷过程仍然是有争议的问题，特别是它如何受风切变、气溶胶和地表非均匀性的影响，还需要进一步研究。与转换期有关联的过程在中尺度模式中都有描述。当实施高分辨中尺度模拟时，必须考虑地形、海岸线、地表非均匀性等"非单柱效应"的影响。处于转换期中的边界层还会涉及"湍流灰区"问题（Wyngaard，2004；Efstathios et al.，2016)，如何给予恰当描述也需要进一步探究。此外，还应该考虑地表和边界层顶的完整能量平衡关系，包括土壤、冠层、植被等对热量和水汽变化的贡献。观测技术的进步也很重要，由于地表或地形特征在水平方向的微小变化会影响到转换期中的边界层，建立多尺度观测网实施观测有望提供新的认识。

§10.3 地表非均匀性给边界层气象学带来的挑战①

非均匀下垫面之上的大气边界层动力学对于地球物理和工程领域的诸多应用都显得非常重要。尽管在过去的五十年里学术界在此方面开展了大量的研究工作，仍有众多问题未能得到解决，原因在于非均匀性激发的物理过程太复杂，流动形式花样繁多。对于大气边界层而言，其多尺度特性几乎抹杀了直接通过地球物理模拟或观测来分辨出所有空间信息的可能性。从空间尺度讲，它涉及湍流涡旋和平均流动，从大约 1 mm(柯尔莫哥洛夫微尺度)到显著大于所有湍流积分尺度的空间范围(数公里甚至更大)。非均匀性带来的挑战或许是我们永远无法彻底解决的问题。然而它又是真实世界中无处不在的现象，并且在人为土地利用不断变化的过程当中被强化。正因为如此，非均匀性对边界层气象学提出的挑战是无法回避的。本专题所讨论的非均匀性问题聚焦在地形相对平坦的非均匀下垫面。

边界层气象学关注于非均匀地表对低层大气的作用，开展的研究工作旨在(1) 通过局地尺度上的观测试验和数值模拟来理解各种非均匀类型的微尺度效应，诸如惯性边界层、次级环流的形成、对地表通量及其观测的影响，等等；(2) 运用基于对微尺度效应的认知来发展天气和气候模式中网格尺度上的陆面模式，从而能够切实有效地针对次网格尺度下垫面变化的作用进行参数化。所谓微尺度效应，是指在边界条件不连续的地方(两种不同性质下垫面的边缘区域)大气边界层在一定范围内发生快速变化，此类变化存在某些共性特征。多个边缘区域形成的相互作用是更具挑战性的问题，因为相对简单的微尺度流动之间产生混合和相互作用，使得流动特性变得更加复杂，这恰恰是真实世界普遍存在的场景。这种相互作用可以用精细尺度的数值模式模拟出来(比如大涡模拟)，也可以被密集的观测网络或扫描式激光雷达侦测出来。然而要归纳出每种非均匀样式的共性特征需要一些简化方案，从而能够在粗分辨模式的局地尺度上对地表非均匀性的集成效应进行参数化。

10.3.1 地表非均匀性的分类

这里所讨论的问题只针对的是没有山地地形、相对平坦的下垫面的非均匀性，主要涉及尺度在几十米以上的土地利用变化。所用的框架结构是从整体上区分不同地块的下垫面特性(以粗糙度来表征的几何形态、温度、湿度，等等)，每个地块拥有自己的空间尺度 L_p (不同

① 本节内容来自 Bou-Zeid et al.(2020)发表在 Boundary-Layer Meteorology 上的综述文章。

地块的尺度是不同的，在我们所讨论的问题当中 $L_p \geqslant 50$ m)。这个框架结构假设每个地块内的粗糙元特性(例如树木的高度或者城市地表温度分布)从统计意义上讲是均匀的，但不同的地块之间存在明显的差异。基于这样的考虑，可把非均匀下垫面划分为四种类型(如图 10.5 所示)：

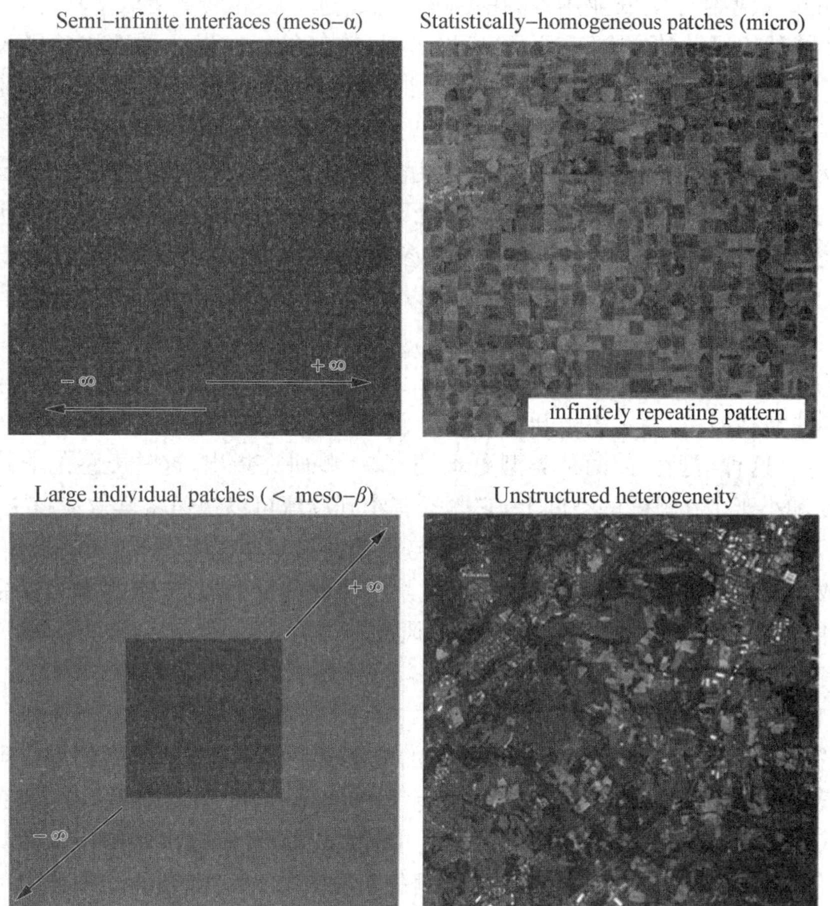

图 10.5　四种非均匀类型：(1) 左上图所示的相邻的两种下垫面(比如海陆边界)；(2) 右上图所示的不同小地块反复编排的样式，在掺混高度之上相似理论适用(图片为 1968 年堪萨斯试验场地现今下垫面状况的航拍照片，区域宽度约为 50 km)；(3) 左下图所示的大地块被均匀环境包围的情形(如城市、湖泊、风电场)；(4) 右下图所示的不同地块不规则分布的情形。多个内边界层和多个次级环流之间的复杂相互作用导致相似理论不能适用于类型 3 和类型 4。引自 Bou-zeid et al.(2020)。彩图可见文后插页。

1. 半无限的分界(如海陆分界、大片森林的边界)

实际应用当中，这种情形对应于非常大的地块(>100 km，或者是大气边界层厚度 $\delta \approx$ 1 000 m 的 100 倍)，所以在分界线附近发生的流动扰动在局地尺度上非常重要，但是在更大的尺度上从统计意义上讲起支配作用的是气流与均匀地表之间的相互作用，于是在地块的大部分区域内气流与下垫面之间达成平衡(也就是说，气流特性反映了均匀下垫面作用的结果，因而经典相似理论是适用的)。对于这一类型的非均匀问题，研究兴趣是在分界区域内(这个区域在海陆风情景当中可以延伸数十公里)流动在经过分界线后发生了怎样的改变，以及受不同地表热通量或地表应力驱动的次级环流及其对局地微气象和局地水文气象的影响。

2. 统计上意义上的均匀地块

这种非均匀性表现为在局地尺度上是非均匀的，但统计特性在区域尺度上（中尺度以上）是均匀的。典型例子是农业用地，在不同位置超过 10δ 的尺度上取平均时，得到的平均地表粗糙度或地块尺寸的方差表现为空间分布是均匀的。如果这种地块的微尺度是大约 50 m，地表非均匀效应被均匀化的高度（即掺混高度）比较低，大约为 20 m。于是平均气流在近地层的大部分区间里是水平均匀的。在此情形之下，近地面流动在空间上是有变化的（对应于粗糙子层），而大气边界层可以被认为实际上是均匀的（对应于粗糙子层之上的部分）。在过去的二十年里对此类地表非均匀性开展了大量研究，主要目的在于发展能够体现其与大气之间相互作用的参数化方案。这些参数化方案利用气流的均匀性和低掺混高度（如前所述，在这个高度之上经典相似理论可以适用）可以把此类地块描绘成具有"等价"或"等效"地表特征量的均匀下垫面。

3. 与周围环境不同的孤立（一维或二维）大地块

此类地块包括城市、森林中被开垦的地块、湖泊、岛屿、风电场、河流、极地的冰间湖或冰间水道，等等。这种类型比前两种类型更难处理，一些研究指出，这种类型的非均匀性发生在中 γ 尺度和小于中 β 尺度的空间上，它既没有小到湍流可以快速将其效应掺混掉（如同类型 2 那样），又没有大到在大部分范围内大气与下垫面之间达成平衡（如同类型 1 那样）。其结果是导致经典理论失效，活跃的三维中尺度次级环流占据上风，并且经常可以主导气流的动力学特性。这些环流引发了实质上占据上风的非线性动力学效应，使得区域尺度的参数化方案难有成效。

4. 不规则的非均匀性

地表的变化情况无法被近似处理成前述的类型，因为它是多种类型的混合形态。现有的粗分辨模式都是单独处理这样的地块，没有考虑它们之间的相互作用。马赛克拼图方案能够在模式中体现出尺度小于网格的每种不同地块，但是气流的次网格尺度变化通常被忽略掉，而地气交换通量则是采用了均匀下垫面的方案。如何获得表征这种类型下垫面之上复杂气流样式及其网格平均特征的通用方案仍然是大气边界层研究的难点。

小地块影响尺度相当的小涡旋并与之形成相互作用，从而影响到大气边界层靠近地面的部分；而大地块影响最大尺度的湍流涡旋和雷诺平均的平均气流，这种影响可以贯穿整个边界层厚度。于是针对地块尺度的参数化方案自然会涉及边界层厚度 δ，这个厚度也是最大湍流涡旋的垂直尺度。这些涡旋的水平尺度会更大，大约为 10δ。这些涡旋对动量输送和速度方差有很显著的贡献。因此，虽然我们按照地表形态的空间尺度来对非均匀性进行类型划分，然而非均匀性对大气边界层的影响会受到地表尺度与流动的典型尺度之间相互作用的调制，这种调制作用还会随稳定度变化。

10.3.2 微尺度过程

大气边界层中的湍流运动具有很大的空间尺度范围，能够与地表非均匀性形成相互作用或者共振效应。与地气相互作用密切相关的是局地生成的湍流涡旋的尺度，这些尺度从离地高度（z，对应于触地涡旋）延伸到 $z=\delta$。在生成尺度上湍流是各向异性的，在中性条件

下水平速度积分尺度与垂直速度积分尺度之比超过 10 倍，这个比值随稳定度变化，范围在 5—50 之间。在生成涡旋与最小的柯尔莫哥洛夫耗散涡旋之间存在很大的尺度间隔，在低层大气中后者的尺度只有 0.1—1 mm。这意味着地表非均匀性在某个尺度上形成的扰动不会瞬间传播到所有频率或波长的涡旋上。研究地表非均匀性如何影响湍流流动的一个根本性挑战在于扰动不会发生在单一尺度或是单个波长上。

因此，在下垫面性质发生改变的位置附近及其下游区域，多尺度的物理过程被激发出来。水平平流、中尺度次级环流、非平衡湍流（湍流的生成过程与耗散过程之间不能达成平衡）都很重要。之前的研究主要关注下垫面的一个特征量的不连续所造成的影响，但实际情况往往是多个地表特征量同时发生改变。将大涡模式与地表能量平衡模式（SEB 模式：Surface Energy Budget Model）相结合可以实施数值模拟研究，在其中可以通过 SEB 模式设置地表水热条件的非均匀性，地表温度和土壤湿度发生变化的同时，地表粗糙度可以改变，也可以不改变。

下垫面发生改变必然导致平均气流和湍流进行调整，以适应新的下边界条件。最靠近地面的地方是很薄的平衡内层 IEL（Internal Equilibrium Layer），在这一层里平均量和湍流矩与新的下垫面之间达成完全匹配状态（也称平衡状态，针对湍流运动也称动态平衡状态），而上游边界条件的影响可以忽略不计。这一层的厚度 δ_e 与气流在新下垫面上的行进距离 x 之间存在一定的比例关系，在中性条件下通常按照 $\delta_e \sim x/100$ 进行估计。在 IEL 之上，气流对新下垫面做出响应，但尚未达到平衡状态，这部分气层被称为内边界层 IBL（Internal Boundary Layer），在中性条件下 IBL 厚度 δ_b 按照 $\delta_b \sim x/10$ 进行估计。在 IBL 之上，气流仍保持着上游下垫面之上的流动特性。这是理想化的分层架构，如图 10.6 中的下分图所示。

如果下垫面的改变使得湍流增强（例如地表粗糙度变大，或者热通量增大），平衡适应过程被增强，产生更厚的 IEL 和 IBL。如果下垫面的改变使得湍流减弱，则会出现相反的情况。如果在气流的行进过程中下垫面发生多次改变，那么会产生多个 IEL 和 IBL。在小地块构成的非均匀下垫面（如图 10.5 中的右上图所示）之上，气流中会形成掺混高度，在此高度之上，湍流的混合作用使得单个小地块的影响不再凸显。可以用理想化模型，即“平流-扩散平衡模型”，来描述气流进入新下垫面之后的调整适应过程。气块（或气柱）平流经过分离点后的水平行进距离为 $U_a t_a$（其中 U_a 为平均平流速度，t_a 为过分离点后经历的时间），而在新下垫面之上湍流混合达到的高度（即 IBL 厚度）可以用一个扩散长度尺度来表示，这个长度尺度正比于 $(K_t t_a)^{1/2}$，其中 K_t 是湍流扩散率。于是在 x 处的 IBL 厚度 δ_b 可以写成 $\delta_b = C(K_t t_a)^{1/2} = C(K_t x/U_a)^{1/2}$，其中 $C \approx 0.8$，K_t 和 U_a 与下垫面性质有关，并随 x 有变化。这里所说的“平流—扩散平衡模型”在第七章中有过介绍（见 7.1.2 小节）。

在天气系统的强迫作用很弱的情况下，如果盛行风很小，或是在平行于两个大地块的分界线的方向上有较大平均风速分量，则会在边界层中发展出持续存在的次级环流。环流涡旋受到相邻地块地表热通量差异的驱动（热力扭矩），或者受到地表应力差异引起的平均气流辐合-辐散的驱动（湍流扭矩）。如图 10.6 的中间分图所示，下垫面在侧风方向存在动力和/或热力变化的情况下，从雷诺平均方程出发可以推导出关于平行于分界线的涡度分量 ω_y 的输送方程：

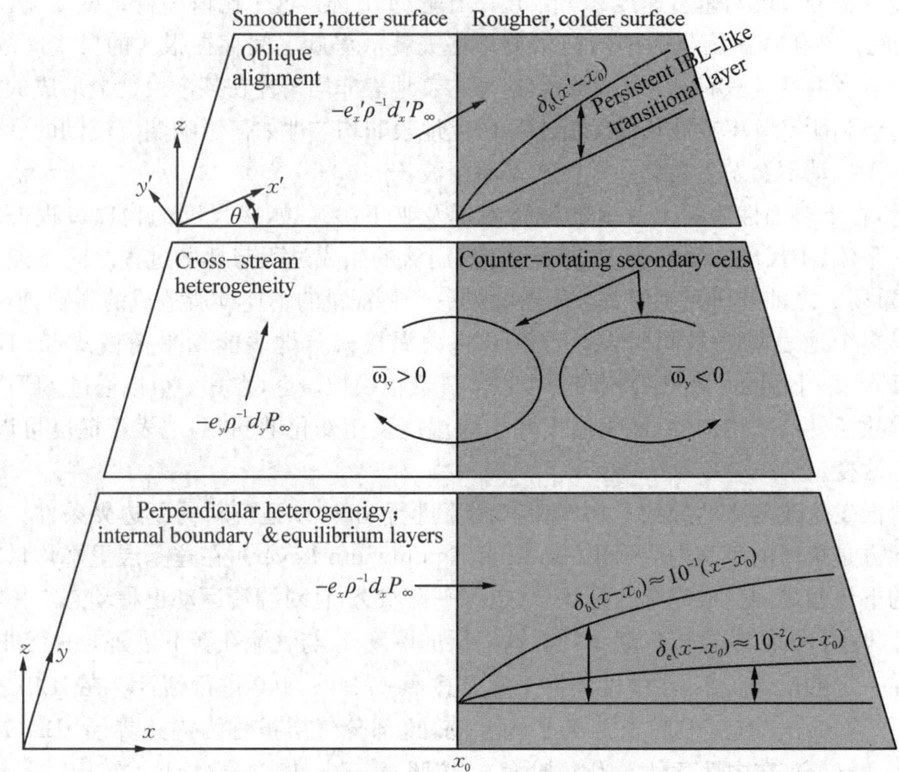

图 10.6　下图：气流经过不连续下垫面时产生 IEL 和 IBL 的情形；中图：在垂直于发生非均匀的方向上由地表应力或热通量差异引起次级环流的情形；上图：顺流方向和侧向都有非均匀性的混合情形，其中 P_∞ 是背景天气系统的气压，其他变量在正文中有定义。引自 Bou-Zeid et al.(2020)。

$$\bar{u}\partial_x\bar{\omega}_y+\bar{w}\partial_z\bar{\omega}_y=(\partial_z^2-\partial_x^2)\bar{T}_{xz}+\partial_{xz}(\bar{T}_{xx}-\bar{T}_{zz})+\epsilon_{ijk}\partial_j\Theta_k \tag{10.4}$$

其中上划线表示雷诺平均，u、v 和 w 是顺风方向(x)、侧风方向(y)和垂直方向(z)的速度分量，雷诺应力表示为 $\bar{T}_{ij}=\overline{u_i'u_j'}$，$\epsilon_{ijk}$ 是矢量单位的交互张量。在方程(10.4)的最后一项中，$\Theta_k=-g_k(\delta\theta/\theta_0)$，它代表热力梯度引起的浮力，其中 g_k 是重力加速度，θ_0 是参考位温，$\delta\theta$ 是产生浮力的位温扰动。在所考虑的这个情形当中，方程(10.4)中最后一项的具体形式是 $-g\partial_x(\delta\theta/\theta_0)$。方程(10.4)的右边，前两项代表雷诺应力的空间不均匀分布对 ω_y 的贡献(湍流扭矩)，最后一项则代表浮力的侧向不均匀分布对 ω_y 的贡献(热力扭矩)。

由方程(10.4)中最后一项引发次级环流的最典型例子是海陆风环流。针对海陆风环流的研究工作已经很多，包括如何确定标度变量、构建参数化方案，以及发展出线性理论。接下来应该基于大涡模拟来比对并统合已有的不同方案，因为现有中尺度模式中的雷诺平均闭合方案难以分辨有时空变化的湍流场。天气条件如何影响海陆风也是需要进一步研究的问题。与海陆风相类似的场景还有湖陆风、城市热岛环流、冰间湖和冰间水道激发的局地环流，以及风电场的下游效应，认知并预报这些环流的流动细节具有广阔的应用前景。到目前为止，我们对气流斜穿分界线(如图 10.6 中上面分图所示)的情况(内边界层和次级环流交织在一起的复杂情况)以及雷诺应力和热力同时驱动次级环流的情形还所知甚少，也需要进一步研究。

观测方面，非均匀下垫面导致的内边界层和次级环流给涡动相关系统的通量观测带来挑战，一方面需要把仪器放置在较高的高度上，使得观测到的通量对应于更大的源区域，从而具有局地代表性，另一方面源区域大小应该与我们感兴趣地表范围相匹配。如果仪器超过了平衡内层高度，那么平流和流动的非平衡状态就会影响测量结果。观测点经常选在平坦且覆盖着低矮植被的均匀下垫面，而上游更高的植被或更明显的地形所形成温度或其他量的水平平流会影响到观测位置，即使下垫面的非均匀性是不规则的。温度平流会扭曲温度廓线。而且，在传统意义上对平稳性和平衡状态的检验可能被误导。处于平衡内层之上的内边界层中的探头会观测到具有平稳性的湍流统计量，但从拉格朗日观点来看湍流在适应新下垫面的调整过程中实际上处于非平稳状态(见本章第一节)。观测结果让人误以为生成与耗散之间是平衡的，但实际上存在着明显的时间变化、水平输送(平流输送、湍流输送和气压输送)及垂直方向上的湍流输送和气压输送，它们之间可能几近平衡，但与湍流生成和耗散并不直接相关。

10.3.3　区域尺度上的集成效应

基于对非均匀下垫面之上次级环流和大气边界层动力学特征的认识，一系列研究把目标设定在获得微尺度物理过程的参数化方案，以使其适用于粗分辨数值模式。这些参数化方案应该能够为大气模式提供正确的地表热通量和痕量气体通量，以及为大气边界层流动施加正确的地表拖曳力。现行的方案基本上仍然以适用于均匀下垫面的相似理论为基石，并做适当调整和修正。这么做需要获得尺度小于模式分辨率的地块的地表特征量信息，已经有多个途径来构建相应的参数化方案，形成两类处理方式，一类把地表处理成等效的均匀下垫面，另一类包含了空间不均匀的信息。表征不同特性的地块需要合适的关于地表类型的精细尺度观测数据。目前关于土地利用和土地覆盖的数据集在全球很多地区已经达到30 m 分辨率，但是需要通过某些处理方式才能将其转化为模式可用的地表特征量。还有一个潜在的挑战是如何表征对地表特征有显著影响的次表层土壤特性和地下水文状况，包括其非均匀性(在有些区域地表看上去是均匀的)。

1. 等效地表方案：集成参数

考虑非均匀性的常见方法是在网格尺度上把地表处理成等效的均匀下垫面，即以等效的地表特征量来代表模式网格单元内非均匀下垫面的地表特征量的平均值，从而得到与非均匀下垫面的网格平均值相等的地表通量值。于是在网格平均的意义上非均匀性信息被隐式包含在等效地表特征量当中。这种方法在实际应用当中的最简单处理方式就是把网格单元内面积占比最高的地表类型赋予整个网格，完全忽略次网格非均匀性。研究表明这种处理方式存在明显的缺陷，尤其是在天气和气候模式的网格单元下垫面具有显著的次网格非均匀性的情况下，例如，在城市和农村地区，最常用的地表类型可能只占网格区域的30%(并非真正占主导，事实上不能真正代表网格区域的整体状况)。尽管如此，这种方案仍然被广泛采用。

“等效参数方案”旨在运用具有等效地表特征量(粗糙度、温度，等等)的均匀下垫面来代表非均匀下垫面，从而在与大气模式相耦合时能在区域平均的效果上计算出正确的地气交换通量，但问题是如何得到这些地表特征量。以运动学热通量($Q=\overline{w'\theta'}$)为例，模式普遍采用相似理论来计算：

$$Q=\frac{1}{\kappa}u_*(\bar{\theta}_s-\theta)\left[\ln z_1-\ln z_{0h}-\psi_h\left(\frac{z_1}{L}\right)\right]^{-1} \tag{10.5}$$

这里假设零平面位移高度与大气模式的第一层网格高度 z_1 相比可以忽略不计，u_* 是地表摩擦速度，$\bar{\theta}_s$ 是“空气动力学”地表温度，θ 是空气温度，z_{0h} 是地表的热力学粗糙度，ψ_h 是稳定度函数。上划线代表雷诺平均，我们用三角括号代表网格平均，那么要计算 $\langle Q\rangle$ 就需要知道 u_*、θ_s、z_{0h} 和 ψ_h 的等效值(如果考虑到近地面大气的非均匀性，还需要知道 θ 的等效值)，如果这些参数之间没有空间相关性，那么它们的等效值就是网格平均值 $\langle u_*\rangle$、$\langle\theta_s\rangle$、$\langle\ln z_{0h}\rangle$ 和 $\langle\psi_h\left(\frac{z_1}{L}\right)\rangle$，而 $\langle\psi_h\rangle$ 就按照其函数形式用 $\langle L\rangle$ 计算出来。但事实上这些参数在空间上是相关的。于是在试图确定等效粗糙度长度的时候我们会注意到它实际上与稳定度和风向以及地块的典型尺寸有关。探究这些空间相关性如何影响等效地表参数的途径通常是进行细网格数值模拟，依据模拟结果进行空间平均，得到的平均值包含了非均匀下垫面的空间相关性(包括不同地块之间的边缘效应)。还有一种方法被称为“统计方案”，它采用地表特征的概率密度函数建立其与地气交换通量的关系，通过积分得到空间平均值。

此类方案要面对的挑战是发展出能够集成不同地块地表特征量及其所有协方差的通用方法。对于不规则的非均匀下垫面，尤其是无法确定单个地块形状的情形，这是个难以企及的目标。对于这样的下垫面，存在一些争议的问题:用观测到的网格平均通量能够反推出适定的等效参数吗？针对所需要的参数化方案能够发展出具有普适性的理论和模式吗？采用等效参数的整体公式会显著提升模拟效果吗？

2. 多种地表方案:集成通量

其他处理方式诸如马赛克拼图方案，它把每种地表类型或每个小地块与大气的相互作用都分别进行模拟，然后把从每个地块进入大气的通量集成起来(简单做法就是求和)。这种处理方式的主要问题在于是否要假设大气在整个网格区域内是水平均匀的。如果所有小地块“感受”到在其上方是相同的水平均匀气层，就可以用大气模式提供的网格平均大气条件来计算(比如用相似理论)每个小地块的地表通量。在湍流混合较强且地块较小的情况下，掺混高度低于大气模式的第一层网格高度(如图 10.7 中左图所示)，这是个可以接受的假设。于是可以把地表类型(土地利用)相近的地块组合成一个集群来计算每个集群与大气边界层相互作用所形成的地表通量。如果做了这样的假设，则不需要考虑地块的空间分布情况。

另一种可能的情况是需要考虑大气的非均匀性。如果大气模式的第一层网格高度低于掺混高度，这种情况出现在地块尺度较大并且模式的垂直分辨率较高的时候，那么考虑大气的非均匀性就显得尤为重要。这时候第一层网格落在由于地表非均匀而产生的各地块之上的内边界层当中或是次级环流当中，于是需要在平衡内层当中添加中间节点来表征那个“地块”的地表空气特征(如图 10.7 中右图所示)。对于这样的非均匀大气的情况，可以在更精细的网格上运行陆面模式(这么做在计算上要比解算大气方程经济很多)，于是地表类型的空间分布信息的可用性可以让我们在一定程度上把内边界层、掺混高度和次级环流的影响考虑进来。我们也可以选择采用更为简单的方案，即运用某个特征(或等效)非均匀尺度来

表征相似地表类型的“地块”集群，以此体现“地块”的空间分布以及与此相关的大气非均匀性。这种处理方式需要一个前提条件，即假设相似的地块在中间节点处的空气具有相同的特性，这实际上是认为相似地块之上的平衡内层具有相同的特性。

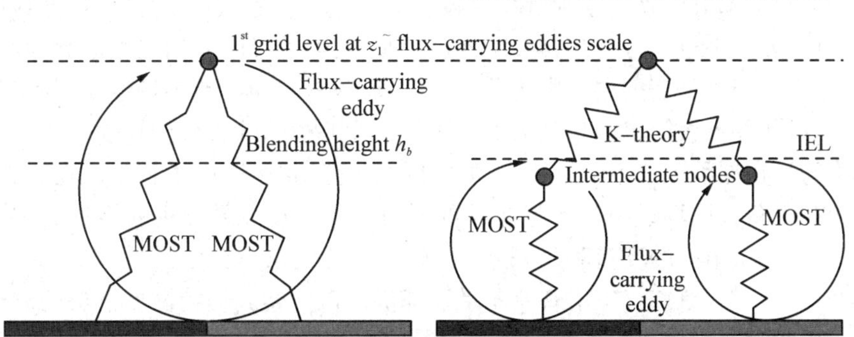

图 10.7　在左图所示的情形中，掺混高度 h_b 低于大气模式的第一层网格高度 z_1，因为陆面模式连接的是与地表形成相互作用的空气，因此需要表征那些主导这种相互作用的触地涡旋，而触地涡旋的尺度大约为 z_1，这些涡旋裹挟了 h_b 之上的掺混空气并将其下扫至地面，于是每个地块与这种被掺混成水平均匀的大气边界层发生相互作用，于是可以直接用 M-O 相似理论对这样的相互作用过程进行参数化。在右图所示的情形中 $h_b > z_1$，连接模式第一层网格与地表的涡旋未能完成相互掺混，在不同类型地表之上的触地涡旋具有不同的统计特征，不能直接运用 M-O 相似理论，为了能够处理这种大气非均匀性，我们可以在每个地块的平衡内层当中设置中间节点（从算法上讲，依据地表特征进行计算最容易操作），于是可以用 M-O 相似理论把中间节点与地面连接起来，然后再用湍流闭合方案（比如 K 理论）把第一层网格与中间节点连接起来，因为 h_b 正比于地块的平均尺度 $\langle L_p \rangle$，所以在 $\langle L_p \rangle / z_1$ 较大的情况下（地块较大，或是模式分辨率较高）需要考虑大气的非均匀性。引自 Bou-Zeid et al.(2020)。

3. 非平衡和非线性效应

上述处理方案中都有一个前提条件，就是假设相似理论（或等效方案）适用于每个“地块”的地气相互作用过程，这意味着可以忽略大气与地表之间可能出现的非平衡状态。相似理论预设了这样的平衡条件（比如，平稳、平坦均匀、平均垂直速度为零，以及高雷诺数），所以就图 10.7 所示的地表与邻近大气之间的耦合方式而言，以右图中的方式运用相似理论要比左图更为合理。但是，对于不同类型地块的中间节点而言，我们还需要一个能把中间节点与第一层网格连接起来的参数化方案，这对于在微尺度上几乎必然产生非平衡湍流的复杂流动而言仍然是我们要面对的挑战。即便我们在集成通量方案中认为大气是非均匀的，粗分辨大气模式无法预报次网格环流和内边界层产生的非平衡湍流，以及它们如何调制大气边界层，于是需要有一个参数化方案来描述那些未能分辨的次级环流和平流的作用。

即使是在平衡条件下，地表与大气之间的交换过程也是非线性的，如方程(10.5)所示。这意味着在理论上所有地表特征量与大气参数之间的那些关系是相互关联的，但实际上可能并非如此。问题是在什么情况下非线性效应及其反馈作用占主导并使得经典相似理论应用于非均匀下垫面时变得无效？在什么时候和在什么地方非平衡效应会在动力学上是首要的驱动因子？关于如何在粗网格大气模式中表征次网格非均匀性的作用，仍有很多未解决的问题。在未来的研究中，大数据和机器学习应该是很有潜力的工具，可以借用这些人工智能方法来帮助我们侦测并归类处理非均匀下垫面的样式及其在大气中的表现形式。

10.3.4 总结与展望

地表非均匀性关联到边界层流动的微尺度过程(尺度范围从 1 m 到 10 km,是大气边界层中湍流结构和次级环流的尺度),平流过程和非平衡过程变得很重要,并成为流动特性的主要特征。如果流动方向垂直于地表特性发生改变的分界线,则会发展出平衡内层和内边界层;如果流动方向平行于分界线,则地表应力和地表热通量的非均匀性会驱动出次级环流(在近地面处也会产生平衡内层和内边界层)。当流动斜向穿过地表特性发生改变的分界线时,流动特性可能并不会简单地呈现为上述两种情况的中间状态。到目前为止,对流动方向与地表非均匀性在这种配置方式下的流动特性的研究还很少。而了解流动在分界线附近所发生的改变在很多应用场景中其实是非常重要的,比如,模拟风电场的能量供应,模拟水库的蒸发,以及模拟城市中的环流和通风廊道,等等。

在野外观测方面,单点气象塔观测不足以提供认识此类流动特性所需要的分辨率,但是如果结合飞机观测或扫描式激光雷达观测以及综合观测平台,可以让我们对发生在分界线附近的流动特性变化的细节进行分析。拓展激光雷达的探测能力,以及运用小型化新型飞行器(与那些搭载贵重仪器的大型无人机相比,它们可以在更靠近地面的高度上飞行)进行大气探测,这些手段将会提升针对非均匀下垫面之上非均匀边界层流动特性的观测能力。密集布设的新型传感器网络可以实现大气边界层中温度、湿度(甚至风速)时空变化的高分辨测量,特别要注意不规则的非均匀下垫面的流动特性,气流斜向穿过非均匀下垫面的分界线时,以及在气流跨越多个分界线时,多个下垫面特征量的相互作用对气流特性的影响。另一个需要关注的问题是强不稳定和强稳定条件下的大气边界层,我们在这方面的认识还很不充分,也就是说,在弱风和弱天气强迫条件下,诸如内边界层和掺混高度的概念可能并不适合于刻画流动特征和湍流状态。

在区域尺度上,一个未解决的问题是如何对粗网格模式的次网格地表非均匀性及其动力学效应进行参数化(这里所指的网格距大约为 10 km 的天气模式和网格距大约为 100 km 的气候模式)。随着模式分辨率的提高,这项研究所涉及的下垫面景象会发生转换。大气的地球物理模式通常分为三个级别:全球尺度(气候)模式,中尺度(天气)模式及微尺度(大气边界层)模式。然而在可预见的未来,这些模式趋向于合并成两组:中尺度到全球尺度模式及微尺度到中尺度模式。在模式分辨率不断提高的过程中始终伴随着非均匀效应的参数化问题,因为我们要不断提升显式分辨不同“地块”的能力。然而这其中有些问题与尺度有关,比如,在什么尺度上用来描述地气耦合过程的 M-O 相似理论会变得不适用。这个问题在高分辨模式中会变得更为突出,因为在这样的模式中发生在相邻网格单元的平流作用显得很重要。于是我们可能需要设计出一套针对非均匀区域的非局地框架模型来显式描述平流和上游条件对本地网格单元的影响,定义一个平流时间尺度与局地平衡时间尺度之比的无量纲量或许是可行的方案。平流时间尺度包含第一层网格高度的平均速度 $U(z_1)$ 和“地块”特征尺度 L_p;平衡时间尺度可以被认为是湍流涡旋变为与局地梯度 $\kappa u_* / z_1$ 相平衡所需要的时间。当 $(L_p/U) < \kappa u_* / z_1$ 时,局地平衡会被平流作用扭曲,因此,需要考虑其影响。对于非均匀下垫面,如果模式是粗网格的(水平网格距在 10 km 及以上),我们需要在统计意义上对次网格结构的整体效果进行参数化,这方面我们已经有了一些经验。如果模式是精细网格的(网格距为 10 m 量级的大涡模拟),第一层网格会落在平衡内层当中,我们可以很自信

地运用 M-O 相似理论。但是我们该如何处理中间尺度的过程呢？这是需要我们研究并解决的问题。

大气边界层对地表非均匀性的响应对于生物多样性、水文地理学、空气质量、可再生能源，以及气候预测都具有广泛而深远的意义。这些方面都与气候变化和可持续发展紧密相关。因此，非均匀下垫面与大气边界层之间的相互作用是当下边界层气象学领域极为重要的研究课题。

§10.4　复杂地形之上的边界层流动①

我们在第七章的第二节中介绍过低矮山体对边界层气流特性的影响(包括对平均气流和湍流的影响)，并在第三节中介绍了植被冠层对近地层气流特性的影响。从二十世纪九十年代起，定量化描述大气圈与生物圈之间碳交换和能量交换成为研究有地形的下垫面之上边界层流动特性的重要驱动因素。

当山地之上存在稠密植被冠层的时候，两者叠加作用会如何影响冠层内和冠层之上流动特性，这是令人很感兴趣的问题。先期风洞实验就揭示出一些新的现象。相较于平坦下垫面覆盖有植被冠层时近地层风速廓线在冠层顶处出现拐点的情形，二维山体地形会在迎风坡使得风廓线的拐点消失，而在山顶处使得拐点位置被挤压到冠层的上部，且在拐点附近的扭曲度被加大(Finnigan and Brunet, 1995)。实验还发现冠层的存在会在山体坡度更小的情况下使得气流在背风坡上形成独立涡旋包。

关于孤立山体之上流场分布特征的解析模式，第七章的 7.2 节中已有介绍；关于平坦地形的冠层流动特性，在第七章的 7.3 节中进行了介绍。这两部分内容此处不再赘述。在这个专题里，关注的是有冠层的山体之对流动特性和扩散过程的影响，我们重点介绍数值模拟在研究地表存在冠层的情形下过山气流和斜坡流的流动特性和地气交换特征方面所取得的进展，以及面临的挑战。

10.4.1　孤立山体之上边界层流动的数值模拟

数值模拟主要采用系综平均模式和大涡模式，这两种模式因分辨率不同而对控制方程采取不同的平均处理方式(见第二章)，次网格参数化方案也不同(见第九章)。针对山体之上的流动，系综平均模式经历了一个发展过程。为体现山体的动力学效应，早期的模式对方程进行简化处理(即对方程进行线性化处理)，模式的计算速度快，在计算机的计算能力不够强大的情况下满足了应用需求，但也不可避免地引入了误差。随着计算能力的不断增强，系综平均模式发展出非线性模式，求解的控制方程是完整的系综平均方程，从而减小了模拟误差，但在实际应用中为了进一步减小误差，通常会依据风洞模拟结果进行误差订正。非线性模式可以模拟不同稳定度条件下的流场，但需要对模式中的参数进行相应的调整。在风能领域系综平均模式得到了广泛应用，如 WAsP 模式(Troen and Petersen, 1989)和 BLASIUS 模式(Wood and Mason, 1993; Brown and Wood, 2001; Brown et al., 2003)。此类模式的主要缺陷在于不能模拟出背风坡流场产生涡旋包时湍流尺度和强度的陡然增

① 本节内容来自 Finnigan et al.(2020)发表正在 Boundary-Layer Meteorology 上的综述文章。

大,而这个现象对于风电场的风机布设和污染物扩散等诸多应用场景是不可忽视的。

数值模拟在研究有冠层的复杂下垫面之上的气流特性及湍流扩散方面发挥着越来越重要的作用。对于求解雷诺平均方程的数值模式,需要在动量方程中增加一项来描述冠层枝叶的阻力,并需要调整湍流闭合方案以表征控制冠层内部不同的湍流动力过程。在一阶闭合模式当中认为湍流特性受到冠层顶附近有拐点的切变层所产生的湍流涡旋控制,于是可以把冠层内的湍流混合长取为常数。在1.5阶闭合模式当中需要用到湍流动能TKE的预报方程,并且需要增加额外的耗散项来表征因细小植株单元快速把大涡旋破坏成小涡旋而造成对湍流串级过程的影响。到目前为止,人们已经发展出多个版本的可用于模拟植被冠层的雷诺平均数值模式,存在于此类模式的一个主要争议点是简单的混合长闭合模型的适用性问题。涡动相关观测结果显示冠层中存在反梯度输送湍流通量,但很多研究表明一阶闭合方案是可用的。Finnigan等人对冠层湍流一阶闭合方案假设及其适用条件进行了分析(Finnigan et al., 2015),列举了一些理由。首先,从解析模式(基于一些假设前提得到的一套解析方程)的分析结果看,在主尺度上的动力学关系(一阶近似方程)表明在山体之上的冠层流动中控制流场扰动的动力学过程是非黏性的,这就降低了流动特性对湍流闭合方案的敏感程度;其次,大涡模拟表明在冠层中靠近地面的地方混合长可能是变化的(也就是说假设冠层中混合长为常数可能是不合理的),但是靠近地面的地方切变通常很小,所以混合长在此处发生改变对动量通量的影响并不十分显著。尽管如此,变化的混合长对描述冠层中的标量通量可能很重要,但我们对此还缺乏应有的认知。

在工程界,大涡模拟在对次滤波尺度湍流进行参数化的同时还要保持足够的分辨率,使得模式能够模拟出紧靠壁面的黏性层,所以方程中的黏性项被保留下来。这种大涡模拟会被称为“分辨壁面的大涡模拟”。而在地球物理界,靠近固体表面的黏性项通常被忽略掉,因为滤波尺度与柯尔莫哥洛夫微尺度之间差异悬殊。因此,在这样的模式当中,动量向地表的输送过程完全由所谓的壁面模式(就是我们熟知的拖曳定理,也就是相似理论关于动量的相似关系)来描述。工程大涡模拟又是被称为“有限雷诺数大涡模拟”,而地球物理大涡模拟被称为“无限雷诺数大涡模拟”。

研究表明,用来闭合方程并表征动量输送的次网格参数化公式控制并影响着近地面平均风速廓线和动量通量廓线,这直接影响到大涡模式对陡峭山体背风坡流动产生分离(即生成涡旋包)的预报结果。还有研究表明模式分辨率会影响涡旋包的大小、形状、强度,以及起伏变化的间歇性。大涡模式的模拟技巧经历了一个发展过程,早期主要模拟风洞实验中的流动,并通过对比模拟结果和实验测量结果来调整模式参数(Gong et al., 1996; Henn and Sykes, 1999)。但后来意识到将这样的模式应用于地球物理模拟时需要知道是否满足雷诺数相似,还需要知道稳定度如何影响山体引起的气压扰动与湍流应力之间的关系。于是转而运用外场试验(比如,著名的Askervein山试验)的观测结果来检验大涡模式的模拟效果,并改进模式的模拟技巧(Undheim et al., 2006; Chow and Street, 2009; Golaz et al., 2009)。但很快就意识到Askervein山的坡度比较平缓,很适合用于检验线性理论,却不适合研究非线性模式应用于模拟分离流(即出现涡旋包的流动形态)的适用性问题。后来在Bolund岛试验中获得高分辨观测数据对提升大涡模式的模拟技巧起到了很大作用(Diebold et al.,2013)。

10.4.2 新问题:覆盖山体的冠层

从二十世纪九十年代起,为了定量了解大气圈与生态圈之间 CO_2 和能量交换,在全球范围内实施了直接测量湍流交换通量的国际通量网 FLUXNET 计划(https://fluxnet.fluxdata.org),如何理解和解读观测结果成为研究有地形下垫面之上的边界层流动特性的一个强劲驱动力。目前有超过 900 个"通量塔"在全球范围内测量不同生态群系与大气之间交换,特别是在那些对碳储存起到主要作用的森林地区。然而当通量塔处在山区(即使规避了陡峭地形)时,如何解读观测结果成为无法回避的问题。观测到的 24 小时碳交换净通量存在很大差异,而这种差异与光合作用和呼吸作用的当量无关(Finnigan, 2008)。因为大多数通量塔被放置在相等平缓的地形上,将线性理论拓展到适用于深厚冠层的流动显然是通往理解气流特性影响湍流交换过程的一种途径。对冠层流动和过山气流的研究在过去的二十年里各自取得了快速发展,研究山体上的冠层流动将两者结合起来。对这两种流动的研究各自取得了关于流动基本动力学特征的认识,而它们之间的相互作用则揭示出一些新的物理现象(如本节开头所述)。

随着大涡模拟技术的不断发展,进入二十一世纪一些大涡模式也被用于研究有植被覆盖的山体之上的边界层流动特性。与系综平均模式相比,大涡模式的优点在于能够分辨植被冠层,其模拟结果可以反映冠层的作用。研究表明,与没有冠层的山体之上的气流状况相比,有冠层时山脊处的湍流被增强,并且冠层的存在使得气流在山体坡度更小的情况下就会产生背风坡分离流,从而形成独立的涡旋包。另一方面,研究表明山体形状对冠层内外的湍流交换产生显著影响,湍流交换仍然主要受到湍流的上扬/下扫行为的控制,但其结构发生了改变,这种改变源于山体强迫作用引起的平均气流变化;虽然山峰两边山坡上的冠层交换机制相似,但迎风坡上的湍流结构与背风坡上的情形没有关联性。大涡模式还被用来研究植被冠层释放的标量成分的输送扩散问题。

当在有植被的山区"通量塔"上采用涡动相关系统直接观测地气之间 CO_2 和能量的地气交换通量时,有些问题就会突显出来。不正确的观测方式经常导致生物学意义上不真实的现象,于是为了探究这个问题在欧洲的一些观测场所开展了更为细致的对比观测试验。这些研究发现,CO_2 排放和吸收之间的不平衡现象主要是由平流输送作用引起的。为了进一步指导野外观测并充分认识产生这种不平衡的原因,人们针对平缓山地上深厚冠层中的标量输送过程开展了一些基于理论模型的研究(基于相应的理论模型可以获得解析解),发现可以分为冠层上部的线性解和冠层下部的非线性解。在冠层上部,基于尺度分析结果,标量守恒方程可以简化成标量的湍流通量散度与冠层的源/汇引起的浓度扰动之间的平衡。而在冠层下部,标量的通量散度变得很小,但是幅度较大的速度扰动 ΔU 持续驱动标量的源项,使得在顺流方向上气流对标量浓度扰动的平流作用与标量源强之间达成平衡。研究结果表明,在涡动相关通量塔所处的冠层之上区域,浓度场和通量场的变化导致水平平流和垂直平流之间相对位相产生很大变化,这使得垂直通量的单点观测结果与区域平均通量之间相差可达±50%(Finnigan, 2006)。

运用 Finnigan and Belcher(2004)的理论模型获得的解析解来驱动标量的扩散模式,并对冠层叶子表面的 CO_2 交换和能量交换按真实场景进行参数化,Katul et al.(2006)研究了山体坡度足够大(以至于独立涡旋包几乎占据了整个背风坡冠层)的情况下 CO_2 浓度场和通量场的分布特征。这个模式还考虑了地形和冠层效应对辐射的影响，并把其作用引入到叶子的气体交换方程中，研究结果表明，在山体的很多位置上冠层中的顺流方向和垂直方向的平流作用要比生物汇(按叶面积加权的光合作用对 CO_2 的吸收)大很多，这两项的符号通常相反，但在局地并不能相互抵消(即使沿山体进行平均，结果也是如此)，它们之间的不平衡程度很显著，以至于局地光合作用吸收与局地湍流通量之间呈现出不匹配的状况，这意味着在不知道这两项的情况下要把山地通量塔观测到的 CO_2 通量与局地生物源和汇直接关联在一起几乎是不可能的。

此类研究还主要针对坡度平缓的山体，但是在冠层充分深厚和稠密的情况下，在非常平缓的山体的背风坡也能在冠层中形成回流区，这会对标量成分的输送过程产生很大影响。大涡模拟研究表明，在中性条件下，气块出离冠层的路径主要有两条：一条是所谓的“局地路径”，对应于排放源附近湍流的上扬行为所造成的垂直输送；另一条是所谓的“平流路径”，对应来自排放源的气块水平输送到背风坡的回流区，并驻留的分离点，直到湍流把它们输送到冠层之外。哪一种路径占主导取决于垂直湍流输送时间尺度和平均气流水平输送时间尺度的相对大小，以及标量成分的排放高度(Chen et al., 2019)。

一般来讲，对于标量释放及输送而言，在冠层的上部局地路径占主导，而在冠层的下部平流路径占主导。平流路径的作用是使得几乎所有排放源位置的气块对在分离点处排放物从冠层内部向外逸出的总量都有贡献，于是产生了所谓的“烟囱效应”，如图 10.8 所示。图中显示的是标量浓度方程的数值计算结果，计算针对的是理想化情形，即假设冠层内汇的强度分布是均匀的，且不随时间变化。从图上可以看到，在山峰的背风侧出现了湍流通量 $\overline{w'c'}$

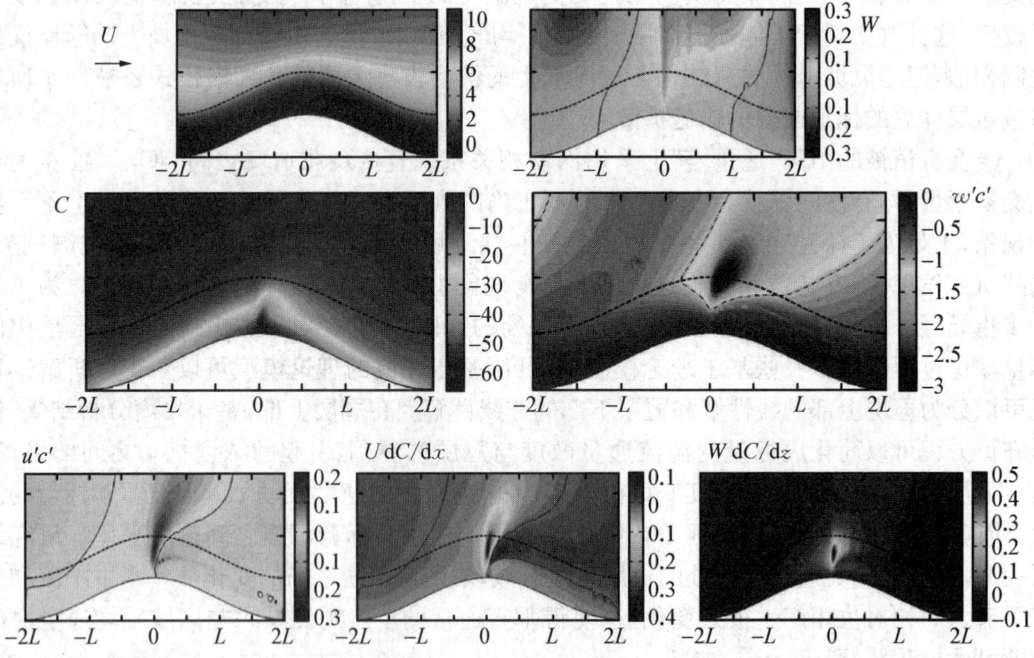

图 10.8　轮廓形状为余弦曲线的二维山体被稠密植被冠层覆盖并且冠层起吸收作用的情况下标量输送过程的数值计算结果。山体高度为 $H=20$ m，山体半宽度为 $L=400$ m，冠层高度为 $h_c=20$ m，冠层混合长为 $L_c=30$ m，冠层顶部摩擦速度满足 $u_*/U(h_c)=0.3$。红色代表高值，蓝色代表低值，黑色等值线代表零值。引自 Finnigan et al.(2020)。彩图可见文后插页。

为负值的"烟羽",还有水平和垂直平流输送的作用,以及水平通量散度的作用。需要指出的是,计算针对的是标量吸收的情况,如果针对的是标量排放情形,则图中高低值分布的状况将会颠倒过来。地面附近的源的贡献要比冠层上部的源更大,来自所有源位置的气块汇聚到一起在背风坡分离点处形成很大的逸出量。

大涡模拟结果显示,在背风坡回流区的垂直输送主要受湍流过程控制,导致间歇性聚集和湍流上扬输送的交替循环(Poggi and Katul, 2007a)。这种情况在野外观测试验中被观测到。然而在靠近地面的地方,垂直速度扰动很弱,平均垂直运动的平流输送起到更大作用,把排放物输送到湍流作用更强的冠层上部,然后由湍流的上扬作用将其输送到冠层之上。与平坦地形上的植被冠层相比,这种垂直平流输送作用使得冠层底部排放的气体在冠层中的驻留时间缩短,原因就在于山体地形的强迫作用在分离点或回流区附近产生了平均垂直运动,从而形成了垂直平流输送效应(Ross, 2011)。

已有的研究表明,即使是很平缓的山体也会对气流产生非线性作用,这会对地形尺度上的生态系统与大气之间的垂直交换效率产生显著影响。对于有些标量的通量(比如植被对 CO_2 的光合作用吸收或者水汽蒸发),能量供应在整体上会对地形尺度的通量大小构成约束,而对于其他一些标量,冠层通风率的变化会在更大尺度上引起通量变化。需要指出的是,已有的研究几乎都是针对二维山体,在轴对称情况下扰动速度场的幅度通常比较小,但是有冠层的三维山体会导致更复杂的流动,对局地交换过程可能会产生显著影响,我们对此尚无明确的认识。

10.4.3 受重力驱动的流动

认识受重力驱动的斜坡流特性是山地气象学研究的重要内容。与流经低矮山体的边界层流动特性相比,两者的空间尺度不同,研究的着眼点和目标也不相同。研究过山气流特性的着眼点在于认识山体形状如何调制边界层流动,而研究斜坡流的着眼点在于认识加热和冷却所形成的浮力如何与地形相互作用及其产生的平均流动和湍流运动。

斜坡下泄流的平均速度廓线具有急流的形状,即速度最大值出现在离地面较近的高度上,如图 10.9 所示。急流形状是地面冷却引起的重力加速效应与地表摩擦和气流上部夹卷阻力所形成的阻力减速效应之间相互作用的结果。夹卷作用把气流上部的温暖空气混合进来,使得气流沿斜坡下行的过程中厚度增加。实际上,下泄流的厚度很薄,气流在斜坡上可以行进数公里或更长的距离,而厚度通常只在 10～100 m 范围内,而最大风速出现在很低的高度上,大约仅在 1 m 左右。要分辨这种薄层流动的垂直结构,对于铁塔观测而言很容易做到,但对于数值模拟而言却很难做到。对于现有的数值预报模式,整个下泄流气层通常处于最低一层网格当中。虽然我们对斜坡流的基本结构和它的发展过程已经有了一些认识,但要预报它的启动及其发展过程中的厚度、最大速度所处高度和强度都是极具挑战性的事。目前看来,改进模式遇到的最大障碍在于如何发展出关于湍流混合过程的更好的参数化方案,这对于表征地表对大气的强迫作用显得尤为重要。

高分辨观测为我们在斜坡流的湍流结构和浮力驱动的动力学方面获得了如下一些认识:

(1) 在垂直于斜坡的方向上出现很明显的动量通量散度,在速度最大值所处高度之上动量通量为负值,而在此高度之下动量通量为正值(请注意,这是按照图 10.9 中的箭头方向

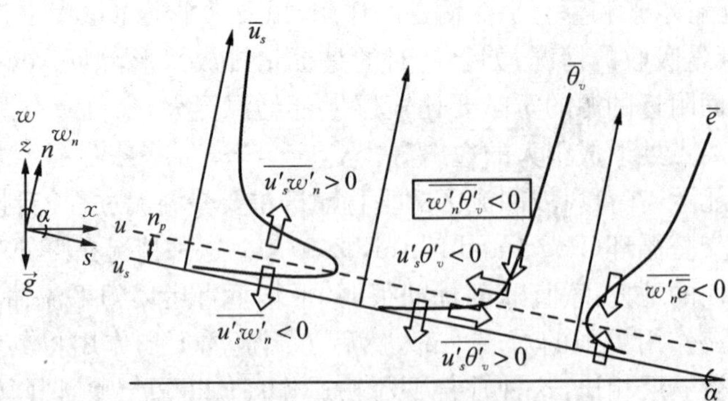

图 10.9　斜坡坐标系和下泄流的平均量和湍流量随高度分布的示意图。虚线表示速度最大值所在高度 n_p，u_s 和 w_n 是斜坡上的顺流速度和垂直速度，θ_v 是位温，$\bar{e}$ 是湍流动能，块状箭头表示湍流通量的方向：橙色为动量通量，红色和蓝色为浮力通量，绿色为湍流动能的输送通量。引自 Finnigan et al.(2020)。彩图可见文后插页。

来说的，即向下为正、向上为负，与图 2.8 的说法相一致)，零值出现在此高度附近，顺流速度梯度的符号也在此高度发生改变。

(2) 在垂直于斜坡的方向上从位温廓线的“凸出部”到地面的高度范围内热通量和浮力通量的梯度很大，因而显现出很明显的通量散度，而在其上方通量散度较弱；地表的辐射冷却作用使得垂直于斜坡的热通量在整层斜坡流当中为负值或者接近零值(以热通量向上为正值)。

(3) 在平行于斜坡的方向上热通量和浮力通量呈现出在“凸出部”附近改变符号的情况，当湍流通量方程中切变生成项和梯度生成项起支配作用的时候这种情况就会发生。取斜坡下泄流的顺流方向为坐标系的 x 轴方向，则沿斜坡的风速为正值(如图 10.9 所示)，平行于斜坡的方向上在急流风速峰值所处高度的下方浮力通量为正值，表明下坡气流形成的是暖通量，而在这个高度上方浮力通量为负值，表明下坡气流形成的是冷通量。

(4) 垂直浮力通量 $(g/\Theta_0)\overline{w'\theta'_v}$ 对湍流动能 TKE 起到生成或抑制作用。它在水平下垫面上只对垂直速度方差 $\overline{w'^2}$ 产生作用，而在斜坡上它对顺流分量 $\overline{u'^2_s}$ 和垂直于地面的分量 $\overline{w'^2_n}$ 都有作用(如图 10.9 所示)。因此，在 TKE 方程中垂直净浮力项中包含了垂直于坡面的浮力通量(这部分为负值，其作用是抑制 TKE)和沿斜坡方向的浮力通量(这部分可以是正值，也可以是负值)两者的贡献。于是，有研究分别估算了斜坡倾角分别为 30°和 25°时 TKE 的浮力生成，结果发现当 $\overline{u'_s\theta'}/\overline{w'_n\theta'} > \cot\alpha$ 时会发生浮力生成，这些估算假设沿斜坡通量与垂直于斜坡通量的比值为定值。然而后来的研究发现浮力通量的比值变化很大，浮力生成 TKE 可以在更为平缓的斜坡上发生。这对于湍流模拟中采用怎样的稳定度参数具有重要意义，在垂直坐标系和斜坡坐标系中我们需要考虑应该如何使用恰当的稳定度参数，以及用怎样的尺度来表征稳定度参数。

(5) 平均 TKE 廓线在急流峰附近出现最小值，此处的切变生成和沿斜坡方向的浮力通量都接近于零(如图 10.9 所示)，动量通量和沿斜坡方向的浮力通量在此处改变符号，表明这里的湍流与地面之间失去了耦合作用。因此，湍流输送作用使得 TKE 从急流上方和下方被输入急流“凸出部”，成为维持此处湍流运动的机制。一个重要的推论是如果急流峰附近

的 TKE 和湍流通量是因为三阶矩输送项而得以维持的话，那么局地扩散率一类的闭合方案在此处是不适用的。

（6）与 TKE 的切变生成项不同，在急流峰位置的平均位温梯度和垂直于斜坡的热通量都有很大的量值，它们在位温方差 $\overline{\theta'^2_v}$ 的收支方程中起主导作用，于是使得 $\overline{\theta'^2_v}$ 廓线在此处出现局地最大值。相较于 TKE，$\overline{\theta'^2_v}$ 与湍流势能的关系更为直接。

很显然，斜坡流的湍流结构不符合传统的水平均匀近地层流动中的湍流行为特征，这给数值模拟带来了很大的挑战。更为严峻的现状是传统的 M-O 相似理论以某种形式被用于几乎所有的数值预报模式当中，并且与之相关的经验关系或参数化方案都针对的是理想地形，但它们都不适用于斜坡流情形。作为替代方案，局地相似理论被用于斜坡流，对动量通量和速度方差模拟效果存在明显差异，而对热通量的模拟效果很不好，尤其是在稳定度较高的情况下。这种情况促使人们采用其他的特征长度尺度（比如急流峰所处高度），或是在急流峰所在高度上采用无 z（或无 n）方案来描述无量纲风速梯度 $(kz/u_*)\partial U/\partial z$（或 $(kn/u_*)\partial U_s/\partial n$），因为此处的流动受地表的作用很微弱。即便如此，采用急流峰高度（或在急流峰之上的区域采用无 z 方案）来描述斜坡流的流动特性还是会面临很大的困难，因为这个高度是未知量，并且会随时间、稳定度、气流强度以及下坡距离而发生变化。

总而言之，与经典 M-O 相似理论相比，局地相似理论在一定程度上取得了改进效果，但是几乎所有运用针对水平地形的参数化方案来描述斜坡地表热通量的尝试都会在较强的稳定度时（即 $n/\Lambda > 1$，其中 Λ 是垂直于斜坡的局地奥布霍夫长度）低估无量纲温度梯度 $(kz/\theta_*)\partial\bar{\theta}/\partial z$ 的湍流混合作用。不仅如此，有迹象表明在有些情况下与热通量相关的湍流混合会随稳定度增大而增强，最有可能的原因是平行于斜坡的浮力通量增大，从而减小了稳定层结对 TKE 的抑制作用，甚至引起 TKE 生成，然而这是否就是真实的原因还需要观测研究提供确切的证据。因此，对于重力下泄流而言，什么是恰当的湍流长度尺度和湍流速度尺度，这仍然是有争议的问题。此外，针对裸土斜坡和有稀疏植被的斜坡，重力流中水汽和 CO_2 等标量具有怎样的尺度特征，我们对此几乎没有什么认识。所以，对于斜坡上的重力流，仍然存在一系列尚未解决的问题，我们需要对这些问题开展研究并找到答案，这将在提升数值模式对复杂地形流动的模拟能力方面产生重要的促进作用。

§10.5　地气交换通量观测①

涡动相关方法（也称为涡动协方差方法）已经成为直接测量地气交换通量的主要手段，在已经建成的全球通量网 FLUXNET 观测体系中涡动相关方法是地气交换通量观测的标准方法（Baldocchi et al.，2001）。对于均匀平坦下垫面，湍流通量在近地层中基本不随高度变化（即满足常通量层假设），因而在近地层中运用涡动相关方法测量到的湍流通量能够很好地代表观测点附近一定范围内局地意义上的地气交换通量，而测量高度几乎不会影响到测量结果的代表性（Aubinet et al.，2012）。

以热量交换为例，在近地层中用快速响应探头测量到的地气交换热通量为

① 本节内容来自 Hicks and Baldocchi(2020)发表在 Boundary-Layer Meteorology 上的综述文章。

$$\overline{wT} = \overline{(w' + \bar{w})(T' + \bar{T})} = \overline{w'T'} \tag{10.6}$$

其中 w 是测量到的瞬时垂直速度，T 是同时测量到的温度(测量频率通常为 10 Hz)。按照雷诺分解可以写成 $w=w'+\bar{w}$ 和 $T=T'+\bar{T}$，其中 $\bar{w}$ 和 $\bar{T}$ 是一段时间内(通常为 30 分钟)观测数据的平均值，w' 和 T' 是瞬时湍流量，而 $\overline{w'T'}$ 就是这段时间里的湍流通量(上划线表示时间平均)。所以，以这种方式测量到的热通量就是湍流协方差 $\overline{w'T'}$ (即湍流通量)。严格意义上讲，涡动相关方法要求满足 $\overline{\rho_d w}=0$ 的约束条件(其中 ρ_d 是干空气的密度)，即没有干空气的垂直交换(Hicks and Baldocchi, 2020)。需要指出的是，目前广为使用的涡动相关系统由三维超声风速仪和水汽/CO_2 气体分析仪组成，而超声风速仪测量到的是虚温 T_v 而不是物理温度 T，虚温会受到空气当中水汽含量的影响，因此需要订正，通常按照 Schotanus et al.(1983)的方法进行订正。在实际应用中，涡动相关方法需要对测量数据进行后处理计算才能最终获得湍流通量。在测量 CO_2 通量时，需要考虑环境空气密度起伏对测量到的 CO_2 浓度的影响，通常要用 Webb et al.(1980)的方法进行订正。

超声风速仪可以同时测量到速度的三个分量 u、v 和 w，这给通量观测和湍流研究带来了很大的方便。通常情况下超声风速仪被架设在铁塔的横杆支架上进行观测，为使铁塔塔体的影响降低到最低程度，适宜采用镂空框架结构的三角塔(塔体水平尺寸尽可能小，塔体部件最好为圆形)；横杆支架需要有足够的长度，至少应该保证仪器到塔体的距离不少于塔体水平尺寸的 1.5 倍；横杆支架应该伸向塔体的上风方向。另一方面，探头的结构和外形设计应该尽可能降低仪器自身对流场的扰动。

所有涡动相关测量都会面对相同的问题：最合适的采样时间应该是多长？这个问题涉及观测环境和所测量的协方差的统计不稳定性，运用递归滤波方法能够对这个问题给出答案(McMillen, 1983)。扣除修正后的平均值之后，得到的瞬时数据能够反映 $w'T'$ 的时间变化，对 $w'T'$ 做时间平均就可以获得我们想要得到的协方差 $\overline{w'T'}$。依据时间序列就可以估算出协方差的标准误差，对这个问题的研究表明，在白天单纯使用半小时涡动相关测量得到的湍流通量与相应的系综平均值相比误差都会超过 10%。对于夜晚的情况，统计误差会增大，于是会倾向于采用更长时段的数据来分析确定通量与梯度之间的统计关系。另一个问题就是如何从观测信号中扣除平均值，也就是如何计算平均值(比如，在所选择的时段内简单取平均，或采用滑动平均)。研究表明，与运用涡动相关方法确定协方差时所具有的不确定性相比，不同平均值计算方法所造成的差别相对较小。尽管如此，在这个问题上并没有形成共识，也就是说，到目前为止还不能确定哪一种平均值计算方法是最优方案。关于这个问题的讨论，可以参阅 Finnigan(2004)的文章。

自二十世纪九十年代起，涡动相关测量得到了快速发展，已经成为常规的通量观测手段，主要有两方面原因，一是仪器本身不断优化，以及计算机和数据存储设备的不断发展；二是气候变化研究在地气能量收支和温室气体(CO_2 和 CH_4)通量方面对高质量观测数值的需求。图 10.10 显示了以“涡动相关”或“涡动协方差”为关键词检索到的文献数量的增长情况。关于方法论的讨论还在继续，目的是为了使涡动相关观测能够获得更为客观反映地气交换通量的观测结果。基于众多观测试验中的实操经验，Aubinet et al.(2012)编辑出版了专门的文集 *Eddy covariance: a practical guide to measurement and data analysis*，为观测和数据分析与处理提供了详细的指导和准则。在 Foken(2017)的再版著作

Micrometeorology 中提供了软件包清单，这些软件能够满足不同场景下涡动相关观测的数据分析与处理的需求。

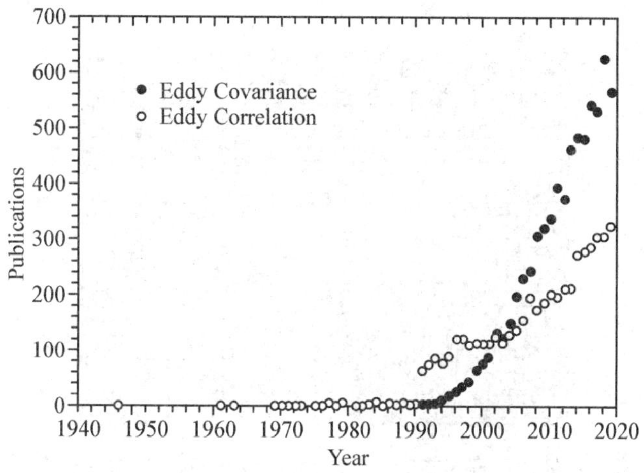

图 10.10　以"涡动相关"或"涡动协方差"为关键词检索到的文献数量的逐年增长情况。引自 Hicks and Baldocci(2020)。

关于近地层湍流通量观测，前面已经讲到，涡动相关方法要求 $\bar{w}=0$，这需要进行坐标旋转。Welsely(1970)最早提出了二次坐标旋转方案，通过坐标旋转同时使得 $\bar{w}=0$(平均垂直速度为零)和 $\bar{v}=0$(取平均速度方向为 x 方向，使得 $\overline{u'v'}=0$)。这个坐标旋转方案的好处在于方便计算顺流方向的湍流应力 $\overline{u'w'}$ 和侧向湍流应力 $\overline{v'w'}$，目前仍然普遍采用这一方案。Wilczak et al.(2001)提出了另一种坐标旋转方案，这个方案基于长时间观测众多组数据样本进行拟合，得到一个统计平均意义上的参考平面，使得垂直于这个平面的质量交换为零，即 $\overline{\rho w}=0$，通常把这个方案称为平面拟合方案。这两种坐标旋转方案的根本区别在于平面拟合方案以风向或者其他优势因子对观测数据进行分类，然后按类别考虑相似条件下的平均情况；而二次坐标旋转方案只考虑单个观测时间段内的湍流状况。除非是在非常理想的观测环境下(下垫面均匀且平坦)，这两种方案得到的湍流通量都会存在一定程度的差异。

在实际观测中，涡动相关系统的基准方向到底是定为重力方向，还是定为垂直于局地流线所构成的平面，这也是一个存在争议的问题。不妨看图 10.11 所显示的情形，这棵树垂直地竖立在山坡上，但是枝叶的分布却呈现出沿斜坡的走向(即平行于斜坡上流动的方向)，而不是沿着重力的方向(这是自然形成的情形)。如果没有其他考量，就通量而言最佳的选择不外乎两种：一种是按照重力的方向(以浮力为考量)，另一种就是不按重力的方向。于是，在观测试验中似乎应该考虑到超声风速仪的两种定向方案，并且需要判断以哪种方式来获取观测结果更为合理。在近期的一些观测试验中(Hicks et al., 2014)倾向于接受在不同场景下采用不同方案的观点，即白天大气中痕量气体成分(特别是水汽和 CO_2)的地气交换行为与热通量存在关联性，即沿着重力方向。然而在稳定和近中性条件下这些标量的交换过程(包括热量交换)更倾向于按动量交换的方式进行，即沿着垂直于斜坡的方向。因此，在近中性和稳定条件下，计算动量通量时所实施的坐标旋转可以用到所有数据上，并用于计算其他通量。对于充分不稳定的情形，除动量通量外，其他通量都基于未做坐标旋转的数据，显然，这些数据由基准方向为垂直方向(即重力方向)的风速仪提供。对"充分不稳定"的判定依据基于自由对流理论的预期，一些观测结果支持取为 $(z-d)/L<-0.04$（也许是 -0.03 或 -0.05）。这个问题对于复杂地形的通量观测显得尤为重要，但需要更多的观测数据对这一判据进行检验。

图 10.11　山坡上单棵树木的生长形态。图片拍摄地为美国盐湖城东郊。引自 Hicks and Baldocchi(2020)。彩图可见文后插页。

在有低矮植被冠层覆盖的下垫面之上所开展的微气象观测取得了极大的成功。受此鼓舞，相应的观测研究很自然地被拓展到有深厚植被冠层覆盖的下垫面之上。最早的通量研究始于二十世纪六十年代末和七十年代初，研究者们很快就发现森林冠层之上的情况不同于高秆农作物冠层。在低矮植被冠层之上近地层 M-O 相似理论表现很好，但在森林冠层之上的粗糙子层当中通量—梯度关系并不符合经典 M-O 相似理论，并且在稠密森林冠层中直接观测到了反梯度输送现象。于是在森林下垫面之上开展了许多高塔观测研究，希望从中了解到通量—梯度关系随高度的变化情况。自二十世纪八十年代起开展了一些大型综合试验，这些观测研究包括美国的 BAO 试验（Kaimal and Gaynor, 1983），法国西南部的 HAPEX－MOBILHY 试验（André et al.,1990; Gash et al., 1989），苏联的 KUREX-88 试验（Tsvang et al., 1991），美国堪萨斯的 FIFE 试验（Sellers and Hall, 1992），加拿大的 BOREAS 试验（Sellers et al., 1995, 1997），西班牙的 SABLE98 试验（Cuxart et al., 2000），以及美国的 CASES99 试验（Poulos et al., 2002）。这里需要特别提到的是在荷兰的卡博（Cabauw）开展的高塔长期观测试验，自 1973 年开始一直持续到现在。起初的观测包括每隔 20 m 高度布设一套标准的气象观测仪器，以及在塔上 3 个不同高度上进行气体成分（SO_2、O_3、NO 和 NO_2）观测；2000 年进行了观测设备更新，使得高塔观测能够用于湍流和低空急流研究（Baas et al., 2009; Van de Wiel, 2010），以及结合高塔观测的综合加强观测试验，如 GABLS-III 试验（Bosveld et al., 2014）；此外，德国的马克斯普朗克生物化学所在亚马逊热带雨林开展的 ATTO 试验（Andreae et al., 2015），观测内容不仅包含多层的通量观测，还包括化学观测。

关于污染气体成分和颗粒物的通量观测，涡动相关方法也是重要的观测手段。由于在采样过程中涉及时间滞后、浓度衰减等诸多问题，数据分析和通量计算方法比较复杂，其中的观测法研究已经超出了大气边界层的研究范围，本专题不做赘述，Hicks and Baldocchi (2020)的综述文章对这方面的相关研究做了回顾和总结，读者可以参阅这篇文章，至少可以了解相关研究的脉络，并找到针对某个具体问题的参考文献。

涡动相关方法已经广泛应用于温室气体(CO_2 和 CH_4)地气交换通量的长期观测，以期在全球陆地生态系统如何影响气候变化方面获得相应的认识。CO_2 通量观测通常采用改进的红外气体分析技术(Verma et al., 1986)，而 CH_4 通量观测主要采用调谐二极管激光技术(Hovde et al., 1995; Werle and Korman, 2001)。以二十世纪九十年代 CO_2(和水汽 H_2O)红外吸收探头的诞生为标志(Auble and Meyers, 1992)，温室气体通量的涡动相关观测得到迅速推广，形成以长期观测为目标的全球通量网 FLUXNET(Baldocchi et al., 1996, 2001)。图 10.12 显示了全球通量网的站点分布情况。FLUXNET 的观测目标是提供关于陆地 CO_2(也包括 CH_4)地气交换通量的长期可靠的观测数据，并为气候模拟提供观测依据。

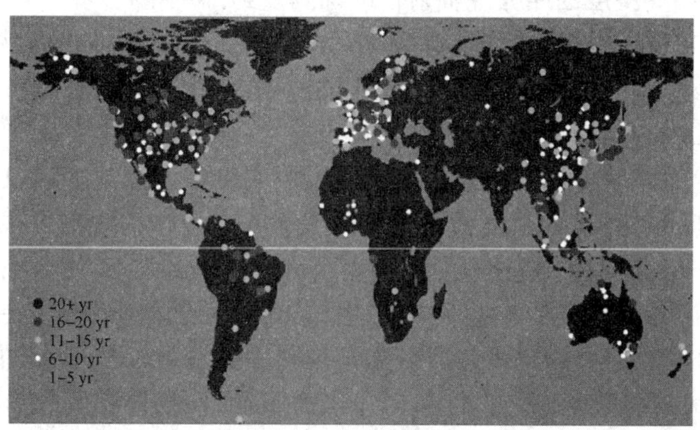

图 10.12　到 2019 年底 FLUXNET 站点的全球分布情况。颜色代表观测的年限。引自 Hicks and Baldocchi(2020)。彩图可见文后插页。

与 CO_2 通量观测同时进行的还有 CH_4 通量观测。因为 CH_4 也是重要的温室气体，它在全球气候系统中扮演着与 CO_2 同等重要的角色。CO_2 通量观测站点大多分布在森林地区，而 CH_4 通量观测站点主要分布在湿地和江河入海口地区(Knox et al., 2019)。之前的 CH_4 探测器在响应速率和敏感性方面还存在一些不足，使其应用受到了一定的限制。Poltola et al.(2014)对此类探头及其探测到的 CH_4 通量进行了严格对比。近几年里，小功率开路甲烷探头被研制出来，这种探测器采用了调谐激光器和吸收光谱法，这类新型 CH_4 探测器有望使得通量观测可以在更多的场景下得以应用，不仅用于铁塔观测，也可以用于飞机观测。

§10.6　陆地地表能量平衡的闭合问题①

关于地表能量平衡的定量关系对于天气和气候预报而言是非常重要的基础。然而世界各地的大量研究表明，采用涡动相关方法观测到的湍流热通量通常会被低估，因而造成能量平衡关系的不闭合问题。这个专题对过去二三十年针对这个问题的研究工作进行梳理，分析产生这个现象的可能原因，厘清大气边界层中影响地表能量平衡闭合的相关物理过程，从而了解到在这个问题上取得的已有认识，以及仍未解决的问题和未来研究的方向。

① 本节内容来自 Mauder et al.(2020)发表在 Boundary-Layer Meteorology 上的综述文章。

10.6.1 地表能量平衡及相关问题

地表能量平衡关系是定量描述地球气候系统的基石。如果湍流热通量、土壤热通量和净辐射通量都能被观测到，那么在生态系统尺度上这个关系可以表示为：

$$H+\lambda E+G+I_{mb}=R_n \tag{10.7}$$

感热通量 H 和潜热通量 λE 通常用涡动相关方法进行测量，土壤热通量 G 通常可用热通量板及土壤温度和湿度探头构成的观测系统进行测量(冠层的能储也可以包含在此项当中)，净辐射通量 R_n 可由高精度的四分量辐射仪准确测量到，而不闭合项 I_{mb} 则被认为是那些被忽略的影响因子和不确定因素共同引起的偏差。方程(10.7)左边各项为正值的方向被定义为从地表薄层向外(分别是向上进入大气和向下进入深层土壤)输送能量的方向，而 R_n 在白天为正值。

如果 I_{mb} 为零，则方程(10.7)就是地表的能量收支方程。理论上讲，这个关系适用于地表界面。然而在实际应用当中，由于受到这个收支关系中各项的观测方式的影响，一般认为把这个关系定义在地表上下一定体积范围内会更为恰当。因此，不闭合项 I_{mb} 至少包含这几个来源：(1) 时间变化项和平流项，它们与地表非均匀性和流动非平稳性有关；(2) 自然和人为热力过程，包括储热、植被新陈代谢或城市地表热力过程；(3) 在所考虑的体积当中产生的湍流热通量和净辐射通量的垂直散度；(4) 与试验的观测仪器相关的不确定因素。

因此，严格来讲，只有在没有冠层的水平均匀二维平面上进行能量交换与分配，且能量交换方向垂直于这个平面时，地表能量平衡才是闭合的。这些条件通常只在陆面数值模式中能够得到满足。虽然在实际观测中存在上述缺陷，准确测量地表能量平衡关系是对陆面模式进行校验的基础。不管怎样，当我们对比能量通量的观测结果和模拟结果时，观测结果所包含的不确定性是必须要考虑的，因为在数值模拟中能量平衡关系是闭合的，而观测结果通常是不闭合的。

陆面模式需要对地表能量平衡关系背后的物理过程进行准确描述，这一点非常重要，特别是针对季节预报和气候模拟，因为在其中地气之间的反馈过程起到了关键性作用。研究发现，当用地表温度来计算地表能量平衡关系中的各项并假设波文比保持不变时，得到的通量与涡动相关观测结果符合得很好。有些陆面模式直接用 R_n 来计算 H 和 λE，并把 G 作为残差项处理，这样计算出来的 G 会被低估。与之相类似，运用遥感手段可以反演计算 H、R_n 和 G，并把 λE 作为残差项处理，这样的计算处理经常会高估地表植被的蒸散发通量。在生物学和生态学研究中一个重要的问题是涡动相关方法测量到的痕量气体通量是否会受到系统误差的影响，对通量网 FLUXNET 众多观测站的一项研究表明，能量不闭合程度与 CO_2 通量之间存在关联。

基于对地表能量平衡闭合问题相关研究的大量文献的梳理，我们可以归纳出如下需要搞清楚的基本问题：

- 造成能量不闭合的原因(或者说与之相关的物理过程)是什么?
- 闭合问题在白天和夜间有什么不同?
- 不闭合项在各能量通量之间是如何分配的(包括对其他标量通量的影响)?
- 能否预测不闭合项的量值大小?

10.6.2　地表能量不平衡的潜在原因

对影响地表能量平衡问题的潜在原因的推测主要基于四个方面：仪器误差，数据处理引入的误差，在地表能量平衡方程中常被忽略掉的其他影响因子，以及次中尺度输送过程。这些因素反映了实际观测场景下可能存在的真实状况，却与涡动相关观测的理想化假设不相符。仪器误差包括土壤热通量、辐射观测、超声风速仪和湿度观测系统误差，以及不同仪器的观测项目的源区域不匹配引起的误差。数据处理误差包括订正方法的系统误差和平均值计算的不确定性。能量的其他源（汇）项包括冠层的储热、生物化学（光合作用）能储及水分的潜能。次中尺度输送或次级环流影响包括水平通量散度及水平和垂直平流。

1. 仪器误差

仪器误差问题必须放在观测场景中来讨论。土壤热通量的水平尺度是 0.1 m，净辐射的水平尺度是 10 m，湍流通量的水平尺度是数百米，如图 10.13 所示。为了克服源区域不匹配带来的问题，净辐射表下方的下垫面特征应该与涡动相关系统所对应的湍流通量源区域内的下垫面特征相一致，并且土壤热通量的观测条件也应该相同（土壤的水热状况应该与湍流通量源区域内的土壤状况相同），最好采用多个探头进行观测。此外，涡动相关观测的源区域需要针对每个平均时间段来确定，因为它会随风速、风向、稳定度状况和边界层厚度不同而发生变化。不过这种影响一般不会成为导致观测结果系统性不闭合的原因，而对于大多数观测点而言它会引起随机误差，或者只是带来很小的偏差（Richardson et al.，2012）。

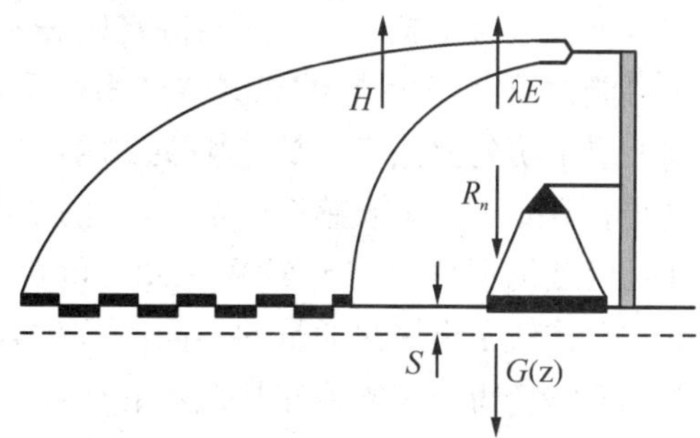

图 10.13　地表能量平衡关系中不同分量的观测区域示意图。其中 H 和 λE 分别是感热通量和潜热通量，R_n 是净辐射通量，$G(z)$ 是土壤热通量，S 是储热。引自 Mauder et al.（2020）。

超声风速仪　是涡动相关观测的核心仪器。因此，研究人员付出了大量精力对其响应特征进行研究，以确定能否把地表能量平衡不闭合问题的主要原因归结到这种仪器上。然而就垂直速度方差 σ_w 而言，并没有发现明显的系统误差（σ_w 的系统误差会引起能量通量的偏差）。到目前为止，文献中对超声风速仪测量通量的系统误差问题仍有讨论，一般认为能量通量的误差也只在 3%—5%的量级。虽然目前对超声风速仪的确切精度尚且无法给出定论，但至少已经取得了共识，普遍认为现有的各种超声风速仪在常规的通量观测中都具有很好的精准度（Mauder and Zeeman，2018）。

湿度计　在 2000 年前后光学湿度计开始得到应用，分别是紫外湿度计和红外湿度计。紫外湿度计已经不再使用，但它有自身的优点。因为非常敏感，它只需要很短的光程，0.01 m的量级就可以。而红外湿度计的光程通常需要达到 0.1 m 的量级。目前红外湿度计已经全面取代紫外湿度计，因为它具有很强的长期稳定性，并且可以同时测量 CO_2 浓度。红外开路湿度计 LI-7500 几乎已经成为标准的湿度探头，但红外湿度计需要较长的光程，这会引起一定程度的高频谱损失。红外闭路湿度计还会因为管道衰减作用而产生低通滤波效应。这些谱损失可以依据其与相对湿度的关系在一定范围内得到有效订正（Ibrom et al.，2007；Fratini et al.，2012）。

净辐射计　早期的净辐射计精度不高，并且观测结果通常会低估净辐射通量。后来，Kipp & Zonen公司生产的CNR1型净辐射计因其较高的精度而得到广泛使用，目前它已经被具有通风功能的CNR4型净辐射计取代，因为后者的精度得到了进一步提高。在使用过程中人们发现对玻璃罩进行经常清洗是保证高质量观测数据的必要手段。尽管如此，净辐射观测的相对不确定性仍然是不可忽视的，在有利的条件下误差幅度通常可达10%，而在夜间辐射通量较小的时候误差幅度会更大一些。但是在正常情况下这种观测不确定性并不会导致系统误差。自二十世纪九十年代以来，人们在辐射观测方面取得了长足的进步，现在的观测方式是把短波辐射和长波辐射分开进行，即所谓的四分量观测，分别测量向下短波辐射和向上短波辐射及向下长波辐射和向上长波辐射。

土壤热通量观测　在起初探究地表能量平衡关系不闭合的时候，土壤热通量就被认为是可能的原因，因为它的观测结果相对误差较大。对这个问题的研究也会很自然地让人想到上层土壤的储热变化是产生误差的可能原因。Liebethal et al.(2005)对不同的土壤热通量观测方式进行了敏感性分析，得到的结论是应该把热通量板放置在0.2 m深度进行观测，并且应该依据高分辨土壤温度廓线和湿度廓线计算土壤储热。随后Liebethal and Foken(2007)比较了土壤热通量的不同参数化方案，他们发现，采用简化模型并结合强迫-还原方法就能够获得与观测值非常接近的计算结果。这些属于量热法。Heusinkveld et al.(2004)还发展出一种谐波法。这两种方法都能有效减小能量平衡关系的不闭合幅度，但都不能从根本上解决能量不闭合的问题。在天气系统稳定的情况下，对土壤热通量一个完整的日变化进行积分会发现其值接近于零。于是，对方程(10.7)进行一天或几天积分并忽略掉G的作用，这会有助于我们在分析不闭合项的特征时排除与G有关的潜在误差的影响。

2. 涡动相关方法的数据处理误差

平均时间　涡动相关观测的基本假设前提是在求取统计平均的时间段内平均垂直速度为零。为了满足这个条件，可以采用不同的处理方式，包括滑动平均、去线性趋势，或者简单取块平均(即在所取的时间段内直接计算算术平均值)，取平均的时间段通常为30分钟或60分钟。所有这些取平均的方式实际上都是高通滤波，有时候会在速度谱上看到谱隙的存在，但当下垫面很粗糙和不稳定条件下谱隙通常并不出现。很多研究者倾向于采用块平均，为的是避免与雷诺分解法则相抵触(Aubinet et al., 2012)。不管怎样，如果时间尺度超过平均时段的低频湍流的贡献不可忽略，并且如果没有采用恰当方式对高通滤波进行订正的话，这会产生总通量的偏低估计。Finnigan et al.(2003)建议在几天的时间尺度上从积分结果上看能量平衡是否闭合。后来的研究表明，延长时间并没有使得地表能量平衡关系的不闭合程度变得更小。这种情况可以从物理上得到解释：因为大尺度涡旋通常并不跟随平均风速传播，于是并不满足泰勒冻结假设，因此，无法完全被单点铁塔观测捕捉到(Mahrt, 2010)。

通量订正　在理想状态下涡动相关系统应该能够在相同时刻相同位置上测量到垂直速度和被输送量的扰动，并且在测量时间单元里测量值不会因为气压的变化而变化。在真实大气中这些条件并不会被完全满足，因此，需要进行所谓的通量订正(Foken et al., 2012)。研究表明，以正确的方式运用恰当的订正方案显得尤为重要，因为不同的订正方法会给订正后的结果带来一些差异，但是这种订正差异并不能解释观测中普遍存在的地表能量平衡的不闭合。

3. 常被忽略掉的其他项

在方程(10.7)中还应该有一些其他的能量平衡项，他们与通量观测结果的差额相比经常(但并不总是)无关紧要的。在 EBEX－2000 试验中着重研究了如下几项对地表能量平衡关系的影响(Oncley et al., 2007)：

➢ 冠层的储热；
➢ 光合作用和呼吸作用引起的生物化学能储；
➢ 垂直和水平方向的通量散度；
➢ 水平平流作用；
➢ 植物对水的抽吸作用。

在 EBEX－2000 试验中考虑到所有这些附加项的作用确实能够提高能量平衡关系的闭合程度，虽然它们确切的量值很难用有效的直接观测来获取。但是在把这些因子考虑进来后，EBEX－2000 试验数据显示仍然有 10%的有效能量不能被闭合。这对于低矮植被(棉花地)观测点而言是无法解释的，农作物冠层的储热和生物化学过程所消耗的能量加在一起通常不超过 10 W・m^{-2}(Oke, 2002)。植被对水的抽吸作用受到叶面气孔排气形成的吸力和根系的渗透压所驱动，所以在细胞尺度上与这些过程相关的能量消耗需要被考虑进来。

对于深厚冠层(特别是森林)观测点而言，很显然地面之上的储热在地表能量平衡的闭合问题上会起到重要作用。有研究表明，对于一些位于大范围均匀森林当中的观测点，考虑冠层储热几乎就能使得地表能量平衡关系得以闭合(Leuning et al., 2012)。

通过光合作用吸收的能量通常只占短波辐射的很小份额，这项的计算一般通过把总初级生产率 GPP(gross primary productivity)折算成能量单位来获得。Oncley et al.(2007)在 EBEX - 2000 试验中对棉花作物冠层的此项日平均值的估算结果是 8 W・m^{-2}。其他研究的估算结果表明，玉米作物冠层的白天值为 10—20 W・m^{-2}，大豆作物冠层的白天值为 5—10 W・m^{-2}。虽然这个光合作用项能在一定程度上改进能量平衡关系的闭合度，但是在大多数情况下不闭合项的主要部分依然存在。

4. 地表能量平衡关系的日变化特征

观测表明地表能量平衡关系中各项的量值在白天较大而在夜间较小，不闭合项也表现出这样的日变化特征。那些常被忽略掉但又与能量平衡各项相关的过程(比如储热、土壤与植被的呼吸、水平输送，以及辐射通量和湍流热通量的垂直散度)在夜间可能与湍流通量具有相同的量级，于是这些过程的影响不应该被忽视。这些迹象表明，夜间不闭合项在很大程度上可以归结为它们共同影响的结果，但是在白天不闭合项的量值还是要大很多。

有研究利用地表温度的高分辨卫星遥感数据计算了平流作用的影响(Garcia-Santos et al., 2019)，发现平流项与不闭合项之间存在关联，但并不能完全解释能量缺损，说明还存在其他的影响机制。

5. 次中尺度输送过程和次级环流

滚涡是对流边界层很常见的现象。当存在这样的大尺度有组织结构时，单点铁塔观测的通量观测结果一定会出现偏差，因为与滚涡相关联的能量输送经常不能被单点观测捕捉到(Etling and Brown, 1993)。在强不稳定条件下，六边形细胞状对流泡取代滚涡，如果在计算通量的平均时间段内这样的结构没有被平均运动运载经过涡动相关系统，那么也会造成单点铁塔观测的偏差(Segal and Arritt, 1992; Etling and Brown, 1993)。这种情况通常发生在下垫面均匀的对流边界层中，并被大涡模拟证实。

如果是非均匀下垫面，因为存在次级环流或是位置固定的对流泡，通量观测也会出现偏差。在此情形之下，基于泰勒冻结假设的各态历经性质不存在。而泰勒冻结假设是涡动相关方法的重要前提，于是，非湍流流动输送的能量将不会被涡动相关系统观测到，这会导致能量通量观测结果出现偏低估计(Blanford et al., 1991)。只有采用空间上的涡动相关方法(多点观测)，而不是时间相关方法(单点观测)，才会得到符合实际的通量观测结果(Mahrt, 1998)。

对于单点观测而言，湍流通量是基于时间平均计算出来的，非均匀下垫面造成平均气流和湍流通量在空间上呈现非均匀分布，于是我们对一个物理量 $\varphi(x, y, z, t)$ 进行“时间平均＋空间平均”的时候，这个物理量可以被分解成时空平均量 $\langle\overline{\varphi}\rangle(z)$（上划线和三角括号分别代表时间平均和空间平均，这里的空间平均指的是水平面上的面积平均）和扰动量部分，而扰动量又分为两部分：一部分是时间平均量偏离时空平均量的扰动部分 $\overline{\varphi}''(x, y, z)$，另一部分是随机湍流扰动部分 $\varphi'(x, y, z, t)$。于是可以写成如下表达式：

$$\varphi(x, y, z, t)=\langle\overline{\varphi}\rangle(z)+\overline{\varphi}''(x, y, z)+\varphi'(x, y, z, t) \tag{10.8}$$

湍流通量指的是 $\overline{w'\varphi'}$（这部分是我们通常所讲的雷诺通量），而 $\langle\overline{w}''\,\overline{\varphi}''\rangle$ 被称为弥散通量。单点观测基于时间平均得到的是 $\overline{w'\varphi'}$，但不能分辨弥散通量 $\langle\overline{w}''\,\overline{\varphi}''\rangle$。

于是在分析地表能量平衡闭合问题时，研究人员运用飞机观测数据和多个铁塔观测数据来计算空间平均通量，结果表明额外的次中尺度通量在量值上足够大，可以解释不闭合项的主要部分(Mauder et al., 2007a, 2008b, 2010)。大涡模拟研究表明在不稳定条件下当存在次中尺度环流时弥散通量表现为正值(Kanda et al., 2004)，因而涡动相关测量结果会系统性地偏低估计总地表通量，类似的机制也存在于潜热通量(Huang et al., 2008)。因此，当下在研究地表能量平衡闭合问题时，次中尺度输送的影响是要重点考虑的方向。有研究试图评估水平热通量的影响，然而想要在野外观测中准确测量平流项仍然是件很困难的事(Aubinet et al., 2000)。

10.6.3 次中尺度输送过程的研究

大涡模拟在研究地表能量平衡闭合问题当中发挥了非常重要的作用，研究发现，均匀下垫面的不闭合项与 u_*/w_* 有关(Huang et al., 2008)，也与稳定度有关(Zhou et al., 2018)；非均匀下垫面的不闭合项还与湍流能量以及观测高度与地表之间的位温差值有关，最近的研究表明不闭合项还与地表非均匀尺度有关(De Roo and Mauder, 2018)。

EBEX－2000 试验率先采用多塔观测来探讨能量平衡闭合问题(Oncley et al., 2009)。在 1 600×800 m^2 范围内布置了 10 个观测点，并且在塔上不同高度设置通量观测。为了捕捉到大尺度有组织结构形成的通量，Mauder et al.(2008b)在 4×4 km^2 范围内布置了 25 个铁塔进行观测。Engelmann and Bernhofer(2016)在 10×10 m^2 范围内设置 9 台超声风速仪进行观测，结果表明用时空平均方案获得的感热通量比单纯用时间平均方案得到的结果有所增加。总之，虽然存在较大不确定性，已有的研究结果表明考虑了弥散通量之后地表能量平衡关系的闭合度都在统计意义上得到了改善。

飞机观测可以直接获得关于湍流空间分布的数据，运用小波分析方法可以提取出与大

尺度运动相关的通量(即所谓中尺度通量)。有研究从飞机观测数据中获得的中尺度通量在量级上与铁塔上涡动相关观测结果的不闭合项相当(Maude et al., 2007a)。也有研究表明,用飞机观测的通量取代铁塔观测的通量之后,能量平衡的闭合程度得到显著改善(Foken et al., 2010)。

闪烁仪观测到的通量也是空间平均通量,因此可以测量到涡动相关系统无法捕捉到的那些空间位置比较固定的大尺度涡旋形成的通量。大孔径闪烁仪的测量路径通常可以达到公里量级,测量高度在 10 m 左右。一般来讲,闪烁仪测量结果会减小能量平衡关系的不闭合项。在 LITFASS—2003 试验中的对比分析表明,闪烁仪测量到的通量明显大于铁塔观测结果,因而能有效改进地表能量平衡的闭合程度(Meijinger et al., 2006)。

此外,近一二十年来激光雷达技术发展很快,这种遥感设备(比如多普勒激光雷达、拉曼激光雷达、差分吸收激光雷达)可以在激光路径上的大范围内获得关于大气变量空间分布的高分辨数据,从而可以分辨出不同尺度涡旋结构,特别是有组织的大涡结构(Drobinski, et al., 1998; Eder et al., 2015b),以及非均匀下垫面激发的次级环流引起的水平水汽输送(Higgins et al., 2013)。

10.6.4　小结与展望

令人费解的地表能量平衡关系不闭合现象促使研究者们重新审视与之相关的数据质量控制、通量订正、涡动相关方法的理论基础等方面问题,并开展了大量研究工作。有关研究成果不仅帮助我们搞清楚湍流通量经常被低估的原因,同时也加深了我们对边界层过程如何影响地气交换通量的认识。现在我们可以确认仪器误差并不是通量损失的原因,并且可以把因选用不同的数据处理软件带来的不确定性降低到很小的程度。次中尺度输送过程被认定为造成地表能量平衡关系不闭合的主要原因。从非局地观点讲它表现为弥散通量;从局地观点讲它表现为平均流动的平流作用和水平通量散度。这种次中尺度输送效应既可能是均匀下垫面之上对流边界层中有组织大尺度湍流涡旋结构所致,也可能是非均匀下垫面激发的次级环流所致。

关于地表能量平衡关系不闭合这个话题,仍然存在一些尚未解决的问题。例如,有观点认为考虑大尺度相干结构与植被冠层之间的反馈作用可能会提升近地层中能量平衡不闭合的可预报性(Patton et al., 2016)。此外,下垫面的非均匀性如何影响能量平衡关系的不闭合项还需要进一步研究(De Roo and Mauder, 2018; Zhou et al., 2019)。相应的研究计划正在执行当中,这样的研究希望通过设置数量众多的铁塔观测,实现空间平均意义上的涡动相关观测,从而直接从测量结果中确定弥散通量的量值(Margairaz et al., 2020)。这些测量还将与大涡模拟、地基遥感和飞机观测相结合,以期尽最大可能获得有关大气边界层中三维输送机理的充分信息。另一个颇具潜力并能起到互补作用的途径是运用机器学习技术来模拟能量不闭合项以及铁塔观测的空间代表性(Xu et al., 2018)。

由于地表能量平衡的闭合缺失并不是仪器问题所致,于是诸如 CO_2 等痕量气体的通量该如何订正便成了仍需要进一步研究的问题。近十多年里在地表能量平衡闭合问题上所取得的研究进展有助于我们把有关概念和思想应用于订正其他痕量气体的地气交换通量。

§10.7 大气边界层的大涡模拟①

在过去的五十年里，大涡模拟技术得到了充分的发展，这得益于计算机科学与技术的发展。大涡模拟已经成为研究大气边界层和湍流过程最主要的数值模拟手段。关于大涡模拟原理和次网格参数化问题，已经在第二章和第九章中有过介绍，此处不再赘述。本专题主要介绍大涡模拟在大气边界层研究中的应用。

10.7.1 大涡模拟在边界层研究中的应用

1. 对流边界层

关于对流边界层结构和动力学特征的大涡模拟研究，Deardroff 开展了具有开创意义的工作(Deardroff, 1970b, 1972a, 1974a, b)。他证明了混合层尺度律的有效性，即对流边界层厚度可以用 z_i(z_i 是位温逆温的高度)而不是埃克曼层厚度 u_*/f，混合层的稳定度参数是 $-z_i/L$ 而不是 $(u_*/f)/L$，对混合层中湍流统计量进行归一化的恰当参数是对流速度尺度 $w_*=(gz_iQ_0/\theta_0)^{1/3}$，对流温度尺度是 $T_*=Q_0/w_*$；他还证明在弱不稳定条件下 ($-z_i/L=4.5$)，近地面处的速度和温度场呈现条状相干结构，而在较强不稳定条件下 ($-z_i/L=45$)，上升运动呈现出开放的细胞状相干结构；他还提供了对流边界层中垂直扩散的最初认识，即被动粒子的垂直扩散强度随 $-z_i/L$ 增大而增大。

Mason(1989)针对自由对流边界层开展了大涡模拟研究，探讨了网格分辨率和次网格方案对模拟结果的影响。Schmidt and Schumann(1989)针对自由对流边界层的对流组织结构进行了大涡模拟研究，他们的结果表明大涡的水平尺度大约为 $2z_i$。还是针对自由对流边界层，Nieuwstadt et al.(1993)对比了离散化算法和次网格方案不同的 4 种大涡模式，发现即使设置较低的分辨率，几个模式的边界层统计量廓线都符合得很好，证明大涡模拟应用于研究边界层动力学时能获得可靠的结果。他们把不同模式之间良好的一致性归结为大涡模拟能够很好地分辨出起决定作用得大尺度热羽。随后 Andren et al.(1994)使用这 4 个模式检验了中性条件下切变的作用，他们发现在缺少大尺度热羽的情况下模式的输出结果之间存在显著差异，敏感性试验结果表明这种差异主要来源于不同的次网格方案。Fedorovich et al.(2004)运用大涡模拟研究了对流和切变共同作用下的夹卷过程。

Moeng and Sullivan(1994)运用大涡模拟研究了热力和切变共同作用下的边界层结构和动力特征，他们提出在中等不稳定条件下对流边界层中的湍流速度尺度 w_m 应该由 w_* 和 u_* 构成：$w_m^3=w_*^3+5u_*^3$。Khanna and Brasseur(1998)研究了热力和切变相互作用如何影响对流边界层大尺度有组织结构，他们在很宽泛的稳定度范围内 ($-z_i/L$ 从 0.44 到 730)进行了模拟，基于对大涡模拟结果的分析，他们提出了弱不稳定条件下 ($-z_i/L$ 较小)在低动量 ($u'<0$) 条带中的有组织暖气块 ($\theta'>0$) 是引发水平滚涡的原因。关于夹卷过程的大涡模拟研究，Sullivan et al.(1998)的结果表明对流热羽起到重要作用；Conzemius and Fedorovich(2006)的结果表明夹卷层切变对夹卷的增强作用要明显大于近地层切变；Kim et al.(2003)的结果表明 K－H 不稳定增强了夹卷热通量。其他的研究针对不同的问题，例如，

① 本节内容来自 Stoll et al.(2020)发表在 Boundary-Layer Meteorology 上的综述文章。

斜压性对平均廓线和湍流的影响程度(Sorbjan，2004)；对流条件下 M-O 相似理论的有效性和偏差程度(Khanna and Brasseur，2004)。这些研究表明对流边界层特性可能与外层长度尺度 (z/z_i) 相关的其他无量纲参数有关，并认为有组织上升和下沉运动是造成偏离 M-O 相似理论的原因。Kanda et al.(2004a)研究了对流边界层的地表能量平衡关系，发现时间平均感热通量 $\overline{w'\theta'}$ 系统地偏低于水平空间平均热通量 $\langle w'\theta' \rangle$。还有一些研究探讨了对流边界层湍流的统计特征(Gibbs and Fedorovich，2014a，b)。

Sullivan and Patton(2011)再次讨论了分辨率对大涡模拟结果的影响，他们发现滤波宽度 $\Delta < z_i/60$ 是在混合层中 ($0.1 < z/z_i < 0.9$) 获得具有统计收敛性的一阶矩和二阶矩的必要条件，而且，他们发现要估算垂直速度偏斜度时(涉及三阶矩)需要更小的滤波宽度 $\Delta < z_i/113$；他们还发现大涡模式准确模拟对流边界层特性所需要的分辨率对次网格方案的选择比较敏感。Salesky et al.(2017)研究了水平滚涡向开放对流泡的转变。大涡模拟还被用于大尺度和很大尺度运动的拓扑结构(在中性工程流动中的典型结构，详见 Huthins and Marusic(2007))如何受热力作用的调制，以及在不稳定度不断增强的情况下这些结构如何调整对流边界层中的小尺度湍流脉动幅度(Salesky and Anderson，2018)。

大涡模拟已经成为发展、检验、改进数值预报模式中对流边界层参数化方案的有力工具。对流边界层垂直速度的偏斜度为正值(即 $S_k(w) = \langle w'^3 \rangle / \langle w'^2 \rangle^{3/2} > 0$)，值得注意的是，在温度或其他标量梯度(比如 $\partial\langle\theta\rangle/\partial z$) 小到几乎可以忽略不计的情况下标量通量(比如 $\langle w'\theta' \rangle$) 仍然可以具有一定的量值，这意味着通常采用的涡旋扩散率方案 $\langle w'\theta' \rangle = -K_\theta \partial\langle\theta\rangle/\partial z$ 不适合于混合层。为了改变这种局面，很多研究者运用大涡模拟探讨替代方案或者对 K 理论进行修正。总体而言，这些研究证明保守标量的统计特性可以表示成“底部向上”过程(向上扩散和混合)和“顶部向下”过程(与夹卷过程相关)的叠加，一个重要的发现是顶部向下通量 $\langle w'\theta' \rangle_t$ 符合扩散行为，但底部向上通量 $\langle w'\theta' \rangle_b$ 在混合层中发生奇异。Wyngaard and Weil(1991)提出非局地底部向上标量输送可以用垂直速度偏斜度 $S_k(w)$ 和标量通量的垂直梯度 $\partial\langle w'\theta' \rangle/\partial z$ 来描述。

Ebert et al.(1989)证实 K 理论在对流边界层中不适用。Holtslag and Moeng(1991)提出了在热量的顶部向下涡旋扩散率中包含反梯度项：

$$\langle w'\theta' \rangle = -K_\theta(\partial\langle\theta\rangle/\partial z - \gamma_\theta) \tag{10.9}$$

其中反梯度项 $\gamma_\theta = C\langle w'\theta' \rangle_0 / w_* h$ 可以把地表热通量 $\langle w'\theta' \rangle_0$ 关联进来。他们证明当包含了反梯度项之后底部向上的标量涡旋扩散率就能表现出合理的行为，这意味着运用形如方程(10.9)的表达式在天气预报模式中是可行的(这只是实用层面上的，关于物理意义解读还需要进一步探讨，见第五章 5.5 节中的讨论)。

还有研究利用大涡模拟发展了基于质量通量概念的对流边界层参数化方案。把热量或标量的垂直输送归结为上升运动和下沉运动的输送，其典型特征是在涡旋扩散率方程中增加一项(Siebesma et al.，2007)：

$$\langle w'\theta' \rangle = -K_\theta \partial\langle\theta\rangle/\partial z + M(\theta_u - \langle\theta\rangle) \tag{10.10}$$

其中 M 是质量通量，θ_u 是上升运动区中的位温。方程(10.10)中的质量通量和上升区的份额可以直接从大涡模拟结果拟合出来，并发展出天气和气候模式的参数化方案。

Ayotte et al.(1996)运用大涡模拟评估不同的对流边界层参数化方案，他们注意到闭合模式对夹卷层的处理方案有很大不同，导致模式对混合层物理量的预报结果存在明显差异。

2. 稳定边界层

Mason and Derbyshire(1990)最先进行了稳定边界层的大涡模拟，对次网格方案的调整主要是引入了基于理查森数 Ri 的稳定度修正函数。此后的一段时间里，相当大的精力被投入到次网格方案的发展和验证上。Mason and Thomson(1992)在稳定边界层的大涡模拟中引入了随机反向串级方案，这个方案能够阻止湍流的局地溃散(这种局地溃散会发生在采用Smagorinsky－Lilly 次网格方案的稳定边界层模拟)，从而改善了模拟结果符合局地相似理论的程度。Andren(1995)和 Galmarini et al.(1998)检验了高阶闭合方案的效果，结果表明，在次网格方案中包含次网格通量的预报方程能够提升模拟结果与局地相似理论的符合程度，并且可以减轻对随机分量的依赖程度。虽然早期应用于稳定边界层的大涡模式很多都采用长度尺度 $l=\min(\Delta, \sqrt{e}/2N)$，新近的研究结果表明除了非常粗分辨率的大涡模拟之外，这个方案是不合理的(Gibbs and Fedorovich, 2016)。Saiki et al.(2000)直接采用 Sullivan et al.(1994)方案(该方案对次网格通量进行了修正)，并对其中的长度尺度进行了调整，模拟结果与理论结果的符合程度得到了提高。

随后，大涡模拟被用于研究观测到的稳定边界层物理过程。Kosović and Curry(2000)运用观测数据驱动大涡模拟，他们的模拟设置成为 GEWEX 计划大气研究项目 GABLS1 中大涡模式比较研究的基础。这个比较研究检验了 11 个大涡模式及其次网格方案的表现，模拟按不同分辨率实施，并与理论结果、观测结果及高分辨模拟结果进行对比。研究发现，对于中等稳定层结($L/\delta \approx 1.5$，其中 δ 是边界层高度)，大涡模拟能够成功模拟出准平稳的稳定边界层。

GABLS1 的大涡模式比较研究为在弱稳定到中等稳定条件下运用大涡模拟再现边界层特征奠定了强有力的基础，并成为评估单柱模式(Cuxart et al., 2006; Svensson and Holslag, 2009)、发展次网格方案(Still and Porté-Agel, 2008; Matheou and Chung, 2014)、检验湍流通量(Basu et al., 2006; Steeneveld et al., 2007; Huang and Bou-Zeid, 2013; Sullivan et al., 2016)的参考标准。不仅如此，这标志着大涡模式的应用转向验证稳定边界层中的湍流过程，并朝着模拟复杂过程的方向发展。研究者们还在大涡模拟中设置更为宽泛的大气强迫条件，借以探究其对边界层动力学和边界层模拟的影响。野外观测表明，即使是十分微弱的下沉运动也会限制边界层增长，并显著减弱湍流混合和降温过程。Mirocha and Kosović(2010)用大涡模拟分析了下沉运动对稳定边界层湍流混合的影响，他们发现包含下沉运动能够改进模拟结果与观测结果之间的相符程度。Richardson et al.(2013)建立了一套包含宽泛大气强迫条件的稳定边界层大涡模拟数据集，用于检验边界层高度公式。近期，稳定边界层大涡模拟工作转向了模拟非常稳定的极地边界层(van der Linden et al., 2019)，模拟结果表明，大涡模拟可以适用于非常稳定的边界层，但同时需要采用非常高的模拟分辨率。

3. 转换期的大气边界层

Sorbjan(2007)模拟了早晨转换期当中对流边界层的增长过程，他发现平均风切变和温度梯度在混合层的下半部分保持为常数，但在混合层上半部分因夹卷过程而随时间变化。Beare(2008)研究了早晨从稳定边界层转变为对流边界层的完整转换过程，发现早晨的转换

过程对初始阶段的切变非常敏感，并可以看到所谓的“对流边界层一稳定边界层混合状态”，即浅薄的对流边界层之上覆盖着切变驱动的稳定边界层，他发现上方稳定边界层的厚度随地转风速度的增大而增大，这表明在模拟并理解早晨转换期边界层的时候稳定边界层是不可忽视的。

Nieuwstadt and Brost(1986)研究了对流边界层湍流的衰减过程，他们把大涡模拟运行至平稳状态，然后突然将地表通量设置为零。结果表明，$\langle\theta'^2\rangle$ 最先衰减，然后是垂直热通量 $\langle w'\theta'\rangle$、垂直速度方差 $\langle w'^2\rangle$，最后是水平速度方差 $\langle u'^2\rangle$ 和 $\langle v'^2\rangle$，时间与大涡翻转时间之比 $t/T_L=tw_*/z_i$ 是可以表征衰减过程的时间尺度。Sorbjan(1997)考虑了更为真实的地表热通量逐渐减小的情况，发现湍流动能 TKE 的衰减速率取决于地表热通量的衰减速率和大涡翻转时间尺度 w_*/z_i。Pino et al.(2006)也考虑了傍晚转换期(着眼于有切变的对流边界层)，发现切变增强了转换期中的夹卷过程，并且发现水平速度方差衰减速率明显慢于垂直速度方差，转换期中湍流的各向异性增强。

Kumar et al.(2006)率先实施了理想条件下边界层日变化的大涡模拟，他们发现，模拟结果与预期的夹卷行为、对流边界层增长，以及夜间急流的发展都符合得很好；他们还发现，当被 Δ/L 进行归一化描述时，速度方差、湍流动能，以及 Smagorinsky 系数 C_s 都呈现出滞后行为，但是当统计量被 Δ/Λ 进行归一化描述时 (Λ 是局地奥布霍夫长度)，这种滞后会小到可以忽略不计，这个结果是支持局地相似理论的有力证据。Basu et al.(2008a)采用了关于次网格动量通量和热通量的动力学模式的局地平均版本，发现模拟结果能够精确捕捉到大气边界层在转换期中的行为特征。随后，Kumar(2010)探究了边界条件和地转强迫对日变化模拟结果的影响，发现有些强迫因子对于再现对流边界层统计特征至关重要，而其他因子对再现稳定边界层特征很重要，他们发现设置地表温度比设置地表热通量更能合理地模拟出通量和夜间廓线(这与 Basu et al.(2008a)的结论一致)，但他们的结论是耦合地表能量平衡模式能够改善模拟结果与观测之间的符合程度。

4. *植被冠层流动*

当大涡模拟成为研究大气边界层的有力工具之后，它自然也被用于模拟植被冠层流动。大涡模拟冠层流动的早期工作主要是确立能否再现冠层流动一些突出的特征，以及所需要的基本模型和驱动参数。

表征冠层的基本方法如方程(10.11)的表达式所示，即定义一个叶面积指数 LAI 来表征形体阻力 F_i：

$$F_i=C_D a(\boldsymbol{x})\widetilde{u_i}U(\boldsymbol{x}) \tag{10.11}$$

其中 C_D 是拖曳系数，$a(\boldsymbol{x})$ 是叶面积密度(即单位空间面积上的叶面积)，它与 LAI 之间的关系是

$$\mathrm{LAI}=\int_{\mathrm{d}^2\boldsymbol{x}} a(\boldsymbol{x})\mathrm{d}^2\boldsymbol{x} \tag{10.12}$$

当流动经过无缝隙的物体(比如建筑、变化的地形)时，通常会采用浸没边界法 IBM (immersed-boundary method，详见 Peskin(1972)和 Mittal and Iaccarini(2005))。应用于大气边界层湍流时，IBM 方案通常会采用基于地表应力的地面闭合方案(Chester et al., 2007)，或者是基于其他一些障碍物空间属性的地面闭合方案(Anderson and Meneveau,

2010；Anderson，2012）。Chester et al.(2007)运用 IBM 方法来表示树木的可分辨部分，并假设树木具有分形结构，据此估算次网格拖曳。但是这个方法并没有被研究组之外的研究者接受，原因大概是人们认为真实树木的拖曳力取决于叶面积密度，而通常情况下树叶大小的分布情况并不满足分型结构。Yan et al.(2017)采用 IBM 方法进行大涡模拟，并与风洞实验结果进行对比。他们发现，将 IBM 模式应用于树干，并与冠层拖曳力模型（比如方程(10.11)）相结合，能够获得很好的模拟效果。

植被冠层大涡模拟的发展得益于从观测研究和理论研究中获得的关于冠层流动的认知。有两方面的认识显得比较重要，一是植被冠层之上标量微尺度锋的形成及其作用，另一个是所谓的“混并层类似”（在这里，我们把 mixing-layer 翻译成“混并层”而不是“混合层”，因为“混合层”在英语中对应的名词是 mixed-layer；事实上，mixing 是“相混融合到一起”的意思，有“合并”的含义）。我们很容易从植被冠层之上的温度时间序列中的斜坡结构辨认出标量微尺度锋。针对植被冠层与近地层之间的主导交换机制提出来的“混并层类似”假设则是依据与经典流体力学理论的类比（Raupach et al.，1996）。大涡模拟在阐释流动特性（特别是湍流特性）方面起到非常重要的作用。大涡模拟表明，标量的斜坡结构与气压的正峰值相对应，并且斜坡结构和气压峰值与上游的下扫区和下游的上扬区相关联（Fitzmaurice et al.，2004）。Watanabe（2004）揭示了冠层顶部结构特征与条带状低速区之间的联系。Finnigan et al.(2009)探究了植被冠层之上气流中相干结构及其演变，他们分析了脉动速度梯度张量（扣除了平均梯度之后的速度梯度张量）的第二特征量 λ_2'，以及条件抽样得到的结构及其演变。他们发现三维的相干结构与头朝上的上扬生成和头朝下的下扫生成共同形成的发夹状涡旋之间存在关联。他们推测认为这些结构是冠层顶部速度拐点引起的切变不稳定所导致的配对螺旋的结果，并提出这个过程基本上与冠层之上的近地层湍流无关（也就是说，这是气流与冠层相互作用的结果）。随后，Bailey and Stoll(2016)对这个问题做了进一步探讨，他们对完全的速度梯度张量（没有扣除平均梯度）的特征量 λ_2 进行分析。他们发现了准二维结构以及叠加在其上的三维结构，提出了动态不稳定的概念（这种不稳定与发夹状涡旋包和近地层大尺度条纹结构有关），认为这种不稳定是形成冠层流动结构的主要驱动因子。

当大涡模拟成为一种有效的数值模拟手段之后，研究者们很快就把关注点放在更为真实的强迫条件、模拟范围、冠层特征，以及它们之间的相互作用上。这方面的研究主要集中在冠层的水平非均匀性问题，比如，Bailey and Stoll(2013)和 Bailey et al.(2014)模拟了成行排列的农作物（例如成行排列的葡萄架）并检验了这种非均匀性对流动特性的影响。他们发现，与处理成均匀冠层的情况相比，水平非均匀性的作用是增强了二阶矩和三阶矩湍流量，降低了流动的相干性。大涡模拟还被用于研究植被冠层的日变化效应（Aumond et al.，2013），以及评估对流运动对湍流统计特征、相干结构、冠层与大气之间相互作用等方面的影响（Huang et al.，2009；Patton et al.，2016）。Kröniger et al.(2018)把冠层非均匀性和日变化强迫条件结合起来模拟真实的半干旱地区森林，研究冠层流动的特性。

5. 城市气流与扩散

与平坦均匀下垫面之上的边界层流动不同，城市冠层形态增加了流动的复杂性：(1) 建筑物上的拖曳力使得冠层中的平均速度减小；(2) 冠层顶附近存在悬空切变层；(3) 建筑尾流生成小尺度湍流；(4) 流动表现出强烈的水平不均匀性，使得控制方程中出现附加项（弥散应力或通量）；(5) 在地面、墙壁等不同表面上不均匀分布的热源和冷源，使得地表能量收

支关系变得很复杂；(6) 标量(水汽、温室气体、气溶胶等)源和汇在空间上呈现非均匀分布。这些复杂性使得收集和解读观测数据变得颇具挑战性(Pardyjak and Stoll, 2017)。大涡模拟却不受观测所需的诸多限制条件的约束，并可以在理想条件下进行城市边界层研究。

早期大涡模拟关注理想化城市形态条件下的平均风速廓线和湍流统计量的特征：顺流方向的湍流动量通量 $\langle u'w' \rangle$ 在冠层顶处最大；σ_u/u_* 和 σ_w/u_* 在冠层内明显随高度变化，其最大值随面积指数 $\lambda_p = A_p/A_T$ (其中 A_p 是区域内建筑物占地面积，A_T 是区域总面积)增大而增大。研究还发现，对于稀疏分布的立方体，冠层顶处顺流方向相干结构的波长为 $\lambda_x/H \approx 5$(明显大于植被冠层)，并且随面积指数 λ_p 增大而增大；冠层内下扫事件 ($u'>0$, $w'<0$) 与上扬事件 ($u'<0, w'>0$) 之比(即 S_2/S_4) 要比植被冠层中大 2 倍以上，等等。

对于一个变量 u_i，既可以进行时间分解 $u_i = \bar{u}_i + u'$，也可以进行空间分解 $u_i = \langle u_i \rangle + u''$。对运动方程进行时空平均处理可得：

$$\frac{\partial\langle\bar{u}_i\rangle}{\partial t} + \langle\bar{u}_j\rangle\frac{\partial\langle\bar{u}_i\rangle}{\partial x_j} = -\frac{1}{\rho}\frac{\partial\langle\bar{p}\rangle}{\partial x_i} - \frac{\partial\langle\overline{u'_i u'_j}\rangle}{\partial x_j} - \frac{\partial\langle\overline{u''_i u''_j}\rangle}{\partial x_j} + f_{F_i} + f_{V_i} \tag{10.13}$$

其中 f_{F_i} 和 f_{V_i} 分别是形体阻力和黏性阻力，$\langle\overline{u'_i u'_j}\rangle$ 是雷诺应力(由偏离时间平均值的脉动量引起)，$\langle\overline{u''_i u''_j}\rangle$ 是弥散应力(由偏离空间平均值的脉动量引起)。大涡模拟表明，弥散应力 $\langle\overline{u''_i u''_j}\rangle$ 和标量弥散通量 $\langle\overline{w''_i \theta''_j}\rangle$ 在冠层中不可忽略；在 TKE 收支关系中弥散输送作用在冠层中也不可忽略。

对于大尺度天气预报模式，在城市粗糙子层之上，中性条件下的速度廓线满足

$$U(z) = \frac{u_*}{\kappa}\ln\left(\frac{z-d}{z_{0m}}\right) \tag{10.14}$$

如何确定空气动力学参数 z_{0m} 和 d 与城市下垫面形态学特征之间的关系成为重要的参数化问题，这些形态学参数包括建筑物平均高度 $\langle h \rangle$、建筑物最大高度 h_{max}、建筑高度方差 σ_h、建筑高度的偏斜度 Sk_h、面积指数 λ_p 和迎风面指数 $\lambda_f = A_f/A_T$ (其中 A_f 是区域内建筑物的迎风面积)。

模式中城市冠层内的速度廓线与植被冠层具有相同的表达式，通常假设为指数廓线：

$$U(z) = U_h \exp[a(z/h-1)],\ z \leqslant h \tag{10.15}$$

其中 U_h 是冠层顶处的风速，h 是冠层高度，a 是衰减系数(对于植被冠层正比于 LAI，对于城市冠层正比于 λ_f)。在推导方程(10.15)时必须假设拖曳系数 C_D 不随高度变化，并假设弥散应力可以忽略不计，于是雷诺应力可以取为 $-\langle u'w' \rangle = l_m^2(\partial U/\partial z)^2$，其中 l_m 也不随高度变化。但是大涡模拟结果表明 C_D 和 l_m 都明显随高度变化，这意味着方程(10.15)实际上在城市冠层中并不成立。

大涡模拟还被用于研究浮力(热力作用)对冠层内平均气流、湍流统计量以及污染物在街道中驻留时间的影响。近期，大涡模拟与地表能量平衡模式相耦合，以期模拟出真实的建筑物表面温度分布，并据此探究冠层内流动的日变化特征。

对于城市边界层研究而言，一个重要的问题是模拟出来的城市流动对城市形态学的细节是否敏感。Bou-Zeid et al.(2009)的研究结果表明，特别细致的城市形体描述并不能显著

影响平均气流和动力学特征。这意味着依据大涡模拟结果来发展大尺度天气预报模式的城市冠层参数化方案时采用相对粗略的建筑形态学参数化方案即可。但是,湍流特征对于建筑形体的细节程度很敏感,表明在研究湍流和扩散问题时需要考虑采用高保真的城市形态学表达方式。

大涡模拟还被用于研究城市空气质量和扩散问题。当风向垂直于街道走向时,会在街谷(街谷指的是街道地面与街道两边的建筑墙壁所围成的狭长空间)中形成循环涡旋,涡旋轴平行于街谷,也有可能形成次级涡旋,这取决于街谷的高宽比 H/W 和稳定度。中性条件下当 $H/W \approx 1$ 时,街谷的下游墙壁处标量浓度较低,且浓度垂直廓线近乎为常数;在上游墙壁处,标量浓度在靠近地面处最高,随高度 z/H 增大而减小(Walton and Cheng, 2002)。对于地面源释放的标量,在冠层顶处的垂直通量 $\langle w'c' \rangle$ 随 H/W 增大而减小(Cai et al., 2008)。对于较深的街谷 ($H/W > 3$),在街谷的垂直范围内会形成多个循环涡旋(相邻涡旋旋转方向相反),冠层顶处的垂直通量与 $H/W \approx 1$ 的情形相比减小许多(Li et al., 2008)。地表加热有利于污染物从街谷中逃逸出来,在这种情况下,浮力作用削弱了街谷中的循环涡旋,使得街谷中的污染物浓度降低,而冠层顶处垂直通量 $\langle w'c' \rangle$ 具有较大量值(Li et al., 2010)。在两个十字路口之间街谷长度会有不同。有研究发现,随着街谷长高比 L/H 的减小,侧向输送被增强,造成街谷中污染物浓度下降(Michioka et al., 2014)。

大涡模拟被用来验证城市环境中的点源扩散试验,比如,Xie and Castro(2009)模拟了在伦敦市中心进行的 DAPPLE 研究计划中的扩散试验。Philips et al.(2013)实施大涡模拟来探讨城市几何形态对标量扩散的影响,他们发现建筑物交错排列会增强侧向扩散,而建筑物对齐排列则会增强垂直扩散。Santos et al.(2019)运用大涡模拟探讨了城市扩散问题中浓度峰值与平均值的比值,这个比值可以用幂次律来描述,大涡模拟结果被用来估算幂指数,但他们发现,得到的结果对次网格方案和网格距的选取比较敏感。

6. 大尺度空间非均匀性

如果地表非均匀性的空间尺度是 λ_l,边界层高度是 δ,那么 $\lambda_l/\delta < 1$ 和 $\lambda_l/\delta > 1$ 就分别是我们所说的小尺度地表非均匀性和大尺度地表非均匀性。地表非均匀性体现为空气动力学条件、热力条件或土壤湿度条件的空间变化。为简单起见,我们对它们单独进行讨论。首先看地表空气动力学条件的非均匀性问题。如果气流遇到地表粗糙度突变,从较小的粗糙度 z_{0-} 变为较大的粗糙度 z_{0+},于是形成厚度为 δ_i 的内边界层。尺度分析表明,δ_i 取决于下游距离 x 和粗糙度 z_{0+},并可以表示成如下形式:

$$\delta_i(x, z_{0+}) = C_{z_{0+}} \left(\frac{x}{z_{0+}} \right)^n \tag{10.16}$$

经验系数 $C_{z_{0+}} = 0.28$,指数 $n \approx 0.8$。Bou-Zeid et al.(2004)模拟了气流对粗糙度不同的条状分布的下垫面的响应(一维地表非均匀的情况);Bou-Zeid et al.(2007)模拟了气流对粗糙度不同的方块棋盘状分布的下垫面的响应(二维地表非均匀的情形)。这些研究发现,采用有效粗糙度长度 z_{0e} 可以很好地描述平均动量通量。

气流的侧向应力变化也受到研究者的关注。研究发现,地表粗糙度在气流的侧向出现非均匀时会引起平均流动在侧向产生明显的非均匀性。在粗糙区域形成的更强地表拖曳会引起雷诺(湍流)应力的空间非均匀性,湍流生成与耗散之间失去平衡,造成动量从上方向下

输送，于是会产生动量的“侧向溢出”，并引起光滑区域的动量向上输送（Anderson et al.，2015）。此外，已经有研究开始探讨气流斜向穿过非均匀分界线的情形（Anderson，2019a）。

对于地表水热条件不均匀的情况，可以是地表感热通量、位温、地表湿度单独发生变化，也可以是某种组合方式的变化，非均匀分布可以是一维的，也可以是二维的。研究表明，只有在地表非均匀的波长 $\lambda_l > \delta$ 时其对边界层流动的影响才会显现出来。对于不同大小的 λ_l，结果都是风速越大气流的非均匀程度就越小。在地表通量值最大的位置，气流中的湍流被增强，包括运动增强、近地层速度方差和温度方差增强。这种局地增强作用由次级环流引起，而次级环流又是由温度差造成的气压梯度引起。随着风速增大，这种气压梯度会被抹平。这方面的认识基本上都来自大涡模拟研究（如 Hadfield et al.，1992；Shen and Leclerc，1995；Avissar and Schmidt，1998；Courault et al.，2007；等等）。

现在已经用不同类型的地表－大气耦合模式来研究地表非均匀性问题。Kustas and Albertson(2003)用他们的耦合模式检验了地表温度差异幅度的影响，他们发现增大温度对比幅度并没有明显地影响到水平平均的通量，他们把这归结为次级环流的反馈作用所致。对于 λ_l 足够大的对流边界层，非均匀性的影响可以从近地层向上传递到边界层顶（Baidya Roy and Avissar，2000；Huang and Margulis，2010；Maronga and Raasch，2013）。这样的结果意味着“掺混高度”的失效（之所以如此是因为形成了尺度足够大的次级环流），而“掺混高度”这个概念对于非均匀的中性边界层和稳定边界层是有效的（Bou-Zeid et al，2004；Miller and Stoll，2013）。

10.7.2　湍流灰区的大涡模拟

大涡模拟的基石是在尺度 Δ 上进行滤波，从而能够部分地分辨出湍流涡旋，而对那些未能分辨的更小尺度湍流涡旋则需要用相应的模式进行描述（也就是我们所说的参数化）。如果滤波尺度 Δ 与柯尔莫哥洛夫微尺度相当，则达到了直接数值模拟的界限。另一方面，如果滤波发生在湍流惯性区之外，滤波尺度大于或接近于湍流积分尺度 l_i，那么就达到了雷诺平均模拟的界限。在逐步接近第一个界限的过程中，次网格项的贡献很小，特别是在远离固体物体和分界面的地方，于是，从大涡模拟向直接数值模拟演进的过程取决于计算机的计算速度和计算能力的不断提升。然而很不相同的是，达到第二个界限时，滤波发生在很大的尺度上，这个尺度就在局地湍流积分尺度附近（即 $l_i/\Delta \sim 1$），于是就到达了所谓的“未知区域”或“灰区”（Wyngaard，2004；Honnert et al.，2020）。在这样的尺度上现有大涡模拟的次网格模式所依据的概念基础就不存在了。这个具有挑战性的界限就是传统上讲的数值预报模式（基于平均的纳维-斯托克斯方程）分辨率与大涡模拟分辨率之间的过渡区域。

大涡模拟的依据是柯尔莫哥洛夫湍流理论。这个理论预测了湍流惯性区的存在，在惯性区里湍流既不生成也不消亡，而是简单地通过涡旋串级过程把能量从较大涡旋传递给较小涡旋。这个机制为模式提供了处理小尺度湍流的依据，使得模式可以不受传统的伽利略力学框架的物理约束，而只需要确保能够恰当地描述能量传递过程即可。当滤波尺度既不是小到很接近惯性区界限，也没有达到超过另一个界限（雷诺平均模拟的界限）的时候，问题就出现了，因为在这样的尺度上湍流的动力学特征会受控于平均流动与湍流之间的非线性相互作用。更为特别的是，在这样的尺度上湍流动能不再是简单的被传递，而是湍流能够与平均流动产生相互作用，有可能形成额外的湍流生成或者湍流损耗，这种额外的非线性相互作用会进而支配湍流能量在惯性区中的行为。不仅如此,在这些较大的尺度上,还可能存在着湍流动能从湍流涡旋传递到平均流动中去的反向过程,这个过程没有包含在柯尔莫哥洛夫理论当中,因而在绝大多数次网格模式中未被考虑。所以,对于 Wyngaard(2004)提出的"灰区",其尺度为 $l_i/\Delta \sim 1$,在这样的尺度上大涡模拟和中尺度模式的计算方案都不合适。这个局限性预示着开发多分辨率模式所面临的一个重要挑战,即这样的模式能够动态地从大涡模拟演变成雷诺平均模拟。这正是大多数大气模式希望能做到的,但"灰区"的理论极限并不是通过调整模式分辨率就可以解决的静态极限,而是应该从动力系统的视角来解决的问题。这是因为一个先期能够被雷诺平均模拟正确求解的流动会在外部强迫的作用下朝着"灰区"极限的方向演变(Heerwaarden et al., 2014; Margairaz et al., 2020a, b)。例如,一个初始特征尺度为 l_i 的湍流流动,与之相对应的雷诺平均模式的网格分辨率为 Δ,且 $l_i/\Delta \ll 1$。后来因为外部强迫(比如地表非均匀加热、地表粗糙度的改变,等等)引发了大尺度运动的扰动,使得湍流尺度发生变化而变成为 $l_i/\Delta \sim 1$。起初的流动特性能够被雷诺平均计算方案很好地捕捉到,但后来它就无法恰当地描述流动的物理性质了,因为模拟场景已经处在了"灰区"尺度。类似的情况也会出现在大涡模拟当中,例如,初始流动特性为 $l_i/\Delta \gg 1$,随着 l_i 不断减小,流动会向 $l_i/\Delta \sim 1$ 的场景演变。这种情况会出现在转换期的边界层当中(从不稳定边界层转变为稳定边界层),这时候次中尺度运动会起到非常重要的作用(Sun et al., 2004; Mahrt and Thomas, 2016)。

当前大涡模拟的局限性在于不能很好地分辨出大尺度运动,事实是还没有形成普适的理论来预报平均流动与未被分辨的含能涡旋之间的双向相互作用。从方程的角度讲,这样的相互作用就是平均切变应力的预报方程中那些被先验略去的非线性项,所以现有的模式几乎都没有包含这样的相互作用过程(Wyngaard, 2004)。尽管如此,研究者们正在运用大涡模拟手段来发展并检验尺度自适应参数化方案,从而使天气模式能够适用于"灰区"尺度分辨率(Shin and Hong, 2015; Shin and Dudhia, 2016; Margairaz et al., 2020a)。

10.7.3 大涡模拟的发展方向

大涡模拟经历了五十年发展历程,在此过程中与模拟技术相关的理论、模式发展和性能检验都受到了充分关注,使得大涡模拟技术发展到了当下比较成熟的阶段,研究者们相信大涡模拟能够帮助我们理解大气边界层中处于各种条件下的湍流现象。

当我们思考大气边界层大涡模拟的未来前沿方向时,我们至少应该能想到若干领域。其一是模式的进一步发展,包括当含能尺度未能在"灰区"被很好地分辨出来时(例如层结很稳定,但模式分辨率又不是很高)相应的次网格模式。除了稠密植被冠层之外,在几乎所有的流动当中地表(或建筑表面)的边界条件对地气之间动量、热量和水汽交换以及大气边界层动力学特征起到至关重要的作用。尽管人们对这一点已经有了充分认识,但是大多数模式目前还是采用平衡模式(地面与气流之间达成动态平衡),并且对地表特征的描述都比较粗略。致力于发展更好的模式已经处在进程当中,包括那些努力改进对未能分辨的特征的表述(Anderson and Meneveau, 2011)和改进那些使用边界层方程积分形式的非平衡模式(Yang et al., 2015)。然而我们仍然非常需要那种能够处理地表和大气各种条件(包括局地平流的影响、层结的影响、斜坡地形的影响)的通用模式,特别是能够恰当表征斜坡流的下边界条件的大涡模式目前还不存在。

另一个前沿领域是继续开展具有更真实的强迫条件、模拟区域、边界条件和物理过程的大涡模拟。随着计算能力的不断提升，在所有应用领域的研究者们都会把模拟条件瞄准更接近于实际大气边界层中观测到的情形。虽然在这个专题里没有讨论有云边界层的大涡模拟，现在已经能够实现在足够大的空间范围模拟热带深对流及其对形成云的影响，并且已经有研究致力于改进全球模式中的云方案(Khairoutdinov et al., 2009)。近期也有研究在探讨大涡模拟能否具有在德国全境范围内解析对流和云过程的能力(Dipankar et al., 2015; Heinze et al., 2017)，虽然对于大涡模拟而言模式分辨率显得较粗，并且选用的次网格模式也比较简单，但与观测结果相比模拟效果比较令人满意。还有研究表明，大涡模拟不仅可以进行大范围模拟，也可以进行长时间模拟(Schalkwijk et al., 2016)。

大涡模拟想要成为研究大气边界层中所有物理过程的工具，甚至成为具有预报能力的模拟工具，还有很多障碍需要突破，包括改进模式和边界条件，使其能适用于各种实际地表状况，以及持续改进大涡模式嵌套于粗分辨模式时的侧边界耦合方案(Muñoz-EsTarza et al., 2014; Rai et al., 2019)。还有就是进一步获得关于"灰区"尺度上流动特性的认识和理解，使得要耦合进来的多分辨率模式变得更具物理基础(而不是像现在这样只针对特殊场景)。此外，更高分辨率的大气边界层过程和地气耦合要求我们持续改进模式对细致地表特征的描述。

§10.8　天气和气候模式中边界层过程的参数化①

在天气预报模式和气候模式中模拟对流层低层大气与下垫面之间的相互作用是边界层气象学最为重要的应用之一。自从第一代数值预报模式在二十世纪中叶诞生以来，模式的细致程度和复杂程度不断增长，使得预报准确性稳步提升(Bauer et al., 2015)。

数值模式还在持续发展，并且模式的分辨率也是越来越高。分辨率的提升带来了一系列新的挑战，更需要关注大气边界层与物理系统的其他分量之间的相互作用。发展数值模式的一个基本指导原则是真实地表达大气现象背后的物理机制，因此，数值模式的需求促进了边界层气象学的发展，而理论研究和试验研究对数值预报取得成功做出了主要贡献。

我们用图 10.14 来展示现有模式的预报能力。图 10.14(a)显示的是用英国气象局一体化模式模拟出的热带气旋在 10 m 高度的风速，模式水平分辨率约为 15 km×10 km，这样的分辨率能够部分地分辨出台风眼墙的结构，使得对风暴强度的预报比以前更加准确，虽然最大风速的预报结果仍然经常出现偏低估计。图 10.14(b)显示的是欧洲中心集成预报系统 ECMWF 的风速预报结果与荷兰的卡博(Cabauw)观测站 200 m 高塔观测结果的对比情况(Sandu et al., 2013)。模式能很好地模拟出风速的日变化，尽管在较高的高度上模拟结果在一定程度上低估了日变化幅度。模式还能在相对小的空间范围内实现高分辨模拟，在这种情况下地表特征的细节能够在模式中体现出来。图 10.14(c)和(d)显示的是复杂地形上采用一体化模式进行高分辨模拟得到的 1.5 m 高度的温度和能见度。水平网格距为 100 m，模式能模拟出山谷中冷池的形成以及随后雾的生成。准确模拟出边界层高度对于很多问题都很重要，比如空气质量预报。图 10.14(e)显示的是用一体化模式模拟的夏季美国境内日最大边界层高度。从图上可以看到明显的空间变化，在西部干旱地区边界层高度明显比其

① 本节内容来自 Edwards et al.(2020)发表在 Boundary-Layer Meteorology 上的综述文章。

他地区高出很多。图 10.14(f)是一体化模式的气候模拟结果，它用一种标准化指数展示了土壤湿度与近地面气温之间的局地耦合关系，突出了强烈耦合的区域(蓝色区域)，尤其是在北美和印度，那里的局地土壤湿度异常显著影响了近地面空气温度。认知此类耦合机制并确保模式能对它们进行准确模拟是开展气候变化模拟的基础条件。

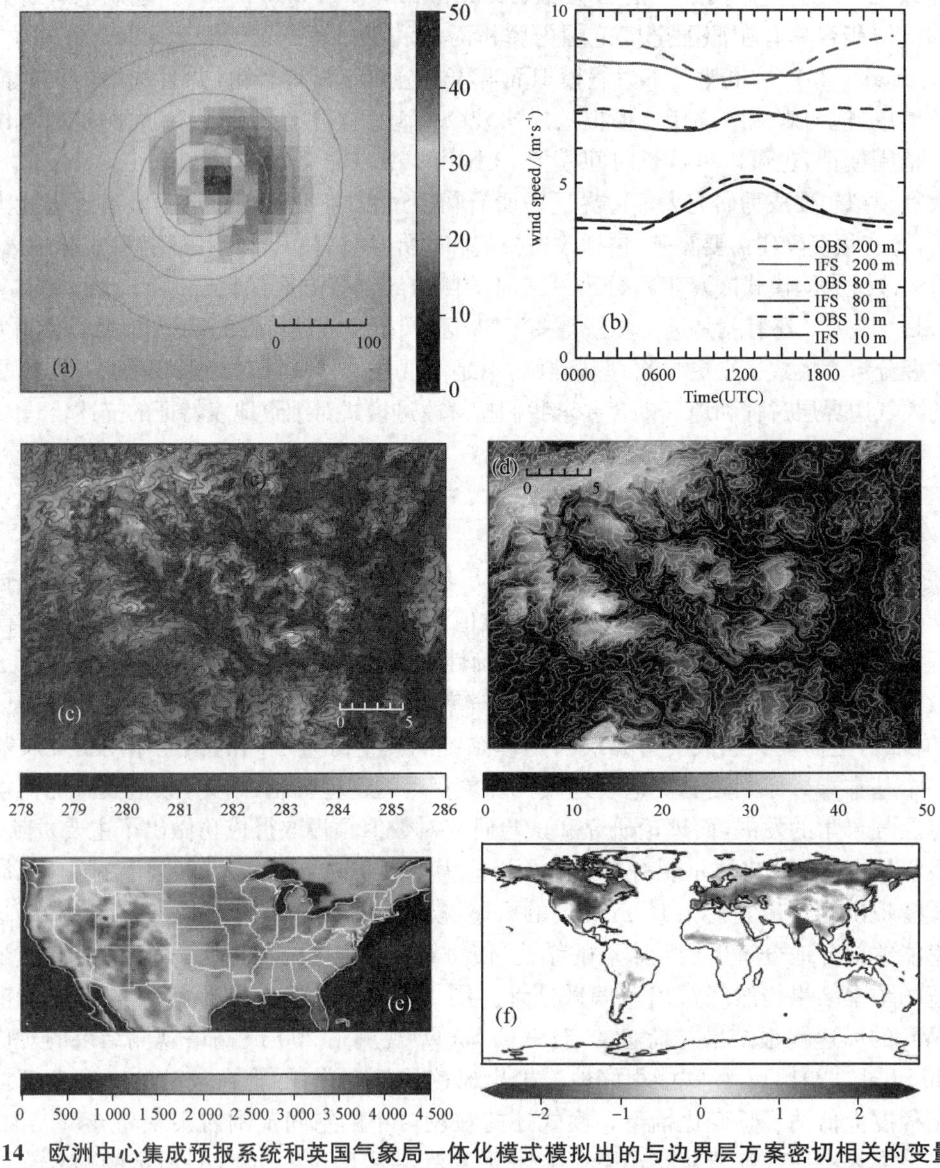

图 10.14 欧洲中心集成预报系统和英国气象局一体化模式模拟出的与边界层方案密切相关的变量的输出结果。(a) 一体化模式模拟热带气旋的结果，色标代表风速(单位：$m \cdot s^{-1}$)，等值线代表海平面气压，标尺刻度为 20 km；(b) 边界层中 3 个高度上年平均的风速日变化曲线，实线是集成预报系统的预报结果，虚线是观测结果；(c) 用一体化模式的研究用版本实施的精细化模拟得到的近地面气温(单位：K)，标尺的刻度为 1 km；(d) 与 c 相同，但显示的是近地面能见度(单位：km)的模拟结果；(e) 2019 年夏季(6 月—8 月)美国境内日最大边界层高度(单位：m)的中位数取值(EAR5 再分析结果)；(f) 夏季(6 月—8 月)近地面气温与 10 cm 厚表层土壤水分含量之间局地耦合指数，该指数按 LoCo 方法进行计算(Santauello et al., 2018)，是两个场的逐点相关函数与温度方差的乘积，绝对值越大表示耦合越强。引自 Edwards et al.(2020)。彩图可见文后插页。

我们已经在第九章第七节中介绍了边界层湍流闭合方案。这个专题主要按照 Edwards et al.(2020)的综述文章介绍边界层过程的参数化，并强调其在天气和气候模式中的重要作用。

10.8.1　边界层方案的发展历程

最早的天气预报模式用正压涡度方程来预报未来几天的天气发展(Bolin, 1955)。早期模式的水平分辨率为几百公里，并且把大气处理成一个整层，它们不需要考虑非绝热过程，也不需要表征边界层。进入原始方程模式(Smagorinsky,1965)阶段后需要考虑下边界和边界层。1968 年堪萨斯试验增进了我们对边界层低层(即近地层)的认知，在近地层 M-O 相似理论可用性方面为我们提供了令人信服的证据。在此之前，因缺乏对大气边界层的认识，发展参数化方案只能凭借有限的认知进行推测。在那个时期，计算资源非常有限，通常以两种途径进行参数化(Clarke, 1970)，一种试图分辨边界层(尽管分辨率很粗)，用混合长理论来处理湍流，并将其外推至近地层之上的外层；另一种是因为边界层高度会小于模式垂直分辨率，于是去发展整层参数化方案(Deardorff, 1972)。后者的优点在于可以处理有云和覆盖逆温的边界层，然而，它需要建立起预报边界层厚度的方法，其实边界层厚度在模式中是个并不容易描述的参数。进入二十世纪九十年代，大多数模式采用的是某种形式的混合长方案(Garratt, 1993; Ayotte et al., 1996)，一种很有影响力的方案由 Louis(1979)引入模式，它把渐近混合长方案(Blackadar, 1062)与扩展到近地层之外的稳定度函数相结合。时至今日，此类方案仍然是很多模式实际采用的方案，尤其是在模拟稳定边界层的时候。同时期更为复杂细致但计算耗时的二阶矩方案被引入模式(Mellor and Yamada, 1974; Yamada, 1977; Mellor and Yamada, 1982)。这类方案的简化版是引入湍流动能 TKE 的预报方程。现在改进的 TKE 方案已经广泛应用于区域和全球模式。

在二十世纪八十年代初，人们已经对大气边界层过程有了基本认识，大涡模拟 LES 开始成为理解边界层和发展参数化方案的有力工具(Meong, 1984)。与此同时，人们充分认识到边界层云的重要性，于是为了改进边界层云的模拟能力而开展了大型观测试验，如第一期 ISCCP 计划中的 FIRE 区域试验(Albrecht et al., 1988)。人们还认识到大的相干结构并不符合顺梯度扩散方案的描述，但这些大尺度结构在对流边界层中起到非常重要的作用，并可以引起反梯度输送(Deardorff, 1966)。不仅如此，Louis(1979)方案中的顺梯度扩散模型并不适合于描述边界层顶部的夹卷过程。于是提出了大尺度涡旋输送的新思路，比如将混合长引入 TKE 方案当中，以及提出了改进的 K 廓线方案，使其能够包含大尺度涡旋输送的作用。此类方案很有效，使用方便，并且表现出非常强的计算稳定性，已经被参加 CIMP5 计划的很多气候模式采用。近期，基于质量通量模型发展出的协同输送参数化方案常被用于模拟积云对流过程。

在过去二十年里，更为准确和精细化预报的需求促使人们发展水平分辨率小于 10 km 的中尺度模式。模式网格距明显大于边界层含能涡旋尺度的假设不再适用(Wyngaard, 2004)。有不少研究致力于阐释在这个所谓的"灰区"当中进行数值模拟会遇到怎样的问题。在本专题中我们侧重于模式对物理过程的表达。不过在此还是应该强调一下野外观测数据在发展参数化方案中的重要作用。强化集成试验，就像 CASES 试验一样(LeMone et al., 2000)，能够促进对边界层过程的细致分析。而长期观测(比如荷兰卡博(Cabauw)站的长期观测，详见 Bosveld(2020)；美国南部大平原的 ARM 计划，详见 Sisterson et al.(2016)和 Berg and Lamb(2016)）也为参数化研究提供了极为宝贵的资料。

10.8.2 物理过程及其表征

1. 近地层

陆上和海上的边界层经常呈现充分混合的结构特征，并且其时间演变在一级近似的简化情形下只受顶部通量(夹卷过程)和地表通量(加热过程)控制。如同在覆盖逆温层一样，在近地层中物理量的垂直梯度很大，湍流混合的强度控制着边界层的演变过程。因此，它们都对表征近地层动量、热量和水汽输送的公式很敏感。

在很多模式中采用近地层整体输送系数来计算地气交换通量：

$$F_{\phi}=C_{\phi}U_{l}(\phi_{l}-\phi_{s}) \tag{10.17}$$

其中 F_{ϕ} 是物理量 ϕ(ϕ 可以是速度、温度或湿度)的运动学通量，C_{ϕ} 是无量纲输送系数，U_l 是大气模式第一层网格所处高度上的风速，ϕ_l 是物理量在这个高度上的值，ϕ_s 是物理量的地面值。在海上，输送系数的量级是 10^{-3}，但在陆地上它会大很多，取决于地表特征。早期的模式用简单经验公式来描述输送系数，使其在稳定和不稳定条件下以及陆地和海洋表面有不同的取值。后来这些经验系数被基于 M-O 相似理论的参数化方案取代，C_{ϕ} 变成为 z_l/L 和粗糙度长度的函数。方程(10.17)的缺陷在于它是个隐式方程，因为 C_{ϕ} 是 z_l/L 的函数的同时 L 又是由通量确定的。不过输送系数很容易通过迭代方法用整体理查森数计算获得，或者是通过多项式拟合方式用整体理查森数来计算。

人们愿意采用 M-O 相似理论来参数化输送系数的原因在于：(1) M-O 相似理论对于均匀下垫面的适用性很好，并且得到很多观测试验的支持；(2) 粗糙度长度能反映地表特征，并且与稳定度无关，它与奥布霍夫长度相比是个小量；(3) 在常通量层当中，模式最低一层网格所在高度之下的相似关系从计算角度讲很精确，M-O 相似理论的廓线可被看作是有限元。这最后一点在应用层面上很有吸引力，因为大气模式的垂直分辨率有限，但相似理论公式即使是在分辨率较低的情况下也能表现很好(Beljaars，1991)。而且，廓线函数还可以用来在地面与第一层网格之间进行插值，比如，模式输出的 2 m 温度。因为相似理论公式的具体表达式来自观测数据的拟合结果，因此会具有不同的形式，这反映了观测数据包含了一定程度的不确定性。但是与天气预报模式和气候模式当中参数化方案所表现出的总体不确定性相比，这种公式上的差别所带来的计算结果差异实际上是微不足道的。

Beljaars and Holtslag(1991)归纳出一组常用的相似函数，这些函数的特点是对于整体理查森数 Ri_B 的每个值都有一个相应的 z_l/L 值，它们之间的关系不受临界理查森数的约束。在近地层的大尺度风速变得很小的情况下出现所谓的自由对流状态，人们认识到边界层中的大涡是维持近地层风速不为零的原因，在这种情况下近地层风速应该用自由对流速度尺度 $w_*=\left(h\,\frac{g}{T}\,\overline{w'\theta'}_s\right)^{1/3}$ 来表征，所以自由对流实际上是被大涡驱动的受迫对流(Beljaars，1995)。这种效应常被称为阵风效应，于是用 $\sqrt{U_l^2+(\beta w_*)^2}$ 取代方程(10.17)中的 U_l(β 的取值范围是 1—1.3)，从而把这种效应引入到参数化方案当中。引入阵风效应被证明非常重要，尤其是在西太平洋暖池海域，这个方案对这里的大气环流有很大影响(Miller

et al., 1992; Polichtchouk and Shepherd, 2016)。

在 M-O 相似理论框架下,一个重要问题是确定地表粗糙度长度。事实上动量、热量和水汽的粗糙度长度是不同的,原因在于形体阻力主导了动量输送,而标量输送最终是由分子扩散来完成的。对于一个空气动力学意义上的粗糙表面,其空气动力学粗糙度长度一般来讲是粗糙元特征高度的 1/10,而标量的粗糙度长度通常要小一个量级,但实际上热量粗糙度长度是一个特别难以确定的量(Mahrt and Vickers, 2004)。

海洋上的粗糙度长度基本上都是按照 Charnock(1959)提出的公式来计算,它与海表应力有关,并且有一个经验系数。海表空气动力学粗糙度的取值范围是 0.000 025—0.01 m。基于不同研究计划(例如 TOGA COARE 计划,详见 Webster and Lukas(1992))的大量航行观测,人们对其在风速低于 20 $m \cdot s^{-1}$ 情况下的取值已经取得共识,这些观测为优化和改进参数化方案提供了可靠的数据集(Brunke et al., 2003)。TOGA COARE 方案是其中最好的,它从一个取 Charnock 系数为常数的方案发展为一个如果与海浪模式相耦合就可以直接体现海浪效应的方案,在这个方案中 Charnock 系数与风速之间存在一定的关联(Janssen et al., 2002)。Fairall et al.(2003)得出的结论是 TOGA COARE 方案在风速低于 10 $m \cdot s^{-1}$ 情况下误差在 5%以内,在风速介于 10 $m \cdot s^{-1}$ 和 20 $m \cdot s^{-1}$ 之间时误差在 10%以内。对于更大的风速,情况就不清楚了,主要原因在于这种情况下直接测量通量几乎是不可能的。而这个问题对热带气旋的模拟来讲显得尤为重要。

在陆地上,估算输送系数会比在海洋上遇到更大的困难,原因有二:(1) 陆地下垫面经常是非均匀的,于是 M-O 相似理论不适用;(2) 确定粗糙度长度有很大难度,因为它依据的是从卫星观测反演得来的全球土地覆盖数据集。即使是对于像卡博(Cabauw)观测站所处的只是有轻微程度非均匀的下垫面,M-O 相似理论在 20 m 之下也是不适用的(Beljaars, 1982; Beljaars et al., 1983)。但是在 20 m 之上,非均匀下垫面引起的内边界层彼此融合,廓线在中性条件下满足对数律,并且斜率与 M-O 相似理论所确定的地表通量相一致。为了恰当表征离地稍远的高度上的大尺度流动,有必要提供所谓的"有效粗糙度长度",从而让外推到 20 m 之上的廓线能与之相一致。事实上,我们选择合适的粗糙度长度只是为了获得正确的区域平均地表通量,而靠近地面的廓线并不一定是真实的。这与 Mason(1988)提出的"粗糙度平均效应"的概念相一致,并得到飞机观测结果的支持(Grant and Mason, 1990)。

数值模式对粗糙度长度的选取仍然采用很特别的方式,即查表法(对特定类型的下垫面赋予特定的取值)。对于山体上冠层中的流动已经开展了不少研究,但是要在全球尺度上建立起表征陆地地表特征的详细参数集(比如粗糙度长度)是一项包含很大不确定性的艰巨工作,目前也只能暂时采用务实的简单方案。在这方面有必要开展更多的研究,把精细的模式(比如陆面模式)与卫星观测结合起来,这对于保证预报质量和进行资料同化是非常迫切的需求,例如,在现在的系统中地表辐射温度的误差很大,原因在于未能形成准确的判据对地表特征进行定义,因此,无法对卫星遥感反演的地表温度进行同化(Balsamo et al., 2019)。

有不少文章质疑采用 M-O 相似理论来参数化地表通量的可用性(Mahrt and Vickers, 2006; Mahrt, 2008; Sun et al., 2016)。特别是在小风情况下,垂直通量会表现出间歇性,并且受中尺度运动控制。已经尝试过在对流条件下引入中尺度阵风来表征这种效应(Mahrt and Sun, 1995),但目前仍然没有令人满意的参数化方案,困难在于我们对中尺度阵风如何依赖于中尺度流动所知甚少。这个问题需要进一步研究。

2. 外层中的湍流

在近地层之上，垂直湍流通量 F_ϕ 不再随高度不变，而边界层高度 h 成为有关联的参数，这个区域被称为外层。最简单的参数化方案是一阶闭合方案：

$$F_\phi = -K_\phi \frac{\partial \bar{\phi}}{\partial z} \tag{10.18}$$

其中 $\bar{\phi}$ 是 ϕ 的平均值，K_ϕ 是涡旋扩散率。在最初的普朗特理论当中 $K_\phi = l^2 S$，其中 l 是混合长，S 是切变。在边界层中，稳定度的影响很大，经常取 l 为中性条件下的值，而用梯度理查森数的函数来体现稳定度的影响：$K_\phi = l^2 Sf(Ri)$，这就是 Louis(1979)方案。

在靠近地面的地方 $l = \kappa z$（κ 是冯·卡门常数）。在更高的高度上 l 变得不再增加，这时候通常会按照 Blackadar(1962)的方案把 l 取为 κz 与某个或若干个其他长度尺度的调和平均值。在这类方案中，涡旋扩散率与切变之间的直接对应关系意味着它们很适合于中性或弱稳定边界层，但并不适合于湍流是由浮力生成的对流边界层。对于湍流充分发展的稳定边界层，Louis(1979)方案得到 Nieuwstadt(1984)提出的“局地相似”理论的支持，这个理论通过在 M-O 相似理论中用某高度上的通量去替换地表通量，把近地层相似理论拓展到外层当中。

高阶闭合方案无疑是对混合长模型的改进。Mellor and Yamada(1974)提出了二阶矩闭合方案，其中需要定义一个主导长度尺度，Mellor and Yamada 把它取为 Blackadar(1962)提出的中性混合长。二阶矩闭合方案还需要一个代表湍流能量垂直混合的长度尺度，于是 Yamada(1977)把这种情况称为“2.5 级”（实际上它就是我们通常所说的 1.5 阶闭合方案），在其中只保留湍流动能 e 的预报方程，其他湍流统计量都采用诊断关系，通量依然以扩散率方式进行参数化，但用到的关系式是 $K_\phi = \sqrt{e}\, l_K$，其中 l_K 是一个长度尺度，它与主导长度尺度成正比，但是与稳定度有关。或许高阶闭合方案的最重要特征是具有描述边界层顶部夹卷过程的潜力，把产生于整个边界层的湍流能量扩散至覆盖逆温层中，并以这样的方式使得混合层不断地往上向自由大气中侵蚀。

Mellor and Yamada(1982)声称 2.5 级方案最适合于稳定和弱不稳定条件，但是在较为不稳定的条件下适用性不强。事实上，这个方案经常会预报出偏低的对流边界层高度（Hu et al.，2010；Xie et al.，2012）。随后有研究者提出 Mellor-Yamada 方案的改进版本。Cheng(2002)提出关于气压-速度协方差和气压-温度协方差的改进公式。Nakanishi and Niino(2009)修改了这些公式，并且调整了主导长度尺度的表达式，使其与稳定度有关。这个改进方案模拟出更快的对流边界层发展速度。2.5 级方案还被用于高分辨率的 COSMO 模式（Baldauf et al.，2011）。

虽然在这个专题中没有强调云的参数化，但我们应该知道湍流方案可以通过提供次网格尺度的温度起伏和水汽起伏信息来支持对云过程的描述，高阶矩湍流量和方差都很重要，特别是对于积状云（Bechtold et al.，1995）。在过去的二十年里发展出了 CLUBB 方案，这个方案基于高阶湍流闭合，并假设速度、温度和水汽的次网格扰动遵从某种概率密度分布函数（Golaz et al.，2002a，b；Larson and Golaz，2005；Golaz et al.，2007；Larson et al.，2012）。按照复杂程度不同，湍流模型包含了 7－11 个关于二阶矩或三阶矩的方程（Bogenschutz and Krueger，2013；Cheng and Xu，2006），采用双高斯概率密度函数的闭合假设。CLUBB 方

案已经成功应用于不同版本的 GCM 模式当中(Bogenschutz and Krueger, 2013; Guo et al., 2015)。Guo et al.(2015)指出,从层积云过渡到积云以及从浅对流过渡到深对流可以很好地被模拟出来,但是对混合相态云和冰微物理过程的处理仍然是一个挑战。

在充分混合的对流边界层当中,如图 10.15 所示,保守变量主要由那些能够贯穿整个边界层的相干涡旋来输送(Couvreux et al., 2010)。通量取决于整个边界层状况,而不仅仅是取决于局地平均梯度(在边界层中部这个梯度非常小)。因此,比湿 q 的通量 F_q 始终是沿着 q 梯度的反方向;而运动学热通量 F_θ 只在区域 1 和区域 3 中沿着位温 θ 梯度的反方向,但在区域 2 中并非如此,因为在这个区域热量主要由生成于近地层并上升穿过对流边界层大部分厚度的热泡携带和输送。

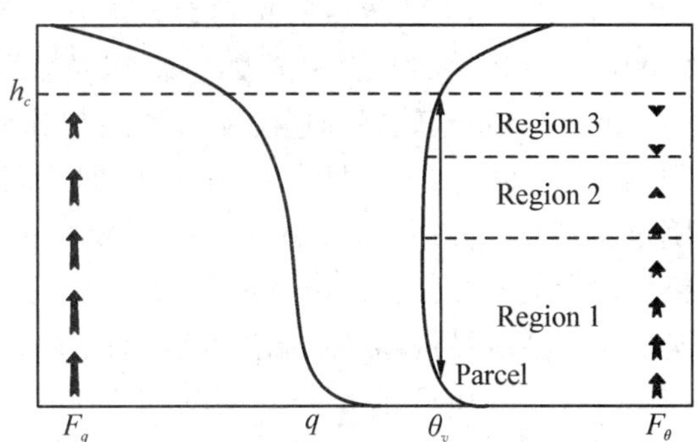

图 10.15　陆上干对流边界层中(虚)位温 θ_v 和比湿 q 的典型廓线形状。左边的箭头(蓝色)表示水汽通量 F_q 的方向,右边箭头(红色)表示热通量 F_θ 的方向;图中还显示了一个上升热泡的垂直运动范围,它从近地层上升到 h_c 高度。图中 3 个区域的情况在正文中讨论。引自 Edwards et al.(2020)。彩图可见文后插页。

有研究者针对这种非局地性提出了新的参数化方案,但仍然在 2.5 级方案的框架内。比如,用一个显式的无梯度通量公式 $F_\phi = F_\phi|_0 f^{NL}(z/h)$ 来取代方程(10.18),其中 $F_\phi|_0$ 是地表通量,f^{NL} 是一个特定函数。虽然无法依据某个基本原理从理论上推导出 f^{NL},但是运用尺度分析方法对大涡模拟结果进行拟合可以得出相应的参数化方案(Holtslag and Moeng, 1991)。很多研究表明,与单纯的局地闭合方案相比,此类方案能够模拟出更深厚、混合更充分和更真实的对流边界层。

对于数值天气预报和气候模拟而言,特别重要的情形是有层积云覆盖的边界层,它会对局地辐射通量产生很大影响,进而影响地表和全球能量收支。层积云中的湍流主要受云顶辐射冷却作用驱动,这会导致具有负浮力的气块在边界层中下沉,从而驱动对流的发展。有研究者在模式中引入了能体现云顶辐射冷却作用并驱动湍流发展的 K 廓线(Köhler et al., 2011)。如何诊断云驱动的垂直混合的长度尺度是个很大的挑战。要么就是认为云顶混合可以穿透边界层到达地面,这样能使对流运动处于自我维持状态(Paluch et al., 1994)。Lock et al.(2001)通过反复调整 K 廓线的办法来确保浮力消耗 TKE 的量值被限定在浮力生成的某个特定份额。这可以描述云层与地表之间发生解耦的真实情况,也就是说,地表热通量和水汽通量不再能够被混合到云层当中,所以这会开启云层变薄的进程,最终把层积云转化成信风积云(Bretherton and Wyant, 1997)。

3. 夹卷过程

采用无梯度的通量廓线时 K 廓线的形状会影响边界层的垂直结构,不稳定边界层的时间演变过程在很大程度上受控于地表通量和边界层顶的通量。于是,模式对如何表征夹卷过程会很敏感。这促使有些研究者直接采用夹卷通量的显式参数化方案,这种方法被用于高阶闭合(Grenier and Bretherton, 2001)和 K 廓线方案(Beljaars and Betts, 1992; Lock et al., 2000)。或者采用无梯度的夹卷通量廓线(Noh et al., 2003)。也有许多文献基于观测和大涡模拟结果建议采用另外的夹卷通量参数化方案。即使是无云的边界层，依据整层湍流动能收支平衡来检验这些方案时，也会出现明显的不相符，原因在于需要同时考虑边界层中和边界层顶的切变作用时，经常会出现收支不一致，这会显著影响边界层的演变过程(Conzemius and Fedorovich, 2006)。

对于有云覆盖的边界层，夹卷参数化从飞机观测数据和大涡模拟结果推导出来。通常这些方案都是基于整层能量收支平衡原则。但是夹卷与云之间的相互作用使得问题变得很复杂，以至于不同的参数化方案会导致非常不同的云演变过程(Stevens, 2002)。此外，对于基于 TKE 闭合的方案，很重要的事是找到恰当描述逆温层中的长度尺度(Lenderink et al., 1999)。关于有云边界层的夹卷参数化方案有一篇综述文章，其中谈及湍流夹卷与云微物理之间的相互作用如何影响蒸发冷却，以及云顶风切变可能起到的作用(Mellado, 2017)。

此外，数值模式在描述湍流边界层与其上方干暖气层之间的分界面时会出现数值表达困难。Lenderind and Holtslag(2000)向我们展示了当存在大尺度下沉运动时这种数值表达困难会导致虚假的“数值”夹卷。这种情况也会出现在逆温层的湍流通量与辐射通量在次网格尺度上的相互作用(Stevens et al., 1999)。于是 Grenier and Bretherton(2001)提出了重构次网格逆温结构以实现湍流与辐射通量和可分辨的动力过程之间的真实耦合。这个想法在 Lock(2001)的工作中得到实现，他向我们显示了在 GCM 模式中订正亚热带海上层积云的重要性(Lock, 2004)，但是这些工作后来并未受到重视。

4. *涡旋扩散率质量通量方案*

虽然无梯度的通量参数化方案在描述受边界通量驱动的干对流边界层或有层积云覆盖的边界层方面有良好表现，但我们不清楚如何将这些方案用于浮力主要来源于凝结潜热的情形。而且，对流云成长于对流边界层的相干热羽，对流云中的输送过程已经普遍采用质量通量的概念进行参数化。这种情况提示我们应该在对流边界层中采用这个方案，即 $F_{\phi}^{NL}=(M/\rho)(\phi_u-\bar{\phi})$，其中 M 是质量通量，ρ 是密度，ϕ_u 是上升气流中 ϕ 的平均值。关于 M 和 ϕ_u 的方程由热羽模式提供，并且需要描述存在多个热羽的情况(Šušelj et al., 2013)。这种涡旋扩散率质量通量方案能够真实表现夹卷层以及上升气流引起的边界层顶部穿透，它应该更适合于模拟层积云覆盖的边界层转化为积云占主导的边界层。一些预报中心已经把这种方案植入到模式系统当中(Köhler et al., 2011; Han et al., 2016; Termonia et al., 2108; Olson et al., 2019)。在空气质量模拟中边界层内部存在污染物源/汇的时候也出现类似的问题，Pleim(2007)发展了无梯度的质量通量参数化方案。

5. *稳定边界层*

稳定边界层的参数化是非常复杂的问题(Holtslag et al., 2013; Sandu et al., 2013)。虽然 Nieuwstadt(1984)提出的局地相似理论为湍流充分发展的稳定边界层参数化提供了理论基础，但是我们对湍流呈现出间歇性的很稳定的边界层仍缺乏认识(Grachev et al., 2005)。在很稳定的条件下，流动表现出波动特征，并且能观测到它与湍流之间的相互作用(Cava et al., 2015)。不仅如此，在湍流很微弱的情况下测量通量会变得很困难，并且给出的结果具有较大的不确定性(Wilson et al., 2002)。对湍流很微弱的稳定边界层进行大涡模拟也颇具挑战性(Chung and Matheou, 2014)。这些问题妨碍了参数化方案的发展。事实上，地表与大气之间出现失耦的情况使得实际使用的参数化方案放大了离地稍远的高度上的湍流混合作用(Cuxart et al., 2006)。

我们对非湍流运动对大尺度模拟的整体重要性并不清楚，不过针对其参数化的新理论正在发展之中。Sukoriansky et al.（2005）介绍了基于QNSE（quasi-normal scale elimination）基本原理推导出来的谱闭合方案，它可以用公式呈现为 K-ϵ 湍流模型。在QNSE方案中包含了重力内波的破碎过程，这可以保证在稳定度很高的情况下涡旋摩擦力不会消失。QNSE方案作为一个边界层方案被WRF模式采纳（Tastula et al.，2014）。由地面小尺度地形激发的重力波会增大动量混合，Steeneveld et al.（2009）提出了一个参数化方案，Tsiringakis et al.（2017）对方案做了评估，这个方案已经被美国的高分辨预报模式采用（Olson et al.，2019）。

垂直方向的高分辨率对于模拟很薄的稳定边界层显得很重要，比如在南极高原，尤其是在冬季（Genthon et al.，2013）。正在进的比较计划（即第4期GEWEX（Global Energy and Water Exchanges）计划的大气边界层研究，该项研究着眼于相对而言不那么极端的南极夏季）GABLS4证明这样的条件对大涡模拟是个挑战，所以需要在垂直方向上采用高分辨率（Couvreux，et al.，2020），van de Linden et al.（2019）的研究表明要对南极冬季的稳定边界层进行大涡模拟需要把垂直分辨率提高到0.08 m。此外，中尺度模拟研究表明在靠近地面的地方采用精细的垂直分辨率有利于模拟诸如冷池这样的过程。

10.8.3　当前及未来的挑战

1. 更高的分辨率：灰区和超算的挑战

目前，全球预报模式的水平分辨率达到10 km（Neumann et al.，2019）。在这样的分辨率之下，深对流变得可分辨，因而可以对这样的过程不再进行参数化。虽然采用对流参数化的模式能够在中午模拟出降水峰值这样典型的特征，但是对流许可的公里量级模式能够模拟出更为真实的延时降水峰值和更好的降水空间分布（Prein et al.，2013）。在有限区域的短时预报中，这样的模式可以把分辨率设置为1 km（Baldauf et al.，2011；Tang et al.，2013）。所以有研究团队正致力于发展分辨率为1 km的全球预报模式（Wedi，2014；Neumann et al.，2019）。Roberts et al.（2018）已经证明当模式分辨率提高之后大气过程能够得到更好的描述。此外，随着城市化进程的加剧，在模式中表征城市地区正变得需要重点考虑的问题（Boutle et al.，2016；Baklanov et al.，2018），这刺激了次公里分辨率的城市尺度模式的发展。

在这种中间的"灰区"尺度上描述边界层会引起边界层方案的一系列问题（Wyngaard，2004），已经成为活跃的研究领域。在灰区尺度上，边界层中的含能涡旋可以部分地被分辨出来，但是它们与携带相当一部分湍流能量的较小涡旋之间的相互作用却在模式中没有描述，所以它们并不能真实地代表所有涡旋（在真实大气或是大涡模拟中都是如此），于是它们在模拟当中所呈现出来的湍流能量分配特征是有问题的（Ching et al.，2014）。这个问题仍然没有得到解决（Kealey et al.，2019）。

大部分针对灰区的参数化方案依据大涡模拟结果来划分湍流的可分辨部分和次网格部分之间的比例（Honnert et al.，2011）。如果传统的一维参数化方案被用于灰区，则可分辨部分的运动太弱；但是如果把一维方案完全略去，则可分辨部分的运动又太活跃（Honnert et al.，2011）。因此，一维参数化方案必须保留，但是它所预报的通量需要用一个依赖于边界层厚度与网格尺度之间比值的因子来度量（Boutle et al.，2014；Shin and Hong，2015；

Honnert, 2016),以使可分辨部分的运动变得更强一些(这种方案被称为是尺度感应方案,或者说是尺度自适应方案)。在 Mellor-Yamada 系列方案中,主导长度尺度落在灰区当中(Ito et al., 2015)。此外,参数化方案应该包含诸如水平切变和水平输送之类的三维效应。

不仅是次网格方案要变得具有尺度感应能力,而且下边界条件也成为一个重要的问题。M-O 相似理论适用于平均量,并不能提供关于随时间变化的通量与大涡旋的强迫作用之间的关系。Stoll and Porté-Agel(2006)回顾并比较了不同的方案,旨在重现大涡模拟的近地层中的相似理论廓线。一个根本性的问题是近地层小尺度涡旋与外层的大涡旋直接发生相互作用。在大涡模拟当中,Mason and Thomson(1992)用反向串级方案来处理这个问题。在中尺度模式当中,这个问题也需要解决。

实施这样的高分辨率预报需要强大的计算能力做支撑(每秒钟 10^{18} 浮点运算)。用传统方式需要增加计算量才能实施模拟,这已经达到了现有计算机硬件条件的极限。未来的超算将以更宽泛的计算机体系结构和更复杂的软件体系为特征。这将给模式发展的进程带来挑战。

2. 与边界层方案密切相关的参数化方案

预报自然灾害以及认识气候变化背景下灾害频次和强度的变化是越来越受关注的问题。许多自然灾害是复合事件,包含了不同过程的相互作用,耦合模式能够很好地模拟这些事件。伴随着模式分辨率的不断提高,上述关切突显了理解并改进边界层参数化方案与其他过程的参数化方案之间相互作用的重要性。

复杂地形 次网格复杂地形是大尺度模式很难处理的问题。模式分辨率的不断提高很显然会有助于表征复杂地形,但是非均匀性表现在各个尺度上,在很多情况下次网格参数化都是需要的。目前普遍采用的是等效参数方案(比如等效粗糙度长度),在小的水平尺度上和强风条件下会做些调整。"等效粗糙度长度"也被用于丘陵地形,计算得到的地表应力包含了山体的形体阻力。在山地地形和弱风条件下,边界层会呈现复杂的多层结构,并且受到斜坡风的显著影响(Lehner and Rotach, 2018)。在陡坡上的观测结果表明,温度和风速廓线都不遵循 M-O 相似理论(Nadeau et al., 2013)。传统的参数化方案只适用于平坦地形,适合于复杂下垫面的参数化方案还在发展当中。Goger et al.(2018)评估了 COSMO NWP 模式的湍流参数化方案在网格距为 1.1 km 的高分辨模拟中的效果。结果表明,运用包含水平交换过程的湍流参数化改进方案,能够模拟出与观测数据接近的更为真实的湍流结构。在高分辨率情况下,传统的地形跟随坐标系变得不准确,能替代它的其他数值技术(比如浸没边界方法,详见 Lundquist et al.(2012))正在发展之中。

雾 预报雾是众所周知的难题。雾的形成涉及弱湍流、云微物理、辐射及地表等诸多因子的相互作用,并且经常受到下泄流和结露的影响。Bergot et al.(2007)的研究表明,预报辐射雾的生命周期和特征对模式中表达式的细微差异很敏感。Steeneveld et al.(2015)评估了两个中尺度模式(HARMONIE 模式和 WRF 模式)在预报两个不相同的暖雾事件中的表现,结果显示,边界层公式对于预报雾的起始时间至关重要,而对于雾的消散,微物理方案的选择是关键因素。

粗糙子层和植被冠层 传统上讲,大气模式的最低一层网格会明显高于地表粗糙元(比如植被冠层)的高度,这种情况下就可以简单地用粗糙度长度来表征地表的作用。随着模式垂直分辨率的提高,现在的模式变得能够分辨出粗糙子层,而在粗糙子层当中流动因受到冠

层结构的作用而偏离 M-O 相似理论(Finnigan, 2000)。理论上的认知很强调冠层顶部切变的重要性,与这个理论相一致的参数化方案正在发展当中(Harman and Finnigan, 2007, 2008)。

城市区域　城市区域表现出独特的模拟问题,包括粗糙度的突然变化,多个局地内边界层,较厚的粗糙子层,以及人为热源(Martilli, 2007; Barlow, 2014)。许多城市位于沿海地带,或者是紧靠山地,这些因素增加了模拟的复杂度(Fernando, 2010)。在粗尺度上(分辨率就像现有全球气候模式一样),采用传统的地表方案就够了,但是在更高的分辨率上,参数需要做调整。当关注到城市街谷条件的时候,更为接近真实的细致方案才是合适的(Masson, 2006; Grimmond et al., 2011)。城市冠层模式显式地考虑了城市环境的物理过程(Martilli, 2002)。在确定更详细方案所需的恰当城市参数时会遇到麻烦,这给应用带来一些困难(Grimmond et al., 2011)。但是 Ronda et al.,(2017)的结果显示,利用地形要素分布图和航拍图片,并考虑土壤特征和形态学特征等细节,就可以实现在城内尺度上的天气预报。

冰雪圈　在极地环境下,雪盖、陆地或海冰上的边界层构成了我们最缺乏观测和认知的那部分边界层。提升模式对这些地区的预报能力是研究工作的重点(Jung et al., 2016)。不同的气候模式在模拟极地区域地表能量收支平衡关系时表现出很大的差异(Sorteberg et al., 2007),以及收支项之间不真实的相互关系(Boeke and Taylor, 2016)。准确模拟雪盖上的边界层不仅取决于边界层方案本身,还依赖于对积雪的准确描述(Sterk et al., 2013, 2016)。积雪会经历复杂的质变过程,这样的变化会改变它的密度、导热率和反照率(Taillandier et al., 2007; Hachikubo et al., 2014; Wang and Backer, 2014):这些过程在较高的温度下会加快进程。因此地表能量收支关系会受到积雪结构的显著影响,而这方面的模拟效果并不好,即使用到了细致的雪物理模式(Domine et al., 2019)。现行的天气预报模式和气候模式通常采用简化的雪模式,但是包含一些雪物理过程的中等复杂程度的雪模式,不管是单层模式(Dutra et al., 2010),还是多层模式(Dutra et al., 2012; Van Kampenhout et al., 2017; Walters et al., 2019),都能改进预报效果,并正在取代传统方案而成为实际应用的方案。虽然冰雪地表之上的边界层经常是很稳定的,在冷空气爆发的时候它可能变得很不稳定。当冷空气经过开放海域的时候,经常会产生恶劣天气,比如极地低压涡旋。这种转变在气流经过冰区边缘的时候会快速发生,因为这里的拖曳系数明显大于坚冰表面和开放海域。对冰区边缘地带地气交换的参数化非常重要,例如,Renfrew et al.(2019)的结果表明,在冰区边缘引入更有物理基础的形体阻力会显著改善一体化模式对风和温度的模拟效果。

海洋表面　气候预报、季节预报以及中期天气预报需要用到海气耦合模式,但是短期预报系统通常不需要耦合。然而,即使是对于这样的预报时段,耦合模式的优势正变得受到重视,例如,热带气旋会显著改变海表温度 SST(Sandery et al., 2010)。一般来讲,我们对边界层结构和 SST 之间的关系并不很了解。虽然海洋表面是均匀的,但是存在 SST 梯度引起的非均匀效应,特别是在 SST 梯度很强的区域,比如热带东太平洋冷舌边缘,从冷海域向暖海域平流或是从暖海域向冷海域平流会引起近地面风速增大或减小(Chelton, 2005)。大气模式会低估这种风速调制,最可能的原因是湍流扩散方案存在缺陷,也有可能是模式水平分辨率不够。这种情况类似于陆地上风速日变化受到稳定度的调制,但是许多模式会低估其变化幅度(Holtslag et al., 2013),目前还不清楚它对于海气耦合是否很重要。在高分辨模拟中,热带气旋能很好地被分辨出来,其强度十分依赖于高风速下的海气相互作用。Emanuel et al.(1995)提出一个关于热带气旋中动量和标量输送系数之比的热力学理论,他的结论是对于快速增强阶段且风速超过 30 $m \cdot s^{-1}$ 的情况,拖曳系数随风速增大而减小。Donelan (2018)的波浪水槽实验结果表明,在风速从低速增大到 30 $m \cdot s^{-1}$ 的过程中拖曳系数从 0.001增大到 0.003,而当风速进一步增大到 50 $m \cdot s^{-1}$ 时拖曳系数会下降到 0.001;数值模拟结果表明,减小拖曳系数确实能改善台风速度的预报效果,虽然采用的公式是临时性的,即经验性地减小空气动力学粗糙度(Fan et al., 2012; Du et al., 2017)。在物理机制方面仍存在一些争议,很显然,海浪是造成 M-O 相似理论失效的原因,有人提出了流动分离和波谷填充效应(Donelan, 2018)。目前看来,极端风速条件下的海上输送系数仍然具有很大的不确定性(Bell et al., 2012)。

10.8.4 小结

基于不断从观测结果和大涡模拟结果获得的关于边界层重要物理过程的认知,边界层参数化在过去的五十年里得到了非常大的发展。现在参数化方案已经显式地考虑了诸如无梯度输送、夹卷和云的形成:这些过程对于模拟有云覆盖的边界层是至关重要的(Köhler et al., 2011)。模式分辨率的持续提高使得模拟结果更加精细,也更加准确。与此同时,我们也更加认识到天气预报模式和气候模式中不同物理过程相互作用的重要性。为了应对这些方面的发展带来的挑战,在边界层参数化方面的研究依然是未来进一步改进数值模式必不可少的环节。

参考文献①

Angevine W. M., Edwards J. M., Lothon M., LeMone M. A., and S. R. Osborne. 2020. Transition periods in the diurnally-varying atmospheric boundary layer over land. Bound-Layer Meteorology, 177: 205 - 223.

Bou-Zeid E., Anderson W., Katul G. G., and L. Mahrt. 2020. The persistent challenge of surface heterogeneity in Boundary-Layer Meteorology: An review. Bound-Layer Meteorology, 177: 227 - 245.

Edwards J. M., Beljaars A. C. M., Holtslag A. A. M., and A. P. Lock. 2020. Representation of boundary-layer processes in numerical weather prediction and climate models. Bound-Layer Meteorology, 177: 511 - 539.

Finnigan J., Ayotte K., Harman I., Katul G., Oldroyd H., Patton E., Poggi D., Ross A., and P. Taylor. 2020. Boundary-layer flow over complex topography. Bound-Layer Meteorology, 177: 247 - 313.

Hicks B. B. and D. D. Baldocchi. 2020. Measurement of fluxes over land: Capabilities,

① 这里只列出了本章 8 个专题所对应的综述文章。至于每个专题正文中所引用的参考文献,由于数量太多,这里没有一一列出,如果需要了解相关文献及其出处,读者可从相应综述文章的原文中检索。

origins, and remaining challenges. Bound-Layer Meteorology, 177: 365 - 394.

Mahrt L. and E. Bou-Zeid. 2020. Non-stationary boundary layers. Bound-Layer Meteorology, 177: 189 - 204.

Mauder M., Forken T., and J Cuxart. 2020. Surface-energy-balance closure over land: A review. Bound-Layer Meteorology, 177: 395 - 426.

Stoll R., Gibbs J. A., Salesky S. T., Anderson W., and M. Calaf. 2020. Large-eddy simulation of the atmospheric boundary layer. Bound-Layer Meteorology, 177: 541 - 581.

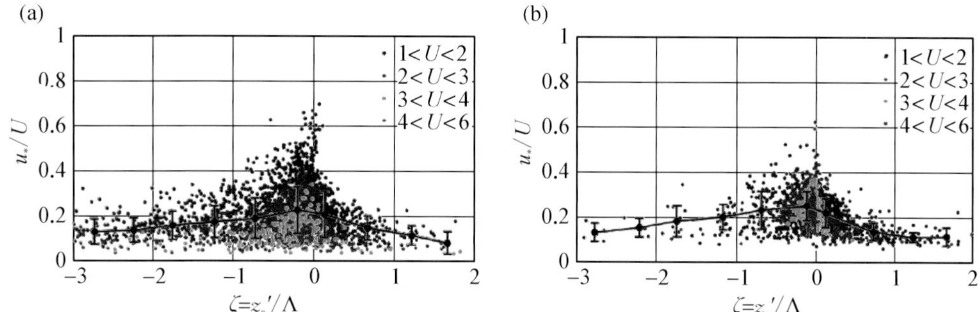

图 4.13　北京 325 m 铁塔离地 47 m 高度处观测到的风向来自（a）源区域有植被地块的城市下垫面和（b）源区域无植被地块的城市下垫面的 u_*/U 随局地稳定度参数 $\zeta=z_s'/\Lambda$ 变化的观测结果。引自 Peng and Sun（2014）。

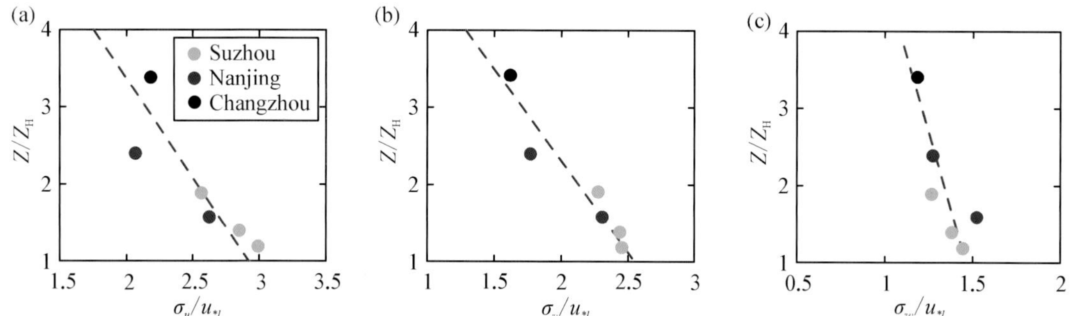

图 4.14　近中性（$|\zeta|\leqslant 0.05$）条件下（a）σ_u/u_*，（b）σ_v/u_* 和（c）σ_w/u_* 在城市粗糙子层中随高度变化的情况。引自 Zou et al.（2018）。

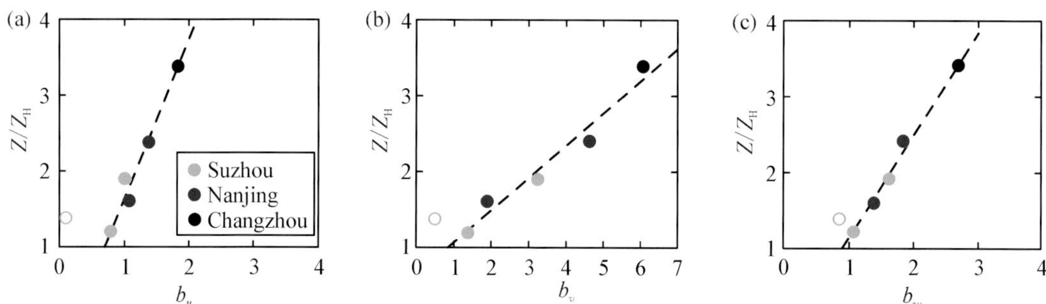

图 4.15　不稳定（$\zeta>0.05$）条件下（a）b_u，（b）b_v 和（c）b_w 在城市粗糙子层中随高度变化的情况。引自 Zou et al.（2018）。

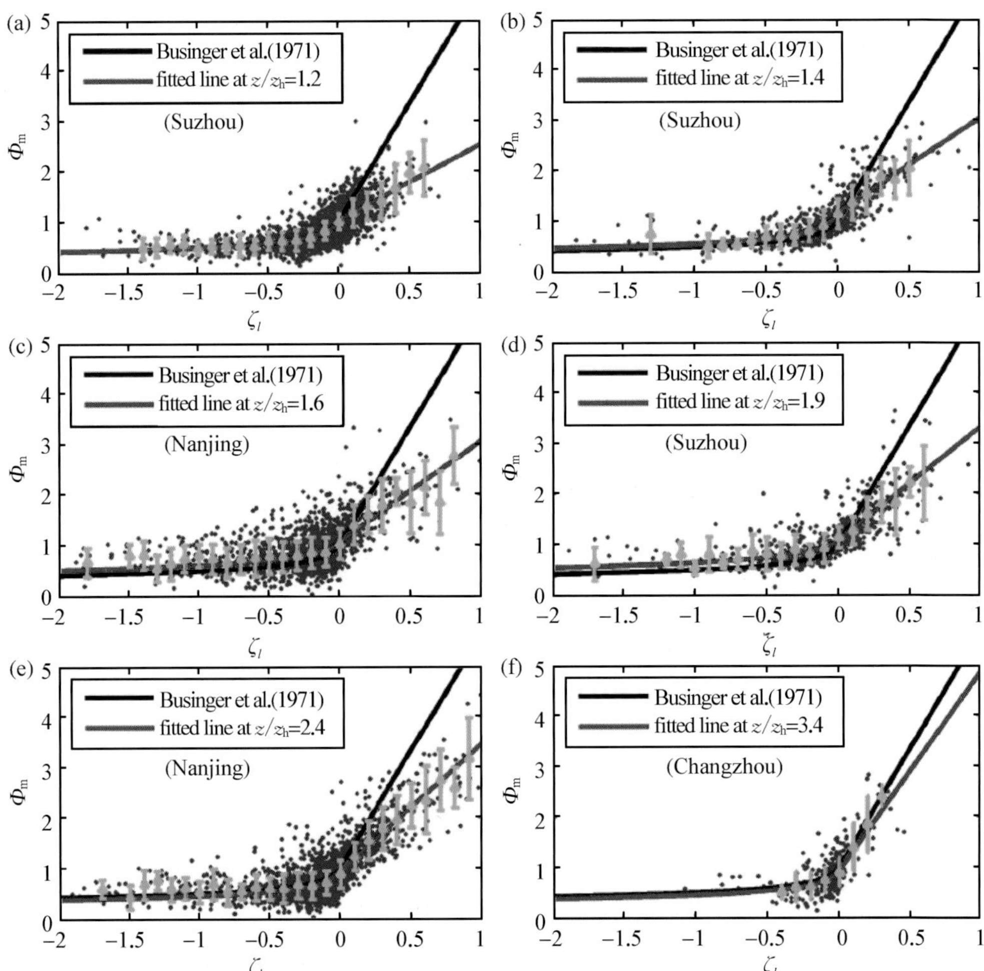

图 4.17 城市近地层中观测高度分别在 (a) $z/z_H=1.2$, (b) $z/z_H=1.4$, (c) $z/z_H=1.6$, (d) $z/z_H=1.9$, (e) $z/z_H=2.4$ 和 (f) $z/z_H=3.4$ 的无量纲风速梯度 ϕ_m 与局地稳定度参数之间的对应关系。红线是依据(4.101)式从观测数据拟合得到的曲线;黑线是 Businger et al. (1971)经典相似关系给出的曲线。引自 Zou et al. (2015)。

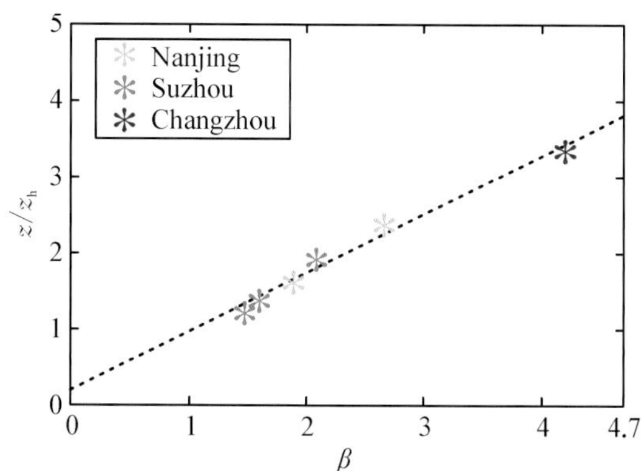

图 4.18　按照在粗糙子层中系数 $\boldsymbol{\beta}_m$ 与相对高度 z/z_H 之间近似为线性关系外推出粗糙子层厚度。虚线为拟合直线。引自 Zou et al. (2015)。

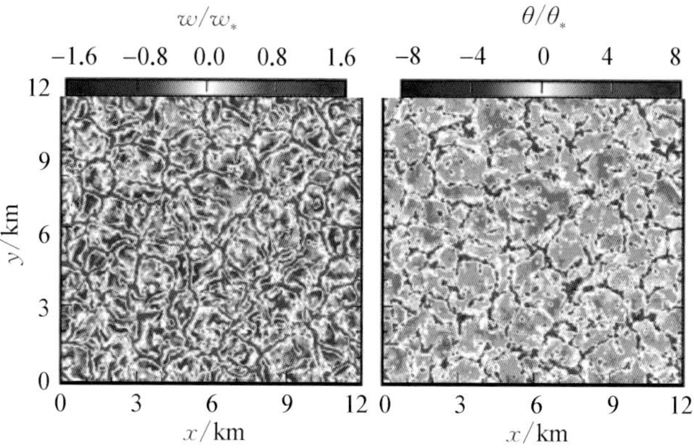

图 5.4　大涡模拟得到的对流边界层无量纲垂直湍流速度 w/w_* 和扰动温度 $\boldsymbol{\theta}/\boldsymbol{\theta}_*$ 在 $z/z_i=0.1$ 高度处的水平分布。地转风为 $U_g=1\ \mathrm{m\cdot s^{-1}}$，地表热通量为 $Q_0=0.24\ \mathrm{K\cdot m\cdot s^{-1}}$，边界层高度为 $z_i=1\,234$ m，稳定度为 $-z_i/L=1\,082$。引自 Salesky et al.(2017)。

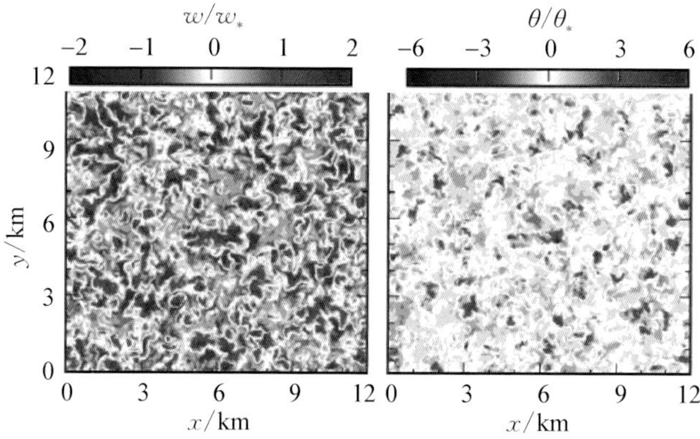

图 5.5　与图 5.4 相同，但显示的是 $z/z_i=0.5$ 高度处的结果。引自 Salesky et al. (2017)。

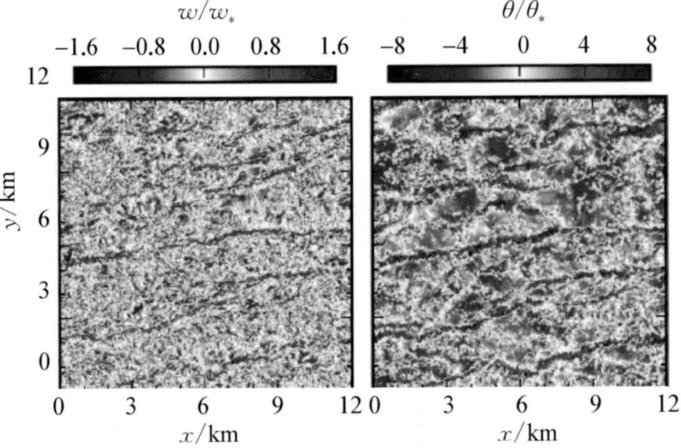

图 5.6　大涡模拟得到的对流边界层无量纲垂直湍流速度 w/w_* 和扰动温度 θ/θ_* 在 $z/z_i=0.1$ 高度处的水平分布。地转风为 $U_g=15\ \mathrm{m\cdot s^{-1}}$，地表热通量为 $Q_0=0.1\ \mathrm{K\cdot m\cdot s^{-1}}$，边界层高度为 $z_i=1\,086$ m，稳定度为 $-z_i/L=4.3$。引自 Salesky et al. (2017)。

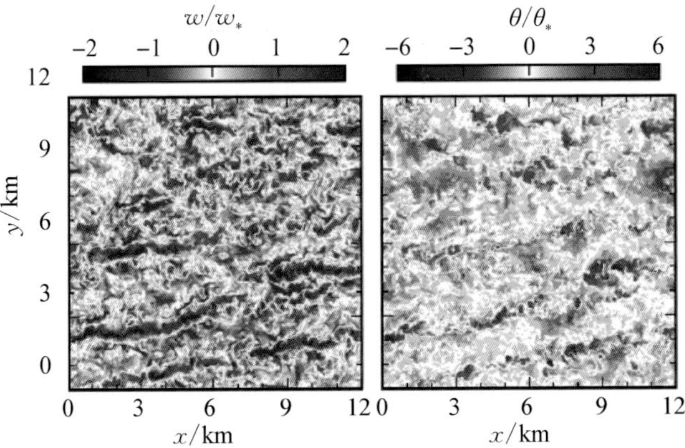

图 5.7　与图 5.6 相同，但显示的是 $z/z_i=0.5$ 高度处的结果。引自 Salesky et al. (2017)。

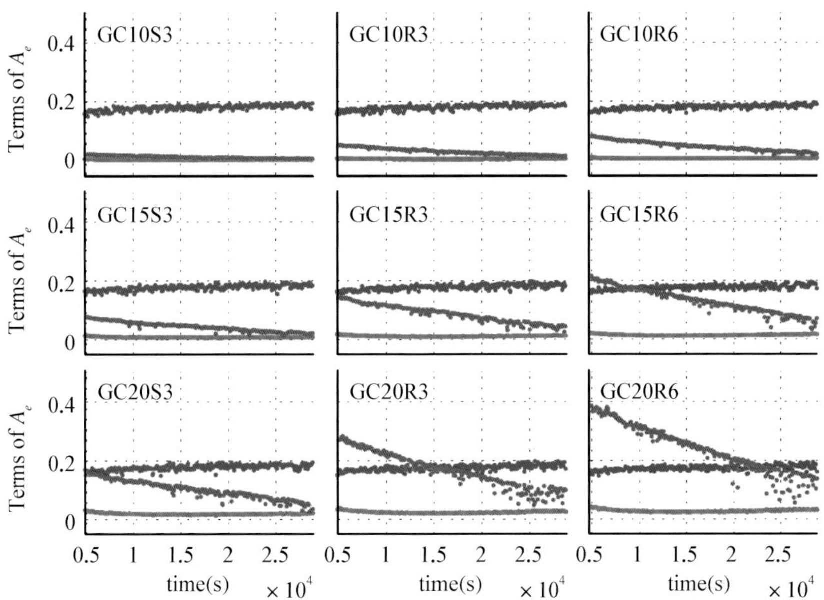

图 5.17 大涡模拟正压对流边界层的不同算例中方程(5.62)右边前三项对夹卷通量比的各自贡献。算例 GC10S3 对应的模拟条件:GC10 表示 $U_g = 10\ \mathrm{m \cdot s^{-1}}$,S 表示光滑地表($z_0 = 0.01$ m),3 表示 $\gamma_\theta = 3\ \mathrm{K \cdot km^{-1}}$;算例 GC15R3 对应的模拟条件:GC15 表示 $U_g = 15\ \mathrm{m \cdot s^{-1}}$,R 表示粗糙地表($z_0 = 0.1$ m),3 表示 $\gamma_\theta = 3\ \mathrm{K \cdot km^{-1}}$;算例 GC20R6 对应的模拟条件:GC20 表示 $U_g = 20\ \mathrm{m \cdot s^{-1}}$,R 表示粗糙地表($z_0 = 0.01$ m),6 表示 $\gamma_\theta = 6\ \mathrm{K \cdot km^{-1}}$;。引自 Liu et al. (2016)。

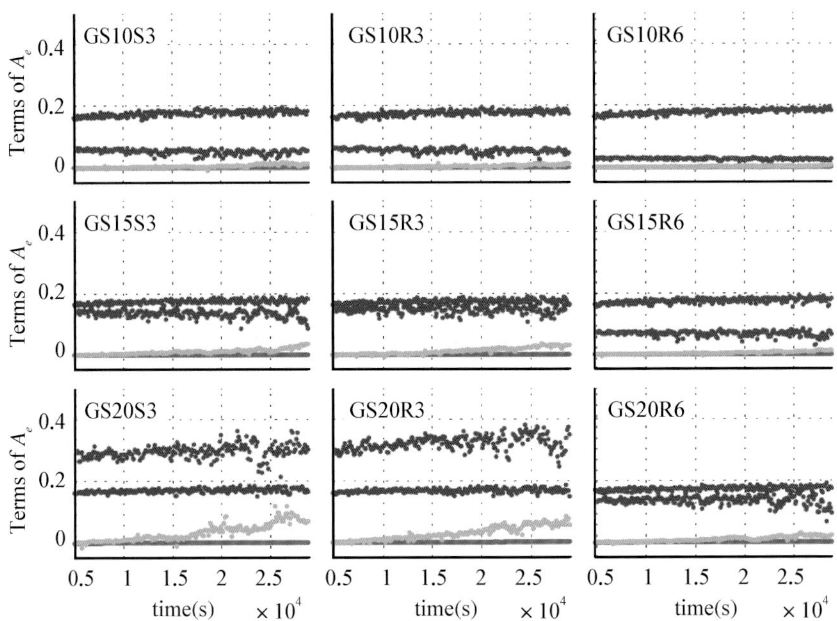

图 5.18　大涡模拟斜压对流边界层的不同算例中方程(5.62)右边各项对夹卷通量比的贡献。算例 GS10S3 对应的模拟条件是:GS10 表示 $\gamma_u = \partial U_g/\partial z = 10\ \mathrm{m \cdot s^{-1}}/2\ \mathrm{km}$, S3 的含义与图 5.17 中相同;算例 GS15R3 对应的模拟条件是:GS15 表示 $\gamma_u = \partial U_g/\partial z = 15\ \mathrm{m \cdot s^{-1}}/2\ \mathrm{km}$, R3 的含义与图 5.17 中相同;算例 GS20R6 对应的模拟条件是:GC20 表示 $\gamma_u = \partial U_g/\partial z = 20\ \mathrm{m \cdot s^{-1}}/2\ \mathrm{km}$, R6 的含义与图 5.17中相同。引自 Liu et al. (2016)。

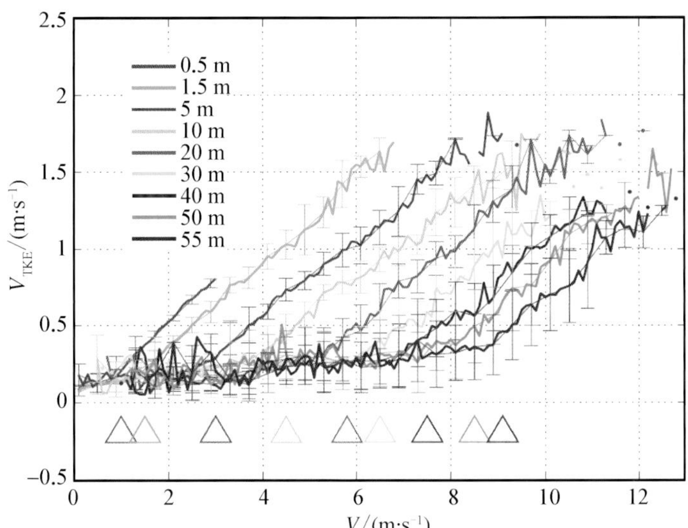

图 6.11　分段平均的湍流强度 $V_{TKE}(z)$ 与平均风速 $V(z)$ 之间的对应关系。图中三角形表示不同高度上的临界风速 $V_s(z)$，数据来源于 CASES－99 试验。引自 Sun et al.（2012）。

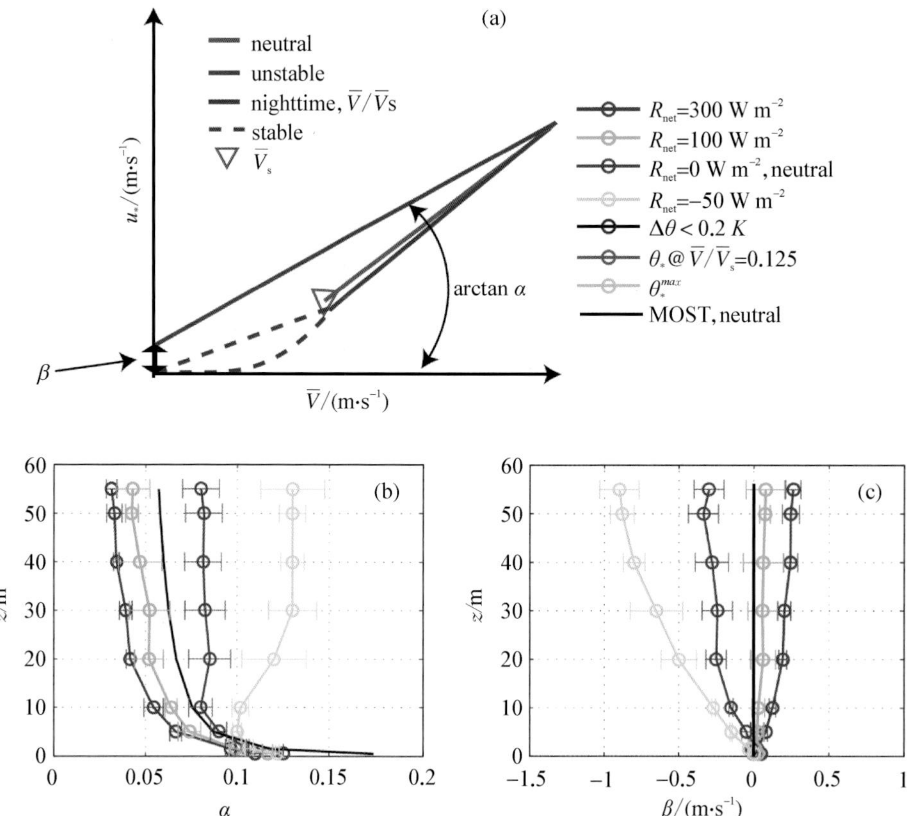

图 6.12 (a)不同稳定度条件下 $u_*(z)$—$V(z)$关系示意图,(b)从观测数据计算获得的不同条件下的 $\alpha(z)$与按照 M-O 相似理论计算得到的中性条件下的 $\alpha_N^{MO}(z)$之间的对比,(c)从观测数据计算获得的不同条件下的 $\beta(z)$与按照 M-O 相似理论计算得到的中性条件下的 $\beta_N^{MO}(z)$之间的对比。观测数据来源于 CASES－99 试验。引自 Sun et al. (2016)。

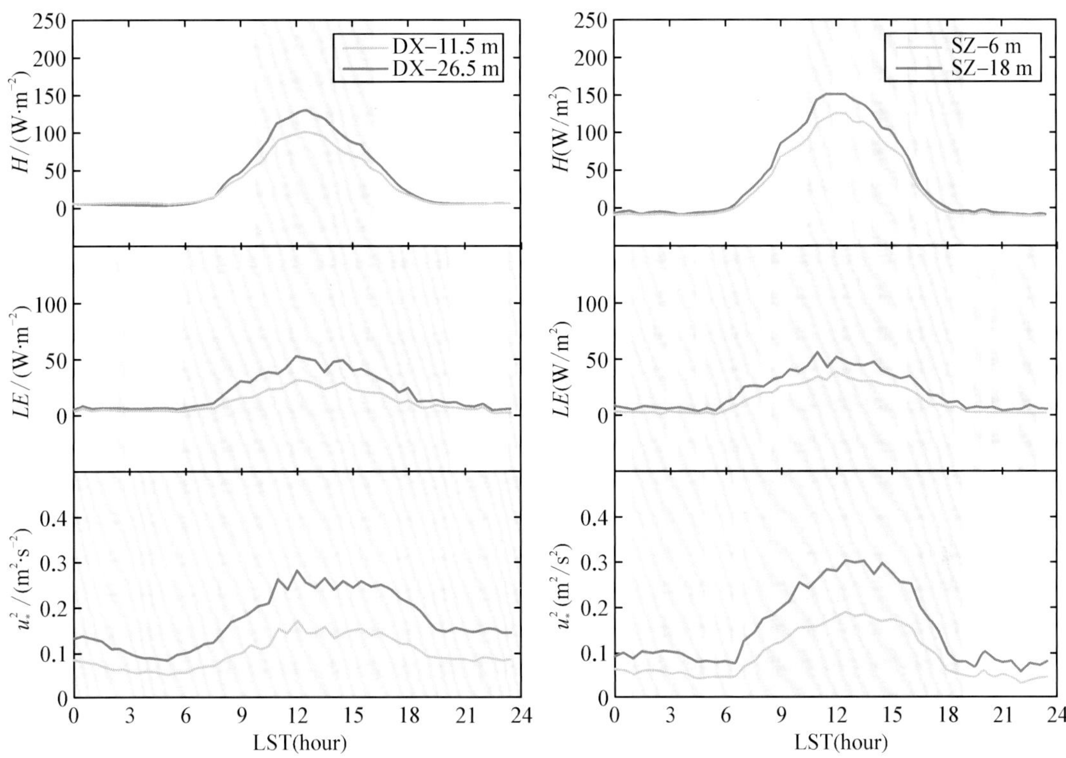

图 7.26　**DX** 站(左)和 **SZ** 站(右)两个观测高度上感热通量、潜热通量和动量通量的平均日变化。图中标注高度为距离观测塔所在建筑物楼顶的高度;阴影区表示两个观测高度上的湍流通量平均值差值的显著性通过了 **95%**置信水平的信度检验。引自沙杰 等(**2021**)。

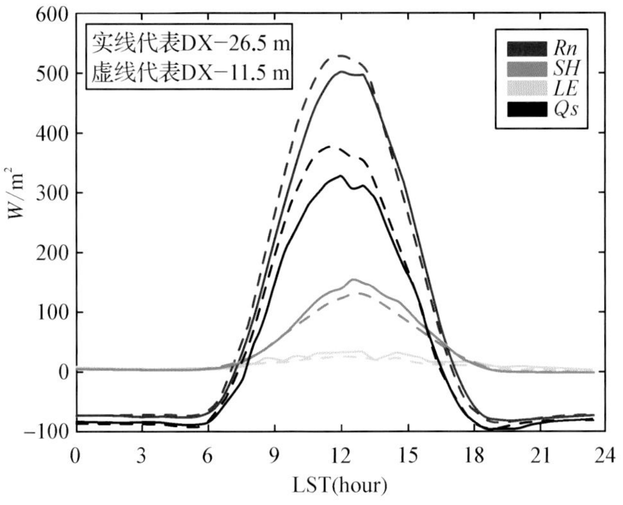

图 7.27　**DX** 站塔上不同高度观测到的 ***Rn***、***H*** 和 ***LE*** 及按(**7.108**)式计算出的 ***Qs*** 的平均日变化。引自沙杰 等(**2021**)。

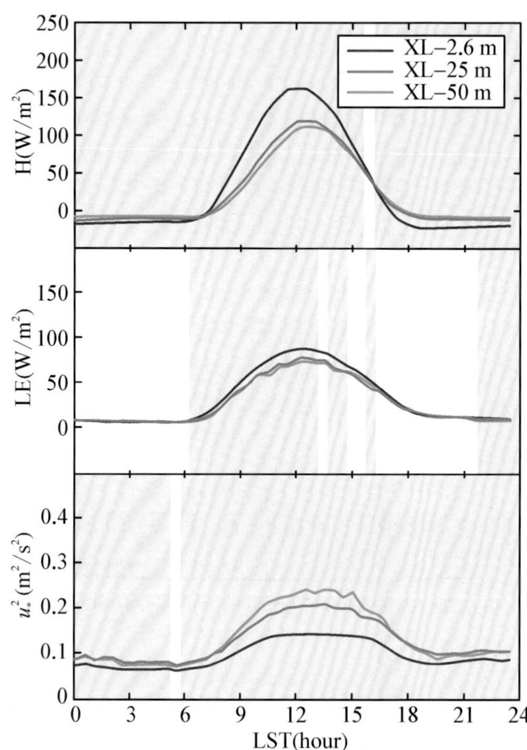

图 7.28　XL 站三个观测高度上感热通量、潜热通量和动量通量的平均日变化。阴影区表示 **25 m** 和 **2.6 m** 这两个高度上的湍流通量平均值差值的显著性通过了 **95%** 置信水平的信度检验。引自沙杰 等(**2021**)。

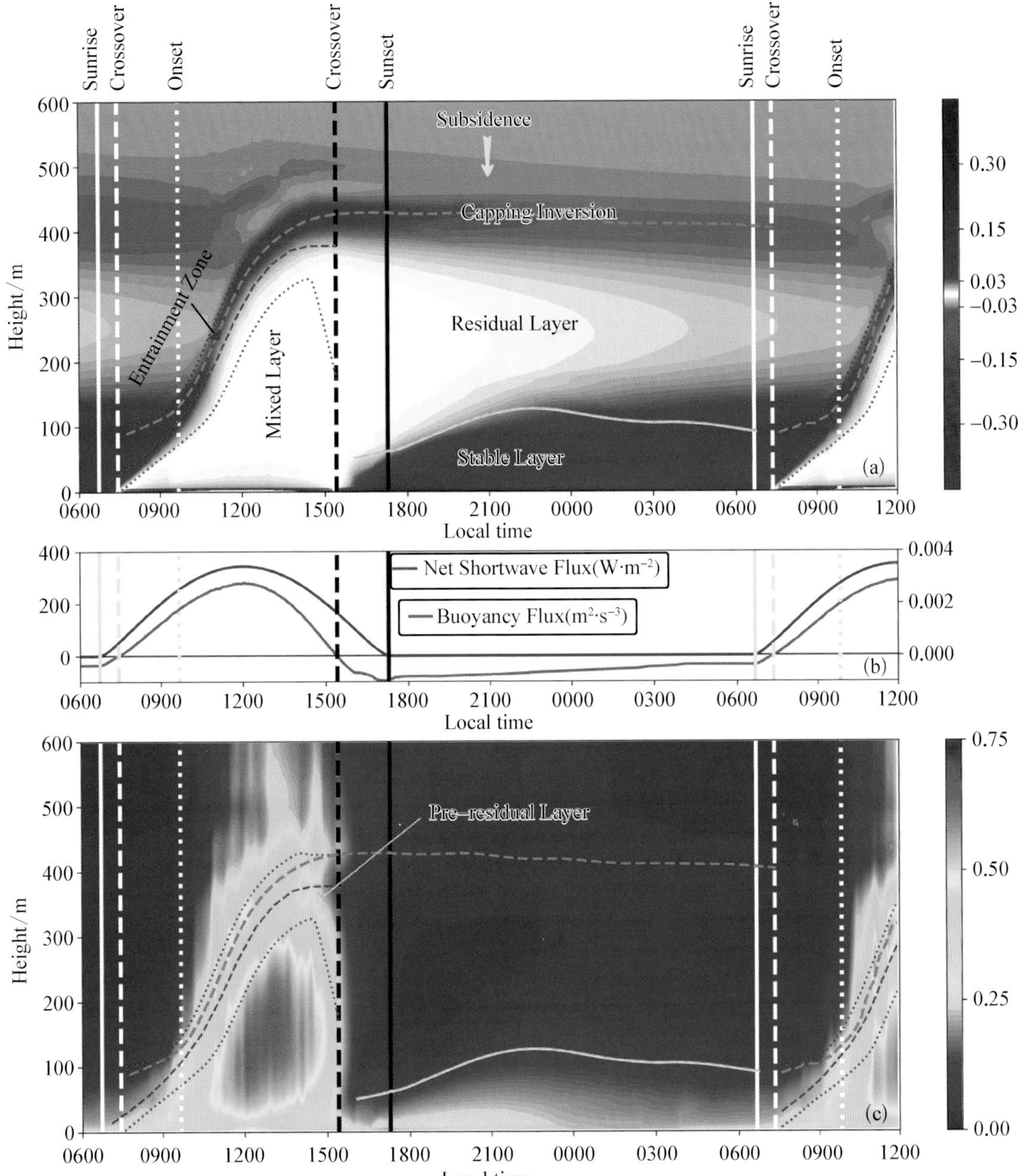

图 10.4 大涡模拟结果呈现的大气边界层状况的日变化过程：(a) 水平平均位温的垂直梯度随高度分布的日变化过程，白色垂直实线、虚线、点线分别表示早晨转换期的日出、转折点、起始点所对应的时间，黑色垂直实线和虚线表示傍晚转换期的转折点和日落所对应的时间，浅色灰线代表稳定边界层顶所处高度，品红色虚线代表空中位温梯度最大值的所在高度，深红色虚线代表不稳定边界层中浮力通量最小值的所在高度，深红色点线代表夹卷层顶和底的所在高度，图中还显示了上午夹卷层的抬升和混合层的发展、傍晚转换期之后稳定边界层的发展、辐射冷却对残留层的稳定化作用，以及覆盖逆温层的下沉；(b) 地表短波净辐射通量(左边坐标)和地表浮力通量(右边坐标)的日变化过程；(c) 垂直速度方差的平方根随高度分布的日变化过程。在(a)和(c)中的曲线还显示了前期残留层的出现。引自 Angevine et al.(2020)。

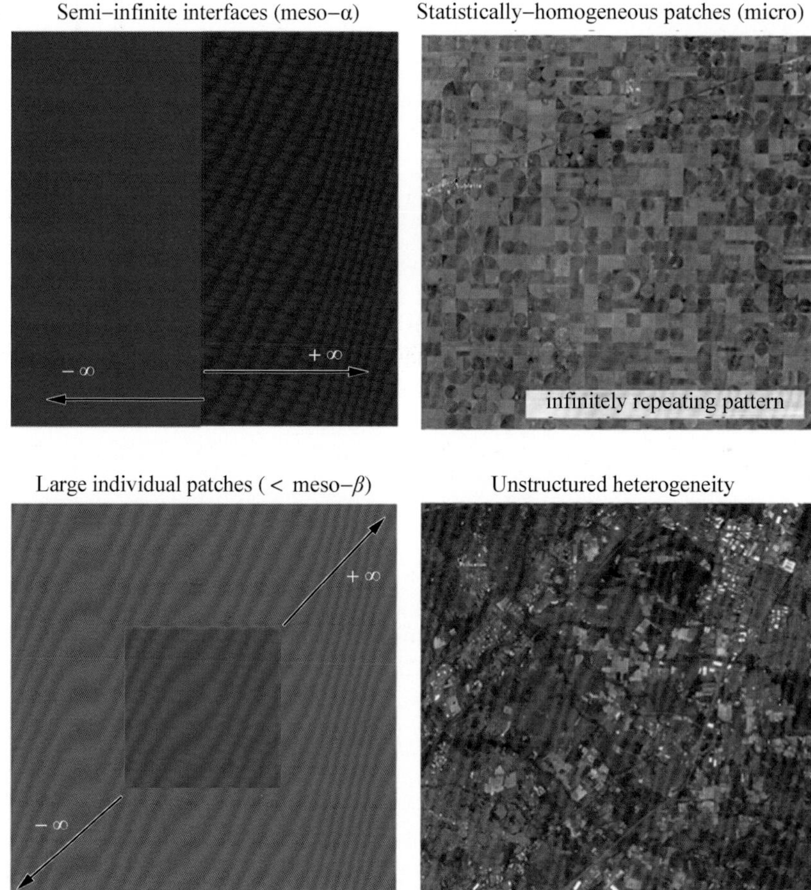

图 10.5 四种非均匀类型:(1) 左上图所示的相邻的两种下垫面(比如海陆边界);(2) 右上图所示的不同小地块反复编排的样式,在掺混高度之上相似理论适用(图片为 **1968** 年堪萨斯试验场地现今下垫面状况的航拍照片,区域宽度约为 **50 km**);(3) 左下图所示的大地块被均匀环境包围的情形(如城市、湖泊、风电场);(4) 右下图所示的不同地块不规则分布的情形。多个内边界层和多个次级环流之间的复杂相互作用导致相似理论不能适用于类型 **3** 和类型 **4**。引自 **Bou-zeid et al.(2020)**。

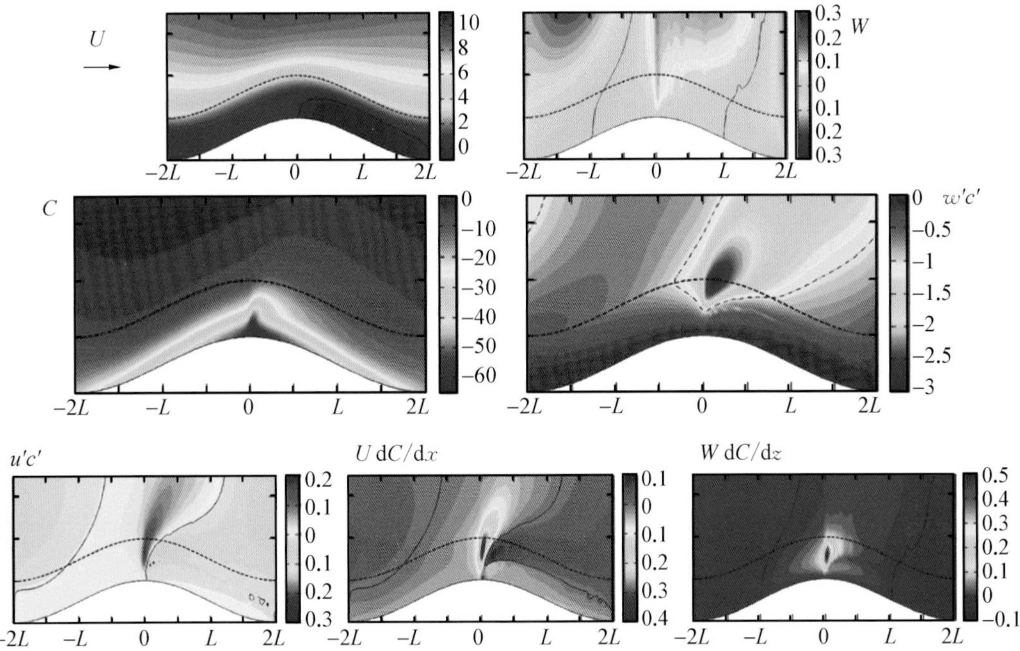

图 10.8 轮廓形状为余弦曲线的二维山体被稠密植被冠层覆盖并且冠层起吸收作用的情况下标量输送过程的数值计算结果。山体高度为 $H=20$ m，山体半宽度为 $L=400$ m，冠层高度为 $h_c=20$ m，冠层混合长为 $L_c=30$ m，冠层顶部摩擦速度满足 $u_*/U(h_c)=0.3$。红色代表高值，蓝色代表低值，黑色等值线代表零值。引自 Finnigan et al.(2020)。

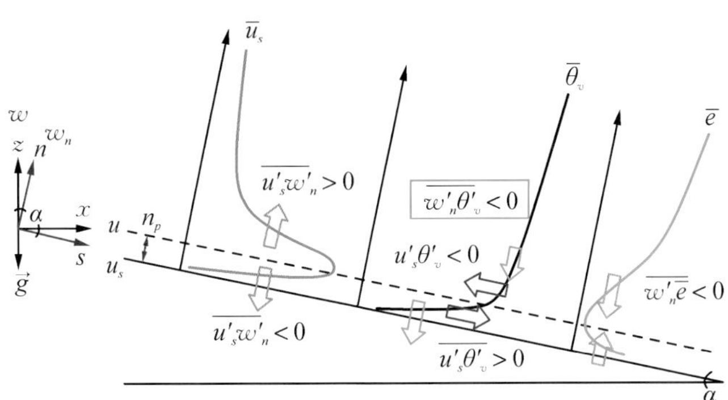

图 10.9 斜坡坐标系和下泄流的平均量和湍流量随高度分布的示意图。虚线表示速度最大值所在高度 n_p，u_s 和 w_n 是斜坡上的顺流速度和垂直速度，θ_v 是位温，$\overline{e}$ 是湍流动能，块状箭头表示湍流通量的方向：橙色为动量通量，红色和蓝色为浮力通量，绿色为湍流动能的输送通量。引自 Finnigan et al.(2020)。

图 10.11　山坡上单棵树木的生长形态。图片拍摄地为美国盐湖城东郊。引自 Hicks and Baldocchi(2020)。

图 10.12　到 2019 年底 FLUXNET 站点的全球分布情况。颜色代表观测的年限。引自 Hicks and Baldocchi(2020)。

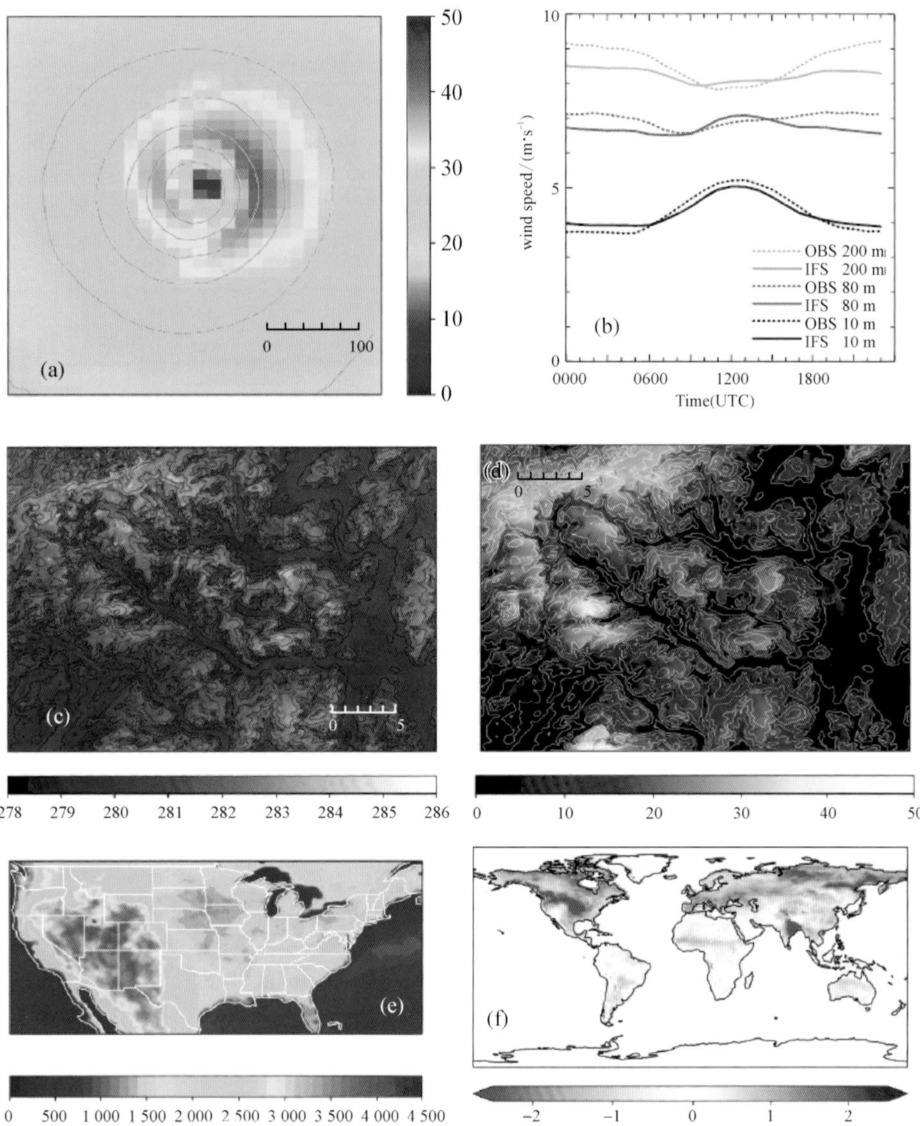

图 10.14 欧洲中心集成预报系统和英国气象局一体化模式模拟出的与边界层方案密切相关的变量的输出结果。(a) 一体化模式模拟热带气旋的结果,色标代表风速(单位:$m \cdot s^{-1}$),等值线代表海平面气压,标尺刻度为 20 km;(b) 边界层中 3 个高度上年平均的风速日变化曲线,实线是集成预报系统的预报结果,虚线是观测结果;(c) 用一体化模式的研究用版本实施的精细化模拟得到的近地面气温(单位:K),标尺的刻度为 1 km;(d) 与 c 相同,但显示的是近地面能见度(单位:km)的模拟结果;(e) 2019 年夏季(6 月—8 月)美国境内日最大边界层高度(单位:m)的中位数取值(EAR5 再分析结果);(f) 夏季(6 月—8 月)近地面气温与 10 cm 厚表层土壤水分含量之间局地耦合指数,该指数按 LoCo 方法进行计算(Santauello et al., 2018),是两个场的逐点相关函数与温度方差的乘积,绝对值越大表示耦合越强。引自 Edwards et al.(2020)。

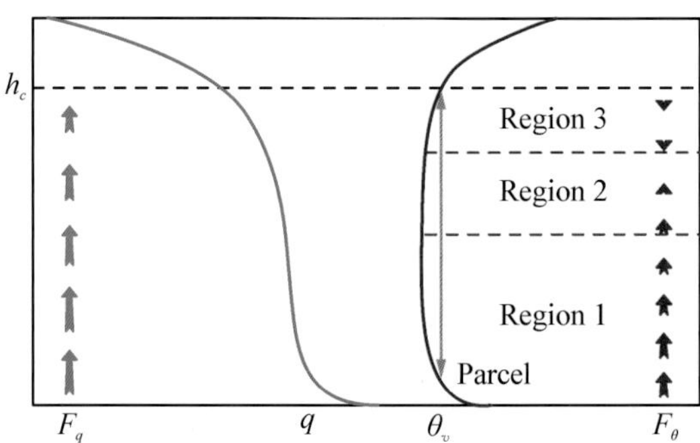

图 10.15 陆上干对流边界层中(虚)位温 θ_v 和比湿 q 的典型廓线形状。左边的箭头(蓝色)表示水汽通量 F_q 的方向,右边箭头(红色)表示热通量 F_θ 的方向;图中还显示了一个上升热泡的垂直运动范围,它从近地层上升到 h_c 高度。图中 3 个区域的情况在正文中讨论。引自 Edwards et al.(2020)。